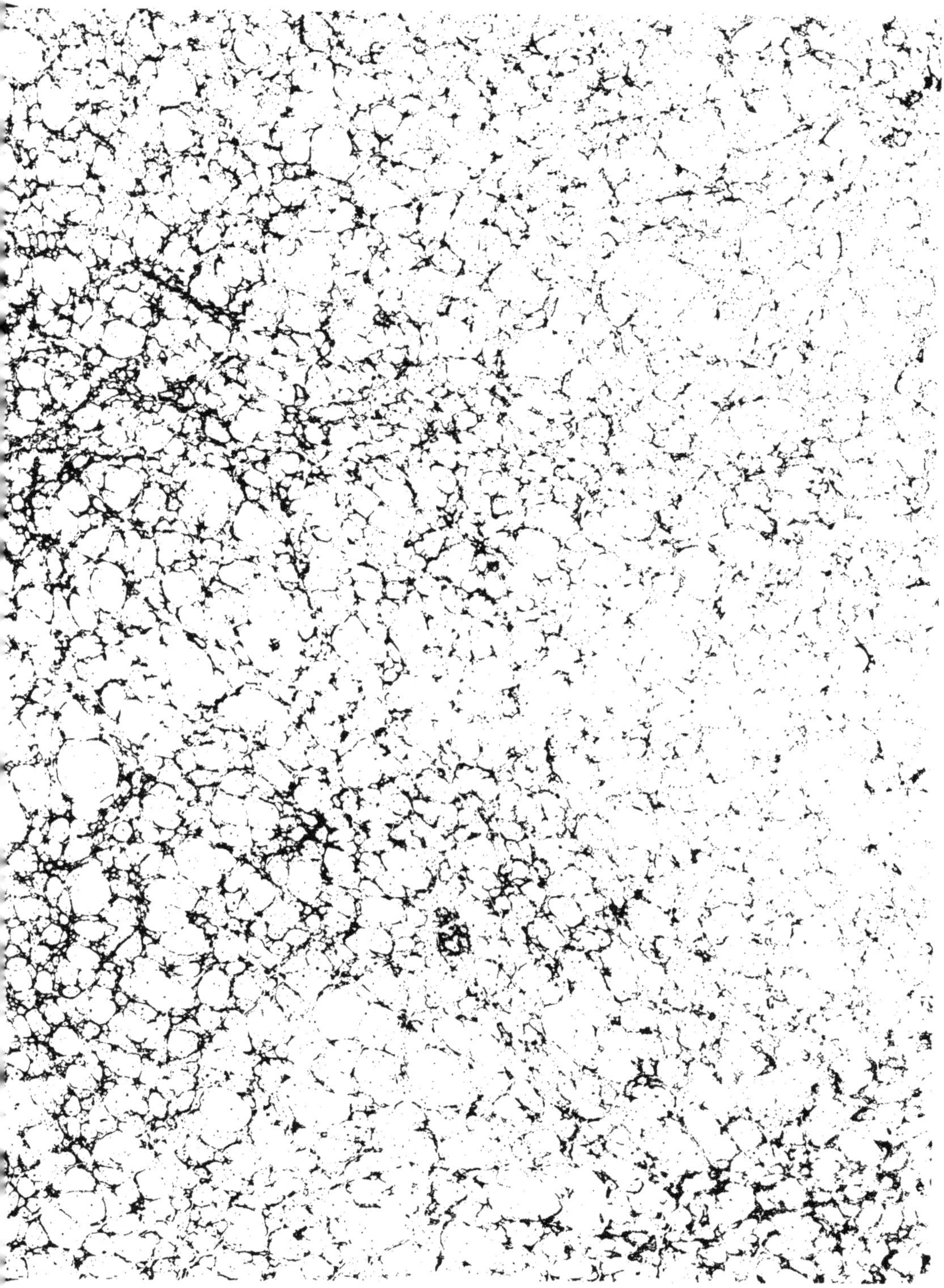

HISTOIRE NATURELLE

DES

CÉPHALOPODES

ACÉTABULIFÈRES.

TOME PREMIER.

Cet ouvrage se trouve aussi :

A LONDRES,

Chez H. Baillière, 219, Regent-Street.

A NEW-YORK,

Chez H. Baillière, 290, Broadway.

A MADRID,

Chez C. Bailly-Baillière, calle del Principe, 11.

Et chez tous les Libraires de France et de l'Étranger.

Paris. — Imprimerie Lacour et Cᵉ, rue Soufflot, 16.

HISTOIRE NATURELLE

GÉNÉRALE ET PARTICULIÈRE

DES

CÉPHALOPODES

ACÉTABULIFÈRES

VIVANTS ET FOSSILES

COMPRENANT : LA DESCRIPTION ZOOLOGIQUE ET ANATOMIQUE DE CES MOLLUSQUES, DES DÉTAILS SUR LEUR ORGANISATION, LEURS MŒURS, LEURS HABITUDES, ET L'HISTOIRE DES OBSERVATIONS DONT ILS ONT ÉTÉ L'OBJET DEPUIS LES TEMPS LES PLUS RECULÉS JUSQU'A NOS JOURS,

ouvrage commencé par

MM. DE FÉRUSSAC ET ALCIDE D'ORBIGNY,

et continué par

ALCIDE D'ORBIGNY,

DOCTEUR ÈS-SCIENCES NATURELLES DE LA FACULTÉ DE PARIS, CHEVALIER DE L'ORDRE ROYAL DE LA LÉGION-D'HONNEUR, DE L'ORDRE DE SAINT-WLADIMIR DE RUSSIE, DE L'ORDRE DE LA COURONNE DE FER D'AUTRICHE, OFFICIER DE LA LÉGION-D'HONNEUR BOLIVIENNE, DES SOCIÉTÉS PHILOMATIQUE, DE GÉOLOGIE, DE GÉOGRAPHIE ET D'ETHNOLOGIE DE PARIS, MEMBRE HONORAIRE DE LA SOCIÉTÉ GÉOLOGIQUE DE LONDRES, DES ACADÉMIES ET SOCIÉTÉS SAVANTES DE TURIN, DE MADRID, DE MOSCOU, DE PHILADELPHIE, DE RATISBONNE, DE MONTEVIDEO, DE BORDEAUX, DE NORMANDIE, DE LA ROCHELLE, DE SAINTES, DE BLOIS, ETC.

TOME PREMIER. — TEXTE.

A PARIS

CHEZ J.-B. BAILLIÈRE,

LIBRAIRE DE L'ACADÉMIE NATIONALE DE MÉDECINE,

RUE HAUTEFEUILLE, 19.

1835 A 1848.

INTRODUCTION.

La publication de la Monographie des Céphalopodes acétabulifères, que la mort de mon savant collaborateur m'oblige à terminer sans lui, ayant, jusqu'à ce jour, éprouvé beaucoup de retards, je crois devoir aux Souscripteurs et aux personnes qui veulent bien s'intéresser à l'ouvrage, de leur en faire connaître succinctement les causes.

Habitant les côtes de l'Océan, passionné dès mon enfance pour l'étude des sciences naturelles, dirigé dès mon début dans cette carrière d'observation par un père aussi instruit que judicieux, j'avais senti, longtemps avant 1820, toute l'importance des caractères purement zoologiques dans la science de la Malacologie; aussi m'attachais-je à dessiner avec le plus grand soin les Mollusques à l'état vivant, en étudiant leurs habitudes, leur mode de reproduction, et tout ce qui pouvait éclairer leur histoire. Vers 1822, M. Fleuriau de Bellevue, dont les sages et bienveillants encouragements m'ont été d'un si grand secours, voulut bien se charger d'apporter à Paris un grand nombre de mes planches sur les animaux Mollusques et Rayonnés, parmi lesquelles se trouvaient les Céphalopodes de notre littoral. Il les communiqua à MM. Cuvier, Brongniart, de Férussac, et aux autres savants de la capitale, qui accueillirent avec bonté ces premiers travaux, et m'encouragèrent beaucoup à les continuer.

Deux ans plus tard (1824), M. de Férussac, dans l'idée peut-être trop avantageuse que mes plancheslui avaient donnée de moi, m'offrit une collaboration dans ses diverses publications, et m'appela près de lui. Bientôt après je terminai mon travail sur les Foraminifères (1),

(1) Mon prompt départ ne m'a permis alors d'en publier que le Prodrome (*Annales des Sciences naturelles*, janvier 1826); mais aujourd'hui, à l'occasion du bel ouvrage de M. de La Sagra, sur l'île de Cuba, j'ai imprimé sur cette matière un travail complet, dans lequel j'ai établi toutes mes vues d'ensemble. Je viens aussi de publier trois autres faunes locales : 1° celle de l'Amérique méridionale, dans mon *Voyage dans l'Amérique méridionale;* 2° celle des Canaries, dans l'*Histoire naturelle des Canaries*, par MM. Webb et Berthelot; et 3° celle de la craie blanche de Paris, dans les *Mémoires de la Société géologique.*

dont je m'occupais sans relâche depuis six années, et je le présentai à l'Institut en 1825, avec une classification générale des Céphalopodes. A cette occasion, M. de Férussac me proposa de m'associer à lui pour publier en commun l'*Histoire des Céphalopodes*, en commençant par la Monographie des Cryptodibranches (aujourd'hui *Acétabulifères*). J'acceptai avec empressement cette offre, et me mis immédiatement avec activité à compléter mes travaux faits sur les lieux, par l'étude des animaux conservés dans la liqueur, et que les voyageurs avaient rapportés des diverses parties du monde. M. Cuvier, d'ailleurs, avait eu la bonté de mettre à ma disposition, pour ce travail et pour un autre sur les Gastéropodes nudibranches (1), tout ce que possédait en ce genre le cabinet d'anatomie du Muséum. Tandis que M. de Férussac recueillait des renseignements dans les auteurs, je faisais dessiner, dessinais moi-même, surveillais les lithographies; et enfin, en mai 1826, partant pour mon voyage dans l'Amérique méridionale, je laissai à mon collaborateur les descriptions complètes de toutes les espèces alors connues, et les planches qui les représentaient. L'ouvrage devait s'imprimer sur-le-champ; les synonymies des espèces, que M. de Férussac s'était réservées, manquaient seules à mon travail.

Pendant mes huit années de séjour en Amérique, je reçus de M. de Férussac quelques lettres m'annonçant que l'ouvrage allait paraître; néanmoins, à mon retour, en 1834, je trouvai les choses dans le même état qu'à mon départ, mon savant collaborateur ayant été absorbé sans doute par un autre travail important pour la science, et dont la vaste portée lui fait honneur (la direction de son *Bulletin universel des Sciences et de l'Industrie*). Cependant, tandis que, sur le littoral du Nouveau-Monde, ou au sein des Océans, j'avais fait de nouvelles observations sur les Céphalopodes, M. de Férussac, de son côté, n'avait cessé de rassembler, avec le plus grand soin, pour notre ouvrage, des documents précieux que s'étaient empressés de lui fournir les voyageurs de tous les pays.

Depuis longtemps M. de Férussac avoit conçu le vaste projet de publier une *Histoire naturelle, générale et particulière des Mollusques*, où viendraient se classer les monographies partielles faites par lui et d'autres naturalistes. Il avait déjà publié, sous ce titre, les Aplysies de M. Rang, et se disposait à y faire entrer nos Céphalopodes acétabulifères, les nudibranches, et tous les ouvrages qu'on pourrait lui communiquer. Pour remplir dignement son plan, il devait commencer par faire connaître l'ensemble des Mollusques et l'ensemble des Céphalopodes, première classe de cet embranchement du règne animal; c'est, en effet, ce que fit M. de Férussac. Ce savant travail était, il est vrai, tout à fait en dehors des monographies partielles; mais il rentrait dans le cadre général qui devait les réunir, et l'auteur crut devoir le faire accompagner notre Histoire des Céphalopodes acétabulifères. Nous eûmes alors de fréquentes conférences. M. de Férussac fit paraître successivement, dans le cours de 1834 et 1835, onze livraisons de nos planches, les premières accompagnées de son Introduction à l'Histoire des Mollusques, les autres sans texte. Une mort prématurée vint l'enlever aux sciences, qu'il chérissait, et pour lesquelles il avait fait de si grands sacrifices, avant que le texte des Céphalopodes acétabulifères fût livré à l'impression au moment où, sans doute, il se disposait à mettre en œuvre les immenses matériaux que chacun de nous avait réunis pour cette publication. J'insiste sur ce fait, parce qu'il

(1) De même que pour les Céphalopodes, je laissai, en partant pour l'Amérique, ce travail complet, texte et planches, entre les mains de M. de Férussac. J'espère m'en occuper prochainement, pour le compléter par les faits acquis depuis à la science.

est évident que le projet gigantesque de mon malheureux collaborateur ne pouvant plus s'exécuter, son introduction devient un ouvrage tout à fait distinct, et entièrement séparé des monographies des *Céphalopodes acétabulifères* et des *Aplysies*.

Mes manuscrits et les notes de M. de Férussac ne me furent remis qu'en 1837, par madame veuve de Férussac, qui me chargea de la continuation de notre ouvrage. Depuis douze années que ce travail était commencé, la science avait fait des pas immenses dans l'étude des Mollusques; j'avais moi-même recueilli beaucoup de faits nouveaux sur ces animaux, qu'une expérience plus approfondie m'avait fait envisager sous un point de vue tout différent; je ne balançai pas un seul instant à regarder mes anciennes descriptions comme non avenues. J'obtins de M. Valenciennes, professeur de conchyliologie au Muséum, la communication des collections de M. de Férussac, et de la collection des plus nombreuses de l'administration du Muséum; et c'est en présence de près d'un millier d'individus de Céphalopodes conservés dans la liqueur, c'est en étudiant *de visu* les sujets mêmes qui ont servi de types aux diverses espèces publiées par les voyageurs, que j'ai repris tout le travail d'ensemble, que j'ai comparé minutieusement chaque espèce, afin d'en réduire la trop grande multiplicité purement nominale, en établissant d'une manière incontestable les véritables caractères zoologiques qui les distinguent.

Ce travail, qui a duré plus de deux années, et l'expérience acquise sur les lieux, m'ont conduit à apprécier les énormes variations que l'état de conservation et la contraction peuvent amener chez des individus d'une même espèce; ils m'ont conduit encore à reconnaître les erreurs où j'étais tombé en 1826, faute d'apprécier ces différences, et la trop grande facilité avec laquelle M. de Férussac admettait comme espèces, et faisait représenter comme telles, tous les dessins qui lui étaient communiqués, sans leur comparer les originaux; facilité qui avait amené dans la publication un grand nombre de planches tout à fait inutiles ou même contraires à la vérité. Si ces planches n'avaient pas été livrées aux souscripteurs, j'aurais pu ne pas les faire paraître, en réduire ainsi le nombre, ou remplacer les fautives par des représentations plus exactes; mais la chose n'est plus en mon pouvoir. Je serai donc souvent obligé, quoiqu'il y ait déjà beaucoup trop de planches de chaque espèce, outre celles qui sont destinées aux espèces nouvelles, d'en donner encore quelquefois de totales, ou de partielles, des espèces anciennement connues, pour faire connaître des organes que j'ai trouvés depuis, et qui seront d'une grande importance dans la classification de l'ensemble.

Ces découvertes m'ont fait envisager les Céphalopodes sous un point de vue tout à fait nouveau, en me conduisant à les classer dans un ordre subordonné à la valeur de ces mêmes caractères, et différent de l'ordre adopté par M. de Férussac. Ces changements dans les coupes en ont amené nécessairement dans la manière d'envisager les espèces et de les décrire; aussi, non-seulement mes anciennes descriptions ne pouvaient plus rentrer dans mon nouveau cadre, et eussent fait disparate à mes nouvelles vues, mais encore les descriptions écrites par M. de Férussac se trouvant dans le même cas, j'ai dû en faire de nouvelles en présence des animaux, pour que l'ouvrage présentât un ensemble, une coordination uniforme; ne voulant pourtant pas priver la science des travaux de mon collaborateur, j'ai imprimé textuellement tous ses articles à la suite des miens, sans y apporter le plus petit changement; et, afin qu'il soit facile de reconnaître nos travaux respectifs, j'ai, d'après ses intentions manifestées dans son Prospectus de 1834, fait suivre chaque article de la signature de son auteur.

Avant de terminer cet aperçu rapide, il me reste à remplir un devoir bien cher, celui de témoigner ici publiquement ma reconnaissance aux savants et aux voyageurs dont les travaux et les communications m'ont été si utiles pour cet ouvrage ; j'ai scrupuleusement cité leurs noms à la description de chaque espèce, en indiquant ce dont je leur suis redevable. Néanmoins, qu'il me soit permis de les reproduire ici sous un même coup d'œil. Pour les espèces vivantes, je dois à messieurs les Professeurs administrateurs du Muséum d'histoire naturelle, et en particulier à M. Valenciennes, la communication des nombreuses collections de cet établissement ; à MM. Temminck et Vaan Han, les espèces du cabinet de Leyde, recueillies à Java par MM. Kuhl et Van Hasselt ; à MM. Bonelli et Géné, celles du cabinet de Turin. J'ai profité des observations et des riches récoltes de MM. Quoy et Gaimard, Tilesius, Eschscholz, Rang, Owen, Ehremberg, Gray, Lesson, Reynaud, Roux, Dussumier, Ruppel, Delle-Chiaje, Wagner, Risso, Gervais, Van Beneden, Bouchard-Chantereaux, Pander, Loven, et surtout de celles de M. Verany, de Nice. Pour les fossiles, je dois aux savantes communications de M. le comte Münster de Bayreuth les dessins et descriptions des magnifiques espèces de sa collection ; à M. le professeur Goldfuss, les Bellérophons qu'il va publier dans son ouvrage ; à M. de Verneuil, les belles espèces des terrains siluriens et carbonifères ; et à MM. Voltz, d'Archiac et Deslongchamps, des pièces importantes de leurs riches collections.

Les matériaux que j'ai compulsés, étudiés ou comparés pour faire mon travail, sont immenses, et cette même richesse de faits, de controverses, tout en me permettant de rendre mon ouvrage plus complet, en a de beaucoup augmenté les difficultés, et m'a rendu plus embarrassante la coordination de l'ensemble. Je ne me suis jamais rebuté de la longueur des recherches, dans tous les auteurs, depuis Aristote jusqu'à nos jours. Pour arriver à la vérité, j'ai cherché à rendre à chacun ce qui lui est dû, et j'ai mis toute la conscience possible dans l'étude des espèces et des faits généraux qui s'y rattachent ; mais l'étendue du travail, sa nature même, peu saisissable, tout me porte à solliciter l'indulgence des savants qui voudront bien me lire pour les erreurs involontaires dans lesquelles je pourrais être tombé ; trop heureux si, d'un autre côté, mon zèle et mon dévouement pour les intérêts de la science m'assurent une petite place dans leur estime !

Alcide D'ORBIGNY.

CÉPHALOPODES.

PREMIER ORDRE.

CÉPHALOPODES ACÉTABULIFÈRES, Férussac et d'Orbigny.

Cryptodibranches, Blainville, Férussac; *Dibranchiata*, Owen.

Caractères généraux. Animaux libres, formés de deux parties distinctes, l'une, postérieure, le corps ouvert en avant, et contenant les viscères; l'autre, antérieure ou *céphalique*, portant des bras pourvus de cupules.

Corps variable, rond, allongé, cylindrique, pourvu ou non de nageoires, contenant deux branchies paires, un sac à encre.

Partie céphalique, plus ou moins séparée du corps, pourvue latéralement d'yeux saillants, en dessous d'un *tube locomoteur* entier, en avant de huit ou dix bras charnus, portant des cupules sessiles ou pédonculées; au milieu des bras, un appareil buccal composé de deux mandibules cornées, de lèvres et d'une langue hérissée de crochets. Sexes séparés.

Test. Lorsqu'il existe, corné ou crétacé.

Rapports et différences.

Ce premier ordre des Céphalopodes, dont nous devons nous occuper exclusivement, diffère du second (1), qu'en opposition nous avons nommé *Tentaculifera* (*Tetrabranchiata*, Owen), par sa tête distincte et non unie au corps, par le manque d'appendice pédiforme, servant à la reptation, par ses bras pourvus de cupules, que remplace, chez les Tentaculifères, un grand nombre de tentacules cylindriques, rétractiles, sans cupules, entourant la bouche; par deux branchies au lieu de quatre; par son tube locomoteur entier, et non fendu sur toute sa longueur. Les coquilles polythalames, lorsqu'elles existent, sont toujours contenues dans le corps, et sans cavité supérieure à la dernière loge chez les Acétabulifères, tandis que chez les Tentaculifères, elles contiennent toujours l'animal dans une cavité supérieure à la dernière loge.

A. D'O.

(1) Ma publication de 1835, sur les Céphalopodes de mon *Voyage dans l'Amérique méridionale*, a montré que je ne considérais plus les *Foraminifères* comme Céphalopodes. M. de Férussac ne les a pas moins fait figurer, à notre insu, dans sa méthode (voyez *Introduction à l'Histoire naturelle des Mollusques*); ce qui a pu faire croire que nous les regardions toujours comme tels. En 1838, dans la Notice analytique de nos travaux, nous avons reproduit notre opinion à cet égard. Nous espérons que le travail général d'ensemble que nous venons de publier dans l'*Histoire naturelle de l'île de Cuba*, sur les Foraminifères, ne permettra plus de nous prêter une opinion qui n'était, en 1825, que la conséquence des idées de l'époque.

GÉNÉRALITÉS.

CHAPITRE PREMIER.

CONSIDÉRATIONS ZOOLOGIQUES.

Comparaison des différentes modifications de formes des organes avec les fonctions qu'ils sont appelés à remplir.

Formes générales.

Quoique tous les Céphalopodes acétabulifères ou *Dibranchiata* soient composés d'un *corps* (1) et d'une *tête* formant les deux parties principales de leur ensemble, leur forme extérieure est on ne peut plus variable. Chez les *Octopus*, le corps est très petit, par rapport à la masse céphalique et aux bras; un peu plus gros, ou, pour ainsi dire, égal, chez les *Philonexes* et les *Argonautes;* il devient énorme chez les *Cranchia*, les *Sepiola*, les *Sepia*, tout en conservant des formes arrondies; puis il s'allonge de plus en plus chez les *Loligo*, les *Onychoteuthes*, les *Ommastrephes*, les *Loligopsis*, chez lesquels généralement l'ensemble céphalique n'est plus rien comparativement au corps; ou, lorsqu'il prend un grand développement, comme nous le voyons chez les Histioteutes et quelques Loligopsidées, ce n'est plus qu'un cas exceptionnel. Ainsi l'on trouve une ligne de démarcation assez tranchée entre les proportions relatives du corps et de la tête, chez les *Octopodes* et les *Décapodes*. Chez les premiers, c'est l'ensemble céphalique qui est le plus volumineux; chez les seconds, c'est le corps. Nous chercherons plus tard, en considérant la forme respective et les dimensions de ces parties, les nécessités d'existence qui les déterminent.

Consistance générale.

La consistance de ces animaux est loin d'être uniforme : chez les *Cranchia*, les *Loligopsis*, c'est une enveloppe membraneuse, flasque, transparente, pour ainsi dire, gélatineuse en dedans, dont les couches musculaires sont si peu apparentes, qu'on mettrait l'existence en doute, si les fonctions du corps ne venaient la démontrer. Cette transparence est telle, qu'on les prendrait pour des Acalèphes. Chez les *Histioteuthis*, il commence à y avoir des muscles visibles, quoique la masse soit transparente. Chez les Calmars, il y a encore, à l'état de vie, diaphanéité complète, malgré les couches musculaires épaisses qui composent l'animal. Cette même diaphanéité, avec un réseau de fibres musculaires puissantes, se remarque chez les *Ommastrephes*, les *Onychoteuthis*, les *Sepiola*, les *Rossia*, les *Argonauta*, et chez quelques *Philonexis;* mais c'est surtout chez les Seiches et chez les Poulpes qu'il y a plus d'opacité, due à l'épaisseur du derme; ce sont aussi les plus charnus, les plus coriaces extérieurement, et ceux, enfin, qui peuvent résister davantage à une vie côtière : aussi la force musculaire est-elle toujours en raison de la vie active des espèces, tandis que le plus ou moins d'épaisseur de la peau distingue invariablement les espèces pélagiennes de celles

(1) Nous avons appelé *corps* la partie qui enveloppe les viscères; quelques auteurs l'ont, par analogie de fonction ou de forme, nommé *manteau* ou *sac*.

qui sont plus spécialement appelées à résister au contact des corps durs, et par conséquent à la vie des côtes.

Accidents extérieurs du derme.

Nous venons de dire que la peau des Céphalopodes est plus ou moins épaisse, plus ou moins coriace, suivant les espèces, nous pourrions même ajouter, suivant les genres et les habitudes; car, si nous passons en revue les diverses modifications intérieures du derme, nous les trouverons très différentes, mais dans un ordre constant. Les Calmars, les Sépioteuthes, les Sépioles proprement dites, les Rossies, les Argonautes, presque tous les Ommastrèphes, les Onychoteuthes, les Philonexes et les Loligopsis, ont un épiderme on ne peut plus uni, d'une finesse extrême, sans aspérité aucune, sans tubercules ni cirrhes charnus; chez eux la contraction dans l'alcool n'apporte pas de modification extérieure à la peau, pas plus que les diverses impressions qu'ils ressentent à l'état de vie, le changement de couleur dû au jeu des globules chromophores étant alors le seul signe extérieur de ce qu'ils éprouvent; aussi, vivants ou morts, leur peau est-elle toujours la même, quant à son aspect extérieur.

Les Poulpes, en général, la *Sepia officinalis* et la *Sepia horrida,* nous offrent, avec une peau sans tubercules constants, un caractère singulier qui, peu connu, a fait multiplier outre mesure le nombre des espèces, surtout chez les Poulpes. En effet, tous ces animaux, suivant les impressions qu'ils éprouvent à l'état de vie, sont entièrement lisses ou couverts de tubercules élevés, de cirrhes charnus et saillants. Un *Octopus vulgaris,* dans le repos, a la peau la plus unie; l'irrite-t-on? son corps, sa tête, ses bras même, se couvrent subitement de tubercules coniques arrondis, de cirrhes disposés régulièrement sur les diverses parties, aux endroits où, quelques secondes avant, il n'y en avait aucune trace. Plus ou moins marqués, ces caractères se retrouvent chez presque toutes les espèces de Poulpes, et chez les espèces des autres genres que nous avons indiquées; et, par une suite de l'extrême mobilité de ces parties, suivant l'état de langueur ou d'irritation de l'animal au moment de sa mort, suivant le degré de force de la liqueur dans laquelle on le dépose pour le conserver, la peau est entièrement lisse, couverte de tubercules arrondis, de tubercules coniques, ou hérissée de cirrhes longs et saillants. Chaque espèce pouvant, sur divers individus, montrer successivement toutes les modifications que nous venons d'indiquer, il s'ensuit que les tubercules et les cirrhes, chez les Céphalopodes, ne doivent jamais être considérés comme des caractères spécifiques.

Il nous reste à signaler deux autres genres de modifications extérieures de la peau, qui sont permanents, et offrent, au contraire, des signes constants auxquels on pourra recourir avec certitude, dans la détermination des espèces. La première consiste en des tubercules placés symétriquement, et formés par un amas de matière colorée, contenu dans une poche saillante à l'extérieur et ayant une organisation singulière, puisque chacun d'eux est pourvu d'un pédoncule qui pénètre dans la peau, et quelquefois dans le tissu musculaire. Nous trouvons ce caractère, non signalé jusqu'à présent, à un très haut degré de développement chez l'*Histioteuthis Bonelliana*, chez l'*Ommastrephes pelagica*, ainsi que dans toutes les espèces du sous-genre *Enoplotheuthis.* Parmi les *Onychoteuthes*, ces tubercules couvrent seulement les parties inférieures du corps, de la tête et des bras, sans jamais se remarquer en dessus. La seconde modification extérieure de la peau, également permanente, consiste en tubercules cornés, simples ou divisés en pointes plus ou moins nombreuses, qui couvrent les côtés inférieurs du cou de la *Sepioloidea lineolata*, le sommet de tous les tubercules qui ornent les parties inférieures du *Philonexis tuberculatus*, les parties inférieures et latérales du corps de la *Cranchia scabra*, et forment deux lignes longitudinales, une de chaque côté, en dessous du corps du *Loligopsis guttata;* toutes, excepté la première espèce, évidemment pélagiennes.

Par ce qui précède nous voyons, 1° que les tubercules, les cirrhes, susceptibles d'une érection volontaire, ne se retrouvent que chez les Acétabulifères côtiers, tandis que tous les tubercules invariables ne se remarquent que chez les espèces des hautes mers; 2° que les tubercules charnus non permanents ne doivent être pris qu'avec beaucoup de réserve pour caractères spécifiques, tandis que les tubercules cornés ou non contractiles offrent, au contraire, le moyen le plus certain de reconnaître les espèces; 3° enfin, que les tubercules, les cirrhes charnus et érectiles se trouvent plus particulièrement sur les parties supérieures du corps et de la tête, tandis que les tubercules constants se remarquent, au contraire, seulement aux parties inférieures des animaux qui en sont pourvus.

Quant à l'utilité des cirrhes ou tubercules érectiles, si, indépendamment des signes d'irritation qu'ils annoncent, ce ne sont pas encore des organes de tact, nous ne pourrions leur assigner de fonctions dans l'économie générale des espèces. Il paraissent d'autant plus être des organes de tact, qu'ils sont en dessus, chez les animaux qui rampent, comme les Octopus. Nous croyons également que les tubercules permanents doivent servir d'organes de tact aux animaux qui en sont pourvus, ce qui serait, du reste, d'accord avec leur position toujours inférieure, par rapport à la position habituelle de la natation; ainsi les organes du tact dans le derme seraient, comme on doit s'y attendre, supérieurs chez les espèces qui rampent le plus souvent, et inférieurs chez celles qui ne font que nager.

Forme du corps.

Le corps est très variable dans ses formes : chez les *Octopus*, il est bursiforme, très élargi postérieurement, et petit; bursiforme encore chez les *Argonauta* et les *Philonexis*, il s'acumine un peu en arrière, et devient plus volumineux; il en est de même chez les *Cranchia*, les *Rossia*, les *Sepiola;* néanmoins, chez ces deux derniers genres, il commence à se montrer oblong, et légèrement déprimé; chez les *Sepioloidea* et les *Sepia*, ovale ou oblong, il est plus volumineux, plus déprimé; il commence à être cylindrique et allongé chez les *Sepioteuthis;* il le devient davantage chez les Histioteuthes, puis s'allonge enfin de plus en plus, et forme un long cylindre fortement acuminé en arrière, chez les *Loligo*, les *Onychoteuthis*, les *Loligopsis* et les *Ommastrephes*.

Si nous cherchons les rapports qui existent entre cette forme si variable du corps chez les Céphalopodes acétabulifères, et les fonctions que celui-ci doit remplir dans l'économie animale, nous trouverons ce rapport très marqué dans plusieurs circonstances importantes. Comme nous le dirons plus tard, en comparant les différents modes de natation de ces animaux, le corps en est le plus puissant agent, par l'alternance des aspirations dans lesquelles il se remplit d'eau, et l'expulsion avec force de ce liquide par le tube locomoteur, par une forte contraction de ses parois; dès lors on peut croire que le volume et la forme du corps doivent toujours être relatifs au plus ou moins d'exigences habituelles de la natation;

c'est, en effet, ce que nous trouvons : chez les *Octopus*, qui se tiennent le plus souvent dans le creux des rochers, qui nagent peu et lentement, le corps est petit et élargi en arrière; chez les *Philonexis*, qui nagent davantage, parce qu'ils vont au milieu des Océans, le corps est plus gros, un peu acuminé; tandis qu'il devient cylindrique, très volumineux et très aigu en arrière, chez les *Loligo*, les *Onychoteuthis*, les *Ommastrephes*, qui, les meilleurs nageurs de cet ordre, fendent les eaux avec la rapidité d'une flèche. Dès lors on peut juger par avance, avec certitude, du degré de vélocité de la nage rétrograde à l'aide du corps, chez les Céphalopodes, par la forme et le volume extérieur du corps même : par la forme, puisqu'il est évident que, lorsqu'il est cylindrique et en pointe aiguë en arrière, il devra fendre les eaux sans obstacle, tandis qu'il éprouvera une grande résistance, lorsqu'il sera arrondi ou élargi en arrière; par le volume, parce que, petit, il doit contenir moins d'eau à repousser que lorsqu'il sera plus étendu, soit en grosseur, soit en longueur.

Nous avons cru reconnaître, de plus, que la forme cylindrique ou déprimée du corps est en rapport avec d'autres habitudes : les animaux qui ne font que nager au sein des mers l'ont cylindrique, arrondi, comme on le voit chez les *Onychoteuthis*, les *Enoploteuthis*, les *Ommastrephes*, les *Loligopsis*, les *Histioteuthis*; chez ceux qui fréquentent momentanément les côtes, il est légèrement déprimé, comme chez les *Sepioteuthis*, et quelques Calmars; mais chez ceux qui, plus côtiers encore, ont l'habitude de s'appuyer sur le sol, comme les Seiches, par exemple, il est beaucoup plus déprimé que dans les autres genres, et offre un large point d'appui.

En résumé, le plus ou moins de volume du corps est relatif aux exigences de la natation; la figure bursiforme ou cylindrique du corps dénote le plus ou moins de force et de vitesse de cette natation; tandis que la dépression ou la forme cylindrique de ce corps tient aux habitudes pélagiennes ou côtières.

Appareil de résistance.

Le corps, chez les Cépalopodes acétabulifères, se rattache à la tête de deux manières bien distinctes : 1° par des moyens de jonction fixés à demeure; 2° par des moyens facultatifs ou volontaires.

Dans le premier cas, indépendamment de la bride dorsale intérieure du corps, qu'on retrouve plus ou moins large dans tous les genres, de la bride intérieure médiane ventrale, très marquée chez tous les Octopodes, et indiquée parmi les Décapodes, chez les Sépioles et les Rossies, et de quelques autres brides latérales, qu'on remarque très avant dans l'intérieur du corps, chez les Octopodes seulement, il en est qui tiennent au bord même de la partie antérieure du corps, ne sont qu'une continuité de la peau, et dès lors sont bien plus apparentes. Celles-ci peuvent être divisées en deux séries : l'une, destinée à unir la tête au corps en dessus, et que nous appellerons *bride cervicale*; les autres paires, latérales inférieures, que nous nommerons *brides latérales*.

La *bride cervicale* se retrouve, sans exception, chez tous les Octopodes; très large, occupant toute la largeur du cou chez les *Octopus*, plus étroite chez les *Philonexis*, réduite à l'intervalle des yeux chez les Argonautes. Chez les Décapodes, elle ne se montre, au contraire, que dans les genres *Sepiola* et *Cranchia*, où elle paraît être une continuité de la peau du dos, et chez les *Loligopsis*, où elle forme une véritable bride distincte du bord.

Les *brides latérales*, toujours paires, ne se sont montrées que dans le genre *Loligopsis*, où elles sont très marquées.

Dans le second cas, lorsque les moyens de jonction du corps à la tête sont volontaires, nous les nommerons *appareil de résistance*. Cet appareil, donné aux animaux qui en sont pourvus comme un moyen facultatif de réunir ces deux parties, est peut-être, parmi les espèces de chaque genre, l'organe le plus invariable dans ses formes, et par conséquent un des meilleurs caractères génériques qu'on puisse prendre. Parmi les Octopodes, il manque entièrement chez les *Octopus*, ces animaux n'en ayant pas besoin par suite de la grande largeur de leur bride cervicale; dans les autres genres de cet ordre, il est toujours charnu; chez les *Philonexis*, il est composé d'une boutonnière à la paroi interne du corps, sur les côtés inférieurs, et vis-à-vis, sur la base du tube locomoteur, d'un bouton ou d'un crochet destiné à entrer dedans; chez les *Argonautes*, c'est, tout au contraire, une boutonnière sur la base du tube locomoteur, et un mamelon ou bouton à la paroi interne du corps, destinés au même usage. Parmi les Décapodes, il manque entièrement chez deux genres, les *Cranchia* et les *Loligopsis*, pourvus seulement d'attaches fixes; il n'existe pas sur le cou chez les *Sepiola* et les *Sepioloidea*, qui ont à cette partie une *bride cervicale* fixe, tandis que, chez tous les autres genres, il se remarque sur le cou et sur les côtés inférieurs du corps, mais toujours cartilagineux et ferme, plus ou moins compliqué dans ses formes, dans ses détails.

L'appareil inférieur est composé, chez les *Rossia*, d'une crête courte, surmontée d'un sillon profond au bord du corps, et d'un sillon allongé sur la base du tube locomoteur; chez les *Loligo* et les *Sepioteuthis*, la crête est un peu plus longue, sans sillons autour; chez les *Onychoteuthis* et les *Enoploteuthis*, la crête occupe presque la moitié de la longueur du corps en dedans, avec le sillon de la base du tube locomoteur; chez la *Sepia*, c'est un mamelon oblong, oblique, qui se loge dans une fossette de même forme oblongue de la base du tube locomoteur; chez les *Chiroteuthis*, ce sont un mamelon oblong longitudinal, deux cavités latérales inférieures à la paroi du corps, et une fossette pourvue de deux mamelons à la base du tube locomoteur; chez les *Ommastrephes*, enfin, où il est le plus compliqué, ce sont, sur la paroi du corps, deux saillies, l'une oblongue, l'autre triangulaire, réunies par deux cavités de la base du tube locomoteur, et deux saillies de la base du tube locomoteur qui viennent s'appliquer entre les deux tubercules du côté opposé.

L'*appareil supérieur*, placé sur le cou, est moins variable. Chez les *Loligo*, les *Sepioteuthis*, les *Histioteuthis*, les *Onychoteuthis*, il est cartilagineux, composé d'un bourrelet allongé, très élevé, comme bilobé par un sillon médian, sur lequel vient s'appliquer une partie modelée en creux sur ses saillies, située sous l'extrémité supérieure de l'osselet. Le sillon est plus large chez les *Ommastrephes*, et les deux bourrelets distincts, tandis que chez les *Sepia* et les *Rossia*, cet appareil forme une longue surface en fer à cheval, arrondie en avant, bordée tout autour, et pourvue sur le milieu d'un sillon profond, longitudinal.

Maintenant que nous venons de comparer entre elles les diverses modifications de formes de l'*appareil de résistance*, si nous voulons en détailler les fonctions, nous ne pouvons nous empêcher d'admirer tout à la fois la complication de cet appareil, et son importance dans l'économie, dans les besoins de la vie des animaux qui en sont pourvus. Comment, en effet, la plupart des Céphalopodes acétabulifères auraient-ils pu, avec une très légère attache interne du corps à la tête, donner à l'ensemble assez de fermeté pour résister à une nage puissante, à des mouvements des plus prompts, s'ils n'avaient eu en leur pouvoir un autre mode d'affermir entre elles ces deux parties ? Comment, d'un autre côté, des animaux aussi vifs dans leurs mouvements, auraient-ils pu conserver toute leur agilité, la multiplicité de leurs moyens de préhension, si leur tête avait été entièrement soudée au corps ? Il leur fallait donc tout à la fois un moyen purement facultatif de rattacher momentanément la tête au corps dans le besoin, en leur donnant toute la fermeté désirable d'ensemble, tandis qu'en d'autres circonstances ces deux parties, libres chacune de leur côté, devaient pouvoir agir séparément, suivant les exigences du moment; ce sont les fonctions remplies par l'*appareil de résistance*. C'est, comme nous l'avons vu, un bouton qui rentre dans une boutonnière, des mamelons qui viennent se placer dans des cavités, des crêtes qui s'appliquent dans une rainure, et empêchent le corps de se séparer de la tête, ou tout mouvement de rotation de l'un sur l'autre. C'est donc un moyen facultatif de rattacher le corps à la tête, en remplaçant les brides fixes ; dès lors il était naturel qu'il manquât chez les animaux qui ont ces deux parties largement soudées entre elles ; aussi ne l'observe-t-on pas chez les *Octopus*, qui trouvent, d'ailleurs, dans le grand développement de leurs bras, un moyen d'atteindre au loin autour d'eux, et chez les *Cranchia* et *Loligopsis*, dont la force musculaire est peu considérable ; mais chez les Argonautes et les Philonexes, où la bride cervicale est plus étroite et peu proportionnée au volume du corps, l'appareil de résistance devenait indispensable; aussi y est-il fortement conformé, de même que chez tous les autres genres qui manquent entièrement de brides cervicales et latérales au bord antérieur du corps.

Nous avons observé à l'état de vie plusieurs espèces de ces genres, et nous avons remarqué que, dans la nage rétrograde, les parties de l'appareil de résistance sont en contact immédiat, que le corps et la tête paraissent alors ne former qu'un tout, tandis que pendant la préhension dans les mouvements latéraux ou de rotation de la tête sur le corps, les parties de l'appareil semblent souvent ne plus être fixées entre elles, afin de laisser plus de liberté à l'animal. Nous croyons, d'après ce qui précède, que la complication de l'appareil est en raison de la force de natation des animaux qui en sont pourvus. Les Poulpes, qui nagent peu, en manquent totalement, tandis que les Ommastrèphes, qui se lancent avec tant de force, qu'ils s'élèvent du sein de l'onde jusque sur le pont des gros navires, l'ont beaucoup plus compliqué que les autres genres. Cet appareil est, d'ailleurs, charnu chez les Octopodes, toujours cartilagineux chez les Décapodes.

Nageoires.

Parmi les Céphalopodes acétabulifères, il n'y a que les Décapodes qui soient pourvus de nageoires; les *Octopus*, les *Philonexis*, les *Argonauta* en manquent toujours. Tous les Décapodes, disons-nous, ont des nageoires, et la diversité des formes de celles-ci ont été, pour ainsi dire, les seuls caractères employés comme génériques par la plupart des auteurs qui se sont occupés des Céphalopodes ; aussi en est-il résulté que les autres détails organiques ont été presque toujours négligés. D'après les anciennes divisions, quand ces nageoires sont latéro-dorsales, c'étaient des Sépioles ; lorsqu'elles sont latérales sur toute la longueur du corps, c'étaient des Seiches, des Sépioteuthes ; lorsqu'elles sont terminales, c'étaient des Cranchies, des Calmarets (dans lesquels on plaçait plusieurs modifications tout à fait distinctes), des Onychoteuthes et des Calmars. Voyons, suivant les divisions que nous a données l'ensemble des organes, quelle est encore la place des nageoires. Chez les *Sepiola*, les *Sepioloidea*, les *Rossia*, elles sont latéro-dorsales, distinctes; ainsi trois modifications de caractères ont les nageoires dans la même position : chez les *Sepia* et les *Sepioteuthis*, elles sont latérales, occupent toute la longueur du corps, étroites dans le premier genre, larges dans le second; néanmoins les *Sepioteuthis*, par tous leurs caractères, sont semblables aux Calmars proprement dits, quoique leurs nageoires soient différentes. Chez les *Cranchia*, les *Histioteuthis*, les *Onychoteuthis*, les *Loligo*, les *Loligopsis*, les *Ommastrephes*, elles sont terminales; échancrées en arrière chez les *Cranchia*, les *Histioteuthis*, arrondies chez les *Loligopsis*, les *Chiroteuthis*, et rhomboïdales, anguleuses, chez les *Onychoteuthis*; les *Loligo* et les *Ommastrephes*. Les nageoires sont donc loin d'être toujours en rapport avec les caractères purement zoologiques, et il y a, certes, beaucoup de différence entre un Ommastrèphe, un Onychoteuthe, un Calmar; néanmoins il serait difficile de les distinguer par la forme seule des nageoires, celles-ci étant le plus souvent semblables; aussi croyons-nous que la forme et la position de la nageoire ne doivent être prises que bien secondairement pour base dans les classifications des Céphalopodes; et, pour notre part, nous ne leur donnons aucune valeur réelle.

La nature des nageoires est variée suivant les genres : chez les Seiches, la partie musculaire est recouverte d'une peau épaisse qui la dépasse de beaucoup; aussi les nageoires sont-elles sujettes à se contracter plus ou moins, et à changer tout à fait de largeur, suivant l'effet de la liqueur dans laquelle on les a placées; chez tous les autres genres, ce sont, au contraire, des couches musculaires transversales recouvertes d'un épiderme si mince, qu'en dessous des nageoires des Calmars, des Onychoteuthes, des Ommastrèphes, les fibres musculaires forment toujours des lignes transversales très marquées, qui les rendent comme striées : alors, au lieu d'être contractiles, elles sont invariables dans leurs formes; leur consistance est ferme, coriace même; leurs bords sont toujours entiers et très minces. En général, la fermeté de la nageoire paraît être en raison des habitudes plus ou moins pélagiennes, et du grand exercice de la natation : les plus coriaces de toutes étant celles des *Ommastrephes Bartramii* et *Ommastrephes oceanicus*, des *Onychoteuthis Bergii*, qui n'ont encore été rencontrés qu'au sein des hautes mers, et qui s'élancent à une grande hauteur hors de l'eau, tandis que les plus mollasses, celles des Seiches, appartiennent aux Céphalopodes les plus côtiers, les moins bons nageurs.

Les fonctions natatoires des nageoires, reconnues par tous les zoologistes, ont été néanmoins regardées comme nulles par M. Rang (1). Nous n'entreprendrons pas de discuter sur un fait incontestable. Les nageoires, il est vrai, n'ont pas seules les fonctions locomotives, puisque le refoulement de l'eau par le tube locomoteur en est le plus puissant agent, et que les bras ne sont pas non plus sans action, comme nous le verrons plus tard; mais il est impossible de ne pas leur accorder des mouvements natatoires que tout le monde a pu vérifier. Leurs fonctions sont diverses, suivant les besoins : dans la nage rétrograde, elles sont étendues, et soutiennent la position horizontale, en même temps qu'en s'inclinant plus ou moins, elles font varier la direction de la marche; en d'autres circonstances, elles s'ondulent ou s'agitent, en aidant les mouvements de côté ou en avant que l'animal désire exécuter. En résumé, elles servent de parachute, en soutenant l'animal dans les eaux, ou facilitent les mouvements divers, tout en ayant moins de puissance que les nageoires des poissons.

(1) Documents pour servir à l'Histoire naturelle des Céphalopodes, *Magasin de zoologie*, 1837, p. 5.

Ensemble céphalique.

Si nous comparons l'ensemble céphalique chez tous les Céphalopodes acétabulifères, nous trouverons des disproportions énormes dans le volume des parties qui le composent, ainsi que dans leurs formes. Voyons d'abord son volume, les bras compris : nous trouvons que les Octopus, par la grande longueur de ces bras, ont, de tous les Céphalopodes, l'ensemble le plus volumineux, tandis que la tête proprement dite est très petite; la disproportion est moins grande chez les Philonexes et chez les Argonautes, pourvus de bras plus courts, et le devient encore beaucoup moins parmi les Décapodes, chez lesquels les bras sont le plus souvent très courts, par rapport au reste. En général, le volume comparatif de la tête proprement dite, et des bras, paraît dépendre des habitudes de reptation ou de natation des espèces; car nous voyons les bras plus volumineux chez les Poulpes qui rampent souvent, tandis qu'ils deviennent courts chez tous les Céphalopodes qui ne sont que nageurs.

Dans l'ensemble de la forme de la tête, nous voyons deux modifications bien distinctes : l'une, où la tête est placée dans la direction de l'axe longitudinal de l'ensemble de l'animal, ou comme une continuité du cylindre ou de la masse oblongue du corps de cet animal entier, ce qui existe chez tous les Céphalopodes sans coquille externe; l'autre, où la tête, au lieu de suivre la direction de l'axe longitudinal, se reploie en dessus, en formant avec cet axe un angle dû au grand raccourcissement des parties supérieures, et à l'allongement des parties inférieures, ce que nous ne trouvons que dans le genre Argonaute, pourvu d'une coquille externe. Ces deux modifications, en apparence peu importantes, le deviennent beaucoup si nous les rapprochons des habitudes des Céphalopodes; en effet, on conçoit sans peine qu'un animal ait besoin d'avoir toutes ses parties dans la direction de l'axe de sa longueur, lorsqu'il est surtout appelé à nager rapidement au sein des eaux; dans le cas contraire, il n'y a pas de nage exécutable; car l'angle formé par le corps et la tête serait un obstacle tel, qu'il ne lui serait plus possible de suivre une direction quelconque, surtout parmi des animaux qui vont le plus souvent à reculons. Il résulte de ce fait : 1° que l'animal de l'Argonaute ne pourrait en aucune manière se diriger dans sa natation, s'il était appelé à vivre librement dans les eaux comme les autres Céphalopodes; 2° que dès lors il ne pourrait vivre sans coquille, tandis que ce même angle de la tête et du corps est tout à fait en rapport avec sa position dans cette coquille, et sa natation lorsqu'il y est logé.

La grande largeur de la tête est presque toujours déterminée par le volume des yeux, qui saillent sur les côtés; aussi chez les Octopus, qui, de tous les Céphalopodes, ont les yeux les plus petits, la tête reste-t-elle toujours assez étroite, tandis qu'elle est large chez les Calmars et chez presque tous les Décapodes. Dans ce dernier ordre, la tête se rétrécit tout à coup en arrière des yeux, de manière à rentrer, jusqu'à ce rétrécissement, dans l'intérieur du corps, qu'elle est appelée à fermer hermétiquement dans beaucoup de circonstances; aussi la tête est-elle toujours à peu près du même diamètre que la partie antérieure du corps, sur laquelle elle s'appuie dans la natation; il en résulte qu'elle est déprimée chez les Céphalopodes, dont le corps l'est aussi (la Sepia), et que ces deux parties coïncident avec ce que nous avons déjà dit (1) des causes de cet aplatissement.

(1) Voyez page ix.

En arrière des yeux, sur la partie cervicale, on ne remarque aucun pli charnu chez les Octopodes; chez les Décapodes, au contraire, il y a des genres qui en ont toujours, tandis que d'autres en sont dépourvus. Les Seiches, les Sépioles, les Rossies, les Calmarets, manquent de ces plis; ils sont transversaux, un de chaque côté, chez tous les Calmars et les Sépioteuthes, où ils forment une véritable crête auriculaire; ils sont longitudinaux, au nombre de trois, chez les Ommastrèphes, bien plus nombreux chez les Onychoteuthes, pouvant toujours, indépendamment des autres caractères, être considérés comme spécifiques, et même génériques dans leurs formes et leur position. Peut-être ces plis sont-ils destinés à protéger et à garantir, dans certaines circonstances, l'orifice auditif externe; car ils renferment toujours dans leurs contours l'organe extérieur de l'audition.

Organe de la vision.

Nous avons déjà dit qu'il existait une grande différence dans le volume des yeux chez les Céphalopodes acétabulifères, que les Poulpes les avaient toujours petits, tandis qu'ils étaient très saillants et gros chez tous les Décapodes. Si, sous ce rapport, nous comparons les genres entre eux, nous trouvons parmi les Octopodes les yeux beaucoup plus grands chez les Philonexes et les Argonautes, que chez les Octopus. Parmi les Décapodes, les yeux sont plus grands chez les Calmars, chez les Ommastrèphes et chez les Onychoteuthes, que chez les Seiches. Nous pourrions de ces différences, jointes à l'observation des mœurs, tirer la conséquence que le volume des yeux est en raison des habitudes diurnes ou nocturnes des Céphalopodes. Par exemple, les Poulpes, fixés, pour ainsi dire, dans leurs trous de rochers, et qui sont naturellement exposés à la lumière du jour, les ont les plus petits, tandis que les autres genres d'Octopodes, plus ou moins pélagiens, qui les ont plus grands, sont évidemment nocturnes, et ne viennent à la surface des eaux et sur les côtes que la nuit. Parmi les Décapodes, les Seiches sont encore les plus côtiers, et, par la même raison, plus exposés à la lumière; aussi leurs yeux sont-ils, en général, plus petits que ceux des autres genres; presque tous des hautes mers, et seulement nocturnes, comme nous avons pu nous en assurer dans nos voyages.

Les yeux n'ont pas toujours la même position par rapport à la tête, c'est-à-dire qu'ils sont latéraux, ou latéraux-supérieurs. Ils sont latéraux-supérieurs chez tous les Poulpes, chez les Seiches, les Sépioles, les Rossies, un peu moins chez les Calmars; mais sont tout à fait latéraux chez les autres Décapodes, tels que les Ommastrèphes, les Onychoteuthes, etc. Nous nous sommes demandé pourquoi ces deux modifications se trouvaient toujours chez les genres entiers, et quelle pouvait en être la cause. Nous croyons avoir trouvé la solution de la question dans les différents modes d'existence, dans les habitudes même des Céphalopodes. Il est évident que l'animal qui se tient le plus sur les côtes, qui se repose souvent au fond des eaux, a plus grand besoin de voir au-dessus de lui qu'au-dessous; aussi a-t-il presque toujours les yeux en dessus, comme nous le voyons chez tous les poissons pleuronectes, les Raies, les Lophies, appelés à ramper constamment; tandis que les animaux qui restent toujours en pleine mer ont autant besoin de voir au-dessous qu'au-dessus d'eux, pour saisir la proie qui se présente, et pour fuir le danger. Ces deux modifications nous paraissent donc tenir évidemment aux habitudes côtières ou pélagiennes. Les Poulpes, en effet, les Seiches, les Sépioles, les Rossies, les Calmars, dont les yeux sont latéraux-supérieurs, ne se sont trouvés, jusqu'à présent, que sur les côtes; tandis que les Ommastrèphes, les Onychoteuthes, les Loligopsis, les Histioteuthes et les Chiroteuthes, dont les yeux sont latéraux, ne viennent sur les côtes que par accident, et vivent constamment au sein des mers : ce qui est tout à fait d'accord avec notre supposition.

Après avoir comparé le volume et la position des yeux, si nous en voulons examiner la composition, les caractères, nous trouverons d'abord deux grands types de modifications : dans le premier, le globe de l'œil est enveloppé et uni aux téguments qui l'entourent, alors il est fixe et sans mouvement sur lui-même; dans l'autre, le globe de l'œil n'est pas enveloppé de téguments, son orbite est libre dans une cavité spéciale, et fixé seulement par le nerf optique et par des muscles, sur une très petite partie de sa circonférence. De ces deux modifications, la première est caractéristique de tous les Octopodes, tandis que la seconde se trouve, sans exception, chez tous les Décapodes; ainsi, outre le nombre de bras, ce caractère sera un point de plus de dissemblance constante entre ces deux divisions primordiales des Acétabulifères.

L'œil des Octopodes nous offre peu de différences : chez les Poulpes, les Argonautes, la peau est susceptible de se contracter tout autour et de le recouvrir entièrement de ses replis; tandis que chez les Philonexes la peau n'est pas assez extensible pour remplir ces mêmes fonctions. Ce sont les seules modifications que nous ayons remarquées, presque toutes les espèces de ces genres ayant des paupières minces plus ou moins visibles qui se rabattent sur les yeux. Il y a néanmoins une grande dissemblance dans l'épaisseur comparative de ces téguments qui entourent l'œil : chez les Poulpes, la peau en est dure, épaisse, rugueuse; tandis que, chez les Argonautes et les Philonexes, elle est, au contraire, très mince et unie, ce qui paraîtrait encore devoir être une conséquence des besoins et des habitudes différentes de ces trois genres : le premier, côtier, plus exposé dès lors au contact de corps durs, devait pouvoir protéger ses yeux d'une tout autre manière que les deux autres, qui sont pélagiens, ou ne paraissent sur les côtes que par accident, et par conséquent n'ont pas besoin de garantir autant leur organe visuel, exposé à moins de dangers.

Dans l'œil des Décapodes, toujours libres de tourner en tous sens dans une cavité spéciale, et fixe seulement par des muscles et le nerf optique, sur une petite partie de sa circonférence, nous trouvons deux modifications très tranchées : 1° dans l'une, les yeux, quoique libres dans une large cavité orbitaire, n'ont pas de contact immédiat avec le liquide aqueux, étant recouverts ou protégés en dehors par une continuité du derme de la tête, qui seulement devient plus mince et transparente, sur une surface ovale longitudinale, égale au diamètre de l'iris, pour laisser passer les rayons de lumière, et à travers laquelle l'animal voit; 2° dans l'autre, les yeux sont libres dans une cavité orbitaire, largement ouverte en dehors, pourvus souvent d'un sinus lacrymal, et sont dès lors en contact immmédiat avec l'eau. Ces deux modifications de forme d'yeux se joignent à beaucoup d'autres caractères également constants; nous les avons considérés comme devant servir de base à deux sous-ordres. Au premier, nous avons donné le nom de *Myopsidés* (1); au second, celui d'*Oigopsidés* (2). Ces deux sous-ordres sont non seulement d'accord avec les caractères et les modifications des organes, comme nous le démontrerons plus tard; mais encore avec les mœurs des animaux qui se rangent dans chacun d'eux.

(1) De Μυω, je forme, et de ὄψις, œil, vue.
(2) De ὀίγοι, j'ouvre, et de ὄψις, œil, vue.

Dans les Myopsidés, qui ont les yeux couverts d'une membrane extérieure, viennent se classer les Seiches, les Sépioles, les Rossies, les Calmars, qu'on n'a rencontrés, jusqu'à présent, que sur le littoral des continents; habitudes expliquant suffisamment cette prévoyance de la nature, qui leur a donné un moyen de plus qu'aux animaux pélagiens de préserver l'œil du contact des corps durs qu'ils sont plus susceptibles de rencontrer sur la côte.

Les Oigopsidés, ayant les yeux largement ouverts à l'extérieur, et sans membrane protectrice, comprenant les Onychoteuthes, les Histioteuthes, les Ommastrèphes, les Calmarets, les Chiroteuthes, qui ne se trouvent qu'au sein des mers, n'avaient pas besoin d'avoir l'œil garanti extérieurement, comme l'ont les animaux côtiers.

Une preuve de plus de l'influence du genre de vie se trouve dans la forme et la disposition de la membrane qui recouvre les yeux, chez les Myopsidés. Les plus côtiers de tous, ceux qui s'approchent volontiers des rochers, qui s'appuient même souvent sur le sol, les Seiches, les Sépioles, les Rossies, ont, outre la membrane mince immobile qui recouvre les yeux, un repli inférieur, formant une véritable paupière susceptible de se fermer en entier et de venir protéger doublement la vue; tandis que les plus grands nageurs, ceux qui s'arrêtent le moins, les Calmars, n'ont absolument que la membrane simple, sans paupières, ni aucun autre moyen de protéger cet organe.

Parmi les genres compris dans les Oigopsidés, il y a moins de modifications distinctes; cependant nous en avons remarqué quelques-unes; car si, chez les Ommastrèphes, chez presque tous les Onychoteuthes, l'œil, dont le bord de l'ouverture est ferme, non contractile, est pourvu en avant d'un sinus lacrymal quelquefois très profond, cette perfection de l'organe manque entièrement chez les Histioteuthes, les Loligopsis, les Chiroteuthes, qui ont les bords de l'ouverture entiers dans toutes leurs parties. On voit encore l'œil gros, subpédonculé, chez les Loligopsis, tandis qu'il est simplement convexe dans les autres genres.

Nous avons, jusqu'à présent, oublié de parler de deux formes différentes de l'iris, qui se retrouvent dans les Céphalopodes. Chez les Octopodes en général, chez les Calmars, les Seiches, les Sépioles, les Rossies, l'iris est constamment oblong, et tellement échancré en dessus, qu'il représente souvent un croissant dont la partie convexe est inférieure; tandis que, chez tous les Ommastrèphes, les Onychoteuthes, les Loligopsis, les Histioteuthes et les Chiroteuthes, l'iris est, au contraire, toujours arrondi et circulaire. Il est à remarquer que ce sont les plus côtiers qui ont l'iris allongé, tandis que les espèces pélagiennes l'ont arrondi; ce qui coïnciderait avec ce que nous avons dit de la position des yeux; car il est certain que, chez les poissons, tous ceux qui ont besoin de voir en dessus ont les yeux disposés comme les Céphalopodes côtiers, tandis que les poissons pélagiens les ont ronds, comme les Céphalopodes pélagiens; cette forme serait donc encore une des conséquences d'existence.

Il est une particularité de l'organe visuel dont nous parlerons aux orifices aquifères: c'est une ouverture lacrymale placée en avant des yeux, chez les Myopsidés, et dont l'usage, sans doute, est de faciliter la sortie du surplus des parties aqueuses qui entourent l'œil.

En résumé, d'après les modifications de formes et de détails de l'organe de la vue chez les Céphalopodes, modifications réellement des plus admirables, lorsqu'on les compare aux fonctions qu'elles viennent perfectionner, suivant les exigences des différents modes d'existence des espèces, il est évident que, si l'on veut les comparer aux mêmes organes parmi les autres Mollusques, ils leur seront tellement supérieurs chez les Céphalopodes, qu'il n'y aura plus entre eux que des rapports éloignés, tandis que la même perfection de l'organe visuel ne se trouvera que parmi les animaux vertébrés les plus élevés dans l'échelle.

Organe de la manducation.

Cet organe se compose de plusieurs parties distinctes diversement modifiées, suivant les familles, suivant les genres. Nous allons nommer ces parties, en commençant par les plus extérieures. Tout à fait en dehors, entre la base des bras et la masse buccale, se trouve souvent une membrane large, extensible, que nous désignerons par le nom de *membrane buccale*. En dedans est un gros bulbe charnu, libre, pourvu en dehors de deux *lèvres* qui recouvrent un *bec* formé de deux *mandibules* cornées, très fortes, entre lesquelles se place une *langue* en partie cornée. Passons successivement en revue chacune de ces parties, pour reconnaître les modifications qu'elles subissent dans les coupes primordiales ou secondaires.

Membrane buccale. Cette partie, si développée chez tous les Décapodes sans exception, manque tout à fait chez les Octopodes; nous n'avons donc à chercher les modifications que parmi les genres de ce premier ordre. En général, chez ceux-ci, elle forme un entourage très extensible autour de la bouche, qu'elle peut recouvrir entièrement, tandis que, lorsqu'elle est déployée, elle dessine un vaste entonnoir, souvent plus large en bas qu'en haut, et destiné sans doute à retenir les petits animaux sur la bouche, tandis que les mâchoires ou mandibules agissent et broient. Cette membrane est toujours attachée au même côté des bras; aussi est-elle divisée sur ses bords en *six, sept* ou *huit* appendices charnus plus ou moins longs, marqués en dehors par autant de côtes musculaires qui correspondent aux brides insérées aux bras de la manière suivante :

Lorsqu'il y a huit brides, *deux supérieures* rapprochées, viennent s'insérer à la base interne des bras supérieurs ou de la première paire; *deux*, une de chaque côté, à la base du côté supérieur des bras latéraux-supérieurs ou de la deuxième paire; *deux*, une de chaque côté, à la base du côté inférieur des bras latéraux-inférieurs ou de la troisième paire; enfin, *deux* très rapprochées, à la base, du côté interne des bras inférieurs ou de la quatrième paire.

Lorsqu'il n'y a que sept brides, ce sont les deux supérieures qui se réunissent pour n'en former qu'une qui se bifurque ensuite pour l'insertion aux bras supérieurs; les autres sont en tout semblables, comme nous venons de le dire.

Lorsqu'il n'y en a que six, les paires de brides supérieures et inférieures n'en forment plus qu'une de chaque côté, en se réunissant; les autres brides latérales restent invariables dans leur position.

Nous n'avons trouvé les huit brides bien distinctes que dans les espèces du sous-genre Enoploteuthes, parmi les Onychoteuthes; il n'y a que les Histioteuthes, les Chiroteuthes et les Rossies, qui n'en aient que six, tandis que les Calmars, les Sépioles, les Seiches, les Onychoteuthes proprement dits, les Ommastrèphes, les Calmarets et les Chiroteuthes en ont constamment sept.

Nous avons dit que nous considérions la membrane buccale comme destinée à retenir la proie, et à l'approcher des mandibules; supposition que viendrait appuyer une modification des lobes de cette membrane. On sait que, chez les Céphalopodes, les cupules sont des moyens donnés aux bras pour augmenter leurs forces de préhension ; aussi, trouvant des cupules aux parties internes de l'extrémité des lobes de la membrane buccale, chez les Calmars et les Sépioteuthes, n'avons-nous plus eu de doutes sur leurs véritables fonctions; il est évident qu'elles ne sont placées là que pour retenir les corps que l'animal déchire, ou qu'il se dispose à déchirer de son bec.

Lèvres. Les lèvres sont, chez les Céphalopodes, les parties les moins variables dans leurs formes; nous en avons toujours vu deux dans tous les genres : l'une, externe, mince, assez courte, dont les bords sont entiers et non ciliés; l'autre, interne, en contact avec le bec, toujours épaisse, charnue, papilleuse ou ciliée sur ses bords, pouvant se contracter sur le bec et le recouvrir entièrement. Ces lèvres doivent sans doute remplir les mêmes fonctions que chez tous les autres animaux qui en sont pourvus, en servant simultanément à recouvrir, à protéger le bec, et à palper les aliments que retient la membrane buccale.

Bec. Le bec, l'organe le plus puissant de la manducation chez les Céphalopodes, est composé de deux mandibules qui agissent de haut en bas, et ressemblent beaucoup en dehors au bec d'un oiseau ; néanmoins ce bec offre toujours une position inverse de celui de ces animaux, puisque la mandibule supérieure ne recouvre point l'inférieure, mais rentre, au contraire, dans l'inférieure qui la recouvre; position anomale en apparence, et souvent méconnue par ceux qui se sont occupés des Céphalopodes. Ces deux mandibules sont entourées et fortement attachées par des muscles d'une grande puissance qui leur donnent beaucoup de force; leur forme est très différente : ainsi la *mandibule supérieure* se compose de deux parties distinctes, l'une rostrale, plus ou moins arquée, aiguë en avant, formant, en arrière, un capuchon séparé d'une expansion inférieure plus ou moins longue ou plus ou moins large, suivant les genres. La *mandibule inférieure*, toujours plus large, à rostre moins aigu, est aussi composée d'une partie rostrale et d'une expansion inférieure; mais avec cette différence constante que la partie latérale s'allonge latéralement de chaque côté et forme une aile plus ou moins large, plus ou moins longue, suivant les genres.

Nous avons dit que tous les becs de Céphalopodes acétabulifères sont composés des parties que nous venons de décrire; néanmoins ces parties se modifient tellement, qu'à l'inspection d'un bec nous reconnaîtrions presque toujours le genre auquel il a appartenu. En effet, nous avons observé que la *mandibule supérieure* a la partie rostrale très courte, peu séparée de l'expansion chez les *Octopus;* peu séparée encore, mais plus large, chez les Argonautes, les Philonexes; très longue, un peu séparée, chez les Calmars, les Seiches, les Sépioles; peu longue, mais très séparée, chez les Ommastrèphes; peu séparée chez les Onychoteuthes, les Loligopsis, les Histioteuthes, qui ont en même temps le rostre beaucoup plus long, plus courbe, plus aigu. L'expansion postérieure est aussi variable; elle est courte, composée de trois lobes égaux, un postérieur, deux latéraux, chez les Argonautes, les Philonexes; très longue, surtout en arrière, et n'ayant plus qu'un indice de lobe chez les Poulpes; très longue, sans lobes chez les Seiches, les Calmars, les Sépioles, les Rossies, et tous les autres Décapodes. La *mandibule inférieure* subit plus de modifications : la partie rostrale est arrondie en arrière chez tous les Octopodes, échancrée chez les Décapodes. Les ailes sont courtes, larges, chez les Argonautes, les Philonexes; très longues, très étroites, arquées, chez les Octopus;

droites, longues, plus larges chez les Seiches, les Calmars, les Sépioles; courtes chez les Onychoteuthes, les Ommastrèphes, etc. L'expansion postérieure est large, non carénée en dessus, très peu échancrée en arrière, chez les Argonautes, les Philonexes; très longue, étroite, très carénée, peu échancrée, chez les Poulpes; médiocrement longue, large, carénée en dessus, plus échancrée, chez les Seiches, les Calmars, les Sépioles; très courte, très carénée, très fortement échancrée en arrière, chez les Onychoteuthes et les autres Oïgopsidés, avec cette modification que les lobes latéraux sont minces, surtout chez les Ommastrèphes, tandis qu'ils sont pourvus d'une crête ferme sur leur longueur chez les Onychoteuthes, les Enoploteuthes, les Loligopsis et les Chiroteuthes : ces quatre derniers genres ayant l'expansion plus échancrée et plus courte, le rostre plus étroit et plus long. Ainsi la forme du bec se modifie suivant les genres, encore plus suivant les grandes coupes; et leurs caractères constants, dans les espèces d'un même genre, montrent toujours quelques différences appréciables, dès que les autres organes changent : ainsi la forme du bec suit la marche générale des modifications de l'organisation propre à chaque division générique.

La *langue* est peut-être la partie la moins variable chez les Acétabulifères. Chez tous, elle est recouverte d'une pellicule cornée supportant, le plus souvent, sept rangées de crochets cornés, fermes, arqués et très rapprochés, qui doivent faciliter beaucoup le déchirement des aliments.

Organe de l'ouïe.

Les Céphalopodes acétabulifères, si parfaits dans leur organisation, pour la vision, la manducation et les autres parties que nous avons examinées, ne devaient pas rester en arrière quant à l'audition (1); c'est persuadé de ce fait, qu'ayant trouvé cet organe très apparent chez quelques genres, nous avons cru devoir le rechercher chez les autres; et enfin, après beaucoup d'observations, nous avons été assez heureux pour arriver à le rencontrer chez tous.

L'oreille externe, toujours placée en arrière et un peu au-dessous des yeux chez les Céphalopodes acétabulifères, comme chez la plupart des animaux vertébrés, est néanmoins très variée dans sa forme : chez les Poulpes, c'est un orifice peu marqué; chez les Argonautes, les Philonexes, elle est formée d'une légère protubérance percée au milieu, placée au-dessous de la bride cervicale; de même forme, elle est située sur le cou, sans aucune crête protectrice, chez les *Sepiola*, les Histioteuthes et les Loligopsis; sans bourrelet aucun, sans protubérance, son orifice est très petit chez les Rossies, les Seiches, tandis que chez les Calmars et les Sépioteuthes l'oreille externe est marquée par une crête auriculaire transversale, ondulée, fortement élargie et recourbée en avant, à ses extrémités, le trou auditif étant situé en avant et en dedans des replis inférieurs de cette crête. Elle est plus compliquée encore chez les Onychoteuthes par des crêtes longitudinales, dans l'avant-dernière desquelles (en commençant du haut en bas) est situé, dans un repli postérieur, le trou auditif externe; cet organe est percé dans le repli d'une crête longitudinale inférieure chez les Ommastrèphes.

Ainsi la position et les accessoires de l'oreille externe suivent les coupes génériques et celles des familles, puisque l'oreille est sans crête sous la bride cervicale chez tous les

(1) Cuvier, *Mémoire sur l'anatomie des Mollusques céphalopodes*, p. 42, n'avait pas reconnu ce caractère lorsqu'il dit qu'il n'y a pas d'ouverture externe de l'oreille, ni rien qui s'y rapporte.

Octopodes; qu'elle est aussi sans crête auriculaire chez les *Sépidées*, les *Loligopsidées*; qu'elle est pourvue d'une crête auriculaire transversale chez les *Loligidées*, tandis qu'elle est protégée en même temps par des crêtes longitudinales et transversales chez les *Teuthidées*. D'après ce qui précède, nous pourrions croire encore que la complication de l'oreille externe est toujours relative à la vélocité de la natation chez les Céphalopodes; car on voit que, chez les Octopodes, chez les Seiches, les Sépioles, les plus côtiers, chez les *Loligopsidæ* les plus dépourvus de force musculaire, l'oreille est réduite à un simple orifice externe, tandis que chez les meilleurs nageurs, les *Teuthidæ* et les *Loligidæ*, ces parties sont constamment protégées par des crêtes membraneuses qui se rabattent sur elles, et peuvent au besoin les protéger et les garantir.

Après avoir découvert l'orifice auriculaire chez les Céphalopodes, nous avons fait plusieurs expériences pour nous assurer si l'organe de l'audition y est très sensible, et bientôt les faits sont venus nous donner la certitude que ces animaux entendent très bien au sein des eaux. Nous avons frappé des mains à plusieurs reprises, non loin d'une troupe de *Loligo subulata*, retenus dans une flaque d'eau à marée basse, et, à chaque épreuve, leurs mouvements instantanés, ainsi que le changement subit de couleur, nous ont prouvé qu'ils percevaient tous les sons.

Ouvertures aquifères.

Nous appelons *ouvertures aquifères* les orifices plus ou moins nombreux qui, chez presque tous les Céphalopodes, entourent certaines parties de la tête, et communiquent avec des cavités souvent très profondes, sans autres issues que l'extérieure. Lorsque ces ouvertures sont sur le milieu de la tête, nous les nommons *ouvertures céphaliques;* lorsqu'elles sont au-dessous, près du tube locomoteur, *ouvertures anales;* lorsqu'elles sont à la base des bras, près de la bouche, *ouvertures buccales;* lorsqu'elles sont près et en dehors des bras tentaculaires, *ouvertures brachiales;* enfin, lorsqu'elles communiquent avec la cavité orbitaire, nous leur donnons la dénomination d'*ouvertures oculaires*. Nous allons passer successivement en revue ces diverses ouvertures, en signalant leurs modifications.

Les *ouvertures aquifères céphaliques*, toujours paires, ne se trouvent que chez les Philonexes et les Argonautes; elles sont situées dans le premier genre, sur la tête même, entre les yeux; dans le second, en arrière des yeux, au point de jonction de la bride céphalique; elles communiquent, chez les Philonexes, avec d'énormes cavités qui occupent toute la partie supérieure de la tête; chez les Argonautes, avec des cavités simples, situées également au-dessus de la tête, et dans lesquelles l'eau doit sans doute entrer à la volonté de l'animal. Ces cavités manquent tout à fait chez les Poulpes et chez tous les Décapodes.

Les *ouvertures aquifères anales* se trouvent chez les Philonexes, où elles sont même le plus développées; elles sont placées de chaque côté du tube locomoteur, et communiquent avec de grandes cavités occupant tout le dessous de la tête, et séparées l'une de l'autre par un diaphragme médian longitudinal; nous les voyons encore, mais réduites à une fente longitudinale placée de chaque côté et en dehors de la bride anale externe, chez les Ommastrèphes, où elles forment des cavités simples peu profondes; chez les Onychoteuthes, au lieu d'être extérieures au tube locomoteur, elles sont supérieures entre celui-ci et la tête, et divisées par une membrane médiane; mais leur cavité est très peu profonde. Ces ouvertures manquent entièrement dans tous les autres genres d'Octopodes et de Décapodes.

Ouvertures aquifères buccales. Elles manquent chez tous les Octopodes, excepté chez l'*Octopus indicus*, où formant huit petites ouvertures placées entre chaque bras, près de la bouche, elles donnent chacune dans une cavité ovale, entièrement séparée des autres; elles manquent aussi chez les Loligopsis, les Sépioles, les Rossies, mais sont très développées chez tous les autres Décapodes, sans être néanmoins les mêmes dans chaque genre. Elles sont au nombre de *quatre* chez les Histioteuthes et les Ommastrèphes, placées à la base des bras supérieurs et des bras inférieurs. Dans le premier genre, elles ont une cavité simple, peu profonde; dans le second, elles communiquent avec une cavité circulaire entourant toute la masse buccale, et passant sous les brides de la membrane. Elles sont au nombre de *six* chez les Onychoteuthes, les Sepia et les Loligo, placées : *deux*, une de chaque côté, à la base de la première paire de bras; *deux*, une de chaque côté, à la base de la deuxième paire de bras; *deux*, une de chaque côté, à la base de la troisième paire de bras; à cette double différence près, que les ouvertures sont plus larges chez les deux derniers genres, et que ces ouvertures communiquent avec une seule cavité commune, entourant la bouche chez les Onychoteuthes, tandis que chaque ouverture a sa cavité simple et séparée chez les Sepia et les Calmars.

Les *ouvertures aquifères branchiales*, toujours placées en dehors des bras tentaculaires, entre la troisième et la quatrième paire de bras sessiles, manquent entièrement chez les Octopodes. Chez les Loligopsis elles existent, et sont diversement modifiées chez les autres Décapodes. Dans les Seiches, les Sépioles, les Rossies, elles donnent dans une vaste cavité occupant tout le dessous de l'œil et de la tête, pouvant contenir les bras tentaculaires dans leurs contractions. Dans les Calmars, la cavité, bornée au-dessous de l'œil, n'est pas assez grande pour contenir les bras, qui ne peuvent s'y contracter qu'en partie; dans les Histioteuthes, les Ommastrèphes et les Onychoteuthes, cette cavité, plus réduite encore, est seulement antérieure aux yeux ou si peu profonde, qu'elle est seulement indiquée, les bras n'ayant pas la faculté de pouvoir se contracter dedans.

Ouvertures aquifères oculaires. Nous les désignons de deux manières : lorsqu'elles servent pour la vision, cas où elles sont largement ouvertes au dehors, vis-à-vis l'iris, nous les nommons *ouvertures oculaires;* mais lorsqu'elles sont séparées, éloignées en avant du point visuel, très petites, et paraissent être disposées pour renvoyer le surplus du liquide qui entoure l'œil, dans les genres qui l'ont recouvert, nous les nommons *ouvertures lacrymales.* Les deux modifications manquent entièrement chez tous les Octopodes. Les *ouvertures oculaires* sont les caractères constants des Oïgopsidés, comprenant les Calmarets, les Histioteuthes, les Chiroteuthes, les Ommastrèphes et les Onychoteuthes, tous pourvus d'yeux libres dans une cavité orbitaire largement ouverte à l'extérieur. Les *ouvertures lacrymales* ne se retrouvent que chez les Myopsidés, comprenant les Sépioles, les Rossies, les Calmars et les Seiches, qui ont toujours l'œil recouvert; elles sont très petites, souvent à peine visibles, placées en avant des yeux, communiquant avec les vastes cavités orbitaires où l'œil peut tourner en tous sens sous la membrane extérieure.

Comme les ouvertures aquifères subissent des modifications suivant les genres, mais invariables dans toutes les espèces d'un même genre; que dès lors elles paraissent tenir à des besoins qui se font sentir diversement dans chaque modification de formes, dans chaque milieu d'existence, nous croyons qu'elles doivent être prises en considération dans les caractères zoologiques qu'on voudra assigner à chaque coupe. Nous en trouvons au moins une preuve dans leurs distributions suivant nos divisions : 1° les Octopodes sont les seuls qui aient des ouvertures aquifères céphaliques ; 2° les ouvertures oculaires manquent chez les Octopodes, et sont très marquées parmi les Décapodes ; 3° les ouvertures brachiales n'existent chez aucun Octopode, tandis qu'elles se trouvent chez les Décapodes.

Les Décapodes, dans leurs deux grandes divisions, les Myopsidés et les Oïgopsidés, sont distingués par leurs ouvertures aquifères : les premiers n'ont que des ouvertures lacrymales ; les seconds, que des ouvertures oculaires. Dans leur division de moindre valeur, nous trouvons encore des modifications constantes, comme nous l'avons fait remarquer en passant en revue les différentes ouvertures, et comme nous le signalerons aux caractères distinctifs des genres entre eux ; ainsi nul doute qu'elles ne soient d'une haute importance dans l'économie animale.

Tout en signalant la valeur des cavités et des orifices aquifères chez les Céphalopodes, nous sommes loin de pouvoir toujours en expliquer les fonctions d'une manière également satisfaisante ; car, s'il est évident que les ouvertures céphaliques et anales sont destinées à laisser introduire un assez grand volume d'eau au-dessus ou au-dessous de la tête, on pourrait se demander à quoi sert cette eau. Il faut que, plus aérée que l'eau des régions profondes, elle soit destinée, comme les vessies natatoires des poissons, à ramener plus facilement l'animal à la surface ; s'il n'en est pas ainsi, nous avouons que nous en ignorons complétement l'usage. La même question pourrait être faite pour les ouvertures buccales, aussi destinées à laisser circuler le liquide aqueux autour des muscles de la bouche, et de même pour les ouvertures brachiales, lorsque les cavités en sont trop limitées pour que les bras tentaculaires s'y retirent en entier ou s'y contractent ; car, dans le cas contraire, où elles sont assez grandes, comme chez les Seiches, leur usage paraît être suffisamment expliqué par cette même contraction des bras dans leurs cavités.

Les fonctions des orifices oculaires se rapportent à la vision et à la mobilité des yeux ; le besoin de se tourner en tous sens nous révèle l'emploi de ces vastes cavités, dans lesquelles ils se meuvent. L'orifice lacrymal, chez les Myopsidés, ne peut-il pas être considéré aussi comme destiné à renvoyer en dehors de la cavité orbitaire le surplus du liquide qu'elle contient, et à le changer suivant que le besoin s'en fait sentir, ou à renvoyer la surabondance des larmes ?

Organes de préhension.

La préhension, chez les Céphalopodes, s'opère au moyen des *bras*, appropriés aux fonctions qu'ils doivent remplir. Ces bras sont de deux sortes : les uns, au nombre de huit, entourent la bouche ; ce sont les *bras sessiles ;* les autres, au nombre de deux, propres seulement aux Décapodes, sont placés entre les bras sessiles, de chaque côté ; nous les désignerons toujours sous le nom de *bras tentaculaires.*

Bras sessiles. Les Octopodes n'ont que des bras sessiles ; aussi, devant remplir à la fois les mêmes fonctions que les deux sortes de bras des Décapodes, ceux-ci sont-ils infiniment plus longs, plus flexibles, plus déliés à leur extrémité, tandis qu'ils sont plus courts, plus fermes, chez tous les Décapodes, qui ont, en outre, les bras tentaculaires. En général, il y a une différence considérable entre le volume et la force des bras sessiles chez les Octopodes et chez les Décapodes, ce qui est en rapport avec leur genre de vie. Des animaux purement nageurs seraient embarrassés dans la natation, s'ils avaient à traîner un long faisceau de bras; ils en seraient aussi gênés que le sont les oiseaux dans leur vol, lorsqu'ils ont une longue queue: aussi voit-on tous les Céphalopodes nageurs, tous les Décapodes, par exemple, avoir les bras courts, tandis que les Poulpes les ont le plus souvent longs, ce qui tient à leur existence plus sédentaire, plus côtière, et à leur besoin de saisir du fond de leur retraite rocailleuse, l'animal qui passe à leur portée; ce qui nous porte à croire que le volume des bras est en raison inverse de la vélocité de la natation rétrograde, tandis qu'elle coïncide avec la puissance des moyens de préhension.

Les bras sessiles affectent deux formes: dans la première, qui est générale, ils sont plus ou moins longs, mais toujours coniques, ou diminuent de grosseur de leur base à leur extrémité; dans l'autre, qui est spéciale aux Argonautes, ils se replient sur eux-mêmes aux deux tiers de leur longueur, et sont pourvus, dans ce repli, d'une membrane très extensible, lisse, épaisse en dehors, ou seulement marquée de ramifications; en dedans, couverte d'une partie spongieuse, comme réticulée par un réseau membraneux à sillons élevés et papilleux. Les fonctions des bras ordinaires seront expliquées par la préhension et la natation; celles de ces bras particuliers de l'Argonaute semblent évidemment être, d'un côté, de retenir, de protéger la coquille qu'ils enveloppent entièrement, tandis qu'il nous paraît positif, comme nous le prouvons à l'article *Argonaute*, que ces bras appelés à remplir des fonctions anomales sécrètent en même temps la matière crétacée qui compose la coquille.

Les bras subulés ou coniques sont presque constamment inégaux entre eux; chez les Octopus, les inférieurs sont, le plus souvent, les plus longs; chez les Philonexes et les Argonautes, ce sont les supérieurs. Parmi les Décapodes, nous trouvons chez les Seiches toujours, et quelquefois chez les Onychoteuthes, les bras inférieurs ou la quatrième paire la plus longue, les bras supérieurs ou de la première paire, toujours les plus courts, tandis que chez les Ommastrèphes, les autres Onychoteuthes, les Calmars, les Histioteuthes, les Rossies, les Sépioles, ce sont toujours les bras latéraux-inférieurs ou de la troisième paire, qui sont les plus longs, les bras supérieurs ou de la première paire deviennent encore les plus courts. En somme, nous trouvons le plus souvent les bras inférieurs les plus longs chez les animaux côtiers, comme les Octopus, les Seiches, tandis que ce sont toujours les bras latéraux-inférieurs chez tous les Céphalopodes nageurs.

Nous adoptons toujours l'ordre suivant dans nos descriptions des bras. En commençant par les supérieurs, nous nommons *bras supérieurs* ou de la *première paire*, ceux qui sont en dessus, l'animal étant couché sur le ventre. La paire de bras qui est au-dessous de cette première, nous l'appelons *bras latéraux-supérieurs* ou de la *deuxième paire*, pour indiquer qu'ils sont encore en dessus, quoique de côté, tout en étant les seconds, en partant du dessus; la paire inférieure à cette seconde, nous la désignons comme *bras latéraux-inférieurs* ou de la *troisième paire;* la paire plus inférieure encore, ou médiane inférieure, nous la désignons toujours comme *bras inférieurs* ou de la *quatrième paire*. Ainsi, dans les phrases latines, lorsque nous mettons seulement des chiffres, nous voulons désigner les bras, en partant des supérieurs aux inférieurs par 1, 2, 3, 4; mais si nous parlons des plus longs, ou si nous signalons leur ordre de longueur par 4, 3, 1, 2, nous voulons dire que les bras inférieurs ou de la quatrième paire sont les plus longs, les bras latéraux-inférieurs ou de la troisième paire viennent ensuite; puis les bras supérieurs ou de la première paire, et enfin, les bras latéraux-supérieurs ou de la deuxième paire les plus courts.

Les bras sessiles sont, le plus souvent, arrondis en dehors chez les Octopodes et les Philonexes, les latéraux aplatis chez les Argonautes, tous arrondis encore chez les Loligopsis, les Histioteuthes et les Chiroteuthes; les supérieurs toujours, et les inférieurs quelquefois, sont quadrangulaires, les autres plus ou moins déprimés ou triangulaires, chez tous les Décapodes. Chez les Seiches, les inférieurs sont les plus larges; chez les Loligo, ce sont les latéraux-inférieurs.

Les bras sessiles sont destinés à remplir plusieurs fonctions distinctes. Comme moyens de préhension, il ont en dedans une série de *cupules* ou de crochets destinés à retenir les corps. Cette partie est quelquefois protégée d'un ou de deux côtés par une membrane mince, plus ou moins extensible, que nous appelons *membrane protectrice des cupules*, destinée, sans doute, en même temps, à recouvrir les cupules, à les protéger, à élargir les bras et à en faire des moyens de natation; comme second moyen de natation, il y a en dehors des bras des crêtes plus ou moins larges, que nous désignons sous le nom de *crêtes natatoires*. Nous allons passer successivement en revue les modifications que subissent ces parties, chez les Céphalopodes acétabulifères.

La *crête natatoire*, placée sur la convexité externe du bras, n'existe pas chez les Octopodes, pas plus chez les Sépioles, les Rossies, les Sépioloïdes, qui, parmi les Décapodes, se rapprochent le plus des Octopus par leur forme et leurs mœurs; elle est très peu prononcée, et seulement aux bras inférieurs chez les *Loligopsis* et les *Sepia*, tandis qu'elle est toujours très marquée, vers la moitié de la longueur des bras latéraux-inférieurs, chez les Ommastrèphes, les Calmars; aux bras latéraux-inférieurs, et aux bras inférieurs, chez les Onychoteuthes. Comme cette crête est plus développée chez tous les animaux nageurs par excellence, les Ommastrèphes, les Onychoteuthes, etc.; qu'elle est plus courte chez ceux qui nagent le moins vite, parmi les Décapodes; qu'elle manque entièrement chez les *Octopus*, les plus côtiers de tous les Céphalopodes, nous devons naturellemeut supposer qu'elle est d'une grande importance dans la natation des animaux qui en sont pourvus (1). Sa position étant horizontale par rapport à celle de l'animal nageant, nous devons croire qu'elle est destinée à élargir latéralement la surface horizontale, pour soutenir pendant la nage l'équilibre dans le liquide aqueux, en aidant l'animal à conserver sa position horizontale, et l'empêchant de descendre; nous avons été, plus tard, à portée de nous assurer de ce fait, en voyant des Calmars exécuter leur marche rétrograde.

La *membrane protectrice des cupules*, placée en dehors des cupules, généralement mince et festonnée sur ses bords, manque entièrement chez tous les Octopodes. Parmi les Décapodes, chez les Sépioles, les Rossies, les Histioteuthes, elle disparaît encore; elle est presque nulle chez les Onychoteuthes; très étroite chez les Calmars, les Seiches, chez quelques Ommastrèphes; tandis que chez l'*Ommastrephes Bartramii* et l'*Oceanicus*, elle est développée, surtout au côté inférieur des bras, où elle forme une vaste toile, marquée de côtes transversales, et s'étend sur une largeur égale à celle des bras mêmes. Nous croyons, comme nous l'avons dit, que, tout en protégeant les cupules, dans certains cas où l'animal ne veut pas s'en servir, ces membranes sont aussi destinées à élargir les bras, à leur donner plus de force natatoire, en leur permettant, lorsqu'elles sont développées, d'embrasser une plus grande

(1) On voit que nous sommes loin de penser comme M. Rang (*Documents pour servir à l'Histoire des Céphalopodes*, *Magasin de Zoologie*, p. 6), qui s'exprime en ces termes : « Nous repoussons également de toute notre force l'idée de « faire participer les bras à la production du mouvement. »

surface d'eau ; ce qui paraît admissible pour les animaux qui en sont pourvus, puisqu'elle manque chez les plus mauvais nageurs, tandis qu'elle est très développée chez les espèces citées, qui n'abandonnent pas le milieu des mers, et s'élancent souvent comme une flèche du sein des eaux à la surface avec assez de violence pour atteindre le pont même de très grands navires.

Cupules. Ces organes, nommés *ventouses, suçoirs,* par quelques auteurs modernes, et *acetabulum* par les Latins, sont désignés par nous sous le nom de *cupules,* parce que nous avons reconnu que ces parties, propres à la préhension, retiennent le plus souvent les corps au moyen des pointes dont elles sont armées, plutôt que par une véritable succion, qui, du reste, ne peut avoir lieu que chez ceux où les cupules sont entièrement charnues.

Les cupules sont loin d'être uniformes dans leur composition ; dans leurs détails, elles peuvent se diviser en deux séries bien distinctes : 1° en cupules sessiles, et seulement charnues ; 2° en cupules pédonculées, armées d'un cercle corné interne ; la première série caractéristique de tous les Octopodes, la seconde de tous les Décapodes, sans exception : ainsi elles servent encore de ligne de démarcation entre ces deux divisions des Céphalopodes acétabulifères ; divisions établies, avant nous, seulement d'après le nombre de bras.

Quoique toujours régulières, déprimées et non obliques, les cupules sessiles, charnues, des Octopodes, nous offrent encore d'assez grandes modifications : chez les *Octopus,* les *Eledone,* ce sont de véritables coupes infondibuliformes, peu profondes, pourvues, dans leur intérieur, d'une seconde cavité séparée de la coupe même par un rétrécissement. Son intérieur est marqué de côtes plus ou moins bifurquées vers les bords, qui convergent vers le centre, et le bord en est orné d'un bourrelet extérieur ; elles saillent très peu en dehors du corps du bras. Chez les Argonautes, avec la même forme, elles sont plus élevées au-dessus de la surface des bras, pourvues d'un rétrécissement extérieur autour du rebord, ce qui les rend subpédonculées. Chez les Philonexes, elles sont allongées, cylindriques, très extensibles, et s'éloignent déjà beaucoup de la forme de celles des Octopus. Elles sont disposées sur deux lignes alternes, à tous les bras, chez les Philonexes, les Argonautes et les Octopus proprement dits, et sur une seule ligne chez les Élédons. Par leur forme, par leur grand épanouissement, par la forte contraction dont elles sont susceptibles, les cupules charnues sont de très puissants organes de préhension ; elles représentent à peu près les fonctions des ventouses par le vide ou par une espèce de succion exercée sur le corps qu'elles touchent, et qu'elles retiennent fortement. C'est ainsi qu'on déchire quelquefois un Poulpe, lorsqu'on veut l'arracher de son trou, quand il s'y cramponne avec ses cupules. Quant à l'action vénéneuse que les cupules pourraient exercer sur la peau de l'homme, comme l'ont avancé quelques auteurs, c'est une croyance dépourvue de fondement, comme nous avons été plusieurs fois à portée de le reconnaître nous-même. Le nombre des cupules est en raison de l'âge des individus.

Les cupules pédonculées des Décapodes sont globuleuses ou déprimées, toujours obliques, portées sur un pied très étroit, placé le plus souvent à côté de l'axe, et partant d'une saillie conique plus ou moins allongée appartenant au corps même du bras ; elles sont très charnues, marquées extérieurement de bords minces très extensibles qui renferment et recouvrent un cercle corné plus ou moins oblique, au milieu duquel est encore une surface élevée, charnue, lisse, marquée d'une dépression centrale qui correspond à la partie rayonnée et à la seconde cavité des cupules des Octopodes. Ces cupules sont toujours sur deux lignes alternes chez les *Loligo*, les *Sepioteuthes*, les *Onychoteuthes*, les *Ommastrèphes*, les *Histioteuthes*, les *Chiroteuthes* et les *Loligopsis;* sur deux ou quatre chez les *Sepiola*, les *Rossia;* toujours sur quatre chez les *Sepia*. En général, le nombre de ces lignes paraît être relatif à la longueur des bras; car, dans les Décapodes, les Sèches et les Sépioles, genres chez lesquels évidemment ils sont les plus courts, les bras en ont le plus souvent quatre, tandis que tous les autres n'en ont que deux. Les fonctions de ces cupules, comparées à celles des Octopodes, nous paraissent différer en ce sens, qu'elles ne peuvent pas faire le vide ni exercer de succion, leurs bords étant trop minces, et leur cercle corné y devant mettre obstacle. Nous croyons donc que, s'il y a succion par les cupules chez les Décapodes, elle ne doit être que très peu marquée, tandis qu'il est évident que le cercle corné, oblique d'avant en arrière (dans la position de l'animal) et souvent pourvu de pointes recourbées en arrière, comme nous en avons acquis la certitude par l'observation, est destiné à retenir la proie et à l'approcher de la bouche; aussi, quoique les Décapodes n'aient pas de cupules aussi larges, aussi rapprochées que celles des Octopodes, ils ont, avec les pointes dont le cercle corné de leurs cupules est armé, des moyens d'autant plus puissants de préhension que les cupules sont susceptibles de se tourner en tous sens sur leur pied, et que dès lors elles peuvent agir dans toutes les directions. On conçoit aussi que ces pointes du cercle corné, toujours exposées au milieu du liquide, dans une direction opposée à la marche rétrograde, auraient constamment arrêté, sans la volonté de l'animal, tous les corps qui auraient passé ou se seraient trouvés en contact avec elles, si, par une admirable prévoyance de la nature, elles n'avaient constamment été recouvertes, dans le repos, par les rebords des téguments qui les entourent, de manière à ce que leur action soit facultative et non permanente. Le Décapode qui ne veut rien sentir a le cercle corné de ses cupules recouvert de façon à n'offrir aucun point d'arrêt extérieur; mais veut-il, au contraire, retenir une proie? il contracte les parties charnues qui entourent le cercle corné, et celui-ci agit alors pour serrer, accrocher et rapprocher les corps de sa bouche, remplissant les fonctions des griffes cachées des chats. Ainsi le système cupulaire des Décapodes est non-seulement beaucoup plus compliqué, mais il est encore bien plus parfait, comme moyen de préhension, que celui des Octopodes.

Le *cercle corné* des cupules existe, disons-nous, chez tous les Décapodes sans exception, mais avec des modifications extérieures de forme telles, qu'il nous est facile de reconnaître certainement à sa seule inspection tous les genres de Décapodes auxquels il aura appartenu. Ce caractère, négligé jusqu'à présent, offre donc une preuve de plus de la valeur des divisions que nous admettons comme génériques, puisque dans chacune d'elles, toutes les parties subissent quelques changements toujours les mêmes chez toutes les espèces qu'elles renferment. Le cercle corné chez les Sépioles, les Rossies, est dépourvu de dents, convexe en dehors, cette partie formant un large bourrelet pourvu en dessus et en dessous d'un rétrécissement; c'est encore la même forme, mais plus déprimée et armée de dents en dessus, chez les Sèches; il est lisse en dehors, et orné d'une crête saillante, étroite, circulaire à son pourtour, et de dents paires à son bord supérieur, chez les Calmars; il est divisé en dehors en deux anneaux par une dépression circulaire, chez les Chiroteuthes; seulement convexe sans rétrécissement inférieur, chez les Loligopsis, les Histioteuthes; convexe aussi, mais beaucoup moins, chez les Onychoteuthes, où il se montre toujours dépourvu de dents à son bord supérieur; tandis que chez les Ommastrèphes, avec une grande obliquité, une très grande hauteur, il est constamment convexe, sans bourrelets, et armé de fortes dents crochues à son bord supérieur, dont une médiane plus longue. Ces différences deviendront encore plus sensibles à l'œil que par les descriptions; aussi tâcherons-nous, si notre cadre nous le permet, de les donner en parallèle dans des planches de caractères généraux.

Un seul genre, les Onychoteuthes, et encore seulement les sous-genres Enoploteuthe et Kelaeno de cette division, nous offrent des *crochets* aux bras sessiles, en guise de cupules; ces crochets, cornés, fermes, sont allongés, aigus et crochus à leur extrémité, élargis à leur base, qui est entourée d'une partie charnue et faiblement pédonculée ou au moins susceptible de tourner sur elle-même; ils sont enveloppés d'une membrane qui, attachée sur le côté de leur longueur, les protége et les enveloppe entièrement comme les téguments qui entourent les cupules ordinaires. Placés sur deux lignes alternes, et tournant sur leur base, ces crochets font l'office de véritables griffes, en retenant les corps dans la préhension; mais, comme celles des chats, elles ne servent que suivant les volontés de l'animal, se trouvant, dans le repos, totalement enveloppées d'une membrane qui se contracte autour et laisse sortir l'extrémité quand l'animal cherche à saisir une proie; aussi un Enoploteuthe qui veut rester inoffensif peut-il faire *patte de velours*, tandis qu'en d'autres circonstances les griffes en érection agissent avec force en tous sens. D'après ce que nous venons de dire, les fonctions des crochets seraient, à peu de chose près, les mêmes que celles des cupules des autres Décapodes pourvus de cercles cornés, armés de dents. Si nous comparons les parties constituantes des crochets avec les cupules, nous trouvons également le pied, quoique court, les membranes contractiles de celles-ci; seulement là s'arrête la comparaison, car tout ce qui est intérieur au cercle corné dans les cupules disparaît dans les crochets, qui nous représentent, par leur rainure longitudinale médiane, un cercle corné comprimé dont les deux parois viendraient s'appliquer l'une contre l'autre, tout en laissant à leur extrémité la dent médiane, toujours plus grande, que nous remarquons chez les Ommastrèphes: dès lors les crochets ne seraient qu'une modification de peu de valeur; et, en effet, chez des espèces distinctes d'un même genre, nous en trouvons qui sont pourvues seulement de crochets aux bras sessiles, d'autres qui ont des crochets et des cupules à ces mêmes bras; enfin il y en a qui, comme les Onychoteuthes proprement dits, n'ont jamais que des cupules aux bras sessiles, tandis qu'ils ont des crochets aux bras tentaculaires.

Bras tentaculaires (1). Ces bras, avons-nous dit, existent seulement chez les Décapodes; ils sont placés invariablement entre la troisième et la quatrième paire, ou entre les bras latéraux-inférieurs et les bras inférieurs. Ils sont plus ou moins longs, plus ou moins gros, suivant les espèces, sans qu'il y ait sous ce rapport aucune règle fixe, à moins que ce ne soit chez les Chiroteuthes, où les bras tentaculaires sont démesurément longs et grêles relativement au reste. Suivant les genres, ils sont rétractiles en entier, dans une cavité spéciale sous-oculaire, rétractiles seulement en partie ou non rétractiles, tout en conservant toujours une grande élasticité de contraction, ce qui rend les uns très allongés dans quelques individus d'une espèce, tandis que les autres sont très courts, selon le degré de contraction qu'ils ont subi; ainsi ce dernier caractère est sans aucune valeur, tandis que la rétractibilité en a beaucoup. Chez les Seiches, les Sépioles, les Sépioloïdes, les Rossies, qui forment notre famille des Sépidées, les bras tentaculaires peuvent se contracter en entier dans

(1) Ils ont été désignés comme *bras* par MM. Cuvier et de Blainville, comme *bras supplémentaires* par M. de Férussac. Nous avons cru devoir adopter dans nos descriptions le nom de *bras tentaculaires*, pour les distinguer des ordinaires ou bras sessiles, considérés comme *tentacules* par M. de Blainville.

une vaste cavité du dessous des yeux ; chez les Calmars, les Sépioteuthes, les bras ne peuvent rentrer qu'en partie dans cette même cavité, plus bornée; tandis que chez tous les autres Décapodes, dans les familles des Loligopsidées et des Teuthidées, les bras tentaculaires ne sont pas rétractiles, faute d'une cavité propre à les recevoir.

Les bras tentaculaires, très allongés, arrondis, ou comprimés sur leur longueur, n'ont généralement de cupules qu'à leur extrémité pourvue d'un élargissement pour les recevoir, et représentant alors une massue. En voici la composition ordinaire : sortant de l'intervalle des troisième et quatrième paires des bras sessiles, ils sont toujours retenus en dedans par une bride tout à fait intérieure dans la cavité qui leur est propre, chez les Seiches seulement; tout à fait extérieure et attachée à la base du bras sessile inférieur, chez tous les autres Décapodes sans exception; de ce point, jusque près de leur extrémité, ils sont cylindriques, puis enfin se terminent par une massue large, étroite, obtuse ou lancéolée, pourvus en dedans, comme les bras sessiles, de *cupules ou de crochets*, protégés ou non par une *membrane protectrice des cupules*, et en dehors d'une *crête natatoire*, plus on moins développée. Ces parties étant destinées, chacune de son côté, à remplir les mêmes fonctions que celles que nous avons fait connaître pour les bras sessiles, nous ne parlerons pas de leur emploi, mais seulement de leurs modifications de formes suivant les familles et les genres.

Néanmoins, avant d'entrer dans les détails, nous croyons devoir dire que nous ne regardons nullement les bras tentaculaires comme devant être, dans leur ensemble, des organes spéciaux de natation; ils peuvent, sans aucun doute, aider les mouvements de l'animal, changer la direction de sa nage rétrograde, en servant alors de gouvernail; mais nous croyons que leurs fonctions presque exclusives sont la préhension : en effet, leur grande extension possible permet à l'animal d'atteindre au loin sans changer de place, de retenir, d'approcher de sa bouche la proie qu'il veut saisir, soit en la retenant avec les cupules ou les crochets d'un seul bras, soit, comme nous l'avons observé sur les Onychoteuthes (Voyez *Onychoteuthes*, *Pl.* VII, *fig.* 2), en les joignant l'une à l'autre par leur partie pourvue de crochets, et s'en servant alors ainsi que de véritables mains, moyen de compression très puissant. Nous n'avons pas vérifié ce que disent les anciens (1), qui accordent aux bras tentaculaires la faculté de servir de point d'appui à l'animal pour s'attacher, comme avec une ancre, aux rochers ou aux autres corps solides, afin de ne pas être emporté par les courants. Dans les Chiroteuthes, la longueur démesurée des bras tentaculaires doit beaucoup entraver la natation rétrograde.

La *crête natatoire* n'existe jamais que près de la partie élargie de l'extrémité du bras tentaculaire, elle commence un peu avant la massue par une crête supérieure au bras; puis, en s'élargissant, devient latérale vers l'extrémité, en formant une nageoire arrondie plus ou moins marquée chez les Sépioles, les Rossies, les Seiches, les Calmars, les Histioteuthes, les Ommastrèphes. Chez les Onychoteuthes, souvent la crête manque en entier, ou n'existe au moins qu'à l'extrémité de la massue; tandis qu'elle est absolument nulle chez les Chiroteuthes.

La membrane protectrice des cupules, placée également en dehors des cupules dans les bras tentaculaires, souvent très développée chez les Seiches, les Calmars, les Ommastrèphes, les Histioteuthes, ou d'autre fois peu marquée dans quelques espèces de ces mêmes genres,

(1) Aristote; Plinius, *Hist. natur.*, lib. IX, cap. XXVIII; Athénée, lib. VII, cap. CXXIII; Oppien, *Halieut.*, lib. II, vers 120; Élien, lib. V, cap. XLI.

manque totalement chez les Sépioles, les Rossies, les Onychoteuthes et les Chiroteuthes.

Chez les Seiches, entre la membrane et le corps du bras, en dessous, il y a, le plus souvent, plusieurs cavités où l'eau peut pénétrer très avant. Chez les Calmars et les Sépioteuthes, où cette cavité n'existe pas, il y a, sur le milieu du bras, entre les cupules, une membrane mince intercupulaire, qui est séparée et permet à l'eau de circuler entre elle et le corps des bras. Nul doute que cette modification singulière ne doive être déterminée par les besoins de l'animal, et que ces cavités ne remplissent des fonctions importantes; mais nous en ignorons encore entièrement l'usage.

Les cupules des bras tentaculaires des Décapodes ont la même forme que celles des bras sessiles, à cette différence près qu'elles sont souvent inégales, les médianes étant presque toujours moins globuleuses, plus grosses, tandis que les latérales sont presque toujours plus obliques, plus petites. Chez tous les genres, elles n'existent que sur la massue, fait auquel nous ne trouvons que deux exceptions : la première, chez les Chiroteuthes, où des cupules aplaties se remarquent sur toute la longueur des bras tentaculaires; la seconde, chez l'*Ommastrephes todarus*, où elles couvrent presque toute la longueur des bras.

Si la forme des cupules est toujours identique entre les bras sessiles et les bras tentaculaires, le nombre de ces cupules est loin d'être le même, et l'on peut dire, en thèse générale, qu'il est presque toujours doublé à l'extrémité des bras tentaculaires; ainsi les Calmars, les Ommastrèphes, qui ont deux rangées de cupules aux bras sessiles, en ont toujours quatre aux bras tentaculaires, deux grosses et deux petites. Le genre Histioteuthe, qui n'en a que deux aux bras ordinaires, en a six inégales aux bras tentaculaires; les *Sepia*, pourvues de quatre lignes de cupules aux bras ordinaires, en ont six, très inégales, ou dix et plus, toujours égales et petites. Les *Sépioles* et les *Rossies*, pourvues de deux ou quatre lignes aux bras sessiles, en ont dix et plus de cupules égales, petites aux bras tentaculaires; aussi devons-nous croire que cette massue est un puissant mode de préhension chez les Décapodes.

Un seul genre, celui des Chiroteuthes, nous a montré une anomalie assez singulière, celle d'avoir à l'extrémité du bras tentaculaire, au-dessus et par conséquent à l'opposé des cupules ordinaires pédonculées des Décapodes, une seule cupule charnue, ovale, non saillante, qui, si nous en jugeons par sa position, devrait être destinée à fixer le bras à quelque corps pour la succion, ou par des fonctions analogues à celle du pied des Gastéropodes, suivant les besoins de l'animal.

Le cercle corné des cupules des bras tentaculaires nous montre toujours les mêmes formes extérieures, les mêmes caractères que celui des bras sessiles; aussi ne nous en occuperons-nous pas. Un seul genre, néanmoins, offre quelque différence, les Chiroteuthes, dont le cercle corné, semblable, pour les accidents extérieurs, à celui des bras sessiles, nous montre une telle obliquité, qu'il représente une petite niche oblongue ouverte seulement sur le côté, et fortement armée de dents aiguës et longues; mais cette modification singulière est d'accord avec le grand allongement des cupules et leur étrange conformation, la cupule étant sur un long pied, d'où part un second pédoncule portant à son extrémité le cercle corné que nous venons de décrire.

Le seul genre Onychoteuthe est pourvu de crochets à ses bras tentaculaires, mais il a souvent aussi des crochets et des cupules. Lorsqu'il n'a que des crochets, ceux-ci sont sur deux lignes; les plus longs sont en dehors, c'est-à-dire du côté opposé à la crête natatoire, et près de l'extrémité; lorsqu'il y a des cupules et des crochets, ces derniers, sur deux lignes, sont au milieu, les cupules en dehors, conformées alors comme celles des bras ordinaires, de même que les crochets. Ce genre nous offre encore, parmi les Décapodes, une anomalie ou une perfection de plus dans le mode de préhension, consistant en un groupe de petites cupules et de tubercules peu libres, placés à la base de la massue : nous le nommerons *cupules carpéennes*, ou *groupe carpéen*, et un autre groupe semblable, situé à l'extrémité de la massue, au delà des derniers crochets. Dans la préhension, comme nous l'avons dit, l'animal rapproche les deux bras, fixe les cupules carpéennes les unes contre les autres, et se sert ensuite de ses crochets et d'un reste de la main, comme de moyens de compression, pour saisir et approcher sa proie de sa bouche; à cet effet, dans quelques espèces, il existe, près du groupe carpéen, une sorte d'articulation charnue, qui permet tous les mouvements de flexion d'une main véritable sur le poignet.

Après avoir parlé de tous les détails relatifs aux bras sessiles et aux bras tentaculaires, il nous reste encore à décrire les membranes unissant plus ou moins entre eux les bras sessiles à leur base, et que nous désignons sous le nom de *membranes de l'ombrelle*, parce que, dans leur ensemble, elles élargissent et unissent les bras de manière à en former un vaste entonnoir ou une ombrelle plus ou moins marquée, suivant le développement des membranes qui la forment.

Chez les Onychoteuthes, les Sépioles, les Ommastrèphes, les membranes sont nulles entre tous les bras, excepté entre la troisième et la quatrième paire de bras sessiles, où elle est marquée en dehors des bras tentaculaires; chez les Calmars et les Rossies, la membrane, toujours nulle entre la quatrième paire de bras, est longue entre la troisième et la quatrième, et très courte entre les autres; chez les Seiches, les Sépioloïdes, elle unit la base de tous les bras, moins l'intervalle compris entre les deux inférieurs; chez les Loligopsis, elle est peu visible, et passe toujours en dedans des bras tentaculaires, au lieu de passer en dehors, comme il arrive chez tous les autres Décapodes; il en est de même chez les Histioteuthes, mais avec cette différence que la membrane, alors des plus développée, unit, sur la moitié de leur longueur, les trois parois supérieures des bras, laissant la quatrième paire entièrement libre. Telles sont les modifications que nous avons remarquées dans la membrane de l'ombrelle des Décapodes, parmi lesquels elle est généralement très peu développée, excepté dans le genre Histioteuthe.

Voyons maintenant quelle est son extension parmi les genres d'Octopodes. Chez les Octopus, elle existe toujours, unit la base de tous les bras; mais les dimensions en sont très variables dans les espèces : aussi, presque nulle dans l'*Octopus aculeatus*, elle est très longue, très marquée dans l'*Octopus indicus* et l'*Octopus Cuvieri*. Chez les Argonautes, elle est peu étendue, ou à peine visible entre tous les bras; il en est de même de quelques *Philonexis*, comme le *Philonexis tuberculatus*; mais, dans le *Philonexis velifer* et le *Philonexis Quoyanus*, il n'y a que les bras inférieurs qui soient presque libres, tandis que les quatre bras supérieurs sont unis entre eux sur la moitié et plus de leur longueur, par une large membrane mince et extensible. Dès lors les Octopodes nous montrent, en général, un bien plus grand développement de l'ombrelle que chez les Décapodes.

Si nous nous demandons quelles sont les fonctions des membranes de l'ombrelle dans les Céphalopodes acétabulifères, nous trouverons une solution satisfaisante de la question dans la position habituelle des bras, pendant la natation rétrograde, à l'aide du refoulement des eaux; car nous avons vu le Poulpe ordinaire étaler alors ses six bras supérieurs sur une ligne horizontale, sans doute pour établir comme une espèce de parachute qui le soutient dans une même position horizontale, et l'empêche d'être emporté par son propre poids dans les zones plus basses; tandis que les deux bras inférieurs réunis, tenant lieu de gouvernail, sont disposés de manière à régler la direction latérale de la marche. Si nous admettons ce fait, en rapport avec ce que nous avons déjà dit (1) des crêtes natatoires des bras sessiles des Décapodes, il est tout simple que nous aurons l'emploi des membranes de l'ombrelle unissant les six bras supérieurs de l'Histioteuthe. Les deux inférieurs étant libres, on doit supposer que les bras supérieurs et leur membrane sont étalés comme une toile horizontale pour assurer l'équilibre, tandis que les bras inférieurs, libres, servent de gouvernail en dirigeant la marche. Cette supposition est, du reste, tout à fait d'accord avec l'intensité des couleurs de l'espèce de ce genre, plus foncées sur les parties qui, dans ce cas, devraient être en dessus et plus exposées à la lumière. Le même raisonnement s'applique à la disposition que nous remarquons chez les *Philonexis velifer* et *Philonexis Quoyanus*, et cela avec d'autant plus de certitude, que nous avons vu la dernière espèce nager les membranes déployées et horizontales, tandis que les bras inférieurs unis l'un à l'autre lui servaient de gouvernail.

Tube locomoteur (2).

Comme dernier organe extérieur, il ne nous reste plus à décrire que le *tube locomoteur*. Celui-ci est toujours placé à la partie inférieure de la masse céphalique en arrière; il est toujours saillant et libre en avant, uni ou comme accolé à la tête en dessous. La forme en est conique, tronquée en avant, fortement élargie, à bords minces en arrière, supportant sur les côtés, l'appareil de résistance latéral, et recevant, dans son intérieur, l'extrémité anale. Sa longueur, relative à l'ensemble de la tête, est très variable : chez les Argonautes, destiné à saillir en dehors de la coquille, il est très long, et dépasse toute la longueur de la tête, tandis qu'il est médiocre chez les Octopodes et chez les Philonexes. Chez les Décapodes, le tube varie également beaucoup en longueur. Dans le genre Loligopsis, il est long, gros; dans les Histioteuthes et les Chiroteuthes, il est plus court, et atteint à peine la hauteur des yeux; chez les Onychoteuthes et les Ommastrèphes, il est encore assez court, ainsi que chez les Loligo; mais il prend une plus grande extention chez les Seiches, les Sépioles et les Rossies.

Le tube locomoteur est loin d'être conformé uniformément dans tous les Céphalopodes acétabulifères : quoique sa forme soit en apparence toujours la même, il éprouve de grandes modifications toujours identiques dans tous les animaux qui réunissent d'autres caractères généraux de nos grandes coupes. Par exemple, chez tous les Octopodes, le tube locomoteur manque entièrement de valvule interne; aussi son extérieur n'offre qu'un entonnoir renversé à parois unies. Ce caractère se retrouve encore dans tous les genres qui composent notre famille des Loligopsidées, parmi les Décapodes comme chez les Loligopsis, les Histioteuthes et les Chiroteuthes; tandis que l'intérieur du tube locomoteur est toujours pourvu, près de son extrémité supérieure, d'une très grande valvule chez les Sépidées, les Loligidées et les Teuthidées, sans exception. Ce caractère est très marqué, surtout chez les Ommastrèphes

(1) Voyez page xxiv.

(2) *Tube anal* des auteurs, *entonnoir*, etc.

et les Onychoteuthes. Voilà donc d'abord deux modifications internes du tube locomoteur qui paraissent être d'une assez grande valeur, puisqu'elles accompagnent constamment d'autres caractères importants. Voyons les modifications que l'extérieur pourra nous offrir encore.

Relativement au point de jonction du tube locomoteur à la tête, nous trouvons d'abord que, chez les Poulpes, les Philonexes, parmi les Octopodes; chez les Loligopsidées, comprenant les Loligopsis, les Histioteuthes, les Chiroteuthes; chez les Sépidées, renfermant les Sépioles, les Rossies, les Seiches, parmi les Décapodes, le tube locomoteur s'unit à la tête par la continuité des téguments, sans qu'on y remarque le moindre indice de bride latérale ou supérieure; tandis que chez les Teuthidées, comprenant le Onychoteuthes et les Ommastrèphes, chez les Calmars, il y a, au contraire, des brides bien distinctes à la jonction du tube locomoteur à la tête. Ainsi nous trouvons deux brides chez tous les Calmars, et quatre chez les Ommastrèphes, et quelques Onychoteuthes (1). De plus, le tube locomoteur est logé dans une cavité spéciale de la partie inférieure de la tête, chez les Onychoteuthes et les Ommastrèphes, tandis qu'il est seulement accolé dans les autres genres.

En résumé, les formes extérieures et intérieures du tube locomoteur ne varient jamais au hasard parmi les espèces, mais bien souvent les coupes d'ordre, de famille et de genre, que l'ensemble des caractères nous a porté à admettre parmi les Céphalopodes acétabulifères. Dès lors nous devons croire que, modifiées par les autres caractères, elles sont appelées à jouer un rôle important dans l'économie animale; mais les nuances de ce rôle nous sont encore entièrement inconnues, les fonctions générales du tube locomoteur étant les seules que nous puissions, jusqu'à présent, expliquer d'une manière satisfaisante.

Nous avions d'abord cru que la nage rétrograde des Céphalopodes acétabulifères s'exécutait au moyen du refoulement de l'eau par les bras sessiles; mais de nouvelles observations, fréquemment répétées, nous ont convaincu depuis, qu'elle n'était due qu'à la contraction du corps et à l'expulsion violente par le tube locomoteur du liquide qu'il contient. Ainsi, sous ce rapport, le tube locomoteur remplit deux fonctions distinctes, celle de chasser l'eau avec force, ce qui est un moyen de locomotion, et celle de renvoyer l'eau aspirée par l'ouverture du corps, lorsqu'elle a servi à la respiration. Dans tous les cas, le tube locomoteur est l'agent d'un mode de natation remarquable, et propre seulement aux Céphalopodes; car nous ne trouvons rien de semblable dans les autres mollusques, ni même chez les animaux des classes plus élevées dans l'échelle des êtres.

Osselet interne.

Quoique dans notre revue des caractères zoologiques des Céphalopodes nous dussions nous borner aux organes purement extérieurs, nous avons cru devoir traiter ici de ce qui a rapport à l'osselet interne, le seul conservé dans les couches de l'écorce terrestre du globe, et dès lors l'unique moyen qui nous soit resté de comparer les espèces antérieures à notre époque à celles qui existent maintenant dans les mers; cette partie de l'animal devenant une partie essentielle des caractères zoologiques des Céphalopodes.

(1) Chez les Argonautes, nous avons aussi remarqué quatre brides; mais elles sont si peu distinctes, qu'on peut à peine les citer comme caractéristiques.

L'osselet interne n'existe pas toujours chez les animaux de cette division ; il manque entièrement dans les Philonexes et les Argonautes ; il manque encore chez les Octopus ; car nous ne pouvons considérer comme tel les deux petites pièces cartilagineuses placées dans l'épaisseur des muscles, sur le côté du corps de quelques espèces de Poulpes. Il existe donc une ligne de démarcation tranchée entre les Octopodes, tous dépourvus du véritable osselet, et les Décapodes, qui en sont généralement munis.

L'osselet interne est, chez tous les Décapodes, placé en long, sur la ligne médiane du corps, en dedans des muscles, et dans une gaîne spéciale, où il est libre et n'a aucune attache. Nous ne l'avons pas trouvé chez les *Sepioloidea*, le seul sous-genre de Décapodes chez lequel il manque peut-être, sans que nous en ayons la certitude ; chez les *Sepiola* et les *Rossia*, il n'occupe que la moitié antérieure de la longueur du corps ; mais, chez tous les autres genres, il est toujours aussi long que le corps ; aussi, sous ce rapport, il y a déjà quelques différences purement génériques, puisqu'elles n'accompagnent que des modifications secondaires de l'organisation des animaux qui en sont pourvus : il serait impossible de trouver entre aucun genre, pour tous les caractères, plus de conformité qu'il n'en existe entre le sous-genre *Sepioloidea* et le genre *Sepia;* cependant le premier manque d'osselet, ou celui qu'il a n'est peut-être que de la moitié de la longueur du corps, tandis que la Seiche est, sans aucun doute, parmi les Décapodes, l'animal où cette partie est la plus compliquée, la plus complète. De ces deux faits, comme de beaucoup d'autres qui vont suivre, nous concluons que l'osselet, joint aux autres détails de formes, est un excellent caractère générique, mais non un caractère assez important pour devoir servir de base aux coupes de familles, comme on l'a employé à ce titre pour séparer entièrement les Seiches des autres Décapodes, parce que leur osselet est crétacé, tandis qu'il est seulement corné dans tous les autres. Chez les Sépioles, les Rossies et les Sépioloïdes, nous trouvons la plus grande conformité de caractères avec les Seiches pour les yeux, la rétractibilité des bras, etc. Faudrait-il les séparer entièrement par ce seul motif que les trois premiers genres ont un osselet corné, et l'autre un osselet crétacé ? Nous penchons pour la négative, parce que leurs caractères zoologiques sont les mêmes, et que ces derniers sont toujours les seuls qui aient de la valeur, dans une classification rationnelle.

Cherchons maintenant à décrire ces deux modifications de composition de l'osselet, considérées comparativement, mais non comme des types de grandes divisions. En réunissant les espèces vivantes et fossiles, nous trouvons, d'un côté, que les Seiches, les Béloptères, les Spirules, ont un osselet crétacé ; que les Bélemnites doivent avoir eu un osselet crétacé et corné en même temps ; tandis que celui des Sépioles, des Rossies, des Calmars, des Sépioteuthes, des Onychoteuthes, des Loligopsis, des Histioteuthes, des Chiroteuthes, des Ommastrèphes, est seulement corné.

Voyons le rapport des formes extérieures parmi les osselets internes crétacés : chez les Seiches et les Béloptères, il y a analogie ; de même, une partie plus dure, plus ferme, convexe en dessus, quelquefois des expansions latérales postérieures en ailes, au milieu, en dessous, un empilement oblique de loges remplies de matières peu fermes, dans le premier genre ; dans le second, un empilement presque droit de cloisons ; l'osselet, du reste, y est placé de la même manière que celui des autres Décapodes à osselet corné. Chez les Spirules, c'est une véritable coquille spirale, enveloppée dans les tégumens du dos, composée d'un grand nombre de loges cloisonnées, et percée d'un siphon. Chez les Bélemnites, c'est une partie crétacée, allongée, plus ou moins aiguë, placée à l'extrémité d'un osselet corné, et contenant, dans son intérieur, un empilement de loges percées d'un siphon. De ces trois modifications, si disparates, nous concluons, d'après les caractères zoologiques : 1° que la Seiche doit certainement être placée à côté des Sépioles, des Rossies et des Calmars ; 2° que la Bélemnite, si nous en jugeons par la forme de l'osselet, devait être, comme famille séparée, placée non loin des Ommastrèphes; 3° que la Spirule doit former à elle seule une famille tout à fait distincte, quant à la manière dont la coquille est implantée dans le corps.

Parmi les osselets purement cornés, nous trouvons une grande variété de forme, presque toujours en rapport avec les caractères des genres; jamais aucun empilement de loges ne se remarque dans ceux-ci, comme dans les genres que nous venons de citer, c'est une lame simple, toujours sans concamération. Chez les Sépioles et les Cranchies, l'osselet est allongé, presque filiforme, en glaive, sans expansions latérales; chez les Rossies, la forme, également allongée, se compose d'une côte saillante médiane, large, avec de très légères expansions latérales, en bordures minces. Chez les Calmars, les Histioteuthes et le sous-genre Enoploteuthes, l'osselet a la forme d'une plume plus ou moins large : sur la ligne médiane est une forte côte, convexe en dessus, concave en dessous, qui s'étend des parties antérieures aux parties inférieures, en diminuant graduellement de largeur jusqu'à l'extrémité; cette côte est d'abord libre en haut (ce qui représente la tige de la plume); puis à une certaine distance, commencent, de chaque côté, des expansions latérales, qui s'élargissent d'abord et diminuent jusqu'à l'extrémité de l'osselet (représentant les barbes de la plume). Chez les Onychoteuthes, avec la même forme d'osselet, d'autres fois avec les expansions latérales étroites et comme comprimées et soudées entre elles, ou encore avec une tige sans expansions latérales, il y a toujours, à l'extrémité postérieure et supérieure, un appendice conique plein, comprimé, et s'étendant en pointe bien au delà de l'extrémité de l'osselet. Chez les Loligopsis et les Chiroteuthes, l'osselet, formé d'une longue tige, est pourvu, plus ou moins près de son extrémité inférieure, de légères expansions latérales planes. Très déprimé chez les Ommastrèphes, il ressemble à une flèche; il est composé d'une longue tige plus large en haut, diminuant graduellement de diamètre jusqu'à l'extrémité, terminée postérieurement par un capuchon creux, formé de la réunion des légères expansions latérales. La tige est pourvue sur les côtés d'un bourrelet épais.

Comme on vient de le voir, l'osselet corné est presque toujours en rapport avec les autres caractères génériques; dès lors il est naturel de croire que, lorsqu'on rencontre des formes d'osselet différentes des formes connues dans les espèces fossiles, elles dénotent des animaux qui s'en distinguent aussi génériquement par les caractères zoologiques.

Si maintenant, sans considérer la composition crétacée ou cornée, nous comparons les différentes formes d'osselets, nous trouverons, par exemple, que, dans celui de la Seiche, en négligeant les concamérations intérieures, les lignes d'accroissement extérieures sont les mêmes que celles d'un osselet de Calmars auquel on aurait coupé l'extrémité supérieure. Cette comparaison est d'autant plus admissible, qu'en dessus, presque tous les osselets de Seiche offrent, sur la ligne médiane, une côte élevée, longitudinale, semblable à celle des osselets de Calmars : c'est, en effet, un osselet semblable, crétacé, dans l'intérieur duquel sont des locules; car sa pointe ou rostre terminal n'existe pas toujours. Pour la partie de la Bélemnite qu'on rencontre habituellement fossile, sa composition paraît être analogue à la pointe rostrale de l'os de Seiche, formé également d'une succession de couches calcaires très polies.

Son intérieur est pourvu de loges empilées transversalement dans un cône creux de l'intérieur de l'osselet. En examinant les lignes d'accroissement de ces cônes, M. Voltz, à qui la science est redevable de beaux travaux, a trouvé que la partie fossile qu'on possède n'est que l'extrémité d'un osselet corné, composé d'une tige élargie en avant, analogue à celle des Ommastrèphes; ainsi l'osselet interne des Bélemnites ressemblerait, pour la forme générale, à celui de l'Ommastrèphe, dont la tige, plus large, serait terminée postérieurement par un godet conique, crétacé, plus ou moins encroûté au dehors, dans lequel se trouve une suite de loges, tandis que cette partie est simplement cornée et sans loges dans les Ommastrèphes. Dès lors l'osselet interne de ces deux genres, quoique crétacé, trouverait des analogies de formes dans les osselets cornés, ce qui doit faire croire ce que nous avons dit, que la composition seule n'est pas un caractère suffisant pour les séparer entièrement de ceux qui sont cornés. Quant au genre *Spirula*, c'est, nous le pensons, un type qui, n'ayant que des rapports éloignés avec les autres genres, ne peut être comparé à aucun.

Les fonctions de l'osselet interne dans l'économie animale des Céphalopodes nous paraissent faciles à expliquer; au moins nous en sommes-nous rendu compte de deux manières distinctes suivant leur composition. Dans la première, lorsqu'il est seulement corné, placé sous les couches musculaires du corps, il paraît n'être là que pour soutenir la masse charnue, pour donner de la fermeté au corps et résister à tous les efforts d'une natation prolongée; aussi le voyons-nous occuper toute la longueur du corps chez les plus nageurs, tandis que chez les Sépioles et les Rossies, il n'en occupe qu'une partie. Dans ce cas, ses fonctions seraient les mêmes que celles des os des animaux vertébrés, et ce seraient les seules qu'on pourrait appliquer aux osselets cornés de presque tous les Décapodes. Dans le second cas, dans l'osselet crétacé des Seiches, avec des fonctions analogues, on doit en supposer encore d'autres. La Seiche a des proportions des plus massives, et sa masse charnue serait peu en rapport avec la puissance de ses nageoires, si elle n'avait un autre moyen de se soutenir dans les eaux, car alors sa pesanteur même l'empêcherait d'arriver à la surface des mers; mais la nature prévoyante y a suppléé par un osselet composé de loges remplies de matières divisées en petites locules remplies d'air, dont le volume est proportionné à la taille de l'animal, ce qui forme l'équilibre de son poids, et le soutient toujours dans une position horizontale, sans qu'il ait besoin d'aucun effort; ce qui est si vrai, que l'osselet séparé du corps de la Seiche, les parties charnues tombent au fond des eaux, tandis que l'osselet surnage toujours. Nous ne regardons dès lors l'empilement des locules dans l'os de Seiche, que comme un moyen donné à cet animal pour se soutenir dans les eaux, à défaut d'autres moyens de satisfaire à ce besoin de son existence. On peut expliquer de même la forme de l'osselet des Bélemmites et des Spirules. Dans le premier genre, pour que le poids énorme de l'étui crétacé de l'extrémité de l'osselet ne détruisît pas l'équilibre de l'ensemble, il devenait indispensable qu'il fût soutenu par quelque appareil; et telles sont, sans doute, les fonctions que l'empilement des loges de l'intérieur était appelé à remplir, en se trouvant peut-être toujours plein d'air; ce qui pourrait nous faire admettre cette supposition, c'est ce que nous voyons pour les Spirules, dont la coquille remplit positivement cet objet. Le grand nombre de coquilles flottantes qu'on rencontre dans les mers d'Afrique et aux Antilles, nous en offrirait au moins une preuve évidente; car si ces coquilles avaient été pleines d'eau lorsqu'elles se sont détachées de l'animal, elles seraient tombées au sein de la mer, tandis qu'on les trouve encore (comme nous l'avons reconnu dans nos voyages) avec des parties charnues qui y sont attachées et qui auraient empêché l'air extérieur d'y pénétrer, s'il n'y avait existé à l'état de vie de l'animal. Pour nous, les loges des coquilles du genre Seiche, des Bélemnites et des Spirules, ne seraient, par analogie aux vessies natatoires des poissons, qu'un moyen de soutenir les animaux dans les eaux, et de les aider dans leur natation ; aussi voit-on le nombre de ces loges augmenter en raison proportionnelle de la pesanteur du corps de l'animal, afin de le maintenir constamment en équilibre dans toutes les périodes de son existence.

Couleurs.

On a attaché beaucoup trop d'importance aux couleurs comme caractères distinctifs d'espèces parmi les Céphalopodes ; aussi, comme nous le ferons remarquer plus tard en traitant de celles-ci aux espèces, chacune d'elles étant susceptible de passer du blanc parfait au brun, au rouge plus ou moins foncé, nous devons dire que nous ne considérons comme caractéristiques parmi les couleurs des espèces, que ces taches incrustées qu'on observe chez quelques Poulpes, chez les Ommastrèphes, les Histioteuthes, les Enoploteuthes, et seulement parce que celles-ci sont permanentes et indépendantes de la volonté de l'animal, tandis que toutes les autres sont instantanées et tiennent à une conformation générale des Céphalopodes acétabulifères qui paraît propre à cette série d'animaux.

Cette mutation de teintes, qui peint successivement à l'observateur les diverses sensations que ces animaux ressentent, tient à un système très compliqué de globules chromophores (1), de diverses couleurs, jaunâtres, roux ou bruns, dans les Elédons, les Poulpes, rouge-brun dans les Calmars, Onichoteuthes et autres Céphalopodes pélagiens, placés sous la première couche de l'épiderme ; ces globules représentant chacun une pupile, qui se contracte, se dilate, et forme tantôt une large surface ronde, irrégulière, ou diminuant de telle sorte qu'elle ne représente plus qu'un très petit point presque noir, pouvant s'augmenter de plus de soixante fois son diamètre (2). On conçoit dès lors que l'animal qui, dans la dilatation de ses globules est presque entièrement d'une couleur foncée, devient presque blanc lorsque ces mêmes globules sont entièrement contractés. Les seules différences que nous ayons observées dans ces globules, c'est que les Céphalopodes côtiers les ont en général très petits, tandis que les Céphalopodes pélagiens les ont très grands et moins nombreux. On voit donc que les couleurs ne doivent être prises en considération, comme des caractères spécifiques, qu'avec beaucoup de circonspection, n'offrant absolument aucune limite entre les genres qui composent les Céphalopodes acétabulifères.

CONCLUSIONS.

La comparaison de tous les caractères zoologiques des Céphalopodes acétabulifères, la recherche de ceux qui prédominent par leurs fonctions dans l'organisation animale, et de ceux qui déterminent des modifications constantes plus ou moins nombreuses dans les diverses parties, la discussion aussi exacte que possible de leur valeur comparative, nous conduisent à établir la classification suivante parmi les espèces que renferme cet ordre des Céphalopodes.

(1) MM. Sangiovani (*Giorn. encyclopedico di Napol.*, an XIII, n° 9); de Lafresnaye (*Mémoires de la Soc. linn. du Calvados*, t. I, p. 73, 1824; Wagner (*Isis*, cap. XII, p. 159, 1833); et Gravenhorst (*Mémoires sur les animaux de la mer de Trieste*, 1831, ont traité savamment cet intéressant sujet.

(2) Observation de M. Sangiovani.

CÉPHALOPODES ACÉTABULIFÈRES.

GENRES. — SOUS-GENRES.

OCTOPODES.

Huit bras, yeux fixes, unis aux téguments. Point d'osselet dorsal médian. Appareil de résistance charnu. Nageoires nulles, ainsi que la membrane buccale. Cupules non pédonculées, sans cercle corné.

Famille unique. OCTOPIDÆ.

- Point d'appareil de résistance libre, ni d'ouvertures aquifères céphaliques. Bras conico-subulés.
  - Deux rangées de cupules à chaque bras. . . OCTOPUS.
  - Une rangée de cupules à chaque bras. . . ÉLÉDONE.
- Un appareil de résistance libre, dont la partie concave sur le corps, le bouton à la base du tube locomoteur; des ouvertures aquifères nombreuses; huit bras subulés. . . . PHILONEXIS.
- Un appareil de résistance libre, dont la partie concave sur la base du tube locomoteur, le bouton dans l'intérieur du corps; deux ouvertures aquifères; deux bras palmés, six conico-subulés. . . . . ARGONAUTA.

DÉCAPODES.

Dix bras. Yeux libres dans leur orbite. Un osselet dorsal médian. Appareil de résistance cartilagineux. Des nageoires. Une membrane buccale. Cupules pédonculées, pourvues d'un cercle corné.

MYOPSIDÉS.

Yeux recouverts en dessus par une continuité des téguments, sans contact immédiat avec l'eau.

SEPIDÆ.

Une paupière inférieure aux yeux. Membrane buccale sans cupules. Point de crêtes auriculaires. Tube locomoteur sans bride supérieure. Bras tentaculaires rétractiles en entier.

- Appareil de résistance fixe. Osselet occupant toute la largeur du corps. Nageoires terminales. . . . . CRANCHIA.
- Une bride cervicale unissant la tête au corps; deux points d'attache à l'appareil de résistance. Osselet occupant la moitié de la longueur du corps. Nageoires latéro-dorsales.
  - Une fossette allongée à la base du tube locomoteur, et une crête du côté opposé à l'appareil de résistance. . . . . SEPIOLA.
  - Une fossette oblongue à double cavité sur la base du tube locomoteur, un mamelon oblong du côté opposé à l'appareil de résistance. . . . . SEPIOLOIDEA.
- Point de brides cervicales; trois points d'attache à l'appareil de résistance. Osselet occupant la moitié de la longueur du corps. Nageoires latéro-dorsales distinctes. . . . . . . ROSSIA.
- Corps ovale. Point de brides cervicales. Trois points d'attache à l'appareil de résistance, celui de la base du tube locomoteur ovale concave. Osselet crétacé occupant toute la longueur du corps, et rempli en dedans de locules irrégulières. Nageoires longitudinales, latérales. . . . . SEPIA.
- Osselet interne crétacé, pourvu de loges empilées. . . . . BELOPTERA.

LOLIGIDÆ.

Point de paupières. Membrane buccale armée de cupules. Une crête auriculaire transversale. Tube locomoteur pourvu d'une double bride supérieure. Bras tentaculaires, contractiles en partie.

- Corps allongé, subcylindrique. Une fossette longitudinale à la base du tube locomoteur, une crête courte du côté opposé à l'appareil de résistance. Osselet en plume, cartilagineux.
  - Nageoires sur la moitié de la longueur du corps. . . . . LOLIGO.
  - Nageoires sur toute la longueur du corps. . . . . SEPIOTEUTHIS.

OIGOPSIDÉS.

Yeux largement ouverts en dehors, en contact immédiat avec l'eau.

LOLIGOPSIDÆ.

Point de sinus lacrymal. Tube locomoteur sans valvule et sans bride. Crête auriculaire nulle. Ouvertures aquifères anales nulles.

- Corps uni à la tête par trois attaches fixes. Point de membrane à l'ombrelle. Yeux pédonculés. Point d'ouvertures aquifères buccales ni brachiales. Cercle corné des cupules bombé en dehors. Osselet très allongé. . . . . LOLIGOPSIS.
- Corps séparé de la tête. Trois points d'attache très compliqués à l'appareil de résistance. Yeux non pédonculés. Des ouvertures aquifères buccales; point d'ouvertures brachiales. Cercle corné des cupules bilobé en dehors. Osselet très allongé. . . . . CHIROTEUTHIS.
- Corps séparé de la tête. Trois points d'attache simples à l'appareil de résistance. Yeux non pédonculés. Des ouvertures aquifères buccales et brachiales. Cercle corné des cupules convexe en dehors. Osselet large, en plume. Des membranes larges à l'ombrelle. . . . HISTIOTEUTHIS.

TEUTHIDÆ.

Un sinus lacrymal. Tube locomoteur pourvu de valvule interne et de brides externes. Crêtes auriculaires longitudinales. Ouvertures aquifères anales prononcées.

- Appareil de résistance simple. Des crochets et des cupules. Point de membrane protectrice des cupules. Osselet en plume ou allongé.
  - ONYCHOTEUTHIS.
  - ENOPLOTEUTHIS.
  - KELAENO.
- Appareil de résistance très compliqué. Point de crochets, des cupules seulement. Des membranes protectrices des cupules. Osselet en flèche corné, pourvu d'un godet inférieur. . OMMASTRÈPHES.

BELEMNITIDÆ.

- Osselet interne corné, large en avant, étroit en arrière; ailes latérales s'insérant au pourtour d'un rostre crétacé conique, contenant dans son intérieur une série de loges superposées, percées inférieurement d'un siphon.
  - Rostre à ouverture entière. . . . . BELEMNITES.
  - Une sissure inférieure au rostre. . . . . . BELEMNITELLA.

SPIRULIDÆ.

- Une coquille externe spirale multiloculaire, sans cavité supérieure à la dernière loge. . . . . SPIRULA.

CHAPITRE II.

CONSIDÉRATIONS PALÉONTOLOGIQUES ET GÉOGRAPHIQUES.

Comparaison des modifications apportées à la forme des Céphalopodes acétabulifères, dans les successions au sein des couches de l'écorce terrestre, et de celles qui sont dues à la température et aux autres influences d'habitation.

Considérations paléontologiques.

Les Céphalopodes ont existé dès la première époque où l'animalisation s'est manifestée sur le globe terrestre dans les terrains siluriens et carbonifères; mais, dans la période où déjà les *Orthoceras*, les *Nautilus*, les *Goniatites*, etc., couvraient les mers de leurs innombrables essaims, il ne paraît pas y avoir eu de Céphalopodes acétabulifères, à moins que leurs traces n'en soient postérieurement disparues. On peut croire qu'il en est ainsi dans le muschelkalk, où les genres que nous venons de citer ne sont représentés que par les *Nautilus*, auxquels déjà viennent se joindre quelques Ammonites, mais encore aucune des espèces qui nous occupent.

La première apparition des Céphalopodes acétabulifères a donc eu lieu dans les terrains jurassiques ou oolitiques. A l'époque où vivaient ces myriades d'Ammonites si variées dans leurs formes, se montrent en grand nombre, pour la première fois, dans les étages les plus inférieurs du lias, les *Belemnites* coniques et sans sillons, avec quelques *Sepioteuthis*. Les premiers, si l'on en juge par leurs formes allongées, devaient être des animaux pélagiens, tandis que les autres pouvaient fort bien être plus côtiers, au moins d'après l'analogie. Aux étages moyens de l'oolite, on retrouve les deux mêmes genres dans les mêmes proportions numériques, c'est-à-dire un grand nombre de *Bélemnites* alors le plus souvent sillonnées en dessous, et seulement quelques *Teudopsis*. Si nous remontons vers les couches plus supérieures, nous voyons le nombre des *Bélemnites* diminuer, et même leurs formes changer: de coniques qu'elles étaient dans le bas, elles deviennent généralement lancéolées, ou fusiformes, les espèces des couches inférieures étant remplacées par d'autres tout à fait distinctes. Avec elles, dans les couches supérieures des terrains oolitiques, paraissent pour la première fois quatre ou cinq espèces de *Sepia*, trois *Ommastrèphes*, deux *Enoploteuthis* et un *Kelaeno*, dans les carrières de Solnofen, si riches en fossiles; tous animaux différents de ceux des couches inférieures, dont les premiers seulement devaient être côtiers, tandis que tous les autres ont dû être pélagiens. En résumé, dans les terrains oolitiques, les Bélemnites atteignent leur plus grand développement numérique et spécifique, surtout au milieu des couches inférieures; les *Sepioteuthis* se voient seulement dans les couches inférieures, les *Teudopsis* et les *Bélemnites* dans les couches moyennes, tandis qu'on ne rencontre que dans les couches supérieures les genres *Sepia*, *Ommastrèphes*, *Enoploteuthis* et *Kelaeno*, que nous devons retrouver plus tard.

Remontons-nous dans les terrains crétacés, les Céphalopodes acétabulifères ne changent pas entièrement de forme, comme nous l'avons vu dans le passage des terrains de transition aux terrains oolitiques, puisque, dans les couches néocomiennes et dans le gault, on trouve encore des Bélemnites; mais celles-ci, assez voisines de formes de celles des couches supérieures des terrains oolitiques, en diffèrent pourtant par des sillons latéraux; dans les couches supérieures des terrains crétacés, ces Bélemnites lancéolées sont remplacées par les *Belemnitella*, espèces pourvues d'une gouttière (*Belemnites mucronatus*, etc.), et tout à fait distinctes de forme de celles des terrains inférieurs; mais, soit que les terrains ne fussent pas propres à en conserver les traces, soit qu'il n'y en ait pas existé, aucun des autres genres que nous avons signalés dans les époques antérieures ne se montre dans les terrains crétacés, où les Bélemnites même s'effacent pour toujours des couches supérieures de cette formation.

Si nous passons aux terrains tertiaires, les plus rapprochés de notre époque; si nous scrutons les faunes spéciales aux différents bassins si riches en fossiles, nous serons étonné du peu de Céphalopodes qui s'y rencontrent. Plus de représentants de ces myriades de Bélemnites des terrains inférieurs, plus de traces des Céphalopodes à coquille cornée; de tout ce que nous connaissons déjà, le seul genre *Sepia* se retrouve encore, accompagné des *Beloptera;* et ces espèces, propres aux couches les plus inférieures de l'époque tertiaire, se rencontrent uniquement dans le bassin de Paris, tandis que les autres couches supérieures, celles d'Italie, par exemple, si riches en poissons, n'ont montré jusqu'ici aucune trace de fossiles de l'ordre d'animaux que nous recherchons.

Pour mieux faire concevoir cette succession des genres et des espèces dans les couches, nous les donnerons comparativement dans le tableau suivant.

TERRAINS.	LOCALITÉS.	GENRES.	ESPÈCES.
TARRAINS TERTIAIRES.			
Couches supérieures.	»	»	»
Couches inférieures	Bassin de Paris.	Sepia.	Sepioidea, d'Orbigny.
Couches inférieures	Bassin de Paris.	. . . .	Compressa, d'Orbigny.
Couches inférieures	Bassin de Paris.	Beloptera . . .	Belemnitoidea, Blainville.
Couches inférieures	Angleterre.	Beloptera . . .	Anomala.
Couches inférieures	Bassin de Paris.	Beloptera . . .	Levesquei, d'Orbigny.
TERRAINS CRÉTACÉS.			
Craie blanche	Paris, Angleterre, Maëstricht.	Belemnitella. .	Mucronata, quadrata.
Grès vert.	Saint-Paul-Trois-Châteaux. . .	Belemnites. . .	Semicanaliculatus.
Gault.	Sussex, Yonne, Boulogne. . .	Belemnites. . .	Minimus.
Terrain néocomien.	Midi de la France.	Belemnites. . .	Dilatatus, bipartitus, bicanaliculatus, subfusiformis, pistiliformis, Baudouini, Emerici.
TERRAINS OOLITIQUES.			
Couches supérieures.	Solnofen (1).	Sepia.	Antiqua, Munster.
Couches supérieures.	Solnofen.	. . . .	Hastiformis, Ruppell.
Couches supérieures.	Solnofen.	. . . .	Caudata, Munster.
Couches supérieures.	Solnofen, Eschstadt.	. . . .	Linguata, Munster.
Couches supérieures.	Solnofen.	. . . .	Venusta, Munster.
Couches supérieures.	Solnofen.	Kelaeno	Speciosa, Munster.
Couches supérieures.	Solnofen, Eschstadt.	. . . .	Prisca.
Couches supérieures.	Eschstadt	Enoploteuthes.	Subhasta.
Couches supérieures.	Darling	Ommastrèphes.	Cochlearis.
Couches supérieures.	Solnofen.	. . . .	Intermedius.
Couches supérieures.	Solnofen.	. . . .	Cochlearis.
Couches supérieures.	Solnofen et ailleurs.	Belemnites. . .	(Plusieurs espèces). (2)
Couches moyennes.	Normandie.	Teudopsis . . .	Caumontii, Deslongchamps.
Couches moyennes.	De partout	Belemnites. . .	(Un grand nombre.)
Couches inférieures (lias). .	De partout	Belemnites. . .	(Très nombreuses.)
Couches inférieures	. . . .	Sepioteuthis. .	
TERRAINS DE MUSCHELKALK.			
TERRAINS DE TRANSITION.			

(1) Nous devons la connaissance de ces espèces aux savantes communications de M. le comte Munster, de Bayreuth.

(2) Le manque de place ne nous permettant pas de donner dans notre travail la monographie des Bélemnites, nous nous contentons d'indiquer leur plus ou moins grande abondance dans les couches, sans spécifier le nombre d'espèces.

Maintenant si, commençant par les terrains les plus inférieurs, nous cherchons, dans chaque genre, les couches qui les ont successivement renfermés et l'époque où ils ont cessé de se montrer, nous arriverons aux résultats suivants :

1° Les *Sepioteuthis* apparaissent et disparaissent aussitôt dans les couches inférieures des terrains oolitiques.

2° Les *Bélemnites* coniques et sans sillon ventral sont très nombreuses dans les mêmes couches, où elles dominent sur les autres corps fossiles, et sont au maximum de leur existence numérique. Elles s'y maintiennent, tout en changeant de forme, deviennent lancéolées avec un sillon ventral dans les couches moyennes, diminuent et changent encore d'espèces dans l'oolite supérieure. Pendant la première époque des terrains crétacés, les terrains néocomiens, apparaissent les premières Bélemnites à sillon ventral et à sillons latéraux, assez nombreuses sous cet horizon géologique, qui en recèle encore quelques-unes dans le gault, et sont remplacées dans la craie blanche par les Bélemnitelles, dernières traces des Bélemnitidées.

3° Les *Teudopsis*, d'abord contemporains des deux genres précédents, ne font, pour ainsi dire, que se montrer, puisqu'ils cessent d'exister dans les étages inférieurs de l'oolite moyenne.

4° Les *Ommastrephes* se présentent avec l'étage supérieur des terrains oolitiques, et ne semblent pas avoir survécu à cette époque.

5° Les *Enoploteuthis;*

6° Les *Kalaeno* subissent les mêmes lois que les *Ommastrephes.*

7° Les *Sepia* se montrent en assez grand nombre avec les trois genres que nous venons de citer, puis disparaissent dans toute la formation crétacée pour revenir, sous d'autres formes, dans les terrains tertiaires inférieurs, où elles cessent d'exister.

8° Enfin, les *Beloptera* naissent au sein des mêmes couches tertiaires que les *Sepia*, auxquelles ils ne survivent pas.

Ainsi quelques-uns de ces genres, comme les *Bélemnites*, les *Bélemnitelles*, les *Teudopsis*, les *Kelaeno*, les *Beloptera*, sont ensevelis pour toujours dans les couches terrestres, tandis que d'autres, les *Sépioteuthes*, les *Ommastrèphes*, les *Enoploteuthes* et les *Sepia*, montrent encore aujourd'hui un grand nombre d'espèces vivant au sein des mers. Si nous voyons les genres survivre aux révolutions du globe, il n'en est pas ainsi des espèces; celles-ci non-seulement ne passent pas d'une couche à l'autre, mais moins encore ont survécu jusqu'à nos jours, où elles sont tout à fait remplacées par des formes spécifiques distinctes.

Il nous reste à envisager sous un autre point de vue l'ensemble des espèces fossiles et leur succession jusqu'à nos jours. On a souvent agité la question philosophique du plus ou moins de perfection, de complication des corps, dans leur ordre de succession au sein des couches terrestres du globe. Nous avons étudié les faits dans plusieurs séries animales, et nous nous sommes convaincu du peu d'uniformité des lois de cette nature, suivant les grandes sections zoologiques. Si d'un côté l'on aperçoit dans l'ensemble des êtres une progression évidente vers la perfection, ou une succession du simple au composé, il n'en est pas toujours ainsi lorsqu'on veut étudier un groupe naturel quelconque d'animaux, puisque quelquefois on trouve un état stationnaire ou même rétrograde dans la complication des formes.

Relativement aux Céphalopodes acétabulifères, cette loi nous montre peu de variation. Il est vrai qu'avec des formes analogues à celles qui existent maintenant (les *Sepioteuthes* et les *Enoplotheutes*), nous trouvons les *Belemnites* dont les caractères se compliquent de la réunion de parties crétacées et cornées, et qui joignent à un osselet semblable à celui des *Ommastrèphes*, des loges empilées comme les Orthocères, ce qui pourrait faire croire que la nature était alors plus complète qu'aujourd'hui; mais nous pouvons leur opposer, pour établir la balance, l'exemple de la Spirule et de l'Argonaute, formes inconnues à l'état fossile, et qui peuvent prouver que la nature regagne d'un côté ce qu'elle perd de l'autre.

Considérations géographiques.

Malgré le peu de renseignements que la science possède encore sur les restes fossiles des Céphalopodes acétabulifères, ce qui tient sans doute à ce que ces corps se conservent difficilement, on peut se rendre compte des modifications qu'ils ont subies aux diverses périodes géologiques, et reconnaître les genres qui se retrouvent de nos jours. Ces genres, fussent-ils uniques, seraient déjà d'une haute importance, en nous éclairant, par la comparaison, sur les formes zoologiques des espèces éteintes; mais ils ne sont pas seuls aujourd'hui, et un bien plus grand nombre de moyens d'étude nous a été conservé. Nous avons dit que les genres *Sepioteuthis*, *Ommastrephes* et *Enoploteuthis* ont des espèces vivantes; mais nous possédons en même temps les *Octopus*, les *Philonexis*, les *Argonauta*, les *Cranchia*, les *Sepiola*, les *Rossia*, les *Loligo*, les *Loligopsis*, les *Chiroteuthis*, les *Histioteuthis*, les *Onychoteuthis* et les *Spirula*, dont les formes variées, par leur analogie avec les genres perdus, peuvent nous donner une idée des formes zoologiques de ceux-ci, tandis que la répartition actuelle des espèces vivantes, suivant les mers et les zones de température, pourra peut-être aussi nous amener à quelques résultats satisfaisants sur l'état des mers aux époques où vivaient les espèces fossiles. C'est dans ce but que nous allons étudier les lois qui président à la distribution géographique des espèces vivantes.

Nous pouvons envisager la question sous deux points de vue distincts: l'un relatif à la répartition suivant les formes, au sein des différentes mers, et dans les diverses régions de ces mers; l'autre purement numérique, sans avoir égard à ces formes. Nous commencerons par le premier.

Comme nous donnons aux spécialités la distribution partielle des espèces dans chaque groupe, nous ne nous occuperons ici que de la répartition des genres au sein des différentes mers. Les *Octopus*, les *Sepia*, les *Ommastrephes*, habitent en même temps l'océan Atlantique, le grand Océan, la Méditerranée et la mer Rouge.

Les *Argonauta*, les *Sepiola*, les *Rossia*, les *Loligo*, les *Ommastrephes*, un peu moins largement répartis, se rencontrent au sein de l'océan Atlantique, du grand Océan et de la Méditerranée. Les *Sepioteuthis* sont de l'océan Atlantique, du grand Océan et de la mer Rouge; les *Philonexis*, de l'océan Atlantique et de la Méditerranée; les *Enoploteuthis*, du grand Océan et de l'océan Atlantique. Après ces séries de genres, qu'on voit habiter simultanément plusieurs mers à la fois, il ne nous restera plus de spéciaux à des mers distinctes que les *Sepioloidea*, du grand Océan; les *Histioteuthis*, de la Méditerranée; les *Chiroteuthis*, les *Cranchia*, les *Loligopsis* et les *Spirula*, propres à l'océan Atlantique. Il résulterait de ce qui précède, résumé exact de l'étude des espèces, que les genres sont à peu près également répartis dans les mers; et que s'ils manquent dans telle ou telle mer, cela peut provenir, pour quelques-uns, du défaut d'observation plutôt que de l'absence réelle des espèces. Néanmoins, pour contre-partie des faits cités, nous dirons que, jusqu'à présent, on n'a pas encore trouvé dans la mer Rouge les genres *Philonexis, Loligopsis, Histioteuthis, Onychoteuthis, Enoploteuthis, Spirula, Cranchia, Sepiola, Rossia* et *Loligo;* que la Méditerranée manque des *Sepioteuthis,* des *Enoploteuthis,* des *Spirula* et des *Cranchia;* que trois genres seulement sont inconnus dans le grand Océan, les *Histioteuthis,* les *Spirula* et les *Cranchia;* tandis que, dans l'océan Atlantique, où l'on a beaucoup mieux cherché, par suite de la proximité des centres d'observation, il ne manque que les *Histioteuthis*, ce qui confirmerait dans l'idée que par la suite beaucoup de ces lacunes pourront se combler, et rendre dès lors la répartition uniforme.

Après avoir parlé de la répartition des genres au sein des mers, voulons-nous chercher si ces genres appartiennent à toutes les régions, ou bien s'ils sont, au contraire, répartis suivant des zones de températures spéciales qui leur sont propres, nous trouverons, 1° que les *Octopus*, les *Rossia*, les *Sepia*, les *Loligo*, les *Onychoteuthis* et les *Ommastrephes* habitent simultanément les régions chaudes, les régions tempérées et les régions froides, beaucoup plus nombreux en espèces dans les zones chaudes que partout ailleurs; 2° que les *Argonauta*, les *Philonexis* et les *Sepiola* vivent en même temps dans les régions chaudes et tempérées, bien plus multipliés encore en espèces sous la zone torride que dans les autres parties des mers. Voilà pour ce qui a rapport aux genres vivant simultanément dans plusieurs zones à la fois. Quant à ceux qui sont propres à deux régions spéciales, nous trouverons : 3° les *Cranchia*, les *Sepioloidea*, les *Sepioteuthis*, les *Loligopsis*, les *Enoploteuthis* et les *Spirula*, seulement sous la zone équatoriale; 4° le seul genre *Histioteuthis*, dans les régions tempérées; et 5° aucun dans les régions froides. En résumé, sur *seize* genres, *quinze* se rencontrent dans les régions chaudes; *dix*, ou seulement les deux tiers, dans les régions tempérées, et *six*, ou beaucoup moins de la moitié, dans les régions froides. Ainsi, n'ayant égard qu'aux formes, nous les trouvons presque toutes dans les régions chaudes; moins de modifications passent en même temps dans les régions tempérées, tandis que beaucoup moins encore s'avancent vers les régions froides. De là il résulte à n'en pas douter, 1° que les Céphalopodes acétabulifères sont d'autant plus compliqués dans leurs formes, dans leurs caractères, qu'ils habitent des régions plus chaudes; 2° que leur centre d'animalisation, leurs régions favorites sont sous une température très élevée.

Ces conséquences, auxquelles nous sommes arrivé par la seule étude des formes, sans avoir égard aux nombres spécifiques, sont des plus importantes, relativement à l'ensemble des genres que nous avons signalés à l'état fossile; car elles nous donnent la presque certitude que tous les genres ont vécu au sein des mers chaudes, ou du moins sous une température bien plus élevée que celle des lieux où l'on rencontre aujourd'hui ces restes, ce qui serait en rapport avec l'action lente du refroidissement de la terre.

Avant de passer à l'examen numérique des espèces de Céphalopodes acétabulifères, nous croyons devoir donner dans le tableau suivant de la répartition des espèces par genre, non-seulement la preuve de ce que nous venons de dire, mais encore les bases des considérations qui vont suivre. Ce tableau démontrera, de plus, le nombre des espèces connues par genre, et dès lors fera juger de leur importance relative.

TABLEAU COMPARATIF

DE LA RÉPARTITION GÉOGRAPHIQUE ACTUELLE DES ESPÈCES DE CÉPHALOPODES ACÉTABULIFÈRES AU SEIN DES DIFFÉRENTES MERS.

NOMS DES FAMILLES et DES GENRES.	ESPÈCES DE L'OCÉAN ATLANTIQUE.	DU GRAND OCÉAN.	DE LA MÉDITERRANÉE.	DE LA MER ROUGE.
OCTOPIDÆ.				
G. OCTOPUS.	Cuvierii.	Cuvierii.	Cuvierii.	Cuvierii.
——	Venustus.	»	»	»
——	Vulgaris.	Vulgaris.	Vulgaris.	Vulgaris.
——	Brevipes.	»	»	»
——	Tuberculatus.	»	Tuberculatus.	»
——	Tehuelchus.	»	»	»
——	Rugosus.	Rugosus.	»	»
——	»	Membranaceus.	»	»
——	»	Fontanianus.	»	»
——	»	Indicus.	»	»
——	»	Aculeatus.	Aculeatus.	»
——	»	Superciliosus.	»	»
——	»	Aranea.	»	»
——	»	Lunulatus.	»	»
——	»	Cordiformis.	»	»
——	»	»	Tetracirrhus.	»
——	»	»	Granosus.	»
——	»	»	»	Horridus.
G. ELEDONE.	Cirrhosus.	»	»	»
——	»	»	Moschatus.	»
G. PHILONEXIS.	Quoyanus.	»	»	»
——	Venustus.	»	»	»
——	Atlanticus.	»	»	»
——	Microstomus.	»	»	»
——	»	»	»	»
——	»	»	Velifer.	»
——	»	»	Tuberculatus.	»
G. ARGONAUTA.	Argo.	Argo.	Argo.	»
——	Hians.	Hians.	»	»
——	»	Tuberculatus.	»	»
F. SEPIDÆ.				
G. CRANCHIA.	Scabra.	»	»	»
——	Maculata.	»	»	»
G. SEPIOLA.	Oweniana?	»	»	»
——	Atlantica.	»	»	»
——	»	Japonica.	»	»
——	»	Stenodactyla.	»	»
——	»	»	Rondeleti.	»
G. SEPIOLOIDEA.	»	Lincolata.	»	»
G. ROSSIA.	Palpebrosa.	»	»	»
——	»	Subulata.	»	»
——	»	»	Macrosoma.	»
G. SEPIA.	Officinalis.	»	Officinalis.	»
——	Hierredda.	»	»	»
——	Bertheloti.	»	»	»
——	Tuberculata.	»	»	»
——	Vermiculata.	»	»	»
——	Ornata.	»	»	»
——	Orbigniana.	»	Orbigniana.	»
——	Capensis.	»	»	»
——	Rupellaria.	»	»	»
——	Antillarum.	»	»	»
——	»	Aculeata.	»	»
——	»	Blainvillii.	»	»
——	»	Rostrata.	»	»
——	»	Rouxii.	»	Rbuxii.
——	»	Latimanus.	»	»
——	»	Sinensis.	»	»

NOMS DES FAMILLES et DES GENRES.	ESPÈCES			
	DE L'OCÉAN ATLANTIQUE.	DU GRAND OCÉAN.	DE LA MÉDITERRANÉE.	DE LA MER ROUGE.
G. SEPIA (*Suite*).	»	Inermis.	»	»
——	»	»	Elegans.	»
——	»	»	»	Savignyi.
——	»	»	»	Lefevrei.
——	»	»	»	Elongata.
——	»	»	»	Gibbosa.
F. LOLIGIDÆ.				
G. LOLIGO.	Vulgaris.	»	Vulgaris.	»
——	Brasiliensis.	»	»	»
——	Plei.	»	»	»
——	Perlucida.	»	»	»
——	Pealei.	»	»	»
——	Subulata.	»	Subulata.	»
——	Brevis.	»	»	»
——	Reinaudi.	»	»	»
——	»	»	»	»
——	»	Gahi.	»	»
——	»	Sumatrensis.	»	»
——	»	Duvaucelii.	»	»
G. SEPIOTEUTHIS.	Sepioidea.	»	»	»
——	»	»	»	»
——	»	Lunulata.	»	»
——	»	Lessoniana.	»	»
——	»	Mauritiana.	»	»
——	»	Australis.	»	»
——	»	Blainvilliana.	»	»
——	»	Bilineata.	»	»
——	»	Sinensis.	»	»
——	»	»	»	Hemprichii.
——	»	»	»	Loliginiformis.
F. LOLIGOPSIDÆ.				
G. LOLIGOPSIS.	Pavo.	»	»	»
——	»	Guttata.	»	»
——	»	Peronii.	»	»
——	»	Chrysoptalma.	»	»
——	Bomplandi.	»	»	»
——	»	»	Veranyi.	»
——	»	»	Bonelliana.	»
G. HISTIOTEUTHIS.	»	»	»	»
F. TEUTHIDÆ.				
G. ONYCHOTEUTHIS.	Bergii.	Bergii.	»	»
——	Cardioptera.	»	»	»
——	Caribæa.	»	»	»
——	Bancksii.	»	»	»
——	»	Dussumieri.	»	»
——	»	Platyplera.	»	»
——	»	»	Lichtensteinii.	»
G. ENOPLOTEUTHIS.	»	»	»	»
——	Morisii.	»	»	»
——	»	Lesueurii.	»	»
——	»	Molinæ.	»	»
——	»	Armata.	»	»
G. OMMASTREPHES.	Bartramii.	»	Bartramii.	»
——	Sagittata.	»	Sagittata.	»
——	Cylindricus.	»	»	»
——	Pelagicus.	»	»	»
——	»	Giganteus.	»	»
——	»	Oceanicus.	»	»
——	»	»	Todarus.	»
——	»	»	»	Arabicus.
F. SPIRULIDÆ.				
G. SPIRULA.	Fragilis.	»	»	»

Le second point de vue sous lequel nous envisagerons la répartition géographique des Céphalopodes acétabulifères sera relatif au nombre d'espèces, sans avoir égard aux formes. Ainsi, ne faisant qu'une somme totale de toutes les espèces bien caractérisées et réduites à leur simple valeur, élaguant toutes celles qui sont peu certaines, et celles sur lesquelles nous n'avons pas de données positives d'habitation, nous allons chercher si les résultats sont les mêmes que pour les formes génériques, relativement à leur répartition sur le globe.

Nous connaissons *cent huit* espèces de Céphalopodes acétabulifères, dont *quarante-neuf* se trouvent dans l'océan Atlantique, *quarante-sept* dans le grand Océan, *vingt-trois* dans la Méditerranée, et *onze* dans la mer Rouge (1). Il est bien entendu que ces nombres renferment les espèces qui se trouvent dans plusieurs mers à la fois; néanmoins ils démontrent que les mers en nourrissent une quantité pour ainsi dire proportionnée à leur étendue, et nous croyons que si le grand Océan ne nous en a pas montré, comparativement à sa vaste superficie, plus que l'océan Atlantique et que la Méditerranée, cela peut provenir de son éloignement, qui a empêché d'y faire des recherches aussi complètes que dans l'océan Atlantique.

Nous allons prendre maintenant chaque bassin maritime en particulier, pour reconnaître le nombre d'espèces qui lui est spécial ou qui se trouve en même temps dans plusieurs autres mers, examinant ainsi quelles parties de ces mers habitent les espèces.

Parmi les *quarante-neuf* espèces de l'océan Atlantique, nous en rencontrons *deux* habitant simultanément le grand Océan, la Méditerranée et la mer Rouge, *une* le grand Océan et la Méditerranée, *quatre* le grand Océan, et *sept* (2) la Méditerranée; il resterait encore *trente-cinq* espèces propres à l'océan Atlantique. Sur ce nombre, si nous cherchons à quelles parties elles appartiennent, nous trouverons que *seize*, ou près de la moitié, sont des zones chaudes de l'Océan, sans dépendre des continents; que *six* sont spéciales aux côtes africaines, *quatre* à l'Amérique septentrionale, *trois* à l'Amérique méridionale, *trois* aux côtes d'Europe, *deux* au cap de Bonne-Espérance, et *une* au pôle : ainsi le plus grand nombre serait des mers chaudes ou des côtes qui en sont baignées.

Parmi les *quarante-sept* espèces de Céphalopodes acétabulifères du grand Océan, nous en trouvons *deux* vivant en même temps dans l'océan Atlantique, la Méditerranée et la mer Rouge; *une* dans la Méditerranée et l'Océan Atlantique, *une* dans la mer Rouge, *une* dans l'océan Atlantique, et *une* dans la Méditerranée. Il reste donc encore, après ces soustractions, *trente-huit* espèces propres au grand Océan, sur lesquelles *vingt et une* sont de l'Inde ou des mers voisines, *treize* de l'Australie ou des mers océaniennes, et *quatre* de l'Amérique méridionale.

Parmi les *vingt-trois* espèces de la Méditerranée, nous en trouvons *deux* habitant simultanément l'océan Atlantique, le grand Océan et la mer Rouge, *une* le grand Océan et l'océan Atlantique, *une* le grand Océan, et *sept* l'océan Atlantique. Il reste encore, après ces distinctions, *douze* espèces propres à la Méditerranée, chiffre énorme, quand on le compare à

(1) Jusqu'à présent nous n'avons aucun Céphalopode de la mer Noire, ce qui est dû, sans doute, au peu de sel qu'elle contient, et peut-être à sa température peu élevée. Ce fait avait été reconnu par Aristote (lib. IX, cap. XXXVII; Camus, p. 593) et par plusieurs autres observateurs anciens et modernes.

(2) Il est à remarquer que presque toutes ces espèces voyageuses appartiennent au genre *Octopus*, les autres, en très petit nombre, étant des *Argonauta*, des *Sepia* et des *Onychoteuthis*.

l'étendue restreinte de son bassin. Les espèces méditerranéennes paraissent, du reste, se trouver dans toutes les parties.

Parmi les *onze* espèces de la mer Rouge, *deux* habitent encore les deux grands Océans et la Méditerranée, et *une* le grand Océan; dès lors il reste *huit* espèces propres à la mer Rouge.

Il résulterait des chiffres qui précèdent que, malgré le nombre des espèces passant indifféremment d'un Océan à l'autre, il y a en somme plus des deux tiers des espèces de chaque mer qui leur sont spéciales; ce nombre prouve évidemment que des limites d'habitation fixe existent encore pour des animaux que leur puissance de locomotion, leurs mœurs pélagiennes, devraient répartir à la fois au sein de toutes les mers, si le cap Horn d'un côté, le cap de Bonne-Espérance de l'autre, n'étaient pas dans une position méridionale tout à fait en dehors de la zone torride, où habitent presque toutes les espèces, servant dès lors comme de barrière, que ne peuvent franchir les Céphalopodes des régions chaudes, tandis que les espèces indifférentes à la température se trouvent presque toutes dans plusieurs mers à la fois. Il est évident pour nous que si le motif que nous venons d'énoncer n'était pas la véritable cause de limites restreintes parmi les Céphalopodes acétabulifères, il en serait de leurs espèces comme des Ptéropodes (1) que nous avons trouvés également dans les deux grands Océans; car les lois de distribution géographique, si tranchées par bassins maritimes parmi les Mollusques, comme nous l'avons reconnu pour les espèces côtières, que leurs habitudes empêchent de voyager (2), se modifient dès que ces animaux habitent librement des mers, où ils peuvent voyager, ou sont transportés par les courants généraux; mais, comme nous le prouvent les Céphalopodes, ces modifications n'ont lieu que lorsque leur zone de température propre leur permet de supporter les passages par les régions froides. Nous avons donc la certitude que l'unité de température, plus que tous les autres agents, est la véritable base de la distribution géographique des êtres; fait prouvé par l'étude même de la géologie, puisque les espèces sont d'autant moins divisées par faunes locales, que les terrains sont plus anciens, et que dès lors ils se sont formés à une époque où la température du globe terrestre était plus uniforme, par suite de la chaleur centrale.

Nous allons voir, du reste, si les chiffres des espèces de Céphalopodes acétabulifères, considérés, non plus par bassins distincts, mais bien par zones, sans avoir égard aux circonscriptions des mers, confirment ou infirment les résultats auxquels nous sommes arrivé. L'ensemble des espèces que nous connaissons, divisées en trois séries, sans tenir compte de celles qu'on trouve simultanément dans plusieurs zones, ou du moins les comptant dans chacune, nous donnent les résultats suivants :

ZONE CHAUDE	78 espèces.
ZONE TEMPÉRÉE	35
ZONE FROIDE	7

(1) Voyez à cet égard nos généralités, *Voyage dans l'Amérique méridionale*, *Mollusques*, p. 71, où nous trouvons les mêmes espèces sur une surface immense des mers.

(2) Nos généralités de distributions géographiques des espèces de Mollusques de l'Amérique méridionale, propres à l'océan Atlantique et au grand Océan, prouvent qu'il existe deux faunes tout à fait distinctes et indépendantes (*Voyage dans l'Amérique méridionale*, *Mollusques*, *généralités*, et *Foraminifères*, *généralités*.

Sous ce rapport, les résultats étant encore les mêmes, nous croyons en dernière analyse pouvoir en conclure avec certitude que les Céphalopodes acétabulifères sont plus compliqués et plus nombreux sous la zone torride que partout ailleurs; que cette zone paraît être plus propre à leur habitation; que la diversité des caractères, le nombre va en diminuant d'une manière progressive très rapide, en s'avançant des régions chaudes aux régions tempérées, où ils sont déjà réduits à moins de la moitié, et plus encore en arrivant dans les zones froides, où l'on trouve à peine des représentants de quelques séries, comme égarés, de leur zone plus spéciale.

Un dernier fait, des plus curieux, appartenant encore à la distribution géographique des espèces, vient, comme une exception singulière, s'interposer au milieu des lois générales. Nous avons dit que les formes étaient d'autant plus variées, qu'on s'avance davantage vers les régions les plus chaudes, et que le nombre des espèces va également en augmentant dans la même proportion; mais nous n'avons rien dit relativement à la multiplicité des individus suivant ces espèces, au nombre comparatif individuel dans les diverses régions, et c'est précisément là que se place l'exception dont nous voulons parler. Dans les régions chaudes, les Céphalopodes acétabulifères sont des plus variés en espèces; dans les régions froides, ils le sont beaucoup moins; néanmoins, dans les zones chaudes, nous avons trouvé les individus peu multipliés, tandis que, des deux côtés du monde, aux régions voisines des pôles, nous voyons au pôle sud, par exemple, une seule espèce, l'*Ommastrephes giganteus*; au pôle nord, l'*Ommastrephes sagittatus* (1), si multipliés l'un et l'autre, que leurs bancs voyageurs, à l'instant des migrations annuelles, viennent encombrer les côtes du Chili et celles de Terre-Neuve, et que la mer, sur une surface immense, en montre partout les restes épars. L'exception que nous venons de signaler, quelque importante qu'elle puisse être, ne changera rien aux résultats généraux; il nous paraît évident qu'elle tient plutôt aux habitudes sociales des individus de ces deux espèces, qui, dans une saison déterminée, les portent à suivre une direction fixe, qu'à la loi générale que nous voyons présider à l'ensemble de la répartition des espèces au sein des mers.

Alcide D'ORBIGNY.

CHAPITRE III.

CONSIDÉRATIONS SUR LES MŒURS, SUR LES HABITUDES ET SUR L'UTILITÉ.

Habitation.

Les détails dans lesquels nous comptons entrer relativement aux mœurs de chaque genre, et même de chaque espèce en particulier, nous dispenseront d'approfondir autant notre sujet dans ces considérations générales; aussi, pour éviter les redites, nous bornerons-nous aux faits généraux, et aux contrastes résultant de l'étude comparative des genres.

Il est un point de vue qui tient autant aux habitudes des espèces qu'à la suite de leur distribution géographique : nous voulons parler du lieu où elles vivent. En effet, les unes habitent constamment au centre des océans, tandis que les autres ne se voient que sur les

(1) Voyez aux spécialités ces articles spéciaux.

côtes. L'ensemble, considéré sous ce rapport, nous montre 1° les genres *Argonauta*, *Philonexis*, *Cranchia*, *Loligopsis*, *Onychoteuthis*, *Histioteuthis*, *Enoploteuthis*, *Ommastrephes* et *Spirula*, habitant seulement le sein des mers, ne paraissant qu'accidentellement sur les côtes, et dès lors ayant tout à fait des mœurs pélagiennes; et 2° les *Octopus*, les *Sepiola*, les *Sepioloidea*, les *Rossia*, les *Sepia*, les *Loligo* et les *Sepioteuthis*, ne vivant jamais au large, à une grande distance des continents; tandis que, sur le littoral, ils pullulent pendant une saison déterminée, et peuvent être considérés comme côtiers.

Parmi les espèces pélagiennes, il ne semble pas exister beaucoup de nuances. On les trouve toute l'année, au sein des mers; néanmoins, elles nous offrent, comme exception à cet égard, l'*Ommastrephes giganteus* et l'*Ommastrephes sagittatus*, qui abandonnent, pendant une saison, les mers pour s'approcher des continents, et venir, comme nous l'avons dit, s'y échouer en grand nombre.

Parmi les espèces côtières, nous pouvons remarquer plusieurs catégories bien distinctes : les unes, appartenant au genre *Octopus*, habitent constamment la côte, où elles paraissent sédentaires, vivant dans les anfractuosités des côtes rocailleuses; tandis que les *Sepiola*, les *Sepia* et les *Loligo* y arrivent tous les ans, au printemps, en grandes troupes composées d'adultes, y séjournant plus ou moins longtemps, suivant les espèces, et s'enfonçant ensuite dans la mer, pour ne reparaître que l'année suivante. Pour ces dernières espèces, nous nous sommes souvent demandé si leur apparition annuelle vient du besoin de sortir des régions profondes de l'Océan qu'elles habitent peut-être le reste de l'année, ou si elle ne tiendrait pas à ces migrations périodiques auxquelles les poissons sont sujets. La difficulté d'observer, le peu de renseignements qu'on possède encore sur ce sujet, ne nous permettent pas de nous prononcer à cet égard; néanmoins, nous serions porté à croire que les Céphalopodes ont des migrations annuelles.

Une série d'expériences nous a prouvé que presque tous les Céphalopodes acétabulifères sont nocturnes; que le jour on n'aperçoit jamais à la surface des eaux la moindre trace des espèces pélagiennes, tandis que la nuit elles y pullulent. Nous avons aussi remarqué que, dans leurs voyages annuels sur les côtes, les Calmars et les Seiches se laissent prendre la nuit seulement dans les *écluses* et autres piéges que leur tendent les pêcheurs. Ce fait, parfaitement en rapport avec la forme des yeux, se rattache néanmoins à des considérations fort importantes sur le niveau d'habitation des espèces au sein des mers. Dans un autre ouvrage (1), en parlant des Ptéropodes, nous avons cherché à nous l'expliquer, et nos observations ont fini par nous convaincre que cette apparition nocturne tient au niveau de profondeur habité par les espèces pélagiennes, qui toutes viennent la nuit à la surface des mers, par suite du besoin qu'elles éprouvent de suivre les autres animaux dont elles se nourrissent, en cédant, comme eux, au besoin de retrouver, au-dessus de leur zone d'habitation ordinaire, le degré de lumière auquel elles sont accoutumées au milieu même de cette zone plus ou moins profonde.

Notre explication paraît d'autant plus probable, que tout nous prouve que les Céphalopodes acétabulifères habitent de grandes profondeurs. C'est dans ces régions que les atteignent les Dauphins, les Cachalots, qui s'en nourrissent exclusivement; c'est aussi là que quelques équipages de navires baleiniers vont les chercher lorsqu'ils veulent en faire la pêche; et

(1) *Voyage dans l'Amérique méridionale*, Mollusques, p. 67.

nous avons souvent entendu dire à ces derniers que la profondeur n'en était pas moindre de 160 à 180 mètres environ (1).

A l'exception des *Octopus*, vivant isolés dans leurs trous de rochers, tous les autres Céphalopodes sont doués au plus haut degré de l'esprit de société; aussi voyagent-ils par troupes innombrables, sur les côtes et au sein des mers. Ce fait est d'une grande importance, en ce qu'il donne l'explication des nombreux restes fossiles qu'on rencontre dans les mêmes couches, et nous prouve qu'alors ces espèces avaient les mêmes habitudes qu'aujourd'hui.

Reproduction, accroissement.

C'est généralement au printemps que les Céphalopodes acétabulifères font leur ponte. Les anciens auteurs ont parlé de leur accouplement; mais jusqu'à présent rien ne nous prouve que cet acte existe ni qu'il doive exister, et nous croyons, au contraire, que la fécondation des œufs doit avoir lieu par arrosement comme chez les poissons (2).

Nous avons remarqué, pour tous les genres, que partout où l'on prend des Céphalopodes en grand nombre il y a toujours dix fois plus de femelles que de mâles; de là peut-être pourrait-on conclure que beaucoup de mâles, plus sédentaires que les femelles, ne les suivent pas dans leurs voyages annuels, et qu'il ne faut qu'un petit nombre de ceux-ci pour la fécondation des œufs, ce qui appuierait l'hypothèse du manque d'accouplement et de la fécondation par arrosement.

La ponte a lieu au large pour les espèces pélagiennes, et sur les côtes, au-dessous du niveau des plus basses eaux, pour les espèces côtières. Les œufs des espèces pélagiennes paraissent être abandonnés à la surface des eaux, en longues grappes composées de corps gélatineux, agglomérés ou portés dans la coquille de la mère par l'Argonaute. Les œufs des espèces côtières sont disposés en petites grappes gélatineuses et transparentes, attachées chacune par un pied à un centre commun, chez les *Loligo* et chez les *Sepia*, en grappes composées d'œufs pyriformes, encroûtés de matière noire, séparés les uns des autres, et attachés chacun par un anneau à un corps sous-marin. Ces œufs ne peuvent être couvés par la mère, comme le croyaient les anciens, puisqu'un animal à sang froid ne pourrait exercer aucune action à cet égard. Nous pensons que, de même que tous les mollusques et les poissons, ils en abandonnent l'incubation à la température des mers.

Les œufs récemment pondus sont assez fermes et petits; mais, à mesure que l'incubation a lieu, ils s'amollissent, l'enveloppe se distend, ils grossissent. Le *vitellus* est d'abord peu volumineux, rond et légèrement opaque; après quelques jours, on remarque, sur le côté, un très petit embryon qui y tient par la tête, et auquel on ne reconnaît pas encore de bras, quoique les yeux soient déjà formés ainsi que le corps, mais cette dernière partie est très petite. A une époque plus avancée, l'embryon est aussi volumineux que le reste de son vitellus, toujours attaché à la bouche. A mesure que ce dernier diminue et que le corps augmente, la couleur des yeux devient plus marquée; le corps, blanc d'abord, se couvre de taches

(1) C'est au moins ce que nous ont répété plusieurs fois des baleiniers, et ce qu'ont imprimé MM. Quoy et Gaimard, *Zool. de l'Uranie*, t. I, p. 80.

(2) C'était aussi l'opinion d'Aristote et de Cuvier. (*Mém.*, p. 5.)

chromophores inégales en grosseur et placées régulièrement, et les bras poussent. Ce fœtus est dès lors doué de mouvement; on le voit s'agiter avec son vitellus au milieu de l'œuf; et, quelque temps avant que le vitellus ne soit tout à fait absorbé, le jeune Céphalopode se meut déjà à reculons, au moyen du refoulement du liquide par son tube locomoteur; mais il ne sort de son enveloppe qu'après avoir absorbé par la bouche tout son vitellus. On voit que le vitellus, loin de rentrer par le cordon ombilical, comme chez les animaux à sang chaud ovipares, s'absorbe par la bouche même, chez tous les Céphalopodes que nous avons observés (fait des plus curieux dans l'étude comparative du mode de reproduction des êtres). Le jeune fœtus, arrivé à terme, rompt son enveloppe et s'élance au sein des eaux, se trouvant dès lors parfaitement en état de se suffire, et en tout conformé comme les adultes, moins pourtant les proportions relatives des parties, car sa tête est toujours plus grosse à proportion, ses bras et son corps sont beaucoup plus courts; les nageoires, très peu développées sur les espèces qui en sont pourvues, commencent à se montrer sur les côtés, à la partie postérieure du corps; ainsi les bras, la longueur du corps, les nageoires ne se développent qu'après la sortie de l'œuf et tiennent à l'accroissement du jeune âge.

L'esprit de société des Céphalopodes se montre dès leur première jeunesse; ils éclosent presque tous ensemble, forment de suite des troupes, dont les unes (celles des Calmars) disparaissent aussitôt après leur naissance pour aller, sans doute, rejoindre la zone de profondeur propre à l'espèce, et ne plus revenir qu'adultes; les autres (les Seiches, par exemple), restent sur les côtes ou s'absentent seulement quelques mois, revenant ensuite, à l'automne, par troupes très nombreuses d'individus longs de vingt-cinq à trente millimètres, qui disparaissent, à leur tour, dès les premiers froids.

On concevra que les moyens d'observation sur la durée de l'accroissement et de la vie des Céphalopodes nous ont été bien difficiles à obtenir, et que, sous ce rapport, nous ayons peu de points de comparaison; néanmoins la croissance des jeunes Seiches nous fournira quelques données à cet égard. Celles-ci, nées dans l'été, n'ont acquis, en trois mois, que trente millimètres, tandis que les adultes ont jusqu'à 500 millimètres. Si l'on compare ces dimensions après avoir préalablement réfléchi que l'accroissement, chez tous les êtres, est infiniment plus rapide pour le jeune âge que pour les adultes, on s'assurera que les Céphalopodes vivent beaucoup plus de deux années, comme l'ont cru les anciens (1), la durée de leur accroissement devant être au moins de plusieurs années, et peut-être, comme chez les poissons, subordonnée à celle de leur existence; car, d'un autre côté, l'étude des Poulpes et des Seiches nous a fait acquérir la certitude que, proportionnellement aux espèces, les individus grandissent tant qu'ils vivent. En résumé, nous concluons, d'après l'observation, que la durée de l'accroissement des Céphalopodes doit se prolonger tout le temps de l'existence, et que la durée de cette existence, loin d'être restreinte à une année, nous paraît se prolonger assez sans que nous puissions lui assigner positivement des limites susceptibles de varier suivant les espèces.

La durée de l'existence et de l'accroissement des Céphalopodes nous conduit naturellement à parler de la plus grande extention de leur taille. Loin d'admettre ces contes populaires (2)

(1) Aristote, lib. IX, cap. LIX.

(2) Ce Poulpe énorme cité par Plinius. Voyez *Spécialités*, p. 9.

accrédités même par des naturalistes (1), sur ces monstres gigantesques capables de submerger de très grands navires, nous croyons ces fictions basées sur l'observation de dimensions beaucoup moins grandes, sans doute, mais encore énormes, de quelques espèces aperçues. En effet, quoique par nous-même nous n'ayons aucun fait à rapporter, nous avons trop de confiance dans les observations de quelques naturalistes pour ne pas y ajouter foi. Péron (2) a dit : « Ce même jour (9 janvier), non loin de l'île de Van Diemen, nous « aperçûmes, dans les flots, à peu de distance du navire, une énorme espèce de Sepie, « vraisemblablement du genre Calmar, de la grosseur d'un tonneau ; elle roulait avec « bruit au milieu des vagues, et ses longs bras étendus à leur surface s'agitaient comme « autant d'énormes reptiles. Chacun de ces bras n'avait pas moins de six à sept pieds de lon- « gueur, sur un diamètre de sept à huit pouces. » MM. Quoy et Gaimard (3), dans leur premier voyage de *l'Uranie*, rapportent le fait suivant : « Dans l'océan Atlantique, près de l'é- « quateur, par un temps calme, nous recueillîmes les débris d'un énorme Calmar ; ce que « les oiseaux et les squales en avaient laissé pouvait encore peser 100 livres, et ce n'était « qu'une moitié longitudinale, entièrement privée de ses tentacules, de sorte qu'on peut, « sans exagérer, porter à 200 livres la masse entière de cet animal. » Le témoignage de M. Rang vient aussi se joindre à ceux-ci pour un autre fait. En parlant des Poulpes (4), il écrit : « Nous avons rencontré, au milieu de l'Océan, une espèce bien distincte des autres, « d'une couleur rouge très foncé, ayant les bras courts, et de la grosseur d'un tonneau. » M. le capitaine de vaisseau Cécile, dans son voyage de l'*Héroïne*, nous a également assuré avoir vu un énorme Céphalopode passer près de son bord. On voit qu'il est impossible de douter que de très grandes espèces, peut-être appartenant à nos genres *Ommastrephes* et *Philonexis*, habitent toutes les mers et sont encore inconnues à la science. Ces faits donnent, à notre avis, l'explication des exagérations populaires, et non-seulement viendraient appuyer notre opinion sur l'accroissement de toute la vie des Céphalopodes, mais encore, par la rare apparition de ces grandes espèces, nous donner la preuve que des zones profondes de la mer recèlent un grand nombre d'animaux qui nous sont encore inconnus, et présentent des formes tout à fait nouvelles.

Mœurs ; habitudes.

En expliquant les fonctions des organes, nous avons déjà parlé de la natation des Céphalopodes acétabulifères. Nous avons dit que le principal mode de la locomotion était rétro-

(1) Le *Sepia microcosmus*, Linn., *Fauna Suecica*, *vermes*, p. 386, des mers de Norwège.

L'espèce cité par Pernetti (*Voyage aux îles Malouines*, t. 2, p. 76), qui, en grimpant aux cordages, peut entraîner la perte d'un navire, la même, sans doute, que le *Poulpe colossal* de Montfort (*Histoire des Mollusques*, Buffon de Sonnini, t. II, p. 256 et 386), qui renverse un vaisseau à trois mâts.

(2) *Voyage de découvertes aux terres australes*, t. II, p. 18.

(3) *Zoologie de l'Uranie*, t. I, 2e partie, p. 411.

(4) *Manuel des Mollusques*, p. 86.

M. Gray (*Spicilegia zoologica*, p. 3), en décrivant son *Sepioteuthis major*, dit que madame Graham parle d'un individu dont les bras avaient 28 pieds de long.

Dans les *Transactions philosophiques de Londres*, 1733, t. LXXIII, M. Sohwediaver dit, en parlant de la grosseur énorme des Céphalopodes, qu'un baleinier harponna un Cachalot ayant dans sa gueule un bras de Seiche de près de 25 pieds de long, sans que celui-ci fût entier.

grade, et dû au refoulement de l'eau par le tube locomoteur, que les bras et les nageoires concouraient à la locomotion progressive en avant; il ne nous reste donc qu'un mot à dire à cet égard.

La natation rétrograde, due au refoulement de l'eau par le tube locomoteur, est peut-être un des modes les plus curieux de locomotion. L'aspiration, chez les Céphalopodes, se fait par les ouvertures du corps. La nature, toujours admirable dans sa perfection, a donné une grande force musculaire au corps, en plaçant en avant un tube plus ou moins long, qui sert, à la volonté de l'animal, à renvoyer l'eau respirée, ou lorsqu'elle est lancée avec force par la contraction subite du corps, à exercer au dehors un refoulement puissant qui le fait se mouvoir à reculons avec tant de violence pour certaines espèces, qu'elles fendent l'onde comme une flèche, ce qui a fait dire aux anciens qu'elles volaient (1). On conçoit facilement que si, se trouvant près de la surface des eaux, ce animaux déploient toute leur force de refoulement, ne rencontrant plus dans l'air la même résistance que dans l'eau, ils peuvent s'élever très haut; c'est dans ces circonstances qu'ils s'échouent sur la côte, ou qu'ils s'élancent la nuit jusque sur le pont des grands navires, ne pouvant plus se diriger. Ce mode de locomotion, tout en étant le plus rapide, n'est cependant pas le seul, comme le croit M. Rang (2). Cet observateur n'a pas réfléchi qu'un animal de forme variable, qui a la bouche placée au fond d'un entonnoir plus ou moins profond, et toujours dirigé dans le sens opposé de la marche, ne pourrait pas manger, s'il n'allait qu'en arrière; aussi, comme nous nous en sommes assuré, les nageoires et les bras, par leurs membranes natatoires, servent-ils à la marche progressive, toujours lente, de chacune des espèces, et leur permet d'avancer vers l'objet qu'ils veulent saisir. Les Céphalopodes vont donc en arrière par le moyen de leur tube locomoteur, et en avant à l'aide de leurs bras et de leurs nageoires. Pendant la natation rétrograde, les bras sont placés dans une position constante; les uns, en toit, étalés horizontalement, servent sans doute, comme nous l'avons déjà dit, à conserver la position horizontale, à remplir les fonctions de parachute, tandis que les deux bras inférieurs sont réunis et abaissés pour servir de gouvernail et diriger la marche. On doit reconnaître dès lors que la natation des Céphalopodes est réellement d'une perfection admirable, et peut servir de modèle à la navigation la plus avancée. La natation progressive est due aux ondulations de la nageoire, ou aux mouvements simultanés et latéraux des bras.

La marche, la reptation, chez les Céphalopodes, est loin d'être aussi parfaite que la natation; elle dépend toujours de la forme du corps. Ceux qui sont arrondis ou ovales, comme les *Octopus*, les *Argonauta*, et peut-être les *Philonexis*, peuvent avoir une véritable reptation, en étalant leurs bras autour d'eux, s'en servant comme de pieds au fond des eaux ou sur les rochers, s'y fixant avec leurs cupules, et avançant ainsi; mais on conçoit facilement que ce mode de reptation n'existe que chez les genres qui ont des cupules charnues, puisque les cupules armées d'un cercle corné ne sauraient exercer de succion. Nous croyons, en conséquence, que la véritable reptation, toujours lente, ne se trouve que chez les Octopodes, tandis que tous les Décapodes, dont le corps est long, les bras très courts, meurent à quelques centimètres de l'eau, lorsqu'ils se sont élancés,

(1) Plinius, *Hist. des Anim.*, lib. IX, cap. XXIX.
(2) *Magasin de zoologie*, 1837, p. 6.

sans pouvoir regagner leur élément naturel; ce dont nous nous sommes souvent assuré sur les lieux (1).

Nous avons parlé, aux *Caractères zoologiques*, de la perfection des sens de la vue (2) et de l'audition (3) chez les Céphalopodes ; nous ne reviendrons pas sur ce sujet. Nous avons aussi établi, dans les *Généralités* et les *Spécialités*, que l'érection des cirrhes (4), les changements de couleur, étaient, chez eux, les signes certains des sensations qu'ils éprouvent, en peignant tour à tour l'irritation ou le calme. Passons maintenant à leur mode de nourriture.

Par la vélocité de leur natation, par leurs puissants moyens de préhension, par la force de leur énorme bec, les Céphalopodes sont, sans contredit, les mieux organisés de tous les Mollusques, et paraissent, dans cette classe, jouer le rôle que remplissent les oiseaux de proie (*Accipitres*) parmi les oiseaux terrestres, ou les grands voiliers parmi les oiseaux aquatiques. Des plus carnassiers, ils détruisent sur les attérages l'espoir du pêcheur, déciment au sein des mers les jeunes poissons et les Mollusques pélagiens; et, partout amis du carnage, non-seulement tuent pour se nourrir, mais encore semblent le faire par habitude ; car nous avons vu des Calmars renfermés, à marée basse, dans le même réservoir que de jeunes poissons, faire une horrible destruction de ces derniers, en les coupant en pièces, sans les manger. Nous avons examiné l'estomac d'un grand nombre de Céphalopodes, et nous avons pu nous assurer qu'ils se nourrissent, tant sur les côtes qu'au sein des mers, de poissons, de Mollusques et de crustacés, préférant, du reste, les Mollusques à toute autre proie. Après les détails dans lesquels nous sommes entré, relativement au mode de préhension (5) des Céphalopodes, nous pouvons nous dispenser de nous étendre sur ce sujet. Nous dirons seulement que les Poulpes, du fond de leur trou, allongent leurs bras au dehors, pour saisir le malheureux animal que le hasard fait passer à leur portée, tandis que presque tous les autres Céphalopodes les poursuivent au sein des mers, et les retiennent au moyen de leurs bras, pendant que leur terrible bec les dévore.

Les moyens de défense des Céphalopodes sont variés; d'abord ils fuient, et leur grande légèreté dans l'onde les soustrait souvent à l'ennemi. C'est même, d'ordinaire, pour fuir les poissons qui les poursuivent, qu'ils s'élancent dans les airs, en sortant de l'eau, où ils ne tardent pas à retomber. De plus, ils se servent de leurs bras, de leurs cupules et de leur bec; mais ces derniers moyens ne peuvent être efficaces que sur des animaux assez faibles, et il est à présumer que ceux-ci se hasardent peu souvent à les attaquer; aussi leur principal moyen de défense est-il la fuite. On a beaucoup parlé, chez les anciens Grecs, de ce mode ingénieux des *Sepia* de se dérober à leurs ennemis, en s'entourant d'un nuage noir au moyen de leur encre; mais nous sommes loin de croire que toutes les espèces jouissent de cette faculté : en effet, si elle paraît exister chez les Seiches, elle est au moins très contestable parmi les autres Céphalopodes, qui ne possèdent que très-peu de cette liqueur, qu'ils ne lâchent qu'à l'instant d'expirer.

(1) Aristote, lib. I, cap. V; Camus, p. 17. Schneider, t. II, p. 16, avait déjà dit que les Calmars et les Seiches ne peuvent pas marcher.

(2) Voyez page XIV.

(3) Page XIX.

(4) Page XXXVI.

(5) Premier chapitre, p. XXII.

Si les Céphalopodes sont destructeurs parmi les Mollusques, ils sont incessamment exposés à la poursuite d'un grand nombre d'animaux qui paraissent s'en nourrir exclusivement. Parmi les mammifères, tous les cétacés à dents, les Cachalots, les Dauphins, les Delphinaptères, ne vivent, pour ainsi dire, que de Céphalopodes. Plusieurs baleiniers nous ont assuré que l'estomac des Cachalots (1) en est toujours rempli, et nous n'avons jamais vu pêcher un Dauphin qui n'en contînt un grand nombre ; fait attesté, du reste, par tous les navigateurs. On conçoit alors combien de Céphalopodes doivent être détruits par des êtres aussi volumineux. Les poissons ne s'acharnent pas moins à leur poursuite ; les Thons, les Bonites, et une foule d'autres espèces, en font, dans certains parages, leur nourriture exclusive, ce que démontre l'inspection de leur estomac. Tels sont leurs principaux ennemis au sein des mers ; mais ce ne sont pas les seuls ; car nous nous sommes assuré, par les restes qui remplissent l'estomac des Albatrosses (*Diomedea*) et des Pétrels (*Procellaria*), que ces oiseaux des hautes mers s'en nourrissent également, les chassant surtout la nuit, à l'instant de leur apparition à la surface. On peut juger, par ce nombre d'ennemis, d'abord de leur abondance au sein des mers, puis de leur importance relativement à l'ensemble des êtres.

Emploi, usage, pêche.

Méprisés dans certaines contrées, les Céphalopodes sont très estimés dans d'autres. Du temps des anciens Grecs, les Polypes (*Octopus*), les *Sepia* et les *Loligo* étaient très recherchés comme nourriture, non-seulement pour leur goût, mais encore par suite des propriétés qu'on attribuait à leur chair ; et encore aujourd'hui, les habitants du littoral de la Méditerranée et de l'Adriatique en font leur nourriture habituelle, en les vendant frais ou secs, sur les côtes de l'Océan. Nous avons vu nos pêcheurs de l'ouest de la France, dans le golfe de Gascogne, estimer beaucoup les Seiches, et surtout les Calmars, et les manger dans l'un ou l'autre état. On les mange encore, quoiqu'on les y estime moins, sur les côtes du nord de la France, où l'on s'en sert comme d'appât. Nous avons aussi vu les Céphalopodes également recherchés par le peuple à Ténériffe, au Brésil, au Chili, au Pérou. Ils le sont beaucoup dans l'Inde, à la Chine, et surtout au Japon, où l'on en fait un commerce immense. Les Céphalopodes sont donc, comme aliments, appréciés par toutes les nations maritimes, tandis que, sur les côtes de la Normandie, ils influent sur le succès annuel de la pêche, et sont, dans le nord de l'Amérique, à Terre-Neuve, la principale source de la pêche de la morue, jouant dès lors un premier rôle dans le commerce des nations les plus florissantes de notre Europe. L'osselet interne des Seiches a aussi son emploi dans les arts, pour les orfèvres, et la liqueur noire des mêmes espèces fournit aux peintres la couleur connue sous le nom de *sepia*. Nous pourrions encore citer plusieurs cas dans lesquels les Céphalopodes sont utiles aux hommes ; mais on les trouvera avec plus de détails aux espèces auxquelles ils s'appliquent.

La pêche des Céphalopodes se fait de diverses manières, suivant les pays, soit avec des

(1) Jusqu'à présent, on n'a recueilli que les Céphalopodes rencontrés dans l'estomac des Dauphins ; ils sont de petite taille, et proportionnés à la dimension de ceux-ci ; mais nous ne doutons pas que, si l'on scrutait de même l'estomac des Cachalots, l'on ne parvînt à découvrir beaucoup de ces énormes espèces de Céphalopodes que nous savons exister au sein des mers, mais que nous ne connaissons pas encore. Ce serait là un vaste champ de recherches, et une belle mine à exploiter.

filets, sur les côtes, soit avec de nombreux hameçons attachés ensemble, qu'on descend dans la mer, et auxquels leurs bras viennent s'accrocher, trompés par la figure d'un poisson qu'ils croient saisir. Du reste, il y a tant de manières différentes de les pêcher, que nous ne pouvons nous en occuper ici sans empiéter sur les détails où nous devons entrer en traitant des espèces.

Soit par suite de l'admiration qu'excitait la natation de quelques espèces, soit par suite des exagérations poétiques auxquelles a donné lieu la navigation de l'Argonaute, non-seulement la Grèce antique admira ces animaux, mais encore elle les considéra comme sacrés (1). Chez les Indous, ils jouent aussi un rôle important dans les danses religieuses.

(1) Athénée, lib. VII, cap. XVIII; Sweig., t. III, p. 30, ch. CVI; Schweigh., t. III, p. 166, chap. CV; Schweig., t. III, p. 105; Ælien, lib. XV, cap. XXIII, p. 224.

ALCIDE D'ORBIGNY.

HISTOIRE NATURELLE

GÉNÉRALE ET PARTICULIÈRE

DES

CÉPHALOPODES

ACÉTABULIFÈRES.

PREMIER SOUS-ORDRE.

OCTOPODES. — *OCTOPODA*. LEACH.

Octopoda, Férussac, d'Orbigny; *Octocere*, Blainville; *Octopodia*, Rafinesque; *Octobrachidés*, Blainville.

CARACTÈRES. *Corps* généralement court, arrondi ou bursiforme, toujours uni à la tête par une large bride cervicale.

Appareil de résistance, toujours charnu.

Nageoires nulles.

Tête ou masse céphalique plus volumineuse que le corps.

Yeux enveloppés et unis aux téguments qui les entourent; alors il sont fixes et sans rotation sur eux-mêmes.

Membrane buccale nulle.

Ouvertures aquifères, *céphaliques seulement*.

Point d'ouvertures aquifères *brachiales*, *oculaires*, ni *buccales* (1).

Des *bras sessiles;* alors seulement huit bras.

Point de *crêtes natatoires* aux bras.

Cupules sessiles, non obliques, sans cercle corné.

Tube anal sans valvule interne.

Point d'*osselet interne* médian dans le corps.

RAPPORTS ET DIFFÉRENCES.

Cette division importante des Céphalopodes acétabulifères se distingue des *Décapodes* non seulement par le nombre des bras, mais encore par presque tous les autres caractères zoologiques. Elle en diffère en effet :

(1) Une seule espèce fait exception, l'*Octopus indicus*, mais ces ouvertures ne ressemblent en rien à celles des décapodes.

1° Par le corps non allongé, oblong ou cylindrique, mais court, arrondi ou bursiforme, toujours uni à la tête par une bride cervicale, qui n'est qu'exceptionnelle chez les décapodes, dont le corps est presque toujours libre sur ses bords;

2° Par l'appareil de résistance, toujours charnu chez les octopodes, constamment cartilagineux chez les décapodes, et infiniment plus varié dans ses formes;

3° Par le manque de nageoires au corps, organes très développés chez tous les décapodes sans exception;

4° Par la masse céphalique généralement plus volumineuse que le corps, tandis que, chez les décapodes, le corps est, au contraire, toujours plus développé;

5° Par des yeux enveloppés et unis aux téguments qui les entourent, tandis que chez les décapodes ils sont libres dans leur orbite et peuvent tourner, en tous sens, dans une cavité orbitaire très vaste;

6° Par le manque de membrane buccale, organe des plus développé chez les décapodes;

7° Par les ouvertures aquifères, se réduisant ordinairement aux ouvertures céphaliques; les ouvertures brachiales occulaires toujours nulles;

8° Par le manque de bras tentaculaires, les bras étant alors toujours au nombre de huit au lieu de dix;

9° Par le manque total de crête natatoire aux bras, caractère souvent très développé parmi les décapodes;

10° Par des cupules non obliques, toujours dépourvues du cercle corné qui arme celles de tous les décapodes sans exception;

11° Par le tube anal sans valvule interne, caractère exceptionnel parmi les décapodes;

12° Par le manque d'osselet interne médian dans le corps, partie existant toujours chez les décapodes.

Ayant donné des détails très étendus dans les considérations zoologiques générales qui précèdent (1), nous ne pousserons pas plus loin la comparaison, ni même les généralités sur cette première coupe, afin déviter les redites.

HISTOIRE.

Depuis Aristote jusqu'à son savant annotateur Schneider, auquel les sciences philologiques sont redevables de si beaux travaux, on n'avait considéré les Céphalopodes dont nous nous occupons que sous le point de vue d'êtres distincts dont chacun donnait la nomenclature avec plus ou moins d'érudition; mais on n'avait recherché ni les liens intimes qui les unissent en groupes, ni les divisions bien tranchées qu'on y devait établir. Ce travail important a été entrepris par Schneider (2), qui, dès 1784, proposa de diviser les espèces en deux coupes, la première ainsi caractérisée : *Pedes octoni breves, promuscides binæ;* la seconde : *Pedes octoni longi, basi palmati, absque promuscidibus.* Dans le premier groupe, il plaça les *Sepia, Loligo, Teuthis* et *Sepiola;* dans le second, les *Polypus, Moschites, Nautilus*

(1) Nous ne parlons pas de l'introduction aux Céphalopodes donnée par M. de Férussac, mais de nos généralités sur les Céphalopodes acétabulifères, qu'on va imprimer.

(2) *Sammlung vermischter zur aufklærung der zoologie und der Handlungsgeschichte*, p. 108.

et *Pompilus*. Dès cette époque, les octopodes et les décapodes avaient été ainsi parfaitement distingués.

Depuis, Cuvier, Lamarck, et beaucoup d'autres zoologistes, ont parlé des Céphalopodes acétabulifères, mais toujours en y plaçant les genres à la suite les uns des autres; et ce ne fut qu'en 1817 que le docteur Leach (1) proposa de nouveau les deux divisions indiquées par Schneider, en les nommant *decapoda* et *octopoda*, suivant le nombre des bras; divisions adoptées depuis par MM. de Férussac, de Blainville, sous le nom d'*octobrachidés* et *d'octocères*, et par beaucoup d'autres personnes, au nombre desquelles nous devons nous compter.

FAMILLE UNIQUE.

LES OCTOPIDÉES. — *OCTOPIDÆ*.

Acochlides et Cymbicochlides. LATREILLE.

GENRE POULPE. *OCTOPUS*.

Πολύπους, Aristote; *Polypus*, Plinius, Belon, Rondelet, Salvianus, Gesner, Boussuet, Aldrovande, Jonston, Ruysh, Leach; *Sepia*, Linnée, Gmelin, Forskaal, Muller, Bosc, Oken; *Octopus*, Kœlreutrer, Lamarck, Cuvier, Duméril, Blainville, Férussac, d'Orbigny, etc.

CARACTÈRES.

Formes générales. On ne peut plus variables, pour la grosseur relative du corps et des bras; corps petit, comparativement au reste de l'animal; tête non oblique, dans la direction du corps.

Corps bursiforme, élargi postérieurement, de médiocre grosseur, quelquefois lisse, mais, le plus souvent, granulé, verruqueux ou même cirrheux; cirrhes contractiles, disparaissant, en partie, dans le repos. Le corps est réuni en dessus, avec le cou, par une très large *bride cervicale*. La contexture en est très musculeuse. Deux petites pièces cartilagineuses dans son épaisseur, de chaque côté du dos.

Ouverture du corps étroite, occupant seulement la partie inférieure et s'étendant rarement aux côtés du cou; aussi manque-t-elle tout à fait d'*appareil de résistance*, mobile, ayant seulement la bride médiane inférieure, et la *bride cervicale*.

Tête non oblique, aussi longue en dessus qu'en dessous, peu distincte, généralement plus étroite que le corps et très petite, quelquefois lisse; mais, le plus souvent, couverte de verrues, de granulations, ou de cirrhes contractiles saillants, surtout sur les yeux.

Yeux petits, latéraux-supérieurs, saillans; toujours susceptibles d'être entièrement couverts par la contraction de la peau qui les entoure, et, de plus, pourvus d'une ou deux paupières translucides, en recouvrement l'une sur l'autre.

(1) *The zoological miscellany*, t. III, p. 137.

Bouche sans membrane buccale, pourvue de deux lèvres charnues, épaisses, la plus intérieure très déliée et découpée sur ses bords.

Bec très comprimé, fortement recourbé à l'extrémité des mandibules; mandibule inférieure recouvrant la supérieure, toujours pourvue d'un capuchon court, à ailes latérales longues et étroites; lobe postérieur étroit, allongé, invariablement caréné sur la ligne médiane, et fortement échancré inférieurement; mandibule supérieure comprimée, à lobe postérieur non échancré et très long.

Oreille externe consistant en une petite ouverture peu marquée, placée au-dessous de la bride cervicale, derrière la tête.

Langue comprimée, recouverte, à sa partie supérieure, d'une épaisse couche cornée, sur laquelle on remarque une ligne médiane saillante de dents recourbées, et latéralement trois autres, dont la plus extérieure est la plus élevée, composée de pointes étroites et crochues. Cette langue est protégée par une membrane charnue ou lèvre interne mince.

Ouvertures aquifères nulles sur la tête; nous n'en avons même trouvé de traces sur les autres parties que dans une seule espèce, mais alors elles sont dans l'intérieur de l'ombrelle, à la base de chaque bras, et au nombre de huit, formant autant de petites parties distinctes.

Bras presque toujours très inégaux, généralement longs, par rapport au corps. Sans nageoires latérales.

Cupules larges, sessiles, peu extensibles, rapprochées, sur une ou deux lignes à chaque bras.

Membranes de l'ombrelle variant quant au développement, mais formant toujours, dans leur ensemble, à la base des bras, un vaste entonnoir à peu près régulier.

Tube anal assez allongé, conique, grêle, sans brides ni valvule.

Couleur. Nous n'en parlerons pas comme caractères. A notre avis, on ne doit s'en servir qu'avec beaucoup de circonspection pour distinguer les espèces.

Odeur. Presque tous les Poulpes frais ont une légère odeur de musc; mais il en est quelques-uns, les Éledons surtout, en qui cette odeur est excessivement prononcée.

RAPPORTS ET DIFFÉRENCES.

Les Poulpes ont les formes du corps et des bras des Philonexes, et du corps des Argonautes; mais ils en diffèrent pas des caractères constants que nous retrouvons dans toutes les espèces de ces deux genres, et qui sont :

1° D'avoir le *corps* beaucoup moins volumineux, comparativement au reste de l'animal, plus large postérieurement, et presque toujours couvert de verrues ou de cirrhes;

2° De manquer entièrement de l'*appareil de résistance*, pour retenir leur corps à la tête, appareil si compliqué chez les Philonexes et chez les Argonautes; aussi leur ouverture est-elle toujours petite, comparativement à celle de ces genres;

3° D'avoir les yeux protégés par la contraction de la peau qui les entoure et qui se referme entièrement sur eux; ce qui n'a pas lieu chez les Philonexes;

4° D'avoir un bec toujours comprimé, fortement crochu à l'extrémité des mandibules; toujours pourvu d'une forte carène au lobe postérieur de la mandibule inférieure, et d'ailes étroites et longues; d'avoir la partie postérieure de la mandibule supérieure saillante;

tandis que nous voyons ce bec constamment différent dans les Philonexes et dans les Argonautes;

5° De manquer entièrement de *réservoirs aquifères* sur la tête, et, par conséquent, des orifices simples des Argonautes, si compliqués chez les Philonexes, qui possèdent ce caractère dans tout son développement;

6° D'avoir des cupules toujours sessiles, larges, courtes, tandis qu'elles sont extensibles, longues, cylindriques, subpédonculées chez les Philonexes; largement épanouies à leur extrémité et pédonculées chez les Argonautes.

On voit, dès lors, qu'entre les Poulpes et les Philonexes, la modification de toutes les parties résulte, sans nul doute, de causes puissantes qui résident dans les caractères différentiels que nous venons d'indiquer, puisque tous les organes ont suivi une marche uniforme, constamment contraire. Cet ensemble de faits nous a déterminé à séparer entièrement les Poulpes des Philonexes, comme donnant à cette coupe beaucoup de valeur, ce qui n'eût pas eu lieu, si nous n'avions basé que sur un seul caractère notre division, que les mœurs viennent encore appuyer.

HABITATION, MŒURS.

Nous croyons les Poulpes plus amis des côtes qu'aucun autre genre de Céphalopodes; néanmoins, nous ne pensons pas que toutes les espèces soient exclusivement côtières; seulement leurs habitudes les portent à s'approcher plus souvent des continents et à s'y fixer plus longtemps.

Les *seize* espèces que nous avons examinées, étant assez caractérisées pour que nous soyons bien certain de leur identité, nous les trouvons réparties à peu près également dans toutes les mers; *cinq* habitent la Méditerranée, *six* l'océan Atlantique, *onze* le grand Océan, et *trois* la mer Rouge. Il est bien entendu que ces chiffres reproduisent les espèces qui se trouvent dans plusieurs mers à la fois; cependant, il est déjà facile de s'assurer qu'ils sont, pour ainsi dire, proportionnés à l'étendue de chacun de ces grands bassins, et la Méditerranée seule fait exception; eu égard à la sienne, cette mer serait la plus riche en *Octopus*, ce qui provient, peut-être, de ce que ces animaux y ont été recherchés avec plus de soin. D'ailleurs ces espèces ne sont pas toutes spéciales à la Méditerranée, puisqu'à l'exception d'une seule, encore un peu incertaine pour nous, *l'Octopus tetracirrhus*, Dellechiaje, toutes se rencontrent aussi dans d'autres parages.

En comparant, sous ce point de vue, les Poulpes de l'océan Atlantique, nous verrons que sur les six qui l'habitent, deux seulement, n'ont pas encore été rencontrés ailleurs : notre *Octopus tehuelchus* de Patagonie, et notre *Octopus brevipes*, qui est des hautes mers. Dans le grand Océan, les proportions sont tout à fait différentes, ce nombre des espèces spéciales n'est plus le moins élevé; c'est, au contraire, celui des espèces qui passent en même temps en des mers différentes, puisque sur onze, sept sont seulement du grand Océan. La mer Rouge nous montre une proportion relative à celle de l'Océan Atlantique : sur trois, il n'y en a qu'une qui lui soit propre.

Pour reconnaître si la répartition en est égale sur le globe ou s'ils ont des régions de choix, nous devons faire remarquer de quels points de ces mers viennent les espèces que nous avons observées. La Méditerranée est trop bornée pour que nous en parlions. Il est bien entendu que les espèces en sont de toutes ses parties; mais, par une exception très singulière, il paraîtrait qu'il n'y a pas de Poulpes dans la mer Noire, fait que nous ont garanti MM. Nortmann et Rousseau, qui en arrivent (1). L'Océan Atlantique a offert des Poulpes dans toutes ses régions. Fabricius (2) en a rencontré jusqu'au Groënland. Nous en avons vu souvent sur les côtes de France; il s'en trouve sur celles d'Angleterre, d'Espagne, sur celles d'Afrique, à Ténériffe, où ils sont très communs; et plusieurs voyageurs en ont rapporté des parages encore plus chauds. Les côtes de l'Amérique ont également les leurs : trois espèces vivent aux Antilles, une au Brésil, et une autre jusqu'en Patagonie; ainsi, dans l'Atlantique, il y en a depuis le 60e degré de latitude Nord, jusqu'au 40e degré de latitude Sud. On peut donc croire que ces animaux vivent par toutes les températures, bien qu'ils soient beaucoup plus nombreux dans les régions chaudes. Le grand Océan en offre encore des espèces dans presque toutes ses parties : l'*Octopus Fontainii* habite seul les côtes du Chili et du Pérou; l'Océanie a ses espèces au milieu des îles semées au sein de l'Océan, à Vanicoro, à Borabora, à la Nouvelle-Zélande, à la Nouvelle-Hollande, à la Nouvelle-Guinée, aux îles Célèbes, à Manille, aux Maldives, aux Séchelles, à l'Ile-de-France; ainsi, il s'en présente partout; et si l'on n'en a pas rencontré dans des parages plus voisins des pôles, c'est sans doute parce que les circonstances n'ont pas été favorables pour en recueillir ou parce que les naturalistes n'y sont pas allés. Néanmoins il est facile de juger, par les lieux que nous indiquons, qu'il en est du grand Océan, comme des autres mers, c'est-à-dire que les Poulpes qui les habitent semblent y préférer les régions chaudes et tempérées aux régions froides.

Nous avons dit que certaines espèces de Poulpes se trouvaient en même temps dans plusieurs mers; et comme cette observation peut avoir une grande importance pour empêcher de multiplier les espèces outre mesure, nous allons indiquer jusqu'où peuvent s'en étendre les limites actuellement connues. Nous voyons, par exemple, l'*Octopus vulgaris* habiter toute la Méditerranée, les côtes orientales et occidentales de l'océan Atlantique, l'Inde et la mer Rouge, c'est-à-dire les côtes d'Amérique et celles de tout le tour de l'Afrique; de sorte qu'il vit sur presque la moitié du monde. L'*Octopus Cuvieri* habite les mêmes lieux, sans néanmoins s'être jamais montré en Amérique. Ce sont les deux espèces les plus répandues; car nous ne pourrions citer ensuite que l'*Octopus tuberculatus* qui soit, en même temps, de la Méditerranée, des côtes orientales et occidentales de l'océan Atlantique, des côtes des Antilles et des côtes de France; l'*Octopus rugosus* qui vit dans l'océan Atlantique et le grand Océan, et l'*Octopus aculeatus*, dans la Méditerranée et à Manille, sans avoir été rencontré jusqu'à présent sur tous les points intermédiaires. Ces faits nous amènent à cette conséquence toute naturelle, que la moitié des espèces de Poulpes paraît voyageuse, tandis que l'autre semble être sédentaire sur des points déterminés. Lespremières nous révèlent encore une autre circonstance de leurs habitudes; circonstance que nous n'avions pas admise d'abord : c'est que si l'on rencontre simultanément la même espèce sur les côtes d'Afrique, d'Amérique, dans les deux Océans, dans la Méditerranée et

(1) Ce fait était connu des anciens. Aristote (lib. IX, cap. 37; Camus, p. 593) dit : «L'Euripus, l'Hellespont, ne produisent ni Polypes, ni Bolitœnes.» Théophraste, *Apud Athen.*, *Deipn.*, *sur les différences qui résultent des lieux*, liv. VII, p. 317), dit « qu'il n'y a pas de Poulpes sur les côtes de l'Hellespont, parce que cette mer est froide et moins salée, deux circonstances contraires aux Polypes. » Fischer (*Act. nat. cur.*, t. XX, p. 335) dit cependant avoir rencontré le Polype marin, ou le *Krakatiza*, sur les côtes occidentales du Pont-Euxin.

(2) *Fauna Groenl.*, p. 360, n° 351.

dans la mer Rouge, il est difficile d'expliquer ce fait autrement, qu'en disant que les Poulpes sont du sein des mers, et non pas des côtes; qu'ils sont plus ou moins voyageurs; et que la nécessité dans laquelle se trouvent certaines espèces d'aller pondre au rivage les attire vers les continents, où elles restent plus ou moins, selon les avantages qu'elles y trouvent.

Nous admettons que les Poulpes doivent être des hautes mers, ce qui résulte de leur répartition géographique; mais nous pensons qu'ils sont beaucoup plus côtiers que tous les autres genres de Céphalopodes; et comme on en rencontre presqu'en toute saison, nous devons admettre aussi qu'en général ils sont plus sédentaires que les autres acétabulifères. Pendant leur séjour sur les côtes, tant qu'ils sont encore jeunes, ils restent volontiers en société; mais, dès qu'ils vieillissent, ils vivent isolés, chacun dans son creux de rocher, ne se rapprochant sans doute qu'à l'époque de la fécondation des œufs, qui a lieu, le plus souvent au printemps; dans cette période de leur existence, ils se montrent constamment étrangers à cet esprit de société qui semble caractériser les autres genres. On ne les voit que rarement sur les plages sablonneuses, tandis que les lieux rocailleux, les côtes hérissées de rocs déchirés, sont leur asile de prédilection, où chaque individu de certaines espèces vit dans un trou qu'il n'abandonne que momentanément pour aller aux environs chercher sa nourriture. Le soin avec lequel il nettoie l'intérieur de sa demeure, en jetant en dehors les restes de ses repas, amène facilement à reconnaître sa retraite (1).

Par la nature de leur peau coriace et le plus souvent couverte d'aspérités ou de cirrhes, les Poulpes, au premier abord, semblent moins susceptibles de changer de couleur, selon les diverses sensations qu'ils éprouvent; mais il n'en est rien. Il paraîtrait même que quelques espèces pourraient arriver au blanc parfait, tandis qu'en d'autres circonstances elles sont fortement colorées. Toutes ont des taches chromophores contractiles, mais en général beaucoup plus petites que celles des Calmars et des Onychoteuthes (2). Une autre faculté

(1) Aristote (*Hist. de An.*, lib. VIII, cap. 4; Schneid., p. 326; Camus, p. 461) avait déjà signalé ce fait, connu de tous les pêcheurs.

(2) Aristote (liv. IX, chap. 59) dit, à propos des couleurs: « Pour attraper les poissons, le Polype change de couleur « et prend celle de la pierre, de laquelle il s'approche. La peur opère en lui un pareil changement de couleur. »

Théognis de Mégare dit dans ses *Élégies*: « Aye l'esprit du Polype rusé; il paraît de la même couleur que la pierre « de laquelle il s'approche. »

Polypi mentem tene varii pellis, qui petræ
Cuicumque adhæserit talis visu apparet.

Cléarque dit la même chose dans son second livre des *Proverbes*: « Mon fils, Héros Amphiloque, aye l'esprit du Polype, « pour sympathiser avez ceux chez qui tu te trouveras. »

Polypi ingenio mihi sis, nate Amphiloche Heros,
Ut temet populo cuicumque accesseris aptes.

Ælien (lib. VII, cap. 11, *De Polypode aquilæ victore*) dit: « Un Polype se chauffait au soleil, *sur un rocher, dont il n'avait pas encore pris la couleur, comme ils ont l'habitude de le faire.* Un aigle le voyant d'en haut, fond sur ce Polype de toute la force de ses ailes; sans le regarder comme une bonne chasse, il y voyait un repas pour lui et ses petits. Les bras du poisson enlacent l'aigle, l'entraînent; et l'aigle, qu'on pourrait comparer à un loup à bouche ouverte, flotte bientôt mort au-dessus de sa proie.» (*Anthologie palatine*, lib. IX, épig. 10.) C'était même, suivant Gesner, un proverbe grec: Πολυποδος νόον ἰχε.

Athénée (lib. VII, cap. 100; Schweighauser, t. III, p. 157; Villebrune, chap. XIX, p. 148.) cite ces paroles d'Eupolis dans ses *Bourgades*: « Un homme qui gère les affaires publiques doit, dans sa conduite, imiter le Polype. »

Oppien, *Halieut.* (lib. II, vers. 232; Schmidt, p. 281; Linus, p. 97) dit: « Personne n'ignore l'art qu'emploient les

que les Poulpes possèdent au plus haut degré, est celle de se couvrir, selon les diverses impressions qu'ils reçoivent, d'aspérités, de verrues, de longs cirrhes, tandis que, dans le repos parfait, ils sont presque unis. Voyez un Poulpe dans une flaque d'eau, se promener autour de sa retraite; il est lisse et d'une teinte très pâle.... Voulez-vous le saisir? il se colore subitement de teintes foncées, et son corps se hérisse, au même instant, de verrues et de cirrhes qui durent jusqu'à ce qu'il se soit entièrement rassuré. L'effet produit sur un Poulpe par l'approche d'une vive lumière pendant la nuit est à peu près le même que celui d'un contact quelconque; il contracte subitement une couleur foncée, comme dans l'irritation.

Les Poulpes paraissent jouir d'une excellente vue; et à cet égard nous croyons qu'ils voient de jour infiniment mieux que les Philonexes; leurs yeux, conformés aussi d'une manière plus analogue à leur genre de vie, sont petits, peuvent se couvrir en entier de la peau qui les entoure et résistent alors davantage aux chocs; c'est même la partie plus souvent garnie de cirrhes ou de verrues, susceptibles d'érections momentanées.

Les Poulpes sont mieux conformés pour la marche qu'aucun autre genre; leurs bras inférieurs, presque toujours les plus longs, leur facilitent beaucoup cet exercice; ils rampent sur le fond de la mer, en se servant de leurs bras comme de pieds; alors leur ombrelle est étalée, et leur bouche sur le sol. Dans l'eau, leur progression est rapide, parce qu'ils sont soutenus; mais à terre, il marchent difficilement et seulement lorsqu'ils y sont forcés; car par goût, ils ne sortent jamais des eaux (1). Ils nagent, ainsi que nous nous en sommes assuré tout dernièrement, en refoulant l'eau par le tube anal, et par le mouvement des bras; aussi vont-ils, le plus souvent, à reculons, le corps en avant. Leur natation est rapide; les six bras supérieurs sont alors placés horizontalement, les deux autres très rapprochés en dessus. Les premiers leur servent de soutien dans la position horizontale, et les derniers de gouvernail, ceux-ci s'inclinant à droite ou à gauche, lorsque l'animal veut changer de direction.

Sur les côtes, les Poulpes habitent les régions peu profondes et se tiennent à quelques mètres au-dessous du niveau des plus basses marées, ou remontent avec les eaux. Jamais nous n'en avons rencontré à de grandes profondeurs, et jamais la drague qui, par deux ou trois brasses d'eau, ramenait parfois des Poulpes, n'en rapporta lorsque la profondeur était plus considérable, tandis que souvent nous en avons vu dans les flaques d'eau à marée basse. Sur les côtes de l'Océan, en France, les Poulpes disparaissent à l'approche de l'hiver.

Combien de fois n'avons-nous pas, durant une marée entière, observé un Poulpe dans son asile favori! Là, quelques-uns de ses bras cramponnés aux parois de sa demeure, il étend les autres vers les animaux qui passent à sa portée, les enlace, et par sa force rend inutiles tous leurs efforts pour s'en dégager.

« Poulpes, qui, semblables aux rochers sur lesquels ils se moulent, y appliquent leurs bras; donnant ainsi le change,
« soit aux pêcheurs, soit aux poissons plus grands qu'eux, ils parviennent à leur échapper. Lorsqu'ils font la ren-
« contre d'un petit poisson, ils quittent leur forme, leur apparence de pierre, et reparaissent sous celle de Poulpes et
« d'êtres vivants; par cette adresse, ils prennent alternativement un aspect différent, et se dérobent à la mort. »

(1) Les anciens Grecs croyaient, mais à tort, que les Poulpes allaient souvent à terre. Aristote, lib. IX, cap. 59. Plinius, lib. IX, cap. 30.

Nous retrouvons cette croyance fabuleuse au Japon. (Voy. *Encyclopédie japonaise*, lib. LI, fol. 17, verso, article *Tchang-iu*, dont nous devons la traduction à la complaisance toute particulière de M. Stanislas Julien, auquel nous sommes heureux de témoigner ici notre reconnaissance.)

Les Poulpes sont on ne peut plus carnassiers (1) et des plus agiles à s'emparer des poissons ou des crustacés (2) qu'ils rencontrent, soit en sortant de leur repaire pour les aller chercher, soit en les saisissant au passage; du reste, ces animaux constituent le fond de leur nourriture habituelle, et sur certaines côtes on redoute leur usurpation du domaine du pêcheur.

Une fois cramponnés à un rocher, ils sont des plus forts, et l'on cite plusieurs exemples de personnes qui auraient péri (3) pour avoir été ainsi saisies par des Poulpes. Néanmoins on a beaucoup exagéré leur vigueur et surtout leur taille; car les plus grands que l'on connaisse d'une manière certaine, ne passent pas, compris les bras, quatre à cinq pieds de longueur. Il y a loin encore de là à ce Poulpe colossal décrit par Denis de Montfort, et qui faisait chavirer un vaisseau (4), sans parler de ceux dont les anciens ont parlé (5). Aristote pensait que les

(1) Les anciens croyaient que les Poulpes se mangeaient eux-mêmes. Dans une citation d'Alcée, par Athénée (lib. VII, cap. C; Schw., t. III, p. 157; Villebrune, ch. XIX, p. 148.), cet auteur dit: « Je me ronge comme un Polype. »

Phérécrate le comique dit, dans sa pièce intitulée *les Campagnards* : «...Vivent de cerfeuil sauvage, de plantes champêtres et de strabèles (Buccins); mais lorsqu'ils ont grand faim, ils se rongent les doigts, comme les Polypes, pendant « la nuit. » (Voy. Athénée, liv. VII, chap. CII; Schweig, t. III, p. 161; Villebrune, ch. XIX, p. 152.)

Diphile dit, dans son *Trafiquant* : « C'est un Polype qui a tous ses bras dans leur intégrité, et qui, ma chère, ne s'est pas encore rongé. »

Polypus integra brachia cuncta habens,
Qui se ipse non arrosit ut (nobis), o dulcissima.

Athénée dément cette assertion.

Ælien (lib. I, cap. XXVII) dit « que le Polype est vorace, et que lorsqu'il ne peut pas chasser, il dévore ses propres bras; après, les bras repoussent, comme si la nature voulait lui procurer une nourriture dans la famine. »

Hésiode (*Opera et dies*, vers. 524) cite le même fait.

Plutarque (*Moralia*, p. 1059 et 965) le répète aussi, quoiqu'il le démente ensuite.

Oppien (liv. II) prétend que les Polypes se cachent l'hiver dans leurs trous, et mangent leurs bras, qui repoussent plus tard.

Cette croyance se retrouve au Japon. (Voy. *Encyclopédie japonaise*, lib. LI, p. 17, verso, et notre description du Poulpe Tchang-iu.)

Elle nous paraît entièrement fausse, et basée sur ce qu'on a trouvé souvent des Poulpes avec les bras mutilés par les poissons. Du reste, Aristote l'avait déjà démentie. (*Hist. de An.*, lib. VIII, cap. IV; Schneid., p. 226.)

(2) Aristote (lib. VIII, cap. IV; Camus, p. 461; Schneid., II, p. 326) dit: « Les Polypes prennent les Langoustes, « si bien que, quand ils se trouvent ensemble dans un même filet, la peur suffit pour faire mourir la Langouste. Les Lan- « goustes prennent les Congres, et les Congres mangent les Polypes, qui ne peuvent saisir le Congre, parce que sa peau « est lisse. »

Ælien (lib. I, cap. XXXII) reproduit ces idées, en y ajoutant quelques circonstances nouvelles, pour les rendre plus intéressantes.

Oppien, *Halieut.*, (lib. 2, vers 289; Schneid., p. 284), au sujet des comparaisons gracieuses sur la lutte des Poulpes et des Langoustes.

(3) Plinius, d'après Trebius Niger; Scribe, *de Lucius Lucullus*, livre VIII, chap. IX, p. 52; lib. IX, chap. XXX, p. 649; *Statistique des Bouches-du-Rhône*, t. I, p. 373.

Forskaol (*Descript. Anim.*, p. 169) dit la même chose.

Belon (*De la Nat. des Poiss.*, p. 333) rapporte aussi ce fait.

(4) Montfort, *Histoire naturelle, générale et particulière des Moll.*, t. II; du Poulpe colossal, p. 256, et du Poulpe Kraken, p. 386.

(5) Plinius (lib. IX, cap. XXX) dit, en parlant d'un Poulpe qui avait été surpris à terre: « L'animal était d'une gran- « deur monstrueuse, de couleur de saumure; il répandait une odeur abominable. Il écartait les chiens par sa redoutable « haleine. Tantôt il les flagellait de l'extrémité de ses pieds, tantôt il employait contre eux ses deux bras majeurs, qui « étaient si forts, que leurs coups ressemblaient à des coups de massue. Enfin, on eut bien de la peine à le tuer avec « plusieurs tridents. Sa tête fut montrée à Lucullus; elle était de la grosseur d'un tonneau, et pouvait tenir quinze

Poulpes ou les Polypes ne vivent que deux ans (1) : il s'appuie sur le fait qu'en automne après la naissance des jeunes Poulpes, il est difficile de rencontrer des adultes, tandis que peu auparavant il s'y en trouve de très grands ; mais, loin de croire qu'il en soit ainsi, nous pensons, au contraire, que les Poulpes vivent longtemps. Si l'on en peut juger par l'accroissement proportionnel d'une année, il est évident que les grands individus sont beaucoup plus vieux ; et, en portant à cinq ou six ans la durée de leur vie, nous restons peut-être encore au-dessous de la vérité. Quant à ce que dit Aristote de la disparition des individus adultes à l'époque où les jeunes commencent à se montrer, ceci a lieu pour tous les Céphalopodes, et ne prouve pas que les adultes soient morts ; seulement ils se sont retirés vers des régions plus profondes, la ponte seule les attirant vers la côte. Cet auteur dit aussi qu'après la ponte, les Polypes sont faibles, au point de n'avoir pas la force de chasser, et quelques auteurs les font même mourir (2), circonstances tout à fait controuvées. Nous n'avons rien vu qui puisse accréditer cette observation, non plus que celle qui donne aux Poulpes l'habitude de couver leurs œufs (3), qu'ils déposent sur les côtes, soit dans le creux d'un rocher, soit attachés aux algues : ces œufs paraissent ressembler à ceux des Calmars ; Aristote les compare au fruit de l'aune.

La reproduction des bras coupés chez les Poulpes est tout à fait positive ; nous en avons observé souvent qui commençaient à repousser ; mais nous croyons qu'ils ne reviennent jamais aussi longs qu'ils étaient précédemment, ce qui occasionne cette inégalité fréquente existant entre les bras d'une même paire. Du reste, cette observation était connue des anciens, puisque Plinius et Oppien l'avaient déjà faite au commencement de notre ère (4).

Les anciens auteurs accordaient aux Polypes des facultés extraordinaires annonçant un développement d'instinct difficilement admissible chez ces animaux. Nous trouvons dans Plinius le fait suivant, que nous croyons devoir reproduire. Il dit (5), d'après les mémoires de Lucius Lucullus : « Les Polypes cherchent à s'approcher des huîtres, dont ils sont avides (6) ; « celles-ci, qui sont sensibles au moindre attouchement, se resserrent, coupent ainsi les bras

« amphores. On lui montra aussi ses barbes, c'est-à-dire ses bras et ses pieds ou filets ; la grosseur en était telle, « qu'un homme pouvait à peine les embrasser ; elles étaient noueuses comme des massues et longues de trente pieds. « Les cavités dont elles étaient remplies ressemblaient à des bassins, et pouvaient contenir la quantité d'une urne ; ses « dents répondaient à sa grosseur. On garda, comme une chose merveilleuse, ce qui resta de son corps, et cela pesait « sept cents livres. »

Ælien (lib. XIII, cap. VI, *Historia de Polypo*, p. 190) parle aussi de grands Polypes. C'est, du reste, une partie de ce qui a été rapporté par Plinius.

Strabon, *Geogr.* (lib. III, p. 145), fait mention d'un Polype pesant un talent.

(1) Aristote, lib. IX, cap. LIX ; Camus, p. 595 ; Schneider, t. II, p. 421 ; Plinius, *Hist. nat.*, lib. IV, cap. XXI, p. 649.

(2) Oppien, *Halieut.* (lib. I, vers. 536 ; Schneider, p. 272. Limes, p. 70) s'exprime en ces termes : « L'hymen fatal du « Poulpe et sa mort cruelle se succèdent de très près ; le terme de son amour est aussi celui de sa vie ; il ne quitte « point sa femelle, et ne cesse point de jouir qu'il n'y soit contraint par l'abandon de ses forces, qu'il ne tombe de « lassitude et d'épuisement sur le sable ; il devient alors la proie de tout ce qui passe près de lui. Sa femelle meurt de « même dans les douleurs de ses efforts laborieux ; car, différente des autres poissons, elle ne voit point sortir ses œufs « les uns après les autres ; adhérents entre eux, comme en grappes, ils ne sortent qu'avec peine par une issue étroite. »

(3) Aristote (lib. V, cap. XII ; Camus, p. 257 ; Schneid., lib. II, cap. X, p. 187), et tous les auteurs anciens.

(4) Plinius, lib. IX, cap. XXIX, p. 645, et Oppien, *Halieut.*, vers 240, lib. II ; Schneid., p. 281 ; Limes, p. 98. Diquemare (*Journal de Physique*, t. XXIV, p. 213) nous a donné sur ce fait un savant mémoire.

(5) Plinius, *Hist. nat.*, lib. IX, cap. XXX, p. 649.

(6) Tous les pêcheurs savent que les Poulpes détruisent les huîtres ; mais nous sommes loin de pouvoir affirmer que ces animaux se servent du moyen indiqué par Plinius.

« des Polypes et mangent ceux qui voulaient les manger. Les huîtres ne voient pas et sont « privées de tout autre sens que le goût et le tact : c'est ce dernier qui les avertit du danger « qui les menace. Les Polypes les observent quand elles sont ouvertes ; ils mettent une petite « pierre entre les deux écailles ; mais ils ont soin que cette pierre ne touche point à l'animal, « qui se débattrait et la rejetterait dehors ; avec cette précaution, ils s'emparent de l'huître « sans aucun risque et dévorent sa chair à leur aise. L'huître s'efforce de se resserrer, mais « inutilement, parce que la petite pierre la tient entr'ouverte comme ferait un coin. » Si ce récit peut avoir un fond de vérité, les mollusques servant certainement de nourriture aux Poulpes, il n'en est pas de même de celui qui donne à ces animaux la faculté de sortir de l'eau et de se promener à terre, croyance qui a donné lieu à quelques fables ingénieuses (1).

La précipitation avec laquelle les Poulpes s'avancent vers la main, par exemple, lorsqu'on la plonge dans l'eau, les a fait regarder comme imprévoyants et sans esprit (2) ; mais cette disposition tient sans doute à leur voracité habituelle. On se prévaut de la connaissance de cette habitude, pour les prendre avec des hameçons enveloppés de chair de poisson.

Les Poulpes ne lâchent pas leur liqueur noire à chaque instant, comme les Seiches, mais bien seulement à la dernière extrémité, et presque toujours au moment d'expirer. Cette liqueur est roussâtre et non noire comme celle de la Seiche (3).

SYNONYMIE VULGAIRE.

Les Poulpes portent différents noms, selon les localités. A Marseille, on leur donne deux dénominations : la première *Pourprès*, aux espèces côtières ; la seconde *Pourprès de Tartano*, à celles qu'on prend en pleine mer. En arabe on les appelle *Sebbed*, *Arfusis* et *Achtabût*, selon Forskaol. Les Romains les nomment *Polypus*, *Polypeous*. Selon Athénée, c'est *Polypoda* de Platon ; πολύπους des Grecs. En italien Poulpe se dit *Polpo ;* en espagnol *Pulpo ;* en allemand *Kuttelfisck* (Poulpe, Polype par contraction). Albertus le nomme *Multipes ;* Psellus, *Octopodia ;* en grec moderne on le nomme Οχταπους ou Οχταποδια ; en russe *Karakatiza.*

(1) Aristote avait déjà dit qu'ils marchent à terre sur les endroits raboteux (lib. IX, cap. LIX ; Camus, p. 595 ; Schneider, t. II, p. 421) ; mais Plinius, toujours d'après Lucius Lucullus (liv. IX, chap. XXX, p. 649), nous rapporte l'anecdote suivante : « A Carteia, un Polype avait coutume de sortir de la mer et d'entrer dans les réservoirs pour y dé« vorer les poissons qu'on y conservait. Il renouvela ses larcins avec une telle assiduité, que les gardes du magasin s'en « indignèrent ; cependant on y avait mis des cloisons d'une bauteur extraordinaire ; mais ce Polype passait par dessus, « au moyen d'un arbre sur lequel il grimpait, et l'on ne put le découvrir que par la sagacité des chiens. Ceux-ci le « surprirent une nuit comme il s'en retournait à la mer, et les gardes étant accourus, furent extrêmement étonnés de la « nouveauté du spectacle. »

Athénée (lib. VII, cap. CIII) parle aussi de Poulpes qui abandonnent la mer pour aller manger des figues ou des olives.

Ælien (lib. XIII, cap. VI) reproduit, pour ainsi dire, la fable du Poulpe voleur de Carteia, et lib. IX, cap. XLV, du Polype qui enlevait les récoltes aux cultivateurs.

Plutarque (*Moralia*, p. 163) assure qu'un troupeau de Polypes vint à terre.

Oppien (lib. IX, cap. XLV) dit qu'ils viennent aux olives ; lib. I, vers 305, qu'ils vont à terre ; et lib. IV, vers 264 ; Schneider (p. 304), que le Polype sort de l'eau pour embrasser le tronc de l'olivi er.

(2) C'est le terme d'Aristote (lib. VIII, cap. IV ; Camus, p. 461) ; et c'est peut-être cette étourderie apparente, due à leur voracité, qui fait dire à Alcée, dans ses *Sœurs prostituées :* « C'est un fou qui n'a pas plus de sens commun qu'un Polype. » Nous avons vu pourtant (p. 10) que d'autres auteurs ont vanté leur jugement.

(3) Athénée (lib. VII, cap. CI, *Varia de Polyporum natura*) dit aussi que la teinte de leur liqueur est peu foncée et rougeâtre.

EMPLOI, USAGES.

La chair des Poulpes sert d'aliments en tous pays, mais n'est pas également estimée; elle l'est principalement aux Canaries, à Marseille (1). On mange surtout ceux qui sont pris entre les rochers de la côte; et, quoique la chair de ces mollusques soit coriace, elle n'en est pas moins recherchée. Les pêcheurs de Marseille ont un procédé assez singulier pour attendrir la chair des Poulpes; ils les battent avec un roseau (2), jusqu'à ce qu'il soit brisé; ensuite ils en remplissent le corps de vrilles enlevées au sarment sec; et, grâce à ces deux précautions, ces animaux, après avoir bouilli quelque temps, deviennent assez tendres. Dans la statistique des Bouches-du-Rhône, on en évalue la vente annuelle à 720 francs. Nous savons aussi par des personnes dignes de foi, qu'à Alger on fait sécher, pour les manger, les Poulpes qui y sont extrêmement communs. Les Grecs surtout, les estiment fort, et il est rare qu'ils n'en aient pas à bord, dans leur approvisionnement; chez les Japonnais, on en fait un très grand commerce (3). Il paraît donc que c'est un bon mets. Les anciens attribuaient même à la chair du Polype (4) plusieurs vertus qui les faisaient rechercher des grands personnages. On les pêche de diverses manières, suivant les espèces.

HISTOIRE.

Aristote (5) connaissait les Poulpes sous le nom de Πολύπους (*Polype*) et de Πολύποδα (*Polypode*), du nombre de leurs pieds; il les partage en plusieurs espèces : la première renferme les plus grands Polypes, ceux qui suivent les côtes; la seconde, ceux qui habitent les hautes mers, est composée de petits Polypes tachetés, qu'on ne mange pas; puis vient l'Ἐλεδώνη (*Hélédone*), qui n'a qu'une seule rangée de ventouses aux bras, et auxquels Schneider réunit, dans son interprétation d'Aristote, Βολιτάινα (le *Bolitœna*) et Ὄζολις (l'*Ozolis*), à cause de leur odeur; néanmoins cette réunion ayant été contestée, il faudrait considérer ces dernières espèces comme des Poulpes qui nous sont inconnus, puisqu'aucune n'a de l'odeur; ou bien, comme Schneider, Gesner, Belon, Salvianus, etc., les rapporter à l'Élédon, ce qui paraît beaucoup plus admissible. Du reste, l'auteur grec s'étend sur leurs mœurs, sur leur anatomie,

(1) Voy. *Statistique des Bouches-du-Rhône*, t. I, p. 373.
Darluc, *Histoire naturelle de Provence*, t. III, p. 210.

(2) Cette coutume était connue des anciens. Athénée (lib. VII, cap. C) cite Aristophane, qui, dans son *Dédale*, dit : « C'est ce qu'on appelle être battu comme un Polype qu'on attendrit. »

Schneider (*Sammlung verm.*) cite même un proverbe grec qu'on appliquait aux personnes inflexibles qu'on doit ramener à l'ordre et à la sagesse par des moyens décisifs. « Le Polype marin a besoin d'être battu par dix-huit coups pour s'attendrir. »

Cette pratique a lieu aussi au Japon, suivant l'*Encyclopédie japonnaise*, lib. LI, fol. 17, verso. (*Voyez* notre article *Octopus sinensis.*)

(3) *Encyclopédie japonnaise*, lib. LI, fol. 17.

(4) Diocles (lib. I *des Chairs salubres*) dit « que les Polypes sont bons pour les plaisirs de la table et du lit. » Athénée (lib. VIII, cap. XIII; Villebrune, p. 332) : « Le Polype bande l'arc de l'Amour. » Et plus loin : « Alexis fait voir l'utilité « du Polype, parlant ainsi dans *Pamphile* : A. « Eh bien ! toi qui es amoureux, qu'as-tu acheté ?—B. « Oh ! que me faut-il « autre chose que ce que j'apporte ! des biscuits, des peignes, des truffes, *un grand Polype*, et force poisson. »

(5) Aristote, *Hist. de An.*, liv. IV, chap. I; Camus, p. 177; Schneider, t. II, p. 130, 15; Adnot., t. III, p. 184, 15, et p. 344.

en nous donnant à cet égard des renseignements précieux, qu'aucun observateur n'a pourtant cherché à vérifier depuis.

Plinius (1) reproduit pour ainsi dire ce qu'a dit Aristote, mais avec moins de détails; il traite des Polypes, en général, sans s'efforcer d'en distinguer les espèces. Son travail est loin de valoir celui d'Aristote; il donne néanmoins, d'après d'autres écrivains, quelques faits nouveaux, intéressants pour la connaissance des mœurs.

Athénée (2) nous transmet quelques notions curieuses sur les Poulpes; il rapporte ce qu'en ont dit Aristote et tous les poètes, aussi trouve-t-on chez lui des articles nouveaux; mais il ne parle que très vaguement de leurs diverses espèces (3). « Il y en a, dit-il, plusieurs, l'*Hélédon*, la *Polypodène*, la *Bolbitine* et l'*Osmylé*. » Néanmoins ses observations sont loin d'avoir la haute portée de celles d'Aristote.

Ælien (4) reproduit les mêmes faits qu'Aristote et Athénée, quoiqu'avec moins de précision que le premier. Nous voyons aussi un grand nombre d'écrivains anciens faire mention des Poulpes plutôt en poètes qu'en naturalistes, et emprunter à leurs habitudes réelles ou supposées quelques comparaisons ingénieuses : tels sont Théophraste, Eupolis, Alcée, Phérécrate, Diphile, Hésiode, Plutarque, etc., etc. Oppien (5), de même qu'Athénée, en parle moins en naturaliste qu'en poète; néanmoins il cite aussi plusieurs faits curieux de mœurs.

Cet écrivain est le dernier de l'antiquité qui en fasse mention; après lui, il n'en est plus question scientifiquement jusqu'au XVIe siècle, époque où, sortant d'un long sommeil, les auteurs s'en occupent de nouveau comme à l'envi.

Belon (6), en 1551, nous décrit, dans ce style que nous aimons à rappeler, le *Pourpré*, le *Polypus*, l'*Octopus* des Grecs, Pourpre en français : « Il a, dit-il, plus de huit cents pertuis « dedans ses jambes : car l'on lui en peut compter plus de cent en chaque aile. Qui ouvre « les jambes au Pourpre, et regarde au milieu, lui voit le bec noir, fait selon la façon de celui « du Papegault, qui est dur comme de la corne, duquel il dévore maintes choses dures, etc. « Ses yeux sont en cette partie du col par le dehors, en l'endroit où les bras sont attachez et « qui sont couverts de paulpières, il se transmue en diverses couleurs, cela lui provient de « peau molle et de laquelle on le peut écorcher, qui est tantôt blanchastre, tantôt rougeâtre, « puis de couleur plombée, ou bien est entremêlée d'infinies autres couleurs, en sorte qu'il en « apparoit madré, et toute foys, se changent peu de tems après. » Le reste de cet article est dans le même genre. L'auteur décrit à sa manière jusqu'à l'anatomie de l'animal, puis ses mœurs, où nous voyons encore reproduites, sous d'autres formes, mais très en abrégé, les observations d'Aristote. Il parle, comme citation des anciens, de la *Boletena* et de l'*Ozolis* ou *Osmylus*, où il voit un synonyme du *Moscarolo* ou *Moscardino*, nom vulgaire de l'*Élédon*, indiqué ensuite par lui sous le nom d'*Eledona*, comme article séparé. Il parle aussi de l'*Ozena* et de l'*Osmylus* « à l'*odeur moult forte* »; ainsi il n'avait pas cherché à distinguer les espèces.

(1) *Hist. nat.*, lib. IX.

(2) Liv. I; Lefebure de Villebrune, t. III, in-4°. Paris, 1789.

(3) *Voy.* lib. VII, cap. CVII, *Reliqua de Polypo.*

(4) *De Natura animalium*, lib. I, VI, VII, IX, X, XIII.

(5) Halieutiques, lib. II, vers 232; Schneider, p. 281; Limes, p. 97, etc., etc.

De Aquatilibus, 1551, lib. II, p. 330-333.

(6) *De la Nature et de la Diversité des Poissons*, 1555, p. 332-336.

Rondelet, en 1554 (1), donne des articles avec des planches sur le *Polypus octopus;* il reproduit encore ce que nous en avait dit Aristote, mais en l'abrégeant beaucoup et sans anatomie. Il sépare du *Polype* ou *Poulpe*, l'*Elédone*, qu'il figure et qu'il regarde comme formant une seule espèce avec le *Bolytena*.

Salvianus, en 1554 (2), rappelle également ce que dit Aristote, en y ajoutant beaucoup de détails et de citations des auteurs anciens. Tout en donnant quelques faits nouveaux, il laisse les espèces du genre Poulpe aussi embrouillées qu'elles l'étaient avant lui.

Gesner, en 1558 (3), fait comme ses devanciers; mais, revenant sur le genre d'accouplement des Poulpes, il combat la fausse opinion d'Aristote qui plaçait le pénis à l'un des bras, et établit qu'il n'y a pas une seule ventouse plus grande, mais quatre aux quatre bras latéraux en même temps, les plus longs chez le grand Polype, qui est évidemment l'*Octopus vulgaris*. Il finit par reproduire toutes les fables des anciens. Il sépare l'*Élédon*, qu'il regarde comme étant, peut-être, le même que le *Bolytæne* et l'*Ozolis* ou *Ozæna* de Plinius.

Boussuet, en 1558 (4), Aldrovande (5), en 1606, Jonston, en 1655 (6), Ruysch, en 1718 (7), ont copié Salvianus, Gesner, ainsi que tout ce que nous ont appris les anciens, sans rien ajouter de nouveau; Hasselquist, en 1750 (8), tout en donnant des renseignements neufs sur l'espèce commune, n'éclaircit pas l'histoire du genre.

Linné, au lieu de profiter des travaux de ses devanciers, comme il l'a si bien fait pour les autres parties de la zoologie, et pour la botanique, ne tient pas compte des observations d'Aristote; aussi confond-il, sous le nom de *Sepia octopodia* (9), tous les Céphalopodes à huit bras, et même l'Élédon. Gmelin (10), ne changea rien à ce qu'avait fait Linné, si ce n'est qu'il appela l'espèce *Sepia octopus*.

Ensuite, chacun d'après le grand réformateur de la science, ne dut voir qu'une seule espèce de Poulpes; néanmoins, Dargenville (11), en 1757, les confond avec les Argonautes; Fischer en parle sous le nom de *Krakatiza* (12). Seba, en 1758 (13), tout en les appelant *Polypus americanus*, regarde le nombre de rangées de cupules comme un signe de la différence des sexes; aussi fait-il des mâles des Poulpes proprement dits, et des *Élédones*, les femelles. Strœm, en 1762 (14), parle de leur pêche; Kœlreuter n'en décrit qu'une seule espèce (15); Martins, en 1769 (16), Favane, en 1780 (17) et Cubières,

(1) *De Piscibus*, lib. XVII, cap. V, p. 513, et traduction de 1558, p. 371.
(2) *De Aquat.*, p. 160.
(3) *De Aquat.*, lib. IV, p. 870.
(4) *De Nat. Aquat.*, p. 201. *Polypus*, avec figure copiée de Rondelet.
(5) *De Mollib.*, lib. I, cap. II, p. 14. *Polypo*, avec trois mauvaises figures, dont la dernière est copiée de Gesner.
(6) *Hist. nat. Exangu aquat. Polypus*, lib. I, *de Mollibus*, p. 4, t. I, fig. 1 (copie de Salvianus, et lib. III), *De Testaceis*, cap. I., p. 39, t. X, fig. 1 (copie de Gesner).
(7) *Theatr. Exangu aquat. Polypus*, t. I, lib. IV, t. I (copie de Salvianus), et t. X, p. 1 (copie de Gesner).
(8) *Acta Upsal.*, p. 33, 1750.
(9) En 1754, *Mus. ad Frederici*, t. I, p. 94; en 1767, *Syst. naturæ*. éd. XII, t. II, p. 1095.
(10) *Systema naturæ*, éd. XIII, 1789, p. 3149, *Sepæ octopus*.
(11) *Histoire naturelle*, etc. *Zoomorphose*, p. 27; *Nautilles*, pl. 2, fig. 3 (copie dénaturée de Jonston).
(12) *Obs.* 79, p. 333, *Act. nat. cur.*, IX, pl. IX, f. I; pl. XIII, f. I.
(13) *Mus.*, f. III, t. II, f. I, V, VII.
(14) *Soudmor*, p. 204.
(15) *Nov. comment. acad. Petrop.*, t. VII, p. 321, pl. II, f. I, II.
(16) *Conch. cab.*, t. I, p. 215 (copie de Jonston, où l'on a mis les cupules sur la face externe des bras).
(17) *Zoomorphose*, pl. 69, f. c ? (copie de Jonston, mais dénaturée).

en 1799 (1), procédant comme Dargenville, confondent en une seule espèce les Poulpes et les Argonautes. Forskaol, en 1775 (2), Muller, en 1776 (3), Fabricius, en 1780 (4), Gronovius, en 1781 (5), ne citent que le *Sepia octopodia* de Linné, des bras duquel Diquemare, en 1784, étudie la reproduction (6), et que Schneider, en 1784, décrit encore sous le nom de *Polypus;* Bruguière donne une figure de Poulpe, copiée de Séba (7).

Depuis Aristote, il n'a plus été question de l'étude des mollusques qui nous occupent jusqu'au moyen-âge, époque où nous avons vu les savants s'en occuper de nouveau; mais, depuis Linné, personne n'a pensé qu'il pût y avoir plus d'une espèce dans les céphalopodes pourvus de huit bras. Il était réservé à Lamarck de rétablir les faits : il étudia la matière avec soin; et du *Sepia octopodia* de Linné il forma, en 1799, le genre *Octopus*, dans lequel il décrivit *quatre espèces*, dont deux Élédones (8). En 1802 (9), Montfort, toujours exagéré, non seulement reproduit les espèces de Lamarck, mais encore en décrit plusieurs autres, les unes vraisemblables, les autres apocryphes, en s'étendant longuement sur l'histoire de chacune d'elles; mais Bosc, la même année (10), et Oken, en 1816 (11), continuent à nommer le genre *Sepia*, quoique Lamarck eût donné de bons caractères distinctifs, reconnus par Cuvier (12), lorsqu'il publia son mémoire sur l'anatomie de ces animaux.

Le docteur Leach, en 1817 (13), proposant une nouvelle classification des Céphalopodes, divise les *Octopus* de Lamarck en deux genres, le premier composé des Poulpes proprement dits, qu'il appelle *Polypus*, parce que ce nom est le plus anciennement connu; les autres, pourvus d'une seule rangée de cupules, et qu'il nomme *Élédone*. La première dénomination n'a été adoptée par personne; la seconde l'a été par quelques naturalistes.

La science en était là, lorsqu'à la fin de 1825 nous nous associâmes avec M. de Férussac pour publier la monographie des Céphalopodes cryptodibranches, ou acétabulifères; M. Cuvier voulut bien nous confier les Octopus conservés dans les collections du Muséum, et nous fîmes, ou fîmes faire sous nos yeux les planches 1, 2, 3, 4, 5, 6, 7, 8, du genre Poulpe, en laissant à M. de Férussac notre texte correspondant, qui devait s'imprimer immédiatement. De son côté, M. de Blainville s'occupait, simultanément, d'une monographie du genre Octopus, qui ne parut qu'à la fin de 1826 (14), tandis que nous étions en Amérique. Ce savant, après des détails d'anatomie et de mœurs, divise le genre en trois sections : 1° les *Poulpes* proprement dits, dont il décrit dix-neuf, en réunissant les espèces de Bosc, de Lamarck, de Montfort, de Péron (dans ses manuscrits), celles qu'ont indiquées Leach et Rafinesque, auxquelles il ajoute quatre nouvelles espèces observées par lui; 2° Les *Élédones*, dans lesquels sont les

(1) *Hist. abrégée des coq.*, p. 43, pl. 4, f. II (copie de Dargenville).
(2) *Descript. Anim.*, p. 106. *Sepia octopodia.*
(3) *Zool. Dan. prod.*, n° 2813. *Sepia octopodia.*
(4) *Fauna Groenland.*, p. 360, n° 331. *Sepia octopodia.*
(5) *Zoophyt.*, p. 244, n° 2023. *Sepia octopodia.*
(6) *Journal de Physique*, t. XXIV, p. 213, pl. I, fig. 1, 5. *Polype.*
(7) *Encycl. méthod.*, pl. LXXVI, fig. 3 (copie de Séba).
(8) *Mém. de la Soc. d'Hist. nat. de Paris*, t. I, p. 18.
(9) *Buff. de Sonnini. Moll.*, t. II, p. 113 et suiv.
(10) *Buff. de Déterville*, *Vers*, t. I., p. 47.
(11) *Schrb. der Zool.*, p. 343.
(12) Cuvier, *Mémoires sur les Céphalopodes*, en 1805, pl. I, IV.
(13) *Journal de Physique*, t. LXXXVI, p. 394.
(14) *Dictionnaire des Sciences naturelles*, t. XLIII, p. 170.

deux espèces décrites par Lamarck; 3° les *Ocythoe*, Rafinesque, ou Argonautes, dont nous parlerons ailleurs. C'était la première monographie complète des Poulpes faite depuis la création du genre par Lamarck.

Depuis, il n'y a plus eu que des travaux partiels, les recherches de M. Risso (1) sur les espèces de Nice, quelques Poulpes cités ou décrits par M. Payraudeau (2), par MM. Dellechiaje (3), Wagner (4), Sangiovani (5). La science s'est, de plus, enrichie des matériaux recueillis dans les beaux voyages de MM. Quoy et Gaimard (6), de nos explorations personnelles (7), des observations de M. Verany, de Nice, et des recherches de M. Rang (8), ainsi que des renseignements et des sujets envoyés de toutes parts, soit à notre collaborateur, soit aux riches collections du Muséum d'histoire naturelle, que M. le professeur Valenciennes a bien voulu nous confier.

Enfin, le *Sepia octopodia* de Linné a formé, en 1799, *quatre espèces* du genre *Octopus*, pour Lamarck, et *vingt et un*, en 1826, pour M. de Blainville (en y comprenant les Élédones); et après un grand nombre de réductions d'espèces purement nominales, après la séparation de sept espèces, dont nous avons formé le genre *Philonexis*, il se compose encore aujourd'hui, suivant nos observations, de *trente-six espèces*, dont nous avons vu plus de la moitié en nature.

Nous venons d'avoir sous les yeux quatre-vingt-quinze bocaux, contenant au moins cent cinquante Poulpes, de toutes les mers : c'est sur ces matériaux que nous avons revu successivement toutes les espèces, et que nous en avons fait des descriptions étendues et comparatives, basées sur l'observation d'un grand nombre d'individus; ce qui nous a permis d'en présenter une monographie, où nous osons espérer que les naturalistes trouveront quelques faits nouveaux dignes de les intéresser.

Difficulté de reconnaître les espèces.

Trois caractères ne doivent être employés qu'avec beaucoup de circonspection pour distinguer entre elles les espèces de Poulpes : 1° Le plus ou moins de longueur des bras, quand ceux-ci ont entre eux des proportions relatives égales ; 2° les cirrhes et les granulations du corps ou de la tête ; 3° les couleurs, lorsque celles-ci ne sont pas composées de taches incrustées dans la peau.

Pour le *plus ou moins de longueur des bras, quand ceux-ci ont entre eux des proportions relatives, d'ailleurs égales,* nous croyons qu'on ne doit adopter ce caractère que lorsqu'il se joint à d'autres ; car nous nous sommes assuré qu'on peut à volonté leur donner presque le double de longueur. Un Poulpe pris vivant, et placé dans l'alcool très fort, se contracte en effet subitement ; ses bras perdent au moins un quart de leur longueur ordinaire ; mais qu'on laisse, au contraire, un Poulpe mourir dans l'eau salée, et qu'ensuite on le place dans l'eau douce, les fibres se relâchent tellement, que les bras s'allongent au

(1) *Histoire de l'Europe mérid.*, t. IV, p. 1.
(2) *Catalogue des Moll. et ann. de Corse*, p. 172.
(3) *Mém.*, t. IV, p. 40.
(4) *In Zeitschr. fur die organ. phys.*, t. II, p. 225.
(5) *Ann. des sciences naturelles*, t. XVI, p. 321.
(6) *Voyage de l'Astrolabe*, Mollusques.
(7) *Voyage dans l'Amérique méridionale*, Mollusques.
(8) *Magasin de zoologie*, 1837.

au moins d'un quart; placé d'abord dans de l'eau-de-vie peu forte, il ne se contracte plus, même quand on le plonge ensuite dans l'alcool le plus fort, et conserve ainsi ses bras deux fois plus longs que celui qui a été placé vivant ou frais dans la liqueur. Ces expériences, que nous avons faites avec soin, prouvent le tort qu'on aurait de trop s'attacher à cette différence de longueur entre des individus présentant d'ailleurs les mêmes caractères.

Pour *les cirrhes et la granulation de la peau*, il en est de même. Un Poulpe placé vivant ou très frais dans la liqueur très forte, se couvre presque toujours de cirrhes, de verrues, qui ne se développent que dans la colère ou l'irritation, tandis que, s'il meurt dans l'eau, et qu'on le laisse dans l'eau douce, ou qu'on l'immerge, par degrés, dans de la liqueur plus ou moins forte, il sera plus mollasse, plus lisse, les cirrhes ordinaires à l'espèce ne se manifestant plus que sous la forme d'une légère tache sur une peau des plus unie. Il y aura donc une différence complète entre ces deux individus, bien qu'ils soient de la même espèce.

Pour les couleurs, les descriptions partielles montreront qu'elles varient à l'infini, tantôt en raison des diverses impressions reçues par l'animal vivant, tantôt en raison de ce qu'on le place vivant dans l'esprit-de-vin, qu'il est mort dans l'eau salée, dans l'eau douce, ou hors de l'eau, à terre, et enfin en raison du degré de force de la liqueur employée à sa conservation. On ne doit donc voir dans la couleur un caractère, qu'autant que celle-ci s'incruste en taches, comme dans l'*Octopus lunulatus* et dans l'*Octopus membranaceus*.

En résumé, nous croyons que, dans les Poulpes surtout, les caractères de longueur respective des bras entre eux, la forme et la taille des cupules, les bifurcations et les aspérités de leurs rayons intérieurs, les dimensions de la membrane de l'ombrelle, la forme et la couleur du bec, le plus ou moins d'ouverture du corps, doivent être les bases des distinctions spécifiques, ne se servant des *couleurs* et des *cirrhes* qu'avec beaucoup de circonspection (1).

ALCIDE D'ORBIGNY.

Sous-genre. POULPE. — *OCTOPUS,* LAMARCK.

Πολύπους, Aristote; *Polypus*, Plinius, Leach, Cuvier; *Sepia*, Linné, Gmelin, Bosc, Oken; *Octopus*, Lamarck, Blainville, Férussac.

Cupules sur deux rangées alternes à chaque bras.

Nous les divisons ainsi qu'il suit :

A. *Bras supérieurs les plus longs.*
B. *Bras latéraux les plus longs.*
C. *Bras inférieurs les plus longs.*

PREMIÈRE SECTION. *A.*

Bras supérieurs les plus longs.

(1) Notre intention première était de placer l'anatomie de chaque genre séparément, à la suite des caractères zoologiques; mais nous nous sommes aperçu que ce procédé entraînerait beaucoup de redites inutiles pour les caractères généraux qui se reproduisent dans tous, et dès lors nous nous sommes décidé à donner aux généralités un travail d'ensemble anatomique. Nous renvoyons donc, pour cette partie, à l'Introduction.

N° 1. POULPE DE CUVIER. — *OCTOPUS CUVIERII* (1), *D'Orbigny*.

POULPES. Pl. 1, 24, 27, fig. 1 à 3.

Octopus Cuvierii, d'Orb. (1826), pl. 4 *des Poulpes*.
——— *Lechenaultii*, d'Orb. (1826), pl. 1 *des Poulpes*.
——— *Macropus*, Risso (1826), *Hist. nat. de l'Eur. mérid.*, IV, p. 3, n° 3.
——————— Delle-Chiaje (1828), *Mém.* IV, p. 40 et 56, n° 2, pl. 54, n° 26.
——————— de Blainv., *Faun. franç.*, Moll., p. 6, n° 2, d'après Risso.
——————— Wagner (1828), *Zeitschr für die Organ. physik.*, t. II, p. 225; et *Bullet. des Sc. nat.*, t. XIX, p. 387, n° 1.
Octopus macropodus, Sangiovani (1829), *Ann. des Sc. nat.*, t. XVI, p. 319; et *Bullet. des Sc. nat.*, t. XX, p. 338.
Octopus Cuvierii, Guérin, *Règne anim. de Cuvier*, *Mollusques*, pl. 1, fig. 1. (Copie de nos figures.)
Octopus longimanus, Féruss. (1824), *Poulpes*, pl. (2).
Octopus Macropus, Rang. (1837), *Mag. de Zool.*, p. 61, pl. 90. (Médiocre.)

O. corpore parum verrucoso, variabili, bursiformi; aperturâ mediocri; cirrhis ocularibus sub nullis; brachiis longissimis, gracilibus, inæqualibus pro longitudine 1°, 2°, 3° 4°; *membranis umbellæ explicatis; acetabulis elevatis.*

Dimensions.	Octopus Lechenaultii et Cuvierii, d'Orbigny.			O. macropus, Férussac, de la Méditerranée; individu dessiné.	O. Longimanus, Férussac, de la Méditerranée individu dessiné; très étiré.
	Jeune de l'île de France.	De l'île de France.	Adultes des Séchelles.		
Longueur totale	120	440	760	600	1 m., 040
Longueur du corps	14	45	70	40	75
Largeur du corps	12	32	50	31	52
Longueur des bras supérieurs (3)	90	380	640	530	910
Longueur des bras latéraux supérieurs	75	320	520	460	750
Longueur des bras latéraux inférieurs	70	240	440	420	690
Longueur des bras inférieurs	45	212	400	370	730
Longueur de la couronne	10	52	65	43	60

Forme générale. Grêle, élancée; consistance souvent molle; peau douce, quelquefois rugueuse. *Corps* oblong, ovale, en forme de bourse, un peu élargi inférieurement, souvent

(1) A la fin de 1825, nous avons fait lithographier nos planches représentant les figures de l'*Octopus Cuvierii* et de l'*O. Lechenaultii*, et elles ont été distribuées à beaucoup de personnes. L'année suivante, tandis que nous étions en Amérique, M. Risso a fait imprimer sa dénomination d'*O. macropus*. Nous avons donc évidemment la priorité comme planche; mais il l'a, de son côté, comme texte : observation que nous croyons devoir faire pour qu'on puisse adopter celui des deux noms qu'on préférera.

(2) Cette planche existe, mais nous n'avons pas cru devoir la donner aux souscripteurs, attendu sa complète inutilité.

(3) Nous devons faire observer que, pour cette espèce comme pour les autres, nous avons toujours pris, dans chaque paire de bras, celui qui était le plus long; car les bras coupés repoussent, mais restent toujours moins allongés que les autres; et dès lors on doit supposer que les plus longs ont toujours leurs dimensions naturelles.

en boule arrondie; lisse en dessous, ou légèrement mamelonné, mais d'une manière peu sensible, et seulement dans les individus contractés par la liqueur; couvert en dessus, de verrues, plus ou moins espacées, irrégulières et peu saillantes, disparaissant, pour ainsi dire, entièrement dans quelques individus, mais d'autres fois très granuleuses. Sur tous les exemplaires plus ou moins bien conservés, on remarque, à l'extrémité postérieure, une espèce de pointe érectile plus ou moins apparente, souvent marquée par une tache foncée, par une dépression ou par des rides de la peau (1). *Ouverture* largement fendue, béante et très échancrée inférieurement; dans les individus fortement contractés, elle est petite et comme linéaire.

Tête plus étroite que le corps, quoique très renflée sur les côtés par la saillie des orbites oculaires, séparée en avant et en arrière par un très fort étranglement plus marqué en avant, couverte en dessus des mêmes verrues ou des mêmes granulations que le corps. *Yeux* très saillants, latéraux, n'ayant pas d'autres paupières que la peau de leur partie inférieure, qui se referme sur la supérieure. Au-dessus de l'orbite, on remarque des indices de cirrhes, peu apparents sur les jeunes individus, souvent irrégulièrement placés, d'autres fois paraissant rangés sur deux lignes; quatre d'entre eux plus gros que les autres, ou bien encore, deux seulement, un en avant, l'autre en arrière. Il y a même des individus en tout semblables aux autres, qui en sont totalement dépourvus, et ne montrent qu'un point blanc à leur place; l'indécision de ces cirrhes sur une espèce d'ailleurs si bien caractérisée, tient à leur peu de saillie et à la nature mollasse de la peau. *Bouche* ordinaire, entourée de lèvres larges et épaisses. *Bec* brun, fortement liséré de blanc; la mandibule supérieure à capuchon petit, à sommet aigu et crochu; mandibule inférieure fortement carénée et échancrée postérieurement; ses ailes longues, étroites, avec une très large bordure blanche. Ce caractère est surtout distinctif entre cette espèce et les autres; les individus de tous les pays ont en tout le bec semblable.

Couronne très étroite à sa base, toujours allongée, marquée au-dessus de verrues, peu apparentes sur quelques exemplaires, et un peu granulées sur les individus fortement contractés.

Bras arrondis à leur base, presque quadrangulaires, et plus ou moins comprimés; ailleurs, diminuant d'une manière graduelle jusqu'à leur extrémité presque filiforme et très déliée; lisses, rugueux sur les individus contractés; très longs, très inégaux entre eux, les supérieurs les plus longs, ayant presque le double des inférieurs; ils diminuent graduellement de longueur des supérieurs aux inférieurs. Leur allongement, différent selon les individus, tient, comme nous nous en sommes assuré, à l'étirement de ces parties lorsqu'elles sont ramollies et flasques. *Cupules* saillantes, bordées, alternant sur deux lignes très rapprochées l'une de l'autre; assez espacées sur la longueur. Elles sont surtout remarquablement plus grosses un peu au-dessus de la membrane de l'ombrelle, sur les quatre bras supérieurs; ce qui forme un contraste facile à apercevoir et caractéristique dans l'espèce. Elles sont fortement radiées; et lorsque la macération n'a pas enlevé la petite pellicule cornée qui les tapisse en dessous, on y reconnaît de petites pointes rapprochées, surtout sur le sommet des sillons. Leur nombre est à peu près de 276, aux plus longs

(1) Ce caractère, que nous avons reconnu sur tous les individus de l'Inde, de la côte d'Espagne et de la Méditerranée, avait aussi été remarqué par M. Sangiovani. Voy. *Ann. des Sc. nat.*, 1825, t. XVI, p. 320.

bras des plus grands individus. Les trois premiers sont sur une seule ligne autour de la bouche (1).

Membrane de l'ombrelle très développée, selon le plus ou moins de contraction de l'animal dans la liqueur, mince, lisse, plus grande entre les bras supérieurs qu'entre les inférieurs; elle ne se continue que très peu avant sur les bras, c'est même la suite de son insertion qui forme ces deux espèces de carènes obtuses qui rendent, sur quelques individus, les bras comme carrés extérieurement.

Tube anal libre, assez long, large, conique, s'élevant un peu au-dessus des yeux; il n'a pas de bride marquée.

Couleurs dans l'alcool. Dans l'individu qui a servi à notre première figure, la teinte générale est vineuse rosée, plus foncée sur la tête et sur les yeux, avec un grand nombre de parties plus foncées, surtout sur les verrues. D'autres exemplaires, rapportés des Séchelles par M. Dussumier, ont toutes les parties supérieures ainsi que les bras, couverts de taches rouge violet assez larges, plus rapprochées sur les yeux; de plus, on remarque deux ou quatre grandes taches allongées, irrégulières, d'une couleur vineuse, situées sur le corps, et quelques unes ovales sur la tête et sur la couronne. Les grands bras sont comme zébrés de cette teinte sur leurs parties extérieures; à la base externe de chaque cupule est une tache semblable, et quelques autres, comme en damier, se voient vers l'extrémité des parties supérieures.

L'animal vivant est, selon M. Delle-Chiaje, roux fauve ou châtaigne, ponctué de rouge, plus clair dans l'intérieur de l'ombrelle.

Selon M. Sangiovani (2), il serait couleur carmélite brillante, due au mélange des globules chromophores qui distinguent cette espèce, et qui sont au nombre de trois ordres, safran, châtain foncé et bleu foncé tirant sur le noir. L'iris, d'un bleu clair ou de couleur châtain non argentée, se distingue, en outre, par des globules châtain foncé qui ne se voient que dans cette partie du corps, et produisent un contraste admirable avec l'élégante couleur de la membrane sur laquelle ils se meuvent.

M. Verany, qui l'a aussi observé, dit que le globe de l'œil est argenté, nuagé de rouge doré ou couvert de points bruns; la pupille, pendant la vie, est oblongue, quelquefois linéaire. La couleur du dos, dans *l'état de tranquillité*, est marron vineux; le corps, la tête et la base des bras sont couverts de tubercules blancs obtus, très peu relevés, entourés de petits points blancs; à *l'état d'irritation*, les tubercules sont remplacés par de belles taches blanches qui se montrent, jusqu'à l'extrémité des bras, sur la membrane qui les borde. Quelquefois le corps est entièrement couvert de petites taches verruqueuses blanchâtres, irrégulières, disposées longitudinalement, et ne disparaissant que longtemps après la mort. Quand *l'animal est près de mourir*, il prend une couleur lilas sale uniforme, sur laquelle se nuagent de grandes taches marron vineux, passant au rouge jaunâtre, formées par la réunion de très petits points chromophores très rapprochés : ces taches disparaissent après la mort.

S'il est exposé à l'air, il conserve sa couleur marron vineux, devenant plus intense dans l'eau; les taches blanchâtres disparaissent, et il devient blanchâtre uniforme, le dessous est plus pâle; l'intérieur de l'ombrelle est blanc vers la bouche et passe au violet sur son

(1) M. Rang s'est trompé lorsqu'il a dit (*Magasin de zoologie*, p. 16) qu'elles alternaient dès leur base.
(2) *Ann. des Sc. nat.*, t. XVI, p. 320.

bord, nuancé de quelques points chromophores rougeâtres; les bras sont, à l'intérieur, d'un marron vineux, clair pendant la vie, blanchâtre nuancé de rouge jaunâtre à l'approche de la mort, et ensuite blanchâtre. Le bord extérieur des cupules est violet pendant la vie; une tache blanche formée par la réunion de points relevés marque leur base extérieure. Dans une lettre antérieure à cette description, M. Verany disait, en envoyant le dessin qui a servi à faire colorer la planche 24, et qui a été fait évidemment plus rouge que la description que nous venons de donner : « Le dessin a été fait sur un individu vivant : les taches rouges sont mobiles; elles voyagent, serpentent, augmentent, diminuent et disparaissent sous la peau. »

Nous pouvons conclure de toutes ces variations de teintes que ce Poulpe, comme tous les autres Céphalopodes, en change selon ses diverses impressions, et peut-être même selon le plus ou moins de lumière qui l'éclaire. C'est, au reste, la meilleure preuve que les couleurs ne peuvent servir de caractères spécifiques qu'autant qu'elles forment des taches persistantes.

Rapports et différences.

Nous avons comparé entre eux trente-quatre individus de cette espèce, et, après des recherches minutieuses, nous nous sommes assuré qu'ils appartenaient tous à une seule et même espèce, quoiqu'ils portassent différents noms, et qu'ils vinssent de contrées très éloignées les unes des autres. C'est même l'examen scrupuleux que nous en avons fait, qui nous a démontré combien il faut se garder d'établir légèrement des espèces, lorsqu'on n'a pour caractère que le plus ou moins de longueur des bras, quand du reste les autres proportions sont les mêmes; et nous avons également reconnu combien le mode de conservation seul peut amener de différences dans cette longueur des bras. En effet, un Poulpe placé tout frais dans l'alcool concentré se contracte de suite, de telle manière, qu'il perd un tiers de la longueur ordinaire de ses bras; un autre, mort depuis longtemps ou mis dans l'eau douce avant d'être dans la liqueur à un degré peu élevé, se distend au contraire, et devient au moins d'un tiers plus long qu'à l'état normal : tels sont les caractères différentiels expliqués pour l'*Octopus macropus* et l'*O. longimanus* de M. de Férussac, qui n'étaient que ces deux états différents d'une même espèce; puis, entre ces deux extrêmes, venaient, comme individus difficiles à ranger dans l'une ou dans l'autre espèce supposée, tous ceux auxquels la liqueur avait conservé des proportions plus naturelles. Une disproportion dans la longueur des bras de deux individus, du reste semblables, ne vient souvent que de ce que ceux-ci ont été coupés et sont repoussés. Quant à la granulation et aux cirrhes plus ou moins visibles dans les individus que nous rapportons à cette espèce, ils tiennent, comme on l'a vu aux généralités, soit à l'état d'irritation de l'animal au moment de la mort, soit à un état différent de conservation dans l'alcool; car tous montrent en indices ce que les autres montrent en saillie.

En résumé, tout en faisant la part de la contraction chez ce Poulpe, on le distinguera immédiatement par ses quatre bras supérieurs, beaucoup plus longs que les autres, et surtout par le grand développement des supérieurs, par les cupules beaucoup plus grosses aux quatre bras supérieurs, et par l'ordre de longueur qui est invariablement 1, 2, 3, 4. D'ailleurs, de tous les Poulpes connus jusqu'à ce jour, c'est le plus élancé, le plus grêle, ne pouvant être comparé, sous ce point de vue, qu'avec l'*Octopus aranea,* dont les bras ont des proportions tout à fait opposées, les inférieurs étant les plus longs.

Nous avons remarqué sur plusieurs individus, que ceux qui ont les plus longs bras, sont toujours mâles, tandis que ceux qui les ont les plus courts sont femelles; ce fait ne viendrait-il pas expliquer aussi la différence qu'on peut avoir remarquée entre quelques individus, quant à la longueur relative de leurs bras avec le corps?

Habitation, Mœurs.

Cette espèce habite toute la Méditerranée, d'où elle a été envoyée de Naples, à M. de Férussac par M. Delle-Chiaje; de Nice, par MM. Verany et Risso; de Gênes, de Sardaigne, par M. Bonelli; de Marseille, par M. Wagner; et au Muséum d'histoire naturelle, de Nice, par M. Laurillard; de Palerme, par M. Caron. Elle habite la côte d'Afrique, puisque nous l'avons obtenue de pêcheurs, à Ténériffe, lors de notre passage, et qu'elle en a été aussi rapportée par MM. Webb et Berthelot. On la trouve encore au sein du grand Océan, principalement dans la mer des Indes; car elle a été envoyée au Muséum d'histoire naturelle des îles Séchelles, par M. Dussumier; de Pondichéri, par M. Leschenault-la-Tour; de l'île de France et de Vanicoro, par MM. Quoy et Gaimard. Elle n'est pas non plus étrangère à la mer Rouge, puisque M. Roux l'y a rencontrée. Voilà donc une espèce qui, commune en même temps à la Méditerranée, à l'océan Atlantique, au grand Océan, à la mer Rouge, se trouve sur la moitié de la surface des mers. Il est probable, puisqu'elle existe dans l'Inde et à Ténériffe, qu'elle se rencontre aussi sur d'autres points de la côte d'Afrique jusqu'au cap de Bonne-Espérance; et nous devons nous étonner qu'on n'en ait point encore observé sur les côtes d'Amérique (1).

M. Verany nous apprend qu'elle vit sur les côtes rocailleuses, dans des trous de rochers des environs de Nice, où elle paraît être plus rare en été qu'en hiver. Sa chair est moins estimée des pêcheurs, qui la nomment *Poupressa*, que celle de l'*Octopus vulgaris*, beaucoup moins coriace.

Il a aussi remarqué que, dans l'état de tranquillité, elle est couverte en dessus de tubercules blancs obtus, qui disparaissent dans la colère; mais c'est alors que l'extrémité de son sac devient plus aiguë : les tubercules disparaissent aussi à l'instant de la mort. Il en est souvent ainsi des bourrelets qui forment la continuité des membranes des bras. Ils sont remplacés par une peau lâche qui se prolonge sur la totalité des bras : c'est encore au moment de la mort que cette espèce jette sa liqueur, de couleur bistre.

Histoire.

Aussitôt après notre association avec M. de Férussac pour publier cet ouvrage (en 1825), M. Cuvier voulut bien nous laisser comparer les Poulpes et autres Céphalopodes conservés au Muséum d'histoire naturelle. Parmi les richesses zoologiques qui nous furent alors confiées, nous rencontrâmes deux Poulpes remarquables par la longueur de leurs bras supérieurs, et

(1) Nous regardons comme évidemment identique à l'*Octopus Cuvierii*, le Poulpe *Chi-Kiu* des Chinois, décrit en 1593, dans *Pen-Thsao-Kang-mo* (*Encyclopédie japonnaise*, lib. 51), et de l'article duquel nous devons la traduction à M. Stanislas Julien, toujours empressé d'aider de la connaissance parfaite qu'il a du chinois les personnes qui s'occupent de sciences. Cette espèce, en effet, est commune dans l'Inde, et la description que nous trouvons est également conforme. L'auteur dit : « Son corps est petit et ses bras sont longs. » Les Japonnais, qui le nomment *Te-na-ka-ta-ko*, croient que ce sont des Serpents (*che*), qui, en entrant dans la mer, se métamorphosent en Poulpes. On l'appelle aussi, en Chine, *Choou-tchhang-siao*, ou *Siao à longues mains*.

par la longueur comparative de ces mêmes bras avec le corps. Ne nous rendant pas encore un compte bien exact des modifications apportées par la contraction dans l'alcool, nous donnâmes le nom d'*Octopus Cuvierii* à l'un d'eux, couvert partout de granulations prononcées; et l'autre, presque lisse, avec des indices de cirrhes sur les yeux, nous le dédiâmes à M. Leschenault, qui l'a envoyé de Pondichéri : c'était notre *Octopus Leschenaultii*. Les planches de ces deux espèces furent faites de suite, et des exemplaires distribués parmi les savants de l'Europe; mais le manuscrit que nous avions préparé fut laissé à M. de Férussac, lorsqu'au commencement de 1826 nous partîmes pour entreprendre notre long voyage. Vers la fin de 1826, tandis que, sur les côtes d'Amérique, nous nous occupions à recueillir des faits nouveaux, M. Risso (1) publia la courte description de son *Octopus macropus*, ainsi caractérisé : *O. corpore elongato, ovali, glabro, supra castaneo, infra azureo pallido, rubro punctatulo, pedibus longissimis*. M. de Férussac y vit alors l'*Octopus vulgaris* (2). M. de Blainville reproduisit la description de Risso dans la *Faune française*, et presque en même temps, M. Delle-Chiaje et M. Wagner (1828) en publièrent une nouvelle description, en adoptant le nom donné par M. Risso. M. Sangiovani (3), sur un individu qu'il décrivit en 1829, sous la dénomination d'*O. macropodus*, ne reconnut point, à ce qu'il paraît, l'espèce de Risso.

Ayant reçu presque en même temps des exemplaires de l'*Octopus macropus* de M. Risso, de M. Delle-Chiaje et de M. Verani, de Nice, M. de Férussac s'assura de l'identité de synonymie de ces auteurs; mais il ne reconnut point, dans nos *Octopus Cuvierii* et *O. Lechenaultii*, l'*O. macropus* de Risso; et, au contraire, remarquant que, parmi les individus de sa collection, quelques uns avaient les bras beaucoup plus longs, quoiqu'ils conservassent entre eux les mêmes dimensions respectives, il se crut autorisé par ce fait, qui tenait sans doute à l'état de conservation, à créer une nouvelle espèce, qu'il fit dessiner sous le nom d'*Octopus longimanus*. S'il eût confronté les individus mêmes de nos *Octopus Lechenaultii* et *O. Cuvierii*, il aurait sans doute reconnu le double emploi; mais peut-être était-il loin de croire que des espèces venues de l'Inde pussent être identiques à celles de la Méditerranée; et, en 1834, il fit paraître toutes les planches de ces espèces comme tout à fait différentes. La science le perdit, et les choses en restèrent là.

Appelé à rédiger notre ouvrage, et mis en possession de nos anciens manuscrits, nous n'aurions rien pu déterminer sans les animaux eux-mêmes que MM. les professeurs du Muséum nous ont confiés. Bientôt nous avons reconnu que les différences spécifiques que nous avions admises entre le Poulpe de Cuvier et le Poulpe de Leschenault, n'étaient dues qu'à la contraction dans la liqueur; et, dès lors, ne balançant pas à réparer notre erreur, nous avons supprimé l'une de ces deux espèces; mais, en poussant plus loin nos recherches, nous avons aussi reconnu que le Poulpe à longues pattes (*Octopus macropus*) et l'*Octopus longimanus* de M. de Férussac doivent y être également réunis; car nous y retrouvons identiquement les mêmes caractères, et seulement divers états de contraction dus à l'action de la liqueur que portaient aussi les sujets de l'Inde, dont nous avions un assez bon nombre d'individus. La comparaison d'un ou deux exemplaires de chacune de ces espèces prétendues différentes, nous eût peut-être laissé des doutes sur leur identité; mais nous en avons examiné comparativement *trente-quatre* exemplaires, dont dix-sept des diverses parties de la

(1) *Histoire naturelle de l'Eur. mér.*, t. IV, p. 3.

(2) Voy. *Bulletin Férussac*, Sc. nat., t. XII, p. 139; 1827.

(3) *Annales des Sc. nat.*, t. XV, p. 315.

Méditerranée, quatorze de l'Inde et de l'Océanie, deux de Ténériffe, et un de la mer Rouge; et dès lors nos idées durent se trouver fixées à la fois, et sur l'identité d'espèce, et sur la nécessité de les réunir.

M. Rang place l'*O. macropus* dans une première subdivision de sa deuxième division des Poulpes, et l'*O. Cuvierii* dans une seconde, n'ayant pas reconnu que ces deux espèces n'en font qu'une.

Explication des Planches.

Pl. 1, fig. 1. *Octopus Cuvierii* (sous le nom d'*O. Lechenaultii*), vu en dessus, dessiné sur un individu mort, et légèrement contracté, ayant les tubercules du dessus des yeux trop marqués.
2. Figure vue en dessous, montrant l'ombrelle ouverte.
3. Coupe transversale d'un bras, au-dessus de la membrane de l'ombrelle.
4. Cupule vue de profil.
5. Cupule vue de face.
6. Partie de cupule grossie, montrant ses deux bords extérieurs.
7. Mandibule inférieure, vue de face, en arrière.
8. La même mâchoire, vue de profil.
9. Mandibule supérieure, vue de profil.

Pl. 4, fig. 1. Le même Poulpe, sous le nom d'*Octopus Cuvierii*, d'Orb., fortement contracté, et granuleux en dessus, dessiné sur un individu mort, n'ayant pas du tout de cirrhes apparents sur les yeux.
2. Corps vu en dessous, fortement contracté.
3. Partie de bras pour montrer les cupules alternes et rapprochées.
4. Coupe transversale d'un bras au-dessus de la membrane de l'ombrelle.
5. Cupule vue de profil.
6. Cupule vue de face.
7. Langue grossie, vue de profil.
8. Langue grossie, vue de face, en dessus.
9. Langue grossie, vue de face, en dessous.
10. Mandibule inférieure, vue de face, en arrière.
11. La même mandibule, vue de profil.
12. Mandibule supérieure, vue de profil.

Pl. 24, fig. 1. Sous le nom d'*Octopus macropus*, animal dessiné sur le vivant par M. Verany.
2. Intérieur de l'ombrelle.
3. Proportion relative des bras.
4. Bec.

Pl. 27, fig. 1. *Octopus Cuvierii*, vu les bras ouverts, pour montrer la disproportion des bras et des cupules, dessiné d'après nature.
2. Cupule grossie.
3. Partie de cupule grossie pour montrer les tubercules cornés.

Alcide d'Orbigny.

N° 2. POULPE INDIEN. — *OCTOPUS INDICUS*, *Rapp.*

Poulpes. Pl. 25 et 26, fig. 1 à 4.

Octopus indicus. Rapp. M. S.

O. Corpore lævigato, busiformi, absque tuberculis super oculos; branchiis, subelongatis, inæqualibus: ordo longitudinis parium branchiorum 1, 2, 3, 4; membrana umbellæ maxima; orificiis aquiferis, circum buccam, atque inter brachium quodque dispositis.

Dimensions.	JEUNES.	ADULTES.
Longueur totale	340	560 millimètres.
Longueur du corps	35	55 *idem.*
Largeur du corps	28	50 *id.*
Longueur des bras supérieurs	290	490 *id.*
Longueur des bras latéraux-supérieurs	250	450 *id.*
Longueur des bras latéraux-inférieurs	195	380 (1) *id.*
Longueur des bras inférieurs	190	411 *id.*
Longueur de la couronne	37	90 *id.*

Description.

Forme générale. Médiocrement allongée, peau très mollasse. *Corps* oblong, arrondi, bursiforme, élargi postérieurement, entièrement lisse en dessus et en dessous. *Ouverture* occupant toute la largeur inférieure, fortement échancrée.

Tête peu distincte du corps et de la couronne, étroite, courte, peu renflée près de l'orbite de l'œil, entièrement ciliée. *Yeux* peu saillants, très petits, oblongs ; la partie inférieure de la peau peut se refermer sur la supérieure, de manière à enfermer l'œil entièrement. *Bouche* pourvue de deux lèvres, la plus extérieure presque lisse, la seconde fortement ciliée. *Bec* comme dans l'*Octopus Cuvierii.* Mandibule supérieure avec un capuchon très petit. Mandibule inférieure pourvue d'ailes assez longues; sa partie postérieure est carénée et bilobée; sa couleur est brun bistré bordé de blanc.

Couronne grande, très large, entièrement lisse.

Bras légèrement comprimés, coniques, lisses, assez longs et très inégaux, les supérieurs les plus longs, différant seulement d'un cinquième des inférieurs, qui sont les plus courts; ils diminuent graduellement de longueur des supérieurs aux inférieurs; les inférieurs et les latéraux-inférieurs se trouvent presque égaux. *Cupules* peu saillantes, sessiles, larges, à ouverture profonde, radiées profondément et pourvues de petits points saillants sur les sillons qui divergent du centre à la circonférence, les uns allant de la circonférence au centre, les autres n'occupant que la moitié de la largeur de la cupule; le pourtour de l'ouverture intérieur est garni de festons aigus. Elles sont sur deux lignes peu rapprochées, toujours distinctes, et resserrées sur la longueur. Celles qui occupent les bras un peu au-dessus de la jonction des membranes, sur les trois paires supérieures, sont plus grosses et plus saillantes. Les deux premières du tour de la bouche sont sur une seule ligne; il y en a cent-soixante à peu près aux plus longs bras.

Membrane de l'ombrelle. Très grande, très développée, mince, lisse, beaucoup plus large entre les bras supérieurs qu'entre les inférieurs; elle se continue encore très large sur toute la longueur des bras, où elle forme, en se repliant, une carène très saillante.

Ouvertures aquifères situées au fond de l'ombrelle, entre chaque bras, vis-à-vis l'intervalle de la troisième et la quatrième ventouse; ils communiquent à huit petites poches ovales, situées entre l'épaisseur des membranes entre chaque bras. Ces poches ne paraissent pas avoir de communication avec les parties intérieures.

Tube anal libre, assez long, large, plus haut que les yeux.

(1) D'après ce que nous avons reconnu sur plusieurs individus jeunes de cette espèce, ce n'est que par accident que, dans le grand exemplaire que nous avons mesuré, les bras latéraux-inférieurs sont plus courts que les latéraux-supérieurs.

Couleurs dans l'alcool. Quelques jeunes individus sont presque blancs, parsemés en dessus de très petits points violet rougeâtre; l'intérieur de l'ombrelle est blanc. Les grands exemplaires que nous avons examinés étaient violet noirâtre en dessus et sur les bras; les parties inférieures plus pâles, l'extrémité des bras très foncé. Ces teintes sont toujours formées par la réunion d'un grand nombre de petits points brun violet, très irréguliers en diamètre.

Rapports et différences.

Le Poulpe indien est voisin du Poulpe de Fontaine et du Poulpe commun; il diffère du premier par ses bras inégaux, par le manque de cupules plus grosses sur les bras internes, par le manque de granulations de la peau, caractères qui le distinguent aussi de l'*Octopus vulgaris*, toujours pourvu de cirrhes. Ses membranes encore sont plus larges que dans ces espèces, et d'ailleurs, les huit poches aquifères de l'intérieur de son ombrelle, sont des caractères constants et singuliers qui le séparent nettement du *Vulgaris* tout en le rapprochant du *Fontainii*, sur lequel il nous a paru y avoir également des cavités aquifères, sans que nous ayons pu en apercevoir les ouvertures extérieures, si marquées dans l'espèce qui nous occupe. La proportion des bras vient d'ailleurs appuyer aussi la distinction spécifique; elle est 1, 2, 3, 4, dans l'*Indicus*, tandis que le Poulpe de Fontaine a les bras presque égaux, et que le Poulpe commun les a 3, 2, 4, 1.

Habitation, mœurs.

Cette singulière espèce habite l'île Célèbes, dans l'ouest de l'Océanie, où elle a été pêchée par M. Rapp.

Histoire.

Nous n'avons trouvé, dans les matériaux que M. de Férussac nous a laissés, aucune description de cette espèce provenant de M. Rapp. Nous avons fait celle qu'on vient d'en lire sur les nombreux exemplaires conservés au Muséum. Les ouvertures aquifères n'avaient été remarquées par personne avant nous.

Explication des Figures.

Poulpes. Pl. 25. Vue l'ombrelle ouverte, d'après un dessin de M. Rapp.
26, fig. 1. Intérieur de l'ombrelle, pour montrer les ouvertures et les poches aquifères; dessiné d'après nature.
2. Mandibule supérieure grossie, dessinée d'après nature.
3. Mandibule inférieure grossie.
4. Mandibule supérieure de grandeur naturelle.

ALCIDE D'ORBIGNY.

DEUXIÈME SECTION. *B.*

Bras latéraux les plus longs.

N° 3. POULPE COMMUN. — *OCTOPUS VULGARIS, Lam.*

POULPES. Pl. 2, pl. 3, pl. 3 bis, pl. 8, fig. 1, 2, pl. 11, pl. 12, pl. 13, 14, pl. 15, pl. 29, fig. 7.

Πολύπους, Aristote, lib. IV, cap. 1 (Camus, p. 177; Schneid., t. II, p. 130, 15.)
Polypus, Salvianus. 1554, *de Aquat.*, p. 160. (Figure originale.)

Polypus, Gesner, 1558, *de Aquat.*, lib. IV, p. 870. (Figure originale.)

Octopodia, Hasselquist, 1750, *Acta Upsal.*, p. 33.

Polypus marinus, seu Octopus Karakatiza, Kœlreutrer, *nov. Comment. Acad. Petrop.*, t. VII, p. 321, pl. 11, fig. 1, 2.

Octopus vulgaris, Lamarck (1799). *Mém. de la Soc. d'hist. nat. de Paris*, t. I, p. 18.

Sepia Octopus, Bosc (1802); Buff. de Déterville, Vers, t. I, p. 47.

Poulpe commun, Montfort (1805); Buff. de Sonnini, Moll., t. II, p. 113, pl. 23, 24, 25?

Poulpe fraisé, Montfort (1805); Buff. de Sonnini, Moll., t. III, p. 5, pl. 27 et 28. (Figure originale, très inexacte.)

Poulpe commun, Montfort (1802); *id.*, Moll. t. II, p. 103, pl. 22, 24? (Mauvaise figure imaginaire.)

———— Shaw, *Natur. Miscell.*, vol. XVIII, p. 780. (Copie de Montfort.)

Le Poulpe, Cuvier (1805), *Mém. sur les Céphalop.*, pl. 1-4.

Polypus octopodia, Leach (1817), *Journal de Phys.*, t. LXXXVI, p. 394.

———— Savigny, *Descript. de l'Égypte*, Hist. nat., t. II, pl. 1, fig. 1.

Octopus vulgaris, Lamarck (1822), *An. sans vert.*, 2ᵉ édit., t. VII, p. 657, nº 1.?

———— Carus (1824), *Icon. sep. in nov. Acta Acad. nat. cur.*, t. XII, 1ʳᵉ partie, t. XXXI, p. 319.

———— D'Orbigny (1826), *Tab. des Céph.*, p. 52, nº 1.

———— Blainville (1826), *Dict. des Sc. nat.*, t. XLIII, p. 188.

———— Risso (1826), *Hist. nat. de l'Eur. mér.*, t. IV, p. 3, nº 2.

Octopus apendiculatus, Blainville (1826), *Dict. des Sc. nat.*, t. XLIII, p. 185. (D'après Montfort.)

Octopus vulgaris, Blainville, *Faun. franc.* Moll., p. 5, pl. 1, fig. 1 ?

———— Payrcaudeau (1826), *Catal.*, p. 172, nº 350?

———— Audouin (1827), *Explication des pl. de Sav.*, *texte*, t. I, p. 9, in-8º, p. 22, p. 120.

———— Delle-Chiaje (1828), *Mém.* IV, p. 40 et 55, t. LVI, fig. 13.

———— Wagner (1828), *in Zeitschr. fur die organ. phys.*, t. II, p. 225, août 1828, et *Bull. univ. des Sc. nat.*, t. XIX, 387.

———— Sangiovani (1829), *Ann. des Sc. nat.*, t. XVI, p. 321.

———— Rang. (1837), *Mag. de Zool.*, p. 62?

———— *Règne animal de Cuvier Ill.*, pl. 1. (Copie de Savigny.)

Octopus Salutii, Verany (1837), *Mém. de l'Acad. des Sc.*, t. I, t. III ?

Dimensions.	Individu très jeune.		Jeune sujet.		Individu de taille moyenne.		Individu de taille ordinaire.		Très grand individu de Marseille.		Grand individu du Brésil.		Grand individu de l'Inde.	
	m.	mill.	m.	mill.	m.	mill.	m.	mill.	m.	mill.	m.	mill.	m.	mill.
Longueur totale.	»	36	»	270	»	425	»	480	1	50	»	650	1	220
Longueur du corps.	»	8	»	38	»	45	»	50	»	130	»	100	»	130
Largeur du corps.	»	6	»	30	»	40	»	50	»	»	»	»	»	100
Longueur des bras supérieurs (1). . . .	»	15	»	120	»	250	»	350	»	720	»	500	»	990
Longueur des bras latéraux supérieurs.	»	22	»	145	»	340	»	390	»	840	»	530	(Tronqués.)	
Longueur des bras latéraux inférieurs.	»	23	»	150	»	350	»	440	»	830	»	»	(Tronqués.)	
Longueur des bras inférieurs.	»	18	»	138	»	270	»	360	»	730	»	480	1	80
Longueur de la couronne.	»	3	»	20	»	55	»	70	»	120	»	120	»	150

(1) Nous ignorons si l'espèce indiquée par M. Rang, sous le nom d'*Octopus vulgaris*, est bien le véritable *vulgaris*; car il donne les bras supérieurs pour les plus longs, ce que nous n'avons jamais trouvé sur les nombreux exemplaires que nous avons mesurés.

Description.

Forme générale assez raccourcie ; bras gros à leur base ; couronne très volumineuse.

Corps ovale, plus arrondi chez la femelle (1), petit comparativement au volume de la couronne, couvert partout de verrues aplaties, plus ou moins marquées, et muni, sur sa partie supérieure, de cirrhes élevés, coniques, plus ou moins saillants, en nombre variable, mais dont trois ou quatre, plus marqués, sont disposés en triangle ou en un rhomboïde, dont l'angle aigu serait en haut ; sur son milieu souvent, quelques autres petits cirrhes ou pointes les accompagnent latéralement ; tous ces cirrhes ne se montrent sur l'animal qu'à l'instant de la colère ou de l'irritation, et sont peu ou point apparents chez certains sujets conservés dans la liqueur. Dessous légèrement ridé ou grenu. *Ouverture* fendue sur toute la largeur du corps, fortement échancrée.

Tête assez grosse, et couverte des mêmes cirrhes et verrues que le corps ; elle est moins large que celui-ci, et surtout que la couronne, dont le sommet est presque du double. *Orbite des yeux* très proéminent ; à sa partie supérieure, deux ou trois cirrhes coniques fort saillants, situés un en avant, l'autre en arrière, et le troisième, lorsqu'il existe, au milieu du côté interne de chaque œil. *Yeux* pourvus de deux paupières, qui les protègent indépendamment de la peau ferme, susceptible de contraction. *Bouche* pourvue d'une double lèvre ciliée. *Bec* dans la forme ordinaire ; brun, bordé de blanc, surtout à l'aile de la mandibule inférieure, dont la partie postérieure est carénée et bilobée à son extrémité. *Langue* présentant comme trois séries de pointes cornées, une médiane, la plus longue, et deux latérales crochues ; chacune de celles-ci comme divisée en trois séries de pointes.

Couronne très volumineuse, à cause de la grosseur des bras et de l'étendue des membranes de l'ombrelle. Son volume extraordinaire distingue de suite l'*Octopus vulgaris* des autres espèces.

Bras épais, conico-subulés, triangulaires près de leur extrémité, également triangulaires mais à angle tronqué à leur base, diminuant graduellement jusqu'à leur extrémité ; ils sont en dessus fortement ridés ou même couverts de petites verrues irrégulières ; inégaux entre eux, et médiocrement longs, les supérieurs les plus courts, les intermédiaires inférieurs les plus longs. Nous les avons toujours rencontrés dans les proportions suivantes, chaque fois qu'ils nous ont paru ne pas avoir été tronqués. En commençant par les plus longs, la troisième paire (bras latéraux-inférieurs), la deuxième (bras latéraux supérieurs), la quatrième, (bras inférieurs), et la première (bras supérieurs) (2). Cet ordre est interverti, lorsque les bras ont été coupés et sont repoussés ; ce qui a lieu très souvent et se distingue sans peine (3). *Cupules* grosses, assez peu saillantes, larges, sur deux lignes bien séparées l'une de l'autre, quoique se rapprochant assez sur la longueur des bras ; partie concave, granuleuse ; divisée en sillons, bifurqués sur la moitié de leur longueur. Dans les grands individus, les cupules situées en dedans du bord de la membrane, sont incomparablement plus grosses, aux deux paires de bras latéraux surtout, tandis que celles d'en dehors au même

(1) C'est au moins ce qu'assure M. Risso. . . . .

(2) Schneid., *Annot.*, etc. ; Aristote, *De Part.*, lib. II, cap. IX, dit : « Chez les Poulpes, les quatre pattes du milieu sont les plus longues. » On voit donc bien que c'est de cette espèce qu'il parlait.

(3) Deux individus bien entiers, l'un de Marseille, l'autre recueilli par nous à Ténériffe, avaient la deuxième paire, ou les bras latéraux supérieurs les plus longs, quoiqu'ils présentassent, d'ailleurs, les mêmes caractères.

bras sont les plus grosses dans les jeunes. Le nombre en est de deux cent quarante-huit à peu près sur les grands bras. Les deux ou trois premières autour de la bouche sont disposées sur une seule ligne.

Membranes de l'ombrelle, très développées, c'est-à-dire très hautes, celles qui unissent les deux bras supérieurs plus courtes que les autres; elles sont minces, très extensibles, et se prolongent, sur le côté inférieur de chaque bras, en une crête qui occupe au moins la moitié de leur longueur; l'intérieur en est souvent grenu ou rayé. Il n'y a point de pores aquifères.

Tube anal libre, conique, assez court, occupant à peu près la hauteur des yeux.

Deux osselets cartilagineux dans la peau du dessus du corps.

Couleurs sur le vivant. Nous avons souvent observé l'Octopus vulgaire sur nos côtes; et, en partant pour l'Amérique, nous en avons vu un grand nombre à Ténériffe. Ils étaient blancs, bleuâtres, couleur d'eau, le dessus du corps et des bras seul était rougeâtre, et l'intervalle compris entre les cupules rosé. M. Delle-Chiaje (1) dit ce Poulpe blanchâtre dans tout l'intérieur de l'ombrelle, et tout le reste jaune, parsemé de taches vert-de-gris. M. Risso (2) lui donne une nuance fauve obscur et grisâtre, extrêmement changeante, qui forme le fond des teintes, l'œil argenté. Sangiovani (3) dit qu'il est muni de quatre ordres de globules chromophores; le safran, le rouge (lie de vin), le noirâtre et le bleuâtre. La partie supérieure du corps est couverte de globules rouge pâle, noirâtre et couleur safran; sur la tête, les globules noirâtres sont en grand nombre, et les globules safran abondent seulement dans la circonférence de l'œil; l'iris présente des globules rouge bleuâtre. Ces descriptions si différentes prouvent, comme nous l'avons vu, que cette espèce, comme ses congénères, est on ne peut plus variable dans les teintes, selon les diverses impressions; aussi l'a-t-on souvent comparée au caméléon (4).

Animal dans la liqueur. Couleur vineuse foncée ou brunâtre; rougeâtre ou blanchâtre en dessous et dans l'intérieur de l'ombrelle; des taches arrondies, rousses ou brunes, sur toute la partie supérieure; d'autres individus sont rouge-brun en dessus.

Rapports et différences.

Nous avons comparé entre eux *vingt-six* individus du Poulpe vulgaire, qui nous ont montré plus ou moins de longueur relative des bras avec le corps, selon l'intensité de leur contraction, mais tous avec des proportions peu différentes. Deux de Bahia au Brésil, et un vieux de Marseille, avec les mêmes longueurs relatives des bras intérieurs, nous ont paru les avoir beaucoup plus courts, et plus ramassés, ce que nous avons dû attribuer à l'âge et aux altérations qu'ils ont éprouvées pendant leur jeune âge; mais tous appartenaient à une seule et même espèce, très facile à confondre, surtout dans la vieillesse, avec l'*Octopus tuberculatus*, l'espèce qui s'en rapproche le plus par les formes et par les détails. Comme dans cette dernière, les cirrhes des yeux et du sac sont saillants, et, à peu de chose près, dans

(1) *Mém.*, t. IV, p. 40 et 55.

(2) *Hist. nat. de l'Eur. mér.*, t. IV, p. 3, n° 2.

(3) *Ann. des Sc. nat.*, t. XVI, p. 321.

(4) Aristote connaissait parfaitement ce changement de couleur. Il dit (lib. IX, cap. LIX) : « Pour attraper les poissons, « il change de couleur et prend celle des pierres, dont il s'approche. La peur opère en lui un pareil changement de « couleur. »

les mêmes positions ; comme en elle, ses bras ont le même ordre de longueur relative ; et nous ne trouvons d'autres caractères bien constants dans *l'O. vulgaris*, que des bras plus longs, une plus longue couronne et des membranes plus grandes, le manque de cirrhes sous le corps, et l'ombrelle non granuleuse en dedans, entre les bras supérieurs. Pour le différencier de l'*Octopus Cuvierii*, il suffit de jeter les yeux sur cette dernière espèce, qui a les bras incomparablement plus longs, les supérieurs et leurs membranes plus développés, tandis que le contraire a lieu chez l'*Octopus vulgaris*.

Les individus venant d'Haïti et de Bahia au Brésil, tout semblables qu'ils soient aux vieux individus de la Méditerranée, ont proportionnellement les bras plus courts, et le haut du corps comme ridé longitudinalement; mais, ayant remarqué qu'avant de mettre ces individus dans la liqueur, on en avait retourné le sac, habitude qu'ont les pêcheurs pour empêcher l'animal de se sauver, nous avons dû attribuer ces rides à cette circonstance. Toutefois, la forme en est toujours plus ramassée, les bras en sont un peu plus courts, ce qui tient peut-être à ce qu'ils ont été plus souvent coupés dans le jeune âge. Ce que nous avons dit des grands individus de l'Amérique est également applicable à un très grand *Octopus vulgaris* de l'Inde, rapporté par M. Dussumier.

Habitation, mœurs.

Cette espèce, encore une des plus répandues, paraît surtout abonder dans la Méditerranée, d'où elle a été envoyée à M. de Férussac, de Marseille, par MM. Roux et Dupont; de Nice, par MM. Verany et Risso ; de Corse, par M. Payreaudeau ; de Sardaigne, par M. Bonelli ; et de Naples, par MM. Delle-Chiaje et Reynaud : elle a aussi été rapportée de Palerme au Muséum, par M. Caron ; et de Messine, par M. Constant Prévost. Nous l'avons bien souvent étudiée sur les côtes de l'Océan, principalement à l'embouchure de la Loire et à l'île de Ré : elle habite toutes nos côtes de France. Nous avons encore la certitude qu'elle se trouve sur les côtes d'Afrique ; car nous l'avons vue en grand nombre dans l'île de Ténériffe, où elle est estimée des pêcheurs. Des découvertes assez récentes nous ont prouvé qu'elle passe aussi sur le continent américain, puisque nous en avons vu un très grand individu recueilli par M. Ricord, pendant son voyage scientifique à Haïti, et envoyé par lui au Muséum d'histoire naturelle. M. Auber, de Cuba, nous a également adressé cette espèce. Plusieurs autres de grande taille ont été rapportés de Bahia, par M. d'Abadie. A ces contrées éloignées ne se borne point son habitation, qui ne paraît pas moins étendue que celle de l'*Octopus Cuvierii ;* nous trouvons encore, dans les riches collections du Muséum d'histoire naturelle, un *O. vulgaris* rapporté de l'île de France par MM. Quoy et Gaimard; un autre, mais un peu douteux, signalé comme étant de Timor, rapporté par les mêmes circumnavigateurs, et finalement un troisième, de très grande dimension, rapporté de l'Inde, par M. Dussumier.

Ainsi la Méditerranée, les côtes d'Europe, d'Afrique et d'Amérique, dans l'océan Atlantique, aussi bien que celles de l'Inde, dans le grand Océan et la mer Rouge (1), seraient simultanément la patrie de l'*Octopus vulgaris,* ce qui nous paraîtrait bien étrange, si nous n'en avions pas l'exemple dans l'*Octopus Cuvierii* et dans l'*Octopus tuberculatus.* Singulier

(1) M. Ehremberg en parle comme se trouvant dans la mer Rouge. Il en existe au Muséum un bel exemplaire venant de la mer Rouge, et en tout semblable à ceux de France.

chez des animaux sédentaires, ce fait peut être regardé comme tout naturel chez des Mollusques, en général amis des voyages; et si l'*Octopus* observé par Fabricius sur les côtes australes du Groënland, est l'*O. vulgaris* (ce dont on peut douter), cette espèce appartiendrait encore à toutes les régions glaciales, comme elle appartient aux parties tempérées et chaudes des deux hémisphères.

De même que les autres Poulpes, celui-ci, souvent entièrement lisse dans le repos, se couvre de cirrhes saillants dans l'irritation, et son corps est alors fortement verruqueux : ces tubercules disparaissent fréquemment peu de temps avant la mort; mais il arrive qu'ils se montrent de nouveau quand on plonge l'animal dans l'alcool, et que la contraction en est subite.

A Ténériffe, ainsi que dans tous les pays espagnols, on nomme cette espèce du nom générique, *Polpo :* les Portugais disent *Polvo*. En grec moderne c'est οκτωποδιά.

Les pêcheurs nous ont mainte fois garanti un fait déjà connu depuis longtemps (1) : c'est que les Poulpes, lorsqu'ils ne se sentent pas assez forts pour retenir un poisson auquel ils se sont attachés, se laissent souvent transporter par lui. Il est très rare de les voir lâcher prise, et nous-même, plusieurs fois, dans nos recherches, nous avons été saisi par leurs bras, dont nous avions beaucoup de peine à nous dégager (2); ce qui les fait redouter des pêcheur au point de porter ces derniers à prétendre que les Poulpes ont fait périr quelques uns d'entre eux, fait probablement exagéré.

Selon M. Risso, les petits Poulpes communs fréquentent, en été, les plages de galets, et leur pêche devient un passe-temps pour certaines personnes, qui les attirent au moyen d'hameçons enveloppés d'écarlate.

Sur les côtes de l'Océan, les Poulpes communs sont plus nombreux en mai, juin, juillet, août et septembre, époque de leur ponte. M. Bouchard, habile observateur de Boulogne-sur-Mer, nous écrit : « Ils portent dans leur sac une petite grappe de huit à vingt œufs « globuleux, de dix à quinze millimètres de diamètre, de couleur jaunâtre, plus ou moins « foncée, et quelquefois veinés de brun clair; ces œufs sont réunis en grappe fixée, par « l'extrémité de sa tige, à l'abdomen de la mère. Ils éclosent dans le sac. » Ce fait n'existe pas pour d'autres espèces, comme on pourra le voir; aussi craignons-nous que M. Bouchard ne se soit trompé. Les autres Poulpes déposent leurs œufs sur les rochers ou parmi les algues.

C'est aussi de M. Bouchard que nous tenons quelques uns des renseignements suivants : Ce mollusque est très estimé par les pêcheurs, c'est un très bon appât pour la pêche du congre. Sur les côtes de la Manche (3), dans le mois d'octobre, plus de soixante personnes sont employées, tous les jours, à les rechercher. Les uns les trouvent sous les rochers et reconnaissent leur retraite aux débris de crabes et de coquilles qui en entourent l'entrée (4);

(1) *Stroëm Soudmor*, p. 204.

(2) Aristote, lib. IV, cap. VIII (Camus, p. 217), avait dit : « Le Poulpe s'y attache même avec tant de force, qu'il se laisse couper par morceaux plutôt que de lâcher prise. »

(3) Aristote, lib. IV, cap. VIII (Camus, p. 217), dit que les pêcheurs citent la chair du Polype comme appât, et qu'ils la font griller pour la mettre dans leurs nasses, afin d'attirer le poisson.

(4) Aristote, lib. IX, cap. LIX, et lib. VIII, p. 4 (Camus, p. 461 et 595); Schneider, t. II, p. 420, avait dit la même chose. « Il rassemble tout pêle-mêle dans le domicile qu'il habite; et après avoir mangé ce qu'il y a de bon, il jette « dehors les écailles des coquillages, les enveloppes des crustacés, et les arêtes des poissons. »

Plinius, lib. IX, cap. XXIX, p. 645, a reproduit ce fait.

alors ils les en retirent avec un long crochet. Le succès de cette pêche demande beaucoup d'habitude ; car si du premier coup, on ne peut retirer l'animal, on ne l'a plus qu'en morceaux ; il se cramponne aux parois de son asile. Les autres les pêchent à la ligne; ils ont de petits bateaux et vont aux endroits où les rochers ne se découvrent jamais; là, ils descendent des lignes assez fortes à l'une des extrémités desquelles ils attachent un fort morceau de squale (*Squalus glaucus*). Le Poulpe se fixe sur cette proie pour la dévorer ; alors le pêcheur, qui a toujours l'autre bout de la ligne en main, sent un petit mouvement et la retire très lentement, pour se saisir de l'animal attiré par l'appât. Il nous est souvent arrivé, en apercevant un Poulpe, de plonger la main dans l'eau près sa demeure ; alors, il avançait de suite ses bras pour la saisir ; ce qui a fait dire à Aristote que les Polypes étaient sans esprit (1).

Quant à ce que dit l'auteur grec, que les Polypes ne vivent que deux ans (2), nous ne saurions être de son avis. Tout nous prouve, au contraire, que l'*Octopus vulgaris* vit très vieux ; et cinq à six ans seraient peut-être au dessous de la vérité pour l'âge de cette espèce, qui, du reste, grandit toute sa vie. Mais Aristote (3) est dans le vrai quand il établit que le Poulpe se nourrit de mollusques, et qu'il ne mange pas ses congénères.

Il paraît que, dans la Méditerranée, on en prend un grand nombre entre les rochers, pendant les calmes, soit avec une fourche, soit avec une boule de suif suspendue à l'extrémité d'une ligne.

On en fait là une très grande consommation ; après leur avoir fendu le ventre, on les fait sécher, étalés sur une baguette, et suspendus. Les navires grecs en portent toujours dans leurs chargements, lorsqu'ils vont sur les côtes de Barbarie ; c'est un assez bon aliment.

En observant les Céphalopodes sur les côtes de l'Océan, nous nous sommes assuré personnellement de beaucoup de faits avancés par les naturalistes. Nous avons été assez heureux pour étudier, en beaucoup de circonstances, le mode de locomotion d'un Poulpe vulgaire, qui venait d'être pêché dans un creux de rocher. Placé dans un bassin assez vaste, il commença par aller au fond de l'eau, où il se mit immédiatement à ramper, l'ombrelle placée sur le sol, et, par conséquent, le tube en arrière ; alors il avançait assez rapidement, se servait de ses bras comme de pieds et exécutait une véritable reptation (4). Il parcourut ainsi tout le bassin, dans le but sans doute d'y chercher un réduit où il pût se cacher, mais il ne se mit à nager que lorsque, fortement tourmenté, il tenta de s'éloigner avec promptitude ; alors, il se plaça horizontalement, les six bras supérieurs sur un plan horizontal, tandis qu'il abaissait les deux inférieurs et les joignait l'un à l'autre, apparemment pour s'en faire un gouvernail propre à diriger sa marche, tandis que les autres bras, ramenés en toit, le soutenaient à la même hauteur dans les eaux. Alors, s'aidant du refoulement de l'eau par son tube anal, il avançait assez rapidement par secousses, le corps le premier, et dans une direction qu'il pouvait modifier avec ses bras inférieurs ; mais le plus souvent rectiligne.

(1) Aristote, lib. IX, cap. LIX.
Camus, p. 595 ; Schneid., t. II, p. 420, 9 ; *Adnot.*, t. III, p. 176.
(2) Aristote, lib. IX, cap. IV ; Camus, p. 461 ; Scheid., t. II, p. 326, 56.
Plinius, *Hist nat.*, lib. IX, cap. XXX, p. 649.
(3) Aristote, lib. VIII, cap. IV ; Camus, p. 461 ; Schneid, t. II, p. 326.
(4) La planche 11, dessinée par M. Verany, est une peinture exacte de cette reptation qui n'a pas lieu à terre, comme l'a indiqué M. de Férussac, au bas de la planche, mais seulement dans l'eau.

Lorsqu'il sentait les bords du bassin, il s'arrêtait et changeait de suite la position de ses bras, qui, comme organes du tact, palpaient à l'instant l'endroit touché. Dans le repos, il était presque lisse; mais, au moindre contact, ses couleurs devenaient plus foncées et son corps se couvrait immédiatement de tubercules aigus, ou des cirrhes que nous avons décrits.

Histoire.

Il est bien probable que le πολύπους (Polypus) d'Aristote est l'*Octopus vulgaris*, ce qu'on peut induire de ce qu'il en dit. Il en est de même sans doute des autres auteurs qui l'ont suivi (1); néanmoins nous ne pourrions l'assurer, les caractères donnés pouvant également s'appliquer aux autres espèces. Plinius ne présente pas de renseignements précis, non plus que Belon et Rondelet; mais Salvianus semble parler positivement de l'espèce qui nous occupe, lorsqu'il indique des ventouses plus grosses aux quatre bras intermédiaires, caractères de l'*Octopus vulgaris*. Gesner dit la même chose. Boussuet, Aldrovande, Jonston et Ruysch n'ont fait que copier ces auteurs, sans rien ajouter. Hasselquist a donné de l'animal une très bonne description, dans laquelle on reconnaît facilement l'espèce. Linné ne la caractérise pas aussi bien que ses devanciers; il la confond avec tous les autres Poulpes ou Élédons, sous le nom de *Sepia octopodia*, ainsi que l'a fait Seba. Quant à Kœlreuter, il a su la bien caractériser. Martini, Forskaohl, Müller, Favane, Gronovius, Fabricius, Gmelin, etc., ne l'ont pas assez spécifiée pour la faire reconnaître. En général, les figures sont si mauvaises, qu'il est impossible de distinguer les espèces. On peut porter le même jugement des descriptions ou des renseignements que ces auteurs ont consignés dans leurs ouvrages.

C'est à l'intéressant travail donné sur les Céphalopodes par Lamarck, en 1799, qu'on doit la dénomination de l'*Octopus vulgaris*. Il le décrit avec un peu plus de détails que Linné, mais encore imparfaitement; il indique, comme Bosc, pour caractère distinctif de l'*Octopus rugosus*, la peau entièrement lisse, caractère adopté par M. de Blainville.

Lamarck manquant d'objets de comparaison, sa description peut laisser des doutes sur l'identité de son espèce avec celle que nous décrivons. Montfort, dont les observations méritent d'être étudiées, mais avec circonspection, a donné, sous le nom de *Poulpe commun*, un individu lisse, et sous celui de *Poulpe fraisé*, un autre ayant les cirrhes du sac et du dessus de la tête assez prononcés. Savigny, dans une admirable figure, la première bonne représentation qui ait été publiée d'un Céphalopode, a fixé les caractères de ce même *O. vulgaris*, du moins ceux de l'espèce qui paraît être la plus vulgaire dans la Méditerranée, espèce à laquelle, plus tard, MM. Risso et Delle-Chiaje ont conservé le nom que lui avaient appliqué MM. Carus et de Férussac. M. de Blainville a donné, comme *Octopus vulgaris*, des individus lisses provenant des côtes de la Manche, et le Poulpe fraisé de Montfort, avec des tubercules, sous la dénomination d'*O. appendiculatus*. Nous trouvons dans un Mémoire de M. Verany la description et la figure d'un Poulpe, qu'il nomme *Octopus Salutii;* cette espèce, comme l'*Octopus vulgaris*, a les deux bras latéraux les plus longs, les cirrhes sur les yeux; aussi croyons-nous que c'est encore une des nombreuses modifications de teintes de cette espèce, distinguée par M. Verany, seulement par ses couleurs jaunes; mais, d'après ce que nous

(1) Voir les généralités sur les Poulpes.

avons dit des variations de teintes, nous ne croyons pas ce caractère suffisant pour distinguer une espèce.

L'*O. vulgaris* peut démontrer l'inconvénient des dénominations banales qui n'expriment rien, et que chacun applique à l'espèce la plus vulgaire chez lui; néanmoins nous sommes loin de vouloir la changer; nous avons mieux aimé chercher à caractériser l'espèce à laquelle on applique plus généralement le nom de *Poulpe commun*, afin qu'on ne la confonde plus avec les autres. Comment ne régnerait-il pas une confusion inextricable au sujet de l'*Octopus vulgaris*, quand, jusqu'à présent, personne n'en a publié aucune description assez détaillée et assez comparative pour lever tous les doutes à son égard? Les naturalistes qui, dans ces derniers temps, se sont occupés de ces animaux, n'ont, pour la plupart, donné sur cette espèce qu'une simple phrase.

ALCIDE D'ORBIGNY.

Explication des figures.

Pl. 2, fig. 1. ***Octopus vulgaris***, vu en dessus; individu mâle; figure copiée de Savigny. (Expédition d'Égypte, pl. 1, fig. 1 et 2.
2. Ombrelle étalée, montrant l'orifice buccal au centre de la réunion des bras.
3. Portion d'un bras coupé transversalement, les cupules vues de face.
4. Une cupule isolée, vue de trois quarts.

Pl. 3, fig. 1. Animal vu en dessous, ouvert, pour montrer l'emplacement et les rapports des principaux organes; copié des figures de Savigny. *a*, orifice du tube anal; *bb*, bords de la cloison intérieure, coupée de haut en bas; *c*, anus s'ouvrant à la base du tube anal; *d*, extrémité de l'organe mâle; *ee*, branchies; *ff*, deux ouvertures donnant chacune dans une cavité contenant les principaux troncs veineux.
2. Orifice buccal, vu de face, entouré d'un cercle de petites cupules, la première de chacun des huit bras. *a*, la bouche.
2 *a*. Bouche, la mandibule inférieure séparée.
2 *b*. Mandibule supérieure, dans sa position naturelle et isolée.
3. Bouche vue de profil, et isolée des parties qui l'entourent. *a*, mandibule inférieure; *b*, mandibule supérieure; *d*, œsophage.
4. La mandibule inférieure, entourée de ses muscles, et offrant à sa base la naissance de l'œsophage.
5. Partie intérieure de la bouche, ou lames charnues entourant la langue.
6. Les mêmes parties. *i*, une des lames mandibulaires, renversée en dehors pour laisser voir la langue.
6 *e*. La langue excessivement grossie, vue de face et de profil, montrant les épines cornées qui la garnissent.

Pl. 3 *bis*. Jeune Poulpe vulgaire, d'après la figure de Carus, dessiné sur un individu mort.

Pl. 8, fig. 2. Mandibule inférieure vue de profil, de grandeur naturelle (très grand individu).
3. La mâchoire supérieure du même, vue de profil.

Pl. 11. ***Octopus vulgaris***, marchant au fond de l'eau et sur le sol, et non sur la plage, comme on l'a mal à propos mis au bas de la planche; dessiné sur le vivant par M. Verany; figure admirable de vérité.

Pl. XII, fig 1. ***Octopus vulgaris***, ouvert en dessous pour montrer la face interne des parties superficielles qu'arrose l'eau dans l'aspiration. Cette figure, ainsi que toutes celles de la planche, ont été faites par M. Pander.
(1) *a*. Base des bras.
c. Tube anal.
d, *e*. Bords du sac renfermant tous les viscères.
f. Ouvertures des veines caves.
g. Anus.
h. Branchies.
i. Pénis ou conduit des parties sexuelles.
j. Bride longitudinale qui unit la paroi interne du corps à la masse viscérale.

(1) *N. B.* Les mêmes lettres représentant toujours le même organe dans toutes les figures, l'explication n'en est pas répétée dans les figures qui suivent celles où l'on en a déjà parlé.

Fig. 3. Section faite du sac interne et du tube anal, les veines caves ouvertes, on voit paraître : *g*, l'anus ; *i*, le conduit des parties sexuelles ; *l*, le sac contenant les organes sexuels ; *rr*, les corps spongieux touchant aux veines, et communiquant avec elles ; *uu*, côté droit du cœur.

Fig. 4. *g*, anus ; *i*, conduit des parties sexuelles; *rr*, corps spongieux, avec les conduits des veines ; *uu*, parties latérales du cœur ; *ll*, enveloppe des organes sexuels.

Fig. 5. Le tronc des veines coupé, le conduit excrétoire des parties sexuelles retourné, les corps spongieux enlevés, on voit à découvert : *g*, l'anus ; *δ*, partie inférieure des gros intestins; *d*, foie ; *k*, vésicule du fiel ; *nn*, les petites glandes salivaires supérieures avec le conduit excrétoire ; *m*, petites glandes salivaires inférieures ; *z*, le cerveau ; *xx*, les nerfs allant du cerveau aux pieds ; *v*, le milieu du cœur ; *uu*, parties latérales du cœur; *l*, le sac contenant les parties sexuelles ; *ββ*, le ventricule spiral.

Fig. 6. 1, la tête ; *nn*, petites glandes salivaires supérieures ; *mm*, petites glandes salivaires inférieures, avec conduit excrétoire commun donnant dans la partie supérieure de l'œsophage; *p*, œsophage ; *qq*, premier renflement de l'œsophage ; *λ*, dernière partie de l'œsophage avant le ventricule spiral ; *ββ*, ventricule spiral ; v, milieu du cœur; *δδ*, gros intestin.

Planche XIII. Figures anatomiques de l'*Octopus vulgaris* (suite), communiquées par M. Pander.

Fig. 2. Le corps ouvert, les parties contenues dans le sac externe écartées, le tube anal ouvert, et ses parois déployées, la branchie droite enlevée, on voit à découvert : *jj*, la cloison qui sépare les deux côtés droit et gauche ; *g*, l'anus ; *i*, le conduit externe des parties sexuelles ; *ff*, ouvertures des veines caves ; *h*, branche gauche ; *ll*, l'enveloppe externe des organes sexuels ; *k*, ganglion nerveux du manteau.

Fig. 7. Figure représentant le dos, le sac externe enlevé, et les parois ouvertes, pour montrer les membranes musculaires ; *hh*, branchies ; *ll*, enveloppe des parties sexuelles.

Fig. 8. Membranes musculaires enlevées, montrant : *mm*, les petites glandes salivaires ; *p*, œsophage; *qq*, dilatation de l'œsophage ; 33, tronc de l'aorte ; *ll* enveloppe des organes sexuels.

Fig. 9. Suite des intestins, représentée de manière à montrer chacune de leurs parties, depuis la bouche jusqu'à l'anus ; 1, tête ; *nn*, petites glandes salivaires ; *mm*, glandes salivaires inférieures ; 22, conduit excrétoire de chacune des petites glandes salivaires inférieures; *o*, conduit excrétoire commun des glandes qui portent la salive à la partie supérieure de l'œsophage ; *qq*, dilatation de l'œsophage ; *λ*, premier ventricule ; *ββ*, ventricule spiral ; *δδ*, intestin rectum ; *g*, anus ; 33, tronc de l'aorte.

Fig. 10 (Fig. 1.) La suite des intestins ouverts, pour montrer leur intérieur ; *p*, œsophage ; *qqq*, dilatation de l'œsophage ; *λ*, premier ventricule ; *ββ*, ventricule spiral ; *δδ*, gros intestin ; vv, tunique interne de l'œsophage et de la dilatation qui, après la macération, se détache facilement du tégument externe.

(Fig. II.) *ββ*, ventricule spiral ; *λ*, premier ventricule, ou dernière partie de l'œsophage ; *δδ*, commencement du gros intestin ; *g*, fin de la dilatation de l'œsophage.

(Fig. III.) *ε*, ganglion nerveux, avec une partie du péritoine adhérent.

Planche XIV. Figures anatomiques de l'*Octopus vulgaris* (suite), communiquées par M. Pander.

Fig. 1. Corps, vu en dessous et ouvert, montrant : *aa*, les téguments externes (vulgairement le sac), écartés ; *bb*, tube anal ouvert ; *xx*, muscles du tube anal, servant aux contractions et à la dilatation ; *g*, anus ; *ll*, conduits des parties génitales ; *hh*, branchies ; *rr*, sac des corps spongieux ; *ff*, ouvertures de ces mêmes sacs.

Fig. 3. Corps vu en dessus ou sur le dos, tous les téguments enlevés, ainsi que le tube anal ; *aa*, glandes salivaires inférieures ; *b*, œsophage ; *c*, ventricule spiral ; *ee*, aorte.

Fig. 4. La même position, une couche enlevée, montrant : *a*, les glandes salivaires ; *dd*, foie.

Fig. 5. 1, milieu du cœur ; *λ*, second œsophage ou partie supérieure du ventricule ; *ββ*, ventricule spiral ; *δδ*, intestins grêles ; *εε*, foie ; *t*, veine branchiale, avec le corps spongieux adhérent.

Fig. 6. La même partie, avec la veine branchiale enlevée.

Planche XV. Figures anatomiques de l'*Octopus vulgaris* (suite), communiquées par M. Pander.

Fig. 2. Corps spongieux mis en évidence par l'enlèvement des téguments ; *mm*, veines branchiales ; *p*, ovaires ; *λ*, muscles des branchies étendus ; *q*, anus.

Fig. 7. Face interne du ventricule spiral ; *a*, œsophage ; *bb*, partie supérieure du ventricule spiral ; *d*, ganglion nerveux.

Fig. 8. *c*, ventricule spiral non ouvert.

Fig. 9. Conduits excrétoires des parties sexuelles de la femelle, vus entiers.

Fig. 10. La même partie ouverte sur toute sa longueur.

Fig. 11. Développement de la structure des pieds ; *a*, veine qui part du cercle veineux de la bouche, et porte le sang jusqu'aux extrémités des pieds.

Fig. 11 *b*. Section verticale d'un bras ; 22, fibres musculaires ; 1, rameau artériel des bras ; 3, ganglion nerveux.

Fig. 11 *c*. Section longitudinale d'un bras. 1 1, artères ; 2 2, fibres musculaires ; 3 3, ganglion nerveux.
Fig. 11 *d*. Fibres musculaires et artères d'un bras.
Fig. 11 *e*. Intérieur d'une cupule.
Pl. 29, fig. 7. Oreille externe de l'*Octopus vulgaris*, dessinée par nous d'après nature.

A. D'O.

N° 4. OCTOPUS BREVITENTACULÉ. — *OCTOPUS BREVITENTACULATUS, Blainville.*

Octopus brevitentaculatus de Blainville, 1826, *Dict. des Sc. natur.*, t. XLIII, p. 187.

M. de Blainville le décrit ainsi :

« Corps court, globuleux, lisse, ou non tuberculé; tête forte, assez distincte; appendices « tentaculaires très palmés, épais, cirrheux, coniques, assez peu longs, la première paire la « plus courte, la seconde la plus longue (trois fois seulement de la longueur du corps et de « la tête), la troisième un peu moins, enfin la quatrième de la supérieure encore un peu « moins, mais plus que la première; ventouses larges, bien disposées sur deux rangs alternes, « et commençant tout autour de la bouche; couleur d'un noir rougeâtre sur le dos, d'un « bleu noirâtre avec de petits points plus colorés sur la tête : longueur totale, quinze à seize « pouces.

« J'ai observé trois individus de cette espèce dans la collection du Muséum. Ils ne por- « taient aucune indication de patrie. »

Nous n'avons pas reconnu cette espèce dans les Poulpes conservés au Muséum ; aussi nous contentons-nous de reproduire la description donnée par M. de Blainville; peut-être cet Octopus n'est-il qu'un état de contraction de l'*Octopus vulgaris*, dont il paraît avoir les proportions.

A. D'O.

N° 5. POULPE A QUATRE CIRRHES. — *OCTOPUS TETRACIRRHUS, Delle-Chiaje.*

POULPES. Planche 22.

Octopus tetracirrhus, Delle-Chiaje, Ms.
O. corpore flaccidido, ovali, granulato, lutescente.

Dimensions.

Longueur totale	270 millim.
Longueur du corps	55 *id.*
Largeur du corps	45 *id.*
Longueur des bras supérieurs	160 *id.*
Longueur des bras latéraux-supérieurs	220 *id.*
Longueur des bras latéraux-inférieurs	180 *id.*
Longueur des bras inférieurs	(1)
Longueur des membranes de l'ombrelle	65 *id.*

Corps ovale, bursiforme, légèrement granuleux, d'après M. Delle-Chiaje, mais entièrement lisse dans l'individu conservé. (Nous n'avons pas aperçu le cirrhe postérieur figuré par M. Delle-Chiaje.) *Ouverture* fendue sur toute la largeur de la face ventrale, mais ne paraissant pas en dessus.

(1) Ces bras ayant été coupés sur l'individu qui sert à cette description, nous ne pouvons en donner la longueur.

Tête très élargie, peu distincte du corps et de la couronne, munie, en dessus de chaque œil, de deux cirrhes coniques très extensibles, situés en avant et en arrière. *Yeux* assez grands, ovales, ouverts dans l'épaisseur de la peau, qui peut se refermer sur eux; protégés, en outre, par une paupière très mince, située en dessus. *Bouche* petite. *Bec* conformé à l'ordinaire, caréné et échancré postérieurement à la mandibule inférieure; les deux mâchoires brunes, bordées de blanc transparent.

Couronne peu distincte de la tête.

Bras assez allongés, légèrement inégaux; les latéraux supérieurs sont les plus longs; puis vient la troisième paire, puis la première et enfin la quatrième, qui paraît avoir été la plus courte; ils sont conico-subulés, un peu comprimés surtout sur leur face interne. *Cupules* sur deux lignes peu séparées; vers l'extrémité des bras, elles sont rapprochées, petites, peu saillantes, au nombre de 120 à peu près, aux plus longs bras; les trois premières autour de la bouche sont sur une seule ligne.

Membranes de l'ombrelle très minces, très extensibles, très développées, presque égales entre elles, sauf celles qui unissent la quatrième paire de bras, paraissant plus courtes, s'élargissant sur la moitié inférieure de chaque bras, s'étendant par leurs côtés, sur la face externe, jusqu'à leur extrémité, de manière à y former comme deux minces carènes latérales bien distinctes.

Tube anal très court, cylindrique.

Couleurs à l'état frais. Selon M. Delle-Chiaje, ce Poulpe est jaunâtre-rougeâtre; les follicules chromophores ne sont pas épars comme dans les autres Poulpes, mais se réunissent en groupes distincts, et chaque follicule semble ombiliqué et comme tacheté de malachite. Dans l'alcool, il devient rougeâtre très pâle, et un peu vineux, plus clair en dessous.

Rapports et différences.

Ce Poulpe, caractérisé par sa consistance mollasse et extensible, se rapproche beaucoup de l'*Octopus vulgaris* par les membranes de son ombrelle, et par la longueur respective de ses bras avec le corps; après l'avoir bien comparé, nous avons cru apercevoir qu'il pouvait en être distingué, par l'ordre de longueur de ses bras, 2, 3, 1, 4, tandis qu'il est, dans l'*O. vulgaris*, 5, 2, 4, 1; par l'existence de deux cirrhes seulement sur les yeux, au lieu de trois, et par son corps entièrement lisse. Sa consistance, des plus molle, peut aussi entrer en considération, de même que ses teintes. Néanmoins, comme l'individu que nous avons observé est en partie mutilé, qu'il paraît flasque outre mesure, nous n'oserions pas affirmer que ce ne fût un des nombreux états de décomposition de l'*Octopus vulgaris*. Comme M. Delle-Chiaje l'a vu frais, et qu'il assure que l'espèce en est bien distincte, nous suivons son exemple, sans prendre aucune responsabilité.

Habitation, Mœurs.

Il vient, principalement au printemps, dans les tempêtes, sur les côtes des environs de Naples, où les pêcheurs le nomment *Polpo tunnale*. Selon M. Delle-Chiaje, il serait rare.

Histoire.

Cette espèce nous a été communiquée par M. Delle-Chiaje, qui ne l'a pas encore décrite, quoiqu'il l'ait observée déjà depuis plusieurs années; elle doit faire partie du cinquième volume de ses *Animaux sans vertèbres du royaume de Naples*, volume dont nous attendons la publication avec bien de l'impatience. Nous avons fait cette description sur l'individu que M. Delle-Chiaje nous a envoyé. L'*Octopus Salutii* de M. Verany, que nous avons indiqué à l'*Octopus vulgaris*, serait peut-être de cette espèce, si toutefois ces deux espèces ne sont pas toutes deux des *Octopus vulgaris*.

Explication des planches.

POULPES. Pl. 22. Animal vu en dessus, avec les couleurs de l'état vivant, d'après M. Delle-Chiaje. — L'ombrelle vue en dedans. Les deux mandibules.

A. D'O.

N° 6. POULPE TUBERCULÉ. — *OCTOPUS TUBERCULATUS*, *Blainv.*

POULPES. Pl. 21, fig. 1 à 7, et Pl. 23, fig. 1.

Octopus ruber, Rafinesque, *Précis des découvertes somiol.*, p. 28, n° 70 ?
Octopus tuberculatus, Blainville, 1826. *Dict. des Sc. nat.*, p. 6, pl. 1, fig. 3.
———— Blainville, *Faun. franç.*, *moll.*, p. 8, pl. 1, fig. 3.

O. corpore curto, rotundo, verrucoso, cirrhis ornato; capite curto, cirrhis binis, supra oculis; brachiis granulosis, cirrhosis, curtis, inæqualibus, ordo longitudinis parium brachiorum 2, 3, 4, 1, *vel* 3, 2, 4, 1; *acetabulis dilatatis compressis.*

Dimensions.	Très grand individu.	Individu de taille moyenne.
Longueur totale	400	220 millim.
Longueur du corps	80	32 *id.*
Largeur du corps	70	35 *id.*
Longueur des bras supérieurs	230	110 *id.*
Longueur des bras latéraux-supérieurs	300	150 *id.*
Longueur des bras latéraux-inférieurs	270	130 *id.*
Longueur des bras inférieurs	240	120 *id.*
Longueur de la couronne	50	23 *id.*

Description.

Corps court, à peu près aussi large que haut, bursiforme; couvert en dessus de verrues granuleuses, irrégulières, à sommet divisé en un assez grand nombre de pointes : inégalement espacées, elles deviennent plus petites et plus régulières, en s'étendant sur les parties inférieures. Sur le dessus du dos, sont quatre cirrhes pointus formant entre eux un rhomboïde dont l'angle aigu est dirigé vers la tête; deux cirrhes également aigus se remarquent de chaque côté du corps, et un cinquième postérieur existe à l'extrémité du sac. De plus, nous en avons remarqué deux autres, en dessous du corps, sur un jeune individu, vers la partie moyenne, un peu latérale. Ces cirrhes sont souvent peu apparents; les seuls qui résistent le plus souvent sont ceux de dessus les yeux, et les trois antérieurs du dessus du corps. *Ouverture* occupant toute la partie inférieure du sac et formant une large échancrure.

Tête courte, aussi large et même plus large que le corps, séparée de celui-ci et de la couronne par un léger étranglement, couverte en dessus des mêmes verrues irrégulières qui ornent le corps. *Yeux* très saillants, latéraux-supérieurs, à ouverture très petite, presque toujours entièrement fermée par la peau de la paupière. Cette partie, plus fortement rugueuse que le dessus de la tête, porte toujours un cirrhe postérieur, souvent très long, pourvu de plusieurs petites pointes, et l'indice d'un autre antérieur. *Bouche* ordinaire, avec deux lèvres charnues. *Bec* petit, comme dans l'espèce précédente; brun-bistré bordé de plus pâle.

Couronne très large, assez longue, fortement charnue, à peu près égale en hauteur, couverte des mêmes aspérités, et, de plus, de quelques cirrhes sur la base des deux paires de bras supérieurs.

Bras très gros, très robustes, diminuant d'une manière graduelle jusqu'à leur extrémité; presque toujours contournés; couverts sur toute leur longueur de granulations irrégulières, plus fortes extérieurement; les plus longs ont un peu plus de quatre fois la longueur du corps; leur ordre de décroissance de longueur est la troisième paire (bras latéraux-inférieurs), la deuxième paire (bras latéraux-supérieurs), la quatrième paire (bras inférieurs), et enfin la première paire (bras supérieurs); c'est l'ordre que nous ont présenté beaucoup de jeunes et quelques très grands individus : deux exemplaires de moyenne taille nous ont montré la paire latérale supérieure comme la plus longue; tous sont charnus, très épais, quadrangulaires. *Cupules* larges, sessiles, rapprochées, à cavité fortement radiée, profonde, et à bordure épaisse : elles sont au nombre d'à peu près 180 aux plus longs bras; les trois premières, auprès de la bouche, sont sur une seule ligne.

Membranes de l'ombrelle peu grandes, plus courtes entre les bras supérieurs, et là, plus fortement granulées; elles sont épaisses, granuleuses en dedans, et se continuent en une carène très marquée, sur le côté inférieur de chaque bras. *Tube anal* conique, assez court, occupant néanmoins plus de la moitié de la longueur de l'ombrelle.

Couleurs (*animal conservé*). Toutes les parties supérieures du corps, de la tête et de l'ombrelle, ainsi que le dessous de tous les bras, sont brun-violacé foncé, le dedans de l'ombrelle presque blanc, le dessous du corps blanc, parsemé de petits points rougeâtres, également espacés; jamais de lignes de marbrures sur les côtés du corps; d'autres sont lie de vin en dessus, de la même teinte plus pâle en dessous.

Rapports et différences.

Sur vingt-huit individus de cette espèce que nous avons observés, nous avons trouvé que quelques uns des cirrhes variaient de longueur, qu'ils n'étaient pas toujours très saillants; mais tous nous ont constamment montré les caractères différenciels suivants avec l'*Octopus rugosus*, qui en est le plus voisin : 1° les bras, dans l'ordre de longueur, sont 2, 3, 4, 1, tandis qu'ils sont toujours 4, 3, 2, 1, dans l'*O. rugosus*; 2° des granulations irrégulières et à plusieurs sommets; les nombreux cirrhes élevés du corps et de la couronne, qui n'existent pas dans l'*O. rugosus*, et le manque de lignes ramifiées sur les côtés du corps; du reste, même forme, même aspect. L'espèce peut être comparée, avec plus de raison encore, à l'*O. vulgaris*, parce qu'elle porte à peu près les mêmes cirrhes au-dessus des yeux et sur le corps, qu'elle a les mêmes proportions relatives de bras, pour l'ordre de longueur; mais elle s'en distingue par des bras beaucoup plus courts, proportion gardée, par une couronne beaucoup plus large transversalement, par des bras presque toujours repliés sur la tête, par sa membrane fortement colorée et granuleuse entre les bras supérieurs; au surplus, comme nous l'avons déjà dit, ce sont deux espèces tellement rapprochées, que, surtout dans les grands individus, il est facile de les confondre.

Habitation, Mœurs.

Des vingt-huit exemplaires de cette espèce que nous avons été à portée d'étudier et de comparer, les uns avaient été envoyés au Muséum d'histoire naturelle du port de Nice, par M. Laurillard; de l'île de l'Ascension, par MM. Quoy et Gaimard; de la Martinique, par M. Plée; les autres de Boulogne-sur-Mer, par M. Bouchard, à M. de Férussac; et un grand nombre d'individus envoyés par M. Rang (1), sans nom de patrie. Nous en avons aussi reçu de la Martinique, par M. de Candé, officier de marine. M. de Blainville indique cette espèce comme venant de Sicile; ainsi elle aurait pour patrie la Méditerranée, toute la côte d'Afrique, l'Ascension, la mer des Antilles, et serait dès lors presque aussi répandue que notre *Octopus Cuvierii*, et l'*Octopus vulgaris*. D'après une lettre de M. Verany, nous pourrions croire qu'il veut parler de cette espèce, comme se trouvant à Nice, mais seulement l'été.

Histoire.

L'*Octopus ruber* de Rafinesque, que M. Delle-Chiaje rapporte à l'*O. macropus*, nous paraît plutôt appartenir à cette espèce. Voilà ce qu'en dit cet auteur : « *Antenopes égaux, « environ le double du corps; suçoirs alternes; corps entièrement rouge.* » Il est évident que l'*O. macropus* a les bras plus de deux fois aussi longs que le corps; aussi, comme celui-ci paraît avoir environ les proportions indiquées, nous y rapportons la synonymie, non sans avoir encore beaucoup de doutes à son égard.

Vers la fin de 1826, M. de Blainville (2) donna une description de ce Poulpe, sous le nom d'*Octopus tuberculatus;* plus tard, il reproduisit sa phrase dans la *Faune française*, p. 8. Ce savant avait vu, pour caractères distinctifs, des tubercules plus saillants, et des bras dans un ordre de longueur différent de l'espèce connue; d'après sa description, on reconnaît qu'il n'avait pas aperçu sur les individus étudiés par lui les cirrhes élevés qui caractérisent cette espèce. M. de Férussac n'ayant pas reconnu l'*Octopus tuberculatus* de M. de Blainville, avait, si nous en jugeons par ses notes, l'intention de reproduire textuellement sa phrase; tandis que, d'un autre côté, il donnait le nom d'*Octopus lividus* aux jeunes de ce Poulpe que M. Rang a rapportés; et il paraissait aussi vouloir séparer encore l'individu envoyé par M. Bouchard, comme distinct de l'*O. granulatus* et de l'*O. lividus;* c'est du moins ce que nous indiquent les notes nominatives qu'il nous a laissées.

Notre description est le résultat d'études prolongées et comparatives des nombreux individus que nous avons eus sous les yeux, ce qui pourra peut-être prouver que cette espèce diffère complètement de ses congénères.

(1) Nous pensons que M. Rang a recueilli ces Poulpes dans ses derniers voyages; ainsi ils ne peuvent venir que des Antilles ou de la côte d'Afrique, ce qui serait en rapport avec les lieux d'où viennent les autres individus.

(2) Blainville, *Dict. des Sc. nat.*, t. XLIII, p. 187.

Explication des planches.

POULPES. Pl. 21, fig. 1. Animal vu en dessus, les cirrhes en érection, d'après un individu bien conservé.
Fig. 2. Mandibule inférieure vue de côté, grossie.
Fig. 3. Mandibule inférieure vue par derrière, grossie.
Fig. 4. Mandibule supérieure vue de profil, grossie.
Fig. 5. Mandibule supérieure vue par derrière, grossie.
Fig. 6. Mandibule supérieure de grandeur naturelle.
Pl. 23, fig. 1. Animal vu de côté, pour montrer cette partie comparativement avec l'*Octopus granosus*. Dessiné d'après nature.

A. D'O.

N° 7. POULPE DE WESTERN. — *OCTOPUS SUPERCILIOSUS*, *Quoy.*

POULPES. Pl. 10, fig. 3, et pl. 28, fig. 6.

Octopus superciliosus, Quoy et Gaimard (1832), *Zoologie du Voyage de l'Astrolabe*, t. II, p. 28 pl. 6, fig. 1.

O. corpore ovali, cirrhoso tuberculoso supra albescente, vel rubescente; capite elevata, oculis convexis, uni-cirrhosis, brachiis elongatis conicis, ordo longitudinis parium brachiorum 2, 4, 3, 1.

Dimensions.

Longueur totale	100	millim.
Longueur du corps	16	*id.*
Longueur du sac	15	*id.*
Longueur des bras supérieurs	66	*id.*
Longueur des bras latéraux-supérieurs	77	*id.*
Longueur des bras latéraux-inférieurs	70	*id.*
Longueur des bras inférieurs	76	*id.*
Longueur de la couronne	15	*id.*

Description.

Corps ovalaire, d'une contexture ferme, un peu acuminé postérieurement, fortement renflé dans sa partie moyenne, légèrement déprimé sur sa face médiane ventrale; sa superficie légèrement granuleuse en dessus, est, en outre, ornée de cirrhes longs et espacés, ainsi disposés : un postérieur aigu, sept ou huit épars sur sa partie convexe, et sur deux lignes longitudinales, formant une espèce de crête, de chaque côté, sur la face latérale. Souvent ces tubercules et les lignes latérales sont peu visibles. *Ouverture du sac* linéaire, transversale, occupant toute la largeur inférieure.

Tête très distincte du sac et de l'ombrelle, formant une forte saillie supérieure, formée de chaque côté par le globe de l'œil, beaucoup plus saillant que dans aucune autre espèce; elle est entièrement lisse au milieu, en dessus et en dessous; mais sur chacun des globes de l'œil, on remarque quelques tubercules, et, de plus, une forte pointe postérieure. *Yeux* saillants, latéraux-supérieurs, à ouverture très petite pouvant se contracter de manière à les fermer entièrement. *Bouche* située au fond de l'ombrelle, munie de deux lèvres charnues, et entourée de huit cupules. *Bec* très petit, à sommet aigu, sans être très prolongé, assez remarquable par le manque d'ailes latérales; sa couleur bistre-brun, passant au noir au sommet, est bordé de plus pâle à ses parties latérales et inférieures.

Couronne presque aussi longue que le sac, étroite à sa base et très élargie antérieurement.

Bras assez longs, arrondis et anguleux, gros, peu inégaux en longueur ; néanmoins, en commençant par les plus longs, ils se présentent dans l'ordre suivant : la deuxième ou paire latérale supérieure, la quatrième ou paire inférieure, presque égale à la seconde, la troisième ou paire latérale-inférieure, et la première ou paire supérieure; ainsi les plus longs sont les latéraux supérieurs et les inférieurs, tandis que les supérieurs sont les plus courts. *Cupules* larges, très espacées, peu saillantes, sans membranes, composées d'une double bordure festonnée autour de la cavité, divisées en lignes rayonnantes, à centre profondément creusé. Elles sont au nombre d'à peu près 80 à chaque bras, les dernières très petites.

Membranes de l'ombrelle longues, se prolongeant aux côtés de chaque bras sur presque toute leur longueur, et formant comme un sillon sur la partie supérieure des bras. La paire supérieure seule en est dépourvue à son côté interne.

Tube anal assez long, libre, conique, situé sous la tête et s'étendant sur la moitié de la longueur de l'ombrelle.

Couleurs. M. Quoy nous apprend qu'à l'état vivant ce Poulpe est presque blanc, ce qui existe sans doute dans certaines circonstances de la vie; car dans l'alcool, les trois exemplaires bien conservés sur lesquels nous avons fait cette description offraient tous, sur les parties supérieures, de petits points brun-rouge très rapprochés formant un ensemble de teinte vineuse, et sur les inférieures, des points semblables plus effacés et plus petits.

Rapports et différences.

Nous trouvons quelque analogie entre cette espèce et l'*Octopus membranaceus*, par la longueur respective des bras, tandis qu'elle en diffère par les cirrhes dont elle est couverte; ce dernier caractère la rapproche aussi beaucoup de l'*Octopus tuberculatus*, Blainv., dont elle se distingue par des yeux beaucoup plus saillants, par des bras autrement proportionnés, très peu inégaux et plus longs.

Histoire.

Cette espèce a été découverte au port de Western, dans le détroit de Bass (Nouvelle-Hollande), par MM. Quoy et Gaimard, pendant leur voyage de circumnavigation sur l'*Astrolabe*. Ces naturalistes ont rapporté les trois exemplaires que nous avons observés, et dont le plus grand nous a servi de type. Nous regrettons de n'avoir pas de renseignements sur les mœurs de cette jolie espèce.

Explication des Figures.

Pl. 10, fig. 3. *Octopus superciliosus*, vu en dessus, copie de la figure donnée par M. Quoy, dans le *Voyage de l'Astrolabe.*

Pl. 26, fig. 9. Animal dessiné d'après nature sur les exemplaires rapportés par MM. Quoy et Gaimard, pour montrer les séries de tubercules du corps.

A. D'O.

N° 8. POULPE MEMBRANEUX. — *OCTOPUS MEMBRANACEUS*, *Quoy* et *Gaimard*.

POULPES. Pl. 10, fig. 4, et pl. 28, fig. 1 à 4.

Octopus membranaceus, Quoy et Gaimard (1832), *Zoologie du Voyage de l'Astrolabe*, vol. 2, p. 89, pl. 6, fig. 5.

O. corpore obtuso, granuloso, membrana laterali munito; capite cirrhis trinis, utroque latere signato; brachiis brevibus, inæqualibus; ordo longitudinis parium brachiorum 2, 5, 4, 1, macula nigra, lateraliter collum ornata.

Dimensions.

Longueur totale	95	millim.
Longueur du corps	17	*id.*
Largeur du corps	14	*id.*
Longueur des bras supérieurs	54	*id.*
Longueur des bras latéraux-supérieurs	70	*id.*
Longueur des bras latéraux-inférieurs	60	*id.*
Longueur des bras inférieurs	60	*id.*
Longueur de la couronne	9	*id.*

Description.

Corps oblong, presque cylindrique, obtus à son extrémité, couvert en dessus de granulations également disposées, rapprochées et assez aiguës. On pourrait croire aussi qu'il existe deux cirrhes latéraux-dorsaux, et quelques autres petits de chaque côté, qu'indiqueraient du moins quelques granulations plus grosses et plus saillantes; le dessous est presque lisse; une petite membrane, en forme de nageoire bien distincte, est placée obliquement sur la partie latérale postérieure du corps. Cette membrane est mince, étroite et comme ridée. MM. Quoy et Gaimard ne l'ont observée que du côté droit. Nous avons cherché à en découvrir des traces du côté gauche; mais nous n'avons remarqué aucune cicatrice; une légère saillie de la peau au côté gauche de l'extrémité du sac en serait peut-être le commencement. *Ouverture inférieure* presque droite, aussi large que le corps.

Tête aussi large que le corps, fortement granuleuse en dessous, séparée en avant et en arrière par un léger étranglement. L'orbite de l'œil forme, de chaque côté, deux fortes saillies latéro-dorsales. Nous avons remarqué au milieu, en dessus, un long cirrhe médian et deux latéraux, un sur chaque œil; ces cirrhes, bien représentés par M. Prêtre, avaient échappé à l'observation de MM. Quoy et Gaimard, ainsi que ceux que nous avons décrits sur le corps. *Yeux* très petits, se fermant exactement par le rétrécissement de la peau des orbites. *Bouche* très petite. *Couronne* peu longue, plus large que le corps, également granuleuse en dessus, offrant de chaque côté, entre la base des deux bras latéraux, une petite ellipse irrégulière formée par une légère saillie de la peau.

Bras inégaux, médiocrement allongés, devenant brusquement grêles, et très pointus; granuleux en dedans et en dehors, presque quadrangulaires, les supérieurs les plus courts, les latéraux-supérieurs les plus longs; les autres égaux entre eux et intermédiaires pour la longueur. *Cupules* larges, sessiles, alternes, sur deux lignes peu distinctes, assez espacées sur leur longueur; l'intervalle qui les sépare est granuleux. Leur intérieur est fortement radié; leur pourtour doublement bordé; elles sont à peu près 90 à chaque grand bras.

Membranes de l'ombrelle courtes, peu minces, granuleuses en dedans et en dehors; elles s'unissent de chaque côté des bras et y forment une double carène, plus marquée en dessous qu'en dessus de chaque bras.

Tube anal conique, assez court, à sommet arrondi, ne dépassant pas la hauteur des yeux.

Couleurs. MM. Quoy et Gaimard croient que l'espèce doit être blanchâtre à l'état vivant. Sur l'individu que nous avons observé, les parties supérieures sont noirâtres, et cette teinte est formée de points très rapprochés; les sommités des granulations sont souvent plus pâles; c'est aussi la teinte de toutes les parties externes des bras. Le dessous du corps est presque blanc-argenté ou satiné, avec quelques petits points rouge-brun très espacés; l'intérieur de l'ombrelle paraît blanc; mais un caractère singulier, dont nous ne trouvons d'analogue que dans l'*Octopus lunulatus*, et qui a échappé à la sagacité des savants voyageurs, car ils n'en font pas mention dans leur description ni dans leur figure, est celui d'avoir à la base et entre les bras latéraux, une très large tache noire, ovale, absolument semblable de chaque côté du corps. Dans cette tache est un cercle de même forme, plus petit, formé d'une ligne élevée qui paraît avoir été blanche; et au centre, se trouve une tache plus claire.

Rapports et différences.

Par ses caractères ordinaires, cette espèce a beaucoup de rapports de granulations et même de cirrhes avec le Poulpe *tuberculeux*, dont elle présente la forme raccourcie et l'aspect général, ainsi que la granulation interne de l'ombrelle; nous n'aurions même pas balancé à l'y réunir, si la présence de la nageoire du sac, et surtout les taches caractéristiques de ses côtés, ne suffisaient et au-delà pour l'en distinguer nettement, ainsi que de toutes les autres espèces de Poulpes.

Nous avons examiné quelle importance zoologique pouvait avoir cette petite membrane, qu'à cet effet nous avons considérée avec le plus grand soin; et nous ne sommes pas bien persuadé qu'elle ne soit pas due elle-même à un accident survenu dans la jeunesse de l'animal; car, non seulement elle n'est pas paire, mais encore elle ne change en rien les rapports de caractères et de formes de ce Poulpe avec les autres espèces; et nous croyons, malgré l'opinion de quelques zoologistes, qu'on ne peut encore, dans le doute où nous sommes si elle n'est pas accidentelle, en former le type d'une division.

Habitation, Mœurs.

Elle a été recueillie au port Dorey (Nouvelle-Guinée) par MM. Quoy et Gaimard. Nous trouvons, dans le même bocal, des œufs qui, sans doute, appartiennent à cette espèce : ces œufs offrent, dans leur ensemble, l'aspect de très longs rubans aplatis, gélatineux, blancs, transparents, sur un des côtés desquels ils se montrent également séparés les uns des autres, formant de petites sphères attachées par leur côté et présentant chacun un embryon; ces embryons, déjà formés, permettent de les décrire : les uns, moins avancés, sont plus gros, et constituent une masse divisée en deux parties, dont l'une, plus grosse, et parsemée de petits points rougeâtres, est le sac; l'autre, informe, est le *vitellus;* les autres embryons, plus avancés, quoiqu'ils aient à peine un millimètre de longueur, montrent le sac bien distinct, avec beaucoup de points rouges épars, les yeux saillants aux côtés de la tête, le tube anal bien formé, et les bras en rudiment, mais bien distincts, au centre desquels, comme nous l'avons dit aux généralités, est le *vitellus*, déjà fortement réduit, prêt à entrer entièrement dans la bouche.

Histoire.

L'espèce a été publiée pour la première fois en 1832, par MM. Quoy et Gaimard, qui l'ont décrite ainsi : « Ce Poulpe, dont le corps est presque cylindrique, un peu allongé, « obtus à son extrémité, nous a paru devoir être figuré, à cause de la petite membrane « qu'il porte obliquement en arrière, en forme de nageoire bien distincte. Elle n'existe « toutefois qu'au côté droit, celle de gauche ayant été détruite. Nous avons apporté le plus « grand soin à reconnaître que ce n'est point une déchirure de la peau, mais bien un pli. « Les tentacules, médiocrement allongés, deviennent brusquement grêles, et sont très « pointus ; le corps et la tête sont recouverts de granulations très fines ; la couleur naturelle « à cette espèce doit être blanchâtre ; car si elle eût offert quelques teintes remarquables, « nous les eussions dessinées. »

Nous rapportons ici la description textuelle de MM. Quoy et Gaimard, afin qu'on puisse juger, parmi les observations faites, celles qui nous appartiennent en particulier.

Explication des Figures.

Pl. 10, fig 4. *Octopus membranaceus*, vu en dessus, copié d'après le dessin de M. Quoy, publié dans le *Voyage de l'Astrolabe*. Dans cette figure, on a tort de mettre des membranes des deux côtés, car il n'en existe que d'un seul.

Pl. 28, fig. 1. *Octopus membranaceus*, vu de côté, pour montrer la tache non aperçue par M. Quoy ; dessin fait sur l'exemplaire rapporté par MM. Quoy et Gaimard.
2. Cette même tache grossie.
3. Lanière d'œufs, de grandeur naturelle.
4. Une partie de ce groupe d'œufs grossie, pour montrer les jeunes dans l'œuf.

A. D'O.

TROISIÈME SECTION. C.

Bras inférieurs les plus longs.

N° 9. POULPE RUGUEUX. — *OCTOPUS RUGOSUS* (1).

POULPES. Pl. 6 et pl. 23, fig. 2.

Polypus mas, Seba (1758), *Thes*., t. III, pl. 2, fig. 2, 3?
Octopus, Barker (1758), *in philos. Trans.*, v. L, part. 2, p. 777, pl. 29, fig. 1 à 4. (Figures originales d'Edwards.)
——— Bruguière (1783), *Encycl. méth.*, pl. 76, f. 1, 2. (Copie de Seba)?
——— Shaw., *Miscell.*, t. X, pl. 359. (Figure originale.)
Sepia rugosa, Bosc (1792), *Actes de la Soc. d'Hist. nat*, tab. 5, f. 1-2. (Fig. origin. mauvaise.)
Octopus granulatus, Lamarck (1799), *Mém. de la Soc. d'Hist. nat. de Paris*, t. I, p. 20, n° 2.
Sepia granulosa, Bosc (1802) ; Buff. de Déterville, Vers, t. I, p. 47.

(1) Le nom spécifique de *rugosa* ayant été donné par Bosc bien avant celui de *granulatus* par Lamarck, nous croyons devoir revenir au nom le plus anciennement imposé.

Le Poulpe granuleux, Montfort (1802); Buff. de Sonnini, Moll., t. III, p. 30; pl. 29. (Mauvaise copie des fig. de Bosc.)

Le Poulpe américain, de Barker, Montfort (1802); Buff. de Sonnini, Moll., t. III, p. 38, pl. 30 (Copie de la fig. 3 de Barker); pl. 31, fig. 1. (Copie de la fig. 2 de Barker, et copie de Seba, fig. 2.)

Octopus granulatus, Lam. (1822), *An. s. vert.* t. VII, p. 658, n° 2.

——— Fér. (1826, janvier); d'Orbigny, *Tableau des Céphal.*, p. 53, n° 2.

——— Blainv. (1826), *Dict. des Sc. nat.*, t. XLIII, p. 185.

Octopus Barkerii, Férus. (1825); d'Orbigny, *Tableau des Céphal.*, p. 54, n° 3.

Octopus americanus, Blainv. (1826), *Dict. des Sc. nat.*, t. XLIII, p. 189.

Octopus rugosus, Blainv. (1826), *Dict. des Sc. nat.*, t. XLIII, p. 185. (D'après Bosc.)

O. corpore ovali, bursiformi, magno; superne, capite, brachiisque, tuberculis granulosis ornatis. Capite brevi; cirrho elongato super oculis; brachiis brevibus, conicis; ordo longitudinis parium brachiorum 4, 3, 2, 1.

Dimensions.

Longueur totale	190	millim.
Longueur du corps	33	*id.*
Largeur du corps	34	*id.*
Longueur des bras supérieurs	120	*id.*
Longueur des bras latéraux-supérieurs	134	*id.*
Longueur des bras latéraux-inférieurs	140	*id.*
Longueur des bras inférieurs	155 (1)	*id.*
Longueur de la couronne	35	*id.*

Description.

Corps court, aussi large que long, bursiforme, très gros par rapport aux bras; marqué en dessous d'une rainure longitudinale; couvert en dessus, et un peu de côté, de petites verrues saillantes, arrondies ou bilobées, régulièrement espacées, qui diminuent et finissent par disparaître sur les côtés. En dessous, la peau semble lisse; ce n'est qu'à l'aide d'un grossissement qu'on aperçoit de très fines granulations. *Ouverture* fendue sur toute la largeur du corps, formant, sur son bord, une large partie de cercle, comme divisé en deux sinus, à peine marqués.

Tête courte, plus étroite que le corps, séparée de celui-ci par un léger étranglement; couverte en dessus des mêmes verrues que le corps. *Yeux* saillants, situés latéralement, et un peu en dessus; l'ouverture en est ovale et peut se fermer entièrement par la contraction de la peau; il y a néanmoins dans l'intérieur deux paupières transparentes; à leur côté supérieur, un peu au-dessus de chaque œil, se voit un cirrhe conique, charnu, plus ou moins saillant, à sommet obtus. *Bouche* ordinaire. *Bec* très petit, à sommet aigu et assez courbé; des ailes longues et étroites à la mandibule supérieure, carénée et bilobée à sa partie postérieure; mandibule inférieure à petit capuchon; leur couleur est entièrement bistre-brun, bord plus pâle. *Couronne* très volumineuse, beaucoup moins haute en dessus qu'en dessous, courte et large, couverte en dessus des mêmes verrues que le corps.

(1) Toutes les mesures des bras sont toujours prises de la base de la couronne; et de ce que, dans cette espèce, la couronne est plus longue en dessous qu'en dessus, il résulte que les bras sont naturellement plus longs, tout en paraissant presque égaux à partir de la membrane.

Bras gros à leur base, effilés à leur extrémité, le plus souvent ramassés et repliés sur la tête, fréquemment contournés; couverts en dessus de tubercules égaux, les plus longs (pris de la base de la couronne) presque cinq fois aussi longs que le corps; ils vont en diminuant graduellement de longueur des supérieurs aux inférieurs; la paire supérieure la plus faible. Tous sont fortement charnus et quadrangulaires à leur base. *Cupules* larges, très rapprochées, sur deux lignes espacées et alternes; leur intérieur fortement sillonné, leur cavité grande et profonde; elles sont doublement bordées extérieurement et très peu distinctes des bras. Elles n'alternent qu'après la troisième, en partant de la bouche, les trois premières sur une seule ligne. Elles sont à peu près au nombre de 150 aux plus longs bras.

Membrane de l'ombrelle peu développée, courte entre la paire supérieure des bras, épaisse et granuleuse en dehors et en dedans, et n'occupant qu'une faible partie de leur base entre les autres bras; elle est mince et toujours lisse en dedans, s'attachant d'une manière brève à leur partie supérieure, et formant à chacun en dessous, sur le côté, une mince carène, progressivement moins large en arrivant vers l'extrémité; c'est sans doute la contraction de cette membrane qui fait que les bras se contournent naturellement en spirale.

Tube anal très court, en forme de cône tronqué, ne dépassant pas en longueur la hauteur de la tête.

Couleurs. D'après des individus conservés dans la liqueur, toutes les parties supérieures du corps, de la tête et des trois paires de bras supérieurs, ainsi que la face interne de la membrane des bras supérieurs et les côtés des deux bras voisins, sont fortement colorés de brun-violacé foncé, composé de petits points très rapprochés les uns des autres. Le dessous est entièrement blanc, ainsi que les ventouses et les membranes des bras. On remarque sur les côtés de la couronne, en dehors, entre la seconde et la troisième paire de bras, des lignes brun-violet comme réticulées, qui s'anastomosent entre elles, et forment des zigzags entre les verrues ou s'unissent et figurent des mailles. Les côtés du corps offrent toujours des taches arrondies, qui colorent chaque verrue; un individu jeune de Batavia est très pâle, gris-violacé, teinte formée de points rapprochés en dessus, plus espacés en dessous, et formant des réseaux foncés sur les côtés du corps et autour de chaque tubercule.

Rapports et différences.

Nous avons examiné six individus de cette espèce, dont aucun ne nous a montré la moindre dissemblance avec les autres. Ils diffèrent du Poulpe tuberculeux par les lignes réticulées de la partie cervicale et par la régularité des verrues de leur corps, le manque total de cirrhes sur cette partie et sur la couronne. L'ordre de longueur des bras est aussi très distinct, puisque nous le trouvons 4, 3, 2, 1, dans cette espèce, et 3, 2, 4, 1, dans l'autre. Ce sont bien certainement deux espèces séparées, mais on ne peut plus analogues pour la forme et pour l'aspect; et, comme l'assure Lamarck (1), le *Poulpe rugueux* a aussi beaucoup de rapports avec l'*O. vulgaris;* nous croyons qu'il s'en distingue par un manque absolu de cirrhes sur le corps, n'en ayant en tout qu'un seul sur les yeux.

(1) *Animaux sans vertèbres*, t. VI, 2e partie, p. 258, n° 2

Habitation, Mœurs.

Bosc l'indique comme des mers du Sénégal, Barker, des Indes occidentales; nous pouvons affirmer qu'il habite les mers des Antilles, ayant été envoyé au Muséum d'histoire naturelle de la Pointe-Chartron, à la Martinique, par M. Richard, et de la Guadeloupe, par M. Lherminier. M. Pérottet l'a aussi rencontré en abondance à Manille; MM. Quoy et Gaimard l'ont recueilli à l'île de France, et M. Raynaud, à Batavia. Les individus de ces trois localités n'ont présenté aucune différence. Il résulterait de ce que nous venons de dire, que cette espèce serait, en même temps, des côtes d'Afrique, des Antilles et de la mer des Indes.

Il paraîtrait que, dans sa position la plus habituelle, ce Poulpe replie ses bras supérieurs et la membrane qui les unit, sur les yeux, et que les autres bras sont étalés en éventail. Cette position semble lui être d'autant plus naturelle, que la couleur de la peau y coïncide. Quant aux contours ou à l'espèce de spirale formée par les bras, elle tient évidemment à une cause à laquelle on a peu fait attention : c'est qu'il n'y a de membranes qu'au côté inférieur des bras, et que cette membrane, se contractant fortement dans la liqueur, force les bras à se contourner. Chaque fois que ce caractère se montre, nous nous sommes assuré qu'il tient toujours à cette cause.

Histoire.

Seba et Barker figurèrent les premiers ce Poulpe, en 1758, sous le nom de Poulpe américain; et plus tard, Bruguière reproduisit la figure de Seba dans l'*Encyclopédie méthodique*. Bosc, en 1791, donna une figure sous le nom de *Sepia rugosa;* Lamark, en 1799, lui imposa une nouvelle dénomination, celle d'*Octopus granulatus;* mais Bosc, croyant que son espèce était bien celle de Lamarck, adopta le nom donné par ce dernier, et la reproduisit dans l'édition du Buffon de Déterville, sous le nom de *Sepia granulosa.* Quelques années après, en 1805, Montfort décrivit, comme espèces distinctes, le *Poulpe granulatus* et le *Poulpe américain* de Barker. En 1822, Lamarck, dans ses *Anim. sans vertèbres*, rappela son espèce, en citant comme synonymes les Poulpes de Seba; en 1825, M. de Férussac répéta dans notre classification des Céphalopodes, les indications de l'*Octopus granulatus*, et du Poulpe figuré par Barker fit l'*Octopus Barkerii.* Peu de temps après, M. de Blainville, dans sa *Monographie des Poulpes*, donna, comme espèces distinctes, l'*Octopus rugosus* de Bosc, l'*Octopus granulatus* de Lamarck, et l'*O. americanus* de Montfort.

Nous croyons pouvoir rapporter à une seule et même espèce, ainsi que l'ont pensé Lamarck et Bosc, leur *Octopus granulatus* et la *Sepia rugosa;* nous pensons également, avec Monfort, que le *Poulpe américain* de Barker ne diffère point de cette espèce, à laquelle se rapportent aussi les figures de Seba. Il nous paraît résulter clairement de l'examen de tous les textes cités, et surtout de l'inspection des figures, que nos citations conviennent à une seule espèce que Lamarck a le mieux caractérisée, et que la spirale de ses bras fait facilement reconnaître.

Nous avons revu successivement et comparativement six individus de cette espèce; la description qu'on vient de lire est le fruit d'un examen approfondi et de nos comparaisons avec les espèces voisines.

Explication des Figures de cette espèce.

Pl. 6, fig. 1. *Octopus rugosus* (sous le nom d'*Octopus granulatus*, Lamarck), vu en dessus, dessiné d'après nature sur un individu conservé dans l'alcool, et fortement contracté, les bras contournés par l'effet de la contraction de leurs membranes.

2. Le même individu, vu en dessus.

Pl. 23, fig. 2. *Octopus rugosus*, vu de côté, pour montrer les taches réticulées des côtes, dessiné d'après nature sur un bel échantillon.

ALCIDE D'ORBIGNY.

N° 10. POULPE DE FONTAINE. — *OCTOPUS FONTANIANUS, d'Orbigny.*

POULPES. Pl. 28, fig. 5, et pl. 29, fig. 1.

Octopus Fontanianus, d'Orb., 1835; *Voy. dans l'Am. mérid., Moll.*, p. 28, t. II, f. 5.

Sepia Octopus, Molina, *Hist. nat. du Chili*, p. 173?

O. corpore magno, ovali, verrucoso, rubro-violaceo; capite oculari cirrho signato, brachiis mediocribus inæqualibus, inferioribus elongatis.

Dimensions.

Longueur totale	250	millimètres
Longueur du sac	37	*id.*
Largeur du sac	35	*id.*
Longueur des bras supérieurs	165	*id.*
Longueur des bras latéraux-supérieurs	165	*id.*
Longueur des bras latéraux-inférieurs	165	*id.*
Longueur des bras inférieurs	166	*id.*
Longueur de l'ombrelle	55	*id.*

Description.

Sac bursiforme, presque circulaire, élargi postérieurement, un peu déprimé en dessus, à face ventrale souvent un peu concave sur la ligne médiane; couvert partout, en dessus et en dessous, d'aspérités verruqueuses plus ou moins saillantes, souvent peu visibles sur les individus conservés dans la liqueur; toujours très ostensibles dans l'animal vivant. *Ouverture du sac*, occupant toute la largeur du corps, et s'étendant même un peu sur les côtés de la tête. Le bord en est échancré en dessous.

Tête plus étroite que le sac, plus large que la base de l'ombrelle. *Yeux* saillants latéralement, à ouverture très petite pourvue d'une paupière supérieure qui la recouvre entièrement. Ils sont protégés par une peau ferme, ridée, susceptible de se contracter sur eux; et, sur leur partie supérieure, se trouve une expansion charnue, conique, qui se dirige postérieurement. *Bouche* pourvue de doubles lèvres. *Bec* assez fort, crochu à l'extrémité, arqué et aigu. Mandibule supérieure pourvue de deux longues ailes latérales, sa partie postérieure carénée, longue et échancrée à son extrémité; la mandibule supérieure large, sans ailes; les deux entièrement brunes, bordées très légèrement de plus pâle.

Couronne étroite à sa base, et aussi longue que le sac.

Bras assez longs, gros et forts, un peu anguleux, égaux entre eux; seulement les bras inférieurs paraissent avoir, en général, plus de longueur, mais c'est si peu de chose, que l'examen comparatif de plusieurs individus peut seul en faire apercevoir. *Cupules* alternes assez rapprochées les unes des autres, sessiles, saillantes, très larges, à rayons bifurqués et bien marqués; elles diminuent assez graduellement à tous les bras, excepté aux deux bras latéraux de chaque côté, où, après la cinquième ou sixième cupule, quatre ou six sont du double des autres, tandis qu'ensuite elles suivent la décroissance proportionnelle de la grosseur des bras. Nous avons rencontré ce singulier caractère chez onze individus sur treize, et tout nous porte à croire qu'il n'est pas un accident, d'autant plus que des individus de tout âge le présentent invariablement aux mêmes bras. Les trois premières cupules sont sur un seul rang, comme chez les Éledons. Cent dix capsules à peu près à chaque bras.

Membrane de l'ombrelle grande, palmant fortement, et d'une manière égale, tous les bras entre eux; elle se prolonge peu sur la partie inférieure des bras. Nous avons remarqué qu'il y avait, entre la base des bras, dans l'intérieur de l'ombrelle, des cavités aquifères dont nous n'avons pas pu voir l'issue extérieure. Elles sont beaucoup moins bien marquées que chez le Poulpe de l'Inde.

Tube anal, assez court, libre, allant jusqu'à la moitié de la longueur de l'ombrelle.

Couleurs à l'état vivant. La teinte est d'un rouge violet foncé en dessus, formée de très petits points rapprochés les uns des autres, pâlissant beaucoup en dessous et en dedans des bras. C'est une des espèces qui varient le plus l'intensité de leurs teintes. La couleur indiquée est la plus ordinaire, et celle qui résiste même à l'action de la liqueur; mais, quand on irrite l'animal, cette couleur devient presque noire, passe quelquefois au brun-foncé, redevient tout à coup rouge-pâle, et passe au gris-brun.

Rapports et différences.

Le Poulpe de Fontaine a beaucoup des caractères du Poulpe vulgaire par son sac, par ses membranes à la base des bras; mais il en diffère essentiellement par une taille beaucoup moindre, par un sac plus grand, par ses bras moins longs à proportion et plus égaux, par le manque d'appendices sur le sac, de triple appendice sur l'œil. Il se rapproche aussi un peu de l'*Octopus tehuelchus,* sans avoir pourtant la peau lisse de ce dernier. Nous avons examiné un grand nombre d'individus de cette espèce, tant sur les lieux que dans la liqueur. Nous la dédions à M. Fontaine, qui nous a été d'un si grand secours dans nos recherches au Pérou.

Habitation, Mœurs.

Ce Poulpe (1) habite toute la côte de l'Océan Pacifique, depuis le Chili jusqu'au Pérou, c'est-à-dire, depuis la ligne jusqu'au 34ᵉ degré de latitude australe. Il n'a pas, comme le précédent, pris pour domicile une seule baie; au contraire, on le trouve partout dans les vastes limites que nous venons d'indiquer, parce que là se trouvent des côtes rocailleuses et des terrains conformés identiquement de même; cependant nous le croyons beaucoup plus commun depuis les tropiques jusqu'à la ligne qu'au sud. Nous l'avons vu entre les pierres ou dans les anfractuosités des rochers, au niveau des marées basses de vives eaux;

(1) Nous reproduisons ici ce que nous avons déjà dit des mœurs de cette espèce dans notre *Voyage dans l'Amérique méridionale*, Mollusques, p. 29.

et M. Fontaine l'a pris à la drague par trois ou quatre brasses seulement de profondeur, ce qui viendrait encore prouver que tel est le niveau habituel d'habitation de cette espèce. Ordinairement elle se tient dans un trou, cramponnée par quelques uns de ses bras, et toujours aux aguets, pour saisir au passage tous les animaux qui viennent à sa portée. Combien de fois ne nous sommes-nous pas diverti à voir son manége, lorsque, sur la côte, près d'Arica, au Pérou, nous la trouvions, dans un trou de rocher, au milieu de ces flaques d'eau que la marée basse laisse en se retirant! Nous avons vu, à plusieurs reprises et plusieurs jours de suite, le même Poulpe dans son même rocher, ce qui prouverait qu'il se regardait là comme étant bien dans son domicile, en sortant, sans doute, pour aller pêcher aux environs. Souvent nous laissant saisir par ses bras, nous avions ensuite beaucoup de peine à nous en débarrasser, tant est forte la succion exercée par ses cupules. Nous l'avons aussi vu saisir de petits poissons qui passaient à sa portée, les entraîner dans son repaire, et ne pas tarder à les y dévorer.

Nous n'avons pu le voir nager. Commun partout, sans se trouver nulle part réuni en grandes troupes dans le même lieu, nous ne l'avons jamais rencontré que solitaire et isolé. Il paraîtrait que lorsqu'il s'enfonce dans la mer, il est moins sédentaire, et quitte plus souvent sa retraite pour voyager; sans cela, il serait bien difficile d'expliquer comment il peut si fréquemment se laisser prendre à la drague.

Histoire.

Si réellement Molina a vu des Poulpes sur la côte du Chili, celui-ci doit être son *Sepia Octopodia* (1); mais il ne le décrit pas, et se contente de l'indiquer. Néanmoins, comme nous n'avons rencontré qu'une seule espèce de Poulpe, nous devons croire que la nôtre est bien celle de Molina. Nous l'avons étudiée sur les lieux, en 1830 et 1833, et nous l'avons publiée en 1835, parmi les Mollusques de notre Voyage dans l'Amérique méridionale. La description que nous en donnons aujourd'hui est revue de nouveau, avec le plus grand soin, sur les nombreux exemplaires que nous en possédons.

Explication des Figures.

POULPES. Pl. 28, fig. 5. Intérieur de l'ombrelle, dessiné d'après nature, pour montrer la place des grosses cupules des bras.

Pl. 29, fig. 1. Animal vu en dessus, dessiné sur le vivant par nous, au Chili.

ALCIDE D'ORBIGNY.

N° 11. POULPE HIDEUX. — *OCTOPUS HORRIDUS.*

POULPES, Planche 7, fig. 3.

Savigny, *Description de l'Égypte*, atlas, Céphal., pl. 1, fig. 2.
Octopus horridus, 1826, dans notre classification des Céphalopodes, p. 54, n° 4.
———————— Audouin, *Explication des Planches de Sav.*, p. 3, n° 2.
———————— Ehremberg, *Cephalopoda Octopus*, n° 2.

(1) Molina, *Histoire naturelle du Chili*, p. 137, traduction française.

O. Corpore brevi, rotundo, cirrhoso, maculis regularibus ornato, capite brevi; brachiis brevibus, æqualibus, conico-subulatis, pro longitudine 4°, 3°, 2°, 1°.

Description.

Corps court, arrondi, presque globuleux, muni d'un assez grand nombre de cirrhes aigus, disposés d'une manière régulière sur le milieu et autour, à peu près comme ceux de l'*Octopus tuberculatus.*

Tête courte, aussi large que le corps, dont elle est séparée par un très léger étranglement; pourvue de quelques cirrhes autour et dessus les yeux. *Yeux* petits.

Couronne assez marquée, à cause de la grosseur des bras à leur base. Elle est munie de quelques cirrhes sur la base des bras.

Bras gros et courts, conico-subulés, pourvus de quatre ou cinq cirrhes saillants sur leur partie extérieure convexe. Ils paraissent disposés entre eux, en longueur, dans l'ordre suivant : 4, 3, 2, 1. *Cupules* grosses, rapprochées.

Membranes de l'ombrelle. Elles paraissent très courtes; néanmoins elles se montrent aux bras inférieurs.

Couleurs. La couleur de ce Poulpe nous est inconnue; mais il paraît couvert, sur un fond plus foncé, de taches arrondies, allongées ou irrégulières, peut-être proéminentes, qui forment, sur toute la partie supérieure du corps et des bras, une bigarrure assez singulière. Sur le sac, quatre taches médiocres se distinguent par leur grosseur et par leur régularité; elles sont disposées en croix, et surmontées d'une autre tache allongée, transversale. Du milieu de ces taches, excepté de la plus grosse, part un des cirrhes que nous avons indiqués. Les bras sont couverts de deux lignes alternes de taches blanches arrondies.

Rapports et différences.

Cette espèce semble, par ses nombreux cirrhes, se rapprocher beaucoup de l'*Octopus tuberculatus;* mais elle s'en distingue par la proportion de ses bras, toujours différenciés, et par ses teintes; car ses bras la feraient comparer à l'*Octopus rugosus*, dont elle diffère par ses taches.

Habitation.

Elle vient du littoral égyptien de la mer Rouge; M. Ehremberg l'a rencontrée à Cosseir.

Histoire.

Nous ne connaissons cette curieuse espèce que par la figure de M. Savigny dont la cécité, que ne sauraient trop déplorer les amis sincères de la science, nous a privé de la description de presque tout ce qu'il a fait figurer dans le magnifique atlas de la Description de l'Égypte. Dans notre prodrome publié en 1826, cette espèce a été nommée *Octopus horridus*, nom conservé par M. Audouin, chargé d'expliquer les planches de Mollusques de l'atlas de M. Savigny. Ce Poulpe a été retrouvé par M. Ehremberg, qui le cite dans son bel ouvrage intitulé *Symbolæ Physicæ*, dont on attend la continuation avec une si juste impatience. Cependant il nous a fallu faire cette description sur la seule figure de M. Savigny.

Explication des Figures.

Pl. 7, fig. 3. *Octopus horridus*, vu en dessus, copie de la figure de M. Savigny, *Expédition d'Égypte*.
a. Partie de bras, grossie, montrant le rapprochement des cupules.
b. La même partie de bras, vue de profil, pour montrer la saillie des cupules.

A. D'O.

N° 12. POULPE AIGUILLONNÉ. — *OCTOPUS ACULEATUS*, d'Orbigny.

POULPES. Pl. 7, fig. 1-2, pl. 8, fig. 1, et pl. 23, fig, 3, 4, 5.

Octopus niveus, Fér., 1826, d'Orb., *Tableau méthod. des Céphal.*, p. 54.
Octopus niveus, Lesson, 1830, *Voy. de la Coquille, Zool.*, t. II, part. 1, p. 239, pl. 1, fig. 1 et 1 bis.
O. Corpore brevi, parvo, supra horrido, infra lævigato; capite aculeato; brachii crassis, elongatis, cirrhosis, inæqualibus, pro longitudine 4°, 2°, 3°, 1°.

Dimensions.

Longueur totale	230	millimètres.
Longueur du corps	17	*id.*
Largeur du corps	19	*id.*
Longueur des bras supérieurs	134	*id.*
Longueur des bras latéraux-supérieurs	170	*id.*
Longueur des bras latéraux-inférieurs	158	*id.*
Longueur des bras inférieurs	190	*id.*
Longueur de la couronne	8	*id.*

Description.

Forme générale. Les bras très volumineux, très longs, comparativement au corps.

Corps souvent court, arrondi, quelquefois bursiforme ou oblong, petit comparativement à la longueur des bras, couvert à sa partie antérieure dorsale et latéralement, près de sa jonction avec sa tête, de pointes mousses, assez allongées, qui rendent cette partie comme hérissée; souvent ces pointes nombreuses paraissent être limitées à quatre ou cinq, irrégulièrement placées; lisse en dessous. *Ouverture* très petite, seulement aussi large que le cou, fortement échancrée, quoique peu bâillante.

Tête assez distincte, presque aussi large que le corps, séparée en avant et en arrière par un assez fort étranglement; très saillante supérieurement par suite de la grande saillie des yeux, toute couverte en dessus de longs cirrhes comme ceux du sac, plus rapprochés sur les paupières, et formant un cercle autour des yeux, où ils montrent néanmoins entre eux deux ou trois cirrhes plus longs que les autres, surtout un postérieur. *Yeux* très petits, pouvant se fermer entièrement par la contraction de la peau. *Bouche* ordinaire. *Bec* entièrement brun-bistré, seulement bordé de plus pâle aux ailes. Sa forme en est la même que chez toutes les espèces voisines; les ailes en sont assez longues; le lobe postérieur de la mâchoire inférieure est caréné et fortement échancré à sa base.

Couronne assez marquée par la grosseur des bras à leur base, couverte de cirrhes saillants de diverses grosseurs, qui s'étendent au loin, surtout sur les bras.

Bras très gros relativement au corps, très forts, longs, couverts en dehors de petites aspérités ; presque carrés à leur base, presque triangulaires à leur extrémité ; la face interne en est aplatie et large. Ils sont très inégaux entre eux, la paire supérieure la plus courte, l'inférieure la plus longue ; ils suivent, en décroissant de longueur, l'ordre suivant : la quatrième paire (bras inférieurs) ; la deuxième paire (bras latéraux-supérieurs) ; la troisième paire (bras latéraux-inférieurs) ; et la première (bras supérieurs). *Cupules* très marquées, saillantes, rapprochées, alternant sur deux lignes bien séparées, diminuant graduellement jusqu'à l'extrémité des bras ; chaque sillon radié du centre est souvent bilobé, et terminé au milieu par une légère saillie. Le nombre en est d'à peu près cent quatre-vingt-dix aux plus longs bras. Celui des cupules sur une seule ligne, autour de la bouche, varie de trois à cinq, selon les bras.

Membrane de l'ombrelle peu développée, quoique existant sur une petite longueur de la base des bras ; elle est égale entre chacun, et s'insère assez haut, laissant toujours une saillie plus marquée sous les bras que dessus ; son insertion est surtout plus visible aux bras latéraux-supérieurs. Point de pores aquifères.

Tube anal assez long, placé plus bas que la ligne des yeux.

Couleurs. M. Lesson a trouvé cette espèce entièrement blanche, mais sur un individu conservé dans la liqueur. Celui que nous avons examiné en 1825 était alors d'un jaune-rosé en dessous, à la partie inférieure du sac, et d'un brun-violacé sur toutes les parties supérieures, avec des marbrures de même couleur, irrégulières, formées de réunions plus rapprochées des points chromophores qui couvrent presque tout le corps.

Rapports et différences.

Le Poulpe épineux a, par la longueur respective de ses bras, quelques rapports avec l'*Octopus aranea*, tout en s'en distinguant par les cirrhes nombreux dont son corps est orné ; et quoique, comme dans cette espèce, les bras inférieurs soient les plus allongés, l'ordre de longueur est néanmoins différent, puisqu'il est 4, 2, 3, 1 dans celui-ci, et 4, 3, 2, 1 chez l'*O. aranea* ; ce sont, au reste, deux espèces tout à fait faciles à distinguer. On peut encore le rapprocher de l'*Octopus horridus* ; mais, comme celui-ci a les bras beaucoup plus courts, et, bien qu'ils soient dans le même ordre de longueur que l'*O. aranea*, il sera toujours facile de les reconnaître.

Habitation, Mœurs.

Le premier exemplaire que nous avons étudié vient de Manille, d'où il a été envoyé au Muséum d'histoire naturelle par M. Perottet ; le second a été apporté de l'île Bora-Bora, dans l'Océanie, par M. Lesson, l'un des naturalistes de l'expédition de *la Coquille* autour du monde avec M. Duperrey. Nous avons été fort étonné d'en retrouver un individu conservé dans la liqueur et portant sur l'étiquette du Muséum, *acheté à M. Caron, de Palerme*. Cette espèce se trouverait donc, en même temps, dans l'Océanie et dans la Méditerranée, fait qui n'est pas extraordinaire puisque nous en avons déjà plusieurs exemples pour d'autres espèces ; ce qui nous surprend, c'est de ne l'avoir d'aucun des points intermédiaires.

M. Lesson (1) nous apprend que les naturels de Bora-Bora la recherchent pour s'en nourrir. Il dit aussi qu'elle se tient à une certaine profondeur (de six à quinze brasses) sur le sable, et dans les interstices des coraux. Quant à ce qu'il ajoute qu'elle ne nage point, la loi d'analogie nous porte à croire le contraire.

Histoire.

Nous avons étudié cette espèce, en 1825, sur un exemplaire envoyé au Muséum d'histoire naturelle par M. Perottet ; nous la fîmes dessiner et la décrivîmes alors sous le nom d'*Octopus aculeatus*. Peu de temps après, M. Lesson revint de son voyage autour du monde, et apporta un autre exemplaire qui, étant entièrement blanc, fut nommé *Octopus niveus* par M. de Férussac, dans notre tableau des Céphalopodes; ce même nom, un ou deux ans plus tard, fut reproduit par M. Lesson dans son *Voyage de la Coquille* (p. 239). Le Poulpe de M. Lesson étant évidemment de la même espèce que le nôtre, notre nom lui ayant été donné le premier, et celui de *neigeux* convenant peu à une espèce souvent ornée de couleurs très vives, nous lui conservons le nom d'*Octopus aculeatus*, qu'il porte dans nos planches.

Explication des Figures.

Pl. 7, fig. 1. *Octopus aculeatus*, vu en dessus, dessiné d'après nature sur un individu bien conservé dans la liqueur; les cirrhes du tour des yeux sont un peu plus aigus.
2. Le même, vu de profil, montrant seulement le corps.
Pl. 8, fig. 1. La même espèce, entièrement blanche, dessinée d'après nature et d'après les notes de M. Lesson. C'est la figure copiée dans l'*Expédition de la Coquille*, partie zoologique.
Pl. 23, fig. 3. Mandibule inférieure grossie, vue de côté.
4. Mandibule supérieure grossie, vue de côté.
5. Mandibule supérieure de grandeur naturelle.

ALCIDE D'ORBIGNY.

N° 13. POULPE TÉHUELCHE. — *OCTOPUS TEHUELCHUS*, *d'Orbigny*.

POULPES. Pl. 17, fig. 6 et 6 *a*.

Octopus tehuelchus, d'Orb. (1835), *Voyage dans l'Amérique méridion.*, t. V, 2e partie; Mollusques, p. 27, pl. 1, fig. 6-7.

O. Corpore rotundo, lævigato, obscuro-nigricante; capite brevi, lato; brachiis elongatis, inæqualibus, pro longitudine 4°, 1°, 3°, 2°.

Dimensions.

Longueur totale	167	millimètres.
Longueur du corps	22	*id.*
Largeur du corps	25	*id.*
Longueur des bras supérieurs	130	*id.*
Longueur des bras latéraux-supérieurs	117	*id.*
Longueur des bras latéraux-inférieurs	130	*id.*
Longueur des bras inférieurs	135	*id.*
Longueur de la couronne au-dessous des yeux	24	*id.*

(1) *Voyage de la Coquille*, Mollusques, p. 239.

Description.

Corps bursiforme, court, presque rond, lisse, marqué en dessus d'une dépression médiane longitudinale et postérieure. *Ouverture* très longue, n'occupant pas toute la largeur du corps.

Tête moins large que le corps, légèrement renflée par la saillie des yeux, entièrement lisse, sans cirrhes ni verrues. *Yeux* petits, longitudinaux, à pupille longue et échancrée en dessus, protégée par un repli de la peau qui les couvre entièrement, à la volonté de l'animal. *Bouche* ordinaire. *Bec* à partie postérieure carénée et échancrée.

Couronne assez grande, large, lisse, et s'étendant beaucoup.

Bras presque égaux, les inférieurs les plus longs, les latéraux-supérieurs les plus courts. Leur ordre de longueur est ainsi qu'il suit : la quatrième paire (bras inférieurs); la première et la troisième paires égales entre elles, puis la deuxième paire (bras latéraux-supérieurs) : ils sont un peu comprimés, larges et coniques. *Cupules* sessiles, saillantes, alternant régulièrement sur deux lignes espacées, au nombre de cent à peu près aux plus longs bras.

Membranes de l'ombrelle minces, occupant un peu moins du dixième de la longueur totale.

Tube anal long, menu et assez ferme.

Couleurs sur le vivant : sombre en dessus; d'une teinte brun-noirâtre, assez foncée, passant au bleuâtre en dessous. Tout l'extérieur des bras est de la teinte générale du dessus, mais l'intérieur est d'un blanc-bleuâtre très peu intense; c'est aussi la couleur du tube. Ces couleurs ne sont pas aussi variables que dans beaucoup d'autres espèces, quoique se fonçant plus ou moins, selon la plus ou moins grande irritabilité du sujet.

Rapports et différences.

Parmi les Poulpes côtiers, cette espèce est seule entièrement dépourvue de ces cirrhes charnus qui les caractérisent presque tous; c'est aussi celle qui a la peau la plus lisse. Quant à sa forme, l'*Octopus horridus* et l'*O. aculeatus* sont ceux qu'on peut en rapprocher, en raison de la légère disproportion relative de ses bras, sans qu'ils soient pourtant aussi disproportionnés que dans ces espèces, qui s'en distinguent d'ailleurs par les cirrhes dont ils sont ornés.

Habitation, Mœurs.

Nous n'avons rencontré ce Poulpe que sur les côtes de la Patagonie, au 40ᵉ degré de latitude sud, au fond de la grande baie de San-Blas. Il vivait sur un banc d'huîtres, au niveau des basses marées des syzygies, cramponné à la manière ordinaire de ce genre, occupant une cavité de pierre assez profonde. Après avoir eu beaucoup de peine à nous en emparer sans le rompre, et l'avoir tiré de son trou, nous le plaçâmes auprès; il y rentra de suite, et, s'attachant plus fortement à ses parois, il nous fut difficile de l'en arracher de nouveau. Nous croyons cette espèce assez rare, car nous n'en avons jamais vu que deux individus sur le même banc, et nous ne l'avons plus retrouvée dans nos courses sur les rochers, bien plus au sud, vers le 42° degré de latitude. Nous supposons, en conséquence, qu'elle appartient à cette localité, la seule où une mer constamment tranquille, garantie des lames du large par de nombreuses îles et par des bancs de sable, semble permettre à ce Poulpe, assez délicat, de vivre et de se maintenir, ce qui lui serait peut-être difficile dans un lieu agité, où le moindre choc pourrait endommager sa peau. Il se nourrit, sans doute, de mollusques, de petits polypes nus ou de poissons. L'inspection de l'estomac de l'un des individus ne nous a montré que des restes de mollusques en très petits fragments.

Explication des Figures.

Poulpes. Pl. 17, fig. 6. Animal vu en dessus, dessiné par nous, en Patagonie, sur un individu vivant.
a. Croquis du corps, vu de côté.

A. D'O.

N° 14. POULPE ARAIGNÉE. — *OCTOPUS ARANEA*, *d'Orbigny*.

POULPES. Pl. 5.

Octopus aranea, d'Orb. (1826), Poulpes, pl. 5.
Octopus filamentosus, Blainv. (fin de 1826), *Dict. des Sc. nat.*, t. XLIII, p. 188.
O. corpore ovali, brevi, apertura stricta. Capite brevi, oculis laterali superioribus, cirrho conico munitis; brachiis elongatis, inæqualibus, pro longitudine 4°, 3° 2°, 1°; *membranis umbellæ brevibus.*

Dimensions.

Longueur totale	215	millimètres. (1)
Longueur du corps	16	*id.*
Largeur du corps	11	*id.*
Longueur des bras supérieurs	100	*id.*
Longueur des bras latéraux-supérieurs	140	*id.*
Longueur des bras latéraux-inférieurs	170	*id.*
Longueur des bras inférieurs	195	*id.*
Longueur de la couronne	6	*id.*

Description.

Corps oblong, bursiforme, beaucoup plus large en bas qu'en haut, entièrement lisse, marqué en dessus, à sa partie médiane inférieure, d'un sillon longitudinal assez profond. *Ouverture*, formant une partie de cercle, occupant seulement la largeur de la tête.

Tête très courte, distincte de la couronne par une rainure profonde, peu distincte du corps, et plus étroite que le corps même, lisse, comme bilobée en dessus. *Yeux* saillants, presque supérieurs, c'est-à-dire que leur saillie est supérieure au lieu d'être latérale, comme il arrive d'ordinaire. Leur ouverture est très petite, et se ferme entièrement par la contraction de la peau. Sur chaque œil est un cirrhe conique, extensible, toujours apparent, quoique souvent contracté. *Bouche* très petite. *Bec* peu grand; ailes courtes à la mandibule supérieure; côté postérieur partagé en deux à son extrémité, et légèrement caréné; couleur bistre-noir, avec une légère bordure plus pâle.

(1) Nous avions entre les mains un individu du double de celui dont nous donnons les dimensions; mais, comme il avait les bras tronqués, nous avons préféré nous servir d'un plus petit, complet dans toutes les parties.

Couronne très large et très courte en dessus et en dessous, séparée de la tête par une forte rainure.

Bras lisses, s'insérant immédiatement au-dessus des yeux, très longs, très grêles, assez fortement comprimés ou carénés sur la continuation de la membrane. Ils sont très inégaux; et la paire supérieure, la plus courte, est presque de la moitié des inférieurs. Ils augmentent de longueur et de grosseur de la première à la quatrième paire; en sorte que la dernière est le double en grosseur. Ils se terminent en filaments déliés qui ne sont pas dépourvus de cupules. *Cupules* peu rapprochées; mais, comme les deux lignes d'alternance sont un peu confondues, elles semblent plus près qu'elles ne le sont réellement. Elles affectent la forme ordinaire, sessiles, peu larges, peu profondes, et rayonnées au centre, au nombre d'environ cent quatre-vingts aux plus longs bras. Les quatre premières, autour de la bouche, sont sur une seule ligne; celles de l'extrémité forment une alternance tellement confondue, elles occupent une partie si comprimée, qu'elles semblent être aussi sur une seule ligne.

Membrane de l'ombrelle assez courte, quoique existant entre chaque bras; elle est mince, délicate, plus épaisse entre les inférieurs, s'insère au côté inférieur de chacun d'eux, et forme une légère carène qui l'accompagne jusqu'à son extrémité.

Tube anal grêle, allongé.

Couleurs. A l'état frais, ce Poulpe doit avoir des teintes peu foncées, montrant partout les points chromophores qui les composent. Dans la liqueur, il est noirâtre en dessus, et cette teinte est formée de points séparés, qui deviennent plus rares sur le corps et la tête. Les mêmes points couvrent la partie extérieure des bras presque jusqu'à leur extrémité. Le dedans de l'ombrelle paraît avoir été blanc.

Rapports et différences.

Cette espèce se distingue nettement de toutes les autres par ses bras croissant en grosseur et en longueur des supérieurs aux inférieurs, et par leur grand allongement relativement au corps. Les seules espèces qui nous montrent cet ordre de longueur est l'*Octopus verrucosus* et l'*O. horridus*, dont les bras sont très courts relativement. D'ailleurs les cirrhes nombreux dont le corps de ce dernier est orné, manquant entièrement dans l'*Octopus aranea*, on pourra toujours les distinguer sans peine.

Habitation, Mœurs.

Cette charmante espèce habite l'île de France, d'où elle a été rapportée par MM. Quoy et Gaimard, et par M. le colonel Mathieu. Tous les individus que nous avons observés avaient les bras étalés en éventail à leur base et non contournés.

Histoire.

A la fin de 1325, M. Cuvier, qui avait bien voulu nous confier les Céphalopodes conservés dans la collection du Muséum d'histoire naturelle, nous mit à portée d'étudier et de faire figurer cette espèce, à laquelle nous imposâmes le nom d'*Octopus aranea*, sur un bel exemplaire recueilli à l'île de France par les savants et infatigables voyageurs MM. Quoy et Gaimard. Parti au commencement de 1826, nous laissâmes distribuée à plusieurs zoologistes la planche de cette espèce, que nous avons cru reconnaître dans la courte description qu'a donnée M. de Blainville, de son *Octopus filamentosus* (*Dictionnaire d'histoire naturelle*), vers la fin de 1826; mais, lorsque M. Valenciennes nous permit de voir de nouveau les Poulpes déposés au Muséum, nous nous sommes assuré, en étudiant les individus qui ont servi à la description de M. de Blainville, que c'est bien une seule et même espèce, dont nous avons refait la description sur trois exemplaires. Retrouvant en même temps notre manuscrit de l'*Octopus aranea* et la copie de la description de M. de Blainville, nous devons croire que M. de Férussac n'en a pas reconnu l'identité. Comme planche nommée, nous avons l'antériorité de nom sur M. de Blainville; mais ce savant a la priorité de description imprimée, et, ne voulant pas imposer le nom que nous avons donné, nous laissons aux personnes qui s'occuperont des Céphalopodes le choix entre ces deux dénominations.

Explication des Figures.

Pl. 5, fig. 1. *Octopus aranea*, d'Orbigny, vu en dessus, dessiné d'après nature sur un individu mort, conservé dans la liqueur.

2. Le même, vu en dessous, pour montrer comment les bras s'étalent.

3. Le même, vu de profil.

a. Cupule grossie, vue de profil.

b. Cupule grossie, vue en dessus.

c. Partie de cupule grossie, vue de face.

A. D'O.

N° 15. POULPE LUNULÉ. — *OCTOPUS LUNULATUS*, *Quoy* et *Gaimard* (1).

POULPES. Pl. 10, fig. 2, et pl. 26, fig. 5-7.

Octopus lunulatus, Quoy et Gaimard (1832), *Zoologie du Voyage de l'Astrolabe*, t. II, p. 86, pl. 6, fig. 1-2.

O. corpore decurtato, tuberculato, ovali, albido, lunulis cœruleis auratisque irrorato; cucurbitulis elongatis; brachiis brevibus, conicis, ordine 4°, 3°, 2°, 1°.

Dimensions.

Longueur totale (animal conservé dans la liqueur)	32	millimètres.
Longueur du sac	8	*id.*
Largeur du sac	8	*id.*
Longueur des bras supérieurs, prise de leur base	17	*id.*
Longueur des bras latéraux-supérieurs	18	*id.*
Longueur des bras latéraux-inférieurs	20	*id.*
Longueur des bras inférieurs	21	*id.*

(1) Assez heureux pour recevoir la communication de l'individu même qui a servi à la description de M. Quoy, nous ne reproduisons pas la sienne, qui nous a paru incomplète; mais nous nous servons des précieux renseignements qu'il a donnés sur cette espèce, relativement à ses couleurs.

Description.

Corps ovoïde, à extrémité pointue à l'état vivant, presque sphérique à l'état contracté, et alors à extrémité postérieure très obtuse, d'une contexture ferme, couvert en dessus de quelques tubercules épars, peu élevés, et de six lignes de cercles arrondis, un peu saillants, à centre concave, formant en tout vingt cercles bien distincts. *Ouverture du sac* très étroite, transversale, linéaire, n'occupant qu'une partie de la largeur du dessous, et venant s'adapter à une saillie du corps, de manière à fermer hermétiquement l'entrée.

Tête courte, assez grosse, peu distincte du sac, mais séparée de la couronne par un rétrécissement; couverte de tubercules peu apparents, et en dessus de trois cercles saillants, ayant un tubercule à leur centre, l'un médian, transversal, placé à la partie antérieure; les deux autres latéraux, situés à la partie postérieure et cervicale. *Yeux* formant la seule saillie céphalique, protégés par de très fortes rides de la peau se repliant sur eux. *Bouche* au fond d'une ombrelle étendue.

Couronne presque aussi haute que le reste du corps, s'élargissant en entonnoir; rugueuse en dessus, et marquée, entre la base de chaque bras, d'un ou deux cercles élevés, dont les supérieurs portent chacun un tubercule au centre. *Bras* courts, coniques, un peu comprimés, presque égaux; dont l'ordre de longueur est : la quatrième (paire supérieure); la troisième (paire latérale inférieure); la deuxième (paire latérale supérieure); la première (paire supérieure); aussi les bras vont-ils en s'allongeant graduellement des supérieurs aux inférieurs. *Cupules* alternées, rapprochées, larges, coniques, très peu saillantes, au nombre de cinquante à peu près à chaque bras. *Membrane de l'ombrelle* très courte, même à peine visible dans l'animal contracté.

Tube anal excessivement court, conique, situé près de la commissure inférieure du sac.

Couleurs à l'état vivant. Blanc, recouvert, comme nous l'avons dit, ainsi que sur les bras, de cercles bleu-ciel très vif dans leur pourtour, et moins intense au milieu; mais, quand l'animal est excité, il devient rouge-brun, et ses cercles passent au bleu d'émeraude. *Dans l'alcool,* la partie supérieure est brun-vineux, l'inférieure grise, avec de petites taches très espacées, rougeâtres. On voit très distinctement tous les cercles colorés qui caractérisent cette espèce : ceux-ci se conservent en relief sur la peau.

Rapports et différences.

Quoique cette espèce ait les bras dans une disposition tout à fait différente de l'*Octopus rugosus* et de l'*Octopus membranaceus*, elle s'en rapproche néanmoins beaucoup par le peu de longueur de ses bras relativement au corps, par les granulations de son corps, par sa forme raccourcie; mais elle se distingue nettement de toutes les autres espèces par ses lunules saillantes, tout à fait caractéristiques; anomalie que nous trouvons encore en vestiges dans les taches latérales de l'*O. membranaceus.*

Mœurs et Histoire.

Cette charmante espèce a été découverte dans le havre Carteret, à la Nouvelle-Zélande, par MM. Quoy et Gaimard. C'est sur l'échantillon même qui a servi à la description donnée par ces auteurs que nous avons pris les détails que nous donnons ici sur ce même individu.

Explication des Figures.

Pl. 10, fig. 2. *Octopus lunulatus*, vu en dessus, copie de la figure de MM. Quoy et Gaimard.
2 *a*. Ombrelle de la même espèce, vue en dedans, copiée d'après M. Quoy.
Pl. 16, fig. 5. Animal dessiné d'après nature, sur l'individu rapporté par MM. Quoy et Gaimard, pour montrer la véritable place des cercles élevés qui le recouvrent.
6. Le même, vu en dessus, dessiné d'après nature.
7. Un des cercles colorés, grossi, pour montrer leur véritable forme.

A. D'O.

N° 16. POULPE A BRAS COURTS. — *OCTOPUS BREVIPES, d'Orbigny.*

POULPES. Pl. 17, fig. 1.

Octopus brevipes, d'Orbigny (1835), *Voyage dans l'Amérique mérid.*, Mollusques, p. 22, pl. 1, fig. 1-3.
O. corpore oblongo, magno, lævigato, maculis rubris ornato; capite brevi, lato; oculis prominentibus, superne cœruleis; brachiis brevissimis fere æqualibus; membranis nullis.

Dimensions.

Longueur totale.	17	millimètres.
Longueur du corps.	7	*id.*
Largeur du corps.	7	*id.*
Longueur des bras supérieurs.	6	*id.*

Description.

Corps oblong, ovoïde, un peu plus large que la tête, lisse, couvert d'un épiderme très mince; il est comme tronqué en avant. *Ouverture* non apparente en dessus.

Tête volumineuse, large et courte, séparée du corps par un léger étranglement. *Yeux* saillants, sans paupières apparentes. *Bouche* grande, bordée. *Bec* brun.

Bras très courts, ayant un peu plus du tiers de la longueur totale de l'animal, coniques, aigus à leur extrémité, et presque tous égaux; les paires supérieures à peine plus longues que les autres. Une très courte membrane à leur base.

Tube anal long, conique, assez large.

Couleurs. L'*Octopus brevipes* est blanchâtre, partout couvert de taches rouges contractiles, plus grandes, plus nombreuses sur le milieu du corps et de la tête, plus petites en dessous, et sur la partie extérieure de la base du tube. Les yeux sont argentés, l'intérieur noir, et l'on voit au-dessus une tache bleu-ciel. Toutes ces teintes, excepté le noir, disparaissent quelquefois presque entièrement dans certaines circonstances, pour ne laisser à l'animal que sa teinte blanche transparente, tant est forte alors la contraction des taches chromophores.

Rapports et différences.

Nous ne voyons pas de quelle espèce on pourrait rapprocher notre *Octopus brevipes*. Aucune de celles connues n'a les bras aussi courts et des formes aussi raccourcies; mais, tout en trouvant dans ce Poulpe presque tous les caractères d'un animal complet, il serait possible qu'il ne fût que le jeune de quelque espèce pélagienne.

Habitation, Mœurs.

Nous avons pêché cette espèce, dans le mois de janvier, autour de l'océan Atlantique, par 23 degrés de latitude nord et par 35 degrés de longitude ouest de Paris. Nous ne l'avons jamais vue venir à la surface des eaux pendant le jour; mais la nuit, nous en avons pris plusieurs individus ensemble. Nous ne l'avons conservée vivante que quelques instants; nous la croyons nocturne, comme toutes les espèces des hautes mers, et voyageuse par troupe au sein des eaux.

Histoire.

En 1834, nous avons donné la description de cette espèce dans notre *Voyage dans l'Amérique méridionale*, et aujourd'hui nous empruntons les détails à cette première publication, après avoir, d'ailleurs, examiné de nouveau toutes les parties de l'animal sur un individu conservé que nous possédons. C'est en comparant avec soin nos descriptions avec les animaux que nous avons aperçu, à l'extrémité des bras de notre *Octopus minimus*, de légères membranes qui nous l'ont fait reconnaître comme un jeune de l'*Argonauta hians*. C'est donc une espèce à rayer des catalogues.

Explication des Figures.

Poulpes. Pl. 17, fig. 1. Individu grossi, vu en dessus; dessiné par nous sur le vivant.
Fig. 2. Le même, vu de côté.

A. D'O.

Nº 17. POULPE CORDIFORME. — *OCTOPUS CORDIFORMIS*, *Quoy* et *Gaimard*.

POULPES. Pl. 10, fig. 1.

Octopus cordiformis, Quoy et Gaimard (1832), *Zoologie du Voyage de l'Astrolabe*, t. II, p. 27, pl. 6, fig. 2.

O. corpore orbiculari, alato, tuberculoso; brachiis longis, cœruleo lunulatis, Quoy et Gaimard.

Dimensions.

Longueur totale	1 mètre	» centimètres.
Longueur du corps	»	21
Sa largeur	»	16

Description.

Corps tuberculeux, presque arrondi, s'élargissant latéralement, en forme de nageoires, finissant en cœur en avant.

Tête large, plus étroite que le corps et la couronne; les yeux sont peu saillants et comme cachés par une paupière tuberculeuse.

Couronne volumineuse, large et assez haute. *Bras* longs, à peu près égaux, moins les latéraux, qui n'atteignent pas les autres. *Cupules* sessiles, alternant sur deux lignes distinctes. *Membranes de l'ombrelle* longues, s'étendant sur une partie de la longueur des bras.

Couleurs (sans doute sur le vivant). Le corps est d'un brun-rouge, pointillé de la même couleur, et ses côtés, qui s'étalent en forme d'ailes, sont bordés de bleu-verdâtre. Sa tête et les bras, de même couleur que le corps, ont de plus des lunules indécises bleu-ciel clair, plus vif sur ces derniers qu'à la tête. En dessous, ce mollusque est blanc; le tube anal seul est pointillé de brun-rouge.

Rapports et différences.

Cette magnifique espèce nous présente des caractères inconnus jusqu'alors parmi les Poulpes : nous voulons parler de l'élargissement latéral de son corps en deux nageoires ; c'est certainement un caractère trop neuf et trop tranché pour qu'il soit nécessaire d'en chercher encore qui la différencient des autres espèces. Il est fâcheux que nous n'ayons pu étudier celle-ci, car sa forme nous ferait supposer quelques caractères tout à fait différents de ceux des autres Poulpes.

Habitation, Mœurs, Histoire.

Elle habite la baie Tasman, à la Nouvelle-Zélande. Elle a été découverte par MM. Quoy et Gaimard, auxquels nous empruntons les renseignements qu'ils ont publiés dans la relation de leur second voyage à bord de *l'Astrolabe*. Nous regrettons que leur description soit si courte, et qu'ils n'aient pu rapporter cette espèce en nature.

Explication des Figures.

Pl. 10, fig. 1. *Octopus cordiformis*, dessiné d'après nature par M. Quoy, et copié d'après la figure qu'il en a donnée dans le *Voyage de l'Astrolabe*.

A. D'O.

N° 18. POULPE GRENU. — *OCTOPUS GRANOSUS*, *Blainville*.

Octopus granosus, Blainville, *Dict. des Sc. nat.*, t. XLIII, p. 186.
——————— Blainville, *Faune franç.*, Mollusques, p. 7, pl. 1-2.

Description.

Corps très petit, globuleux, un peu transverse, finement granulé en dessus comme en-dessous; appendices tentaculaires, huit fois aussi longs que le corps, assez peu palmés à la base, allant graduellement en décroissant depuis la première paire inférieure jusqu'à la quatrième supérieure. Ce Poulpe, d'un brun-rougeâtre en dessus, est couleur de chair sale en dessous : sa longueur totale est de quatorze à quinze pouces.

Habitation, Mœurs, Histoire.

M. de Blainville l'a reçu de Sicile, et l'a retrouvé au marché de Toulon.

Cette espèce a été décrite dans le *Dictionnaire des Sciences naturelles* par M. de Blainville, qui a reproduit sa description dans la *Faune française*. Il la distingue de l'*Octopus vulgaris*, parce qu'elle est constamment plus petite et grenue, tandis qu'il regarde le Poulpe vulgaire comme étant lisse. Nous avons cherché à la rapporter aux espèces que nous avons eues sous les yeux, mais il nous a été impossible d'arriver à aucun résultat satisfaisant. Nous reproduisons textuellement ce que M. de Blainville a dit de cette espèce, que nous n'avons pas vue. Ce savant présume que c'est une de celles dont Aristote a parlé sous le nom de *Bolitœne* ou d'*Osmyle*.

A. D'O.

N° 19. POULPE FRANGÉ. — *OCTOPUS FIMBRIATUS, Ruppel.*

Forme de l'*Octopus granulatus*, lisse, avec une pointe au-dessus des yeux; corps globuleux; bras courts, entortillés.

Habite la mer Rouge.

M. de Haan, en nous donnant, dans une lettre, la description que nous venons de transcrire, ne nous dit rien de plus de cette espèce, que nous croyons appartenir, soit à l'*Octopus horridus*, connu pour habiter la même mer, soit à l'une des variétés de l'*Octopus tuberculatus*; supposition que nous ne pouvons toutefois appuyer sur aucune donnée positive.

A. D'O.

POULPE GENTIL. — *OCTOPUS VENUSTUS, Rang.*

POULPES. Pl. 21, fig. 8, 9.

« Corps ovale, bursiforme, lisse, à ouverture embrassant la moitié de la circonférence.
« La tête courte, un peu large, avec des yeux gros et saillants. Bras assez courts, différant
« peu de longueur; cupules petites, et assez peu apparentes.

« Couleur générale : blanche et transparente, un peu dorée à la partie dorsale, laissant
« apercevoir la masse oblongue des viscères; les bras de la même couleur que le manteau,
« avec des séries de petites taches dorées répondant aux ventouses. D'autres taches de la
« même couleur, et en forme de pavés disposés sur des rangées horizontales, au côté dorsal
« de la tête. Les viscères bruns et tachetés inégalement; quelques points d'un jaune doré,
« arrangés avec symétrie sur la face ventrale.

« Longueur du sac dans le plus grand individu : 1 centimètre ; longueur totale, 2 centi-
« mètres.

« Nous nous sommes procuré ce joli petit Mollusque au moyen de la drague, et il nous « arrivait toujours au nombre de cinq et six individus, parmi des coquilles et des masses de « balanes mortes tirées d'une profondeur de huit à quatorze brasses sur la rade de Gorée.

« Cette espèce est remarquable par sa petitesse et son agilité ; elle est fort reconnaissable « à la disposition des taches dorées qui ornent son manteau. C'est pendant les mois de no- « vembre et de décembre que nous l'avons observée. »

La description qui précède, empruntée à M. Rang, ne nous permet pas d'asseoir un jugement relativement à l'espèce. Nous pourrions même croire, d'après la saison où elle a été pêchée, que c'est un jeune animal ; quant aux couleurs indiquées comme caractères distinctifs, nous avons donné notre opinion à leur égard (1), et nous sommes loin d'y attacher autant d'importance que M. Rang. D'ailleurs ces mêmes taches annoncent positivement un individu jeune.

Planche 21, fig. 8, 9, copiées d'après M. Rang.

Alcide D'ORBIGNY.

Espèces incertaines.

N° 21. POULPE ARÉOLÉ. — *OCTOPUS AREOLATUS de Haan.*

Toute la surface du dos aréolée, avec une tache obscure dans chaque aréole, de la forme de l'*Octopus Lechenaultii.* Habite le Japon. (Lettre de M. de Haan, 1835.)

Cette espèce, que nous ne connaissons que par une lettre de M. de Haan, pourrait bien être la même que l'*Octopus lunulatus*, Quoy ; mais, ne possédant que les détails reproduits ci-dessus, nous ne pouvons rien assurer.

N° 22. POULPE BLEUATRE. — *OCTOPUS CÆRULESCENS, Péron.*

Octopus cœrulescens, Péron ; Blainville, *Dictionnaire des Sc. nat.*, t. XLII, p. 129.

Description.

Corps assez court, varié de très petits points pourprés, serrés, sur un fond bleu très agréable ; appendices tentaculaires beaucoup plus longs que le corps, et garnis de suçoirs un peu blanchâtres, terminés en alène, et cependant non onguiculés. Longueur totale, 6 centimètres, dont 2 pour le corps et 4 pour les bras.

Habitation; mœurs.

Cette petite espèce de Poulpe, trouvée par Péron et Le Sueur sur les rivages de la petite île de Dorre, à la Nouvelle-Hollande, a été amenée des profondeurs de la mer avec beaucoup de plantes marines.

(1) Voyez page 17.

Histoire.

C'est à M. de Blainville que nous devons les renseignements que nous transcrivons ici ; il dit les avoir traduits de la phrase linnéenne écrite de la main de Péron.

D'après une si courte description et des détails aussi vagues, il nous est impossible de rien dire du Poulpe bleuâtre, si ce n'est que ses teintes paraissent le rapprocher de quelques unes de nos espèces de Philonexes ; néanmoins nous le laisserons dans les Poulpes, jusqu'à ce que des renseignements plus précis puissent nous fixer à son égard.

A. D'O.

N° 23. POULPE PUSTULEUX. — *OCTOPUS PUSTULOSUS.*

Sepia octopoda, Péron, *manuscrit* (d'après Lesueur).
Sepia Peronii, Lesueur, 1828. *Journ. of the Acad. of the nat. Sc. of Philad.*, t. II, p. 101, sp. 2.
Octopus Peronii, Férussac ; d'Orbigny, *Tab. des Céphal.*, p. 54, n° 7.
Octopus pustulosus, Péron ; Blainville, *Dictionnaire des Sc. nat.*, t. XLIII, p. 186.

Description.

Corps couvert d'une peau épaisse, rugueuse, d'un brun verdâtre ; appendices tentaculaires plus épais et plus courts que dans l'espèce précédente, et armés de ventouses plus rares et plus grandes. Longueur totale, 38 centimètres (plus d'un pied).

Habitation ; mœurs.

Elle a été trouvée dans les mêmes lieux que la précédente. Péron remarque qu'elle exhale une odeur nauséabonde de musc.

Histoire.

M. Lesueur a signalé, dans le *Journal des Sciences naturelles de l'Académie de Philadelphie*, trois espèces de Poulpes étudiées par Péron et par lui, et dont il avait envoyé les notes descriptives à M. de Blainville. L'une de ces espèces (*Octopus Boscii*, Lesueur, sp. n° 3) est certainement l'*O. variolatus*, Péron, de M. de Blainville. On doit présumer que la seconde (*Sepia octopa*, Péron), pour laquelle M. Lesueur proposait le nom de *Peronii*, est celle que M. de Blainville a nommée *Pustulosus*. Malheureusement ce savant n'ayant pas cité les synonymes de Lesueur, on ne peut rien dire de positif à ce sujet. La troisième espèce est désignée ainsi par M. Lesueur : *Sepia varietas*, Péron. Ne serait-ce pas celle que M. de Blainville a nommée *Octopus cærulescens ?*

Nous empruntons la courte description des caractères de l'*O. pustulosus*, à l'article *Poulpe*, rédigé par M. de Blainville, dans le *Dictionnaire des Sciences naturelles*. A moins qu'on ne trouve ensemble ces trois espèces dans le lieu où Péron et Lesueur les ont observées, nous doutons fort qu'on puisse jamais reconnaître celles qu'ils ont voulu indiquer.

A. D'O.

N° 24. POULPE POILU. — *OCTOPUS PILOSUS*, *Risso.*

Octopus pilosus, Risso, 1826, *Histoire nat. de l'Eur. mérid.*, t. IV, p. 4, n° 5.
————— Blainville, *Faune française*, Mollusques, p. 7, n° 3 (d'après Risso).
O. corpore rotundato, toto griseo, cinereo-fusco, pilis rufescentibus, fasciculatis, supra ornato; pedibus brevissimis, Risso.

Cette espèce, extrêmement rare, présente un corps arrondi, d'un gris cendré-brun, orné en dessus de faisceaux de poils roussâtres. L'œil est fort grand, très proéminent; les pattes sont extrêmement courtes, épaisses, couvertes de grosses ventouses, dont la partie intérieure est aiguillonnée. La femelle pesait environ deux kilogrammes. Longueur, 310 millimètres.

Elle habite les rochers peu profonds et apparaît l'été.

Telle est la description que M. Risso donne d'une espèce de Poulpe qu'il n'a montrée à personne, et qu'aucun naturaliste n'a rencontrée depuis. Si elle existe, comme on doit le supposer d'après la description de M. Risso, ce serait le premier exemple de faisceaux de poils chez un Céphalopode; mais, depuis que nous avons trouvé des boutons crétacés et pédonculés sur notre *Philonexis Eylais*, et des tubercules cartilagineux chez plusieurs *Philonexis tuberculatus*, nous ne voyons rien d'extraordinaire à ce qu'il y ait une espèce avec du poil. Néanmoins M. Verany, habitant Nice comme M. Risso, n'a jamais rencontré celle-ci; et les pêcheurs consultés sur ce point ont tous assuré qu'ils ne connaissaient point de Poulpe avec du poil. Il faudra donc attendre de nouveaux faits, avant d'admettre définitivement l'existence de cette espèce.

A. D'O.

N° 25. POULPE LONGS PIEDS. — *OCTOPUS LONGIPES*, *Leach.*

Octopus longipes, Leach (1817), *Zool. miscell.*, t. III, p. 137.
Polypus longipes, ibid. (1818), *Journ. de phys.*, t. LXXXVI, p. 394.
Octopus longipes, Férussac (1826); d'Orbigny, *Tab. des Céphalopodes; Ann. des Sc. nat.*, p. 54, n° 6.
————— Blainville (1826), *Dictionnaire des Sc. nat.*, t. XLIII, p. 189.
O. corpore elongato, ovali, glabro, griseo, nigro punctulato; pedibus longissimis, gracilibus; anthliis magnis prominulis, Leach. *Habit.....* Du cabinet d'Oxfort.

Cette espèce ne nous est connue que par la courte description que nous empruntons au docteur Leach. L'individu qu'il a observé fait partie de sa collection. Ce Poulpe paraît, par la longueur de ses bras, se rapprocher de notre *Octopus Cuvierii* et de notre *Octopus aranea*; mais le manque de renseignements plus explicites ne nous permet pas de le rapporter positivement à l'une ni à l'autre; nous ne savons pas lesquels de ses bras supérieurs ou inférieurs sont les plus longs; un mot de plus à cet égard nous eût entièrement éclairé. L'*Octopus longipes* pourrait être l'une de ces espèces; mais, dans l'incertitude, nous aimons mieux le décrire que de rapporter une synonymie fautive. Il est à désirer qu'on l'observe de nouveau avec soin, et qu'on en publie une description détaillée, accompagnée d'une bonne figure.

A. D'O.

N° 26. POULPE DE BOSC. — *OCTOPUS BOSCII*, *Lesueur*.

Sepia rugosa, Péron, mss.
Octopus Boscii, Lesueur (1822), *Journal of the Acad. of the nat. Sc. of Phil.*, t. II, p. 101, sp. 3.
Octopus variolatus, Péron; Blainville (1826), *Dict. des Sc. nat.*, t. XLIII, p. 186.

Description.

Corps très grand, peau couverte de tubercules très serrés et très nombreux, appendices tentaculaires extrêmement longs, très épais, armés de deux rangs de ventouses arrondies et aplaties; couleur d'un beau noir. Longueur totale, 60 centimètres, ou près de deux pieds.

Rapports et différences.

Cette description est trop imparfaite pour que nous puissions l'employer à comparer l'espèce qu'elle désigne aux espèces connues.

Pourtant, à la longueur des bras, on pourrait croire que cette espèce est l'*Octopus Cuvierii*, si sa couleur noire ne l'en éloignait; toute supposition serait donc trop prématurée, pour que nous nous permettions d'en risquer.

Habitation; mœurs.

Ce Poulpe a été trouvé en abondance par Péron et par Lesueur dans les excavations des rochers qui bordent la petite île de Dorre, dans la baie des Chiens-Marins, à la Nouvelle-Hollande.

Histoire.

Cette espèce, indiquée dans les manuscrits de M. Péron, par une simple phrase linnéenne, sous le nom de *Sepia rugosa*, parce qu'il la rapportait à l'espèce de Bosc, a été, en 1827, nommée *Octopus Boscii* par M. Lesueur, sans qu'il en ait donné de description. Nous empruntons à M. de Blainville le peu de renseignements que nous transcrivons ici. Ce savant lui a imposé, en 1826, le nom d'*Octopus variolatus*, Péron; dénomination que nous n'avons pas conservée, celle de Lesueur lui étant antérieure.

A. D'O.

N° 27. POULPE TCHANG-IU. — *OCTOPUS SINENSIS*, *d'Orbigny* (1).

POULPES. Pl. 9.

Recueil de Poissons, de Mollusques et de Crustacés, gravés et enluminés au Japon, avec les noms chinois et japonnais, folios 36 et 37.
Encyclopédie japonnaise, liv. LI, fol. 17, verso.
Pen-thsao-kang-mo, 1593, article *Tchang-iu*.

L'éditeur de l'*Encyclopédie japonnaise* s'exprime ainsi à son sujet :

« Le *Tchang-iu* ressemble, par la forme de son corps, au *Niao-tse* (*voleur d'oiseau*) (2),

(1) Tous les renseignements que nous donnons ici sont empruntés aux traductions que M. Stanislas Julien a bien voulu faire, à notre prière, des articles chinois de l'*Encyclopédie japonnaise* relatifs aux Céphalopodes.
(2) C'est la *Sepia*.

« mais il est plus grand : il a huit bras, qui sont couverts d'un grand nombre de tubercules. « Ces tubercules (cupules) sont concaves, et rapprochés les uns des autres; ils sont d'un blanc « mêlé d'une légère teinte rouge; quand on fait cuire les *Tchang-iu*, ces tubercules prennent « une couleur d'un rouge foncé (1). La tête (le corps) du *Tchang-iu* est ronde; ses yeux « sont blancs; sa bouche se trouve à la jonction des bras. Il n'a point de ventre, et ses « entrailles sont au milieu de la tête (c'est le corps). A l'endroit où les huit jambes (bras) « se joignent au milieu d'une chair blanche, il y a deux corps qui ressemblent à deux petits « oiseaux (sans doute le bec) de couleur grise : l'un paraît ressembler à un corbeau, « et l'autre à l'oiseau *Youen*. La tête (le corps) du *Tchang-iu* ressemble à un sac, et sa « chair est mince; la chair des pieds (bras) seule est épaisse; son goût est également « délicat; cependant sa chair est plus dure que celle du poisson sec (*Pao* en chinois, *Fou-« fa-ye* en japonnais); mais quand le *Tchang-iu* est vieux, il n'est plus bon à manger; « seulement, si on le fait cuire après l'avoir frappé quelque temps avec des baguettes sou-« ples (2), sa chair devient tendre, et on le mange assaisonné avec du gingembre et du « vinaigre.

« Toutes les fois qu'on veut prendre des *Tchang-iu*, on attache des vases avec des cordes, « et on les jette dans l'eau. Au bout de quelque temps, ils entrent d'eux-mêmes dans les « vases. Quelle que soit leur dimension, il n'y a jamais qu'un *Tchang-iu* dans chaque vase.

« C'est dans la mer du Nord que se trouvent les plus grands *Tchang-iu*. Il y en a beaucoup « dont les jambes (bras) ont deux *tchang* (trois à six mètres) de longueur. Si un homme, « un chien ou un singe se trouvent par mégarde en contact avec les jambes (bras), et que « les cupules de cet animal sucent leur peau, ils ne manquent jamais de périr.

« Quand il marche, ses yeux sont saillants, irrités, et il va droit, en s'appuyant sur « ses huit pieds. Les marchands de poissons ont beaucoup de peine à le tuer; mais il suffit, « pour cela, de le frapper entre les deux yeux. »

Un autre auteur a dit : « Si le *Tchang-iu* est affamé, il mange ses jambes (bras); c'est « pourquoi on en voit de temps en temps qui n'ont que cinq ou six jambes. » (3)

Il porte les noms chinois suivants : *Kie-iu, Siao-yen, Haï-siao-tsen*. On le nomme *Ta-ko* en japonnais.

D'après ce qui précède, et la planche que nous reproduisons, nous devons croire que cette espèce, tout en ayant beaucoup de rapports avec notre *Octopus vulgaris*, s'en distingue par ses bras, plus égaux, et surtout par ses yeux blancs. Nous avons donc cru devoir reproduire ici les précieux renseignements que M. Julien a bien voulu nous traduire. Nous assignons à cette espèce, qui peut être distincte de celles que nous connaissons, la dénomination d'*Octopus Sinensis*, en attendant que des voyageurs nous la rapportent, et qu'on puisse la décrire scientifiquement. Il est curieux de trouver à son égard quelques unes des croyances populaires des Grecs.

Alcide d'Orbigny.

(1) C'est précisément ce qui arrive pour notre *Octopus vulgaris* et pour tous les Poulpes.

(2) Ce procédé était connu des anciens Grecs. *Voy.* Athénée, lib. VII, chap. C.

(3) C'était aussi l'opinion des anciens Grecs. *Voy.* Athénée, lib. VII, cap. C, chap. CII. Ælien, lib. I, cap. XXVII, etc., etc.; Oppien, lib. II.

N° 28. POULPE FANG-SIAO (1). — *OCTOPUS FANG SIAO.*

Encyclopédie japonnaise, lib. 51. *Wang-tchao-iu.*

L'auteur de l'*Encyclopédie japonnaise* dit : « Le *Wang-tchao-iu* ressemble, par la forme « de son corps, au poisson *Tchang-iu*, mais il est très petit. En général, il a cinq à six « pouces. Sa tête (le corps) ressemble à un œuf d'oiseau (c'est-à-dire qu'il est arrondi); « le milieu de sa tête (du corps) est rempli d'une chair blanche que l'on mange après l'avoir « fait bouillir dans l'eau. Cette chair est composée de grains qui ont l'apparence de riz cuit « à la vapeur de l'eau, et qui ont aussi le même goût; c'est pourquoi le *Wang-tchao-iu* « s'appelle vulgairement *Fang-siao* ou *Siao à riz*. Ses pieds (bras) sont également tendres « et d'un goût excellent.

« Ces animaux se montrent en grand nombre dans le second mois. Ceux que l'on pêche « à *Po-tcheou* ont beaucoup de riz (d'œufs). Au dernier mois du printemps, ce poisson « maigrit et n'a plus de riz (d'œufs); dans les autres mois de l'année, il n'en a plus du tout. « Pour le prendre, on suspend au bout d'une corde la coquille vide du *Yong-lo* (murex), « et on la jette dans l'eau; au bout de quelque temps, le *Tchang* entre dans la coquille. »

Ce qu'on vient de lire nous prouve qu'il y a, dans les mers de la Chine, une seconde espèce d'Octopus, espèce qui reste toujours petite, puisqu'elle est adulte, ce dont on peut juger par ses œufs; mais nous la connaissons encore trop peu pour la faire figurer positivement dans la science.

A. D'O.

N° 29. POULPE A UN CIRRHE. — *OCTOPUS UNICIRRHUS*, *Delle-Chiaje.*

Octopus unicirrhus, Delle-Chiaje, mss.

Corpore carnoso, duriusculo, granulato, ventre excepto planulato, marginato, albescente, superciliis unicirrhis.

Suivant M. Delle-Chiaje, ce Poulpe ressemble au *Tetracirrhus* par la couleur, par la granulation des follicules; mais il s'en distingue par l'absence de cirrhe terminal du corps, par un seul cirrhe sur chaque paupière, et par le ventre plat, avec une marge circulaire et privée de follicules chromophores, ou mieux, fort rares. Sa consistance n'est pas ferme comme celle du Poulpe commun.

Habite les mers de Naples.

Ce qui précède est extrait d'une lettre de M. Delle-Chiaje; mais, après avoir bien étudié cette courte description, nous croyons y reconnaître une des modifications de l'*Octopus vulgaris*, et non une espèce nouvelle, comme le pense M. Delle-Chiaje.

A. D'O.

(1) C'est encore à la complaisance toute particulière de M. Stanislas Julien que nous devons la traduction des documents chinois dont se compose l'article de cette espèce.

N° 30. POULPE FRAYEDIEN. — *OCTOPUS FRAYEDUS, Rafinesque.*

Octopus frayedus, Rafinesque (1814), *Précis de découv. somiol.*
——————— Blainville (1826), *Dict. des Sc. nat.*, p. 189 (d'après Rafinesque).

« Appendices tentaculaires égaux, presque six fois plus grands que le corps, et n'ayant « pas de cupules à l'extrémité ; couleur du dos, rougeâtre. »

Aucune des espèces de la Méditerranée n'a les bras absolument égaux ; et, d'ailleurs, avec aussi peu de renseignements, il serait difficile de rechercher cette espèce, qui nous paraît peu certaine.

N° 31. POULPE DIDYNAME. — *OCTOPUS DIDYNAMUS, Rafinesque.*

Octopus didynamus, Rafinesque, *Précis de découv. somiol.*
——————— Blainville, *Dict. d'hist. nat.*, t. XLIII, p. 190 (d'après Rafinesque).

« Appendices tentaculaires inégaux, la paire supérieure la plus longue et égalant presque « cinq fois le corps ; couleur du dos, brunâtre. »

N° 32. POULPE HÉTÉROPODE. — *OCTOPUS HETEROPODUS, Rafinesque.*

Octopus heteropodus, Rafinesque, *Précis de découv. somiol.*
——————— Blainville, *Dict. d'hist. nat.*, t. XLIII, p. 190.

Appendices tentaculaires inégaux, fort courts, égalant à peine la longueur du corps, la paire supérieure la plus longue ; dos rougeâtre.

N° 33. POULPE TÉTRADYNAME. — *OCTOPUS TETRADYNAMUS, Rafinesque.*

Octopus tetradynamus, Rafinesque, *Précis de découv. somiol.*
——————— Blainville, *Dict. des Sc. nat.*, t. XLIII, p. 190.

Appendices tentaculaire égalant cinq fois la longueur du corps, inégaux, et alternativement plus longs ; couleur grisâtre.

Observation générale. On peut facilement s'apercevoir que ces quatre espèces ne sont que des espèces nominales, qui devraient rentrer comme synonymes de celles que nous avons décrites, mais elles sont trop imparfaitement caractérisées pour qu'on puisse les reconnaître.

A. D'O.

Espèces apocryphes.

POULPE COLOSSAL. — *SEPIA GIGAS, Oken.*

Poulpe colossal, Montfort, *Buff. de Sonnini*, Mollusques, t. II, p. 256, pl. 26.
Sepia gigas, Oken, *Sehrb. der zool.*, p. 345, n° 7.

Montfort représente cette espèce comme embrassant de ses énormes bras un vaisseau à trois mâts. Cet auteur était si exagéré dans ses extravagances et si extrême dans sa mauvaise foi, qu'il dit un jour à M. Defrance (de qui nous le tenons, et qu'il rencontra peu de temps après l'impression de son ouvrage) : « Si mon Kraken passe, je lui ferai étendre ses bras des deux « côtés du détroit de Gibraltar. » Il dit aussi à M. Faujas, devant M. Champollion-Figeac : « Si mon Poulpe colossal est admis, à la seconde édition je lui ferai renverser une escadre. »

POULPE KRAKEN.

Poulpe kraken, Montfort, *Buff. de Sonnini*, Mollusques, t. II, p. 386.

A. D'O.

Sous-genre. ÉLÉDON. — *ELEDON*.

Ελεδώνη, Aristote; *Ozaina*, Plinius, Rafinesque; *Eledona*, Belon, Aldrov.; *Polypus*, Rondelet, Gesner; *Sepia*, Linné, Bosc; *Octopus*, Lamarck, Cuvier, Blainville, Carier; *Eledon*, Leach, Férussac, Delle-Chiaje; *Eledona*, Risso.

Une seule rangée de cupules à la face interne des bras; tous les autres caractères comme les Poulpes proprement dits.

A. D'O.

N° 1. ÉLÉDON MUSQUÉ. — *ELEDON MOSCHATUS*, *Leach*.

ÉLÉDON. Pl. 1, Pl. 1 bis, Pl. 3.

Ελεδώνη, Aristote, lib. IV, cap. I; Camus, p. 117; Schneider, t. II, p. 130.
Ozaina, Plinius, *Hist. nat.*, lib. IX, cap. XXX.
Eledona, Belon (1533), *de Aquat.*, p. 333; *la Nature et la Diversité des Poissons*, p. 337.
Polypii tertia species, Rondelet (1554); *de Piscibus*, lib. XVII, cap. VIII, p. 516 (figure originale), et cap. IX, et prima spec., p. 417.
Polypus tertia species, Boussuet (1558), *de Aquat.*, lib. IV, p. 740 (copie de Rondelet), et p. 871.
Polypus tertia species, Boussuet (1558), *de Nat. aquat.*, p. 202 (copie de Rondelet).
Eledona, *Bolitæna*, *Ozotis*, Aldrovande (1606), *de Moll.*, cap. III, p. 42 (copie de Rondelet), et p. 43.
Polypus femina, Seba (1758); *Mus.* 3, f. 2, f. 6, 4.
——————— Barbut, *Genera vermium*, p. 75, pl. 8, fig. 1 (copie de Seba).
Moschites, Schneider (1784), *Collection de diverses dissertations*, etc.; Berlin, 1784.
Octopus moschatus, Lamarck (1799), *Mém. de la Soc. d'hist. nat.*, t. I, p. 22, n° 4, pl. 2.
Poulpe musqué, Montfort (1802), t. III, p. 80, Pl. XXXIV (mauvaise figure).
Poulpe d'Aldrovande, Montfort (1802), t. III, p. 55, Pl. XXXII (mauvaise).
——————— Schaw., *nat. miscel.*, t. CCCLIX.
Sepia moschata, Bosc (1802), Buffon de Déterville, vers, t. 1, p. 48.
Ozoena moschata, Rafinesque (1814), *Précis de découv. somiol.*, p. 29, n° 72, *et tableau.*
Ozoena Aldrovandi, Rafinesque, *Précis de découv. somiol.*, p. 29, n° 73.
Eledon moschatus, Leach (1817), *Journ. de phys.*, t. LXXXVI, p. 293.
Eledon moschata, Ranzani (1819), *Mem. di stor. nat. deca.* 3°, p. 151.
Octopus moschatus, Lamarck (1822), *An. sans. vert.*, t. VII, p. 658, n° 4.
Octopus moschites, Carus (1824), *Icon. sep. nov. act. acad. nat. cur.*, t. XII, 1re partie, p. 319; t. XXXII (sur le mort).
Poulpe musqué, Cuvier, *Règne animal*, t. III, p. 12.
Eledon moschatus, Férussac (1826); d'Orbigny, *Tabl. des Céphal.*, p. 55, n° 1.
Octopus moschatus, Blainville (1826), *Dict. des Sc. nat.*, t. XLIII, p. 190.
Eledona moschata, Risso (1826), *Hist. nat. de l'Eur. mérid.*, t. IV, p. 2.
Octopus moschatus, Payraudeau (1826), *Cat. des coq. de Corse*, p. 172, n° 349.
Octopus moschatus, Sangiovani (1829), *Ann. des Sc. nat.*, t. XVI, p. 317.

Eledon moschatus, Delle-Chiaje (1828), *Mém.*, t. IV, p. 48 et 56.

Eledon Aldrovandi, Delle-Chiaje (1828), *Mém.*, t. IV, p. 43 et 67.

Octopus moschatus, Blainville, *Faune française*, p. 9, n° 7.

Octopus leucoderma, Sangiovani (1829), *Ann. des Sc. nat.*, t. XVI, p. 318 (variété, ou individu mort dans l'eau).

Octopus moschatus, Rang (1837), *Mag. de zool.*, p. 64, Pl. 91.

Eledone moschatus, Cuvier, *Règne animal*, ill.

Eledone Genei, Verany (1838), *Acad. reale delle sc.*, t. I.

O. corpore oblongo, minuter granuloso; brachiis elongatis, gracilibus, æqualibus; corpore maculis nigrescentibus ornato; membrana umbellæ, cærulescente limbata.

Dimensions.

	JEUNE.	ADULTE.	VIEUX.	
Longueur totale	43	80	440	millimètres.
Longueur du corps	»	»	95	*id.*
Longueur des bras supérieurs	25	55	310	*id.*
Longueur des bras latéraux-supérieurs	25	55	310	*id.*
Longueur des bras latéraux-inférieurs	25	55	310	*id.*
Longueur des bras inférieurs	25	55	310	*id.*
Longueur de la membrane	13	»	80	*id.*

Description.

Corps assez souvent allongé ou oblong, un peu acuminé postérieurement, quelquefois lisse, ou bien couvert de légères aspérités aiguës, irrégulières, qui lui donnent l'aspect velouté, quelquefois très peu apparentes, moins marquées en dessous. Dans la colère, l'animal se hérisse de pointes élevées, grosses comme les cirrhes des Poulpes ordinaires. *Ouverture* large, pouvant s'apercevoir en dessus.

Tête peu distincte du corps, peu large, néanmoins assez longue, munie, sur chaque œil, d'un cirrhe plus ou moins marqué, mais qu'avec une attention scrupuleuse on peut apercevoir sur tous les individus; souvent elle n'est représentée que par des rides qui la décèlent toujours. *Yeux* saillants, assez petits, pouvant se recouvrir entièrement par les plis de la peau qui les entoure. Ils sont cependant protégés par une paupière transparente qui existe seulement en dessus, tandis qu'en dessous il n'y en a pas. *Bouche* comme celle des Poulpes ordinaires; langue identique à celle des Poulpes. *Bec* ordinaire; les extrémités des mandibules courtes, non crochues, et comme usées. La couleur en est brune partout, avec une bordure blanche étroite, mais très distincte.

Couronne longue et large, encore granuleuse. *Bras* granuleux à leur base, allongés, conico-subulés, un peu comprimés, à peu près égaux. *Cupules* espacées, dont les rayons internes sont peu régulièrement bifurqués; souvent un seul l'est sur quatre. Elles sont au nombre d'environ 95 à 115 à chaque bras, sur les grands exemplaires, et n'alternent vers l'extrémité des bras que lorsque les individus sont fortement contractés. *Membranes de l'ombrelle* très grandes, se continuant extérieurement, sur les côtés des bras, jusqu'à leur extrémité. *Tube locomoteur* long, placé à la base des bras.

Couleurs sur le vivant (1), *à l'état de tranquillité.* Le dessus est d'un brun-châtain très clair, nuancé de blanchâtre et de noirâtre. Il passe quelquefois au marron-violacé, marbré

(1) Nous sommes redevables de quelques uns de ces précieux renseignements relatifs à la couleur à M. Verany, habile observateur, que nous aurons occasion de citer souvent pour les Céphalopodes de la Méditerranée.

de taches brunes et de quelques autres blanchâtres, dont une partant des yeux, de chaque côté, se réunit sur la ligne médiane, en dessinant un V. Cette teinte s'éclaircit sur le bord de la membrane et le long des bras, qui deviennent blanc-violet vers leur extrémité. D'autres fois, il est d'un jaune-clair sale, marbré de noirâtre et tacheté de blanc. La membrane est alors verdâtre, tandis que, dans l'état normal, elle est bordée de bleu-clair, teinte qui l'accompagne jusqu'à l'extrémité des bras. Les yeux sont d'un beau jaune, quelquefois pointillés d'un jaune plus foncé; la pupille noire, plus ou moins oblongue. La partie inférieure de l'animal est blanche, à reflets verdâtres sur le centre du corps, jaunâtre sur les côtés et sur l'ombrelle : il ne paraît pas y avoir alors de points chromophores. Le tube locomoteur est toujours couvert de points rouge-jaunâtre; le dedans de l'ombrelle est blanchâtre, passant au bleu sur les bords. Quelquefois la membrane a des points chromophores rouge-jaunâtre, et ces mêmes points se remarquent à l'intérieur des membranes des bras. Les bras, de blanchâtres qu'ils sont à leur base, passent au jaunâtre, et sont violets à leur extrémité. Les cupules ont leur bord extérieur lilas, et l'intérieur jaunâtre. Dans le même état de tranquillité, un très jeune individu (voy. fig. 2, pl. 3) est jaune-verdâtre, irrégulièrement tacheté de blanchâtre, avec quelques taches espacées et irrégulières brunes, qui se voient aussi par rangées sur la membrane de l'ombrelle.

Dans l'irritation, il prend une teinte jaunâtre sale, passe au gris-jaunâtre; quelquefois aussi, d'une belle couleur marron, il se couvre instantanément de tubercules aigus et prononcés sur tout le corps. Après quelques instants, les tubercules disparaissent, et sont remplacés par des taches blanchâtres. Six belles taches noires, disposées en fer à cheval, se remarquent sur le corps, les deux plus petites sur les côtés. La membrane à l'extérieur est aussi couverte de taches noirâtres, dont quelques unes sont disposées en lignes parallèles le long des bras. Elles manquent sur les bras inférieurs. L'intérieur de l'ombrelle se couvre de points rouge-jaunâtre.

A l'approche de la mort, il devient d'un beau violet-blanchâtre, tout couvert de taches irrégulières blanches; les bras de la même couleur. La membrane transparente est couverte de taches blanches, opaques; la bordure se voit encore; l'iris est blanc et la pupille oblongue. Les cupules sont blanches. Il est entièrement couvert de points chromophores bleuâtres.

Mort dans l'eau, il devient d'une couleur blanche, livide, uniforme; de petites taches plus blanches se voient sur la partie dorsale; la bordure bleue existe encore. L'iris est blanchâtre, et la pupille ronde. Après quelques heures, le bleu de la membrane disparaît, et l'animal finit par devenir blanchâtre-livide uniforme (1).

Mort hors de l'eau, il devient d'une couleur obscure, nuancée de blanchâtre et de noirâtre, et les taches noires sont visibles.

Conservé dans l'alcool, il est, le plus souvent, d'une couleur vineuse, et conserve les taches; d'autres fois il est violet sans taches, ou entièrement rosé.

M. Sangiovani (2) dit qu'il a deux ordres de globules chromophores, le safran et le châtain-foncé; en dessus, les globules châtain-foncé tirent sur le noir; ils sont plus grands que les globules safran, et en plus grand nombre; le contraire a lieu pour les parties inférieures.

Odeur. A l'état frais, il paraît que cette espèce répand une très forte odeur de musc, remarquée même par Aristote.

(1) C'est dans cet état que M. Delle-Chiaje l'a regardé comme différent, et qu'il l'a rapporté à l'*Aldrovandi* de Montfort.
(2) *Annales des Sciences naturelles*, 1829, t. XVI, p. 318.

Rapports et différences.

Les seules différences que nous ayons rencontrées entre le seul exemplaire de l'*Eledon cirrhosus* et les très nombreux individus de l'*Eledon moschatus* que nous avons observés, sont : la forme du sac très courte, très large, dans le premier, toujours oblongue ou allongée dans le second ; le manque complet de cirrhes sur les yeux et les bras inégaux, dans l'*Eledon cirrhosus*, tandis que, dans l'espèce qui nous occupe, nous les avons toujours trouvés égaux, lorsqu'ils n'avaient pas été tronqués. Ce sont, en un mot, deux espèces on ne peut plus voisines.

Quant aux différences entre les individus de cette espèce, il n'en est qu'une relative au sexe, la plus grande largeur du sac dans la femelle ; mais si l'on veut en citer provenant de la contraction dans la longueur, elles sont nombreuses. La peau est quelquefois lisse ; d'autres fois fortement granuleuse ; le corps plus ou moins allongé, plus ou moins aigu postérieurement ; les cirrhes des yeux plus ou moins marqués. Les sensations diverses annoncent seules de si grands changements de forme et de couleur dans cette espèce, qu'il n'est pas étonnant que l'alcool en produise aussi, selon le degré de la liqueur, selon l'instant où les animaux y ont été mis ou selon le plus ou moins de conservation.

Il est évident pour nous que l'âge plus avancé donne, à proportion du corps, des bras plus ou moins allongés ; aussi un jeune a les bras à peu près de la moitié de l'ensemble, tandis que l'adulte a des bras de trois fois la longueur du reste du corps, conformément aux dimensions respectives données au commencement de la description.

Nous avons examiné dix-neuf Élédons de la Méditerranée, et c'est leur examen comparatif qui nous donne les résultats que nous venons d'exposer.

Habitation ; mœurs.

Cette espèce paraît n'être propre qu'à la Méditerranée, car elle a été observée sur presque tous les points de cette mer, et jamais dans l'Océan. Elle a été recueillie, à Naples, par M. Delle-Chiaje ; à Nice, par M. Verany ; en Corse, par M. Payraudeau ; et à Alger, par M. Rang. On la pêche de jour et de nuit, pendant toute l'année, principalement sur les côtes rocailleuses. Elle est très commune, et il est rare que les pêcheurs n'en prennent pas dans leurs filets. M. Risso dit qu'elle vit dans les cavités de rochers, et reste presque toute l'année sur la côte de Nice.

Nous allons faire connaître, sur l'Élédon qui nous occupe, quelques observations de mœurs très curieuses que nous devons encore à M. Verany, qui, ayant conservé pendant plus de trente jours plusieurs de ces mollusques dans de grands réservoirs, a pu les étudier parfaitement.

Dans l'état de tranquillité, cet animal se cramponne au vase (Pl. 3, fig. 2) (1). La tête est un peu inclinée en avant, et le sac penché en arrière, le cou relevé, le tube locomoteur retourné en l'air, et son orifice, venant à gauche, entre les bras, donne issue à l'eau aspirée (2). Il est alors jaunâtre ; ses yeux sont dilatés ; sa respiration, très régulière, est

(1) Les dessins, admirables de vérité, sont dus à M. Verany, qui les a faits sur les animaux vivants.

(2) Plinius (*Hist. nat.*, lib. IX, cap. XXIX, p. 645) avait déjà dit cela des Polypus.

marquée par la dilatation ou la contraction du corps, et le renvoi de l'eau a lieu par le tube locomoteur. Cette pose paraît la plus ordinaire; M. Verany l'a vu dans cet état au moins les trois quarts de sa vie.

Dans l'état de colère, il est remarquable par le changement qui s'opère en lui : il prend la forme de la fig. 4, pl. 3, se cramponne comme dans la tranquillité, mais la tête est plus relevée, et le sac moins penché. Celui-ci forme une espèce de renflement dans la partie supérieure, et devient pointu à son extrémité; son corps se couvre entièrement de nombreux tubercules, et devient d'une belle couleur marron; l'œil se contracte beaucoup; le tube locomoteur lance de l'eau avec force, la respiration se précipite, irrégulière, de temps à autre, l'animal fait de plus fortes aspirations, et lance ensuite l'eau à quelques pieds de distance; mais cet état de colère, que le moindre contact suffit pour amener, dure rarement une demi-heure; quand il cesse, les tubercules disparaissent presque instantanément, et il reprend la couleur de l'état tranquille. La moindre secousse à l'eau suffit pour le faire se couvrir d'une teinte plus foncée qui passe comme un éclair.

Dans le sommeil, qui a lieu aussi bien le jour que la nuit, il s'attache au vase par son ombrelle (Pl. 3, fig. 5), et l'extrémité de ses bras flotte autour, les deux inférieurs prolongés en arrière, et le sac penché sur ceux-ci; les yeux plus contractés que dans l'état d'irritation, et en partie fermés par la paupière; le tube locomoteur constamment à gauche; la respiration très régulière, plus lente, et le renvoi de l'eau beaucoup plus faible : il est alors d'une couleur gris-livide, rouge-vineux en dessus, avec des taches blanchâtres, tandis que les taches brunes ont entièrement disparu. L'extrémité des bras, qui flotte autour du corps, l'éveille et l'avertit d'un contact quelconque et du danger qui le menace. En effet, lorsqu'on essaie de le toucher, même avec la plus grande délicatesse, il s'en aperçoit aussitôt.

Quand il marche dans l'eau (Pl. 3, fig. 6), ce qu'il fait en tous sens, mais le plus ordinairement le tube locomoteur en arrière, il étale ses bras, relève sa tête, et porte son corps légérement penché en avant. Il devient gris-perlé, et les taches prennent une teinte lie de vin; dès l'instant qu'il s'arrête et se fixe, il perd cette couleur. Quelquefois aussi il marche tout en conservant la teinte de la fig. 5, pl. 3 (1).

Quand il nage, ce qu'il ne fait que lorsqu'il est pressé par un besoin violent, il avance le sac en avant, les bras étendus en arrière, les six supérieurs sur une ligne horizontale, les deux autres rapprochés en dessous (Pl. 3, fig. 3). Par ce moyen, sa forme, presque aplatie, présente une très large surface de résistance à l'eau; la dilatation et la contraction de son corps, qui chassent l'eau avec violence par le tube locomoteur, lui donnent un mouvement rapide et par secousses; néanmoins il s'aide quelquefois de ses bras. Ses yeux sont alors très dilatés, sa couleur jaune-clair livide, très finement pointillée de rougeâtre, et couverte de taches claires, mais non de taches violettes.

En toute circonstance, il a une forte odeur de musc qui se conserve longtemps après la mort. Quelques individus ont cette odeur moins intense, et même quelques uns semblent ne pas l'avoir du tout.

Jamais l'irritation, quelque forte qu'elle soit, ne le porte à lancer son encre; cette liqueur ne sort qu'après la mort.

(1) Il paraît que M. Rang a vu bien différemment que M. Verany, quand il dit (*Mém.*, p. 37) : « Jamais ils ne rampent ou n'arpentent lorsqu'ils sont dans l'eau. Cependant il est certain, comme nous l'avons vu souvent, que tous les Poulpes proprement dits rampent fréquemment au fond des eaux.

Si, la nuit, on s'en approche avec une lumière, de suite il aspire fortement et lance l'eau à plus de six pieds. A cette vue, il relève son corps, contracte sa pupille, fait quelques mouvements oscillatoires; et c'est alors qu'il lance l'eau. Il y a toujours au moins trois aspirations entre chaque éjection. Un corps opaque placé près de son œil, sans le toucher, ne lui fait éprouver aucune crainte, tandis que si quelqu'un s'approche de son vase, de suite il en est affecté. Il marche assez vivement hors de l'eau, lorsqu'il s'y trouve fortuitement; mais c'est pour regagner promptement son élément favori, en rampant, comme il le fait dans l'eau. Alors le corps, n'étant pas soutenu, retombe et forme un angle avec la tête.

L'*Élédon moschatus* n'est pas apprécié comme aliment, à cause de sa forte odeur de musc et de sa chair, très coriace. Les pauvres gens, qui le mangent cependant, ont soin de l'écorcher préalablement.

A Nice, on nomme cette espèce *Nouscarin;* à Naples, *Moscarillo* ou *Polpo morcoso;* dans d'autres lieux, *Muscardine* ou *Muscarole.*

Histoire.

C'est l'Ελεδώνη (l'Élédon) d'Aristote (1); mais, comme nous l'avons dit aux Poulpes, il y a doute sur la réunion qu'on pourrait faire du Βολίταινα (Bolitæna) et de l'Οζολις (Ozolis), qui paraît aussi avoir une forte odeur; par ce motif, ils ont été réunis, comme synonymes, par Belon et par les auteurs qui l'ont suivi. Cette réunion, au reste, est encore appuyée par plusieurs auteurs anciens (2); c'est l'opinion de Schneider, lequel, après avoir discuté la chose, avoir cité Belon, Rondelet, Salvianus, rapporte aussi la citation de ce dernier auteur, qui, s'appuyant sur un ancien manuscrit du Vatican, donne une leçon propre à éclairer toute la question, et fait une seule espèce des deux; on y lit : « Une autre espèce, « nommée *Élédone,* est appelée par d'autres *Bolitaene* et *Ozolis.* » Pour nous, comme on n'a pas encore rencontré d'autre Poulpe qui ait de l'odeur, il nous paraît probable que c'est la même espèce.

Souvent bien décrite, et toujours citée par les auteurs anciens, grecs et latins, cette espèce l'a été par Belon, Gesner, Rondelet, Salvianus, Aldrovande, Jonston, Seba et Barbut. Néanmoins, Linné ni Gmelin n'en ont parlé, l'ayant sans doute confondue avec leur *Sepia octopodia* ou *Sepia octopus*, qu'ils appliquent, sans distinction, à toutes les espèces pourvues de huit bras. En 1799, également Lamarck, le premier, la rappela de nouveau, et la plaça seulement comme espèce parmi les Poulpes. Denis de Montfort, en 1802, suivit son exemple; mais, après avoir dénaturé les paroles d'Aldrovande, il forma, sous le nom de *Poulpe d'Aldrovande,* une espèce de plus d'un Poulpe à une seule rangée de cupules, tandis que le texte dit positivement qu'il y en a deux (3); erreur reproduite, plus tard, par Rafi-

(1) Aristote, lib. IV, cap. I; Camus, p. 177; Schneider, t. II, p. 130.

(2) Pollux Onomast. (2e livraison, p. 76) dit : « L'*Osmylias* est un poisson que beaucoup de gens appellent *Ozaena;* « c'est une espèce de Polype ayant, entre la tête et les bras, un canal qui jette une exhalaison de mauvaise « odeur. »

Plinius, lib. IX, cap. XXX, p. 649, dit qu'au genre des Polypes appartient l'*Ozaena*, ainsi nommé de son odeur désagréable. (Du verbe Οζῶ, sentir, odorer.)

Gaza traduit *Ozaena*, dans Aristote, par *Bolitaena.*

(3) *Cirris duplici acetabulorum ordine*, *inferna parte insignitis*, *albis.* Aldrov., *de Moll.*, lib. 1, p. 13.

nesque (1), qui, en en formant, le premier, un groupe distinct des Poulpes, sous le nom d'*Ozaena*, y place les deux espèces de Montfort, l'*Ozaena moschata* et l'*Ozaena Aldrovandi*. M. Leach, en 1817, en créant, pour l'espèce d'Aristote, son genre *Eledona*, ne parla que d'une espèce. Lamarck (2), dans ses *Animaux sans vertèbres*, n'adopta pas la division de genre et d'espèces établie par Rafinesque. Carus (3) également ne vit, dans la Méditerranée, qu'une espèce à une seule rangée de cupules; opinion adoptée par M. de Blainville (4) et M. Risso (5). M. l'abbé Ranzani (6), dans une savante dissertation, prouve que l'*Eledone Aldrovandi* n'est établie que sur une fausse interprétation du texte d'Aldrovande, et propose de la supprimer. Néanmoins, M. Delle-Chiaje croit aussi qu'il y a deux espèces, l'une, à l'odeur de musc, son *Eledone moschatus;* l'autre, sans odeur, l'*Eledone Aldrovandi;* et, tout en leur conservant ces deux noms, il ne donne réellement de caractères distinctifs que le manque d'odeur et une couleur plus pâle; mais, pour ce dernier caractère, nous avons déjà vu combien il est peu concluant, lorsqu'on connaît la variation de teinte qu'éprouve chaque animal, et surtout quand on sait que tous deviennent presque blancs lorsqu'ils meurent dans l'eau. Pour nous, après avoir examiné comparativement avec le *Moschatus* deux exemplaires portant le nom d'*Aldrovandi* (envoyés par M. Delle-Chiaje), nous nous sommes assuré positivement qu'ils ne différaient en rien les uns des autres. M. Verany, qui, dans toutes ses lettres, avait assuré à M. de Férussac que les pêcheurs ne connaissaient, sur les côtes de Nice, qu'une seule espèce de ce sous-genre toujours musquée, annonça enfin, mais avec beaucoup de doutes, qu'il croyait avoir un *Eledone* sans odeur. Il le décrivit sur un individu mort, le dessina, et envoya l'original, que nous avons aussi confronté (7). Nous avons facilement reconnu que la décoloration en était due au séjour dans l'eau après sa mort, et que, du reste, il ne différait en rien de l'*Eledone moschatus* des auteurs. D'ailleurs M. Vérany lui-même, en le décrivant, paraît hésiter à le croire d'espèce différente. Il faudrait donc reconnaître que ces deux espèces ne diffèrent que par le manque d'odeur, puisque la teinte plus pâle ne peut pas être admise comme ayant une valeur différentielle; aussi, de tout ce qui précède, nous concluons qu'il n'est rien moins que prouvé qu'il y ait deux espèces d'Élédone dans la Méditerranée; et, tant qu'on n'aura pas d'autres preuves que celles qui ont été publiées, nous considérerons l'*Eledon Aldrovandi* comme la même espèce que l'*Eledon moschatus*, sans même pouvoir admettre, d'après ce que nous avons observé, que ce puisse être une variété constante.

Quant à la discussion établie par M. Ranzani sur la différence de l'*Eledon moschatus* et de l'*Eledon cirrhosus*, nous croyons y avoir répondu par les réflexions présentées sur chacune de ces deux espèces.

(1) *Précis des Découvertes somiol.*, p. 29, n°s 72 et 73, en 1814.

(2) *Animaux sans vertèbres*, t. VII, p. 658, n° 4.

(3) *Icon. sepiar.*, *Acad. nat. cur.*, t. XII, p. 319, tab. XXXII.

(4) *Dict. des Sc. nat.*, t. XLIII, p. 190.

(5) *Hist. nat. de l'Eur. mérid.*, t. IV, p. 2.

(6) *Mém. de Stor. nat.*, p. 80 et 81.

(7) Cet individu devint, plus tard, dans le Mémoire de M. Verany imprimé parmi les *Mémoires de l'Académie des Sciences de Turin*, le type de son *Eledone genei* (Pl. 1), que nous regrettons que ce zélé observateur ait publié sous un nouveau nom, car c'est évidemment l'*Eledone moschatus*.

Explication des Figures.

ÉLÉDON. Pl. 1, fig. 1. Animal vu en dessus, dessiné d'après nature sur un exemplaire mort, conservé dans l'alcool.
2. Intérieur de l'ombrelle, figure dessinée d'après nature.
Pl. 1 *bis*. Animal vu de côté, copié du dessin de M. Carus, évidemment fait sur un individu frais, et mort.
Pl. 3, fig. 1. Animal avec les couleurs de l'état vivant, dessiné d'après nature par M. Verany.
2 *id*. Dans l'état de tranquillité.
3 *id*. Dans la nage.
4 *id*. Dans l'irritation, étant tourmenté.
5. Animal dans le sommeil, dessiné sur le vivant par M. Verany.
6 *id*. Dans la marche au fond de l'eau.

ALCIDE D'ORBIGNY.

N° 2. ÉLÉDON CIRRHEUX. *ELEDONE CIRRHOSUS.*

ÉLÉDON. Planche 2.

Sepia moschites, Herbst. (1788), *Einlect. zur.*, etc., p. 80, n° 5, t. 389. (Copie de Pennant.)
Sepia octopodia, Pennant, *Brit. zool.*, t. IV. p. 53, Pl. 28, fig. 44. (Figure originale.)
Octopus cirrhosus, Lamarck (1799), *Mém. de la Soc. d'hist. nat. de Paris*, t. 1, p. 21, n° 3, Pl. 1, fig. 2, *a*, *b*. (Figure originale mauvaise.)
Octopus cirrhosus, Lamarck (1822), *An. sans. vert.*, t. VII, p. 658, n° 3 (1).
Sepia cirrhosa, Bosc (1802), *Buffon de Déterville*, Vers, t. I, p. 47.
Poulpe cirrheux, Montfort (1802), *Buffon de Sonnini*, Mollusques, t. III, p. 67, pl. XXXIII. (Figure arrangée d'après Seba et Lamarck.)
Poulpe cirrheux, Férussac; d'Orbigny (1825), *Tableau méthod. des Céphal.*, p. 56, n° 2.
Octopus cirrhosus, Blainville (1826), *Dict. des Sc. nat.*, t. XLVII, p. 191.
Octopus ventricosus, Grant (1827), *Edimb. new philos. Journ.*, 1827, p. 309. Bullet. de Férussac, t. XII, p. 397 (1827).

E. corpore rotundato, minutissime granuloso; cirrhis ocularibus nullis; brachiis mediocribus, conico-subulatis, fere æqualibus; limbo in membranis cærulescente nullo.

Dimensions.

Longueur totale	150	millimètres.
Longueur du sac	25	*id.*
Bras supérieurs, pris à leur base	110	*id.*
Deuxième paire, pris à leur base	95	*id.*
Troisième paire, pris à leur base	97	*id.*
Quatrième paire, pris à leur base	95	*id.*
Hauteur de la membrane, de la base des bras	27	*id.*

Description.

Corps coriace, presque arrondi, plus large que haut (dans la contraction), dilaté à sa partie inférieure, et comme sillonné sur la ligne médiane par une dépression, couvert en dessus de très petits tubercules pointus et inégaux, très rapprochés les uns des autres; ils sont infiniment plus petits en dessous. *Ouverture* inférieure médiocre, ne s'apercevant pas en dessus.

(1) Lamarck rapporte, comme synonymie, les *figures* 4 et 6 de Seba; mais nous pensons qu'elles doivent être renvoyées à l'article de l'*Eledone moschatus*.

Tête peu distincte, séparée du corps par un très léger étranglement; courte, large, enflée par la saillie des yeux, et couverte de petites granulations coniques, un peu plus grosses sur les yeux, sans qu'on remarque, sur cette partie, aucun indice de cirrhe. *L'œil*, dans la contraction, est entièrement fermé par la peau de son pourtour, rétréci sur lui de manière à empêcher de reconnaître s'il y a des paupières. *Lèvres* frangées. *Bec* brun.

Couronne longue et étroite, couverte des mêmes granulations que le corps. *Bras* granuleux en dehors, quadrangulaires, un peu comprimés, assez inégaux (1), la première paire la plus longue, puis la troisième, tandis que la seconde et la quatrième, égales en longueur, sont toutes deux plus courtes que la troisième. *Cupules* rapprochées les unes des autres. Les plus larges, avoisinant le bord de la membrane, sont circulaires, à bord bilobé, dépassant leur largeur; elles forment à l'intérieur une partie festonnée qui correspond à l'extrémité interne des sillons rayonnants qu'on remarque à l'intérieur, ceux-ci le plus souvent bifurqués vers la moitié de leur longueur. Les grands bras ont 85 cupules. M. Grant en a trouvé 111, et nous avons remarqué que, près de l'extrémité de ceux-ci, les cupules sont réellement, par la contraction, un peu alternes, ce qui prouverait combien ce caractère d'une seule rangée de cupules a peu de valeur comme division générique. *Membrane de l'ombrelle* très marquée, unissant tous les bras à leur base, et se continuant en une rainure externe le long de chaque bras.

Tube locomoteur long, étroit, saillant au-dessus de l'insertion du corps.

Couleurs sur le frais (2). Corps couvert de très petites taches brun-foncé (visibles à la loupe) sur la partie postérieure, et d'une teinte uniforme pâle en avant. *Tête* ornée de menues taches, et blanche en avant; iris blanc, d'un lustre argentin brillant, et presque entièrement couvert de petites taches rondes, d'un brun-rougeâtre foncé, comme celles de la peau. Les bras inférieurs presque blancs, les autres, couverts extérieurement de taches d'une couleur foncée, sont presque blancs en dedans; les membranes de l'ombrelle tachetées extérieurement, et blanches en dedans : ces taches, comme chez les autres Céphalopodes, paraissent et disparaissent alternativement avec beaucoup de rapidité. M. Grant a conservé vivant, pendant quelques jours, dans un bassin rempli d'eau de mer, un jeune individu de l'espèce. Cet observateur a remarqué que lorsqu'il touchait du doigt la surface du corps de l'animal, les parties voisines changeaient de couleur, et que des espèces de nuages d'un rouge brillant se répandaient rapidement du centre de la partie touchée sur toute la superficie et vers les extrémités du corps. Cette couleur, comme celle qui se manifeste sur la peau humaine, paraît produite par quelque fluide coloré qui, en coulant de petites vessies, se répand rapidement sur toute la peau, puis retourne à sa source.

Rapports et différences.

Cette espèce nous paraît différer de l'*Eledon moschatus* par un corps plus rond, par le manque total de cirrhes sur les yeux, par sa granulation beaucoup plus forte, et qui semble résister même à l'état de vie, par le manque de bordure bleue à l'ombrelle. Mais,

(1) M. Grant les dit égaux.
(2) D'après M. Grant.

malgré ces différences, nous aurions eu besoin de comparer un plus grand nombre d'individus pour être à portée d'affirmer avec plus de certitude encore que c'est bien une espèce différente, quoique sa répartition géographique vienne également appuyer sa distinction spécifique.

Habitation; mœurs.

Cette espèce paraît être propre seulement aux mers du Nord; car nous n'avons jamais entendu dire aux pêcheurs du golfe de Gascogne qu'ils en eussent connaissance, et jamais nous-même, en un grand nombre d'années de recherches, nous n'en avons observé, tandis que Pennant l'a rencontrée sur les côtes d'Angleterre, et que le savant docteur Grant assure l'avoir vue, quoique assez rarement, dans le détroit de Forth (côtes d'Écosse). L'individu décrit par Lamarck vient probablement aussi des mêmes mers.

M. Grant dit qu'il l'a vue nager avec précipitation à travers le bassin dans lequel il l'a mise; elle allait le corps en avant, frappant l'eau à coups redoublés, et simultanément, de ses bras; d'où il conclut que la nage ne lui est pas habituelle; mais l'individu était sans doute malade, car ordinairement les Poulpes nagent très bien. Elle gravissait en rampant les parois intérieures du vase. Elle paraît se nourrir de crabes et de petites coquilles.

Son encre est d'un noir pur, et, délayée, devient gris-noirâtre. L'animal n'a pas l'odeur de musc de l'*Eledone moschatus*.

Histoire.

Pennant a le premier donné une figure et une description de l'Élédon qui nous occupe, sous le nom de *Sepia octopodia,* Linné; dénomination sous laquelle on désignait alors, sans chercher à les distinguer, toutes les espèces de Céphalopodes pourvues de huit bras; ainsi, on y rapportait cette espèce, quoiqu'elle fût pourvue d'une seule rangée de cupules, et que celle de Linné en eût deux. L'individu décrit avait été pêché sur les côtes d'Angleterre. En 1799, Lamarck observa un Élédon provenant de la collection du stathouder; et, lui trouvant les bras singulièrement contournés, et surtout croyant que *le sac était détaché du corps tout autour*, il en fit une espèce distincte sous le nom d'*Octopus cirrhosus;* mais il n'y rapporta pas la figure ni la description de Pennant. Cette espèce fut admise et citée par MM. Bosc, Montfort, Férussac et Blainville, toujours d'après Lamarck.

En 1827, le docteur Grant (1) publia une excellente dissertation sur cette espèce, qu'il commença par comparer aux autres pourvues d'une seule série de cupules. Il prouve que son espèce, sans odeur, et n'ayant pas le *sac séparé de la tête*, ne peut être ni l'*Octopus moschatus*, ni l'*O. cirrhosus* de Lamarck; il propose alors pour la sienne le nom d'*Octopus ventricosus.* Nous avons reconnu que Lamarck a été induit en erreur par l'apparence trompeuse que présentait son *Octopus cirrhosus.* Nous avons examiné avec soin l'échantillon qui a servi de type à la description, et nous avons facilement reconnu que l'animal avait été attaché par un lien au milieu du corps, et serré fortement, ce qui avait marqué une forte dépression, que Lamarck a considérée comme une solution de continuité de la tête au corps, ce qui lui a fait dire que cette partie était distincte, tandis qu'elle n'est que froissée. Il est d'autant plus facile de s'apercevoir que c'est l'impression d'un lien, que celui-ci a passé au-dessus du

(1) *Edimburg. new. philos. Journ.*, 1827, p. 309.

tube locomoteur, alors presque séparé de la tête, à laquelle il tient toujours ; ainsi l'erreur de Lamarck, résultant d'une observation trop superficielle, et répétée dans ses *Animaux sans vertèbres*, a tout à fait trompé M. Grant, qui, sans cela peut-être, eût, comme nous, rapporté son espèce à celle de Lamarck. Nous voyons que M. de Férussac n'avait pas pensé à cette réunion ; car nous trouvons comme espèces distinctes les noms donnés par Lamarck et par M. Grant. Nous sommes heureux de pouvoir rectifier ce double emploi de dénomination, toujours fâcheux pour la science ; car, après nous être assuré que Lamarck s'était trompé, la comparaison de son espèce avec celle de M. Grant nous a fait reconnaître que c'était bien certainement la même, caractérisée par son manque d'odeur et de cirrhes au-dessus des yeux. Un autre motif que celui de ces deux caractères est venu appuyer la distinction spécifique : le *Cirrhosus* appartient seulement à l'Océan, tandis que l'*Eledone moschatus* est, jusqu'à présent, spécial à la Méditerranée.

Explication des Figures.

ELEDONE. Pl. 2, fig. 1. Animal vu en dessus, dessiné d'après nature sur l'individu même qui a servi à la description de Lamarck.

Fig. 2. Le même, vu en dessous.

a. Uue cupule, vue de face.

ALCIDE D'ORBIGNY.

Genre PHILONEXE. — *PHILONEXIS*, D'ORBIGNY.

Octopus, Blainville, Risso, Delle-Chiaje, Férussac, *S. G. Philonexis* (1), d'Orbigny, 1835. *Voyage dans l'Amérique méridionale.*

Caractères.

Forme générale, celle des Poulpes et des Argonautes; néanmoins le corps est généralement plus gros, à proportion, que dans ces deux genres, comparativement au volume de la tête et des bras; la tête non oblique avec le corps.

Corps bursiforme, presque toujours acuminé postérieurement, souvent très volumineux relativement au reste de l'animal, lisse, couvert d'une peau mince, ou rugueuse, et alors sans aucun tubercule charnu, contractile; des boutons ou des aiguillons cartilagineux ou cornés, sortant de la peau. *Ouverture* antérieure très grande, s'étendant jusque sur les côtés du cou; aussi la bride cervicale est-elle très étroite.

L'*appareil de résistance mobile* consiste, 1° de chaque côté, à la paroi interne du corps, à sa partie latérale inférieure, en une large boutonnière transversale, pratiquée dans l'épaisseur du corps, à une assez grande distance du bord; 2° en un bouton arrondi ou un pli charnu en crochet placé à la base latérale du tube locomoteur, et qui, rentrant dans la boutonnière, retient le corps à la volonté de l'animal; 3° l'*appareil fixe* est composé d'une *bride cervicale* supérieure, unissant le corps à la tête; 4° au milieu inférieur de l'ouverture du corps, en une bride transversale membraneuse, unissant les bords du sac à la masse viscérale, celle-ci bifurquée près de l'anus; 5° en deux autres brides de chaque côté, placées en dessous de la base du tube locomoteur, et unissant la tête au corps.

Tête peu distincte, variable dans ses dimensions, très petite dans quelques espèces, très grosse en d'autres, aussi longue en dessus qu'en dessous, toujours lisse, sans verrues ni cirrhes sur les yeux. *Yeux* le plus souvent gros, saillants, ne pouvant pas être recouverts par la contraction de la peau qui les entoure. L'iris, protégé par une simple membrane transparente, dans quelques unes, par deux paupières minces et translucides dans les autres; alors l'une supérieure, l'autre inférieure, la première recouvrant toujours la seconde. *Bouche* très grande, pourvue de deux lèvres charnues, entières, ridées sur leurs bords, mais non ciliées. *Bec* très large, jamais recourbé, comme un bec de perroquet; mandibule inférieure recouvrante, à capuchon non saillant; à ailes courtes, la partie postérieure arrondie, jamais carénée, peu longue; mâchoire supérieure également large, à lobe postérieur court. *Langue :* elle nous a paru semblable à celle des Poulpes. *Oreille externe*, sans crête auriculaire, marquée seulement par une légère saillie sur les côtés du cou, en arrière des yeux et au-dessous de la bride cervicale.

Ouvertures aquifères, au nombre de deux céphaliques en dessus, de deux anales en dessous, ou deux de chaque côté; ou bien encore, quelques autres plus petites à la base de la tête, dans la partie qui rentre dans le corps. Les grandes ouvertures *céphaliques* et *anales* commu-

(1) De φιλος, qui aime, et de νῆξις, natation.

Il est probable que quelques unes des espèces de Poulpes pélagiens, qu'Aristote (lib. IV, cap. I; Camus, p. 177) a séparées des Poulpes côtiers, appartiennent à cette division.

niquent à une énorme cavité qui occupe toute la partie supérieure de la tête, passe au dessus des yeux et revient en dessous. Quelquefois cette cavité est séparée, sur la ligne médiane, par une membrane inférieure et une supérieure.

Bras. Ils n'acquièrent jamais l'extension qu'ils ont chez les Poulpes, se maintenant toujours en des proportions médiocres, dans toutes les espèces que nous connaissons. Les bras supérieurs ou les latéraux supérieurs sont les plus longs, surtout les premiers. Point de crête natatoire ni de membrane protectrice des cupules. *Cupules* pédonculées, très extensibles, cylindriques, le plus souvent très espacées, toujours sur deux lignes alternes sur chaque bras.

Membrane de l'ombrelle. Elle est très courte, et les bras, alors, sont presque entièrement libres; ou très grande, réunissant plus ou moins les quatre bras supérieurs.

Tube locomoteur gros et court, sans bride supérieure ni valvule à l'intérieur.

Couleurs toujours très vives, formées par de nombreuses taches chromophores.

Rapports et différences.

Pour la forme générale, les Philonexes tiennent le milieu entre les Poulpes et les Argonautes; ils ont été confondus avec les premiers, dont néanmoins ils diffèrent plus que des seconds, auxquels ils sont liés par leurs caractères anatomiques. Nous allons chercher à démontrer quelles formes d'organes les rapprochent ou les éloignent de ces deux genres. Nous commencerons par les comparer aux Argonautes. Les rapports sont : Une composition générale analogue, dans les proportions relatives du corps à la tête et aux bras; un corps également acuminé postérieurement, fendu jusque sur les côtés du cou, et se rattachant à la tête par un *appareil de résistance;* des yeux pourvus de paupières minces, transparentes; un bec semblable, sans carène postérieure à la mandibule inférieure; des *ouvertures aquifères;* les bras supérieurs les plus longs. Les différences constantes qui distinguent les Philonexes des Argonautes sont les suivantes :

1° L'*appareil de résistance*, qui, au lieu d'avoir la boutonnière sur la base du tube locomoteur et le bouton sur le côté intérieur du corps, comme les Argonautes, a la boutonnière sur l'intérieur du corps et le bouton sur la base de la tête.

2° La forme de la tête, toujours oblique, par le raccourcissement de sa partie supérieure et par son allongement inférieur chez l'Argonaute, disposition obligée, dans ce genre, par les rapports de l'animal avec sa coquille, tandis qu'elle est aussi longue en dessus qu'en dessous chez les Philonexes dépourvus de test, et vivant vaguement au sein des eaux.

3° Les *ouvertures aquifères*, réduites, chez les Argonautes, à un petit trou situé derrière chaque globe des yeux, et communiquant à une cavité assez restreinte, qui, chez les Philonexes, sont toujours au nombre de deux en dessus, de deux en dessous, et de quatre aussi en dessus et deux en dessous, soit entre les yeux, soit au dessus du tube locomoteur et communiquant avec des cavités énormes, qui entourent entièrement la tête.

4° Le défaut de cette énorme palmature de l'extrémité de la paire de bras supérieurs dans l'Argonaute, appareil destiné à retenir et à former la coquille, tandis que les Philonexes ont tous les bras simplement coniques et acuminés à leur extrémité.

5° La *forme des cupules,* toujours larges, courtes, épanouies à leur sommet dans les Argonautes, toujours étroites, cylindriques, très extensibles, subpédonculées dans les Philonexes.

6° Le *tube locomoteur*, démesurément long dans l'Argonaute, disposition indispensable pour qu'il puisse arriver au bord de la coquille; le plus souvent très court chez les Philonexes.

Les rapports sont bien plus éloignés, si nous les comparons aux Poulpes, avec lesquels ils n'ont réellement d'autre affinité que leurs formes générales extérieures, celle du corps, de la tête, des bras et du tube locomoteur; car leurs détails sont constamment différents sur tous les points suivants :

1° Leur *corps* est généralement plus volumineux que celui du Poulpe, comparativement au reste de l'animal, presque toujours acuminé, dépourvu des cirrhes charnus qui se montrent dans presque toutes les espèces de ce genre.

2° L'*appareil de résistance* mobile, très compliqué chez les Philonexes, pour retenir leur énorme corps, n'existe pas du tout chez les Poulpes, qui ont le sac petit et son ouverture médiocre, ne s'étendant jamais que très peu sur les côtés du cou.

3° Les *yeux* pourvus de paupières minces, transparentes, non protégées par la contraction de la peau, comme chez les Poulpes.

4° Un *bec* toujours plus large, non crochu à l'extrémité de ses mandibules, sans carène postérieure à la mandibule inférieure; caractères tout à fait différents chez les Poulpes.

5° Les *ouvertures aquifères*, dont les réservoirs enveloppent la tête chez les Philonexes, n'existent pas du tout chez les Poulpes.

6° La *forme des cupules* est aussi bien distincte : elles sont toujours extensibles, longues, cylindriques, pédonculées, chez les Philonexes; courtes, larges, sessiles, chez les Poulpes.

On voit, par ce qui précède, qu'en dehors du manque de coquille et de palmature aux bras, caractères essentiels qui distinguent les Philonexes des Argonautes, il ne reste plus que des détails de beaucoup moindre valeur, tandis qu'entre les Philonexes et les Poulpes il n'y a presque rien d'identique, hors la forme générale; car nous avons toujours vu qu'aux orifices aquifères de la tête, caractères distinctifs principaux, se joignent, dans toutes les espèces, un appareil de résistance au sac, un bec et des cupules différents. Ce sont ces caractères distinctifs constants entre les Philonexes et les Poulpes qui nous ont amené à les en séparer entièrement. Aucun de ces caractères pris isolément ne nous eût paru suffisant pour justifier cette séparation; réunis, ils acquièrent une grande valeur zoologique, puisqu'ils dénotent une unité de formes extérieures et anatomiques, et déterminent des mœurs analogues dans toutes les espèces.

Habitation; mœurs.

Le nom du genre annonce les habitudes des espèces qu'il renferme; en effet, toutes paraissent être amies des hautes mers, et n'arriver près des côtes que par quelques causes fortuites, ce qui, du reste, est prouvé par leurs rares apparitions sur le littoral, tandis que leurs nombreux individus pullulent au large en troupes voyageuses, comme les Ommastrèphes, que nous verrons, plus tard, animer de grandes surfaces des Océans. Des sept espèces que nous réunissons dans ce genre, deux, le *Philonexis velifer* et le *Philonexis tuberculatus*, appartiennent exclusivement à la Méditerranée, tandis que les cinq autres sont de l'océan Atlantique; ainsi déjà deux mers ont leurs espèces déterminées, et nous sommes bien convaincu que, lorsqu'on recueillera soigneusement toutes les petites espèces des hautes mers, chaque vaste région marine montrera ses espèces propres; et, sans doute, le grand Océan n'en sera pas dépourvu. Nous pouvons même affirmer qu'il en possède, puisqu'un échantillon, malheureusement trop mutilé et trop décomposé pour être décrit, a été apporté des environs de Bombay, au Muséum d'histoire naturelle, par M. Dussumier, voyageur plein de zèle. Dans l'Atlantique, nous n'en avons jamais pêché au sud du 30° degré de latitude australe, ni au nord du 30° degré de latitude septentrionale ; ce qui annoncerait que ces animaux préfèrent les régions chaudes, contrairement aux grands Ommastrèphes, qui sont plus spécialement des régions froides ou tempérées. A l'appui de ce fait, viendrait l'observation que les Philonexes porte-voile se montrent plus souvent sur la côte d'Afrique que sur les rivages d'Europe.

Dans les hautes mers, pendant la nuit, ils couvrent les eaux de leurs innombrables phalanges, tandis que nous n'en avons jamais aperçu de jour ; aussi avons-nous dû supposer qu'ils sont généralement nocturnes, ce qui est en rapport avec la conformation de leurs yeux, plus gros et plus saillants que dans les autres genres. L'appareil visuel, si volumineux, aurait peut-être beaucoup à souffrir des rayons solaires, s'ils ne lui parvenaient pas au travers d'une masse d'eau qui en atténue l'éclat pendant le jour. C'est peut-être la raison pour laquelle ces espèces ne viennent à la surface de la mer que lorsque le crépuscule du soir commence à couvrir l'atmosphère. Elles se tiennent sans doute, le jour, à de grandes profondeurs, avec les Ptéropodes et une foule d'animaux marins, tous nocturnes ou crépusculaires. Les *Philonexis tuberculatus* et *velifer* ont les yeux plus petits ; ils sont peut-être moins nocturnes, ce que semblent encore annoncer les couleurs plus foncées dont ils sont revêtus.

Nous avons dit qu'ils allaient par troupes ; nous pouvons l'affirmer, au moins pour les espèces de l'Océan, car nous n'en avons jamais pris isolément dans la zone propre à chaque espèce, tandis que, chaque fois que nous ramenions notre filet, nous en recueillions toujours un grand nombre à la fois. Cet esprit de société convient parfaitement à des animaux voyageurs, comme nous supposons que le sont les Philonexes.

Leur mode de natation est celui des Céphalopodes acétabulifères, c'est-à-dire que le refoulement de l'eau par le tube locomoteur, et les mouvements des bras, les font avancer très rapidement à reculons. Mis dans l'eau, ils n'ont jamais cherché à se servir de leurs pieds pour ramper ; aussi les croyons-nous moins propres à cet exercice que les Poulpes, tandis qu'ils nagent mieux que ceux-ci. Dans la nage, la voile ou au moins les quatre ou six bras supérieurs, sont placés horizontalement, tandis que les autres, rapprochés en arrière, servent de gouvernail et dirigent la marche.

Ils se nourrissent évidemment d'animaux ptéropodes des genres *Hyalea* et *Cleodora*, et d'Altantes, car nous avons toujours trouvé dans leur estomac des morceaux de ces coquilles. Cela devait être, puisqu'ils mènent absolument le genre de vie de ces Mollusques, qu'ils accompagnent, le jour, dans leurs régions sous-marines, et, la nuit, à la surface des eaux.

Histoire.

Jusqu'à la publication de notre *Voyage dans l'Amérique méridionale* (1835), on avait toujours réuni les espèces de ce genre aux Poulpes. Le savant anatomiste Delle-Chiaje, tout en signalant les singularités de conformation qui distinguent l'*Octopus tuberculatus* de Risso des autres Poulpes, le laissa néanmoins dans ceux-ci ; M. Wagner en fit autant ; M. de Férussac avait la même opinion, ce dont on peut s'assurer par les planches qu'il a fait faire. Quant à nous, ayant reconnu, sur les espèces que nous avons décrites dans notre *Voyage*, qu'il y avait des caractères distincts entre les espèces des hautes mers et celles des côtes, nous n'avons pas balancé à en former un sous-genre de Poulpes sous le nom de *Philonexis* (1). M. de Férussac, qui ne voyait peut-être que la forme extérieure, ne partagea pas à cette époque notre opinion encore mal assise, n'ayant observé que de très petites espèces; mais aujourd'hui que M. le professeur Valenciennes a bien voulu nous confier, avec les objets du Muséum, toute la collection de M. de Férussac, qui y a été jointe, nous avons reconnu, sur les beaux exemplaires de son *Octopus tuberculatus* et de son *O. velifer*, que ces animaux ne peuvent positivement plus rester parmi les Poulpes, et nous n'avons pas craint de les en séparer entièrement, comme en étant aussi distincts que les Argonautes, et beaucoup plus que les *Eledone*, considérés par nous seulement comme une section des Poulpes proprement dits.

Nous retrouvons, parmi les notes de M. de Férussac, le très court extrait d'une lettre de M. Delle-Chiaje, annonçant son intention de former de l'*O. velifer* un nouveau genre sous le nom de *Tremoctopus*. Nous ne savons pas sous quel point de vue ce savant envisageait la chose; mais nous nous applaudissons d'avoir eu, trois ans avant la connaissance acquise de sa note, une idée identique à la sienne.

ALCIDE D'ORBIGNY.

N° 1. PHILONEXE TUBERCULEUX. — *PHILONEXIS TUBERCULATUS*, d'Orbigny.

POULPES. Pl. 6 bis et 6 ter, et Pl. 23, fig. 6 à 9.

Sans nom..... Delle-Chiaje (1822), *Mem. della stor. et not. degl. an. s. vert. del reg. di Napoli*, t. I, *Mém. sur l'Aplysia*, p. 68, note.

Octopus tuberculatus, Risso (1826), *Hist. nat. de l'Eur. mérid.*, t. IV, p. 3, n° 4.

Octopus reticularis, Petagua (1828), *Rapp. delle Sc. di Napoli* (pour 1826).

Octopus catenulatus, Férussac (1828), *Poulpes*, Pl. 6 bis et 6 ter.

Octopus Verany, Wagner (août 1828), *in Zeitschr. fur die org. Phys.*, t. II, et *Bullet. univ. des Sc. nat.*, t. XIX, p. 388, n° 3.

Polpo di Ferussac, Delle-Chiaje (1829), *Mém.*, t. IV, p. 41.

Octopus tuberculatus, idem, Pl. LV, et p. 56, n° 3.

Octopus pictus de Blainville, *Faune française*, *Mollusques*, p. 8, n° 6 (d'après Risso).

P. corpore ovoidali, magno, superne lævigato, subtus reticulato, tuberculato; apertura maxima; capite brevi, parum distincto; aperturis aquiferis, subtus duabus; brachiis gracilibus, subæqualibus, pro longitudine 1°, 4°, 2°, 3°; membranis fere nullis; acetabulis elongatis explicatis.

Dimensions.

Longueur totale	75	centimètres (2).
Longueur du corps	22	*id.*
Largeur du corps	19	*id.*
Longueur des bras supérieurs	50	*id.*
Longueur des bras latéraux-supérieurs	42	*id.*
Longueur des bras latéraux-inférieurs	39	*id.*
Longueur des bras inférieurs	45	*id.*

(1) D'Orbigny, *Voyage dans l'Amérique méridionale*, Mollusques, p. 14.

(2) D'après M. Delle-Chiaje, cette espèce deviendrait encore plus grande.

Description.

Forme générale. Corps ovoïde, comparativement énorme; et, comme la tête n'est presque pas distincte, que la couronne est très courte, ramassée, peu volumineuse, et qu'elle semble sortir du sac, celui-ci paraît composer presque tout l'animal.

Corps ovoïde, tronqué antérieurement, un peu acuminé postérieurement, d'une contexture ferme, lisse en dessus, couvert latéralement et sur toute la surface ventrale, de petits tubercules courts, coniques, dont la pointe est cornée, ou même un peu crétacée. Ces tubercules, forts au milieu du ventre, disposés, les uns par rapport aux autres, en triangles irréguliers ou en losanges, sont liés entre eux par des lignes saillantes formant, sous l'épiderme, un réseau assez régulier, à mailles lâches, plus serrées sur les côtés, et plus larges au milieu du corps. Lorsque l'animal est vivant, la régularité de ce réseau semble parfaite. *Ouverture du corps* fendue, non seulement sur toute l'étendue de la face ventrale, mais aussi en dessus, de chaque côté de la tête; en sorte que le sac ne tient à celle-ci que par la partie médiane de son bord supérieur. Le volume, le poids énorme du corps, surtout dans l'aspiration du liquide, et la grande dimension de son ouverture, font que la membrane intérieure ou cloison, qui inférieurement partage le corps, ne suffit pas, sans doute, pour maintenir ses bords dans leur position naturelle; de là vraisemblablement l'*appareil de résistance*, très remarquable, situé de chaque côté, entre la cloison intérieure et leur point d'attache, consistant en une espèce de boutonnière fendue transversalement dans l'épaisseur de la peau, près du bord interne du corps, et en un appendice charnu, terminé par une sorte de bouton ou de crochet situé à la base du tube locomoteur.

Tête très courte, peu distincte du corps, presque confondue avec la couronne, couverte, et fortement dépassée en dessous par le tube locomoteur. *Yeux* latéraux, situés vis-à-vis de la base des bras; petits, saillants, protégés par deux paupières très minces qui se croisent, la supérieure recouvrant l'inférieure. *Bouche* entourée d'une double lèvre, la première ciliée. *Bec* très large, à sommet aigu, sans être saillant, très large, mince, à ailes larges et peu longues; lisse, légèrement marqué de stries rayonnantes en dessus; il est comme sillonné en long, en dedans, et ondulé de dépressions transverses, marquées seulement à la mandibule supérieure. Sa couleur est noir-bistré, avec une petite bordure blanche; l'extrémité seule des ailes et du lobe postérieur est blanche à la mâchoire supérieure : les ailes en entier sont de cette couleur, sous la mâchoire inférieure.

Ouvertures aquifères, au nombre de deux, situées au côté externe des brides qui unissent le tube locomoteur à la base des bras inférieurs; elles sont circulaires, donnant, de chaque côté, dans une large poche qui occupe, sous la peau, toute la partie supérieure de la tête, réduite, au-dessus des yeux, en un simple canal. Point d'ouvertures supérieures au corps, ni à la base latérale de la tête.

Couronne très courte, peu marquée, paraissant ne faire qu'un avec le corps. *Bras* longs, grêles, relativement au volume du corps, conico-subulés, les supérieurs les plus gros, et déprimés, les autres presque ronds; ils sont peu inégaux; leurs proportions relatives sont, en commençant par les plus longs, la première paire, ou paire supérieure; la quatrième, ou paire inférieure; la deuxième, ou paire latérale supérieure; la troisième, ou paire latérale inférieure. *Cupules* petites, très saillantes, cylindriques, extensibles, presque pédonculées, très distantes les unes des autres, réunies, sur chaque ligne, par une membrane intermédiaire qui va de l'une à l'autre, plus marquées sur les deux paires supérieures de bras, formant un cercle autour de la bouche. Elles sont à peu près au nombre de neuf à chaque bras. Leur partie infondibuliforme s'épanouit en sillons étroits bifurqués, doublement bordés en dehors, et marqués, dans sa partie profonde, d'un tubercule médian.

Membrane de l'ombrelle très courte, existant néanmoins entre les trois paires supérieures de bras. Elle manque entièrement entre les bras de la paire inférieure, ceux-ci l'unissant au tube locomoteur.

Tube locomoteur cylindrique, très large à sa base, et très gros, infiniment plus long que dans les autres espèces, dépassant de beaucoup la fente des bras.

Couleurs sur le vivant, rougeâtre-lie-de-vin-clair en dessus. Cette teinte est formée d'un grand nombre de petites taches d'inégale grandeur, très rapprochées les unes des autres ; dessous d'un blanc-rose ou argent-nacré, finement pointillé de rose, et coupé de grandes taches irrégulières rougeâtres ou seulement ponctuées de roussâtre. Les tubercules et les lignes élevées qui forment le réseau sont blanchâtres. Les deux paires supérieures de bras, ainsi que l'extrémité de tous, est violet-bleuâtre, plus foncé en dessus; cette teinte est bleue sous les bras. L'intérieur de l'ombrelle est rose-argenté, avec des points violacés ou rouges, plus nombreux aux parties supérieures. Dans la liqueur, les teintes peuvent encore facilement se reconnaître ; les taches et la couleur du dessus sont toujours apparentes; seulement le rosé de l'intérieur de l'ombrelle et du dessus du corps devient gris-fauve; les tubercules cartilagineux sont blancs. Cette espèce est, d'ailleurs, comme les Poulpes, on ne peut plus changeante dans ses teintes, selon les diverses impressions qu'elle reçoit des objets extérieurs.

Rapports et différences.

Par les tubercules de sa partie inférieure, le Philonexe tuberculeux ne se rapproche que de notre *Philonexis Eylais,* mais seulement sous ce rapport; car, du reste, il ne lui ressemble que très peu. Par le manque presque total de membranes entre les bras, il a quelque analogie avec notre Philonexe atlantique, tandis qu'il diffère essentiellement de toutes les espèces connues par ses deux seules ouvertures aquifères inférieures, par ses bras, dépourvus de membranes et presque égaux, et par l'énorme disproportion qui existe entre les dimensions du corps et celles de la tête.

Habitation ; mœurs.

On trouve, quoique rarement, cette espèce, du printemps à l'automne, en dehors de la rade de Naples et dans les environs de Nice, où néanmoins M. Verany n'a pu en obtenir que trois exemplaires, toujours pris dans un filet nommé *mergiliera,* peu différent de notre seine; ce qui prouve que l'espèce s'approche des côtes, quoique moins fréquemment que les Poulpes. Nous n'avons malheureusement que bien peu de détails sur les mœurs de cet intéressant animal. Il paraît que, lorsqu'il est vivant, la régularité du réseau inférieur de son corps semble parfaite; et il peut, selon qu'il est tranquille ou irrité, le prononcer plus ou moins; lorsqu'il le rend saillant, les petites pointes se montrent très marquées au sommet des angles des quadrilatères; lorsqu'au contraire il contracte un peu le réseau, les différents parties se combinent de manière à ce que les tubercules se dessinent en quinconces.

L'espèce est peu estimée comme nourriture; la chair en est très dure, et passe toujours pour être indigeste, même après avoir longtemps bouilli.

Histoire.

M. Delle-Chiaje est le premier qui l'ait observée. Dès 1822, il en fait mention, sans la nommer, dans une note de son *Mémoire sur l'Aplysie* (p. 68). Vers la fin de 1826, M. Risso (dans son *Histoire naturelle des principales productions de l'Europe méridionale*, t. IV, p. 3) a donné la description suivante de son *Octopus tuberculatus* : « *O. corpore ovato, oblongo, rotun-* « *dato, tuberculato, supra livido, lateraliter argentato, fasciis rubescentibus ornato, infra marginato,* « *punctato, pedibus brevibus*. Son corps est ovale, oblong, arrondi, tuberculé, d'un blanc « livide en dessus, argenté sur les côtés, avec des zones rougeâtres, et d'un argent nacré, « finement pointillé en dessous. La tête est assez grande, l'œil gros, l'iris argenté, pointillé « de pourpre, les pieds courts, s'amincissant graduellement en pointe, avec les *suçoirs pédon-* « *culés*. » Cette description, tout incomplète qu'elle est, et quoique laissant beaucoup à désirer, comme toutes celles qu'on voudra donner en aussi peu de lignes, convient néanmoins à l'espèce qui nous occupe, et ces mots : *suçoirs pédonculés*, suffisent pour faire reconnaître que c'est un Philonexe. Le seul tuberculé de la Méditerranée étant celui-ci, nous croyons que c'est bien de lui que M. Risso a voulu parler.

Au commencement de 1828, M. le docteur Wagner, de Munich, qui, dans un voyage fait par lui sur les côtes de la Méditerranée, a bien voulu se charger de procurer des Céphalopodes à M. de Férussac, engagea M. Verany, de Nice, à envoyer à notre collaborateur une nouvelle espèce de Poulpes qu'il venait de découvrir. En effet, au mois de février, M. Verany lui adressa un magnifique individu, et un dessin de cette espèce; mais M. de Férussac, ne connaissant point la note de M. Delle-Chiaje, et n'ayant pas non plus trouvé que la description de M. Risso lui convînt, la fit dessiner dans nos planches de Poulpes, sous le nom d'*Octopus catenulatus;* tandis que M. Wagner, qui l'avait vue avant M. de Férussac, la publiait aussi, en 1828, dans le *Zeitschr. fur die Org. Phys.* (t. II), sous le nom d'*Octopus Veranyi,* sans reconnaître l'espèce de M. Risso. Il paraît encore, selon M. Delle-Chiaje, qu'elle était connue de M. Petagua, car, dans le *Rapport sur les travaux de l'Académie des sciences de Naples*, pour 1826, par M. Monticelli (Naples, 1828), on voit que M. Petagua a présenté à cette Académie un nouveau Poulpe sous le nom d'*Octopus reticularis*. C'est également en 1828 que M. Delle-Chiaje écrivit à M. de Férussac qu'il voulait donner son nom à un nouveau Poulpe qu'il reconnut, d'après ce qu'il lui disait, pour celui que ce dernier venait de nommer *Octopus catenulatus*. Sans doute M. Delle-Chiaje fit alors des recherches; car, tout en conservant le nom italien de *Polpo di Férussac* (p. 41), il le décrivit, en 1829, dans le tome IV de ses Mémoires (p. 56), sous le nom d'*Octopus tuberculatus,* en le rapportant à l'espèce décrite, en 1826, par M. Risso. Peut-être M. de Férussac serait-il revenu au nom primitif, s'il avait écrit cet ouvrage; ou, considérant cette espèce comme un simple Poulpe, peut-être eût-il craint d'employer une dénomination que M. de Blainville avait appliquée à une autre espèce. Nous l'ignorons entièrement, et nous ne trouvons aucune note à cet égard; mais nous savons qu'au moins il était loin de prendre le nom d'*Octopus pictus,* que M. de Blainville, dans sa *Faune française* (p. 2), a substitué au nom donné par M. Risso, parce que cette dénomination avait été employée par lui pour une autre espèce de Poulpes, dans le *Dictionnaire des Sciences naturelles*.

Voilà donc une espèce qui, bien qu'à peine connue, a déjà six noms différents, donnés dans l'espace de deux années seulement; mais, comme le nom imposé par M. Risso est incontestablement le plus ancien, c'est celui que nous conservons à l'espèce, d'autant plus que, la considérant comme appartenant à un genre différent des Poulpes, il n'y aura plus d'inconvénient à lui conserver la dénomination de *tuberculatus*.

Nous avons fait avec le plus grand soin la description que nous donnons de cette espèce sur le magnifique exemplaire envoyé de Nice par M. Verany.

Explication des Figures.

Pl. 6 bis. *Philonexis tuberculatus* (sous le nom d'*Octopus catenulatus*, Férussac), vu en dessus, réduit de moitié, dessiné d'après nature sur un individu bien conservé dans la liqueur.

Pl. 6 ter, fig. 1. Le même, vu en dessous, montrant les sillons et les tubercules qui couvrent toutes les parties inférieures du corps.

2. Le même, vu de côté, montrant l'orifice aquifère, l'appareil de résistance, situé à la base de la tête et la boutonnière de l'intérieur du corps.

3. Ombrelle, vue en dedans, montrant les cupules espacées de la base des bras, celles qui entourent la bouche, les mandibules en position, ainsi que les lèvres et le tube locomoteur.

4. Partie d'un bras montrant l'éloignement des cupules.

5. Cette même partie de bras vue de profil, pour indiquer combien les cupules sont saillantes et pédonculées.

6. Cupule vue en dessus, et grossie.

1 *a*. Point de réunion des réseaux de la partie inférieure du corps, pour indiquer la pointe cornée qui en sort.

Pl. 23, fig. 9. Mandibule supérieure, vue de profil,

6. La même, vue de face, en arrière.

7. Mandibule inférieure, vue de profil.

8. Mandibule inférieure, vue de face, en arrière.

A. D'O.

N° 2. PHILONEXE PORTE-VOILE. — *PHILONEXIS VELIFER, d'Orbigny.*

POULPES. Pl. 18, 19, 20, 23, fig. 2, 3, 4.

Octopus velifer, Férussac; *Poulpes,* Pl. 18, 19.
Tremoctopus violaceus, Delle-Chiaje, *man.*
Octopus violaceus, Férussac; *Poulpes,* Pl. 20 (copie de Delle-Chiaje).
Octopus velatus, Rang; *Magasin de zoologie,* 1837, p. 60.

P. corpore ovoidali, antice truncato, fere lævigato, violaceo; apertura in lateribus colli secta; brachiis elongatis, ordine 2°, 1°, 4°, 3°, quorum membranis parium superiorum extensis ad extremum partem; aperturis aquiferis, quarum duo superne, duo inferne.

Dimensions.

Longueur totale	33 centimètres.
Longueur du corps	6 1/2 *id.*
Largeur du corps	6 *id.*
Longueur des bras supérieurs	15 *id.*
Longueur des bras latéraux-supérieurs	23 *id.*
Longueur des bras latéraux-inférieurs	13 1/2 *id.*
Longueur des bras inférieurs	14 *id.*
Longueur de la membrane	16 *id.*

Description.

Forme générale. Corps assez grand, comparativement au reste, les quatre bras supérieurs réunis par de fortes voiles.

Corps ovoïde, tronqué antérieurement, presque aussi large que long, court, très élargi à sa partie antérieure, finissant en cône obtus, épais postérieurement. Il est épais, paraît entièrement lisse à l'œil nu; mais, vu à l'aide d'un grossissement, il montre une granulation uniforme en dessus et en dessous. *Ouverture* fendue sur toute la largeur de la partie ventrale, et en dessus, de chaque côté du cou, ce qui rend le corps bâillant; aussi est-il pourvu, indépendamment de la bride médiane inférieure, d'un *appareil de résistance* destiné à le rattacher à la partie céphalique. Cet appareil consiste en une sorte de boutonnière fendue transversalement, de chaque côté de l'épaisseur de la peau, près du bord interne du corps, à sa face ventrale latérale, et en deux languettes relevées, situées à l'extrémité des appendices de la base du tube locomoteur, destinées à entrer dans les boutonnières et à retenir le corps, à la volonté de l'animal.

Tête courte, peu distincte du corps, assez large, sans avoir cependant, à beaucoup près, sa largeur, toujours confondue avec la couronne. *Yeux* latéraux-inférieurs assez grands, situés au-dessous de la base des bras, peu saillants, protégés par deux paupières très minces, se croisant l'une sur l'autre, la supérieure sur l'inférieure. *Bouche* entourée de deux lèvres aplaties, mais non ciliées. *Bec* noir, pourvu de pointes, comme on le remarque chez les Poulpes; les deux mandibules sont en lames minces, transversales; les ailes échancrées à leur réunion postérieure, mais non carénées; leur couleur est d'un blanc transparent; la pièce supérieure brun-noir bordé de bleu, avec un peu de brun sur la partie médiane supérieure du lobe postérieur.

Ouvertures aquifères, au nombre de quatre : deux en dessus, ovales, situées un peu au-dessus des yeux, à la racine des bras supérieurs; elles communiquent chacune à une large poche séparée de la poche voisine par une mince membrane placée sur la ligne médiane, et passant par un canal supérieur aux yeux, pour communiquer avec les cavités inférieures. Deux inférieures, situées un peu au-dessus de l'orifice du tube locomoteur, communiquant à deux poches analogues, également séparées par une cloison inférieure, et communiquant avec les deux poches supérieures. De plus, six autres ouvertures de chaque côté, situées au premier pli latéral de la tête. Au-dessous des yeux, ces ouvertures sont inégales, les trois internes les plus petites, à peu près égales, les trois autres beaucoup plus grandes. La plus longue est celle qui avoisine les trois petites; elles communiquent, de chaque côté, avec de petites poches particulières.

Couronne assez courte, finissant aux ouvertures aquifères. *Bras* médiocrement longs, un peu déprimés, les latéraux-supérieurs les plus gros; ils sont très inégaux; leur proportion relative de longueur est dans l'ordre suivant : deuxième, ou paire latérale supérieure; première (paire supérieure); troisième (paire latérale inférieure); quatrième (paire inférieure) : néanmoins, il y a moins de disproportion entre les deux paires inférieures qu'entre les deux paires supérieures. La paire supérieure s'aplatit, et finit par se confondre dans la membrane. Les deux paires inférieures, pourvues de cupules sur toute leur longueur, sur les paires supérieures; celles-ci, d'abord très grosses et bien distinctes, s'atténuent progressivement jusqu'à leur extrémité, et deviennent presque insensibles vers le premier tiers de la longueur des bras (1). *Cupules* assez grandes, très saillantes, longues, cylindriques, presque pédonculées, très distinctes les unes des autres, sans membranes entre elles; elles entourent, au nombre de huit, le tour de la bouche, et à la base des bras paraissent être sur une seule ligne, surtout les deux ou trois premières. Elles sont infondibuliformes, c'est-à-dire comme tronquées à leur extrémité, et découpées en cet endroit en côtes sur leurs bords; leur centre est creux, et présente un petit mamelon central : nous en avons compté de 50 à 70 à chaque bras.

Membrane de l'ombrelle très inégale, très large, épaisse; celle qui unit les deux paires de bras supérieurs est très développée, formant, avec les bras qui l'enveloppent, une large voile profondément fendue dans son milieu, et offrant à son bord supérieur, entre les bras supérieurs, une large expansion anguleuse; et entre la première et la seconde paire, de chaque côté, un appendice très avancé, en forme de languette carrée. Les membranes des deux paires inférieures sont beaucoup plus courtes, surtout celle qui sépare les deux bras inférieurs.

Tube locomoteur conique, assez large à sa base, et très court.

Couleurs. Animal dans la liqueur. Rouge-brun, ou brun-lie-de-vin, uniforme, foncé, sur toutes les parties supérieures de la tête et des bras, sans qu'on puisse distinguer la moindre apparence de taches distinctes. Le dessous paraît avoir été rosé, et sur les côtés on remarque un grand nombre de taches arrondies violacées. Un autre individu plus jeune nous a montré sur la partie supérieure, les taches violettes qui forment peut-être, chez les adultes, la couleur uniforme. La membrane des bras est violette, avec quelques oscillations et des marbrures comme moirées, plus claires, par lignes transversales. Un individu dessiné sur le vivant par M. Verany (Voy. Pl. XIX, fig. 2), a la teinte générale rosée, avec des taches rouges en dessus, comme celles que nous retrouvons dans notre petit exemplaire, disposées en dedans de l'ombrelle, sur la membrane, et montre, de chaque côté interne des bras supérieurs, une suite de taches oscillées, rougeâtres, bordées de blanc. M. Verany regarde son dessin comme très exact. M. Delle-Chiaje figure le Philonexe comme ayant tout le corps bleu; M. Rang, comme étant bleu en dessus, rosé en dessous, avec le tour des yeux verdâtre.

Rapports et différences.

Nous retrouvons dans cette magnifique espèce la forme générale du corps; et, dans l'étendue et la configuration des larges membranes supérieures de son ombrelle, formant comme une immense voile entre les deux premières paires de bras, dans ses quatre ouvertures aquifères, dans son *appareil de résistance*, destiné à soutenir les bords de son large corps, des rapports immédiats avec notre *Philonexis Quoyanus;* mais néanmoins elle en diffère essentiellement par sa membrane, se prolongeant jusqu'à l'extrémité des bras supérieurs, par la fente médiane qui sépare chacune des deux paires, par des yeux moins saillants, par les six ouvertures aquifères de la base de ses yeux, et enfin, par la longueur respective des bras. Ce sont, du reste, deux espèces très voisines (2) sous tous les rapports zoologiques.

(1) Ce caractère singulier était très apparent sur les deux exemplaires que nous avons étudiés.

(2) Aussi n'avons-nous pas été peu surpris de trouver l'une des espèces dans la première division des Poulpes de M. Rang (*Magasin de zoologie*, 1837, p. 59) (celle avec de *grandes membranes veliformes, réunissant les bras supérieurs entre eux*), tandis que l'autre est placée dans la seconde (avec *les palmatures seulement, composant, par leur ensemble, une sorte d'entonnoir en avant de la tête*), et cela bien que toutes deux aient les mêmes membranes.

Habitation; mœurs.

Elle habite la Méditerranée, où elle a été recueillie aux environs de Nice par M. Verany. M. Delle-Chiaje n'en a eu, dans quatre ans, qu'un seul exemplaire recueilli dans les environs de Naples, après un orage. Il assure aussi que l'animal chasse l'eau par ses orifices aquifères comme par son tube locomoteur. L'individu figuré par M. Rang a été pêché par lui dans le port même d'Alger; ce naturaliste en avait déjà pris un autre sur les côtes de Valence.

Histoire et critique.

M. Bonnelli, de Turin, envoya le premier exemplaire de cette espèce à M. de Férussac, qui, peu de temps après, en janvier 1830, en reçut un dessin adressé par M. Verany, de Nice. Ce dessin, colorié, représente un individu jeune que M. de Férussac considérait comme une espèce distincte, parce qu'il a les membranes plus séparées entre les bras, et moins découpées, et que les teintes diffèrent un peu; mais l'examen comparatif que nous avons fait en nature des deux individus qui ont servi de modèles pour les dessins, nous a confirmé dans l'opinion que c'est bien une seule et même espèce. Cette comparaison nous a aussi convaincu que la membrane est sujette à varier dans la forme de ses bords, ce qui vient, sans doute, de la plus ou moins grande altération qu'elle a éprouvée à diverses époques de la vie de l'animal. Quant à la forme que la planche 18 donne aux membranes, nous l'avons trouvée en tout conforme à la vérité dans l'individu qui a servi à la dessiner; mais, en dépit d'une observation minutieuse, en dépit de la symétrie de la découpure de ces membranes à leur partie supérieure, cette découpure nous paraît si étrange, que nous sommes, malgré nous, porté à penser qu'elle n'est pas intacte. Nos doutes sont, d'ailleurs, appuyés par le dessin de M. Verany, qui représente cette membrane terminée d'une manière plus naturelle. Comme les bras supérieurs paraissent avoir été tronqués dans ces deux individus, nous croyons qu'ils devaient se prolonger au delà, ainsi que dans le *Velatus* de M. Rang. M. Delle-Chiaje annonce, dans une lettre à M. de Férussac, avoir fait la découverte d'une espèce de Poulpe d'un genre nouveau et singulier, à cause de deux trous qui conduisent à deux fistules dorsales. Plus tard, il envoie encore quelques notes sur ce genre, qu'il appelle *Tremoctopus*, en indiquant qu'il lui donne le nom spécifique de *Violaceus*. C'est sur le dessin destiné à faire partie du sixième volume de ses intéressants Mémoires et sur la trop courte description qui l'accompagnait, que M. de Férussac crut devoir considérer cette espèce comme différente de son *Octopus velifer*, et qu'il la publia (Pl. 20) sous le nom d'*Octopus violaceus;* mais, après avoir comparé toutes ses parties, et même les couleurs de ces deux espèces, nous nous sommes assuré que le *Tremoctopus violaceus* de M. Delle-Chiaje est encore une figure du *velifer,* ayant seulement une découpure de plus entre la membrane qui unit les bras latéraux-supérieurs aux bras supérieurs; et pour le reste, même forme de membranes, même proportion dans les bras, dans la place des ouvertures aquifères. En effet, les six petites ouvertures observées par M. Delle-Chiaje, et figurées comme étant en dessous des yeux, ouvertures qui avaient échappé à M. de Férussac, se sont montrées à nous sur les deux individus que nous avons observés. Il ne nous est donc plus resté de doute sur leur identité; il fallait faire la part de quelques inexactitudes du fait du dessinateur, qui a représenté faussement certains détails, par exemple, les cupules sur les côtés des membranes des bras inférieurs, ce qui n'ôte rien au mérite des observations de M. Delle-Chiaje, dont nous admirons les travaux.

Nous rapportons encore à cette espèce l'*Octopus velatus,* publié par M. Rang : il a les mêmes membranes aux quatre bras supérieurs; seulement les bras supérieurs ne sont pas tronqués, comme dans les exemplaires de *velifer,* que nous avons examinés; et les membranes les accompagnent plus loin, en changeant un peu de forme. Le passage suivant d'une lettre adressée d'Alger, par M. Rang, à M. de Férussac, le 5 novembre 1835, sur la différence qui existe entre les deux exemplaires de son *Octopus velatus,* qu'il a observés en ce lieu, prouve combien ces membranes sont variables : « Et, quant aux membranes, voici ce que « je puis ajouter : je me doutais qu'elles pouvaient être tronquées, parce que cette forme ne « me paraissait pas naturelle, ni conforme à la disposition des bras, en sorte que je m'em- « pressai de les comparer entre elles dans les deux individus que j'ai eu le bonheur de trouver « à Alger, et je m'aperçus qu'elles ne se ressemblaient pas de forme. Alors j'examinai avec « attention le bord de ces membranes, lorsque ces animaux vivants les déployaient, et il me « fut facile, par le défaut de netteté de ces mêmes bords, de reconnaître un déchirement, « qu'au surplus le moindre attouchement reproduisait à chaque instant. » On voit que les membranes peuvent facilement varier dans leurs formes, et l'*Octopus velatus* offrant, du reste, les mêmes caractères, les mêmes couleurs, les mêmes détails, en tout, nous n'avons pas balancé à les réunir. M. Rang dit que son espèce n'a pas de membranes entre les quatre bras inférieurs, et l'exemplaire jeune que M. Verany a envoyé en a de si courtes, qu'elles sont à peine visibles; ce ne peut donc être un obstacle à la réunion que nous proposons. Nous avions écrit ce qui précède lorsque nous avons trouvé dans les collections du Muséum l'exemplaire même de M. Rang, dont la comparaison avec celui de M. Bonnelli nous a prouvé la parfaite identité des deux espèces.

Explication des Figures.

POULPES. Pl. 18, fig. 1. Animal vu en dessus, les membranes ouvertes, dessiné d'après un individu conservé dans l'alcool.
2. Corps, vu de côté, figure inexacte pour les ouvertures aquifères.
3. L'intérieur de l'ombrelle, figuré peu exactement pour les cupules.
4 *a*. Cupule, vue de face. (Fautive.)
b. Cupule, vue de profil. (Fautive.)
5 *a*. Mandibule inférieure, vue de profil.
b. Mandibule supérieure, vue de profil.
c. Mandibule inférieure, vue de face, en arrière.

Pl. 19, fig. 1. Le même animal, vu en dessous, dessiné d'après nature.
2. Animal vu de côté, d'après un dessin fait par M. Verany sur un individu frais.

Pl. 20, fig. 1. Animal vu en dessus (sous le nom d'*Octopus violaceus*, Delle-Chiaje), copié d'après M. Delle-Chiaje. (Figure très fautive.)
2. Le haut du corps, vu en dessous, d'après M. Delle-Chiaje; *a*, tube locomoteur; *b*, orifices aquifères; *c*, œil (mal placé); *d*, base de la tête; *e*, orifices aquifères.

Pl. 29, fig. 2. Animal vu de côté, copié de la figure de l'*Octopus velatus* de M. Rang.
3. Intérieur de l'ombrelle, pour remplacer la figure 3 de la planche 18.
4. Morceau de bras, avec les cupules grossies, pour en montrer la véritable forme.

ALCIDE D'ORBIGNY.

N° 3. PHILONEXE DE QUOY. — *PHILONEXIS QUOYANUS*, d'Orbigny.

POULPES. Pl. 16, fig. 6, 7, 8; Pl. 23, fig. 5.

Octopus (sous-genre *Philonexis*) *Quoyanus*, d'Orbigny, 1835. *Voyage dans l'Amérique méridionale, Mollusques*, p. 17; Pl. 2, fig. 6-8; idem, *Magasin de zoologie*, 1835 (*Bulletin zoologique*), p. 141.

Octopus semipalmatus, Owen; *Trans. zool. soc.*, v. 2, Pl. 21, fig. 12-13.

Philonexis corpore oblongo, postice acuminato, magno, lævigato, albido, rubro maculato; capite magno; oculis prominentibus, absque palpebris, superne cœruleis; aperturis aquiferis supra duabus, totidem infra; brachiis elongatis, inæqualibus, ordine 1°, 2°, 4°, 3°, *quorum quatuor superne longiores, membrana junctis.*

Dimensions.

Longueur totale	42 millimètres.
Longueur du corps	12 *id.*
Largeur du corps	10 *id.*
Longueur des bras supérieurs	24 *id.*
Longueur des bras latéraux-supérieurs	22 *id.*
Longueur des bras latéraux-inférieurs	16 *id.*
Longueur des bras inférieurs	20 *id.*
Longueur de la membrane	11 *id.*

Description.

Corps bursiforme, petit, à proportion de la tête, oblong, étroit, et un peu pointu en arrière, s'élargissant beaucoup vers le haut, de manière à représenter la forme d'un creuset un peu large, sans verrues ni aspérités, recouvert d'un épiderme très mince. *Ouverture* très grande, bâillante, occupant tout le dessus et les côtés de la tête. Ses bords sont réunis à la tête, en dessus, par une très petite portion de sa circonférence.

Appareil de résistance. Aux deux côtés de la paroi interne de l'enveloppe externe du corps, en dessous, il consiste en une large fente transversale en boutonnière, dans laquelle entre, à la volonté de l'animal, un large crochet du cartilage de la base des côtés du tube locomoteur.

Tête très volumineuse, comparativement au corps, et plus encore relativement aux dimensions relatives qu'elle garde dans les Poulpes, lisse dans toutes les parties, beaucoup plus large que le corps. *Yeux* gros, saillants, sans paupières apparentes, recouverts seulement d'une membrane très mince, l'iris en long, et échancré en dessus. *Bouche* entourée d'une double lèvre. *Bec* sans carène, et presque sans ailes à la mandibule inférieure, sans pointe crochue, formant un fer à cheval large, corné, roussâtre; la mandibule supérieure présente une expansion à peine marquée.

Ouvertures aquifères, au nombre de quatre, deux supérieures entre les yeux, à la base des bras supérieurs, et deux inférieures, également entre les orbites, un peu au-dessus du tube locomoteur; de plus, nous en avons remarqué une petite à la base du pli de la tête, au-dessous des yeux.

Couronne à peine distincte de la tête. *Bras* très disproportionnés en longueur, les quatre supérieurs plus longs que le corps, presque égaux, les autres plus courts. Leur ordre de longueur est la première paire (bras supérieurs); la deuxième (bras latéraux-supérieurs); la quatrième (bras inférieurs); et la troisième (bras latéraux-inférieurs). Tous sont subulés, légèrement comprimés. *Cupules*, sur deux lignes tout à fait distinctes, et très séparées, tout en alternant entre elles; petites, espacées sur la longueur; allongées, fortement pédonculées ou subcylindriques; mais, comme elles sont très contractiles dans la liqueur, elles perdent la moitié de leur longueur. Leur ouverture est petite; elles sont au nombre de 70 à peu près, aux plus longs bras, et les deux premières seules sont sur une seule ligne.

Membranes de l'ombrelle très minces, unissant entre eux, sur la moitié de leur longueur, les quatre bras supérieurs; les autres bras n'en ont qu'une très petite à leur base.

Tube locomoteur assez gros, conique, occupant toute la hauteur de la tête.

Couleurs. Nous retrouvons dans le Philonexe de Quoy les teintes qui ornent habituellement les Calmars et les Onychoteuthes, c'est-à-dire un grand nombre de larges taches chromophores, contractiles, d'un beau rouge-bistré, qui couvrent surtout les parties médianes supérieures du corps et de la tête; et beaucoup de petites taches de la même couleur, répandues sur tout le corps et les bras en dessus; le reste est couleur d'eau, ou d'une teinte blanchâtre, mêlé de bleu très pâle. Au-dessus de chaque œil est une large tache bleu-d'outremer plus ou moins intense, à la volonté de l'animal, et qui circonscrit la nacre brillante du globe de l'œil, dont l'iris est noir. Du reste, la faculté que possèdent toutes les espèces de Céphalopodes pourvues de taches contractiles d'en faire de véritables pupiles mobiles, ne permet guère de dire quelle est au juste la couleur de cette espèce, parce que l'intensité de cette couleur varie à chaque instant. Conservé dans la liqueur, ce Philonexe paraît blanc, avec les mêmes taches rouges; mais celles-ci sont alors peu marquées.

Rapports et différences.

Par la forme de son corps, par ses quatre ouvertures aquifères, par ses quatre bras supérieurs, plus palmés que les inférieurs, cette espèce se rapproche évidemment du *Philonexis velifer,* mais elle s'en distingue en ce que la tête est bien plus volumineuse, par rapport au corps, parce que les bras supérieurs ne sont palmés que jusqu'à la moitié de leur longueur, tandis qu'ils le sont sur toute leur étendue dans l'espèce à laquelle nous la comparons, et surtout par la proportion relative de la longueur des bras, qui est de 1, 2, 4, 3 dans celle-ci, et de 2, 1, 4, 3 dans le Velifer. Du reste, ses gros yeux saillants semblent dénoter un animal plus nocturne.

Habitation; mœurs; histoire.

Au sein de l'océan Atlantique (1), du 24e au 26e degré de latitude sud, et par 30 degrés de longitude ouest de Paris, dans le mois de décembre, pendant plusieurs jours consécutifs d'un de ces demi-calmes si favorables au naturaliste, nous cherchâmes à découvrir, de jour, quelques animaux à la surface de la mer. Quelques *Glaucus*, quelques *Janthines* et des *Physalies* s'y montraient, seuls, de temps en temps, et le filet de traîne ne nous apportait jamais que ces espèces restant constamment à la surface des eaux; mais, dès que le soir arrivait, dès que le crépuscule s'étendait sur tous les objets, nous commencions à prendre un grand nombre d'animaux de toute espèce, parmi lesquels se trouvaient constamment, et

(1) C'est par erreur que, dans notre *Voyage dans l'Amérique méridionale*, nous avons indiqué cette espèce comme venant de l'océan Pacifique.

toujours en grand nombre à la fois, les Philonexes qui nous occupent. Nous mettions souvent l'animal isolé dans un vase, où nous le conservions en vie quelques instants. Là, nous pouvions étudier sa manière de nager. Il allait à reculons avec une grande vitesse, se servant, pour avancer, du refoulement de l'eau par les membranes, et de son expulsion violente par le tube locomoteur. Il changeait aussi souvent de couleur, surtout quand on l'irritait, et même au contact du moindre corps, prenant alors une couleur beaucoup plus foncée. Bientôt l'eau dans laquelle nous le retenions ne pouvait lui suffire, et il mourait après des mouvements convulsifs, exécutés sans doute dans le but de chercher une issue; mais souvent, après être remonté à la surface, il repliait ses bras sur les yeux, de manière à les couvrir entièrement, et se laissait ensuite tomber au fond du vase. Presque tous ces Philonexes périssent ainsi; et, conservés dans la liqueur, ils gardent encore cette position. Tous paraissent fuir la lumière. Comme nous n'avons rencontré cette espèce que dans ces parages, il y a lieu de croire qu'elle y vit habituellement en grandes troupes, à une plus ou moins grande distance de la ligne ou des tropiques, sous la zone torride, et en dehors. Il est probable que le jour elle s'enfonce plus profondément dans la mer, où les rayons lumineux ne peuvent l'atteindre, et qu'elle vient à la surface seulement quand le crépuscule commence, ce qui en fait une espèce spécialement nocturne.

Nous avons rencontré ce Philonexe en 1823 : nous l'avons décrit en 1835, dans notre *Voyage dans l'Amérique méridionale;* mais, non content de l'avoir observé en grand nombre sur le vivant, et de l'avoir étudié lorsque nous l'avons décrit pour la première fois, nous avons revu tous les individus que nous en possédons, au nombre de plus de quinze, avant d'en faire cette description nouvelle, avec les animaux conservés. Les différences qu'on pourra remarquer entre cet article et le premier, ne viennent donc que d'une observation plus minutieuse et comparative avec toutes les autres espèces que possède le Muséum d'histoire naturelle de Paris. Nous y réunissons l'*Octopus semipalmatus* de M. Owen, qui est évidemment identique. (Cet auteur n'a pas vu les canaux aquifères.) Il l'a décrit en 1836, tandis que dès 1835 on avait déjà rendu compte de nos descriptions dans le *Magasin de zoologie* (Bulletin zoologique, p. 141). Il ne peut donc s'élever aucun doute sur la priorité qui nous est acquise.

Explication des Figures.

POULPES. Pl. 16, fig. 6. Animal au trait, de grandeur naturelle.
7. Animal grossi, vu en dessus, dessiné par nous sur le vivant.
8. Le même, vu en dessous.
Pl. 29, fig. 5. Portion de bras grossi, pour montrer les ventouses pédonculées.

A. D'O.

N° 4. PHILONEXE ATLANTIQUE. — *PHILONEXIS ATLANTICUS, d'Orbigny.*

POULPES. Pl. 5, fig. 4-5 *a.*

Octopus (Philonexus) atlanticus, d'Orbigny (1835), *Voy. dans l'Amér. mérid., Moll.,* p. 19, Pl. 11, fig. 1-4.

P. corpore subrotundo, magno, lævigato, albido, rubro maculato; capite mediocri; oculis prominentibus, absque palpebris, superne cæruleis; aperturis aquiferis superne duabus; brachiis superioribus longioribus, pro longitudine 1°, 2°, 4°, 3°; *membrana nulla.*

Dimensions.

Longueur totale	15 millimètres.
Longueur du corps	4 *id.*
Largeur du corps	4 *id.*
Longueur des bras supérieurs	10 *id.*
Longueur des bras latéraux-supérieurs	5 *id.*
Longueur des bras latéraux-inférieurs	1 *id.*
Longueur des bras inférieurs	3 *id.*

Description.

Corps bursiforme, presque rond, renflé sur les côtés, rétréci antérieurement, comme acuminé, entièrement lisse. *Ouverture* large, visible en dessous, pourvue à l'appareil de résistance d'un crochet et d'une boutonnière semblable à celle de l'espèce précédente.

Tête large, lisse, peu distincte du corps, à côtés très proéminents. *Yeux* très saillants, gros, sans paupières apparentes, paraissant recouverts d'une simple peau transparente; la prunelle oblongue et échancrée en dessous. *Bec* à pointe obtuse, couleur jaune-fauve, passant au brun-bistré, à l'extrémité des mandibules.

Couronne peu marquée, très courte. *Bras* lisses, grêles, des plus inégaux, la paire supérieure plus longue que le corps et terminée en pointe, sans néanmoins cesser d'être conique; la deuxième paire, n'a que la moitié de la longueur du corps; la troisième paire, ou latérale-inférieure, la plus courte de toutes; la quatrième, assez courte aussi, quoique beaucoup plus longue que la troisième. *Cupules* rapprochées, portées alternativement le long des bras, chacune sur un pédoncule, presque aussi large que la cupule même, mais très extensible. Elles se contractent dans la liqueur et ne présentent pas toujours cette disposition; leur ouverture est petite, et peu profonde. *Membranes de l'ombrelle*, unissant seulement la base des bras. *Tube locomoteur* court, gros, dépassant la hauteur des yeux.

Ouvertures aquifères, au nombre de deux, peu visibles, placées entre les yeux, à la base des bras supérieurs. La taille minime des individus ne nous a pas permis d'en apercevoir en dessous, ni de reconnaître au juste l'étendue de la cavité.

Couleurs. Le corps est d'une teinte d'eau transparente, ce qui permet d'apercevoir au travers les viscères qu'il contient, et qui, généralement, sont d'une couleur rosée. On voit, d'ailleurs, sur la partie médiane, en dessus du corps et de la tête, des taches rouges, contractiles, assez nombreuses, et quelques autres très petites, répandues sur le reste du corps; les bras sont blancs, diaphanes, avec quelques taches chromophores rouges, très espacées. Une large tache bleue couvre le dessus des yeux. Toutes ces teintes se montrent plus ou moins vives, selon les impressions de l'animal.

Rapports et différences.

En examinant cette espèce comparativement avec notre *Philonexis Quoyanus*, nous nous sommes aperçu qu'elle en différait essentiellement par le manque de membranes entre les bras supérieurs, par la longueur respective de ses bras, et par le manque de canaux aquifères en dessous. C'est, d'ailleurs, près du *Philonexis Quoyanus* qu'on doit la placer, en attendant qu'on s'assure bien si elle n'en est pas un jeune. Nous l'avons ensuite comparée à l'*Octopus microstomus* Reynaud, et malgré beaucoup de traits d'analogie dans la forme du corps, dans la proportion des bras, nous avons trouvé que, pour les réunir, il y avait dans le Microstome trop d'incertitude pour la grosseur des bras, et pour l'existence des ouvertures aquifères.

Habitation; mœurs; histoire.

Nous l'avons pêchée dans l'océan Atlantique, en décembre et en janvier 1833 et 1834, sous les tropiques du Cancer et du Capricorne, sans l'avoir jamais vue sous la ligne. Nous l'avons prise d'abord par 24 degrés de latitude sud, et par 30 degrés de longitude ouest de Paris; puis, après l'avoir quelque temps perdue, nous l'avons retrouvée au 23ᵉ degré de latitude nord, par 35 degrés de longitude ouest, ce qui nous porterait à croire qu'elle occupe tout l'intervalle compris entre les tropiques, ou mieux toute la zone torride, dans l'océan Atlantique. Nous nous étonnons pourtant de n'en pas avoir rencontré un seul individu sous la ligne. Il faut croire qu'alors nous ne nous trouvions pas dans la direction que suivent ces Philonexes dans leurs voyages sous le tropique du Capricorne. Lorsque nous avons recueilli cette espèce, il n'y avait dans le voisinage aucune plante marine flottante, tandis qu'on commençait à en rencontrer sous le tropique du Cancer. Nous pouvons en déduire qu'elle n'a pas besoin du voisinage de ces plantes vivantes et flottantes pour vivre au sein des mers.

Nous l'avons toujours prise en grande quantité, jusqu'à une centaine à la fois, dans le filet de traîne, ce qui nous confirme dans l'opinion que les Céphalopodes vivent ordinairement par grandes troupes; mais nous ne l'avons jamais saisie qu'à la nuit close, comme le *Philonexis Quoyanus*, et seulement lorsque les grandes Hyales apparaissaient à la surface des eaux. Il est bien curieux de trouver chez presque tous les animaux pélagiens ce genre de vie purement nocturne. Nous avons vu plusieurs fois le Philonexe atlantique nager dans des vases remplies d'eau salée; il y mourait promptement; du reste, il nage avec lenteur, et toujours par secousses rétrogrades.

Nous l'avons observé, à la fin de 1833 et au commencement de 1834, sur un très grand nombre d'individus vivants, décrits et publiés, en 1835, dans notre *Voyage dans l'Amérique méridionale*. Aujourd'hui nous empruntons quelques uns de ces détails à cette première publication, tout en revoyant soigneusement, concurremment avec nos premières observations, plus de trente individus conservés, afin de nous assurer si, dans notre travail primitif, il ne nous est pas échappé quelques détails, qui puissent compléter celui-ci.

Explication des Figures.

POULPES. Pl. 16, fig. 4. Animal grossi, vu en dessus, dessiné par nous sur le vivant.
5. Le même, vu en dessous.
a. Une partie de bras grossie, pour montrer les cupules pédonculées.

A. D'O.

N° 5. PHILONEXE MICROSTOME. — *PHILONEXIS MICROSTOMUS*, d'Orbigny.

POULPES. Pl. 10, fig. 5 *a*, *b*, *c*, *d*, *e*, *f*, *g*.

Octopus microstomus, Reynaud, 1834; *Magasin de zoologie*, p. 23.

O. corpore subrotundo, magno, lævigato, rubescente; capite lato; brachiis inæqualibus, pro longitudine 1ᵒ, 2ᵒ, 4ᵒ, 3ᵒ, *membrana nulla; acetabulis subpedunculatis.*

Dimensions.

Longueur totale	7	millimètres (1).
Longueur du corps	3	*id.*
Largeur du corps	3	*id.*
Longueur des bras supérieurs	3	*id.*
Longueur des bras latéraux-supérieurs	1	*id.*
Longueur des bras latéraux-inférieurs	1/4	*id.*
Longueur des bras inférieurs	1/2	*id.*

Description.

Corps très volumineux, aussi large que haut, très lisse, à ouverture très large. Il paraît être, au premier aperçu, séparé du corps; mais il est facile de s'assurer qu'il s'unit par la peau à la partie céphalique; seulement celle-ci est très mince dans cette espèce.

Tête plus large que la couronne, presque aussi large que le corps, très courte, lisse, saillante latéralement par ses orbites volumineux et des yeux très gros (2). *Bouche* petite, selon M. Reynaud, mais d'après nous relative à la taille de l'animal. *Bec* corné, à bords presque droits, et nullement recourbé. Nous avons cru y apercevoir en dessus deux ouvertures aquifères.

Couronne partant de la tête même, sans qu'on puisse l'en distinguer.

Bras lisses, assez courts, relativement au corps, très inégaux, les supérieurs les plus longs, d'au moins trois fois plus que les autres, les latéraux-inférieurs les plus courts, à peu près au douzième des supérieurs. Leur ordre est la première paire, la deuxième, la quatrième et la troisième. *Cupules* presque discoïdes, pédonculées, à ouverture plus étroite que leur diamètre, régulièrement alternantes sur toute la longueur des bras (3). *Membranes de l'ombrelle* tout à fait nulles.

Tube locomoteur assez court, occupant la moitié de la longueur de la partie céphalique.

Couleurs. D'après M. Reynaud, le corps rouge-fauve, marqué de taches plus foncées en dessus, et argenté en dessous; ces couleurs sont très mobiles.

Rapports et différences.

Après avoir comparé le seul exemplaire conservé dans les collections du Muséum, avec ceux de notre *Philonexis atlanticus*, nous avons trouvé que le *Philonexis microstomus* pourrait bien n'en être que le très jeune; néanmoins, comme les bras supérieurs sont moins longs, nous ne les réunissons pas encore, dans la crainte de commettre une erreur, si le *Philonexis microstomus* est bien réellement une espèce distincte. Dans tous les cas, le nom en est fautif, car la bouche est en rapport avec la taille.

Habitation et mœurs; histoire.

Voici les propres expressions de M. Reynaud : « Le 19 novembre 1828, par 33 degrés de « latitude nord, et 35 degrés de longitude ouest du méridien de Paris, la corvette *la Che-*

(1) Nous avons pris ces mesures sur l'animal conservé au Muséum, et déposé par M. Reynaud.

(2) M. Reynaud les décrit comme petits, mais nous avons sous les yeux l'individu même qui a servi à sa description, et il est tel que nous l'indiquons, le dessin de M. Reynaud étant fautif sur ce point.

(3) Nous avons reconnu des cupules sur toute la longueur des bras, ce qui est en contradiction avec la figure de M. Reynaud.

« *vrette* étant entourée de masses de ces *fucus* qu'on désigne sous le nom de *raisins des* « *tropiques* (*Sargassum natans*), nos filets rapportèrent un nombre prodigieux de Poulpes « microscomes. Le 20, par 35 degrés de latitude, nous en prîmes encore, mais en moins « grande quantité ; et arrivés par 36 degrés, nous cessâmes d'en rencontrer dans nos filets, « et d'apercevoir leurs nuées autour du navire. »

M. Reynaud a fait connaître ce petit Poulpe dans une notice lue le 6 août 1830, à la Société d'histoire naturelle de Paris, et imprimée dans le *Magasin de Zoologie*. Nous avons retrouvé un individu de ce Poulpe déposé par lui dans les collections du Muséum d'histoire naturelle de Paris ; et c'est d'après cet exemplaire et la description imprimée que nous avons rédigé cette notice.

Explication des Figures.

POULPES. Pl. 10, fig. 5. Animal fortement grossi, vu en dessus, copie du dessin de M. Reynaud.
5 *a*. Animal de grandeur naturelle.
5 *b*. Animal grossi, vu en dessous.
c. Croquis des mandibules, vues de face.
d. Mandibules, vues de profil.
e. Ensemble respectif des bras ouverts.
f. Une partie des bras plus grossis, sur laquelle, à tort, on n'a marqué des cupules qu'à la base.
g. Une cupule plus grossie encore, montrant qu'elle est pédonculée.

A. D'O.

N° 6. PHILONEXE EYLAÏS. — *PHILONEXIS EYLAIS, d'Orbigny.*

POULPES. Pl. 17, fig. 4-5.

Octopus (sous-genre *Philonexis*) *Eylais*, d'Orbigny (1835), *Voy. dans l'Amér. mérid.*, *Moll*, p. 20, Pl. 1, fig. 8-14.

P. corpore ovato, amplissimo, albido, pustulis cretaceis turgescente ; capite curto minimo, rubro ; oculis prominentibus, absque palpebris ; brachiis superioribus longissimis, pro longitudine 1°, 2°, 3°, 4°, *inferioribus brevibus ; acetabulis pedunculatis.*

Dimensions.

Longueur totale	18 millimètres.
Longueur du corps	11 *id.*
Largeur du corps	8 *id.*
Longueur des bras supérieurs	7 *id.*
Longueur des bras latéraux-supérieurs	1 *id.*
Longueur des bras latéraux-inférieurs	2/3 *id.*
Longueur des bras inférieurs	1/2 *id.*

Description.

Corps oviforme, excessivement grand comparativement à la tête, couvert régulièrement partout de petits boutons pédonculés, saillants, de forme arrondie, divisés en cinq ou six lobes égaux réguliers, épineux, autour d'un centre commun, crétacés, ou tout au moins formés d'une matière cornée très dure, implantés dans un tissu cellulaire épais et transparent. *Ouverture* petite et difficile à distinguer, le corps débordant, de toutes parts, sur la tête, sans qu'il y ait de continuité apparente en dessus, telle que celle que présentent toutes les autres espèces.

Tête très petite, et ne sortant qu'en partie du corps, lisse, sans aucun tubercule. *Yeux* grands, saillants, et paraissant dépourvus de paupières (1).

Bras très inégaux, les deux supérieurs, déliés et acuminés à leur extrémité, ont plus de la moitié de la longueur du corps, tandis que les autres sont excessivement courts. Ils suivent l'ordre de décroissance des supérieurs aux inférieurs. *Cupules* alternes sur toute la longueur de chaque bras. Elles sont fortement pédonculées et très contractiles; dans la liqueur, elles ne sont plus représentées que par un bouton. *Membranes de l'ombrelle* tout à fait nulles.

Couleurs. Le corps est blanchâtre; la tête a une teinte rougeâtre, semée de taches chromophores contractiles, très petites; les bras sont blanchâtres; les yeux comme dans les autres espèces du genre; l'iris noir, le globe de l'œil argenté, une tache bleue sur le dessus de chaque œil.

Rapports et différences.

Nous avons donné le nom d'Eylaïs à cette espèce, à cause de l'analogie de forme que nous avons cru remarquer entre elle et la petite Arachnide aquatique du même nom. On sait, du reste, que les noms spécifiques sont de pure convention. Le *Philonexe Eylaïs* ne peut être comparé à aucune des autres espèces connues jusqu'à ce jour. Les aspérités de son corps ne se retrouvent même dans aucun autre Céphalopode, si ce n'est parmi les Décapodes, dans la *Cranchia scabra*, Leach. C'est une anomalie singulière qui semble devoir beaucoup gêner l'animal dans sa marche. La bizarrerie de sa structure incomplète paraîtrait le ramener à des formes très simples; mais, en dépit de sa masse, les aspérités montrent en lui quelque chose de plus fini que dans les autres espèces. Nous ne pouvons le comparer à aucun Philonexe, tant il diffère de tous; et, s'il était possible de le mettre en parallèle avec quelqu'un d'entre eux, ce ne serait qu'avec le *Philonexis tuberculatus*, et encore seulement en raison de la grandeur démesurée de son corps, et des réseaux singuliers de sa partie inférieure; car tout le reste est différent. Nous avons aussi pensé que ce pourrait bien être un jeune *Cranchia scabra*, qui aurait perdu ses nageoires postérieures; mais cette supposition n'est rien moins que certaine, le sujet ne présentant aucune trace de nageoire.

Habitation; mœurs; histoire.

Nous n'avons vu qu'un seul individu de cette espèce, pêché la nuit, au mois de janvier, dans un demi-calme, au sein de l'océan Atlantique, par 22 degrés de latitude boréale, et 36 de longitude occidentale de Paris. Aussitôt que nous l'eûmes pris, nous le mîmes dans l'eau, où il ne vécut que quelques minutes, sans faire de très grands mouvements. Nous avons lieu de penser que l'espèce est rare ou qu'elle habite ordinairement une zone beaucoup plus profonde. La décoloration totale de son corps en serait peut-être une preuve, ainsi que le peu de moyens natatoires qu'elle possède; mais ce ne sont là que des conjectures.

(1) Nous n'avons pas aperçu d'ouvertures aquifères.

Nous avons recueilli cette espèce en 1834; nous l'avons publiée l'année suivante, dans notre *Voyage dans l'Amérique méridionale*, auquel, aujourd'hui, nous empruntons la description que nous en donnons ici, après en avoir rapproché l'individu conservé dans la liqueur, que nous possédons.

Explication des Figures.

Poulpes. Pl. 17, fig. 4. Animal vu en dessus, fortement grossi, dessiné par nous d'après nature.
5. Le même, vu de côté.
a. Ensemble des bras étalés pour montrer leur différence de longueur.
b. Un morceau de bras grossi.
c. Un des tubercules cornés du corps, vu de profil.
d. le même, vu en dessus.

A. D'O.

N° 7. PHILONEXE TRANSPARENT. — *PHILONEXIS HYALINUS, d'Orbigny.*

Poulpes. Pl. 16, fig. 1-3.

Octopus hyalinus, Rang, Férussac et d'Orbigny (1835), *Mon. des cryptodibranches*, Poulpes, Pl. 16, fig. 1-3.
Octopus hyalinus, Rang, *Magasin de zoologie*, 1837, cl. V, p. 66, Pl. 92.
O. corpore brevi, magno, lævigato, diaphano albido, rubro maculato; capite brevi; oculis prominentibus subpedunculatis, brachiis inæqualibus, pro longitudine 1°, 2°, 3°, 4°, membranis nullis.

Dimensions.

Longueur totale. . . . . 25 millimètres. (1)

Description.

Corps bursiforme, plus large en avant qu'en arrière, où il est très arrondi; il paraît lisse. L'*ouverture* en est très grande, embrassant les deux tiers de la circonférence du corps.

Tête de taille moyenne, munie latéralement de deux yeux, extrêmement gros, saillants, et subpédonculés. *Mâchoire cornée*, très petite, et paraissant au moyen de la transparence du mollusque.

Bras de la longueur du corps, à peu près diaphanes, les supérieures un peu plus longs que les inférieurs. *Cupules* alternes rapprochées. *Membranes de l'ombrelle* nulles. *Tube locomoteur* petit.

Couleurs. D'un blanc diaphane, avec une grande tache, formée par l'ensemble des viscères et variée de différentes couleurs, comme un spectre solaire; une multitude de petites taches roses, très intenses, sur tout le corps et sur la tête, et parmi lesquelles les plus grandes sont situées au point de séparation de la tête et du corps. *Bras* diaphanes, colorés de rose dans leur moitié extrême.

Rapports et différences.

Telle est la description que M. Rang a donnée de cette espèce; il nous reste à la comparer avec celles qui pourraient en être voisines, et nous ne trouvons que notre *Philonexis atlanticus*

(1) Comme M. Rang ne nous a pas communiqué l'original, nous ne pouvons que nous servir de la courte description qu'il a donnée de cette espèce.

qui s'en rapproche par l'aspect général, par la disproportion de ses bras, par sa teinte transparente et par ses yeux saillants, tout en paraissant s'en distinguer par moins de disproportion dans la longueur respective des bras et par la forme du corps.

D'après la forme du corps, celle des yeux saillants, la large ouverture du sac, ainsi que celle des bras, nous croyons pouvoir rapporter, mais encore avec doute, cette espèce au genre Philonexe. M. Rang ne parle pas des canaux aquifères, ni de l'appareil de résistance. Du reste, il faut une telle attention pour apercevoir les premiers dans les petites espèces, qu'ils ont bien pu lui échapper. Quand de nouvelles observations seront publiées, on pourra mettre le Philonexe transparent à la place qu'il doit occuper définitivement. Tout nous porte à croire qu'il gardera celle que nous lui assignons aujourd'hui.

Habitation et mœurs; histoire.

Cette espèce habite l'Océan (1), dans la haute mer, où elle a été recueillie la nuit. Il y a près de cinq ans que M. Rang a confié à M. de Férussac le dessin et la description de cette espèce, dont la figure a d'abord paru dans notre planche 16 des Poulpes. Il a cru devoir reproduire, en 1837, cette figure et sa description, dans le *Magazin de Zoologie*, auquel nous avons emprunté la dernière, car nous n'avons pas vu l'animal.

Explication des Figures.

Poulpes. Pl. 16, fig. 1. Animal vu en dessus, dessiné d'après nature par M. Rang.
2. Le même, vu en dessous. (On a oublié de figurer le tube locomoteur.)
3. Le même, vu de côté.

A. D'O.

(1) M. Rang ne dit pas dans quel Océan, ni sous quel degré de latitude et de longitude : nous supposons que ce doit être dans l'océan Atlantique.

Genre ARGONAUTE. — *ARGONAUTA*, Linné.

Caractères de l'animal.

Forme générale. Voisine de celle des Philonexes et des Poulpes; mais le corps est plus gros, comparé à la tête, et cette dernière partie, toujours oblique par rapport à l'axe de la longueur du corps, est, dans la coquille, appuyée sur le tube locomoteur qui la dépasse.

Corps ovoïde, plus ou moins atténué postérieurement, toujours plus large à sa partie supérieure; volumineux comparativement à la tête, toujours entièrement lisse, et couvert d'une peau mince. *Ouverture* fendue sur toute la largeur inférieure et sur les côtés jusqu'au-dessus des yeux, de manière à ce qu'il ne reste plus qu'une *bride cervicale* qui occupe le quart de la circonférence, et seulement l'intervalle compris entre les yeux, pour unir le corps à la tête.

Appareil de résistance (1), mobile, consistant toujours, 1° en un mamelon ou un bouton élevé, ferme, situé près du bord interne du corps à ses côtés inférieurs; 2° en une boutonnière arrondie très profonde, et entourée de bourrelets, située sur la base du tube locomoteur de chaque côté; en un appareil fixe consistant en une bride médiane inférieure du corps.

Tête toujours oblique, ou formant un angle par rapport à l'axe du corps, ou comme reployée en dessus, ce qui est une conséquence de la position de l'animal dans la coquille. Moins large que le corps, elle est très courte en dessus, où elle se confond avec les bras, qui paraissent ainsi naître du bord du corps; très longue en dessous. *Yeux* latéraux, très grands, ovales, saillants, un peu déprimés, susceptibles d'être recouverts en partie par la contraction des téguments qui les entourent; mais ayant, en outre, une paupière ou membrane transparente, très mince, qui occupe la partie supérieure de l'œil (2). *Bouche* entourée de deux lèvres, l'extérieure lisse, l'intérieure épaisse, comme festonnée. *Langue* pourvue de sept rangées de crochets cornés; la médiane et les deux latérales les plus grandes. *Bec* très large, non comprimé; *mandibule supérieure* un peu crochue, à capuchon petit; *mandibule inférieure*, à ailes latérales très courtes et larges, l'expansion postérieure non carénée, à dos arrondi. *Oreille externe*. Sans crête auriculaire, marquée en dehors, par une légère protubérance située en arrière des yeux, en dessous de la bride cervicale et de l'ouverture aquifère latérale.

Ouvertures aquifères. Au nombre de deux, une de chaque côté, situées à l'angle postérieur et supérieur de l'œil, au fond d'une légère dépression, et communiquant avec une cavité située à la partie céphalique supérieure.

Bras, de deux sortes, les uns palmés à leur extrémité, les autres conico-subulés. Les *bras palmés* prenant naissance en dessus entre les deux yeux, repliés à leur extrémité sur eux-mêmes, sur les deux tiers de leur longueur, et pourvus, dans tout l'intervalle de ce repli, d'une membrane très extensible, lisse, épaisse en dehors, ou seulement marquée de quelques ramifications peu distinctes des principaux troncs, tandis que de l'autre côté elle est

(1) Organe singulier, indiqué pour la première fois par Montfort, *Buff. de Sonnini*, t. III, p. 223, et par Leach.

(2) Nous avons reconnu bien distinctement cette paupière sur un grand individu de l'*Argonauta argo*, mais nous ne l'avons pas retrouvée chez les autres espèces.

chargée d'un grand nombre de ramifications, dans toutes les parties où elle doit arriver aux bords de la coquille ; sa superficie est spongieuse et comme réticulée par un réseau membraneux à sillons élevés et papilleux qui nous paraît être l'organe sécréteur de la coquille. Les bras subulés déliés à leur extrémité, toujours inégaux ; leur ordre, en commençant par les plus longs, est, sans compter les bras palmés, 4, 2, 3, chez l'*Argonauta argo,* 2, 3, 4, chez l'*Argonauta hians*, et 2, 4, 3, dans l'*Argonauta tuberculata.* Les inférieurs pourvus d'une membrane inférieure en carène dorsale, les deux paires latérales presque toujours fortement déprimées. *Cupules* toujours sur deux lignes, même sur le retour des bras palmés, où elles sont souvent peu visibles ; disposées bien distinctement, surtout sur les bras déprimés, où elles sont séparées par un assez large intervalle ; très saillantes, comme subpédonculées, très élargies à leur bord. A quelques bras, elles sont réunies extérieurement par une membrane.

Membrane de l'ombrelle, très courte, mais existant entre chaque bras, au moins dans les deux premières espèces, car sur l'*Argonauta tuberculata* nous ne l'avons retrouvée qu'entre les latéraux, ne l'ayant pas aperçue entre la paire supérieure et entre la paire inférieure.

Tube locomoteur très grand, en cône régulier, se prolongeant au delà de la tête et de la base des bras, jusqu'au dehors de la coquille, attaché par deux brides extérieures latérales et par deux autres presque médianes, très minces.

Caractères de la coquille.

Test univalve, uniloculaire, d'une consistance particulière, intermédiaire entre celle de la corne et de l'émail, fragile, poli, brillant, transparent, quoique non vitreux, flexible quoique cassant, commençant par un petit godet circulaire, d'abord membraneux, puis légèrement crétacé, s'accroissant obliquement et elliptiquement, et dont le sommet forme, avec l'âge, un tour ou un tour et demi de spire, rentre dans l'ouverture en figurant de chaque côté une columelle torse, prolongée dans le sens de l'ouverture, ou projetée obliquement en oreillon plus ou moins marqué, qui présente, dans son ensemble, une petite nacelle, à carène large, et comprimée sur les côtés. Les tours sont appliqués les uns sur les autres, sans qu'il y ait transsudation de matière crétacée sur le retour de la spire, caractère que nous ne retrouvons dans aucune autre coquille.

Il en est un second qui prouve plus que tous les autres encore que la coquille ne se forme pas comme celle des mollusques gastéropodes, et qu'elle est tout à fait en rapport avec la supposition que les membranes des bras la sécrètent, remplissant l'office de manteau. L'épaisseur de la coquille sur les bords, au lieu d'être intérieure à l'épiderme, ainsi qu'on le remarque dans la coquille de tous les acéphales, et chez les gastéropodes, qui ne l'ont pas, comme la Cyprea, recouverte d'un encroûtement extérieur, se compose partout de deux parties distinctes : d'une couche intérieure mince, et d'une autre extérieure beaucoup plus épaisse, formant deux plaques appliquées l'une contre l'autre. La première est toujours lisse ; la seconde, l'extérieure, est plus terne, polie sur les bords de la coquille, et se couvre d'un léger épiderme à quelque distance de ce bord. Cet épiderme devient ensuite de plus en plus épais, jusqu'au sommet de la spire, ce qui prouve qu'il n'a pas précédé la transsudation calcaire destinée à former la coquille, comme on le remarque dans toutes celles des autres mollusques secrétées par le bord du manteau, qui ont l'épiderme d'autant plus épais qu'il approche du bord; mais chez l'Argonaute, il est évidemment postérieur à la formation de la coquille, ne pouvant dès lors être déposé que par un organe purement extérieur, qu'explique la position des membranes des bras chez l'animal qui nous occupe.

Il résulte de ce que nous venons de dire, 1° que la coquille de l'Argonaute se forme plus de particules calcaires appliquées extérieurement, que de particules déposées en dedans, caractère qui ne se trouve que chez les gastéropodes dont le manteau recouvre la coquille, comme les *Cyprea*, quelques *Olives* et quelques *Volutes;* aussi est-il impossible de douter que l'animal n'ait un moyen extérieur de sécrétion, ce qu'on peut expliquer par les membranes des bras, enveloppant constamment la coquille et tenant lieu du manteau des genres cités.

2° Que son épiderme n'existant pas sur les bords, et augmentant d'épaisseur à mesure qu'on s'approche du sommet, il est encore évidemment dû à une sécrétion externe, postérieure à celle de la coquille, ce qu'on ne trouve chez aucun autre mollusque, et ce qui explique encore par le séjour continuel des membranes des bras sur la coquille.

D'ailleurs, si, comme nous l'avons fait, on examine au microscope la composition de la coquille, il ne restera plus de doute sur la manière dont elle se forme. On verra en premier lieu que, sur les bords, elle est composée de petites parties allongées, interrompues, appliquées peu régulièrement les unes sur les autres, et augmentant ainsi son extension. En second lieu, que dans notre supposition, les bras remplissant l'office du manteau des *Cyprea*, ils doivent, chacun de son côté, former la moitié de la coquille; dès lors le point de jonction de ces deux parties sécrétantes est sur la carène, où l'un et l'autre bras apportent successivement les particules calcaires qui composent cette partie. C'est, en effet, ce que démontre un examen attentif; on voit qu'alternativement chaque bras a déposé quelques couches, les unes venant de droite, les autres de gauche (1); et, dans cette partie, il existe un entrecroisement de lignes d'accroissement qui prouve qu'elles ont été formées par deux organes séparés, lesquels ont déposé l'un après l'autre les particules crétacées. Ce fait est encore démontré par une autre remarque : chez les *Cyprea*, que nous considérons comme type des coquilles dont l'encroûtement extérieur est évidemment reconnu, on distingue, dans presque toutes les espèces, le point de jonction des deux lobes du manteau, marqué par une ligne d'une couleur différente, ou même par une dépression, la sécrétion ne s'étant pas opérée dans cette partie (ordinairement médiane et longitudinale) de la même manière qu'ailleurs; et cette différence se remarque aussi dans la coquille de l'*Argonauta argo*, où le milieu de la carène est toujours plus poli que les côtés, moins coloré, et manque toujours de ces légères aspérités qu'on remarque sur le reste de la coquille; ce qui prouve que les bras, dans leurs points de jonction, ont laissé une impression aussi visible que celle des Porcelaines; observation qui prouve encore l'identité de formation.

D'après tous ces faits, il ne doit, ce nous semble, rester aucun doute sur le mode de formation de la coquille de l'Argonaute par un organe extérieur; et dès lors les fonctions des bras palmés se trouvent complétement expliquées (2).

(1) *Voy.* Planche VI, fig. 6.

(2) Montfort a dit positivement, dès 1802 (*Buff. de Sonnini*, t. III, p. 234, 240, 277, 279), que les bras sécrètent la coquille. On a trouvé son opinion absurde; néanmoins, il est impossible maintenant de n'en pas reconnaître la justesse.

Rapport de la coquille avec l'animal.

L'animal n'adhère à la coquille en aucune de ses parties, il se renferme dedans, la remplissant alors, moins la cavité spirale, et la retenant constamment avec ses bras palmés, qui l'enveloppent entièrement à l'état de vie (1). Si nous considérons la forme de l'animal, reployé sur lui-même, formant un angle par rapport à l'axe du corps, les parties supérieures de la tête étant très courtes, et les parties inférieures, au contraire, très longues, nous aurons la certitude que, destiné à vivre isolé et libre, il ne pourrait nager qu'en tournoyant; tandis que cette même forme est tout à fait en rapport avec sa position habituelle dans la coquille, le raccourcissement des parties supérieures étant nécessaire pour que les deux bras palmés puissent sortir en arrière (2) et embrasser plus intimement la coquille. L'allongement des parties inférieures et du tube locomoteur est encore une conséquence obligée de son habitation dans une coquille, pour que ces parties puissent venir en affleurer le bord.

Nous croyons donc matériellement impossible que sa forme oblique permette à l'animal de vivre isolé et libre; car la natation dans une direction quelconque deviendrait impraticable. Nous pensons, au contraire, que sa forme est une dépendance de son existence dans la coquille, et qu'il y a rapport intime entre cette forme même et celle de la coquille qu'il habite.

Rapports et différences.

Comme nous l'avons fait voir aux Poulpes et aux Philonexes, les Argonautes n'ont d'autre analogie avec les premiers, que celle de la forme générale du corps et du nombre des bras, car, du reste, tous les autres caractères sont différents. On a vu aussi qu'ils se rapprochent davantage des Philonexes, tout en s'en distinguant par des caractères bien tranchés. Nous allons retracer successivement leurs différences avec ces deux genres.

Commençons par les Poulpes. Les Argonautes en diffèrent : 1° par un corps plus volumineux, plus acuminé, toujours dépourvu de cirrhes charnus si communs chez les Poulpes.

2° Par un appareil de résistance compliqué, appareil qui manque entièrement chez les Poulpes.

3° Par le corps largement ouvert jusqu'au-dessus des yeux, tandis que, chez les Poulpes, cette ouverture est petite et ne s'étend jamais que sur les côtés du cou.

4° Par un bec toujours plus large, peu crochu, et sans carène postérieure à la mandibule inférieure, caractère si marqué chez les Poulpes.

5° Par les ouvertures aquifères, bien marquées extérieurement chez les Argonautes, manquant complétement chez les Poulpes, au moins au dehors de la tête.

6° Par des cupules larges, pédonculées, épanouies à leur sommet chez les Argonautes; courtes, sessiles, chez les Poulpes.

(1) C'est au père Minasi, en 1771, que nous devons la première notion de ces bras palmés entourant la coquille; mais sa description n'a été comprise par personne. (Voyez *Delle Delizie Tarentine*, libri IV. *Opera postuma di Tommaso Niccolao d'Aquino*.

(2) La position des bras palmés en arrière avait été parfaitement indiquée, en 1687, par Rumphius, puis par Valentini, par Carducci, etc., etc.

7° Par la forme de la tête, toujours oblique; ce qui provient du raccourcissement de sa partie supérieure et de l'allongement inférieur, disposition qui tient à la position habituelle de l'animal dans la coquille; tandis que la tête est aussi longue en dessus qu'en dessous chez les Poulpes.

8° Par la palmature, ou énorme membrane des bras supérieurs destinée à envelopper la coquille; tandis que, chez les Poulpes, les bras sont coniques.

9° Par la longueur démesurée du tube locomoteur, disposition indispensable pour qu'il puisse arriver au bord de la coquille; cet organe court chez les Poulpes.

10° Par leurs bras supérieurs venant s'insérer entre les yeux mêmes, tandis qu'ils commencent bien au-dessus chez les Poulpes.

11° Par l'intervalle des cupules toujours couvert de taches chromophores, par suite de leur position extérieure dans la coquille; ce qui n'a jamais lieu chez les Poulpes.

12° Par les rapports réciproques de la tête avec le corps, la première étant située, chez les Poulpes, sur l'axe du corps; tandis que, chez les Argonautes, le renversement ou l'obliquité de la tête place la bouche, ainsi que la base des bras, sur un plan presque transversal à cet axe.

13° Par l'organisation générale et l'arrangement, chez l'Argonaute, de toutes les parties principales qui indiquent que cet animal est fait pour vivre dans une coquille.

14° Enfin, par la coquille dont il est pourvu et dans laquelle il vit.

Nous ne retracerons pas ici les différences que nous avons déjà données entre les Argonautes et les Philonexes; il suffira d'en rappeler les principaux traits. Ce genre diffère par l'appareil de résistance tout à fait opposé chez les Philonexes, par la tête oblique à l'axe, tandis qu'elle est dans le même plan chez les Philonexes; par l'emplacement des ouvertures aquifères, par les bras supérieurs pourvus de membranes chez les Argonautes, par la forme des cupules, par la longueur du tube locomoteur, par la présence d'une coquille, etc.

Habitation ; mœurs.

Le genre Argonaute paraît habiter principalement les mers chaudes. Nous voyons l'*Argonauta argo* commun dans la Méditerranée, dans l'Adriatique; Forskoal l'indique dans la mer Rouge; on l'a rencontré au cap de Bonne-Espérance, dans l'Inde et aux Antilles. L'*Argonauta tuberculata* est aussi de l'Inde; tandis que l'*Argonauta hians*, qui manque à la Méditerranée, se trouve presque partout ailleurs, car nous l'avons observé au sein de l'Atlantique, ainsi que près des côtes d'Afrique et d'Amérique. On le trouve dans le grand Océan, non seulement près du Nouveau Monde, mais encore dans la mer des Indes. Ainsi une seule espèce se rencontre dans la Méditerranée, deux dans l'océan Atlantique; tandis que, dans le grand Océan, les trois paraissent exister pour ainsi dire ensemble.

Si maintenant nous voulons indiquer les parties de ces mers où l'on rencontre des Argonautes, nous trouverons l'*Arg. argo* sur tous les points de la Méditerranée et de l'Adriatique, dans l'océan Atlantique; l'*Argonauta hians* se voit depuis le 30° degré nord, jusqu'au 34° degré de latitude sud; les trois espèces du grand Océan se montrent aussi circonscrites dans les mêmes limites vers le sud; d'où nous pourrions conclure que les Argonautes sont des régions chaudes et tempérées, et non des parties froides des mers, où l'on n'en a pas encore rencontré.

Du fait de la répartition de la même espèce sur une grande surface des mers, on tirera naturellement l'induction que les Argonautes sont des animaux pélagiens, et non côtiers, ce qui, du reste, est appuyé par bien des faits; car nous avons rencontré des familles entières d'Argonautes, et surtout de très jeunes, à plus de deux cents lieues des côtes, et les pêcheurs de la Méditerranée (1) sont également tous d'accord sur ce point. En effet, les Argonautes portant leurs œufs dans leur coquille, les petits y éclosant, ils n'ont pas besoin, comme les Poulpes, de s'approcher des côtes pour pondre; aussi ne les voit-on sur le littoral que lorsque quelques circonstansces fortuites les en a rapprochés. Si nous jugions les habitudes des Argonautes en général par celles de l'*Argonauta hians*, que nous avons observées, nous pourrions croire que, comme la plupart des Céphalopodes, ils sont plutôt nocturnes ou crépusculaires que diurnes (2); car toujours nous n'en avons pris que la nuit, tandis que jamais nous n'en avons vu un seul pendant le jour. Nous pourrions croire aussi, d'après les mœurs de l'espèce citée, que les Argonautes sont des animaux sociables, qui parcourent, en grandes troupes, le sein des mers; et le peu de renseignements que nous avons sur les autres espèces semble devoir confirmer cette dernière observation.

Les Argonautes possèdent, de même que les autres Céphalopodes acétabulifères, la propriété de changer de couleur (3), ce qu'ils doivent aux taches chromophores dont ils sont couverts, mais les changements d'intensité de teintes paraissent être moins marqués en eux que chez les Poulpes, et jusqu'à présent les Argonautes n'ont pas montré de parties de leurs corps tuberculeuses dans l'irritation; leur teinte est généralement argentée, plus ou moins maculée de rouge violacé ou de brun.

Les brillantes fictions sur la navigation de l'Argonaute sont à jamais détruites par l'observation immédiate. L'Argonaute ne sera plus cet élégant nautonnier, enseignant aux hommes à fendre l'onde, au moyen d'une voile (4) et de rames; ce joli vaisseau portant en

(1) C'est ce que nous assure M. Vérany, de Nice, et ce fait était très connu des anciens. Oppien, *Halieut.*, chant Ier, vers 186 à 196. Limes : « On voit aussi le Callichte, ou le Poisson sacré, le Pompile, honoré des navigateurs, qui « l'ont ainsi nommé, parce qu'il les accompagne dans leurs voyages. Entraînés par la joie la plus vive à la vue des « vaisseaux qui sillonnent les mers, les Pompiles les suivent en foule à l'envi, sautant et se jouant à la poupe, à la proue, « sur les flancs, tout autour de ces chars maritimes. Leur passion pour eux est si ardente, qu'on dirait qu'ils cèdent « moins à une impulsion libre et volontaire qu'à des liens qui les enchaînent aux bâtiments, et qui les forcent d'en « suivre la marche. Comme on voit un prince qui vient de prendre une ville, comme on voit un homme vainqueur dans « les jeux publics, le front ceint d'une couronne de fleurs nouvelles, autour desquels se presse un peuple immense, « enfants, jeunes gens, vieillards, qui les accompagnent, qui sont toujours après eux, jusqu'aux portes de leur habita- « tion, et ne se retirent qu'après les avoir vus pénétrer au dedans; ainsi les Pompiles vont toujours en foule à la suite « des navires, tant qu'ils ne sont pas troublés par *la crainte du voisinage de la terre*; sitôt qu'elle n'est plus éloignée, « *car elle leur est odieuse*, ils se retournent tous ensemble, comme ayant atteint une barrière, et se retirent en abandon- « nant les vaisseaux. *Leur retraite est un indice certain, pour les nautonniers, qu'ils approchent du continent.* O poisson « justement cher aux navigateurs ! ta présence annonce les vents doux et amis; tu ramènes le calme et tu en es « le signe. »

Ælien, *de Nat. animalium*, lib. II, cap. XV, p. 26, *De Pompilis piscibus*, avait déjà dit la même chose.

(2) M. Poli, dans son Mémoire lu le 14 décembre 1824, dit positivement que les pêcheurs les prennent plus particulièrement la nuit dans la Méditerranée, ce qui est en rapport avec nos observations. M. Bennet, selon ce que rapporte M. Richard Owen (*Mém. de la Soc. zool.*, t. II, p. 113), aurait aussi pris son Argonaute la nuit.

(3) Rumphius, *Damboin.*, p. 63, le dit aussi bien positivement.

(4) Aristote, *de Anim.*, lib. IX, p. 61; Athénée, lib. VII, ch. CV; Schw., t. III, p. 165; Æliani, lib. IX, ch. 34, *de Nautili solertia*, p. 208 (d'après Aristote); Oppien, *Halieut.*, lib. I, vers 338; Schneider, p. 268; Limes, p. 57 (encore d'après Aristote).

lui-même tous les attributs de la navigation (1), guidant le marin (2) dans sa course aventureuse, et lui présageant une heureuse traversée. Non... Ces croyances, plus anciennes qu'Aristote, qui les a sans doute empruntées aux poëtes ses prédécesseurs, embellies par le génie des Athénée, des Oppien, des Ælien, reproduites par tous les auteurs du moyen-âge, et même par plusieurs de nos écrivains modernes; ces croyances n'existaient que dans leur imagination. Il faut renoncer à voir l'Argonaute relever ses bras palmés pour s'en servir comme de voile; fait, du reste, déjà, depuis longtemps, implicitement démenti par Rumphius (3), ou même à le voir s'en aider comme de rames, ces bras étant presque exclusivement destinés à retenir et à former la coquille; mais nous ne renonçons pas à le voir se jouer à la surface de l'onde, tous les écrivains s'accordant sur ce point, et cette habitude ayant, sans aucun doute, servi de base à l'exagération des auteurs. D'ailleurs, lorsque Rumphius et tous les autres écrivains sont unanimes à cet égard, nous devons croire que l'Argonaute vient souvent à la surface des eaux dans les calmes; ce que du reste nous avons observé nous-même.

La marche au milieu des eaux, chez les Argonautes, ne s'exécute donc pas au moyen de voiles ni de rames, mais bien par le mode ordinaire aux autres Céphalopodes, c'est-à-dire par le refoulement de l'eau, au moyen du tube locomoteur, dans la contraction des parois du corps pour expulser le liquide; alors les bras en faisceaux (4), ou probablement placés en toit sur une ligne, comme ceux des Poulpes, dans cet exercice, afin de soutenir la position horizontale, l'animal marche en arrière avec assez de vitesse, quelquefois la coquille en dessus; mais nous sommes loin de croire, ainsi qu'on l'a avancé même pour tous les Céphalopodes, que l'animal ne puisse aller qu'en arrière, car il n'aurait aucun moyen de saisir sa nourriture. Il nous paraît certain que l'Argonaute ne diffère pas des autres Céphalopodes, et qu'il peut aussi s'avancer latéralement et en avant, au moyen du mouvement des bras. Rumphius, en qui nous avons toute confiance, nous apprend aussi que l'Argonaute s'attache par ses cupules aux différents corps flottants, et qu'il se laisse dériver ainsi au gré des courants; observation d'accord avec celle du père Minasi (5), qui également l'a vu attaché par ses bras aux rochers de la côte.

La reptation de l'Argonaute, décrite pour la première fois par Rumphius, s'exécute la coquille en dessus, les bras servant alors de pieds, pour faire avancer l'animal, à l'aide de leurs cupules. Il va aussi en avant, avec une assez grande vitesse, rampant comme les

(1) Athénée, lib. VII, ch. CVI. *Callimachi epigramma in nautilium;* Schw., t. III, p. 166; Villebrune, p. 159 : « Je « naviguais sur les ondes, lorsqu'il y avait du vent, tendant ma voile avec mes propres cordages; mais s'il régnait un « calme serein, ô Déesse! j'étais occupé tout entier à ramer avec mes pieds, comme mon nom (Nautile) le porte lui-« même. »

Dans le *Museo cospiano* de Lorenzo Legato (1677), cap. XVI, p. 105, on trouve des vers de Strozzi, canto III, p. 30, sur le même sujet.

(2) Athénée, lib. VII, ch. XVIII; Sweig., t. III, p. 30, cite Micandre, qui, dans son deuxième livre des *Oikaikes*, dit : « Les Pompiles, qui s'empressent à montrer aux nautoniers égarés la route qu'ils doivent tenir. » Erinna dit : « Pom-« pile, poisson qui procure aux marins une navigation heureuse, puisses-tu diriger à l'avant de la proue ma charmante « maîtresse! »

(3) *Damboin*, p. 63, dit positivement que c'est de la coquille même, relevée en avant, que l'animal se sert pour voguer.

(4) Rang, *Mém.*, p. 22, nous croyons qu'ils doivent s'étaler horizontalement, comme nous l'avons observé chez les Poulpes. Rumphius, dès 1741 (*Damboin*, etc., p. 63), avait parlé de l'expulsion de l'eau par le tube locomoteur.

(5) Voyez l'histoire, pour les citations.

Poulpes, mais dans une position inverse, puisqu'il a le tube locomoteur en avant, tandis que ceux-ci l'ont en arrière; mais cette différence, qu'on croirait anomale, tient évidemment à la forme oblique de l'animal, qui, chez l'Argonaute, ne pourrait ramper autrement, toutes ses parties supérieures étant très raccourcies, tandis que les inférieures sont très allongées.

Plusieurs observateurs ont dit que l'Argonaute, lorsqu'il voulait remonter du fond des eaux à la surface (1), avait alors sa coquille dans la même position que pour la marche, c'est-à-dire la carène en haut, et qu'une fois arrivé à la surface, il se retournait pour placer la bouche de sa coquille dans une position presque horizontale; le premier fait paraît surtout prouvé.

M. Rang assure qu'en état de crainte, ou au moindre choc, il renferme dans sa coquille ses six bras inférieurs dans l'attitude où les présente souvent l'animal conservé dans la liqueur, c'est-à-dire les deux inférieurs en avant, de chaque côté du tube locomoteur dans la carène, les autres sur les côtés du corps, tandis que les bras palmés, toujours restés autour de la coquille, viennent se rejoindre sur la carène, et ne laissent dans cette partie qu'un étroit espace de la ligne médiane non recouvert, les membranes étant dilatées sur les deux faces latérales de la coquille de manière à en couvrir toutes les parties.

Le même observateur nous apprend que quelquefois l'animal retire à lui plus ou moins complétement ses bras palmés et leurs membranes. Nous croyons néanmoins cette contraction toujours déterminée par un choc, ou tout au moins par un attouchement. M. Rang dit encore que lorsque l'Argonaute qu'il a observé fut sur le point de mourir, il retira peu à peu à lui ses bras palmés et leurs membranes, les contracta sur eux-mêmes, ainsi que les autres bras. M. Rang remua alors la coquille, et l'animal s'en sépara aussitôt accidentellement, n'y tenant plus par aucune partie. Il parut d'abord se ranimer un peu, fit quelques mouvements dans le bassin, tomba de faiblesse et mourut peu de temps après. Ce dernier fait coïncide avec ce qui déjà avait été dit par Rumphius, que l'animal ne pourrait vivre sans coquille (2).

Nous ne savons absolument rien sur l'accouplement ou la fécondation des Argonautes, sauf le fait annoncé pour la première fois par Rumphius, que la coquille contient, dans le fond de sa spire, les œufs probablement déposés à mesure qu'ils sont pondus. Ces œufs, ovales, portés sur un pédoncule grêle, réunis à d'autres ramifications, forment dans leur ensemble, une grappe composée d'un grand nombre d'entre eux. On les trouve dans les coquilles de toute taille, même dans de jeunes sujets; ce qui nous ferait croire que l'Argonaute peut se reproduire de très bonne heure.

Montfort le premier annonça, en 1802, avoir vu la coquille formée dans l'œuf de l'Argonaute; cette opinion, reproduite par MM. Duvernoy, Poli, Blanchard, etc., puis formellement démentie par MM. Home, Broderip, etc., est reconnue aujourd'hui entièrement fausse. Nous avons nous-même examiné plusieurs groupes d'œufs plus ou moins avancés, et nous nous sommes assuré que les jeunes éclosaient dans la coquille même de la mère;

(1) Aristote, *Hist. de Anim.*, lib. IX, p. 61.
Athénée, lib. VII, ch. CV, *Nautilus;* Schw., t. III, p. 165; Villebrune, ch. XIX, p. 158.
Æliani, lib. IX, ch. 34, *de Nautili solertia*, p. 208.
Oppien, lib. I, vers 338; Schneider, p. 268; Limes, *Hallieut.*, p. 57.

(2) Rumphius, *Damboinsch-Rareteib*, lib. II, cap. III, p. 63; opinion que nous partageons sans restriction. Voyez ce que nous avons dit p. 109; aussi nous sommes loin de penser comme Leach.

qu'ils n'avaient alors aucun corps crétacé, et que leur coquille devait nécessairement être formée postérieurement, à la sortie de l'œuf, sans doute lorsque les bras palmés ont pris assez d'extension pour pouvoir les sécréter.

Dès le commencement de ce siècle, Montfort avait dit que l'animal pouvait réparer sa coquille brisée par une cause fortuite : cette observation a été pleinement confirmée par les expériences de M. Power. Le fait du reste s'explique chez l'Argonaute avec d'autant plus de facilité, que la plus grande épaisseur de la coquille est, comme nous l'avons déjà dit, déposée extérieurement.

La jolie forme de la coquille et sa navigation supposée a sans doute déterminé ces préjugés qui, chez les anciens Grecs, faisaient regarder l'Argonaute (*Nautilus*, *Pompilus*) comme sacré (1), comme cher aux dieux, et comme ayant été homme (2); et, chez les Indous, le faisaient rechercher et considérer comme des plus précieux (3).

Nous ne savons pas d'où est venue la croyance contraire, qui a fait considérer l'Argonaute comme ayant des propriétés des plus malfaisantes, à tel point que l'animal, pour les uns, brûlait comme du feu (4) ou causait une grande inquiétude chez les chiens qui s'en nourrissaient (5), tandis que, d'un autre côté, il est évident qu'on le mange ordinairement dans les lieux où les Argonautes sont communs.

Histoire. — Examen de la question du parasitisme.

Aristote ne s'étend pas beaucoup sur l'Argonaute ; aussi ne craignons-nous pas de rapporter textuellement tout ce qu'il en dit : « On distingue encore deux genres de Polypes qui habi-

(1) Athénée, lib. VII, ch. XVIII; Schweig., t. III, p. 30; *Sacer piscis*, dit que « les *Dauphins* et les *Pompilus* sont des « poissons sacrés, un animal amoureux, ayant été engendré du sang du ciel en même temps que nous, » et cite l'Eolien dans son *Krike*. « Le Pompile, sous la direction des dieux, conduit la barre et le reste du gouvernail. » — Pancrate l'Arcadien, dans ses *Travaux de mer* : « Le Pompile, que les marins appellent *Poisson sacré*, si considéré, non seulement de « Neptune, mais même des dieux protecteurs de Samothrace, que, dans l'âge d'or, un pêcheur fut puni pour n'avoir pas « respecté le Pompile. » — Timachidas, de Rhodes, dans le IXe livre de son *Souper* : « Les Boulerots marins et le « Pompile, poisson sacré. »

Æliani, p. 224, lib. XV, ch. XXIII, d'après Athénée.

(2) Athénée, ch. XIX; Schweig., p. 33; Villebrune, p. 26; *Pompilus ex homine piscis*, cite Appollonius de Rhodes, qui dit dans son ouvrage, *Naucratis origine*, que le Pompile avait été homme, mais qu'Apollon le métamorphosa en poisson, à cause d'une belle passion. « Le fleuve Imbrase, dit-il, baigne les murs de Samos; Chésias, née de parents « distingués, ayant reçu ce fleuve dans ses bras, enfanta la très belle nymphe Ocyrrhoé, à qui les Heures donnèrent « les charmes les plus éclatants. Elle était dans l'âge brillant de la jeunesse, » lorsqu'Apollon, épris d'amour pour elle, essaya de l'enlever tandis qu'elle se rendait par mer à Milet, pour y assister à une fête de Diane, et craignant de devenir la proie d'un ravisseur, elle pria certain *Pompile* (c'était un nautonier), ami de sa famille, de la rendre en sûreté dans sa patrie. « Pompile, qui es ami de mon père, use ici de toute ta prudence, toi qui connais les gouffres de la mer « qui retentit au loin, et sauve-moi. » Pompile lui fit faire heureusement le trajet, et la conduisit au rivage; mais Apollon, paraissant à l'improviste, ravit la jeune fille, pétrifia le vaisseau, et changea *Pompile* en un poisson qui porte son nom. « Il est toujours prêt à servir en mer les vaisseaux qui la traversent rapidement. »

Æliani, lib. XV, cap. XXIII, *Fabula de Pompilo ex homine in piscim mutato*, rapporte la même fable, d'après Athénée.

(3) Rumphius, *Damboin.*, p. 64, dit que «dans l'Inde on attache beaucoup de prix à cette coquille, et que dans les « jours de fête solennelle, les femmes les exposent à tous les regards, lorsqu'elles dansent le *lego-lego*. La première dan« seuse porte cette coquille dans sa main droite, en l'élevant au-dessus de sa tête, comme quelque chose qui la fait con« sidérer. Gève, p. 15, note XX, reproduit cette observation. »

(4) Bontius (*Hist. nat. et med. Indiæ orient.*, lib. V, cap. XXII, p. 80.) émit le premier l'opinion que l'Argonaute causait, par l'attouchement, une douleur semblable à celle d'une brûlure; ce que personne n'a observé depuis.

(5) *Encyclopédie japonnaise*, liv. 47, folio 21, verso.

« tent des coquilles. L'un est appelé, par quelques uns, le Ναυτίλος (*nautile*), par d'autres le « Ναυτικὸς (*nautique*), et par d'autres encore, *œuf de polypes*. Sa coquille, ὄςρακον, ressemble « à celle d'un pétoncle qui serait creusé, et l'*animal n'y est point attaché*. Ce polype cherche « souvent sa nourriture au long des terres; et, dans ce cas, le flot le jette sur la côte, et « *la coquille venant à tomber, il y est pris et meurt à terre*. Il est petit et de la figure du *Bolitæne* (1). » Et plus loin : « La nature et les actions du Polype nautile le rendent également singulier. Il s'élève du fond de la mer et vogue sur la surface : quand il veut monter, « il renverse sa coquille, tant afin de faciliter sa sortie de l'eau, qu'afin que son vaisseau se « vide. Arrivé sur l'eau, il la retourne. Entre les bras est une espèce de tissu qui ressemble « à la membrane qui joint les doigts des oiseaux palmipèdes. La seule différence consiste en « ce que la membrane de ces animaux est plus épaisse, au lieu que celle du Nautile est mince « comme une toile d'araignée. Lorsqu'il fait un peu de vent, le Nautile se sert de cette membrane comme d'une voile; survient-il quelque sujet de crainte, il se plonge dans la mer en « remplissant sa coquille d'eau. On ne sait pas encore comment la coquille prend naissance, « et comment elle se développe avec l'animal. Elle ne paraît pas être un effet de l'accouplement qui produit le Nautile, mais se former comme les autres coquillages. Du reste, il n'y « a rien de certain sur cela, ni sur le point de savoir si le Nautile vivrait détaché de sa « coquille (2). »

On juge facilement, par ce que dit Aristote, qu'il n'avait pas vu l'animal de l'Argonaute, qu'il décrit très mal; et quant à ce qu'il raconte des voiles et de la manière de voguer, il ne retraçait sans doute que les contes populaires de son siècle. D'ailleurs, il n'a pas d'opinion relativement au parasitisme ou au non parasitisme de l'animal. Plinius (3) commence par donner, avec peu de différence, la description des voiles et de la manière de voguer du *Polype Nautile* ou *Pompile*, puis il cite un récit de Mucianus ainsi conçu (4) : « Mutianus raconte « qu'il a vu dans la Propontide une autre singularité. C'est une conque faite en forme de petit « navire, ayant la poupe recourbée et la proue saillante en pointe. Un animal appelé *Nauphé*, « et qui ressemble à la sèche, se vient renfermer dans ce coquillage uniquement pour se « jouer à frais communs avec lui, ce qui s'exécute de deux manières; car lorsque la mer est « tranquille, le nouvel hôte baisse ses bras, et s'en sert comme d'avirons pour ramer; et lorsque le vent souffle, il les projette en guise de gouvernail, tandis que le coquillage ouvre « son sinus pour recevoir le vent; de sorte que le plaisir de l'un est de porter, et le plaisir « de l'autre de gouverner. Ainsi deux animaux d'ailleurs insensibles, ne le sont pas à cet « amusement. » Ici Plinius n'est qu'historien en racontant cette histoire de Mucianus; c'est la première fois que l'animal est positivement regardé (quoique poétiquement) comme parasite de la coquille, Aristote, comme nous l'avons vu, n'en parle pas.

Athénée (5), comme Aristote, reproduit la fable de la navigation du *Pompile* à peu près dans les mêmes termes, et s'étend beaucoup sur cet animal, considéré comme sacré et cher non seulement à Neptune, mais encore aux dieux de la Samothrace. Il en parle tout à fait

(1) Aristote, *Hist. de Anim.*, lib. VI, cap. I; Camus, p. 179; Schneider, t. II, p. 150. 15.

(2) Aristote, lib. IX, cap. LXI; Schneid., t. II, p. 422, 12; Camus, p. 597.

(3) Plinius, *Hist. nat.*, lib. IX, cap. XXIX, p. 647.

(4) Loc. cit., lib. IX, p. 653, *Nautilus*.

(5) *Deipnosophistarum*, lib. VII, cap. CV, *Nautilus* (Schweigh. t. III, p. 165; Villebrune, p. 157), et lib. VII, cap. XVIII (Schweig., t. III, p. 30; Villebrune, p. 23; *Sacer piscis*, etc.), et lib. VII, cap. CVI; *Callimachi epigramma in Nautilum*.

en poëte, sans rien ajouter de neuf. Ælien (1) s'exprime absolument dans le même sens, en ajoutant que le *Pompile* est pélagien, et qu'il indique toujours l'approche des terres au navigateur, parce qu'alors il cesse de se montrer à lui. Oppien (2) chante le Nautile dans les mêmes termes qu'Ælien, retraçant sa manière de voguer, et surtout ses habitudes purement pélagiennes, sans dire un mot sur la question du parasitisme ou du non parasitisme.

Depuis les auteurs grecs et latins jusqu'au XVIe siècle, personne ne s'occupa de l'Argonaute jusqu'à Belon (3) qui, en 1551, ne fit évidemment que copier Aristote et une partie du récit de Mucianus, sans néanmoins parler du parasitisme de son *Nautile*, dont, par sa synonymie, on pourrait croire qu'il regarde l'Éledon (son *Muscarolo* et *Muscardino* des Napolitains) comme en étant l'animal, qu'il n'a jamais vu. Rondelet (4), en 1554, reproduit aussi ce que nous connaissons des auteurs grecs, sans rien ajouter de nouveau; il paraît penser aussi que l'Éledon en est l'animal. Gesner (5), en 1558, montre, beaucoup d'érudition. Il décrit et reproduit les articles d'Aristote, d'Athénée, d'Ælien, d'Oppien et de Plinius, qui, comme nous l'avons dit, sont tous copiés les uns sur les autres; mais il ne donne absolument rien de neuf. Il rapporte encore le *Muscarolo* ou Éledone à l'animal de la coquille de l'Argonaute. Boussuet *de Testaceis Polypis* (6), en 1558, se contente de donner sur l'animal qui nous occupe quelques vers latins dont le sens est pris des auteurs anciens. Chiocco (7), en 1622, offre encore le résumé de tout ce qu'on a dit avant lui sur l'Argonaute et sur sa manière de voguer. Aldrovande (8), en 1642, reproduit une partie de ce qu'ont dit ses devanciers; il en est de même de Jonston (9) en 1650.

Bontius (10), qui dit avoir vu et examiné des Argonautes aux Indes orientales, commence par reproduire en entier tout ce qu'écrit Plinius, d'après Aristote, sur leur manière de voguer, de nager, et finit par assurer la vérité du fait; puis il rapporte que l'animal, qu'il tenait vivant dans la main, lui causa une douleur très vive, semblable à une brûlure. A ce propos, il croit que les Chinois se servaient de cette propriété de l'Argonaute pour empoisonner les liqueurs données aux Européens ses compagnons; ce qui causa la mort de plusieurs d'entre eux. Cette dernière assertion nous paraît tout à fait fausse.

Dans le *Museo del Moscardo* (11), en 1672, on reproduit encore tout ce qu'a dit Plinius sur la voile, la manière de voguer de l'Argonaute, ainsi que sur son habitude de rentrer dans sa coquille lorsque le temps devient mauvais; mais, on n'aborde pas la question du parasitisme. Scarabelli (12), en 1677, fait absolument de même, avec plus d'érudition, par rapport aux autres auteurs; il cite Oppien et ses vers, Plinius, Belon; il dit que le Nautile qui navigue dans les hautes mers, a enseigné la navigation aux hommes, et que son odeur l'a fait

(1) *De natura animalium*, lib. IX, cap. XXXIV, *de Nautili*, p. 208, et lib. XV, cap. XXIII, *Fabula de Pompilio ex homine in piscem mutato*.
(2) Oppien, *Hallieut.*, lib. I, vers 338 (Schneid., p. 268; Limes, p. 57), chant premier, vers 186-196.
(3) *De Aquat.*, lib. II, p. 381, trad. *de la Nature et de la Diversité des Poissons*, p. 381.
(4) *De Piscibus marinis*, lib. XVII, *de Testacei Polypi*, cap. IX, p. 517.
(5) Gesner, *de Aquat.*, lib. IV, p. 733 et suiv.
(6) *De Natura aquatilium*, 203.
(7) *Museum franc. calceolariarum Veronense*, p. 37.
(8) *De Testaceis*, lib. III; *de Nautilo*, cap. III, p. 257 et 260.
(9) *Hist. nat.*, lib. I, tit. III, cap. I, *de Nautilo*, p. 39.
(10) *Hist. nat. et med. Indiæ orientalis*, lib. V, cap. XXII, p. 80.
(11) *Museo del Moscardo*, p. 200, et fig., p. 198.
(12) *Museo o galerie Mansfredo*, cap. XI, p. 56.

nommer *Moscardino*, regardant sans doute aussi, lui, d'après les autres écrivains, l'*Eledone* comme l'habitant de la coquille de l'Argonaute. *Lorenzo Legato* (1), la même année, décrit l'Argonaute absolument comme Scarabelli, pour la nage; il croit également que le *Moscardino* (Éledon) en est l'animal. Buonnani, en 1681, n'en dit qu'un mot qui n'a aucun rapport à sa nage, ni au parasitisme (2), mais qui prouve qu'il le regardait, ainsi que les autres, comme le même animal que le *Moscardino*.

Lister (3), 1685, fut le premier à figurer les coquilles des deux espèces distinctes d'Argonautes, mais sans description, copiant l'animal d'après Aldrovande.

Fehr, en 1686 (4), annonce qu'il vient de recevoir de Rumphius, alors à Amboine, une coquille d'Argonaute, mais ne dit absolument rien de l'animal. Dans une lettre écrite d'Amboine, en 1687 (5), Rumphius donne des détails intéressants; il trouve étrange qu'on ne croie pas à la navigation de l'Argonaute, qui est, dit-il, « du fait du poisson (espèce « de polype) qui habite cette coquille. Pour faire mieux comprendre la chose, j'ai fait « peindre par mon fils, sur le vivant, une coquille de Nautile avec son poisson, dans la « situation où ce dernier s'y place, avec ses pieds de derrière, qui vers leurs extrémités « sont plus larges et figurent la palette d'une rame..... Il fait voile avec la proue de sa « coquille, en exposant au vent la partie concave. »

Voilà donc dès cette époque trois faits importants éclaircis : 1° la position réelle de l'animal dans la coquille, les bras palmés en arrière, le tube locomoteur saillant en avant; 2° l'élargissement membraneux des bras postérieurs (bien différents des autres), décrit de manière à ce qu'on ne confonde plus l'animal avec l'Éledone; 3° la manière de voguer, non au moyen des bras palmés, comme les anciens Grecs l'ont dit et d'après eux tous les auteurs, mais bien au moyen de la seule coquille. On devait croire, que cette observation immédiate changerait l'opinion; néanmoins, comme on va le voir, on tenait alors plutôt aux écrits anciens qu'aux faits bien prouvés.

Petiver (6), en 1702, parle de l'Argonaute de Rumphius. Lochner (7), en 1716, donne une courte description de l'Argonaute, d'après les auteurs, sans rien ajouter, regardant encore l'Éledon comme son animal.

Valentini (8), en 1723, imprime une nouvelle lettre de Rumphius, où cet observateur reproduit les détails donnés dans sa première; néanmoins il annonce qu'il y a deux espèces distinctes de coquilles, « habitées l'une et l'autre par certain Polype qu'on nomme Nau« tile. »

Valentyn (9), en 1724, cite aussi, lui, les renseignements de Rumphius.

(1) *Museo Cospiano*, cap. XVI, p. 105, *de Nautili*.

(2) *Recreatione dell' occhio*, etc., class. I; n° 13, p. 142. « Chamasi *Polpo Moscardino* o *Moscarolo*, e nace in questi « mari adjacenti all' Italia, pauvicino al lido et facilmente si prende da pescatori de' Polpi. »

En 1684, *Recreatio mentis*, p. 91, fig. 13; *Nautilus sive Nauphius*. La traduction latine de la même phrase est reproduite, ainsi que dans son *Museum Kircherianum*, p. 436, pl. B, fig. 13.

(3) *Historiæ, sive sinopsis*, *Method. conch.*, lib. IV, sect. IV, tab. 557, p. 2, 6, 7.

(4) *De Carina Nautili elegantissima Miscellanea curiosa. Acad. nat. Cur.*, dec. II, p. 210.

(5) *Miscellanea curiosa*, decuriæ II, annus 7, *de Nautilo velificante*.

(6) *Gazophyl.*, part. I, t. X, f. 1, T. 127, n° 7, *Aquat. an Amboi.*, t. VI, 7.

(7) *Museum Beslerianum*, p. 70, t. XIX.

(8) *India litterata*, *Historia simplicium reformata*, p. 429.

(9) *Descrip. von Ostindien*, p. 58.

Kindmann (1), en 1726, cite beaucoup des auteurs qui ont écrit sur l'Argonaute, mais ne donne rien de lui.

Vient ensuite, en 1741, Rumphius lui-même (2), qui commence par dire avec raison que c'est le véritable Nautile des anciens, et qu'il y en a deux espèces à Amboine. « Le « poisson qui l'habite ressemble entièrement à un Polype, muni de huit pieds, dont six « plus courts que les autres.... Les deux arrière-pieds ont le double de longueur des « autres. En les faisant sortir sur le derrière de sa coquille, ce mollusque les laisse traîner « dans les eaux. Ces deux pieds sont lisses, arrondis, garnis de cupules, comme les six « autres, mais élargis vers le bout, en façon de rame. » Il répète ensuite que le bord antérieur de la coquille seul sert de voile, relevant alors fortement en arrière son corps dans sa coquille. On le voit fréquemment flotter sur la mer, s'attachant, au moyen de ses bras, aux différents morceaux de bois qui flottent sur les eaux; alors se laissant dériver « dans le creux de son petit bateau, le ventre ou sac de l'animal, entr'ouvert transversa- « lement, comme chez les autres Polypes; on voit aussi saillir un grand conduit qui lui sert « à expulser l'eau de son corps. » Il parle du changement de couleur de l'espèce. « Ce « mollusque est libre dans sa coquille, sans être attaché comme l'est celui du Nautile « chambré; dans l'eau, il marche à l'aide de ses bras, en élevant la carène de sa coquille « vers le haut, de même qu'on le voit lorsqu'il remonte à la surface des eaux, et se retourne « ensuite. Il est très incertain que ce mollusque puisse vivre isolé de sa coquille, lorsqu'il « l'a perdue par quelque accident (3). J'en ai eu chez moi presque aussitôt qu'on venait de « les pêcher, et malgré les soins que je pris pour les replonger dans l'eau de mer presqu'à « l'instant, ils n'en moururent pas moins dans le plus court délai. » Il décrit bien les œufs, donne deux rangées alternes de cupules aux bras, et assure qu'il lance l'eau avec force par son tube locomoteur.

Ce que nous venons de citer de Rumphius ne permet pas de douter que cet auteur n'ait parfaitement observé l'animal de l'Argonaute, puisqu'aucun fait n'est en contradiction avec les observations actuelles.

L'étude des animaux ayant été, pour ainsi dire, abandonnée pour celle des coquilles, on ne vit plus, chez beaucoup d'auteurs, que de courtes citations de l'animal de l'Argonaute d'après les anciens écrivains, et des figures de la coquille. C'est ainsi que Gersaint (4), en 1736, cite seulement les Argonautes. Dargenville (5), en 1742, décrit les trois espèces de coquilles d'Argonautes, comme variété de son *grand Nautille papyracé*, et dans sa *Zoomorphose* (6) donne une figure, copiée d'Aldrovande, ainsi qu'une courte description tout empruntée aux divers auteurs dont nous avons cité le texte. Il dit : « On voit le poisson sortir de sa coquille, où il « ne tient par aucune partie de son corps; aussi le trouve-t-on, le plus souvent, séparé; » mais cette phrase s'explique facilement, quand on considère que, d'après beaucoup d'autres naturalistes, il figure à tort l'*Élédon* comme l'habitant de la coquille de l'Argonaute. Gualtieri (7), en 1742, ne fait que représenter les trois espèces de coquilles sous le nom générique de *Cym-*

(1) *Promtuarium rerum, naturalium, etc.*, p. 124.
(2) *Damboinsche Rariteit-Kamer*, lib. II, cap. III, p. 63, pl. XVIII, nos 1-2.
(3) Page 64.
(4) Catal. rais., p. 91, n° 122.
(5) *Hist. naturelle éclaircie dans deux de ses parties*, t. I, pl. VIII, f. A B C.
(6) Edition de 1757, p. 29.
(7) *Testarum conchyliorum*, t. XII.

bium. Hebenstreit (1), en 1743, cite l'espèce commune. Lesser (2), en 1748, en cite seulement deux. Klein (3), en 1753, représente les trois sous le nom de *Nautilus*, sans parler de l'animal. Brown (4), en 1756, seulement, l'espèce connue sous le nom d'*Ammonia minor*. Ginanni (5), en 1757, dit un mot de l'animal, en renvoyant à Rumphius; il l'appelle *Nautilio, Polpo muscardino*; ainsi il regardait également l'Éledone comme l'habitant de la coquille. Knorr (6), en 1757, donne l'*Argonauta argo* et l'*A. hians* sans aucuns nouveaux détails sur l'animal qui les habitent. Seba (7) figure la coquille des trois espèces.

Linné (8), en 1767, forme le genre *Argonauta*, et réunit toutes les espèces sous le nom d'*Argonauta argo*; il cite seulement le passage de Plinius pour les voiles, et dit que l'animal est un *Sépia* (dans l'extension qu'il donnait à ce nom, comprenant tous les *Céphalopodes*), sans s'étendre davantage sur ce singulier mollusque.

Martini (9), en 1769, donne une assez longue compilation sur l'Argonaute. Il représente d'abord une figure de l'Éledone, sous le nom de *Piscis Nauticus extra testam*, regardant dès lors l'Éledone comme l'animal de la coquille de l'Argonaute, ainsi que ses devanciers; du reste il ne rapporte que les faits déjà connus. Il figure toutes les espèces (10) de coquilles, et en emprunte la synonymie aux auteurs qui l'ont précédé.

Dans l'*Encyclopédie japonnaise*, à l'article *Peï-siao*, c'est-à-dire, le *Poulpe à coquille*, ou *Tchang-in-tcheou*, Poulpe à bateau, *Fa-ko fou ne* et *O to fi me ga i*, en japonais, on trouve d'abord les observations de l'éditeur japonnais, ainsi conçues : « Les *Peï-siao* se rencontrent dans la mer « du Nord, dans tous les endroits où l'eau est calme. En général, ils se montrent en entier « hors de leur coquille; quelquefois ils n'en sortent pas entièrement. Les plus grands ont « sept à huit pouces; les plus petits ont deux ou trois pouces. Ils sont d'un jaune tirant sur « le blanc, et quelquefois d'un blanc pur. Leur forme, c'est-à-dire, la forme de leur coquille, « ressemble à celle de *Ing-wou lo* (coquille en tête de perroquet, même ouvrage, lib. 47, « fol. (11). Elle approche un peu des feuilles de l'arbre appelé *Hai-thang*. Leur coquille a des « raies élégantes; au milieu, il y a un petit Poulpe, *Tchang-iu* (c'est le nom qu'on donne au « Poulpe, même ouvrage, lib. 51, fol. 17, verso), qui fait sortir *deux mains* de la partie anté- « rieure de la coquille et des pieds de la partie postérieure. Il se promène à la surface de « l'eau, et se sert de ses mains en guise de rames : c'est pourquoi on le nomme *Poulpe à* « *bateau*.

« Pendant toute l'année, sur les bords de la mer, dans les endroits où l'eau est calme, ces « animaux viennent par centaines, logés dans une coquille qui ne leur appartient pas. Beau- « coup de personnes en prennent, et il paraît surprenant que personne n'en mange. Si l'on « fait cuire ces poissons, et qu'on les donne à manger à un chien, il devient inquiet et tour-

(1) *Museum Richterianum*, p. 297.
(2) *Testaceo Theol.*, p. 149, t. I, f. 6.
(3) *Tentamen. meth. Ostracologicæ*, p. 2.
(4) *The natural Hist. of Jamaica*, p. 397.
(5) *Mare Adriatico*, t. III, f. 29.
(6) Les *Délices des yeux et de l'esprit*, t. VI, p. 31, t. 31.
(7) *Vergnugen der Ungen*, t. I, pl. II, f. 1-2.
(8) *Systema naturæ*, édit., 12, p. 1161.
(9) *Neues syst. conch. Cab.*, t. I, p. 215.
(10) *Idem*, p. 231.
(11) Lib. XLVII, fol. 21, verso. Nous devons la traduction de ce passage important à la complaisance extrême de M. Stanislas Julien, et nous nous empressons de lui en témoigner ici notre gratitude.

« menté. On reconnaît par là qu'ils ont quelque chose de vénéneux. Les pêcheurs jettent le « Poulpe et conservent la coquille comme une chose précieuse; cependant elle est mince et « n'est propre à aucun usage. »

Addition (1). « *Peï-siao.* Il est gros comme le *Tchang-iu*; mais il n'a pas de riz (d'œufs). « Chaque individu *naît au milieu* d'une coquille : cette coquille est blanche. »

D'après le passage du livre LI, l'Argonaute ne serait point un animal parasite, et naîtrait dans sa coquille, tandis que dans le liv. XLVII l'auteur émet l'opinion contraire. Il paraît résulter de ces contradictions, comme le pense M. Julien, que ces deux opinions sont empruntées à deux ouvrages différents. Quoi qu'il en soit, c'est la première fois, depuis Mucianus, que le *parasitisme* est formellement annoncé.

Carducci (2), en 1771, dit que les observations oculaires du père Minaci prouvent que le *Polypus polyposus a une coquille propre attachée à lui-même et non pas accidentelle, et d'un autre animal.* Il décrit bien la coquille et dit, d'après Aristote, que l'animal ressemble au Bolitæne. Il indique des filaments cités par le poëte d'Aquino qui nous paraissent apocryphes, et annonce des faits fort importants que son ami, le père Minaci, a observés : « *deux membranes latérales, qui sont unies à l'intérieur de la coquille, et à la chair de l'animal;* si « l'on tient avec la main la partie convexe de la coquille et que de l'autre on prenne l'animal, « on peut facilement distendre ces membranes (les allonger) de six doigts transverses et plus; « mais elles se détachent facilement et se déchirent comme du papier mouillé, si l'on n'y fait « pas attention. De là est née l'erreur que l'animal n'était pas attaché à sa coquille. Il arrive « facilement qu'ils se choquent contre les rochers et qu'ainsi on les prenne nus, de sorte qu'on « a cru qu'ils étaient parasites. Il faut ajouter, de plus, que les pêcheurs les prennent avec « force, et les tuent avec leurs instruments, ce qui détache *la coquille unie faiblement à l'animal* « *par les deux minces membranes.* »

L'auteur décrit la manière de voguer, en l'ornant encore de plusieurs accessoires pris dans les filaments glutineux qu'il dit s'étendre pour attraper les petits poissons; il parle ensuite d'une autre observation non moins importante du père Minaci. Ce dernier : « vers la 19e heure, « tandis que le vent grec souffle, trouva un Argonaute ancré avec deux des plus longs fila- « ments au littoral de Scylla. Il avait pourtant beaucoup de petits poissons englués entre ses « filaments et membranes; l'ayant frappé avec une canne et tiré à terre, il trouva : 1° qu'outre « les bras mentionnés et les filaments blancs glutineux, il avait aussi à côté de la bouche un « nombre infini de petits pieds (sans doute des cupules), de sorte qu'il ressemblait beaucoup « pour cela à la sèche; et 2° il observa *les autres membranes cartilagineuses, très minces, au* « *moyen desquelles il reste légèrement attaché à la coquille.* En effet, en le portant suspendu à sa « canne, parce qu'il donnait une mauvaise odeur, et qu'il glissait dans les mains, il a vu « que tandis que le corps pesait d'un côté et la coquille de l'autre, les *membranes au moyen* « *desquelles il était adhérent* se sont rompues, et la coquille fragile et légère est tombée par « terre. »

Si l'on sépare du récit de Carducci ce qui lui appartient de ce qui est propre aux observations du père Minaci, il en résultera que les filaments, les voiles, seront du fait du premier, d'après d'Aquino, tandis que les membranes latérales, que nous regardons comme les bras membraneux enveloppant la coquille, sont dues à l'observation immédiate et im-

(1) Liv. LI, fol. 19, recto.

(2) *Delle Delizie Tarentine*, lib. IV, *Opera postuma*, di Tommaso Nicolo d'Aquino, Anotazioni, p. 325.

portante du second. Dès lors il n'y a plus à douter que, dès 1774, ce que nous savons aujourd'hui sur ces bras palmés ne fût en partie connu, mais sans être bien compris de personne, pas même de Carducci, qui le rapporte. La question du non parasitisme avait dès lors été appuyée d'arguments qu'on n'a fait valoir que soixante-six ans après.

Favanne, en 1772, décrit toutes les variétés de coquilles (1), et dit quelques mots vagues de l'animal, qu'il croit, comme Dargenville, être l'Élédon. Il est pour le parasitisme.

Favart d'Herbigny (2), en 1775, décrit la coquille, cite Pline pour la manière de voguer de l'Argonaute, Aristote, Dargenville, Ruysch; il dit seulement que l'animal qui habite la coquille est une espèce de Polype à huit pieds. Il décrit toutes les variétés de coquilles.

Born (3), en 1780, dit quelques mots sur l'Argonaute, d'après Rumphius, d'Argenville, etc., et lui donne les deux tentacules du Loligo, sans doute d'après la figure de Rumphius (dans sa première lettre), confondant ainsi les bras palmés des Argonautes avec les bras supplémentaires des Seiches, et en faisant à tort un décapode.

Gronovius (4), en 1781, Schrœter (5), en 1783, ne parlent, pour ainsi dire, que de la coquille; Schneider (6), en 1784, après avoir commenté les différents ouvrages où il est question des Argonautes, sans connaître néanmoins le principal que nous avons extrait, celui de Carducci, non plus que beaucoup d'autres, commence par lui donner pour caractère une seule rangée d'acétabules, y voyant, à l'exemple de plusieurs de ses devanciers, l'animal de l'Élédon. Il dit : « Qu'on ne sait pas encore si cette espèce se fait sa coquille elle-« même, ou si elle s'empare de la coquille d'un autre animal; » opinion qui résulte nécessairement de sa fausse croyance sur l'animal de l'Élédon, qu'on sait nager vaguement dans les mers. Il donne une courte histoire comparative de ce qu'on a dit sur ce singulier mollusque.

Gmelin (7), en 1789, copie Linné.

Bruguière (8), en 1789, dit : « Ce ver serait une véritable Seiche, si on le voyait séparé de « sa coquille, et très voisin de la *Seiche octopode.* » Il croit aussi, d'après ses descriptions, que l'animal est un Élédon; il donne quelques détails sur sa manière de nager, puis il réfute l'opinion de Favanne, qui dit l'animal parasite, comme le Bernard l'Hermite. « Cette asser-« tion, ajoute-t-il, n'était fondée que sur des raisonnements vagues, tandis que le contraire « a été prouvé par Rumphius, qui a parlé comme témoin oculaire; cet auteur assure que « l'animal Seiche est le seul auteur de la coquille de l'Argonaute papyracé, qu'il y est « attaché et qu'il périt peu de temps après qu'on l'en a séparé, ce qui n'arriverait pas si ce « domicile n'était qu'accidentel pour lui, et s'il n'était attaché à la coquille comme tous « les autres vers testacés, qui périssent même quand leur adhérence avec elle a été détruite « par violence. Il paraît donc certain qu'un animal semblable à une Seiche (dans le sens de « Linné) est le véritable propriétaire de la coquille de l'Argonaute. » Il fait, au reste, trois

(1) *Conchyliologie*, t. I, p. 707.
(2) *Dictionnaire d'hist. nat.*, t. II, p. 411, pour la coquille, et p. 417, pour l'animal.
(3) *Testacea musei Cæsarei*, p. 138.
(4) *Zoophylacium gronovianum*, p. 281, n° 1215.
(5) *Einleitung, etc.*, t. I, p. 4; et *Mus. Gotwald.*, p. 51, n° 273, t. XL, f. 27.
(6) *Sammlung. Verm.*, p. 114.
(7) *Syst. nat.*, ed. XIII, p. 3368. *Argonauta argo.*
(8) *Encyclopédie méthod.* (*Histoire naturelle des Vers*), t. VI, p. 121.

variétés des coquilles du genre. On voit clairement quelle est l'opinion de Bruguière dans la question de l'Argonaute; mais nous croyons qu'il n'avait pas étudié l'animal.

Solis Marschlins (1), en 1793, reproduit le premier une partie du récit du père Minaci sur l'Argonaute, mais sans en prendre la partie la plus importante, se contentant de décrire les manières de voguer déjà bien connues.

Cuvier pense d'abord que l'animal est parasite (2).

Lamarck (3), en 1799, croit qu'on ne connaît pas encore le véritable animal de l'Argonaute, et que ce ne peut être un Poulpe; ce qu'il conclut de la différence de forme du corps arrondi de cet animal avec la coquille spirale connue, et sur l'analogie qui existe ordinairement entre l'animal et la coquille, chez les autres mollusques : puis il dit, d'après Belon, Rondelet, etc., que l'animal qu'on a trouvé dans la coquille est son *Octopus moschatus*, et qu'il « est très vraissemblable que ce Poulpe musqué se loge dans la coquille de l'Argonaute « lorsqu'il la rencontre vide ou peut-être après en avoir dévoré l'animal, et qu'alors il habite « dans cette coquille comme le *Cancer bernardus* habite les coquilles univalves qu'il rencontre « vides. Ceux qui auront vu ce Poulpe dans la coquille dont il s'agit, ne faisant pas attention « qu'il ne pouvait avoir formé la coquille qu'il habitait, l'ont pris pour l'animal même de « cette coquille. Bientôt leur erreur a été transmise et conservée dans les ouvrages. » On voit par l'opinion de Lamarck, 1° qu'il n'a pas vu lui-même le véritable animal de l'Argonaute; 2° qu'il a suivi les auteurs du moyen âge, qui regardaient à tort l'Élédon comme l'animal de la coquille; et 3° qu'il n'a pas attaché d'importance aux auteurs qui ont donné leurs observations immédiates, tels que Rumphius, Minaci, etc., car il aurait vu que tous s'accordent à parler des bras palmés qui distinguent les Argonautes des Poulpes ordinaires. Il reproduit son opinion en 1801 (4), en donnant à l'espèce commune le nom de *Sulcata*.

Cubières (5), en 1800, en parle plutôt en poëte qu'en observateur, en retraçant seulement la manière de voguer connue des anciens.

Bosc (6), en 1802, adopte tout à fait l'opinion de Lamarck pour le parasitisme de l'animal dans la coquille. Il dit ensuite : « La plupart des auteurs ont figuré l'animal de l'Argonaute « comme fort voisin de la Sèche octopode, c'est-à-dire comme ayant huit bras égaux. « de Born est le seul qui ait avancé qu'il se rapprochait davantage de la Seiche officinale, « c'est-à-dire qu'il avait deux bras plus grands que les autres. Le citoyen Bosc n'a jamais vu « d'autres Seiches dans ces coquilles que celles indiquées par Born, qu'il regarde comme « une espèce nouvelle peu différente en effet de l'officinale. Ainsi il paraît constant que deux « espèces de Seiches, fort différentes, habitent la même coquille; elles n'y sont donc que « parasites. »

Comme Bosc n'avait pas admis les nouvelles divisions de Lamarck, il se servait encore du mot *Seiche* dans le sens de Linné; on voit, au reste, que son opinion, que deux animaux divers habiteraient la même coquille, est fondée seulement sur la fausse assertion des auteurs du moyen âge, que l'Élédon est l'habitant de la coquille, car l'animal qu'il a vu lui-même,

(1) *Reisen in Konigr. Neapel.*, p. 360, *Argonauta argo.*
(2) *Tableau d'histoire naturelle.*
(3) *Mémoires de la Société d'hist. nat. de Paris*, 1799, p. 23.
(4) *Système des Animaux invertébrés*, p. 99.
(5) *Hist. abrégée des Coquilles de mer*, 1800, p. 45. Le *Nautile papyracé.*
(6) *Hist. nat. des Coquilles*, Buff. de Déterville, t. III, p. 257.

et qu'il dit ressembler à une Seiche officinale, parce qu'il a joint deux bras inégaux aux autres bras représentés par Rumphius, décrits par Minaci, etc., est évidemment le seul qu'on rencontre maintenant dans la coquille.

Il est singulier de trouver dans Montfort (1), en 1802, la première bonne description de l'Argonaute. Il dit : « La tête est munie de huit bras, placés circulairement autour de la « bouche; ils sont armés de ventouses, et les deux premiers, ceux du côté du dos, ont leurs « extrémités palmées. Ces animaux se bâtissent une coquille qui ne leur est pas adhérente. » Il combat puissamment l'opinion du parasitisme, puis fait l'historique, cite Aristote, les auteurs grecs, latins, ceux du moyen âge, et les auteurs plus modernes, les expliquant quelquefois avec sagacité; enfin, après une dissertation approfondie, il donne une bonne figure de l'animal, la première que l'on ait vue, décrit passablement l'*organe de résistance* (2), émet l'opinion que ce sont les bras palmés qui transsudent la coquille (3); que cette coquille ne s'encroûte pas intérieurement. Il dit avoir vu la coquille dans l'œuf, ce qui est erroné (4), et rapporte encore qu'il a observé plusieurs coquilles raccommodées par l'animal (5). En un mot, en retranchant du récit de Montfort ce flux de paroles étrangères au sujet qu'il traite, on s'étonne de trouver, dans ce qu'il a dit de l'Argonaute, des faits précieux qui montrent en lui un grand talent d'observation. C'était, du reste, la première fois qu'on avait décrit l'animal de l'Argonaute d'une manière reconnaissable. Néanmoins Montfort plaçait l'animal dans sa coquille à l'inverse de la nature, et dans une position dont sa forme démontre l'impossibilité.

Cuvier (6), en 1806, dans son *Mémoire sur les Céphalopodes*, ne dit presque rien de l'Argonaute; mais, quoiqu'il ne manifeste aucune opinion ni pour ni contre le parasitisme, son idée que la coquille remplace les lames des Calmars, dont elle n'est que l'analogue plus développé, prouve qu'il croyait que cette coquille appartenait à l'animal.

M. Duvernoy (7), en 1816, pense aussi formellement que l'animal n'est pas un parasite; il dit, comme Montfort, qu'il a vu les coquilles dans les œufs. Le reste de sa description est rédigée d'après les autres auteurs.

Rafinesque (8), en 1814, dans son ouvrage informe, qui embarrasse la science au lieu de l'éclairer, indique l'Argonaute sans coquille sous le nom générique d'*Ocythoe*, avec les caractères suivants : « Huit antenopes, les deux supérieurs ailés intérieurement, à suçoirs « intérieurs pédonculés, réunis à l'aile latérale; aucune membrane à la base des antenopes. » Il y décrit une espèce qui aurait le ventre tuberculé, que personne n'a rencontrée depuis, et qui nous paraît apocryphe, ou qui serait l'*Argonauta argo*.

Leach (9), en 1817, adopte les caractères de Rafinesque pour le genre *Ocythoe*, et y place l'animal de l'*Argonauta hians*, sous le nom d'*Ocythoe cranchia*, et celui de l'*Argonauta argo* sous la dénomination d'*Ocythoe antiquorum;* puis, dans un mémoire spécial (10), il combat l'opinion

(1) *Buff. de Sonnini*, *Histoire des Poulpes*, t. III, p. 118 et suivantes.
(2) *Loc. cit.*, p. 223.
(3) Pag. 234, 240, 277, 279.
(4) Pag. 279.
(5) *Loc. cit.*, p. 284.
(6) *Mémoire sur les Céphalopodes*, p. 13.
(7) *Dictionnaire des Sciences naturelles*, t. III, p. 101.
(8) *Précis de Découvertes somiologiques*, Palerme, 1814, p. 29.
(9) *The zoological Miscellany*, t. III, p. 137.
(10) *Transactions philosophiques*, juin 1817.

qui faisait regarder l'animal qu'on trouve dans la coquille comme son véritable habitant, dit que c'est un parasite, que Cranch a reconnu qu'il a la faculté de quitter tout à fait sa coquille, et de vivre ainsi plusieurs heures. Il présente, avec raison, les cupules comme pédonculées, et les bras supérieurs comme ailés à leur extrémité, dernier caractère bien décrit par Rumphius et Montfort; il parle aussi de l'organe de résistance, dont Montfort a fait mention avant lui, et dit avoir vu un mâle.

Dans cette dissertation, assez peu étendue, le docteur Leach ne cite pas les observations des auteurs qui l'ont précédé, et le seul argument qu'il donne en faveur de son opinion est basé sur le rapport de Cranch, qui se trouve, du reste, sur ce point, en contradiction formelle avec tous ceux qui ont observé postérieurement. Nous pouvons assurer aussi que nous n'avons jamais vu sans coquille un animal de cette espèce; mais, comme on le verra, cette assertion a, depuis, été le principal argument des savants pour prouver le parasitisme.

Il n'avait encore paru que des mémoires assez incomplets sur la question du parasitisme ou du non parasitisme, lorsqu'en 1828 (1), M. de Blainville reprit sous un point de vue élevé cette question, que ses connaissances anatomiques et zoologiques lui permettaient de traiter d'une manière complète.

Ce savant débute par dire : « Que ce n'est pas toujours la même espèce de Céphalopodes « qu'on a regardée comme l'habitant et le constructeur de cette coquille, les uns ayant admis « comme tel plusieurs espèces des Poulpes, et d'autres une véritable Seiche. »

M. de Blainville, cite le texte d'Aristote, celui de Pline (en regardant comme une Seiche l'animal voguant indiqué par Mucianus), de Belon, de Rondelet, de Gesner, d'Aldrovande, de Jonston, de Bonnani, de Rhumphius, de Ruysch, de Dargenville, de Lochner, de Seba, de Linné, de Favane, de Born, de Bruguière, de Cuvier, de Lamarck, de Bosc et de Montfort (2), discutant savamment ces diverses opinions; puis il conclut que, comme il lui paraîtrait un peu hardi d'assurer, dans une telle dissidence d'opinion, que c'est toujours le même animal qui habite la même coquille, il croit plus convenable de penser que plusieurs petites espèces de Poulpes ont été trouvées dans ces coquilles; d'où l'on peut conclure que la coquille ne saurait appartenir à l'animal, qui est un véritable parasite. Il fait voir les différents thèmes dont on s'est servi pour décrire la manière de voguer de l'Argonaute, et pense qu'il y a plusieurs espèces de Poulpes parasites dans la coquille.

M. de Blainville décrit ensuite la coquille, dit qu'il n'a reconnu aucune trace d'épiderme sur ses bords, ce qui existe en effet chez tous les Argonautes (3), qu'il n'a vu aucune trace d'adhérence avec l'animal, que celui-ci n'a aucune analogie de forme avec la coquille; puis il décrit cet animal, réfute avec raison l'assertion de Montfort, prétendant avoir vu des coquilles dans les œufs, mais croit que ces œufs étaient dans la coquille lorsque l'animal s'en est emparé.

Il reprend ensuite ses arguments en faveur du parasitisme, en disant que l'animal n'a absolument aucun rapport avec la coquille, qu'il n'a point d'adhérence avec elle, qu'il n'y a pas de collier approprié à sa construction, que le corps a partout une peau colorée comme dans les Poulpes ordinaires, et non disposée pour être recouverte d'une coquille, qu'enfin c'est un véritable parasite; et il cherche à le prouver par la description de Rafinesque

(1) *Journal de Physique et de Chimie*, 1828, t. LXXXVI, p. 366 et 434.

(2) M. de Blainville n'a pas cité l'article de l'*Encyclopédie japonnaise*, ni celui de Carducci.

(3) Voyez ce que nous avons dit page 111.

qui, en décrivant l'animal de l'Argonaute, ne dit pourtant pas qu'il l'ait trouvé sans la coquille.

En cherchant le motif du parasitisme, M. de Blainville dit que par suite de l'habitude ordinaire des Poulpes de se cacher dans des trous de rochers, les petites espèces de Poulpe de la Méditerranée et autres mers où se rencontre l'Argonaute, trouvant dans cette coquille une ouverture assez considérable pour y cacher leur corps sacciforme, s'en servent au lieu de trous de rochers, comme le fait le Bernard l'Hermite.

Il ignore quel est l'animal véritable propriétaire de la coquille, qu'il croit être celui d'un Nucléobranche voisin de la Carinaire, et termine en disant qu'il croit avoir mis hors de doute, par des voies directes et indirectes, que le Poulpe qu'on trouve le plus communément dans la coquille de l'Argonaute n'en est point le constructeur, mais seulement l'habitant parasite.

Dans des notes additionnelles (1) motivées sur l'observation de Cranch, rapportées par le docteur Leach, où il est dit que l'animal sort de sa coquille et peut vivre ainsi quelques heures, M. de Blainville trouve encore des arguments puissants en faveur de son opinion du parasitisme. Il donne une bonne description de l'animal de l'*Argonauta hians* (*Ocythoe cranchia*, Leach.).

M. Say, en 1818 (2), ayant obtenu un Argonaute trouvé dans le ventre d'un dauphin, en fait la description sous le nom d'*Ocythoe punctata* (c'est probablement l'*Argonauta hians*). De ce que l'animal ne remplit pas entièrement la coquille jusqu'à la carène, ce savant conclut qu'elle n'a pas été faite par lui, autrement il ne lui paraîtrait pas probable que le corps, dans une partie, fût aussi éloigné de la coquille. Il en conclut encore que c'est un parasite, comme le Pagure. Il croit aussi que la coquille se rapproche de la Carinaire et des Atlantes, tout en indiquant qu'on n'a pas de certitude à cet égard.

En 1820, M. Ranzani (3) publie un important mémoire sur l'Argonaute; il annonce que, puisqu'il y a des différences caractéristiques dans les coquilles, il doit y en avoir dans les animaux, et dit, après avoir discuté le texte d'Aristote, de Pline, d'Athénée, d'Élien, cités par M. de Blainville, qu'il n'y a, chez les anciens, aucun témoignage qui puisse faire croire que leurs Argonautes fussent différents des nôtres. Il dit encore que, dans les auteurs modernes (Rumphius, Aldrovande, etc.), il n'y a pas non plus le moindre témoignage qui prouve que des espèces différentes aient été trouvées dans la même coquille, ni qu'on ait rencontré les mêmes Céphalopodes dans des coquilles différentes. Toujours en réfutant M. de Blainville, il demande s'il est vrai que l'attache de l'animal à la coquille soit absolument nécessaire à la formation de la coquille, et si une transsudation ne peut s'opérer sans cette union. Il semble croire que l'Argonaute peut se fabriquer plusieurs coquilles dans le cours de sa vie, la quitter et s'en refaire une; citant à l'appui l'assertion erronée de Bosc et de Dufresne qui le prétendent des Porcelaines, il finit par dire que les raisonnements de M. de Blainville laissent encore très douteuse la question sur le parasitisme.

M. de Férussac (4), en 1822, soulève aussi la question de l'Argonaute, qu'il regarde

(1) *Journal de Physique*, t. LXXXVII, année 1818, p. 47.

(2) *On the genus Ocythoe, being an extract of letter from Thomas Say, esq. of Philadelphia*, to W. Leach; *Philosophical transactions*, 1829.

(3) *Mem. di Stor. nat.*, Dec. 1, p. 85.

(4) *Dictionnaire classique d'Histoire naturelle*, t. I, p. 530.

comme le véritable propriétaire de la coquille, et non comme un parasite; il décrit sa navigation d'après les anciens; cite, d'après Montfort, les coquilles dans l'œuf; dit que le sac doit former la coquille, qu'il doit lui être attaché par quelques muscles, comme il arrive chez les autres mollusques testacés (opinion en contradiction avec les faits). M. de Férussac, sans donner aucune autre preuve en faveur de son opinion, énumère les espèces d'Argonautes, et porte à sept les espèces vivantes : 1. *Argonauta Cranchii*, 2. *A. argo*, 3. *A. tuberculata*, 4. *A. hians*, 5. *A. gondola*, 6. *A. haustrum*, 7. *A. cymbium;* espèces reproduites par lui, moins la septième, dans notre tableau des Céphalopodes (1). Il y ajoute quatre espèces fossiles, d'après Montfort.

Dans un autre mémoire lu à l'Académie, le 6 décembre 1824 (2), M. de Férussac s'étend davantage sur ce sujet; il commence par établir comment se fait la natation à la surface des eaux, l'animal se servant de son tube locomoteur en guise de gouvernail. Il décrit les bras palmés, cite quelques auteurs, et finit par combattre l'opinion du parasitisme, en disant qu'il faudrait, dans cette hypothèse, que l'animal se cherchât une coquille appropriée à sa taille (chose difficile), et que d'ailleurs on a toujours rencontré le même animal dans la même coquille.

Notre collaborateur décrit la position des bras à l'instant de la contraction de l'animal dans sa coquille, en donne une bonne figure, admet encore l'adhérence du corps à la coquille, et établit que les empreintes des sillons de celle-ci se remarquent sur l'animal. Il croit que les bras palmés sont destinés à porter les œufs, que ces bras ont des canaux en communication avec les organes de la génération (ce qui n'est pas dans la nature). Il finit par dire que si c'était un parasite, comme le Pagure, l'animal chercherait une coquille plus épaisse, et se demande si l'Argonaute en pleine mer laissait sa coquille, ainsi que le dit Cranch, comment la retrouverait-il? Question qui nous paraît des plus juste, et qui prouve le peu de fond qu'on doit faire d'une assertion que son auteur n'a pas publiée lui-même, et qui se trouve en opposition avec les faits observés par tous les voyageurs. Il croit que c'est le bord du manteau qui forme la coquille.

M. de Férussac termine en citant les conclusions du mémoire de M. Ranzani sur l'état incertain de la question du parasitisme.

Le chevalier Poli, à qui la science doit de si beaux travaux, lit, le 14 décembre 1824 (3), un important mémoire sur l'Argonaute. Il commence par y faire un court historique de ce qu'en ont dit les auteurs anciens et modernes, en prouvant qu'on n'en a pas encore donné une bonne figure; ce qui l'a décidé à s'en occuper d'une manière spéciale.

Ce savant décrit les mœurs de l'espèce, sans oublier sa manière de voguer, à la voile et à la rame, comme l'a dépeint Aristote, tout en disant néanmoins *qu'il ne l'a jamais vu, que seulement le fait lui a été raconté par les pêcheurs, sur le rapport desquels il a fait figurer l'animal voguant.* Il cite Thomas d'Aquino comme l'ayant observé, et critique avec raison les filaments décrits par Carducci.

M. Poli parle des œufs de l'Argonaute, et assure, comme Montfort et M. Duvernoy, avoir aperçu une petite coquille; de sorte qu'on ne peut douter, dit-il, que l'Argonaute ne naisse avec sa coquille, et que celle-ci ne lui soit pas étrangère, ainsi qu'on l'a avancé. Il ajoute que

(1) *Annales des Sciences naturelles*, 1826, p. 48.
(2) *Mémoires de la Société d'Histoire naturelle*, t. II, p. 162.
(3) *Antol.*, février 1825, p. 158.

la taille de l'animal est constamment en rapport avec celle de la coquille, ce qui n'est pas toujours vrai, pour le Bernard l'Hermite, dont il a vu de petits individus dans de grandes coquilles, et de grands dans de petites.

En citant Carducci, Poli ne paraît pas avoir compris le récit du père Minaci, puisqu'il dit n'avoir jamais vu de membranes; ce qui nous porterait à croire que, blessé par le trident du pêcheur, l'animal vu par lui n'a pas développé ses bras pour envelopper sa coquille. Il conclut en pensant, comme Ranzani, que de la non adhérence de l'animal à la coquille on ne peut tirer la conséquence que cette dernière ne lui appartient pas, et qu'il l'a usurpée comme un Pagure; d'ailleurs son existence dans l'embryon, ainsi que le rapport constant de taille de l'animal à la coquille, décident tout à fait la dificulté. Il croit que les cupules construisent la coquille.

Le chevalier Poli donne de plus une description de l'animal de l'Argonaute.

Un anonyme (1), en 1825, produit aussi son mot sur la question du parasitisme de l'Argonaute; il croit que le seul fait important qu'on ait allégué en faveur du non parasitisme consiste en la présence de la coquille dans l'œuf, fait déjà démenti par sir E. Home, qui croit qu'on a pris le jaune de l'œuf pour la coquille; il cite l'observation de Cranch, et en tire la conséquence que l'agent formateur de la coquille est un animal voisin des Carinaires, ou des Atlantes, opinion déjà émise par M. de Blainville.

M. Risso (2) assure n'avoir jamais vu un animal sans coquille, et semble croire au non parasitisme.

M. Rapp (3), en 1826, admet que, puisque l'os de la Seiche n'est pas adhérent à l'animal, il peut en être ainsi de l'Argonaute, d'autant plus que la Spirule, qui a sa coquille à moitié enveloppée, en forme une transition; double fait dont il argue en faveur du non parasitisme. Il considère les bras palmés comme des rames et non comme des voiles.

La même année, M. de Blainville, dans son article POULPE du *Dictionnaire d'histoire naturelle* (4), décrit quatre espèces d'animaux : l'*Octopus raricyathus*, Blainville (*Argonauta tuberculata*); l'*O. Cranchii*, Leach (*Argonauta hians*); l'*O. punctatus*, Say (peut-être *A. hians*); l'*O. tuberculatus*, Rafin (sans doute l'*A. argo*).

Puis ce savant reprend la question du parasitisme, en citant de nouveau les auteurs anciens et modernes. Il fonde son opinion du parisitisme sur les objections suivantes : 1° la non adhérence de la coquille; 2° le manque absolu d'analogie de formes entre l'animal et la coquille; 3° le manque de collier au manteau pour sécréter cette coquille; 4° la coloration des parties internes de l'animal dans la coquille; 5° le vide laissé dans la coquille par l'animal; 6° la facilité qu'a l'animal (d'après Cranch) de quitter sa coquille et de vivre sans elle; 7° le mode de natation de l'animal, nécessitant la dilatation du corps, peu en rapport avec la nature cassante de la coquille; 8° le fait que Rafinesque, en parlant de son Ocythoé, ne dit pas avoir vu la coquille; 9° le forme comprimée d'un exemplaire de coquille montrée par M. de Roissy, et concordant mal avec le corps des Argonautes, et une pellicule collée et desséchée au fond de cette coquille, dans un endroit où le corps ne pouvait pas atteindre; 10° la déclaration d'un habitant de Marseille à M. de Roissy, que les pêcheurs de la Méditerranée disent l'animal parasite.

(1) *Annals of Philos.*, août 1825, p. 152.
(2) *Histoire naturelle de l'Europe méridionale.*
(3) *Naturwissensc chaftlich abhandl. Tubing.*, 1826, t. II, 1er cahier.
(4) T. XLIII, p. 192.

Il cite ensuite quelques unes des raisons données en faveur du non parasitisme, et les combat par les raisonnements suivants : 1° l'opinion qu'on trouve une espèce particulière de Poulpe dans chaque espèce d'Argonaute, en supposant qu'elle fût hors de doute, ce qui n'est pas, ne prouverait rien autre chose, sinon que dans les parages, souvent fort éloignés, où il existe une espèce d'un de ces genres, il y en a une de l'autre; 2° la concordance des cupules avec tubercules.... assertion complétement erronée et impossible; 3° on a vu des coquilles dans l'œuf; ce qui est sans doute une erreur d'observation, puisque M. Home dit le contraire; 5° enfin, le manque d'impression musculaire de la coquille.... on peut l'expliquer en la regardant comme interne.

M. de Blainville termine, comme dans son mémoire précédent, par exprimer l'idée que l'animal se loge parasitement dans la coquille, ainsi qu'il le ferait dans un trou de rocher, en changeant à mesure qu'il grandit. Il décrit ensuite sept espèces de coquilles d'Argonaute : *Argonauta argo*, *A. compressa*, *A. tuberculata*, Lam., *A. nitida*, Lam., *A. raricosta*, Leach, *A. crassicosta*, *A. cymbium*.

Une lettre du comte Mauriani (1), dans laquelle il relate les deux opinions contradictoires de MM. de Blainville et Ranzani, vient appuyer l'opinion du non parasitisme. Il dit avoir observé un Argonaute avec son Poulpe vivant, la coquille fracturée, et sur la fracture une pellicule mince, la raccommodant, ce qu'a déjà dit Montfort.

En 1829 (2), pendant leur dernier voyage autour du monde, MM. Quoy et Gaimard écrivirent d'Amboine qu'on leur avait dit que l'animal était parasite, et que M. Nulstkamp, gouverneur, avait vu souvent le véritable animal ramper sur le sable; ce qui fait croire à ces messieurs que c'est un Gastéropode, rapproché de l'Atlante. Il est étonnant de trouver cette croyance au même lieu où Rumphius a fait des observations contraires.

A la suite de cet article, M. de Ferussac répond, dans son Bulletin, en s'appuyant sur les faits observés par Poli, pour prouver que l'animal n'est pas parasite.

M. Blanchard (3) annonce que l'animal tient à la coquille par un ligament, qu'il est toujours proportionné à la dimension de la coquille, et qu'il a vu une coquille dans l'œuf.

Dans un mémoire important sur l'Argonaute, M. Sangiovani (4) décrit l'animal sans toucher la question controversée.

Dans son *Genera*, M. Sowerby, à propos des Bellerophons, regarde le parasitisme comme certain, croyant que la coquille de l'Argonaute doit appartenir à un animal voisin des Carinaires, et non à un Céphalopode, et il se fonde sur le manque de muscle du manteau, sur l'épaisseur de la peau du corps de l'Ocythoe (arguments donnés par M. de Blainville) et sur ce que tous les autres Céphalopodes ont une coquille interne.

M. Broderip (5), en 1828, s'occupe également de l'Argonaute dans un mémoire spécial. Il commence par trouver étonnant que la question n'ait pas encore été décidée; il cite sur la manière de voguer de l'Argonaute une description de Wood (dans la zoographie), évidemment empruntée à Rumphius et aux auteurs anciens; il parle de l'opinion de M. de Blainville, de Leach, de Ranzani, reproduit un article peu important, plus poétique que

(1) *Giorn. di fisica chim.*, t. IX, p. 299 (1827).
(2) *Globe*, 20 septembre 1828, p. 705; *Bulletin* de Férussac, t. XV, n° 236, p. 309.
(3) *Bulletin de Bordeaux*, 1829; *Bulletin* de Férussac, t. XIX, p. 120.
(4) 1829; *Annales des Sciences naturelles*, t. XVI, p. 323.
(5) *Zoological Journal*, 1828, n° 13, t. IV, p. 57.

scientifique (1), prouvant le non parasitisme par quelques vers de Byron, discute le mémoire de M. de Férussac, et rappelle l'opinion de Risso.

Ce savant ayant reçu un bel exemplaire de coquille d'Argonaute, avec son animal, remarqua que les œufs qu'elle contenait étaient en si grande abondance, qu'ils en remplissaient plus de la moitié. Il chargea MM. Bauer et Roget de les examiner au microscope : le second de ces observateurs ne vit aucune coquille ni même le jeune embryon dans les œufs qu'il étudia. M. Broderip dit que cette observation confirme celle de sir E. Home, mais qu'il ne croit point que la coquille de l'Argonaute soit interne.

L'étude comparative qu'il a faite des coquilles lui fait exprimer l'idée que toutes, à l'état frais, sont pourvues d'un léger épiderme. Il a cru apercevoir dans leur intérieur des traces d'impressions musculaires ; il finit par croire, sans en donner d'autres preuves, et sans pouvoir en rien l'affirmer, que l'animal est parasite dans la coquille.

M. Delle-Chiaje, en 1829 (2), parle de l'observation de Poli relative au développement de l'œuf; il a reconnu sur des animaux une membrane qui unit l'animal à la coquille, les bras palmés en avant (opinion contraire aux faits). Il pense que l'animal voit à travers sa coquille, qu'il est toujours proportionné à celle-ci, qu'il s'y tient attaché au moyen des cupules, qu'à la mort il s'en détache immédiatement, que le corps est lisse. Il en conclut que l'animal appartient à la coquille, qu'il la forme avec ses cupules. Sur douze individus, il n'a pas vu un seul mâle.

On pourrait croire que ce savant anatomiste, de même que Poli, n'a pas observé des animaux en plein état de vie, puisqu'il indique une position inverse de l'animal dans la coquille, et qu'il n'a jamais vu l'Argonaute entouré des membranes de ses bras palmés.

M. Deshayes (3) entre dans la discussion en 1830 ; il cite l'opinion de M. de Blainville pour le parasitisme de l'Argonaute. Il rappelle quelques uns des points discutés par M. de Férussac, Ranzani, etc., cite Rafinesque, dit, comme M. de Blainville, que l'animal n'a aucun rapport avec la coquille, produit quelques observations en faveur du parasitisme, et finit par avancer que l'animal qu'on trouve dans la coquille ne lui appartient point, que le véritable animal es inconnu, et qu'il doit être voisin des Carinaires; opinion que nous avons déjà vu émettre plusieurs fois.

En 1831, M. Gray (4), pour éclairer la question, présente à la Société zoologique de Londres un animal d'Ocythoe, trouvé dans la coquille de l'Argonaute. Ce zoologiste a examiné dix échantillons, tous femelle, dont les animaux n'étaient pas placés symétriquement dans la coquille; il a vu aussi plusieurs échantillons conservés sans coquille, et ayant le corps exactement conformé comme l'*Octopus vulgaris*, mais il ne peut affirmer s'ils ont été trouvés ainsi. Cependant, ce savant croit pouvoir conclure de cette observation que l'animal est parasite dans la coquille; qu'au temps de la gestation, les coquilles ne sont habitées que par des femelles, afin que l'animal y trouve un abri pour les œufs. Il pense, avec raison, que les bras palmés servent à retenir la coquille et non à voguer.

En 1834 (5), pour appuyer son opinion du parasitisme de l'animal, ce même savant pré-

(1) *Journal of Sc.*, v. XVI, p. 251, n° XXXII (1824).
(2) *Mémoire sur les Animaux sans vertèbres*, t. II, p. 219.
(3) *Encyclopédie méthodique*, t. II, p. 65.
(4) *Proceedings*, juin 1831, p. 107.
(5) *Proceedings*, octobre 1834, p. 120.

sente encore à la Société zoologique de jeunes coquilles *d'Argonauta argo*, et d'*A. hians*. Il se fonde sur ce que le *nucleus* de la coquille, ou son commencement, est arrondi, mince, ridé légèrement et irrégulièrement d'une manière concentrique et dépourvu des ondulations qu'on remarque sur les coquilles adultes. Il croit que ce *nucleus*, pris au dessous des premières pointes, et mesurant, dans cette partie, près d'un tiers de pouce, devait couvrir l'embryon au sortir de l'œuf; dès lors, comme le diamètre de ce *nucleus* est incomparablement plus grand que l'œuf de l'Argonaute, il lui semble évident qu'il ne peut appartenir à cet animal. Il croit encore, par cette raison, que l'animal qu'on trouve dans la coquille y est parasite, et que son véritable habitant reste à connaître, il croit, de plus, que le véritable propriétaire de cette coquille est voisin des Carinaires, et que l'animal de celle-ci, dans l'esprit-de-vin, n'adhère plus à sa coquille, ce qui est en rapport avec ce qu'on a observé sur les coquilles d'Argonautes.

M. Gray a parfaitement décrit le commencement des coquilles de l'Argonaute, mais, comme nous le prouverons plus tard, ce fait est bien loin de favoriser son *hypothèse*. Quant à ce qu'il dit de la non adhérence de la coquille de la Carinaire dans l'alcool, on la voit même dans l'huître, dont le muscle puissant y perd son adhérence; cette assertion dès lors ne prouve absolument rien en faveur de l'opinion émise.

Dans nos voyages sur mer, nous avons eu l'occasion de voir et d'observer fréquemment des Argonautes avec leurs animaux. Réservant nos observations générales pour l'ouvrage dont nous nous occupons ici, voici ce que nous disions provisoirement, au commencement de 1835 (1) : « *Nous avons rencontré* de très jeunes Argonautes dont *la coquille, non encore cré-* « *tacée, était cornée et flexible*. Cette coquille rudimentaire ne formait qu'un petit godet légè- « rement oblique, qui recevait seulement le bout du sac, il s'en séparait à la mort. Il nous « est, au reste, démontré, par une étude spéciale que nous avons faite des Carinaires et des « Atlantes, qu'elle ne peut en aucune manière appartenir à ces genres; la coquille de ces « derniers étant sujette à des modifications constantes de formes, que nous décrirons et figu- « rerons dans cet ouvrage (2), et auxquelles la coquille de l'Argonaute n'est jamais soumise; « celle-ci commence par un godet cartilagineux, et peu à peu prend la forme oblique et finit « par s'enrouler sur lui-même, pour présenter la nacelle que nous lui connaissons. On ne « rencontre jamais les animaux sans coquilles, et toujours ils sont pourvus de coquilles pro- « portionnées à leur taille. — Une dernière remarque nous semble décider incontestablement « la question : c'est l'état constamment entier, toujours mince et jamais trituré, des bords « de la coquille de l'Argonaute, qui ne se présenteraient pas ainsi dans le cas où l'animal serait « un parasite, comme nous le voyons dans les coquilles que traînent les Pagures. »

En septembre 1835 (3), on lut à la Société zoologique de Londres une lettre de M. Williams Smith, provoquée par M. Gray, dans laquelle il est dit : « Il paraît assez évident que l'animal « rencontré dans l'Argonaute est un parasite, parce que, dans la baie de Naples, où il est très « abondant, on n'en trouve que rarement la coquille; au lieu que l'*Octopus* lui-même se trouve « constamment au marché comme un article de nourriture. » Dans cette lettre le prix de l'animal est porté à 8 sous, tandis qu'un individu avec la coquille y est-il dit encore, ne s'obtiendrait pas à moins de 6 fr. 25 c.

(1) D'Orbigny, *Voyage dans l'Amérique méridionale*, Mollusques, t. V, p. 10 et suivantes, que nous citons textuellement, afin qu'on y lise nos propres paroles, mal comprises, comme on le verra plus loin.

(2) Voyez même ouvrage, p. 160, et p. 169, pl. XI, fig. 6-15, et pl. XX, fig. 5-8.

(3) *Proceedings*, septembre 1835, p. 125.

Il est fâcheux que, dans une question scientifique, on fasse intervenir des objections aussi faibles; car il est de toute évidence que M. Smith a vu vendre au marché des *Poulpes ordinaires* et non des *Argonautes*. Il se trouve, du reste, sur ce point, en contradiction avec tous les observateurs italiens, et, nous dirons plus, avec ce que tout le monde sait : on ne vend jamais l'Argonaute comme comestible.

M. Richard Owen (1) montre à la même Société un *Argonauta hians* avec l'animal, recueilli par M. Bennet; se référant au fait que les Céphalopodes observés dans chaque espèce de coquille sont invariablement les mêmes, il est disposé à croire que la coquille appartient réellement à l'animal qui s'y trouve. Ce savant décrit ensuite l'animal sous le double point de vue zoologique et anatomique, et dit n'avoir pas vu de rudiment de coquille dans l'œuf.

M. Stickland communique à la Société zoologique de Londres (2) un Argonaute qu'il a vu vivant, et qui, lorsqu'il mourut, tomba hors de la coquille; prouvant par là ce qui a déjà été dit dès longtemps qu'il n'y a aucune connexion musculaire entre l'animal et la coquille.

Dans une autre séance de la même année (3), M. Gray revient sur la question de l'Argonaute; croit, de plus en plus, que l'animal est un parasite, et s'appuie sur le raisonnement suivant : 1° que l'animal n'a aucune des particularités d'organisation propres à la formation de la coquille, ni les muscles pour s'y attacher, tandis qu'il a la structure des Céphalopodes nus (observations faites par M. de Blainville); 2° que la coquille, semblable en structure et en accroissement à celle des autres Mollusques, n'est pas moulée sur le corps de l'animal, mais s'accorde en tout point avec celle de la Carinaire (moins le sommet de la spire, comme nous le prouverons); 3° que le corps de l'animal ne paraît pas avoir les moyens de sécréter la matière calcaire de la coquille; 4° que le nucleus de la jeune coquille venant d'éclore, et qui forme le sommet de la coquille, a dix fois le volume des œufs contenus dans l'Argonaute; 5° que Poli s'est trompé lorsqu'il croit avoir vu la coquille dans l'œuf; 6° que différentes espèces de coquilles d'Argonautes, qu'on indique comme habitées par différentes espèces d'animaux, prouvent que chacun de ces genres a des espèces locales (argument emprunté à M. de Blainville); 7° que les rainures trouvées sur quelques animaux ne sont point naturelles, tenant à l'état de mort dans la coquille, sur laquelle ils se sont moulés.

Madame Power (4) se livra à plusieurs expériences importantes pour savoir si l'animal de l'Argonaute pouvait réparer sa coquille, et les résultats qu'elle obtint, tout à fait concluants sur ce point, sont d'accord avec ce qu'on a déjà dit à ce sujet; elle s'est encore assurée, par des expériences répétées, qu'à aucune période de son développement l'œuf de l'Argonaute ne contient pas de coquilles, et que le jeune naît entièrement nu, mais qu'il se fabrique une coquille après sa sortie; observation très curieuse. Elle envoya à M. Maravigno des jeunes récemment sortis de l'œuf, et d'autres pourvus de coquilles de différents âges, tous élevés par elle et qu'elle avait vus croître et se développer sous ses yeux. M. Maravigno affirme avoir vu les petits Argonautes dépourvus de coquille et ressemblant à des vers (ayant pris l'*Hectocotylus* pour un jeune); aussi, ajoute-t-il, les faits observés pas madame Power conduisent à conclure que

(1) *Proceedings* de la Société zoologique de Londres, février 1836, p. 23.
(2) *Proceedings* de la Société zoologique de Londres, octobre 1836, p. 102.
(3) *Proceedings* de la Société zoologique de Londres, novembre 1836, p. 121.
(4) *Journal de Messine*, de M. Maravigno. — N'ayant pu nous procurer ce mémoire, nous le citons ici d'après M. de Blainville, dans son rapport sur M. Rang.

le Poulpe de l'Argonaute est bien le véritable constructeur de la coquille, qu'il ne la construit pas dans l'œuf, mais toujours après sa naissance.

Ce mémoire (on le verra plus tard) appuie en tous points l'opinion du non parasitisme comme nous la comprenons; aussi regrettons-nous vivement de n'avoir pas plus de détails, et de ne pas connaître l'original, où nous aurions trouvé sans doute beaucoup d'autres observations importantes.

M. Rang reçut de madame Power des communications sur la réparation des coquilles d'Argonautes par l'animal; et, se trouvant à Alger, des circonstances favorables l'engagèrent à faire les mêmes expériences; il ne perdit pas cette occasion, et la note qu'il remit à l'Académie des sciences (1) à son retour contient le résultat de ses observations. M. Rang réussit parfaitement dans la première expérience de madame Power; la brisure de l'une des coquilles qu'il a observée se trouva réparée et complétement bouchée au bout de six jours. La partie renouvelée était une lame mince, transparente, un véritable diaphragme, irrégulier, comme si, dit-il, elle n'avait pas été produite par le même moyen et les mêmes organes.

M. Rang n'a jamais rien vu qui ressemblât à la navigation supposée de l'Argonaute; il critique la planche de M. de Férussac, où les bras palmés sont en avant (planche faite d'après Poli), dit que les deux bras palmés sont invariablement en arrière, ce qui confirme l'observation de Rumphius et de Carducci que nous avons vus émettre la même opinion, consacrée d'ailleurs dans son mémoire par M. de Férussac, qui admet, toutefois à tort, que les palmures en arrière servaient à envelopper les œufs. Une observation importante de M. Rang est que les membranes des bras palmés tapissent et recouvrent en entier toute la coquille, jusqu'au bord antérieur de l'ouverture, dans toutes les circonstances de la vie de l'Argonaute. Lorsqu'il vient se jouer à la surface des eaux, il se sert seulement de son tube locomoteur pour refouler l'eau et avancer en arrière, comme tous les autres Céphalopodes. Lorsque l'Argonaute rampe, il a la coquille renversée, la carène en haut, le tube en avant, ce que Rumphius nous a déjà indiqué, et, à ce qu'assure M. Rang, ressemble assez à un Gastéropode.

L'auteur termine par cette réflexion : « Nous nous trompons peut-être, mais il nous « semble que la connaissance que nous venons d'acquérir de l'usage des bras palmés vient « corroborer l'opinion de ceux qui font du Poulpe l'auteur de la coquille. Quelles consé« quences ne doit-on pas, en effet, être porté à tirer de ces rapports si bien établis entre « l'animal et la coquille; de la forme de ces lobes, qui n'existent d'ailleurs dans aucun « autre Céphalopode que dans le Poulpe de l'Argonaute, et qui n'ont jamais manqué dans « ceux que l'on connaît, ce qui prouve assez que cette disposition est expresse pour la « coquille, vu l'usage de ces lobes comme manteau recouvrant le test à la manière de tant « d'autres Mollusques, lobes qui seraient évidemment inutiles si l'animal n'avait eu une « coquille dès sa naissance; enfin, de cette coloration remarquable de la base des bras « palmés qui se reproduit d'une manière si complète sur la partie correspondante de la « coquille ? »

Les observations de M. Rang sont de la plus haute importance, et nous expliquent le texte de Carducci, lorsque celui-ci rapporte que le père Minasi a observé *deux membranes latérales qui sont unies à l'intérieur de la coquille et à la chair de l'animal;* et plus loin : *la coquille, fai-*

(1) *Magasin de zoologie*, 1837, chap. v, p. 12.

blement unie à l'animal par les deux mêmes membranes. Fallait-il donc *soixante-six ans* pour que des animaux communs dans la Méditerranée, et sur lesquels tout le monde a voulu écrire, fussent vus d'une manière exacte? Les membranes indiquées par Carducci, et regardées comme fabuleuses par Poli, viennent de nous être expliquées de la manière la plus satisfaisante par les observations de M. Rang.

MM. Duméril et Blainville, ayant été chargés par l'Académie de rendre compte de la note de M. Rang, M. de Blainville fait, le 24 avril, au nom de la commission, un rapport (1) dans lequel il commence par donner un extrait des observations de madame Power, contenant, 1° que la coquille de l'Argonaute ne se forme pas dans l'œuf; 2° que la coquille a été réparée par l'animal; 3° que la coquille se forme après la naissance, ce que M. de Blainville trouve en contradiction avec tout ce qu'on voit sur le développement des animaux mollusques conchyfères.

M. de Blainville cite la lettre de M. Smith, que nous avons indiquée, la description de l'*Ocythoe* de Rafinesque, que ce dernier décrivit sans parler de la coquille, reproduit les observations de M. Gray sur le *nucleus* de la coquille, comparé au diamètre de l'œuf de l'animal, retrace le passage de la note de M. Rang, relatif à la réparation de la coquille par l'animal, et le réfute en disant : « En supposant que la réparation de la brèche faite à la « coquille de l'Argonaute, pendant qu'il l'habite, soit réellement comparable à ce qui a lieu « sur un colimaçon, et soit produite au moyen d'une substance solide, calcaire, ce que nous « sommes loin de penser, et soit autre chose qu'une espèce de lame muqueuse, résultat de « la sueur de la peau de l'animal coagulée, on ne peut évidemment rien en induire pour « soutenir la thèse que le Poulpe habitant la coquille de l'Argonaute en est le véritable « constructeur, puisque, comme en convient M. Rang, la lame qui bouche la brèche faite « n'a ni la contexture, ni la solidité, ni la blancheur de la coquille même. »

Le savant rapporteur regrette que M. Rang n'ait pas pu vérifier l'observation de madame Power relative à la formation de la coquille après la sortie de l'œuf, et dit qu'un fait beaucoup moins contestable est l'usage des bras palmés observés par M. Rang. Il croit qu'il est difficile de concevoir comment M. de Férussac a fait représenter l'animal dans deux positions différentes, s'il ne l'a pas trouvé ainsi, ce que nous expliquons par la certitude pour nous acquise que cette figure a été faite d'après Poli, et non d'après les observations de M. de Férussac.

M. de Blainville parle de l'opinion de M. Rang, qui compare son Argonaute rampant à un Gastéropode, observe que le Poulpe a une rangée de ventouses, ne marche pas dans la même position, mais le dos en haut, que dès lors la reptation de l'Argonaute doit être considérée comme anomale, et celle du Poulpe libre comme normale. « On voit, dit-il, que le fait « curieux rapporté par M. Rang, des bras palmés embrassant la coquille habitée par le Poulpe « de l'Argonaute fournit une nouvelle preuve qu'elle ne lui appartient pas, et qu'il est para- « site. En effet, les autres Mollusques conchilifères n'ont nullement besoin de tenir ainsi leur « coquille, quand ils rampent ou quand ils nagent, puisqu'elle leur est unie organiquement. « Ils nagent et rampent sans s'en occuper. Il ne pourrait en être ainsi des Ocythoés ou « Poulpes à bras palmés. Comme l'animal ne tient, en aucune manière, organiquement à sa « coquille, ce que personne ne peut contester, et que son corps même n'en a nullement la « forme, l'ouverture de la coquille étant beaucoup plus large que le fond, en sorte qu'il y

(1) *Annales des Sciences naturelles*, t. VII, mars 1836, p. 172.

« serait difficilement retenu mécaniquement, il fallait bien un moyen volontaire de la fixer « autour de lui, et l'animal emploie à cet effet ses longs bras étalés, comme le Bernard « l'Hermite offre une disposition particulière dans une paire de pattes converties en crochets « pour s'accrocher à la columelle de la coquille qui lui sert de demeure. »

Après ces explications, M. de Blainville combat M. Rang sur son opinion du non parasitisme, dit que les longs bras palmés des Ocythoés existent peut-être seulement chez les femelles, et que les bras sont évidemment des organes propres à retenir la coquille, et nullement comparables à ceux qui existent dans les Porcelaines. « Dans celles-ci, « dit-il, en effet, ce ne sont pas les bras latéraux du corps qui produisent la coquille ; mais « seulement ils la modifient, en l'épaississant d'une manière graduelle plus ou moins irré- « gulièrement, et en laissant dans la ligne médio-dorsale un indice du rapprochement plus « ou moins immédiat des deux lobes. *On ne voit absolument rien de semblable dans la coquille « de l'Argonaute*, qui est toujours excessivement mince, partout d'égale épaisseur. »

Il n'attache aucune valeur à la comparaison de la partie colorée des bras avec celle de la coquille, et finit par poser une série de questions et d'observations à faire sur l'Argonaute.

M. de Blainville ne s'est pas borné à ce rapport; mais reprenant la question dans son ensemble, il a écrit sur le Poulpe de l'Argonaute, aux rédacteurs des *Annales d'Anatomie et de Physiologie*, une lettre très importante (1) dans laquelle il commence par donner une idée de la forme de l'animal ne différant en rien des Poulpes et de celle de la coquille; puis il reproduit successivement, en faveur du parasitisme, les arguments que nous avons déjà fait connaître dans ses mémoires précédents : 1° sur ce que plusieurs espèces différentes d'animaux ont été trouvées dans la coquille ; 2° sur les différents modes de locomotions décrits ; 3° sur la position de l'animal, qui n'est pas toujours la même dans la coquille ; 4° sur le manque d'adhérence entre elle et l'animal, sur le bord du manteau en dessus non libre ; 5° sur le manque complet de concordance entre l'animal et la coquille ; 6° sur la peau, épaisse partout, même dans les parties que cache la coquille ; 7° sur la coloration de cette peau dans les parties recouvertes ; 8° sur ce que l'animal ne remplit pas la coquille dans sa partie postérieure, comme il arrive chez les Mollusques; 9° sur ce que, d'après Cranch, l'animal peut être retiré de sa coquille sans éprouver aucune apparence d'inconvénient ; 10° sur la dilatation du corps dans l'aspiration, peu en rapport avec une coquille non flexible ; 11° sur la description de Rafinesque ; 12° sur la forme comprimée de la coquille, telle, que l'animal ne pourrait s'y loger.

M. de Blainville reproduit aussi les arguments contraires que nous avons déjà cités, et dit avec raison, qu'en 1826, les preuves en faveur du parasitisme étaient beaucoup plus nombreuses que celles qu'on leur avait opposées. Puis il reprend l'histoire à cette époque, donne un extrait de ce qui a été dit par MM. Poli, Delle-Chiaje, en les critiquant, sur la position qu'ils indiquent pour l'animal; Rap, Broderip, Gray et Smith.

M. de Blainville arrive à parler de nos propres observations consignées dans notre *Voyage dans l'Amérique Méridionale*. Nous regrettons vivement que ce savant, ordinairement si juste dans ses citations, n'ait pas eu, en écrivant, notre texte même sous les yeux, car il ne nous aurait sans doute pas fait dire, d'un côté : « *nous n'avons pas rencontré de ces animaux,* » et, de l'autre : « *nous avons observé* de ces Poulpes dans des coquilles *dont le bord de l'ouverture*

(1) *Annales d'Anatomie et de Physiologie*, n° 5, mai 1837, p. 188.

« *était encore membraneux* et parfaitement entier », ce qui, comme on peut s'en assurer par la comparaison, ne ressemble en rien à ce que nous avons écrit en 1835 (1).

Poursuivant l'histoire de l'animal, M. de Blainville cite la lettre de MM. Quoy et Gaimard écrite d'Amboine, les expériences de madame Power, et enfin celles de M. Rang; réfute par les arguments de son rapport, que nous avons cités textuellement (2), les expériences relatives à la réparation de la coquille, et reproduit encore plusieurs passages de ce même rapport que nous avons déjà analysé.

M. de Blainville termine en disant que le fait de la coquille dans l'œuf est démenti par madame Power et par les observations antérieures; que M. de Férussac avait assuré, après M. Duvernoy, que le Poulpe avait tout à fait la forme de la coquille, ce que ne trouve pas M. Delle-Chiaje. M. Delle-Chiaje pensait avoir vu une membrane très mince servant de jonction entre le Poulpe et la coquille; les observations de Poli, ainsi que celles de tous les naturalistes, prouvent le contraire. M. de Lamark avait pensé que les bras se plaçaient de manière à pouvoir expliquer la formation de la double carène de la coquille; M. de Férussac leur donne la fonction d'envelopper les œufs, et M. Rang leur attribue l'usage de retenir la coquille, dernier fait pleinemen dans l'analogie. A peine madame Power assure-t-elle que le Poulpe répare les brèches de la coquille, que M. Rang convient qu'on ne peut en tirer aucun argument contre le parasitisme. M. de Férussac démontre la réalité de la navigation du Poulpe de l'Argonaute. M. Rang prouve que cet animal nage comme les autres Céphalopodes. Madame Power dit que la coquille n'existant pas dans l'œuf, se forme après la naissance du petit animal, assertion impossible à admettre scientifiquement, et M. de Blainville paraît douter de la réalité de l'observation, et croit que c'est une illusion. Quant à l'emploi des bras palmés expliqué par M. Rang, c'est une véritable lacune remplie dans l'opinion du parasitisme. Pour l'usage des bras se plaçant dans le fond de la coquille, afin de former une sorte de sac aux œufs, et propre à communiquer avec les organes de la génération, suivant M. de Férussac; à la production de la coquille par les ventouses, comme le propose M. Delle-Chiaje, à l'intermittence de l'attache de l'animal à sa coquille, que suppose Poli, on peut se borner à dire qu'il est fâcheux que, dans une discussion scientifique un peu sérieuse, on se laisse aller à de pareils écarts.

La même année, M. Rang publia un mémoire important (3) dont la question de l'Argonaute occupe la plus grande partie : il traite cette question, dit-il, en réponse au mémoire de M. de Blainville, tant pour rectifier des faits qui le concernent, que pour émettre son opinion d'observateur sur quelques autres. M. Rang reproduit textuellement sa première note, dont nous avons donné le contenu, puis il développe les faits exposés dans cette première note sur la navigation fabuleuse de l'Argonaute, sur la manière dont les bras palmés embrassent et entourent immédiatement la coquille dans toutes ses parties et dans presque tous les instants de la vie, sans laisser aucune boursoufflure ou irrégularité quelconque; et, à ce sujet, critique la figure donnée par M. de Blainville, dit que la membrane « qui, dans l'animal « vivant, paraît immédiatement appliquée sur tous les points, sur le test, ne fait que glisser « sur lui quand elle se retire ou s'avance, absolument comme font les lobes du manteau des « animaux des Porcelaines et des Olives. » A propos de la natation véritable des Argonautes au

(1) Voyez *suprà*, p. 130, *la reproduction textuelle* de cet article, copié dans notre ouvrage, où nous disons : « La coquille non encore crétacée était cornée et flexible. »

(2) Voyez p. 133.

(3) *Magasin de zoologie*, 1837, p. 10.

moyen du tube locomoteur, M. Rang dit encore : « Nous avons cherché, dans notre seconde « planche, à représenter la disposition du Poulpe de l'Argonaute dans cette circonstance, et « il nous semble facile de reconnaître que tout y est disposé de la manière la plus favorable « pour accélérer la progression de ce mollusque. En effet, la légèreté de la coquille, sa « forme étroite et carénée, son épaisseur moindre encore à la partie qui, se présentant la « première, doit fendre l'élément ambiant; cette membrane qui, de chaque côté tapisse la « coquille comme un *doublage* destiné à faire disparaître les inégalités, à faciliter le glisse- « ment de l'eau; ce faisceau de bras étendus à la suite de l'animal pour n'opposer que le moins « de résistance possible, tout cela ne paraît-il pas propre à seconder la locomotion, qui doit « être prompte et facile? En vérité, il faut convenir que, quel que soit l'auteur de la coquille, « elle est bien appropriée aux besoins du mollusque qu'on n'a cessé d'y rencontrer jusqu'à « ce jour. »

L'auteur décrit la reptation la coquille en haut, les bras palmés embrassant encore la coquille, la destination de ces bras, et la mort de l'animal, qui, en cet instant, se sépare de sa coquille. « Ces organes, dit-il, enveloppent l'Argonaute comme les lobes du manteau « dans d'autres sortes de mollusque enveloppent leurs coquilles. » Il se demande dans quel but; dit que quelques naturalistes ont pensé « que le Poulpe sécrétait la coquille de l'Ar- « gonaute au moyen de ses ventouses; serait-elle donc plus déraisonnable, l'opinion qui « attribuerait cette sécrétion aux membranes elles-mêmes? la nature mince, fragile et « diaphane de cette coquille, ces tubercules constants le long de la carène, cette coloration « des bases des bras qui répond si bien à la coloration de la carène vers la spire, *ne sont-ce « pas des caractères qui, mieux examinés qu'ils ne l'ont encore été, conduiraient à appuyer le fait « de cette sécrétion?* On nous dira que ce n'est pas à l'aide de leur manteau que les Mol- « lusques bâtissent leur coquille, mais que c'est par le collier; » l'argument lui paraît faible, surtout depuis qu'on sait que l'animal du Nautile, dont le test est si épais, manque de cet organe, et forme, sans collier, une coquille si pesante; on peut croire dès lors, ajoute-t-il, « que celui de l'Argonaute, qui est un Céphalopode comme lui, a pu en faire égale- « ment une sans le même secours. Une supposition semblable est, selon nous, d'autant « plus admissible, que l'Argonaute, par sa nature délicate, flexible et submembraneuse, s'y « prête bien plus que ne pourrait le faire le Nautile. Serait-il donc bien étrange que les « lobes des grands bras eussent la propriété de sécréter cette coquille même, qui n'est « qu'une pellicule toute membraneuse dans le jeune âge? » (1) Les lobes du manteau des mollusques qui forment les Porcelaines ne sécrétent-ils pas des couches calcaires qui changent d'une manière si remarquable l'aspect des coquilles, et finissent avec l'âge par lui donner une si forte épaisseur?

M. Rang combat l'opinion de M. de Blainville, qui ne voit dans les bras palmés qu'une nouvelle preuve du parasitisme; reconnaît, sur la position de l'animal dans sa coquille, que Férussac a copié Poli, et cite M. Delle-Chiaje, M. Broderip, sur les bras palmés placés tantôt en avant, tantôt en arrière, M. de Blainville, comme les ayant bien placés; puis il dit que les fonctions des membranes reconnues, il n'y a plus de discussion possible à cet égard, les bras palmés devant toujours être en arrière. Il critique longuement l'argument du parasitisme fondé sur la description de l'Ocythoé par Rafinesque, ainsi que l'auteur qui y a donné lieu; dit que

(1) Observation qui nous est propre. Voyez p. 150.

la même espèce d'animal se trouve toujours dans la même coquille, contrairement à l'opinion de M. de Blainville; rapporte en quelques mots ce qu'ont dit Aristote, Pline, Born et Bosc, ajoutant qu'ils voulaient parler d'une Seiche dans le sens de Linné; que, d'ailleurs, la forme des Seiches proprement dites ne pourrait aller avec la coquille; combat, d'après la forme même de l'animal, l'opinion que la même espèce peut habiter diverses coquilles, et assure qu'il n'a jamais rencontré dans chaque coquille que la même espèce d'animal.

M. Rang critique le fait avancé que les bras palmés se placent à l'entrée de la coquille, soit pour sécréter la coquille par les cupules, soit pour envelopper les œufs; contredit l'opinion de M. Delle-Chiaje, qui croit que c'est par les ventouses que l'animal sécrète la coquille, et discute la position de l'Élédon dans sa marche sur le sol; puis reprend la suite de la réfutation des opinions favorables au parasitisme, et répond au quatrième argument de M. de Blainville, « que, d'après Cuvier, le véritable auteur de la coquille, si ce n'est pas le Poulpe, « ne lui adhérait pas davantage; » qu'il n'y a point de traces d'attaches musculaires; que la coquille ne lui paraît pas être interne, comme on l'a dit; que ce ne peut être une coquille voisine des Atlantes, celles-ci étant obliques et non symétriques, et ayant d'ailleurs des marques d'attaches bien distinctes. Il annonce avoir répondu, au commencement de son mémoire, au cinquième argument de M. de Blainville, en prouvant l'analogie de forme de l'animal avec la coquille; et réfute le neuvième argument en affirmant n'avoir jamais vu le Poulpe sortir de la coquille de son propre mouvement, ce qu'il ne fait qu'à la mort.

M. Rang, comme les derniers naturalistes qui ont écrit sur l'Argonaute, ne croit pas à l'existence de la coquille dans l'œuf; mais il est tout à fait de l'avis que la coquille est toujours proportionnée à l'animal qui l'habite. A ce propos, il cite notre observation sur les jeunes sujets que nous avons recueillis à une grande distance des côtes, avec leurs coquilles encore membraneuses, et en tire l'argument le plus puissant en faveur du non parasitisme.

Sur l'observation qu'on n'a encore rencontré que des femelles d'Argonaute, et sur la conséquence qu'on en tire que le Poulpe de l'Argonaute se loge dans une coquille pour y pondre, d'où l'inutilité évidente, pour le mâle, de recourir à ce corps étranger, M. Rang dit que l'on n'en voit aussi que très rarement sur les côtes (1), ce que nous pouvons également affirmer.

M. Rang discute savamment la question que du fait qu'un animal est, par son organisation, particulièment disposé à se mettre à l'abri sous ou dans un corps étranger, on ne peut conclure que ce corps lui appartienne réellement, et qu'il peut être également appliqué à un parasite. Il croit avec raison « que les animaux en général ont une organisation appropriée à leurs mœurs, à leurs habitudes. » Il fait voir l'énorme différence qui existe entre le Pagure et l'Argonaute; dit qu'en voyant le premier « traînant ridiculement sa coquille mutilée et « fruste derrière lui, on peut dire au premier coup d'œil à quel mollusque celle-ci appar- « tenait; mais il en est tout différemment du Poulpe à membranes, puisqu'on ne le rencontre « jamais que dans une coquille de mollusque, et de quelle classe de mollusque encore? de « la sienne, évidemment; car, quelques efforts que l'on fasse, on ne pourra convenablement « l'affecter à un autre qu'à celle des Céphalopodes. On doit donc dire que le Pagure est para- « site, car il se loge positivement dans une coquille qui lui est étrangère, et n'appartient pas

(1) Il est singulier que personne n'ait remarqué que le docteur Leach avait positivement dit, dès 1817, qu'il avait vu un mâle d'Ocythoé parmi les femelles recueillies par Cranch ; dès lors la discussion serait inutile.

« à sa classe, tandis que l'on ne peut pas dire que le Poulpe à bras membranifères est parasite. « Il y a doute à ce sujet, puisque cette coquille appartient, comme lui, non seulement aux « Mollusques, mais encore à la classe où il figure lui-même. » Le Pagure se niche dans une coquille quelconque; « mais trouve-t-on le Poulpe dont il est question ailleurs que dans l'Argonaute? »

M. Rang termine son important travail, par le résumé de ses observations que nous avons extraites, et par des questions à résoudre sur l'animal de l'Argonaute.

M. Richard Owen, en faisant imprimer, dans les *Transactions de la Société zoologique de Londres* (1), le mémoire dont nous avons parlé (2), voulut le mettre au courant de la discussion établie entre M. de Blainville et M. Rang, sur le parasitisme ou le non parasitisme de l'Argonaute. Il commence par produire, sans la partager, l'opinion de M. Bennet, qui le croit parasite, parce qu'il n'a le pouvoir ni de former ni de réparer sa coquille. Il dit qu'on a toujours rencontré le même animal dans la même coquille, et que le rapport de l'un avec l'autre n'est pas une chose purement accidentelle. Il cite nos observations sur les jeunes Argonautes, mais, malheureusement, d'après M. de Blainville, et non d'après notre propre texte, ne parlant dès lors que du bord de la coquille comme corné et membraneux, et non, ainsi que nous l'avons dit, de la coquille entière, ce qui atténue la force de notre argument; néanmoins, M. Owen contredit M. de Blainville, qui ne voit en cela que l'expulsion récente du véritable propriétaire par le parasite.

Ce savant anatomiste cite les observations de madame Power et de M. Rang sur la réparation de la coquille, et dit qu'il paraît que, près du bord, les fractures sont réparées par une substance identique au reste de la coquille, comme l'a démontré M. Charles Worth (3). Il rapporte les fonctions des bras palmés dans le sens de M. Rang, parle des différentes inductions qu'en tirent MM. de Blainville et Rang, et ne croit point à l'analogie entre les mœurs des Pagures et des Argonautes.

M. Owen n'a jamais vu la moindre disproportion entre la taille de l'animal et de la coquille, toujours parfaitement en rapport, et assure avoir observé un grand nombre de jeunes, de diverses espèces, même de ceux qu'a recueillis madame Power, et avoir constaté sur tous cette même concordance. De cela, répondant à l'opinion du parasitisme, il dit : « Maintenant, pour « expliquer cet accord entre le céphalopode et la coquille, d'après la théorie du parasitisme, « il faut avoir recours à la supposition que les Argonautes changent leur coquille à des inter-« valles très courts; ainsi la principale affaire de leur vie serait, dans ce cas, de découvrir, « sortir et déposséder le constructeur de la coquille (non encore vu), pour présenter une « harmonie si constante dans la proportion relative du céphalopode et de la coquille. »

Il a reconnu, par l'examen, que les petits corps vermiculaires que madame Power suppose être les jeunes Argonautes, nouvellement éclos, sont de jeunes *Hectocotylus*, qu'on sait être parasites des Céphalopodes. Il combat l'argument fondé sur le manque d'attache musculaire de l'animal à la coquille, et prouve que le Nautile n'en a pas plus que l'Argonaute; réfute aussi l'opinion de M. Gray, adoptée par M. de Blainville, sur le soi-disant *nucleus* de l'Argonaute, peu en rapport avec l'œuf, en disant que M. Gray lui-même a reconnu son erreur (4). M. Owen

(1) Vol. II, part. II, p. 103.
(2) Voyez *suprà*, p. 131.
(3) *Magasin of natural History*, 1837, p. 526.
(4) *Magasin of natural History*, f. 837, p. 247.

se livre ensuite à des recherches anatomiques très importantes pour prouver les différences organiques qui existent entre les Argonautes et les Poulpes (1).

Tel est théoriquement l'état actuel de la question agitée depuis Aristote sur le *parasitisme ou le non parasitisme* de l'animal de l'Argonaute dans la coquille où on le trouve. Nous avons présenté avec impartialité, dans leur ordre chronologique, tous les arguments successivement produits pour ou contre, l'une et l'autre thèse. Il nous reste à prouver *par des faits*, dont la plupart n'ont pas encore été allégués dans la discussion, et d'après les *caractères zoologiques* que nous avons déjà fait connaître, l'analogie parfaite qui existe entre l'animal et la coquille, et à expliquer la formation de celle-ci ; ce qui devra nous conduire à cette conséquence, qui est notre conviction la plus intime : l'animal de l'*Argonaute en est le constructeur et le véritable propriétaire.*

PREUVES DU NON PARASITISME.

Les formes de l'animal, la nature de sa coquille, ses mœurs, se réunissent, à notre avis, pour démontrer invinciblement la thèse du non parasitisme. Nous rangeons ces trois ordres de faits sous autant de paragraphes distincts.

(1) Après la rédaction de cet article, terminée depuis deux années (1838), nous voyons l'intéressant mémoire de M. Van Beneden (Bruxelles, 1839, p. 4, *Mémoires de l'Académie*, t. XI, pl. 6), sur l'anatomie de l'Argonaute. Ce jeune savant donne, de plus, quelques nouveaux faits pour appuyer l'observation de madame Power et de M. Rang, relativement à la réparation de la coquille. Il a vu des coquilles d'Argonautes brisées à des endroits différents, « et réparées par une « matière dont la nature paraît semblable au reste de la coquille. » Dans la première, il a existé, sur les flancs, une grande ouverture entièrement fermée ; seulement le partie reproduite manque de côtes, et est plus bombée en dehors, ce que M. Van Beneden suppose, avec raison, être le résultat de la pression du corps sur les couches qui auraient fléchi. La partie nouvelle dépasse, à l'extérieur et à l'intérieur, le bord cassé de la coquille, et sa texture est feuilletée en lames minces qu'on peut diviser presque comme des lames de mica. Quant au fait que les couches supérieures sont moins chargées de carbonate de chaux, comme nous nous en sommes assuré, nous l'expliquons facilement par l'épiderme qui recouvre toujours la coquille.

Sur la seconde coquille, la rupture en fente a lieu en travers, et s'étend jusqu'au bord libre à l'endroit où les bras palmés sortent de l'intérieur, la partie cassée est rejetée en dehors. Toute la partie lésée est remplie de matière calcaire analogue au reste de la coquille. « La partie nouvelle que forme le bord libre a reçu le même poli qu'on remarque le « long de ce bord, au point qu'on distinguerait à peine l'endroit de la lésion, si les pièces étaient restées en place. Ce « bord libre est très luisant, et comme couvert d'une couche d'émail. Les bras palmés déposeraient-ils à leur base « une couche d'émail sur ce bord, pour lui donner ce lustre qu'on y remarque, comme le fait la Cypræa sur toute « l'étendue de la coquille, au moyen des lobes du manteau ? Si cela était, ce serait un fort argument contre le parasi- « tisme ; car le prétendu constructeur de cette habitation, voisin des Carinaires, ne pourrait, en aucune manière, polir « cette surface. »

M. Van Beneden termine en disant « que la matière nouvelle est de même nature que la coquille ; et comme madame « Power et M. Rang ont vu le Poulpe lui-même réparer cette habitation, il est probable qu'ici de même c'est le Poulpe « qui a restauré la coquille brisée. On peut se demander maintenant si un animal non coquillifère peut avoir un « appareil sécréteur propre à restaurer, en cas de besoin, une habitation qui n'est point à lui, et déposer une couche « d'émail sur le bord libre à l'endroit où ses bras palmés sortent pour embrasser le test ? » Il n'ose se prononcer, tout en inclinant fort à regarder ce Poulpe, non seulement comme son habitant, mais aussi comme son architecte.

Ce qui précède, ainsi que les notes de M. Charles Worth (*Société zoologique de Londres* et *the Magasine of natural History*, 1837) et de M. Gray, prouve évidemment que la restauration des parties brisées se fait par les mêmes matières que le reste de la coquille. Nous chercherons plus tard à prouver le mode de production de cette sécrétion.

§ Iᵉʳ. *Preuves tirées de la forme de l'animal de l'Argonaute.*

1° L'animal de l'Argonaute diffère zoologiquement et anatomiquement des Poulpes : zoologiquement, d'après nous, par sa forme générale, comme ployée sur elle-même, par celle du corps, plus acuminé en arrière, plus largement ouvert en avant, par la présence d'un appareil de résistance compliqué, par des ouvertures aquifères, par les bras supérieurs palmés, etc., etc. Anatomiquement, d'après M. Owen (1), par des branchies différentes, par la forme et les dépendances de la veine cave, etc., etc. On doit donc les regarder comme des animaux bien distincts, quant à leur organisation, et conséquemment susceptibles dès lors d'un genre de vie tout opposé, bien que normal, par rapport à ces mêmes formes.

2° L'animal, par le raccourcissement des parties céphaliques supérieures et l'allongement des parties inférieures, est naturellement ployé sur lui-même. Dès lors, le corps et la tête décrivent, en dessous, une courbe ou un léger angle saillant, et non une ligne droite, comme chez les Poulpes. Cette disposition est parfaitement en rapport avec sa position connue; car étant couché sur le ventre dans la coquille, le dessous, ou la partie la plus allongée de l'animal, correspond avec le grand côté du cercle spiral de la coquille, ou la carène; tandis que le petit côté de l'animal se trouve vers le sommet de la spire, d'où ses bras palmés doivent sortir. On peut en conclure qu'il y a identité et rapports immédiats entre l'animal et la coquille, autant par les formes générales de l'un et de l'autre que par les nécessités d'existence, et que l'un paraît être fait pour l'autre, comme chez tous les Mollusques.

3° Cette forme arquée ou reployée de l'animal par rapport à son axe longitudinal, s'opposerait, sans doute, à ce qu'il pût, s'il était libre, nager en ligne droite, à l'aide du refoulement de l'eau par le tube locomoteur, comme tous les autres Céphalopodes, et lui permettrait tout au plus d'avancer en tournoyant; ce qui non seulement prouverait que l'animal n'est pas conformé pour vivre libre et séparé de la coquille, mais encore devrait faire supposer qu'il ne peut vivre sans elle.

4° Il est évident aussi que l'inégalité de longueur des deux côtés de l'animal s'oppose à ce qu'il puisse jamais se retourner, comme on l'a imaginé; dès lors il doit toujours avoir les bras palmés en arrière et le tube locomoteur en avant. Cette position a le rapport le plus intime avec les caractères qui distinguent les Argonautes des Poulpes, puisque les bras palmés naissent entre les yeux mêmes chez les premiers, pour pouvoir être plus près du sommet de la spire de la coquille qu'ils embrassent, ce qui n'a pas lieu dans les seconds. Le tube locomoteur prend une bien plus grande extension dans les Argonautes que dans les Poulpes, afin que le tube puisse arriver au bord antérieur de la coquille, et servir à la natation par le refoulement de l'eau. Ces différences tiennent donc à la nécessité absolue où se trouve l'animal d'être dans une coquille analogue à celle que nous lui connaissons, et n'est point une anomalie d'habitude.

5° Chez les Poulpes, le corps est généralement verruqueux, rugueux; chez les Argonautes, au contraire, la peau est mince, lisse, ce qui s'accorde avec la coutume de l'animal d'être toujours renfermé dans une coquille.

6° On a argué de la coloration du corps chez les Argonautes, qu'il ne pouvait être conformé pour habiter une coquille; mais, depuis qu'on sait que l'intérieur même du corps,

(1) *Transactions de la Société zoologique de Londres*, vol. II, part. II.

chez quelques espèces de Céphalopodes, le foie, par exemple, est couvert de taches (1), on ne doit plus trouver étrange que le corps de l'Argonaute, constamment en contact avec l'eau, le soit également.

7° La coloration des parties chez l'animal de l'Argonaute est d'ailleurs tout à fait en rapport avec sa position habituelle dans la coquille. Chez les Poulpes, qui ont les bras le plus souvent fermés, l'intervalle compris entre les cupules, près de la bouche et à la base des bras, est presque toujours incolore. Chez les Argonautes, où les bras sont toujours ouverts (disposition dépendant de leur position forcée dans la coquille), tout le pourtour de la bouche et la base des bras sont, au contraire, fortement colorés, ce qui dénote évidemment que cette partie est toujours extérieure, l'animal ne vivant pas comme les Poulpes, fait qui coïncide parfaitement du reste avec l'arrangement connu des bras de l'animal dans la coquille.

8° Nous avons dit que le tube locomoteur était plus long chez les Argonautes que chez les Poulpes, ce qui devenait indispensable; car il fallait bien, l'Argonaute étant couché sur le ventre dans la coquille où il habite, que le tube, pour remplir ses fonctions habituelles, pût arriver jusqu'au bord même; aussi est-il évident qu'un Poulpe ordinaire a cet organe beaucoup trop court pour être du moindre usage, s'il était placé dans la coquille de l'Argonaute. Nous croyons donc que la longueur du tube locomoteur est une conséquence de l'habitation obligée de l'animal dans la coquille, et une concordance de plus entre l'un et l'autre.

9° Les bras palmés, par leurs membranes extensibles, sont destinés à envelopper la coquille. Ils sont donc aussi une dépendance absolue du mode d'existence de l'Argonaute et un trait de conformité de plus entre l'animal et sa demeure.

10° Si l'on considère que ces bras palmés sont lisses, très colorés en dehors, ou seulement marqués de quelques ramifications peu distinctes, tandis qu'en dessous ils sont, surtout au bord, incolores, chargés d'un grand nombre de ramifications, d'un réseau spongieux et réticulé, on devra croire que ces bras sont conformés pour prendre une position permanente tournée du même côté, autour de la coquille, en l'embrassant constamment, et non pour remplir d'autres fonctions. Ils sont aussi, par cette raison, parfaitement en harmonie avec la coquille.

11° En examinant avec soin la partie inférieure des membranes palmées des bras supérieurs, nous avons reconnu que la moitié du côté de la base est plus colorée, plus lisse; que l'autre moitié, papilleuse, le devient davantage en approchant du bord, où tout est alors incolore, spongieux et comme poreux. Cette disposition organique ne justifie-t-elle pas l'opinion que ces bras sécrètent la coquille, et ne prouve-t-elle pas encore une affinité de plus entre l'animal et la coquille?

12° Les bras palmés embrassant toute la coquille, ne doivent avoir qu'une partie de leur membrane destinée à couvrir toujours le pourtour de la bouche de cette coquille et à sécréter constamment la matière calcaire qui doit l'augmenter. En examinant avec attention cette membrane, on voit effectivement que, sur les parties correspondantes à ce bord, elle est incolore, spongieuse ou poreuse, tandis qu'ailleurs, où elle n'a besoin que de peu de sécrétion, elle est beaucoup plus lisse et légèrement colorée. De cette concordance parfaite des

(1) Grant, 1813. *On the structure and charact. of lolig.*, etc. *Trans. of the zool. Soc. of London*, vol. I, p. 21; ce que nous avons également reconnu.

parties ne doit-on pas pouvoir conclure, avec plus de certitude encore, que les bras sécrètent la coquille ?

13° La concordance de la partie teintée en bleu de la base des bras palmés avec la carène plus colorée de la coquille, qu'ils recouvrent constamment à l'état de vie, vient également appuyer le rapport de l'animal à la coquille.

14° On a dit que la reptation des Argonautes dans la coquille, le tube en avant, et par conséquent le ventre en haut, était anormale et forcée; néanmoins, si l'on avait tenu compte de la forme oblique de toutes les parties céphaliques, on se serait assuré qu'en raison de cette conformation même, l'Argonaute ne pourrait ni marcher ni ramper autrement; que, dès lors, cette reptation est normale, vu les formes, et n'est point un effet accidentel, car l'animal, sorti de la coquille, ne pourrait pas ramper d'une autre manière.

De tout ce qui précède ne doit-on pas conclure que l'animal, loin de n'avoir aucune analogie avec sa coquille, concorde, au contraire, par tous ses points avec elle, et que l'un paraît être une dépendance indispensable de l'autre? Nous allons maintenant chercher, dans l'examen minutieux que nous avons fait de la forme, de la contexture, du mode d'accroissement de la coquille, d'autres preuves qu'il serait difficile de ne pas admettre.

§ II. *Preuves tirées de la coquille de l'Argonaute.*

1° La coquille de l'Argonaute diffère de celle de tous les Mollusques Gastéropodes, par le manque complet du *nucleus*, qui se développe ordinairement dans l'œuf de ceux-ci avant la sortie du jeune sujet; par sa contexture flexible et intermédiaire entre l'émail et la corne, et par sa forme régulière, composée de parties presque paires : elle ne paraît dès lors appartenir qu'à l'animal d'un Céphalopode chez lequel les parties paires sont ordinaires.

2° Nous avons dit qu'elle n'avait pas de *nucleus;* elle n'est, en conséquence, comparable en aucune manière aux Carinaires ni aux Atlantes, qui commencent par une coquille enroulée obliquement et à spire apparente; et des recherches minutieuses nous portent à croire qu'on ne peut la rapprocher, avec quelque raison, d'aucune autre coquille de Gastéropodes.

3° On a dit que la forme générale de la coquille n'était pas en rapport avec la forme de l'animal. Nous espérons avoir prouvé le contraire. On a dit encore que cette forme carénée ne concordait pas avec l'animal; néanmoins, si l'on considère les mœurs pélagiennes des Argonautes, leur mode de natation au moyen du tube locomoteur, on sera convaicu qu'il leur fallait une coquille comprimée sur les côtés pour n'offrir que peu de résistance à l'eau dans la nage, et, certes, aucune coquille ne saurait être mieux conformée pour cet usage, tant par la légèreté nécessaire au sein des eaux, que par sa forme. Nous la croyons donc en rapport non seulement avec les caractères de l'animal, mais encore avec ses habitudes connues.

4° Si nous examinons la contexture de la coquille, nous trouvons que, loin d'être formée par des couches régulièrement déposées sur toute la longueur du bord de la bouche et en dedans de la coquille, comme on le voit chez tous les testacés, sans encroûtement extérieur, elle est chez l'Argonaute composée de petites parties allongées, interrompues, superposées peu régulièrement, et augmentant ainsi son extension. Ces parties forment deux couches, dont l'une, intérieure, est mince et lisse ; l'autre, extérieure, est plus épaisse (1) : il est donc impossible de douter que l'animal n'ait un moyen extérieur de sécrétion, ce qu'on peut expliquer par les fonctions des bras palmés enveloppant constamment la coquille, et tenant lieu du manteau des *Cypræa*. Rapports d'identité de plus entre l'animal et la coquille.

5° La coquille fraîche, lisse, polie sur ses bords, se couvre, à quelque distance du bord, d'un léger épiderme de plus en plus épais jusqu'au sommet de la spire ; ce qui prouve qu'il n'a pas précédé la transsudation calcaire destinée à faire la coquille, comme chez presque tous les Mollusques, pourvus, au contraire, d'un épiderme d'autant plus épais, qu'il approche du bord ; mais qu'il est postérieur à la formation de la coquille, et qu'il ne peut être déposé que par un organe purement extérieur, expliqué encore par la position constante des membranes des bras de l'Argonaute sur la coquille.

6° Dans la supposition que les bras palmés remplissent des fonctions analogues à l'office du manteau des Cypræa, ils doivent, chacun de son côté, former la moitié de la coquille. Le point de jonction de ces deux organes sécrétants doit donc exister sur la carène de la coquille, où les bras apportent successivement les particules calcaires qui composent cette partie. C'est, en effet, ce qu'on aperçoit, en examinant la coquille avec soin; on voit qu'alternativement chaque bras a fourni quelques couches, les unes venant de droite, les autres de gauche (2), et qu'alors il en est résulté un entre-croisement de lignes d'accroissement qui démontre qu'elles ont été évidemment formées par deux organes séparés, lesquels ont déposé l'un après l'autre les particules crétacées. L'accroissement est conséquemment encore en rapport avec la sécrétion de la coquille par les deux bras : il établit une identité plus intime entre l'animal et la coquille.

7° Ce fait est encore prouvé par une autre observation que nous avons faite. Chez les *Cypræa*, que nous considérons comme le type des coquilles dont l'encroûtement extérieur est évidemment reconnu, on voit, dans presque toutes les espèces, le point de jonction des deux lobes du manteau marqué par une ligne d'une couleur différente, ou même par une dépression, la sécrétion ne s'étant pas faite dans cette partie (ordinairement médiane et longitudinale) de la même manière qu'ailleurs ; cette différence se remarque aussi dans la coquille de l'*Argonauta argo* et de l'*Argonauta hians*, où le milieu de la carène est plus poli que les côtés, moins coloré et manque toujours de ces légères aspérités qu'on voit à la loupe sur le reste de la coquille. Cette observation montre que, dans leur point de jonction, les bras ont laissé une impression aussi visible que celle des Porcelaines, et qu'il y a identité de rapport dans la formation de l'encroûtement extérieur chez les Argonautes et les Porcelaines; fait de la plus grande valeur pour établir définitivement la formation de cette coquille par les bras palmés, et le non parasitisme de l'animal.

8° Nous avons examiné de jeunes individus dans l'œuf, et nous n'avons vu aucune trace de coquille; ce qui devait être et nous paraît très naturel; car ces jeunes naissent, comme nous nous en sommes assuré, avec les bras palmés si peu développés, qu'ils ne pourraient pas la construire; ce n'est donc que lorsque cet organe a pris un assez grand accroissement que la coquille peut se former, fait qui appuie les observations déjà connues.

(1) Voyez pl. VI, fig. 7.
(2) Voyez pl. VI, fig. 6.

9° En examinant les lignes d'accroissement d'une très jeune coquille, on acquiert la certitude qu'elle a été produite par les membranes des bras, et non par la sécrétion d'un collier; elle commence par un point presque corné, irrégulier, rugueux, que forme l'agglomération de particules en partie calcaires, amoncelées sans ordre, tel que pourrait le faire un organe membraneux, flexible, en rapport avec les membranes des bras. Tout autour de ce premier *nucleus*, composé d'une surface plus ou moins arrondie, viennent se déposer les parties calcareo-membraneuses se moulant sur la forme du corps, et composant alors un godet presque cartilagineux, flexible, très peu oblique, sur lequel on commence à remarquer distinctement la séparation médiane dont nous avons parlé à notre article 7°; ainsi, nul doute pour nous que la coquille ne commence à se former comme elle continue de le faire ensuite; seulement elle est d'abord flexible et membraneuse, comme nous en possédons, et s'encroûte ensuite extérieurement par les bras palmés.

10° M. Rang a dit que six jours lui avaient suffi pour voir se former, sur une partie brisée, une membrane cartilagineuse un peu différente du reste de la coquille : une nouvelle circonstance encore parfaitement concordante avec ce que nous connaissons de l'animal. D'abord, comme nous l'avons fait remarquer § Ier, article 12, les bras palmés paraissent avoir sur leurs membranes des parties plus appropriées que d'autres à la formation du bord de la coquille, et dès lors, il doit être plus difficile à l'animal de réparer le milieu que les bords de cette coquille, que plusieurs autres observateurs (1) ont vus raccommodés d'une substance analogue au reste. Ce que nous avons dit, article 9, de la coquille d'abord cartilagineuse et flexible avant d'être crétacée et ferme, serait tout à fait conforme à l'observation de M. Rang; car il est évident que la réparation doit être flexible avant d'être solide, et qu'elle doit différer notamment du bord même qui nous paraît formé par un repli de la membrane sur elle-même, tandis que le milieu de la coquille ne pourrait être réparé que par la suite de l'encroûtement extérieur de toutes les parties.

11° La meilleure preuve, du reste, que la coquille est constamment enveloppée, c'est que l'on n'y a jamais vu le moindre corps parasite; tandis que toutes les autres, lorsqu'elles ne sont pas recouvertes, comme celles de la Cypræa, par exemple, se tapissent de flustres, de serpules, etc. On l'observe non seulement sur les côtes, ce que tout le monde sait, mais encore en pleine mer, où nous avons vu jusqu'aux grandes Cléodores (2) se couvrir de polypiers flexibles parasites, quoique l'animal fût dedans. Il paraît donc difficile de douter que la coquille ne soit intérieure, fait en rapport avec les fonctions des bras palmés.

12° Les bords de la coquille de l'Argonaute sont toujours parfaitement intacts et tranchants, tandis que toutes les coquilles traînées par les Pagures sont non seulement brisées et vieilles, mais encore couvertes de corps parasites; nous croyons qu'il n'en serait pas ainsi, l'animal de l'Argonaute étant parasite de la coquille, et il nous paraît complétement prouvé que l'un est une dépendance de l'autre, et non un effet du hasard.

13° Les jeunes Argonautes ont leur coquille entièrement moulée sur la forme du corps, et aucune partie vide au sommet. Cette cavité ne commence à se montrer que lorsque l'animal, plus âgé, en a besoin pour déposer ses œufs, et ensuite elle devient d'autant plus grande, que l'animal a pris plus d'accroissement et qu'il a une plus grande quantité d'œufs

(1) Madame Power, MM. Charleswoth, Gray et Van Beneden.
(2) *Cleodora balantium.*

à déposer; ainsi, dans ce cas, la conformation de la coquille et la place occupée par l'animal sont encore en rapport avec les besoins des Argonautes (1).

De ce que nous venons de dire de la forme, de la contexture et de l'accroissement de la coquille, ne peut-on pas conclure, comme nous l'avons fait pour l'animal, qu'il y a concordance parfaite entre toutes les parties de l'une et de l'autre? L'examen même de la contexture de la coquille prouve évidemment qu'elle a été construite par un organe sécréteur externe, expliqué de la manière la plus satisfaisante par les membranes des bras qui la recouvrent constamment.

§ III. *Preuves tirées des mœurs et des faits observés.*

1° On a toujours rencontré, dans les coquilles, des animaux de grandeur proportionnée, ce qui n'a jamais lieu pour les parasites, comme tout le monde à pu l'observer en étudiant les Pagures.

2° On n'a jamais rencontré que l'animal à bras palmés dans les coquilles de l'Argonaute.

3° La même espèce d'animal s'est toujours trouvée dans la même espèce de coquille, lorsque plusieurs espèces vivaient ensemble dans les mêmes mers.

4° Les animaux ne paraissent quitter leur coquille qu'à l'instant de la mort.

5° Il est difficile de ne pas croire que ces animaux, pris à trois cents lieues des côtes, ayant leur coquille encore cartilagineuse, et vivant en troupes avec des individus plus âgés, ou à peine éclos, ne soient pas avec une coquille qui leur appartient, qu'ils ont formée eux-mêmes; car on ne pourrait supposer que, sortis de l'œuf à deux et trois cents lieues des côtes, ils aient franchi cet espace pour aller chercher une coquille, et revenir ensuite au point où nous les avons trouvés, en franchissant de nouveau la même distance.

Après avoir considéré, sous différents points de vue, l'analogie et la concordance complète de toutes les parties de l'animal avec la coquille; après avoir établi que, par sa forme et sa contexture, cette coquille est de tous points en rapport avec l'animal; après avoir démontré que la coquille diffère en tout de celles que traînent les animaux parasites, nous croyons pouvoir conclure, avec une triple certitude, que l'un est une dépendance si indispensable de l'autre, qu'aucun des deux ne saurait s'expliquer isolément.

Tels sont, sur un point important de discussion, dont les plus savants zoologistes de tous les temps se sont occupés, les nouveaux faits que nous apportons en faveur du *non parasitisme de l'animal de l'Argonaute dans la coquille*. On reconnaîtra (du moins nous en avons l'espérance) que notre opinion n'est pas la suite d'une idée préconçue, que nous voudrions soutenir par amour-propre, mais qu'elle est toute de conviction et fondée sur des observations prolongées et minutieuses, faites, tant sur les lieux que dans le cabinet, sur un grand nombre d'animaux et de coquilles des diverses espèces, et qu'elle n'est basée que sur un immense ensemble de faits. Notre satisfaction serait grande, nous l'avouons, si nos efforts avaient pour résultat la solution définitive de cette question si souvent controversée.

Alcide d'Orbigny.

(1) Jusqu'à présent, M. Leach est le seul qui assure avoir vu un mâle d'Argonaute, tandis que tous les autres zoologistes n'ont observé que des femelles. Il reste encore sur ce point une grande question à éclaircir. Les mâles se tiennent-ils à de grandes profondeurs, et ne viennent-ils jamais à la surface des mers? ont-ils besoin d'une coquille semblable à celle des femelles, ou, comme le croit madame Power, l'animal peut-il se reproduire seul, ayant les deux sexes réunis? Cette dernière opinion, tout extraordinaire qu'elle paraisse, serait néanmoins plus en rapport avec les faits. Attendons!

(1) *Genre* Argonaute. — *Argonauta*, Linné.

I. Synonymie vulgaire. *Nautiles papiracés et non chambrés*, *Argonautes* des Français; *Schiffsboote*, *Pappier-Schiffsboote*, *Pappier-Nautilusse* des Allemands; *Paper-Nautilus*, *Sailor*, *Paper-Sailor* des Anglais; *Papiere-Nautiliessen*, *Zeisers*, *Schippertje* des Hollandais.

Synonymie scientifique et chronologique. *Nautilus vacuis*, *sive non tabulatis*, Lister, *Synops.*, 1685, lib. iv, sect. iv, cap. ii.

G. Cymbium, Gualtieri, *Ind. Test.*, 1742, part. 2, classis 2, sect. 1, *genus* 1.

G. Nautilus, Klein, *Ostrac.*, p. 2, classis i, *genus* 1, *Sp.* ii. *Nautilus sulcatus.*

G. Argonauta, Linné, *Syst. nat.*, ix, 1756, p. 225, *gen.* 282; xii, p. 1161, *gen.* 317.

G. Nautilus, Martini, *Conchyl. Cabin.*, i, 1769, p. 227, *Sp.* i, *Nautili tenues*, *Papyracei*, *non tabulati sive vacui.*

G. Nautiles papyracés, *non chambrés*, Favanne, *Conchyl.* i, p. 678, famille 4e, les Nautiles, genre i.

G. Argonauta, Von Born, *Ind. mus. Cæs.*

G. Nautilus, Schneider, *Samml. verm. abhandt.*, 1784.

G. Argonauta, Gmelin, *Syst. nat.*, 1788, p. 3367. — Bruguière, *Encyclop. méthod.*, Vers, t. I, p. 120. Cuvier, *Table élément.*, p. 381. — Lamarck, *Mémoires de la Société d'histoire naturelle de Paris*, tom. I, p. 23; *Animaux sans vertèbres*, 1re *édit.*, p. 99. — Ocken, *Lehrb. der zool.*, t. II, p. 336.

G. Ocythoë, Rafinesque, *Précis des découvertes somiologiques*, 1814, p. 29; *Anal. de la nat.*, p. 139 et p. 140.

G. Argonauta, Leach, *Zool. Miscell.*, t. III, p. 139; *Journal de Physique*, 1718, t. LXXXVI, p. 394; Tuckey, *exped. to Zaïre*, *app. atlas*, p. et *Philos. Transact.*, 1817, p. 296. — Blainville, *Journal de Physique*, t. LXXXVI, p. 366 et 434, et *Dictionnaire des Sciences naturelles*, t. XLIII, *Malacol.* — Ranzani, *Consideraz. su i Moll. Cefalop. de l'Argon.*; *Mem. di Storia nat.*, dec. I, p. 85, tab. vi, f. 1.

G. Argonauta, Lamarck, *Animaux sans vertèbres*, 2e édit., t. VII, p. 650. — Férussac, *Dictionn. class.*, t. I, p. 550; *Prodr.*, p. 46; *Mém. Soc. hist. ital. de Paris*, 1825, t. II, p. 160. — Cuvier, Poli, Rang.

Malgré le grand nombre d'observateurs qui se sont occupés de l'Argonaute depuis les anciens jusqu'à nous, et parmi lesquels on compte plusieurs des plus célèbres naturalistes des temps modernes, aucun d'eux, soit pour faire bien connaître cet animal célèbre, soit pour chercher à résoudre les questions intéressantes auxquelles il a donné lieu, et qui sont controversées depuis Aristote, n'en a fait une description exacte et complète, en l'étudiant dans sa position naturelle et dans les rapports réels de ses diverses parties principales les unes avec les autres. Il semble cependant que c'était par là qu'on devait commencer en se livrant à son examen, et ce n'est pas sans étonnement, lorsque nous nous sommes occupé pour la première fois de cet animal (2), que nous avons reconnu que ce travail était à faire, et que nous nous trouvons encore aujourd'hui dans la nécessité de l'entreprendre en achevant l'ébauche que nous en publiâmes alors. Nous aurons sans doute bien moins d'avantage en faisant ce travail sur des animaux conservés dans la liqueur, que n'en auraient eu ceux de ces savants qui auraient pu l'exécuter sur des animaux vivants, et nous devons nous attendre à des observations critiques qui rectifieront ce que ce travail pourrait offrir d'incomplet ou d'inexact.

(1) Cet article, du petit nombre de ceux laissés par M. de Férussac, est reproduit ici en entier, et sans le plus léger changement. Nous nous sommes fait un devoir de respecter les vues de notre savant collaborateur, même lorsqu'elles étaient contradictoires aux observations que renferme notre précédent article.

(2) *Notice sur l'animal du genre Argonaute*, dans les *Mémoires de la Société d'histoire naturelle de Paris*, t. II, 1825.

Nous croyons devoir faire observer que les caractères génériques, comme toutes les généralités que nous donnons sur les Argonautes, sont plus particulièrement le résultat de l'observation de l'*Argonauta Argo*, car l'animal des deux autres espèces est trop incomplétement connu pour avoir pu nous fournir des renseignements précis, et dont nous puissions faire usage pour un semblable travail, et les individus de ces deux espèces que nous avons pu étudier dans la liqueur n'étaient pas assez bien conservés pour nous offrir des lumières complètes et positives.

Tous les auteurs qui, dans ces derniers temps, se sont occupés de l'Argonaute, et ce sont les seuls que l'on peut citer pour le point de vue qui nous occupe, plus ou moins influencés par cette idée que ce mollusque était un Poulpe ordinaire, l'ont décrit et figuré hors de sa coquille, comme si habituellement cet animal s'en trouvait isolé, et dans sa position correspondante où l'on est dans l'usage de placer un Poulpe pour le décrire et le figurer, c'est-à-dire la tête en haut et l'extrémité du sac en bas, les bras relevés et couronnant la tête; arrangement forcé, que l'animal ne présente jamais dans la position naturelle où il vit et où il se présente à l'observateur. Le Poulpe n'ayant point de coquille, n'ayant pas une position habituelle commandée, comme chez l'Argonaute, par son habitation dans un test, vit en liberté dans les eaux, où il prend toutes les positions; rien ne gêne l'extension et le développement de sa tête, qui est bien distincte. Il est dès lors tout simple qu'on le place dans la position que nous venons d'indiquer, parce qu'elle lui est naturelle, et qu'elle est la plus propre à donner une idée juste de l'ensemble de cet animal et des rapports de ses parties extérieures. Il n'en est point ainsi à l'égard de l'Argonaute.

En effet, si l'on ne conteste pas que, jusqu'à présent, on n'a jamais trouvé d'Argonaute vivant hors de sa coquille, à moins d'un cas accidentel et fortuit qui l'en aurait privé, et l'on sait qu'alors cet animal ne tarde pas à mourir, il doit paraître évident, 1° que sa coquille est sa demeure habituelle et constante, soit qu'il l'habite en parasite ou comme légitime propriétaire; 2° que sa véritable position, sa manière d'être, les rapports de ses parties principales les unes à l'égard des autres, sont ceux que l'on remarque lorsqu'on l'examine placé naturellement dans sa coquille. Dès lors n'est-il pas évident aussi que c'est de cette manière qu'il doit être étudié et décrit, et que toute autre position, toute autre façon de l'envisager serait fausse et ne donnerait point une idée exacte de ce mollusque? Dès qu'on admet cette base essentielle pour l'examen dont il s'agit, et il nous paraît difficile de se refuser à l'admettre, on reconnaît facilement les modifications importantes que la nature a déterminées pour mettre ce Poulpe en rapport avec son habitation permanente dans une coquille.

Placé dans le sens de la plus grande longueur de cette coquille, l'Argonaute y est comme couché sur le ventre du sac, la partie dorsale de celui-ci étant supérieure; il en remplit entièrement l'énorme ouverture; mais il n'atteint pas la cavité spirale, qui est vide, lorsqu'elle n'est pas occupée par l'extrémité des bras supérieurs et par les œufs que cet animal y dépose. En approchant de cette cavité, l'espace se rétrécit; aussi l'extrémité du sac, qui ne dépasse guère le retour de la spire, au lieu d'en être, comme dans les Poulpes nus, la partie la plus large, est, au contraire, atténuée et un peu conique chez l'*A. Argo*. On voit que nous supposons, dans cette situation de l'animal, sa coquille placée dans la position naturelle où elle se trouve lorsqu'il vogue à la surface des eaux, c'est-à-dire posée sur sa carène, l'ouverture en haut et horizontale. On doit, en effet, étudier les animaux, les décrire dans la situation qui leur est la plus habituelle, et dans laquelle ils jouissent de la plénitude de leurs facultés et de tout le développement dont ils sont susceptibles; situation qui, pour l'Argonaute, paraît être celle dont il s'agit. Nous disons *paraît être*, parce qu'il n'existe encore, chez les modernes, aucune observation positive qui constate sa manière de naviguer; mais l'ensemble de ses caractères suffit pour faire croire que la situation que nous indiquons lui est la plus naturelle, car on ne peut supposer qu'il nage, qu'il se meuve, la coquille en dessus. Dans cette situation, la tête n'est plus terminale par rapport à l'axe du corps, forcée de se renverser en arrière sur le dos du sac, pour faire face aux agents extérieurs; de supérieure, elle devient latérale, par rapport à cet axe, et se trouve ainsi au niveau des bords de l'ouverture du test.

Le tube excréteur, qui, dans les Poulpes nus, ne dépasse pas la ligne des yeux, prend un développement extraordinaire; il se projette jusque fort au delà de la tête et de la base des bras, pour arriver au bord antérieur de la coquille, afin de pouvoir rejeter au dehors toutes les excrétions. Il est ainsi adossé à la tête, qui s'appuie sur lui. La bouche de ce Mollusque, autour de laquelle s'épanouissent les bras, se trouve, comme la base de ceux-ci, dans un plan fictif parallèle à celui qui contient l'axe du corps. Il résulte encore de cette position latéro-dorsale de la tête et de la contraction sur le sac, nécessitée par l'espace limité qu'elle est forcée d'occuper dans la coquille, que l'étranglement plus ou moins marqué qui, dans les Poulpes nus, est compris entre les yeux et les bords du sac, comme aussi celui qui, presque toujours, existe chez ces animaux entre les yeux et la racine des bras, lesquels rendent la tête distincte, n'existent pas chez l'Argonaute. Par suite de ce même renversement, la base des bras et la bouche, au lieu d'être supérieures aux yeux, sont situées entre les deux orbites oculaires, dans ce plan fictif dont nous venons de parler, et par là tous les bras prennent, dans ce plan, une position déterminée par rapport à la bouche et à la direction du sac; position relativement différente de ce qui s'observe chez le Poulpe ordinaire, car les bras inférieurs, dans la situation normale de celui-ci, c'est-à-dire les deux paires rapprochées du tube excréteur, deviennent supérieurs à l'égard de l'ensemble du corps et de la bouche de l'Argonaute; les supérieurs à leur tour deviennent inférieurs par rapport à cet organe. Ces bras sont moins longs que chez les Poulpes; ils sont assez égaux, et les plus grands, à l'exception des bras vélifères, s'ils étaient étendus, n'ont environ que le double de la longueur du sac de l'animal. On conçoit que s'ils étaient aussi longs que chez la plupart des Poulpes nus, il eût été difficile de les loger dans la coquille. En effet, tels qu'ils sont, la nécessité de les y renfermer, lorsque l'Argonaute est à l'état de repos, a forcé ce mollusque à les séparer en deux groupes, à renverser les deux paires, devenues supérieures (paire *inférieure* et *latérale-inférieure*), au-dessus de sa tête, et à les rabattre, étendus ou repliés sur eux-mêmes, sur le ventre du sac, sous la carène du test, de chaque côté du tube excréteur, qui se trouve ainsi placé entre les deux bras intermédiaires. De cette manière, une partie des ventouses des quatre bras de ce groupe est appuyée contre la paroi interne de la carène du test. L'autre groupe, composé des quatre bras opposés (*supérieurs* et *latéraux-supérieurs*), sont abaissés sur le dos du sac, dépassent son extrémité, se replient et s'arrangent de manière à remplir en partie la cavité spirale où se trouve assez d'espace pour loger la membrane vélifère, contractée et repliée sur elle-même, de la première paire de ses bras. Il résulte de cet arrangement, d'abord un pli très prononcé, chez les trois espèces d'Argonautes, à la racine des bras, causé par leur renversement habituel au-dessus et au-dessous de la bouche; ensuite que la face des bras qui supporte les ventouses, laquelle, chez les Poulpes nus, est intérieure et décolorée à cause de la position ordinaire des appendices brachiaux relevés au-dessus de leur tête, est ici extérieure et colorée, en sorte que toute la surface qui garnit dans cette situation de l'animal l'ouverture de la coquille, est couverte de ventouses rayonnant autour de la bouche, dont les mandibules noires et cornées apparaissent au centre de tous les organes. Telle est la position de l'Argonaute dans sa coquille et l'arrangement de ses bras dans l'état de repos et de contraction. Montfort, le premier, a entrevu cette position de l'animal, cet arrangement de ses bras, et il les indique dans la figure qu'il donne, planche XXXVI de son ouvrage. Mais n'ayant pu examiner complétement l'individu dont il a donné la figure, et préoccupé de l'idée que les bras servaient à former les cannelures de la coquille, et que leurs cupules transsudaient la matière de son accroissement, il a imaginé un arrangement pour les bras qui cadrait à son but et qui n'est pas exact. M. Ranzani a beaucoup mieux décrit et figuré cet ensemble de circonstances, mais cependant d'une manière encore incomplète.

Lorsque l'Argonaute est en mouvement, ses bras sont étendus, la paire intermédiaire inférieure, qui porte la membrane vélifère, est, à ce qu'il paraît, relevée et celle-ci étalée; les trois autres paires sont abaissées latéralement sur les côtés de sa coquille. Nous avons cependant quelques motifs de présumer que ce mollusque se sert aussi de sa membrane vélifère comme membrane natatoire, comme rame ou nageoire, car nous avons observé des individus, pris vivants, dans lesquels les bras qui portent cette membrane étaient également rabattus sur les côtés de la coquille, appuyés sur ses oreillons, et avaient la membrane étalée. Dans cette situation de l'animal en mouvement, sa tête est, sans doute, moins contractée, et s'élève vraisemblablement un peu au-dessus des bords de l'ouverture du test; et comme alors toute la partie dorsale du sac et la face des bras sont en contact avec l'air, ces parties sont fortement colorées.

Les énormes yeux de ce mollusque ne s'aperçoivent pas au dehors dans l'état de repos ni de mouvement; on les voit latéralement à travers la coquille, qu'ils touchent, et dont la transparence lui permet sans doute de découvrir les objets extérieurs, étant protégés par les parois du test.

Dans la situation où se trouve cet animal dans sa coquille, les bords de l'ouverture du sac paraissent n'avoir aucune relation avec ceux de l'ouverture du test, et il ne semble pas que l'on puisse, sous ce rapport seulement, assimiler le sac au manteau des Gastéropodes testacés. La direction de ses bords est presque perpendiculaire au plan de l'ouverture de la coquille. Cependant, comme on a de nombreux exemples de l'expansion considérable dont est susceptible le manteau des Mollusques, on peut présumer que les bords du sac peuvent, dans certaines circonstances, s'étendre jusqu'à ceux de sa coquille, et transsuder la matière qui fait son accroissement successif; mais toutes données manquent pour se former une opinion à ce sujet.

En cassant sa coquille ou en en retirant l'animal avec précaution, et lorsque c'est un individu bien frais, bien conservé, on voit, ainsi que M. Duvernoy l'avait observé (1), que le sac offre rigoureusement la répétition des sillons de la coquille, la largeur et l'aplatissement de la carène, ainsi que les tubercules latéraux qui garnissent celle-ci, en sorte que le sac semble

(1) *Dictionnaire des Sciences naturelles*, t. III, p. 100.

exactement, sous ce rapport, moulé sur les parois inférieures de la coquille. M. Delle-Chiaje assure qu'à l'état vivant le sac est parfaitement lisse; il veut, sans doute, dire dans l'animal hors de sa coquille, et nous admettons ce fait, parce que, dans cette situation, la peau du sac reprend son expansion ordinaire et devient lisse; mais il faut bien admettre aussi que lorsque cet animal est vivant dans sa coquille, l'enveloppe musculeuse du sac se moule sur les parois de celle-ci, de manière que les sillons, les tubercules concaves du test, sont remplis par les sillons, les tubercules convexes du sac, car c'est d'abord ce qui se voit dans tous les mollusques où des circonstances analogues se présentent, et ensuite, à défaut d'attaches musculaires, cette pression du sac contre les parois internes du test crée des points de résistance, et est la seule manière de concevoir son adhérence dans celui-ci. Enfin, le fait vient confirmer ces assertions, car, dans tous les individus bien conservés, on trouve que le sac est moulé sur les parois internes de la coquille et en représente les plus petits reliefs. Comme dans les mouvements de l'animal, et selon qu'il se contracte ou s'étend, il y a forcément une contraction ou une expansion de la peau du sac, il s'ensuit un déplacement de cette peau qui, sans doute, glisse, en faisant le vide, sur les parois du test, de manière que les mêmes portions de la peau ne remplissent pas toujours les mêmes sillons, les mêmes tubercules de la coquille.

L'observation de Say, que le sac de l'Argonaute qu'il a décrit, quoiqu'il rendît les cannelures latérales du test, n'offrait pas les dentelures de la carène, et dont il s'appuie pour chercher à prouver *que la coquille ne va pas au corps de l'animal, qu'elle n'a pas été faite pour lui,* puisqu'il n'est pas probable que, dans une partie le corps serait éloigné du test, tandis que dans un autre partie il porterait l'empreinte de ses aspérités, cette observation, disons-nous, n'est pas juste dans ses conséquences. Le fait dont il s'agit tient à des circonstances fortuites, dépendantes de l'état de l'animal au moment où il est mort, où on l'a mis dans la liqueur; si l'expansion, la pression du sac contre telle partie des parois internes du test cesse, cette partie ne représentera plus les aspérités de la coquille. Nous avons observé et fait figurer des individus où le sac du mollusque rendait les tubercules de la carène comme les cannelures latérales. (Voy. *Pl.* I, *fig.* 3, 6.)

L'habitation dans une coquille qui annule la part que peut prendre le sac à l'exécution des divers mouvements de translation, et qui réduit à la seule action des bras le jeu des forces sous ce rapport; les modifications que cette coquille doit apporter dans l'exécution de ces mêmes mouvements; les exigences qu'elle entraîne enfin, sous ce point de vue, ont nécessité un appareil particulier qui permît de répondre à ces exigences déterminées surtout par la forme de cette coquille. De là l'existence des membranes vélifères qui garnissent les bras intermédiaires inférieurs (supérieurs), membrane dont il n'est guère permis de contester l'usage, analogue à celui de la voile chez l'Argonaute, quoiqu'on ne puisse citer, pour appuyer cet usage, que des témoignages assez vagues chez les anciens et les modernes; organisation remarquable qui a fait célébrer, dès la plus haute antiquité, les manœuvres de ce mollusque navigateur, et qui lui a valu le nom de *Nautonnier*, qu'il porte dans presque toutes les langues.

On voit donc qu'il résulte des modifications que nous venons de signaler dans l'Argonaute, comparé au Poulpe nu, un animal dont les parties principales sont dans d'autres rapports de situation respective que chez ce dernier, et qu'on ne peut envisager ces deux Céphalopodes de la même manière. On voit aussi, qu'indépendamment des caractères distinctifs qui séparent l'Argonaute du Poulpe, le premier est évidemment organisé pour vivre dans une coquille, et que vouloir les considérer comme des êtres semblables, appartenant à une même coupe générique, ainsi que l'a fait M. de Blainville, c'est forcer toutes les analogies et abandonner l'application de tous les principes méthodiques et philosophiques qui guident ordinairement le naturaliste.

Nous ne pouvons malheureusement pas indiquer l'aspect que prendrait naturellement un Argonaute hors de sa coquille à l'état de vie, n'ayant point eu l'occasion de faire une semblable observation. Cette situation ne peut jamais être, d'ailleurs, qu'accidentelle et forcée, et nous devons penser qu'il conserverait la manière d'être qu'il présente lorsqu'il est en mouvement dans sa coquille; aussi sommes-nous fort éloigné de croire que cet animal ait la faculté de pouvoir quitter et reprendre son test, ainsi que le docteur Leach l'a avancé, d'après le journal de voyage de M. Cranch. On conçoit que si l'Argonaute était organisé de manière à pouvoir aussi vivre hors de sa coquille, on devrait alors admettre des modifications à sa manière d'être habituelle, qui le ramèneraient naturellement à la conformation des Poulpes nus, mais ce serait une supposition toute gratuite et que les faits démentent; aussi ne nous y arrêterons-nous pas.

Si l'on examine un Argonaute conservé depuis longtemps dans la liqueur, ramolli, manié souvent, et dont toutes les parties ne sont plus, par cette raison, dans leur position respective, on pourra bien, en l'absence des observations précédentes, ne point reconnaître à l'instant sa véritable manière d'être, son véritable aspect; si, au contraire, on le trouve dans un bon état de conservation, pénétré de l'idée que c'est un Poulpe ordinaire, on sera porté à regarder la situation de certaines de ses parties comme l'effet d'une mauvaise position dans le bocal où il était renfermé ou de la contraction occasionnée par la liqueur, et on sera enclin à le ramener à la position normale du Poulpe, en le considérant ou l'arrangeant au besoin, de façon à mettre, autant que possible, ses diverses parties dans le rapport qu'elles ont entre elles chez ce dernier mollusque. C'est précisément ce qui est arrivé à plusieurs naturalistes qui ont décrit ou figuré l'Argonaute. Montfort, par exemple, en représentant l'*A. tuberculata* hors de sa coquille, d'après le seul individu existant encore aujourd'hui au Muséum, l'a arrangé ainsi que nous venons de le dire, et il est vraisemblable que c'est lui qui, le premier, en le maniant pour le décrire et le dessiner, a contribué à le détériorer. M. de Blainville a également produit de la même manière l'étrange figure qu'il a donnée de l'*A. Argo* (*Dictionnaire des Sc. nat.*, *Atlas*, et *Malacol.*, pl. Ire). C'est le mauvais état de conservation des individus observés qui a fait dire à Say *que le sac était dans une direction presque verticale par rapport au disque de sa tête*, et qui a porté M. de Blainville à avancer que l'Argonaute *n'avait aucune analogie de forme avec sa coquille*, *que le corps de cet animal était absolument semblable à celui du Poulpe commun*, *que sa tête était disposée comme dans les autres Poulpes*, etc. (1). C'est encore cette cause qui a fait avancer au même savant ce fait singulier, le défaut de symétrie des deux côtés du corps dans l'*A. tuberculata*, et qui l'a porté à regarder cette particularité comme naturelle et propre à cette espèce, parce que l'individu dont nous venons de parler offrait une déviation de droite à gauche qui rendait un côté du sac plus court que l'autre, résultat évident, incontestable, de la position qu'il avait longtemps conservée dans la liqueur depuis que Montfort l'avait retiré de sa coquille. Lorsqu'au

(1) *Journal de Physique*, t. LXXXVII, p. 445, 446.

contraire ces mêmes naturalistes ont pu observer un Argonaute en bon état, qui avait conservé sa véritable forme et ses rapports avec sa coquille, toujours dominés par l'idée de son analogie avec les Poulpes nus, ils n'ont point hésité à déclarer qu'il était déformé par son séjour dans la liqueur et en mauvais état de conservation, au lieu d'admettre, ce qui était assez simple, qu'habitant, n'importe à quel titre, une coquille, il devait avoir avec elle des rapports forcés de position. C'est ce qui est arrivé à M. de Blainville pour le second individu qu'il a décrit. *Au contraire*, dit-il, *de ce qui a eu lieu pour l'individu précédent, que l'on peut sortir et remettre dans la coquille avec la plus grande facilité*, etc., *le corps de celui-ci a tout à fait la forme du dernier tour de sa coquille dans laquelle il a été moulé;* et il explique cette circonstance en admettant *que le corps a été tellement pressé fortement dans la coquille, qu'il en a pris toutes les formes et qu'il en indique tout les replis.* Ceci doit paraître tout naturel d'après ce que nous avons exposé plus haut, mais ne peut certes s'expliquer par la raison qu'en donne ce savant, car la pression qu'il eût fallu exercer pour rendre permanentes les cannelures de la coquille sur le sac de l'animal eût à l'instant brisé cette coquille. *Les tentacules sont encore beaucoup plus difformes que dans l'autre individu*, ajoute M. de Blainville; *et même par la position forcée et évidemment préparée qu'ils gardent depuis fort longtemps, ils semblent partagés en deux groupes, un supérieur ou postérieur, et l'autre inférieur ou antérieur, quatre d'un côté, quatre de l'autre*, etc. Ainsi ce qui devait éclairer ce savant sur les rapports de l'animal avec son test, a été regardé par lui comme un état préparé et forcé. Résultats d'une idée préconçue et à laquelle on veut faire plier les faits. Les erreurs de ce genre conduisent plus loin même que cela ne serait nécessaire dans l'intérêt de l'opinion que l'on veut soutenir. Ainsi, dans le cas qui nous occupe, les rapports de l'animal avec sa coquille et l'arrangement des bras, que rejetait M. de Blainville comme étant la suite d'un état artificiel et forcé, ne pouvaient point décider, contre son opinion, la question de savoir si l'animal était ou non parasite dans sa coquille; car dès qu'on ne conteste pas qu'il l'habite, au moins temporairement, il faut bien admettre qu'il s'y arrange le mieux possible, et qu'il y touche par quelques points.

Une autre cause a quelquefois contribué à faire méconnaître la véritable position de l'animal dans sa coquille, et par conséquent ses rapports avec elle. Des Argonautes, après avoir été retirés de leur test, y ont été replacés à contre-sens, c'est-à-dire les bras vélifères du côté de l'extrémité de l'ouverture, au lieu d'être près de la spire, erreur qu'un léger examen pouvait éviter, pour peu que l'animal ne fût pas tout à fait déformé, à cause de la direction du sac qui entraîne la position naturelle de toutes les autres parties de l'animal. C'est ainsi que Montfort s'est trompé et qu'il a fait figurer à contre-sens cet animal dans sa planche XXXV; il critique même Rumphius et Shaw parce qu'ils ont mieux vu que lui sous ce rapport. M. Broderip a fait la même faute dans le dessin qu'il a donné; enfin Poli, lui-même, qui avait observé souvent l'Argonaute vivant, par une inadvertance bien difficile à expliquer, est tombé dans une semblable erreur pour la figure idéale où il représente cet animal naviguant (pl. XL de son ouvrage).

Il suffit de jeter les yeux sur les figures de la planche Ire de M. de Blainville (*Dictionnaire des Sc. nat.* et *Malacologie*), pour se convaincre que l'individu qui a servi pour dessiner ces figures avait été replacé dans sa coquille dans une position peu naturelle, et que ses bras surtout étaient arrangés tout autrement qu'ils ne doivent l'être. Dès lors il n'est pas étonnant que ce savant signale, au bas même de cette planche, *la position irrégulière de cet animal*, qu'il trouve *que son corps n'est pas dans l'axe de la coquille, et que le rectangle droit se trouve à gauche*. Mais ce qui est très réellement surprenant, c'est que cet habile naturaliste n'ait pas reconnu la véritable cause de ces anomalies.

Après avoir signalé tout ce qui concerne la configuration générale de l'Argonaute, et ses rapports de position avec son test, nous devons présenter, sur ses parties principales, les détails descriptifs que nous avons dû éviter pour ne pas sortir des considérations qui nous occupaient.

Le *sac* de ce Mollusque a une forme ovoïde; il est atténué, postérieurement, en sorte qu'il ne représente point la partie spirale du test, dans laquelle il ne pénètre pas; il est un peu déprimé latéralement, de chaque côté, correspondant, sous ce rapport, à la forme interne de la coquille. Dans l'Argonaute à large carène (*A. hians*), l'ampleur du test indique que le sac doit être plus arrondi à son extrémité, ce qui explique sa forme presque globuleuse dans les jeunes individus, de cette espèce, décrits par le docteur Leach sous le nom d'*Ocythoë Cranchii*, et dans d'autres que nous avons observés dans la liqueur. L'ouverture du sac ceint exactement la base de la tête dans les individus frais et bien conservés; elle n'est bâillante, comme chez tous les Poulpes, que chez les individus en mauvais état. Cette ouverture, beaucoup plus large que chez la grande majorité des Poulpes nus, occupe plus des trois quarts de la circonférence du corps, en sorte qu'il n'y a que la partie tout à fait supérieure, celle qui correspond à l'espace compris entre les yeux, qui soit continue avec la tête et par laquelle le sac y tienne. On observe, de chaque côté de cette partie continue, une membrane très fine, peu large, une sorte de bride, qui part des bords libres du sac, et va s'attacher sur l'orbite de l'œil, d'une part, et, de l'autre, à la base des deux bras supérieurs. Ces caractères sont communs aux *A. argo*, *tuberculata* et *hians*. Dans ces trois espèces, les individus hors de leur test et gardés dans l'alcool, s'ils ne sont pas frais et dans un état parfait de conservation, présentent un sac bursiforme, arrondi et élargi à son extrémité, dont l'ouverture est très bâillante, et qui ressemble alors au sac de tous les Poulpes.

Le *tube excréteur* prend une extension considérable dans les Argonautes : c'est un vaste cône régulier, largement ouvert à l'arrière, à base presque horizontale, prolongé en avant en un tube cylindriforme, et qui, dans les individus bien conservés, égale environ les deux tiers de la longueur du sac. La partie libre, le tube proprement dit, se projette fort au delà des yeux et de la base des bras. Il occupe tout l'espace compris entre les deux orbites oculaires; une bride membraneuse le lie, de chaque côté, au bras intermédiaire inférieur.

La *tête*, comme on le conçoit d'après tout ce que nous avons dit, est peu distincte; moins large que le sac, elle est adossée au tube excréteur, et on ne la distingue que par ses deux grands yeux latéraux et par sa bouche; le tube excréteur et la racine des huit bras en masque la presque totalité. Les *yeux*, remarquables par leur volume, offrent un orbite arrondi, saillant et un peu déprimé dans l'état de vie, selon l'observation de Poli; ils sont couverts par le tégument général qui entoure la tête; sur cette enveloppe, on aperçoit une ouverture circulaire assez grande, mais bouchée par une pellicule membraneuse extrêmement fine, transparente et décolorée, qu'on ne reconnaît point au premier aperçu. Cette ouverture en laisse voir une autre moins grande, dans une membrane presque cornée et colorée qui entoure la pupille. Le mouvement libre de l'œil dans son orbite fait qu'à la volonté de l'animal les deux ouvertures peuvent ne pas se correspondre, en sorte que la pupille se trouve alors abritée et protégée par le tégument extérieur qui remplit, dans ce cas, l'office de paupière, et dont l'ouverture et la pellicule qui la remplit se trouvent dans ce cas correspondre à une partie de la seconde membrane colorée. Dans cet arrangement, l'ouverture de l'œil est tout à fait dissimulée. La *bouche* est assez grande, entourée de deux lèvres, dont l'une, l'extérieure, est simple, et formée par les bords mêmes du tégument commun, ouvert pour former l'orifice de cet organe. L'autre, l'intérieure, fait une légère saillie; elle est charnue et plissée, et s'appuie contre les deux mandibules en les entourant.

Appendices céphaliques. Nous avons fait connaître leur situation respective dans l'état de repos et de contraction de l'animal dans son test, ainsi que dans son état de mouvement; il nous reste à les décrire. Les huit bras sont longs, moins cependant, à proportion, que dans la généralité des Poulpes; subulés, assez gros à leur base, et menus, deliés, à leur extrémité. Ils sont assez égalisés; mais, dans toutes les espèces, la paire supérieure ou les bras vélifères sont plus gros, et seraient réellement beaucoup plus longs s'ils étaient développés. Dans leur ensemble, ils ont un peu plus du double de la longueur du sac, et cette proportion paraît être à peu près la même dans les trois espèces d'Argonautes. Dans l'*Argo*, la paire inférieure d'abord, et la paire latérale supérieure ensuite, sont les plus grosses et les plus longues, et diffèrent peu entre elles; la paire latérale inférieure est la plus mince et la plus courte. Dans l'*A. tuberculata*, celle-ci est également la plus faible; mais la paire latérale supérieure paraît être plus grosse et plus longue que la paire inférieure. Dans l'*A. hians*, d'après l'examen de cinq jeunes individus que nous avons observés, les bras vont en décroissant de la paire supérieure à l'inférieure, en sorte que celle-ci semble être la plus courte. Tous les bras sont arrondis à leur face externe, sur laquelle on aperçoit, un peu latéralement, une légère carène longitudinale, et même, dans certaines positions des bras, une membrane saillante très marquée sur les bras supérieurs, dont la carène n'est que l'indication, et qui paraît être la continuation de celle qui réunit la base des bras. Cette dernière membrane est assez marquée sur tous les individus des trois espèces d'Argonautes que nous avons observés pour qu'on puisse la considérer comme formant une petite rosace analogue à celle des Poulpes nus. Poli l'a signalée sur l'animal vivant; M. Rapp l'a indiquée dans la figure qu'il a donnée de l'*Argonaute argo*, et nous l'avons trouvée bien distincte même dans l'individu de l'*A. tuberculata* conservé au Muséum, et qui a été décrit par M. de Blainville. Nous ne savons donc point comment il se fait que ce savant ne l'a point reconnue dans cet individu, puisqu'il dit, en parlant de ses bras, *tous sont séparés jusqu'à leur base, sans aucune trace de membrane intermédiaire.* C'est donc à tort aussi que M. Rafinesque donne pour caractère à son genre Ocythoë d'être privé de cette membrane. Du reste, pour toutes les membranes qui garnissent les bras, lesquelles sont souvent contractées au point de s'annuler presque complétement, excepté cependant celles de la rosace, il faudrait les observer sur l'animal vivant pour en avoir une idée précise. On peut en dire autant au sujet des bras eux-mêmes pour apprécier au juste leur longueur.

Une bride membraneuse rattache, ainsi que nous l'avons dit, la base des deux paires de bras supérieures au bord du sac, là où commence son ouverture; les deux paires latérales ont une bride qui tient à l'orbite oculaire; et enfin, la paire inférieure est, comme nous l'avons vu, également liée au tube excréteur par une bride semblable. Nous décrirons actuellement la grande membrane vélifère des deux bras supérieurs.

Ceux-ci, dans l'état de contraction, sont repliés sur eux-mêmes, et leur voile forme des duplicatures compliquées qui ne permettent pas d'en reconnaître la forme; car on ne peut alors déployer cette voile, retenue dans cet état par les muscles qui servent à la ployer et à l'étendre ; ses bords sont plissés, et forment, surtout vers sa jonction au bras, des festons, des découpures profondes qui n'existent pas à l'état de vie, ni même dans les individus conservés, lorsqu'on a eu le soin de déployer cette membrane avant de mettre l'animal dans la liqueur. Dans l'état le plus ordinaire de contraction, ces duplicatures s'arrangent sur l'extrémité supérieure du sac de manière à se loger dans la cavité spirale du test, qu'elles ne remplissent cependant pas jusqu'à son sommet. Lorsqu'à une certaine époque de la ponte, les membranes vélifères sont destinées à soutenir, à entourer les œufs, alors les duplicatures se rapprochent, s'ajustent ensemble, s'arrangent de manière à former comme une petite masse arrondie, lisse, et unie à l'extérieur, laissant au centre une petite loge ou cavité toute remplie de petits œufs qui garnissent même certaines duplicatures ; en sorte qu'on serait porté à croire qu'ils sortent de l'intérieur de la membrane. Cette petite masse globuleuse occupe alors et remplit presque la cavité spirale du test. (Voy. *Pl.* I, *fig.* 7). Les œufs sont, plus tard, à ce qu'il paraît, déposés dans cette dernière cavité (Voy. *fig.* 4), ou, peut-être, l'animal a-t-il la faculté de les entourer à volonté par les duplicatures des membranes vélifères. Dans cette hypothèse, les bras supérieurs seraient alors libres quand l'animal veut s'en servir, ce qui semble plus naturel que de les croire privés de mouvement pendant un certain temps. Dans tous les cas, les individus mâles sont délivrés de ce soin.

Lorsque la membrane vélifère est bien déployée, on voit que les bras supérieurs se contournent et forment un cercle assez régulier, à partir à peu près du tiers de leur longueur, depuis leur base, et non de la moitié de leur longueur, ainsi que le dit Poli. La membrane carinale de ces bras, dont nous avons parlé, et qui est fort large, s'étend considérablement à partir de ce point, de manière à remplir le vaste cercle que décrit le bras, dont l'extrémité, très déliée, vient rejoindre l'arête de cette membrane à la hauteur de son épanouissement. A cette même hauteur naît une nervure très marquée qui, comme un tronc, se divise en cinq ou six branches principales, lesquelles se ramifient encore en se dirigeant surtout vers la partie extérieure de la voile bordée par le retour des bras. Toutes ces nervures sont blanchâtres, et se dessinent sur le fond plus coloré de la voile ; ce sont les muscles extérieurs et rétractés de cette membrane.

Tous les bras sont garnis de deux rangs de ventouses mutiques, c'est-à-dire dépourvues, comme chez les Poulpes nus, de cercle corné, saillantes, supportées par un pédoncule large à sa base et légèrement étranglé avant l'épanouissement de la ventouse. Elles alternent sur deux lignes distinctes ; elles sont assez rapprochées les unes des autres sur chaque ligne, et diminuent progressivement de grosseur jusqu'à l'extrémité des bras, en sorte que les dernières sont extrêmement petites. Ces ventouses ont la forme d'une cupule, au centre de laquelle on aperçoit un petit trou rond et profond, de la circonférence duquel partent des rayons musculaires qui, par leur saillie, forment quelquefois, sur les contours de la ventouse, comme une petite bordure mamelonnée. D'autres fois ces ventouses sont planes, comme lorsqu'elles s'appliquent sur les corps. Elles garnissent également les bras vélifères jusqu'à leur extrémité, entourant ainsi toute la voile ; mais souvent leur petitesse les rend presque invisibles vers l'extrémité des bras dans les individus conservés dans la liqueur, et c'est cette raison qui, sans doute, a fait dire, à tort, à Monfort, que le contour de la voile en était dépourvu (1). Dans l'*A. hians*, dont la membrane vélifère est peut-être plus

(1) *Mollusques*, t. III, p. 225.

épaisse, nous avons observé, sur les contours de cette membrane, que les ventouses étaient comme rétractées dans l'épaisseur du bras, de manière à devenir presque invisibles. La première ventouse de chaque bras est extrêmement rapprochée de sa bouche, en sorte que les huit premières ventouses forment un cercle autour de cet organe.

Ces ventouses, comme les bras eux-mêmes qui les supportent, sont susceptibles d'un aplatissement considérable, afin de pouvoir se loger dans le test, entre ses parois et le corps du Mollusque, lorsque celui-ci est contracté ; alors les bras s'élargissent, et les deux lignes de ventouses laissent entre elles un espace assez large. Elles deviennent tout à fait latérales, et semblent être quelquefois réunies par de petites membranes qui vont de l'une à l'autre, en formant comme un feston sur les côtés de chaque bras. Cet aplatissement des ventouses a été regardé par Montfort comme un caractère distinctif entre les deux espèces *A. argo* et *tuberculata*, parce que dans l'individu de la première de ces espèces conservé au Jardin-du-Roi, il les avait trouvées très déprimées, et, au contraire, très saillantes dans l'exemplaire de la seconde de ces espèces, dans la même collection. Il explique d'ailleurs, par la saillie des ventouses de celle-ci, la formation des tubercules de la coquille.

Couleur. Tout l'animal conservé dans la liqueur paraît d'une couleur livide légèrement rougeâtre, et couvert de points plus ou moins petits et espacés, d'une couleur rougeâtre ou lie-de-vin, et dont le rapprochement et la grosseur font que telle partie est plus foncée que telle autre. La face des cupules est décolorée ; le ventre du sac, le tube excréteur, couverts par la coquille, et quelquefois la face externe des bras inférieurs, sont pâles, et M. de Blainville s'est trompé, quand il n'a pas reconnu la différence, sous le rapport de la coloration, entre le dessus et le dessous du sac, entre les parties exposées au contact de l'air et celles qui en sont abritées. La face interne de tous les bras, entre les cupules, le bout du tube excréteur, le bord du sac, et surtout la membrane vélifère, excepté vers son bord externe, sont plus foncés. Un individu de l'*A. hians*, plus fort que les autres que nous avons eu occasion d'observer, a une teinte générale plus rembrunie, et toutes les parties colorées sont presque noires.

A l'état de vie, l'*A. argo* est orné des plus brillantes couleurs métalliques, selon les observations de Poli et de M. Sangiovanni; quant aux deux autres espèces, nous n'avons aucune donnée sur leur coloration dans l'animal vivant. Nous donnerons, en parlant de l'*Argo*, la description de ses couleurs naturelles.

Tout ce que nous avons rapporté de l'impossibilité de reconnaître les véritables caractères des Argonautes sur des animaux conservés dans l'alcool, surtout s'ils ne sont pas en très bon état, doit expliquer notre réserve au sujet des points de comparaison que nous aurions voulu pouvoir établir fréquemment entre les trois espèces de ce genre, soit pour mieux préciser la généralité de certains caractères, soit pour constater les différences qu'elles présentent entre elles, quant à leurs parties principales. Le seul individu que nous connaissions de l'*A. tuberculata* n'a déjà occasionné que trop d'erreurs par son mauvais état de conservation, et il ne permet pas qu'on puisse offrir aucun fait de détail à son sujet avec la précision et la certitude nécessaires. Nous n'avons pu nous procurer que de jeunes individus de l'*A. hians*, depuis longtemps séparés de leur coquille; cependant ils nous ont offert, dans la forme de leur sac et la longueur relative de leurs bras, des caractères qui paraissent devoir bien distinguer cette espèce des deux autres. Ce qui nous paraît certain, c'est que les trois espèces sont réellement différentes par leurs animaux comme par leurs coquilles, ainsi que nous le montrerons dans leur description particulière.

Le Test, dont il nous reste à parler, a, dans les trois espèces connues d'Argonautes, une figure assez analogue; il est univalve, uniloculaire, mince comme une feuille de papier, très fragile, poli, brillant en dedans et en dehors, surtout chez les *A. argo* et *tuberculata*, lorsqu'ils sont frais et bien nettoyés; transparent sans être vitreux, cassant, quoique flexible, d'un blanc de lait éclatant ou fauve, très pâle, muni, dans l'état frais, d'un épiderme fugace d'un gris-brun. Sa contexture est d'une nature particulière entre l'émail et la corne; elle n'est point parfaitement homogène, surtout dans l'*A. argo*, où l'on remarque des zones d'accroissement plus claires et d'autres plus mates. L'examen de ce test fait reconnaître, sans qu'on puisse cependant indiquer en quoi consiste la différence, que son mode d'exudation ne doit pas être le même que celui qui s'observe chez la plupart des autres Mollusques. Il commence, ainsi que le plus simple examen le fait reconnaître, par une petite cupule ou calotte membraneuse (1) et hémisphérique à base horizontale, d'abord très petite, et qui s'agrandit rapidement en conservant à peu près sa forme. Cette calotte forme ensuite un cône à base de plus en plus oblique et elliptique. L'axe de ce cône tend, à mesure que la coquille grandit, à se confondre avec le grand diamètre longitudinal de sa base, dont la supériorité sur le petit diamètre transversal explique la figure plus ou moins longue et étroite de l'ouverture de la coquille. Le sommet obtus du cône décrit, avec l'âge, un tour ou un tour et demi de spire, et rentre alors dans l'ouverture en formant, sur le diamètre transversal, une columelle torse et horizontale qui se prolonge de chaque côté de l'ouverture, en formant des oreillons plus ou moins contournés, obliques et allongés, ou qui, au contraire, prennent la direction des bords de cette ouverture. Cette différence constitue des variétés dans chacune des trois espèces.

La forme de cette coquille est fort remarquable par son élégance et sa singularité. On la compare improprement à une nacelle. Dans l'*A. tuberculata*, et surtout dans l'*A. hians*, qui ont la carène plus large, qui sont moins étroits et moins profonds, cette coquille a plus de rapports avec la figure de certains casques; mais pour l'*Argo*, cette comparaison ne serait pas exacte. Deux larges plaques formant les côtés, réunies par une bande carénale plus ou étroite, composent toute la coquille, qui est ainsi très profonde et plus ou moins resserrée. Les bords de l'ouverture sont simples, n'offrent jamais aucun épanouissement, et sont arrondis en allant de la columelle au bord opposé de l'ouverture. Des cannelures ou tubercules ornent également cette coquille, dont la double carène montre des tubercules plus ou moins rapprochés et pointus.

DE FÉRUSSAC.

(1) *Voyez* d'Orbigny.

N° 1. ARGONAUTE PAPIRACÉ. — *ARGONAUTA ARGO*, LINNÉ.

ARGONAUTES, Pl. 1, 1 *bis*, 1 *ter*, 1⁴ᵉ, 1⁵ᵉ; Pl. 2 et Pl. 6.

Dimensions.	JEUNES.	VIEUX.	
Longueur totale	142	280	millimètres.
Longueur du corps	41	60	*id.*
Largeur du corps	27		*id.*
Longueur des bras supérieurs	60	125	*id.*
Longueur des bras latéraux-supérieurs	100	170	*id.*
Longueur des bras latéraux-inférieurs	75	130	*id.*
Longueur des bras inférieurs	110	200	*id.*
Longueur du tube locomoteur	18		*id.*

Description.

Corps oblongo-conique, ample antérieurement, un peu acuminé en arrière, comme tronqué en avant, entièrement lisse. *Ouverture* très large, fendue sur toute la partie ventrale, et même sur les côtés du cou, de manière à ce qu'il n'y ait qu'une petite bride membraneuse mince, qui unit le corps à la tête, et seulement entre les deux yeux.

Appareil de résistance, consistant en un bouton situé au bord interne du corps, et en une boutonnière située sur la base du tube locomoteur.

Tête très courte, à peine distincte des bras, surtout en dessus, moins large que le corps, toujours confondue avec la couronne, entièrement lisse. *Yeux* gros, très saillants, arrondis, beaucoup plus larges que la distance qui sépare le corps de la tête en dessus, à iris petit, pouvant se recouvrir entièrement par une membrane transparente, mince, difficile à apercevoir. *Bouche* entourée de deux lèvres, une extérieure, lisse, une intérieure, comme festonnée; langue pourvue de sept rangées de crochets cornés, allongés et arqués. *Bec* large, mandibule supérieure un peu crochue, à capuchon petit, brun-bistre sur le capuchon, l'aile postérieure presque entièrement blanche. *Mandibule inférieure* à ailes latérales courtes, brunes, très légèrement lisérées, plus pâle, l'expansion postérieure arrondie, pourvue d'un triangle rougeâtre, le reste blanc.

Ouvertures aquifères, au nombre de deux, une de chaque côté, à l'angle postérieur de l'œil, communiquant avec une cavité bornée qui occupe le dessus de la tête. *Bras* s'unissant au-dessus des yeux mêmes, tandis que les inférieurs forment comme une couronne courte; *bras palmés* ou supérieurs longs, comme repliés sur eux-mêmes pour former l'énorme membrane spongieuse de leur extrémité; celle-ci très grande, très dilatable, lisse extérieurement en dehors; spongieuse, et comme réticulée par un réseau membraneux, à sillons, élevé et papilleux. La base de ces bras est fortement anguleuse, pourvue d'une forte carène supérieure qui va se joindre à la membrane de l'extrémité. Les autres bras sont inégaux entre eux. Leur ordre de longueur est : la quatrième, la deuxième, puis la troisième paire, la plus courte de toutes. Tous ces bras sont allongés, très déliés à leur extrémité. La seconde paire manque entièrement de sillon inférieur; seulement elle est un peu comprimée à sa base, mais ensuite fortement déprimée sur tout le reste de sa longueur; la troisième paire, fortement déprimée sur toute sa longueur, manque aussi de sillon inférieur. La quatrième paire, comprimée, est pourvue d'un sillon inférieur ou membrane longitudinale qui va de chaque côté se réunir à la base de l'anus. *Cupules* en godet, très saillantes, comme pédonculées, très élargies à leur bord ; elles sont généralement espacées. Aux bras palmés, elles sont sur deux lignes très séparées à leur base, et se continuent en diminuant graduellement de grosseur jusque très près de l'extrémité du repli de la membrane même aux parties spongieuses ; seulement elles sont alors très aplaties, et pour ainsi dire unies entre elles sur la ligne externe par une membrane mince qui va de l'une à l'autre. A la seconde paire, les bras étant fortement aplatis, les cupules sont sur deux lignes, très séparées, qui laissent entre elles un large espace libre, et qui sont unies sur les deux lignes par une membrane externe. A la troisième paire, les cupules sont sur deux lignes espacées, mais beaucoup moins qu'à la seconde, et néanmoins pourvues de membranes. A la quatrième, les deux lignes viennent, pour ainsi dire, se confondre. La ligne interne paraît être pourvue de membranes. Nous avons compté 105 cupules aux bras inférieurs.

Membranes de l'ombrelle très courtes, à peine marquées entre les bras supérieurs, mais très distinctes entre tous les bras inférieurs. *Tube locomoteur* très long, non-seulement dépassant la tête, mais encore égalant en longueur la membrane des bras inférieurs; retenu à la tête par deux membranes latérales qui l'unissent à la base des bras inférieurs.

Couleurs à l'état de vie. Selon M. Verany, d'un blanc argenté, à reflets un peu rosés, entièrement couvert de petits points bleuâtres, excepté la membrane des bras, qui en a de plus grands à sa base ; les membranes de la base des bras argentées ; le globe de l'œil argenté, entouré d'un cercle d'un beau bleu, sur lequel est une tache dorée à la partie antérieure. Le corps est à reflets argentés, les membranes des bras palmés sont d'un argent éclatant, dont la base, nuancée de rose, a presque le brillant du rubis.

Selon M. Poli, l'animal est argenté, offrant une innombrable quantité de taches irrégulières qui changent de couleur, et qui font qu'il est coloré d'une teinte générale rougeâtre. Ces taches irrégulières, d'abord, présentent des formes différentes, et changent de figure sous l'œil de l'observateur, quelquefois circulaires ou ovales, triangulaires ou trapézoïdes ; les menues taches deviennent de nouveau irrégulières, puis changent encore de figure et de teintes, d'abord pâles, puis d'une couleur d'or ou brun foncé, ou or bruni.

M. Sangiovani décrit les couleurs avec plus de détails (1) : L'*Argonauta argo* réunit, dit-il, tous les ordres de globules chromophores qui se trouvent séparément chez les autres acétabulifères, ce qui revêt la surface de couleurs d'une variété admirable, qui changent continuellement, selon les jeux de la lumière. Les parties inférieures du corps sont teintées d'argent bruni, et offrent, en outre, une foule de petits globules brillants, les uns jaunes, les autres châtains, d'autres rosés. L'ensemble de ces globules colorifères, répandu sur un fond argenté, donne à la peau de cette partie du corps une teinte rosée que composent plusieurs milliers de points colorés, au milieu desquels on en remarque quelques-uns plus grands, placés symétriquement d'espace en espace, et situés dans le centre d'une petite tache de couleur d'argent.

Le dessus du corps et la moitié supérieure des côtés de l'Argonaute sont teintés d'une

(1) *Acta R. Societ. Borbon. Scienc.*, t. II ; *Annales des Sciences naturelles*, 1829, t. XVI, p. 315 ; *Bulletin universel des Sciences naturelles*, 1830, t. XX, p. 336.

belle couleur verte tirant sur le pistache; la couleur d'argent d'en bas envoie des prolongements qui pénètrent dans ce vert. Des globules jaunes, tirant sur la couleur d'ocre, et des globules châtains, ornent le dessus; on en voit aussi quelques-uns de bleus. Le tube locomoteur est parsemé de globules jaune d'ocre, et de châtain. Les globules qui couvrent en abondance la surface extérieure de la voile sont châtains. L'iris est orné de globules de la même couleur.

Après la mort, le brillant métallique disparaît, et devient d'un blanchâtre terne, le corps se couvrant de points rougeâtres.

Animal conservé dans la liqueur. Partout, en dessus, des taches brun-rougeâtre, plus ou moins grandes; des taches semblables couvrent les bras en dessus et en dedans, même entre les cupules, ce qui n'arrive jamais chez les Poulpes. Nous avons reconnu aussi que les bras sont toujous plus fortement colorés à leur base; les membranes des bras tachetées en dehors, mais blanches en dedans.

Coquille. Voyez plus loin.

Rapports et différences. Nous les avons donnés à l'espèce suivante, et nous ne les répétons pas ici pour éviter les redites.

Habitation; mœurs. Cette espèce est très commune dans la Méditerranée, principalement par cantons, rare à Marseille, plus fréquente à Saint-Tropez, d'après Darluc, que dans tout le reste de la Provence; elle se trouve dans tous les golfes de Corse, selon M. Peyraudeau, principalement dans celui d'Ajaccio. On la pêche souvent à Nice, à Naples, à Tarente. M. Sonnini la cite dans l'archipel Grec; Forskaol l'indique dans la mer Rouge; M. Reynaud dit l'avoir rencontrée à False-Bay; M. Rang l'a trouvée en grand nombre, avec l'*Argonauta tuberculata*, au banc des Aiguilles, près du cap de Bonne-Espérance, aux Antilles. Rumphius, Valentyn et M. Lesson disent l'avoir pêchée à Amboine. Ainsi il est facile de se convaincre qu'elle n'eziste encore pour personne au delà des régions tempérées et chaudes, où elle paraît être circonscrite; car c'est bien à tort qu'on l'a indiquée comme étant des mers glacées (1).

Nous nous sommes étendu, aux généralités, sur les mœurs du genre, qui sont, pour ainsi dire, celles de cette espèce (la plus connue); nous y renvoyons donc pour plus de détails. Nous dirons seulement que M. Verany nous a assuré que l'Argonaute ne paraît que vers le mois de juin sur les côtes méditerranéennes.

Explication des Planches.

Pl. 1, fig. 1. Animal sorti de la coquille, et vu de profil, dessiné par nous en 1825 sur un individu conservé dans la liqueur. On y voit bien l'obliquité des bras; mais nous avons eu tort de représenter les bras palmés dirigés vers le haut; c'est une position forcée, et peu naturelle.

Fig. 2. Bec vu sur trois faces; il est assez fautif. Voyez les autres figures de la planche 6, où la représentation en est exacte.

Fig. 1 *a*. Portion de bras pour montrer les cupules légèrement pédonculées.

Fig. 3 *a*. Langue grossie, vue de côté; *b* vue de profil.

Fig. 4. Animal contracté dans sa coquille, dessiné d'après nature sur un individu conservé.

(1) Muller a donné lieu à de fausses citations, en indiquant par erreur, dans le prodrome de sa Zoologie danoise, l'*Argonauta argo* au lieu de l'*A. arctica*, en citant Fabricius, qu'il dit la signaler en très grand nombre dans la mer du Groënland.

Fig. 5. Le même animal, de profil, la coquille cassée pour montrer les bras.

Fig. 6. Le même animal, sorti en entier de la coquille, montrant qu'en mourant, et dans la contraction, son corps s'est modelé sur les canelures de la coquille.

Fig. 7. Partie du même animal montrant les bras palmés, enveloppant les œufs, suivant l'opinion de M. de Férussac.

Pl. 1 *bis*. Figure copiée par M. de Férussac sur celle de Poli, représentant l'animal dans une position inverse de la nature, et telle qu'il est matériellement impossible qu'il puisse être d'après l'obliquité du corps.

Pl. 2, fig. 1. Coquille de l'*Argonauta argo*, variété entièrement blanche.

Fig. 2. La même, vue sur le dos.

Fig. 3. Coquille avec son épiderme, vue sur le côté.

Fig. 4. Variété à oreille aiguë, vue de profil. Ce caractère existe dans le jeune âge seulement.

Fig. 5. La même, vue sur le dos.

Pl. 6, fig. 1. Animal sorti de la coquille, et dans sa position réelle, montrant : *b*, les trous aquifères, dessiné d'après nature sur un individu conservé ; *c*, bride du tube locomoteur.

Fig. 2. Animal rampant sur le dos, au fond des eaux, et embrassant sa coquille ; figure faite en partie sur celle de M. Rang.

Fig. 3. Appareil de résistence ; *a*, partie de la base du tube locomoteur ; *b*, partie opposée de la paroi interne du corps.

Fig. 4. Détails grossis de la partie spongieuse de l'intérieur des bras palmés.

Fig. 5. Partie de la carène d'une coquille d'*Argonauta argo*, pour montrer l'accroissement alternatif des parties, prouvant, plus que tout le reste, les fonctions sécrétantes des bras palmés.

Fig. 6. Coupe grossie au bord de la coquille ; *a*, dehors ; *b*, dedans, pour montrer que l'encroûtement est plutôt externe qu'interne.

Fig. 7. Partie grossie du bord de la coquille.

Fig. 8. Un très jeune individu de coquille, de grandeur naturelle.

Fig. 9. Sommet grossi de cette même coquille, pour montrer les rides de son commencement, si différent des *nucleus* des autres mollusques.

Fig. 10. Le bec, vu sur trois faces.

ALCIDE D'ORBIGN.

Suite de l'*Explication des Planches*.

Pl. 1 *ter*, fig. 1. L'Argonaute hors de sa coquille, de grandeur naturelle, les bras relevés au-dessus de la tête, et colorié d'après une épreuve enluminée due à l'obligeance de M. Delle-Chiaje.

Fig. 2. Une coquille brisée, où l'on voit l'emplacement, dans sa cavité spirale, de la masse d'œufs, sortie et étalée, pour voir leur disposition en grappes.

Fig. 3 *k k*. La membrane qui entoure la masse de l'ovaire ; L, on aperçoit, dans le milieu de cette masse, la principale tige et les tiges secondaires qui soutiennent les œufs. Ceux-ci, après leur développement, sortent par les oviductes *nn*, lesquels, après diverses inflexions, sont droits, jusqu'à leur orifice *oo*, par où les œufs s'échappent pour être déposés dans la coquille.

Fig. 4. Un groupe d'œufs.

Fig. 5. Des œufs séparés et un peu grossis, à l'époque prochaine du développement de l'embryon, et sur lesquels on voit deux points qui se manifestent à cette époque.

Fig. 6. Quelques œufs réunis par leur pédoncule à un centre commun, où l'on voit divers autres petits filets. Ces œufs sont grossis ; ils sont plus avancés, et au moment de l'éclosion de l'animal, on y aperçoit plus visiblement les deux points noirs latéraux, qui sont les yeux rudimentaires.

Fig. 7. Un œuf un peu plus avancé, où l'on aperçoit un troisième point noir pour la bouche.

Fig. 8. Le même œuf, vu sur la face opposée : on n'y aperçoit qu'une infinité de petits points.

Fig. 9. L'œuf montre le rudiment de la bouche et les yeux bien prononcés.

Fig. 10. On aperçoit les bras rudimentaires, les yeux et la jeune coquille en forme de petite calotte hémisphérique.

Fig. 11. AA. Veines branchiales sortant dos oreillettes du cœur ; B, l'artère ovarique ; CC, les deux oreillettes ; D, la veine cave ; ZZ, les deux artères branchiales qui en naissent ; Y, l'artère aorte ; *aaaa*, les grappes de vésicules supportées par les arcades branchiaux ; *bb*, les deux vaisseaux conduisant du ventricule aux oreillettes ; *cc*, vaisseaux plus petits qui naissent des précédents, et qui se partagent en deux rameaux *dd*, formant les *branchies accessoires* ; *d*, bifurcation supérieure de la veine cave ; *x*, anneau que forme l'artère aorte en se divisant à son arrivée près de l'œsophage, et dans lequel celui-ci passe; *y*, artère hépatique; *zzzz*, arcades branchiaux.

Fig. 12. Les branchies injectées; A, l'artère; B, la veine branchiale.

Pl. 1e. Destinée à faire connaître le système musculaire, l'appareil manducatoire et l'organe de la vue.

Fig. 1 A. Une portion de la membrane vélifère séparée du bras, pour montrer les ramifications vasculeuses *a*, et l'appareil musculaire des bras; B*bbb*, bandes musculaires droites; C*ccc*, bandes musculaires obliques; D, muscles du tube excréteur; E*ee*, pellicules cromophores de la peau du sac.

Fig. 2. Section du tube excréteur et du sac; FF, tunique interne dermoïdale; G*g*, couche musculeuse intérieure à fibres transversales; H, couche musculeuse externe à fibres longitudinales; JJ, fossettes dans lesquelles s'ajustent les tubercules musculaires *ii*; KK, enveloppe musculaire du sac; LL, muscles longitudinaux latéraux; *mm*, muscle *médiastin*, sur lequel s'insère le muscle transversal M; NN, muscles latéraux transversaux, sur lesquels on voit en *nn* les ganglions nerveux abdominaux; *oo*, désigne les ouvertures de l'anus et de la bourse à l'encre, situées sur le muscle médiastin, cette dernière au-dessus de la première; PP, une portion de la tunique tachetée qui recouvre le foie; *pp*, artère qui passe sur les muscles latéraux longitudinaux, et sur les muscles latéraux transversaux; QQ, les branchies; *qq*, leurs attaches lamelleuses; RR, membrane qui recouvre l'ovaire; SS, les oviductes; T, l'intestin.

Fig. 3. Représente le bulbe de la bouche; A, orifice buccal, avec ses deux mandibules; B*bb*, série de fibres extérieures du bulbe œsophagien.

Fig. 4 *cc*. Les deux mandibules.

Fig. 5. Le bulbe musculaire ouvert pour montrer la langue en situation D; *d*, l'œsophage ouvert qui traverse la masse glanduleuse EE.

Fig. 6. Le bulbe musculaire ouvert seulement en partie, montrant un petit bulbe charnu *e*, qui soutient la boîte qui renferme la langue.

Fig. 7. Cette langue, dont on voit les dents du bord supérieur.

Fig. 8. La langue très grossie, pour montrer distinctement les sept rangées *aaaaaaa*, dites dents adhérentes à la tunique commune BB; on voit en *bb* les rangées extérieures des bases dentaires dépourvues de dents.

Fig. 9. Une bande de la langue plus grossie encore, pour faire voir la forme des dents et celle de leur base; les extérieures DD, d'une forme différente des intérieures *dd*, et les rangées externes *ee*, dépourvues de dents.

Fig. 10. Bulbe oculaire pour montrer en E la disposition des vaisseaux artériels et veineux qui le couvrent; et F, le gonflement du nerf optique.

Fig. 11. Le même, ouvert; *f*, la pupille et les procès ciliaires; G, la cavité de l'œil; *gg*, la conjonctive; HH, la sclérotique; *h*, la masse glanduleuse qui se trouve sur la choroïde J.

Fig. 12. Le cristallin K; *k*, ses diverses couches superposées; *l*, origine mamillaire des procès ciliaires *m*.

Fig. 13. Bulbe du nerf optique; *n*, ses expansions nerveuses.

Pl. 1e. Cette planche a pour objet le système digestif, le système circulatoire, le système nerveux et une partie du système de la génération de l'Argonaute.

Fig. 1 A. Ouverture buccale, entourée de sa lèvre interne, et fermée par les mandibules; B, son bulbe musculeux; *b*, sa masse glanduleuse inférieure; *c* l'œsophage; D, le premier estomac; *d*, le second estomac; EE, la masse du foie, *ee*, sa membrane séreuse et tachetée; F, le cerveau; *ff*, sa boîte cartilagineuse; *gg*, les nerfs optiques et la masse globuleuse qui en dépend; HH, le globe de l'œil; *hh*, faisceaux nerveux entrelacés qui y pénètrent; *ii*, la pupille; *jjjj*, nerfs ganglionaux des bras; II, nerf qui descend du cerveau et se dirige sur les viscères; *ll*, autre nerf qui vient former le ganglion abdominal; M, le cœur; *m*, l'artère hépatique; NN, les oreillettes; *nn*, les veines branchiales; *oo*, corps granuleux allongé, superposé à l'ovaire, avec sa membrane dont l'usage est inconnu; PP, l'ovaire.

Fig. 2 A. La langue; *a*, lobe du bulbe musculaire; B, l'œsophage; *bb*, le premier estomac; D, le second estomac; *dd*, ses conduits excréteurs; EE, le foie; *ee*, sa membrane enveloppante; F, l'intestin; *f*, la bourse du noir.

Fig. 3. L'appareil digestif ouvert; G, la langue; *g*, les cotylédons charnus; HH, les glandes salivaires, dont les canaux viennent s'ouvrir dans la bouche; *hh*, l'œsophage ouvert; *i*, rugosités longitudinales du premier estomac; K, le second estomac; *kk*, l'intestin; L, canal hépatique; *ll*, sa subdivision; MM, les grappes dérivées de la masse du foie.

Fig. 4. NN, corps granuleux inconnu, dont nous avons parlé; *n*, artère aorte; P, veine cave; *pp*, veine branchiale; Q, ventricule.

Fig. 5. La boîte cartilagineuse du cerveau, ouverte; *qq*, les deux nerfs externes; *rr*, les deux internes; K, le ganglion; S, l'œsophage coupé.

DE FÉRUSSAC.

Suite de l'*ARGONAUTA ARGO*, Linné.

Synonymie scientifique et chronologique. *Nautile* ou *Nautique*, ou *œufs de Polype*, Aristote, *Histor. Anim.*, lib. iv, cap. i, 16, et lib. ix, cap. xx, 12 (*Vulg.*, cap. xxxvii).

Nautile ou *Pompile* et *Nauplie*, Pline, *Hist. nat.*, lib. ix, cap. xxix et xxx.

Nautilus, Élien, *de Nat. Anim.*, lib. ix, cap. xxxiv.

Nautilion, Athénée, *Deipnos.*, lib. vii, cap. xix et xxxii.

Nautilon, Oppien, *Halieut.*

Nautilus vulgo Muscardino, *Muscarolo*, Bellon, *de Aquatit.*, 1553, lib. ii, p. 378. — Idem, *de la Nat. des Poissons*, liv. ii, p. 381 (première figure publiée de l'animal voguant dans sa coquille; type d'une partie des figures qui ont paru depuis; c'est un Élédone à œil de perroquet).

Rondelet, *de Piscibus*, lib. xvii, cap. ix, *de Testacei Polypi prima specie*, p. 517.—Idem, *Hist. entière des Poissons*, liv. xvii, chap. vii, p. 374. La coquille, et au dessus l'animal supposé lui appartenir, vu en dessus et en dessous; c'est un Élédone.

Gesner, *de Aquat.*, lib. iv, *de Nautili*, p. 732. La coquille et l'animal copiés de Rondelet, et p. 734, l'animal voguant, copie de Bellon. — Idem, *Nomencl. Anim.*, p. 192.

Boussuet, *de Nat. aquat.*, p. 303, coquille et animal copiés de Rondelet.

Aldrovande, *de Testaceis*, lib. iii; *de Nautilo*, cap. iii, p. 257 et 260. L'animal dans sa coquille; second type des figures fantastiques publiées depuis; c'est aussi un Élédone.

Chiocco, *Mus. calceol.*, sect. i, p. 36. Excellente figure de la coquille.

Jonston, *Hist. nat. Exang.*, lib. iii, *de Testaceis*, tit. iii, cap. i, art. i, *de Nautilo*, p. 39, tab. x, t. II. L'animal voguant, copie d'Aldrovande, fig. 7, *Testa nautili.*

Bontius, *Hist. nat. Ind. occid.*, lib. v, cap. xxvii; détestable figure de l'animal voguant, imitée de celle de Bellon, mais la coquille en dessus et l'animal en dessous.

Olearius, *Mus. gattorp.*, p. 66, tab. 32, fig. 4; *Nauplius*, *Pompilus.*

Buonanni, *Ricreat.*, p. 142, *Classis prima*, tab., fig. 13, *Nautilus sive Nauplius*, *Mus. Kircher*, p. 436, n° 13, *Nautilus*, *Nauplius*; *Polpo Moscardino o Moscarolo.*

Lister, *Synops.*, lib. iv, sect. iv, cap. ii, *de Nautilis vacuis*, tab. 557, t. VII. L'animal voguant, copie d'Aldrovande; et tab. 556, f. 7, *Nautilus maximus*, *dense striatus*, *auritus.*

Fehr, *de Carina Nautili elegantissima*; *Miscellan. curiosa*, Dec. ii, An. iv, 1685, Obs. cix, p. 210, fig. xxxiii. Bel individu de la coquille seulement.

Rumphius, *de Nautilo velificante et remigante*; *Miscellan. curiosa*, Dec. ii, an. vii, 1688; Obs. iv, p. 8, t. VI. L'animal voguant dans sa coquille, figure originale, peu correcte, mais moins mauvaise que les précédentes. — Idem, *Epist. ad S. Andr. Cleyerum de Nautilo*, in Valentini, *Mus. Muscar.*, vol. 1, p. 57, tab. i, f. 1, *Carina nautili major.* — Idem, *Amboin. Bariteytk*, p. 63, tab. xviii, f. A, p. 3, *Nautilus tenuis.*

Lanerentzen, *Mus. reg. Dan.*, p. i, sect. iv, n° 19, *Pseudo-Nautilus.*

Velentini, *Mus. Muscar.*, vol. 2, p. 183, tab. 35, *Carina Nautili.*

Petiver, *Gazophyl.*, part 1, tab. 10, f. 1, et tab. 127, n° 7. — *Aquat. anim. amb.*, tab. 6, f. 7. *Nautilus tenuis dorso lato, costis plurimis.*

Museum Gottwaldiannus, cap. xv, tab. v, f. 433.

Lochner, *Mus. Beslerianum*, p. 70, tab. 19, *Nautilus et Pompilus.*

Langius, *Method. Test.*, p. 8.

Valentyn, *Bescryr von Ostendien*, p. 58, tab. i, f. 2; *Nautilus minor*, nouvelle édit., 1754.

Gersaint, *Cat. rais.*, 1736, p. 91, n° 122.

Argenville, *Conchyl.*, 1742, p. 250, pl. 8, fig. a; 1757, p. 201, pl. 5, fig. A, le grand Nautile papiracé (*Nautilus polyposus*), 1757.—*Zoomorph.*, pl. 2, fig. 2. L'animal voguant dans sa coquille, copie d'Aldrovande.

Gualtieri, *Index Test.*, 1742, tab. ii, f. a, *Cymbium maxima*, et fig. b, *minus.*

HÉBENSTREIT, *Mus. Richter.*, p. 297, 1743, *Domuncula Polypi.*

LESSER, *Testaceo theol.*, p. 149, tab. 1, fig. nº 6.

HILL, *Gen. nat. Hist.*, t. III, p. 122, pl. 7, *the paper Nautilus.*

KLEIN, *Ostrac.*, p. 3, sp. II, *Nautilus sulcatus*, nºˢ 1, 2, 3, tab. 1, f. 3.

GEVE, *Monat. Belust.*, ou *Essais récréat.*, p. 11, tab. II, fig. 4, 5; *Nautilus papyraceus*, seconde édition, p. 7, tab. 2, f. 4, 5; *Argonauta argo.*

BROWN, *Jamaica*, p. 397, nº 1, *Ammonia minor.*

KNORR, *Vergn.*, t. I, p. 7, tab. II, f. I, 1754, *Delic. nat.*, t. I, p. 40-42, tab. B 1, fig. 3.

GINANNI, *Op. post.*, t. II, tab. 3, f. 29.

SEBA, *Thesaur.*, III, p. 176, tab. LXXXIV, fig. 5, *max.*; 6, 7, *jun.*

TESSIN, *Epist.* 1, nº 28, *Cymbium* (d'après Linné).

Argonauta carina subdentata, LINNÉ, *Syst. nat.*, IX, auct. Gronovius, 1756, p. 225, sp. 231.

Argonauto argo, LINNÉ, *Syst. nat.*, X, 1758, p. 708, sd. 231. — Idem, 1764, *Mus. Lud. ulr.*, p. 548, nº 148; *Syst. nat.*, XII, p. 1161, nº 271.

HOULTUYN, *Vergel.*, st. 16, pl. 2.

GRONOVIUS, *Zoophil.*, p. 281, nº 1216; *Argonauta.* (Il confond la synonymie des trois espèces dans les deux qu'il indique.

MENSCHEN, *Catal. Musei Oudaniani*, p. 78, nºˢ 44 à 48. — Idem, *Catal. Mus. Leersiani*, p. 9, nºˢ 59 à 64.

DAVILA, *Catal. Syst.*, t. I, p. 108, nºˢ 82 à 84.

MARTINI, *Conchyl. Cabin.*, I, p. 231, *Nautylus papyraceus*, tab. XVII, f. 157.

FAVANNE, *Conchyl.*, t. I, p. 707; *la Galère* ou *le grand Nautile papyracé*, pl. VII, fig. A 2 (ancienne figure de d'Argenville). — Idem, p. 710, *le petit Nautile strié à carène fort étroite*, fig. A 4. — Idem, p. 709, *le grand Nautile à cannelures rameuses*, fig. A 8. — Idem, *Zoomorp.*, pl. 69, fig. C 1, avec l'animal, copie de d'Argenville.

FAVART-D'HERBIGNY, *Dictionn.*, t. II, p. 419 à 424, *Nautile papyracé à carène étroite.*

NICHOLSON, *Saint-Domingue*, p. 318; *Nautile papyracé.*

DA COSTA, *Élém.*, 1778, tab. 3, f. 6.

BORN, *Ind. Mus. Cæsar.*, p. 119, A 1; *Test.*, p. 140, *Argonauta argo*, var. *a*), *Vign.*, p. 139.

SCHROETTER, *Mus. Gothwald.*, p. 51, nº 273, tab. XL, f. 273. — Idem, *Einleit.*, t. I, p. 4, tab. 1, fig. 1; *Argonauta argo.*

FAVANNE, *Catal. de La Tour d'Auvergne*, p. 57, nºˢ 245 à 246; *Nautiles papyracés.*

Nautilus, SCHNEIDER, *Samml. verm. Abhand.*, 1784, p. 120.

KOEMMERER, *Cabin. Rudolst.*, p. 29; *Papier Nautilus*, var. *a*).

HERBST, *Einleit. zur Kenntn. der Gewurme*, vol. 1, p. 170, tab. 412.

Argonauta argo, GMELIN, *Syst. nat.*, 1789, p. 3367.

BRUGUIÈRES, *Encyclop. méthod.*, *Vers.*, t. I, p. 122, *Argonauta argo*, var. A.

SHAW, *Nat. Miscell.*, III, 1791, note 2, pl. 101; *Nautile papyracé.* (L'animal dans sa coquille, figure originale.)

OLIVI, 1792, *Zool. adriat.*, p. 129.

SCHREIBERS, *Conchylieukeunt*, I, p. 1, nº 1, *Argonauta argo.*

SALIS MARSCHLINS, *Reise in Kön Neapel*, p. 360, *Argonauta argo.*

Argonauta corrugata, HUMPHREY, *Mus. Calon.*, 1797, p. 6, nº 80.

CUBIÈRES, *Hist. abrégée des Coquilles*, p. 43, pl. 4, fig. 6; *Nautile papyracé.* L'animal dans sa coquille, figure arrangée sur celle de d'Argenville.

BOSC, *Buffon de Déterville*, Coquilles, III, p. 261, et nouv. édit., p. 256, pl. 27, fig. 6; *Argonaute papyracé.* La coquille avec l'animal; très mauvaise figure, mais originale.

Argonauta sulcata, LAMARCK, *Animaux sans vertèbres*, première édition, p. 99.

MONTFORT, *Buffon de Sonnini*, Mollusques, III, p. 119; l'*Argonauta papyracé*, pl. XXXV. La coquille avec son animal voguant, voiles déployées, figure fantastique, où l'animal est placé en sens inverse de sa position naturelle ; et pl. XXXVI, l'animal contracté dans sa coquille, les bras repliés, figure bonne et originale.

TURTON, *Syst. of Nat.*, IV, p. 304., *Argonauta argo*.

DUVERNOY, *Dictionnaire des Sc. nat.*, t. III, p. 102. (Il confond toutes les espèces dans l'Argo.)

FISCHER, *Mus. Demidow.*, III, p. 245, *Argonauta argo*.

WOOD, *Zoography*, t. II, p. 579, *Argonauta argo*.

MONTFORT, *Conchyl.*, II, p. 6, 7. La coquille seulement.

Argonauta grandiformis, et *A. striata*, PERRY, *Conchyl.*, pl. XLII, fig. 4, *Fig. mala*.

Ocythoë tuberculata, RAFINESQUE, *Précis des Découvertes somiologiques*, 1814, p. 29. L'animal seulement.

OCKEN, *Schrb. der Zool.*, II, p. 336, *Argonauta argo*.

BROOKES, *Introd. to Conchol.*, p. 90, pl. 5, f. 53, *Argonauta argo*.

BURROW, *Elements of Conchol.*, p. 75, pl. XII, fig. 1, *Argonauta argo*.

BROWN, *Elements of Conchol.*, p. 65, pl. 7, fig. 18, *Argonauta argo*.

DILLWYN, *Descript. Catal.*, I, p. 333, *Argonauta argo*.

SCHUMACHER, *Essai d'un nouveau système*, 1817, p. 260, *Argonauta argo*.

Ocythoë antiquorum, LEACK, *Zool. Miscell.*, III, 1817, p. 139. — Idem, *Journal de Physique*, t. 86, 1818, p. 394.

BLAINVILLE, *Journal de Physique*, t. 86, p. 366 et 434, surtout p. 447.

WOOD, *Ind. Testaceol.*, p. 62, pl. 5, fig. 1 ; seconde édit., p. 62, pl. 13, fig. 1.

RANZANI, *Consideraz. Su i Moll.*, *Cefalop. de l'Argon. in Opusc scient.*, *et Mem. di Stor. nat.*, déc. 1, p. 85, tav. VI, f. 1.

A. argo, LAMK, *Animaux sans vertèbres*, 2ᵉ édit., t. VII, p. 652, n° 1.

SOWERBY, *Gen. of Shells*, *Argonauta argo*.

FÉRUSSAC, *Dictionn. class.*, I, p. 552, sp. n° 2, *Argonauta argo*, var. *a* et *β*.

MAWE, *Linn. Syst. of Conchol.*, p. 79, tab. 18, fig. 1, *Argonauta argo*.

Journ. of Science, Litter. and the arts, n° XXXII, 1824, vol. XVI, p. 251.

DE MARTINS, *Reize nach Venedig.*, t. II, p. 438.

D'ORBIGNY, *Prodr.*, p. 47, n° 1, *Argonauta argo*. — FÉRUSSAC, *Notice sur l'animal* du genre Argonaute, dans les *Mémoires de la Société d'histoire naturelle de Paris*, t. II, 1825, p. 160, pl. 14.

POLI, *Mem. sul. Nautilio o Argon. argo*, extr. dans l'*Antologia*, 1825, p. 158. — Idem, *Test. utriusque Siciliæ*, III, p. 1 et suiv., tab. XL à XLIII. Belle figure d'après nature, mais placée en sens inverse dans sa coquille.

DELLE-CHIAJE, *Mem. sulla Storia nat.*, etc., II, p. 219.

Annals of Philos., août 1825, p. 152.

PAYRAUDEAU, *Catal. des Moll. de la Corse*, p. 172, n° 348, *Argonauta argo*.

RISSO, *Histoire naturelle de l'Europe méridionale*, IV, p. 4.

Octopus antiquorum, de BLAIVILLE, *Dictionnaire des Sciences naturelles*, t. XLIII, p. 192, pl. 1 *bis*, fig. 1, sous la désignation de *Poulpe navigateur des anciens*. Belle figure originale, mais peu exacte, de l'animal.

Octopus Argonautæ, de BLAINVILLE, *Malacol.*, p. 366, pl. 1 *bis*, f. 1. C'est la même figure que celle du Dictionnaire.

Argonauta argo, de BLAINVILLE, *Dictionnaire des Sciences naturelles*, t. XLIII, p. 212. — Idem, *Malacol.*, p. 494. L'auteur cite la Planche XLVII, où il représente l'*A. tuberculata*.

Argonauta compressa, de BLAINVILLE, *Dictionnaire des Sciences naturelles*, p. 212 ; espèce faite, à ce qu'il paraît, pour la figure A, tab. II, *de Gualtieri*.

RAPP, *Ueber di Argonauta argo*, dans les *Natuwiisseusch Abhandl*, t. I, p. 67, tab. II, f. 1, 2. L'animal hors de sa coquille ; bonne figure, originale.

MAURIANI, *Giorn. di Fisica*, etc., 1826, t. IX, 4ᵉ série, p. 390.

BRODERIP, *Observat.*, etc., idem, dans le *Zool. Journ.*, IV, p. 57 et 224, pl. III ; figure originale. L'animal dans sa coquille.

RANG, Extrait d'une lettre de M. de Férussac, dans le *Bulletin universel des Sciences naturelles*, t. 17, 1829, p. 132.
BLANCHART, *Bulletin Soc. Linn. de Bordeaux*, III, 4e livraison, p. 195.
EICHWALD, *Zool. specialis*, II, p. 34, *Argonauta argo*.
GUÉRIN, *Iconographie du règne animal*, Moll., pl. I, fig. 3, *a* et *b*.

Variété A.
Argonauta haustrum, DILLWYN.
GUALTIERI, *Ind. Test.*, tab. 12, f. A, *Cymbium*.
SEBA, *Thesaur.*, III, p. 176, tab. LXXXIV, f. 8.
MARTINI, *Conchyl. Cab.*, I, p. 238, *Tab. min.*, 8, f. 11, *ad* pag. 221 (copie de Seba). *Nautilus papyraceus parvus.*
L'Écope du Batelier, FAVANNE; *Conchyl.*, t. I, p. 716, tab. VII, f. A 3 (copie de Seba). — Idem, *Catal. de La Tour d'Auvergne*, p. 57, n° 249.
GMELIN, *Syst. nat.*, p. 3368, *Argonauta argo*, var. ζ.
CUBIÈRES, *Histoire abrégée des Coquilles*, pl. 4, fig. 5. (Copie de Favanne.)
L'Écope du Batelier, MONTFORT, *Buffon de Sonnini*, Moll., III, p. 375.
TURTON, *Syst. of Nature*, IV, p. 304, *Argonauta argo*, var. 5.
Argonauta haustrum, DILLWYN, *Descript. Catal.*, p. 335, n° 5; WOOD, *Ind. Test.*, p. 62, n° 5; seconde édit., p. 62, n° 5, pl. 13, f. 5 (copie de la figure de Seba); FÉRUSSAC, *Dictionn. class.*, I, p. 553, sp. n° 6; idem, n° 2; DESHAYES, *Encyclop. méthod.*, Vers, II, p. 70, sp. 3.

SYNONYMIE VULGAIRE. Ναυτιλος, *Nautile*; Ναυτιλον, *Nautilon*; Ναυτιλιον, *Nautilion*; Ναυτικός, *Nautique*; Πονπῖλος, *Pompyle*; Ποντιλοσ, *Pontile*; ὠὸν πολὺποδος, *œuf de Polype*, des Grecs.
Nautilus, Nauticus, Nauplius, Nautes, Pompilus, ovum Polypi, Polypus testaceus, Domuncula Polypi (la coquille), des Latins.
Ankarit (la coquille), des Arabes, Forskaol.
Le Nautile papyracé, le Nautile de papier, le Nautile non chambré, l'Argonaute, l'Argonaute papyracé, le Voilier, la Galère, la Chaloupe cannelée, la Coeffe de Cambrai, des Français.
Lou bieou daou Poupre, des Provençaux, DARLUC.
Nautilio, Polpo moscardino ò moscarolo, Argonauta, des Italiens.
Nautilo, Argonauta, des Espagnols et des Portugais.
Der Segler, der Papier Nautilus, die Fahrkuttel, die schiffskuttel, das Dunne-Schiffboot, Zarte-Schiffboot, grippte, Galere, die Kammertuchs-haube, Hollændiche-haube, der Seenymphe der Reissbrey-nautilus, des Allemands.
Smalkielde papiere nautilus, zeiler, fyu schippertje, geribte galeere, Doekchiifje, doekenhuif, des Hollandais.
Kroujagtun, orgus, des Danois.
Seglare, des Suédois.
The paper sailor, the paper Nautilus, the Sailor, the paper Sailor, the great Sailor, des Anglais.
Zaglik, des Polonais.
Roeuca gorita, des Malais.
Kiva waivutia, à Amboine.

Cette élégante coquille a une forme toute particulière; on l'a comparée, peu exactement, à une nacelle, car elle est trop étroite et trop profonde pour que cette comparaison ait la justesse désirable. Deux larges plaques qui, dans une partie de leur contour, figurent un arc de cercle, se terminent à une de ses extrémités par une spirale rentrante, légèrement bombées, et fort déjetées hors du plan horizontal en allant vers la portion qui, depuis la spire, répond à la corde de cet arc, forment les côtés de cette coquille. Ces plaques, qui rappellent assez bien la forme du rudiment interne de la Dolabelle, sont réunies sur toute la longueur de l'arc spiral par une bande fort étroite, s'élargissant à peine, et formant aux deux lignes de jonction une double carène qui fait le fond de cette coquille. L'espace qui répond à la corde de l'arc est libre ; c'est son ouverture. Sa cavité est ainsi très profonde, et fort resserrée vers le dos ; mais elle s'élargit progressivement vers l'ouverture qui a une certaine ampleur, étant longue et assez large.

La prolongation de l'axe columellaire forme une côte élargie, épaisse, pleine, souvent violacée, qui s'élargit en rejoignant le bord de l'ouverture. Elle se contourne un peu en spirale évidée, se projette plus ou moins obliquement en dehors, s'abaisse plus ou moins du côté de la spire, ou se relève dans la direction de l'ouverture, et forme sa jonction avec le bord de celle-ci, qui suit son allongement, un angle plus ou moins prolongé, à sommet obtus, que l'on a nommé l'*oreillon*. D'autres fois, mais c'est l'exception, au lieu de se projeter obliquement au dehors, la prolongation columellaire prend la direction des bords de l'ouverture, et se raccorde avec eux par un contour arrondi.

Toute la surface de cette coquille est couverte de cannelures qui partent de l'axe columellaire ou de sa prolongation, et qui varient beaucoup par leur grosseur, leur rapprochement et les accidents qu'elles présentent. Quelques-unes sont simples, et vont en rayonnant du centre à la circonférence ; entre elles, d'autres cannelures commencent plus ou moins près ou loin du centre, se rendent à la carène sans se rejoindre ; d'autres fois, ces cannelures intermédiaires se réunissent avant d'arriver à la circonférence, et n'en font alors qu'une seule ; le plus souvent les cannelures principales comme les intermédiaires se bifurquent plus ou moins près ou loin du centre, et arrivent ainsi à la carène ; quelquefois les bifurcations ont une certaine régularité ; elles s'effectuent à une grande distance de la carène ; elles se répètent après un intervalle à peu près semblable ; en sorte qu'elles forment une sorte de zone assez large, et d'un aspect bien marqué, autour de la coquille ; d'autres fois encore les cannelures, grossissant subitement à une même distance de la carène, forment aussi une zone analogue. Ces accidents ne se retrouvent cependant pas d'une manière régulière et toujours semblable sur un certain nombre d'individus, de façon à pouvoir constituer des variétés constantes que l'on puisse admettre dans cette espèce. Ces cannelures, qui sont en relief à l'extérieur de la coquille, forment des sillons dans son intérieur ; de même les sillons qui les séparent au dehors sont en dedans des cannelures.

Les cannelures, en arrivant à la carène, y forment autant de tubercules élevés, coniques, un peu déjetés en dehors, et qui se correspondent sur les deux lignes opposées. Quelquefois, mais très rarement, c'est alors la suite d'un accident ou d'une difformité, les tubercules de la double carène alternent entre elles. Entre les tubercules opposés règne une élévation qui réunit leur base, et qui semble être la continuation de la cannelure correspondante, de manière à former un sillon entre les deux élévations voisines, en sorte que la carène se compose réellement d'une succession de sillons et de reliefs comme la coquille elle-même. Comme l'influence de la jonction des deux plans qui forment la carène se conserve, les tubercules sont comme carénés à leur tour dans le sens de la direction de la carène générale. Ces tubercules n'ont pas toujours la même figure. Dans les individus de la Méditerranée, nous les avons toujours vus sous la forme d'un mamelon obtus, suite de la cannelure, et ayant à l'avant une petite protubérance ou bouton pointu et mousse. Dans les exemplaires du cap de Bonne-Espérance, au contraire, cette configuration n'existe pas, ou elle est à peine indiquée ; le tubercule est simplement conique, et plus ou moins pointu.

Un grand et bel individu qui fait partie de la collection du Muséum du Jardin du Roi, nous a présenté un caractère que nous avons observé assez rarement d'une manière aussi marquée. Ce sont de très petites cannelures coupant obliquement les grandes, ainsi que les sillons qu'elles laissent entre elles en se dirigeant vers la carène. Ces petites cannelures s'observent surtout sur la zone formée par les bifurcations.

La contexture du test des grands exemplaires de l'*Argonauta argo* est plus homogène, d'une nuance plus égale que dans les jeunes individus, qui sont, à la vérité, plus minces. Dans ceux-ci, les zones d'accroissement forment alternativement des filets plus clairs, plus transparents, et d'autres plus mats, plus opaques. Cette coquille est littéralement mince comme une feuille de papier, et sa rigidité, malgré ce peu d'épaisseur, sa flexibilité, malgré sa fragilité, sont très remarquables.

La couleur naturelle des jeunes individus est d'un gris sale; ils deviennent plus blancs, d'un blanc laiteux, en grandissant. Lorsque l'épiderme n'est pas bien détaché, la coquille a une teinte roussâtre. Cet épiderme, très fugace, est, en effet, d'un roux sale et terne; toute la partie spirale, jusque vers le milieu du contour de la coquille, et seulement vers la carène, ainsi que les tubercules de celle-ci, sont d'un roux brûlé, noir sur les tubercules. Entre les deux carènes règne une zone étroite qui reste blanche. Cette teinte n'est, du reste, que superficielle; elle est cependant très tenace; mais elle s'en va plus ou moins complétement avec le temps, par des moyens artificiels; aussi l'on voit, dans les collections, des individus chez lesquels elle n'existe plus.

L'ouverture de cette coquille, longue et assez large, varie sous quelques rapports selon la direction et le prolongement de l'axe columellaire, selon qu'il forme ou non des oreillons. Son profil présente une ligne plus ou moins marquée de l'axe columellaire à la carène dorsale, et forme un angle plus ou moins prolongé selon la figure de cet axe. Dans la variété sans oreillons, ce profil forme un arc continu depuis la région ombilicale, ou le centre de la volute, jusqu'à la carène.

Voici les dimensions respectives du plus grand individu que nous ayons observé; mais nous devons dire que nous en avons vu de plus grands dont nous n'avons pas noté la taille.

Grand diamètre longitudinal. Plus grande longueur de la coquille, de l'extrémité de l'ouverture à la partie opposée de la spire.	9 po.	6 li.
Diamètre transversal. Plus grande largeur de l'extrémité du prolongement de l'axe columellaire à la partie opposée du dos de la coquille, ou diamètre transversal.	6	4
Plus grande largeur de la carène au sommet de l'ouverture et entre les tubercules.	0	3
Plus grande longueur de l'ouverture de l'extrémité du prolongement de l'axe columellaire au sommet de l'ouverture.	6	2
Largeur de l'ouverture entre l'extrémité des deux prolongements de l'axe columellaire.	3	0

DE FÉRUSSAC.

N° 2. ARGONAUTE TUBERCULÉ. — *ARGONAUTA TUBERCULATA*, *Shaw.*

ARGONAUTES, Pl. 3 et Pl. 4.

Dimensions.

Longueur totale.	216	millimètres.
Longueur du corps.	66	*id.*
Largeur du corps.	35	*id.*
Longueur des bras supérieurs.	130	*id.*
Longueur des bras latéraux-supérieurs	135	*id.*
Longueur des bras latéraux-inférieurs	118	*id.*
Longueur des bras inférieurs	125	*id.*
Longueur du tube locomoteur.	30	*id.*

Description.

Corps oblong, comme gibbeux, un peu acuminé postérieurement, tronqué et large en avant, entièrement lisse. *Ouverture* très grande, occupant le dessous et les côtés de la tête, jusqu'au-dessus des yeux. *Appareil de résistance*, comme dans l'*Argonauta argo*, et de plus fortement marqué.

Tête bombée, déprimée à sa jonction au corps, moins large que le corps. *Yeux* grands, saillants, ovales, occupant tout l'intervalle compris entre la base des bras et le corps. *Bouche* entourée de lèvres frangées. *Bec* dans la forme ordinaire au genre, avec seulement le milieu du capuchon de la mandibule inférieure brun, les ailes blanches, et une seule tache allongée blanche sur la ligne médiane du lobe inférieur. *Ouvertures aquifères*, comme dans l'*Argonauta argo*.

Bras plus réunis en dessous qu'en dessus ; sur cette dernière partie, ils viennent s'insérer juste au-dessus des yeux. *Bras palmés* longs, larges à leur extrémité ; membrane comme découpée en un feston à son retour sur les bras. Les autres bras inégaux ; la deuxième paire, ou les latéraux-supérieurs les plus larges ; puis la quatrième, ou bras inférieurs ; puis la troisième paire, ou bras latéraux-inférieurs ; bras latéraux-inférieurs déprimés ; une carène aux bras supérieurs et inférieurs, au côté externe. *Cupules* pédonculées, longues, à extrémités élargies en godets ; elles sont alternes, sur deux lignes peu distinctes, tandis qu'elles sont très espacées sur la longueur. Nous les trouvons réunies par une membrane au côté extérieur des bras palmés, et au côté supérieur de la seconde paire, tandis que nous n'en avons pas aperçu aux autres bras.

Membrane de l'ombrelle, nulle entre la paire supérieure et la paire inférieure des bras ; entre les autres paires, elle est peu longue. *Tube locomoteur* très long, arrivant à la hauteur des membranes des bras.

Couleurs sur un individu conservé dans la liqueur. Partout blanchâtre, tacheté de brun-rougeâtre sur la partie extérieure des bras palmés, des autres bras, ainsi qu'entre les cupules ; sur tout le corps et le tube locomoteur, les autres sont plus rapprochées en dessus qu'en dessous.

Coquille. Voyez plus loin.

Rapports et différences. Nous avons examiné avec une scrupuleuse attention le seul exemplaire que possède le Muséum d'histoire naturelle; et, malgré son mauvais état, nous avons reconnu les différences spécifiques suivantes entre cette espèce et l'*Argonauta argo* : 1° son corps, plus oblong ; 2° son bec, différent de teinte, en ce qu'il n'a pas le capuchon et les ailes bruns dans la mandibule inférieure comme celui de l'*Argo;* le capuchon est seulement brun au milieu, les ailes restant blanches ; le lobe inferieur n'a qu'une tache allongée, brune sur la ligne médiane, au lieu d'avoir un triangle ; 3° l'ordre des bras est différent pour leur longueur respective ; ils sont 1, 2, 4, 3 dans cette espèce, et 1, 4, 2, 3 dans l'autre, mais avec moins de disproportions que dans l'*Argo;* 4° la membrane des bras palmés est aussi pourvue inférieurement, à sa jonction aux bras, d'une petite languette que nous n'avons jamais vue dans l'*Argonauta argo;* 5° les cupules sont plus espacées sur la longueur des bras, dans l'espèce qui nous occupe, sans former deux lignes si distinctes sur la largeur ; 6° la membrane de l'ombrelle nous a paru aussi manquer entre les paires de bras supérieurs et inférieurs, tandis qu'elle existe entre tous, chez l'*Argonauta argo;* 7° enfin, nous n'avons trouvé de petite membrane entre les cupules qu'aux côtés extérieur des bras palmés, et supérieur des bras latéraux-supérieurs, tandis que les membranes existent des deux côtés, aux deux paires latérales, et au côté interne de la paire inférieure, dans l'*Argonauta argo.* Ces différences, tout en paraissant de peu d'importance, sont néanmoins aussi tranchées que les caractères différentiels qui existent entre beaucoup des espèces de Poulpes; nous ne balançons pas à les regarder comme importantes ; seulement nous regrettons de ne les avoir observées que sur un seul individu.

Histoire. Cette espèce a été représentée pour la première fois par Rumphius, dans sa lettre écrite à Fehr, publiée en 1688 dans les *Miscellanea curiosa* (1); puis, comme variété de l'espèce commune, elle est représentée ou citée par Valentyn (2), par Gualtieri (3) en 1742, sous le nom de *Cymbium;* par Dargenville (4), la même année, comme variété de *Nautille;* par Klein, en 1753, sous le nom de *Nautilus sulcatus* (5); par Seba (6), en 1758 ; mais elle fut confondue par Linné (7) en 1767, et Gmelin en 1789, dans son *Argonauta argo*, comprenant tout ce qu'on connaissait alors de ce genre.

Beaucoup d'auteurs représentent la coquille, ou en parlent, comme Martini ; Hill (8), en 1771, sous le nom de *Paper nautilus;* Favane (9), en 1772, sous le nom de *Nautille à grains de riz;* Favart d'Herbigny, en 1775; Schroetter, Kœmmerer, Solander et Humphrey, sous le nom d'*Argonauta nodosa;* Bruguières, etc.; Montfort, le premier, a décrit son animal.

(1) *Decuria* II, annus 7, *de Nautilo velificante et remigante*, p. 210.
(2) *Verhandl*, p. 517.
(3) *Testarum conchiliorum*, t. 12.
(4) *Conchiliol.*, Pl. 8, f. C.
(5) *Tentamen. Meth. Ostracolog.*, p. 3, sp. II, n° 4.
(6) *Thesaur.*, III, pl. 84, f. 4.
(7) *Syst. nat.*, id. XII, p. 1161, n° 271.
(8) *Gen. nat. hist.*, t. III, p. 122, pl. 7.
(9) *Conchiliol.*, t. I, p. 714, pl. VIII, fig. *a*.

Explication des Figures.

Pl. 3, fig. 1. Animal vu de profil, sorti de la coquille. Les parties inférieures ne sont pas assez allongées, tandis que les bras supérieurs ou palmés sont ramenés en avant, ce qui est tout à fait différent de la nature.

Fig. 1 *a*. Corps en dessus, au trait; l'intervalle des bras n'est pas assez prolongé entre les yeux.

Fig. 2. Mandibules; *a*, mandibule inférieure, vue de profil; *b*, mandibule supérieure, vue de profil; *c*, mandibule inférieure, vue en dessus, par derrière; *d*, mandibule supérieure, vue en dessus, en raccourci.

A. D'O.

SYNONYMIE. — RUMPHIUS, *Amboin. Rariteysk*, p. 63, tab. XVIII, f. 1, 2, 3. (L'animal voguant dans sa coquille, et auquel on a donné une tête de perroquet; figure ajoutée, et arrangée sur la figure de *l'Argonauta argo* de Bellon, par Halma.) — Idem, fig. 4 (mala).

Museum Gattwald., cap. XV, tab. V, f. 434.

VALENTYN, *Verhaudl.*, p. 519.

GUALTIERI, *Index Test.*, 1742, tab. 12, fig. B. *Cymbium.*

HILL, *Gen. nat. Hist.*, t. III, p. 122, pl. 7.

KLEIN, *Ostrac.*, p. 3, sp. II, *Nautillus sulcatus*, n° 4.

KNORR, *Vergn.*, t. VI, p. 61, tab. XXXI. — *Délices des yeux*, t. VI, p. 61, tab. XXXI.

SEBA, *Thesaur.*, III, p. 176, tab. LXXXIV, fig. 4, *max.*

Argonauta argo, LINNÉ, *Syst. nat.*, IX, X, XI et XII, p. 1161, n° 271. (Confondu avec l'*Argo.*)

Encyclop. par ordre de matières, pl. t. VI, p. 7, pl. 68, f. 15. (Copie de la figure de Rumphius.)

GRONOVIUS, *Zoophyl.*, p. 281, n° 1216; *Argonauta.* (Confondu avec l'*Argo.*)

MEUSCHEN, *Catal. Musei Oudaniani*, p. 8, n° 51. — Idem, *Catal. Musei Leersiani*, p. 9, n°s 52 à 58.

DAVILA, *Catal.*, t. I, p. 109, n°s 85, 86, 88.

MARTINI, *Conchyl. Cabin.*, I, *Tab. min.*, n° 8, *ad pagin.* 221, f. 1, l'animal voguant (copie de la figure de Rumphius); et p. 229, tab. XVII, fig. 156 (*mala*).

FAVANNE, *Conchyl.*, t. I, p. 714, pl. VII, fig. A 9. *Le Nautile à grains de riz.*

FAVART D'HURBIGNY, *Dictionn.*, t. II, p. 425, 426, *Nautile papyracé à stries tuberculeuses, à oreillons et à large carène, et sans oreillons, et à stries à grains de riz.*

SCHROETTER, *Mus. Gattwald.*, p. 51, n° 274, tab. XL, fig. 274. L'animal voguant (copie de la figure de Rumphius).

FAVANNE, *Catal. de la Tour d'Auvergne*, p. 57, n° 247.

A. Oryzuta, *Museum Geversianum*, p. 252, n° 133.

KAEMMERER, *Cabin. Rudotst.*, p. 29, *Paper nautilus*, var. *b.*

Argonauta nodosa, SOLANDER, mss., et *Portland Catal.*, 1766, p. 96, lat. 2120.

Argonanta argo, GMELIN, *Syst. nat.*, 1788, p. 3368, var. β.

BRUGUIÈRE, *Encyclop. méthod.*, Vers, t. I, p. 123, *Argonauta argo*, var. B.

A. nodosa, HUMPHREY, *Mus. Calon.*, 1797, p. 6, n° 81.

MONTFORT, *Buffon de Sonnini*, Moll., III, p. 307, l'*Argonaute à grains de riz*, pl. XXXVII et XXXVIII, l'animal hors de sa coquille, devant et derrière, figures originales et passables; et pl. XXXIX, fig. 1, la coquille seule. — Idem, p. 332, l'*Argonaute à sillons brisés*, pl. XL, l'animal voguant (copie arrangée de la figure de Rumphius); espèce imaginaire. — Idem, p. 364, l'*Argonaute chiffonné*, espèce inventée pour la figure 4 de Rumphius.

TURTON, *Syst. of nat.*, IV, *Argonauta argo*, var. 4.

A. vitrea, PERRY, *Conchyl.*, pl. XLII, f. 1. (*mala*). L'auteur s'est évidemment trompé en appliquant ce nom à l'*A. tuberculata*, tandis qu'il nomme *A. rotunda* la Carinaire, qui est l'*A. vitrea* de Linné.

A. tuberculata, SHAW, *Natural. Miscell.*, XXIII, tab. 995.

A. tuberculata, DILLWYN, *Descrip. Catal.*, p. 334.

A. tuberculosa, SCHUMACHER, *Essai d'un nouveau Système*, p. 260.

BLAINVILLE, *Journal de Physique*, t. LXXXVI, p. 445, pl. de juin, fig. 1 A, B, C. Figures faites d'après l'individu conservé au Jardin du Roi.
A. tuberculata, WOOD, *Ind. Testaceol.*, p. 62, n° 2. — Seconde édit., p. 62, n° 2, pl. 13, fig. 2.
A. tuberculosa, LAMARCK, *Animaux sans vertèbres*, seconde édit., VII, p. 632, n° 2.
BOWDICH, *Elem. of Conchol.*, pl. XIII, f. 4.
FÉRUSSAC, *Dictionn. class.*, I, p. 552, sp. n° 3. D'Orbigny, *prodr.*, p. 48, n° 3.
MAWE, *Linn. Syst. of Conchol.*, p. 79, tab. 18, f. 2.
A. tuberculata de BLAINVILLE, *Dictionnaire des Sciences naturelles*, t. XLIII, p. 212, P. fig. 1 *a*, *b*. — Idem, *Malacol.*, p. 365, pl. 1, f. 1 *a*, *b*. L'animal du Poulpe habitant la coquille de l'Argonaute. (Le bec, fig. 6, est méconnaissable.) Figure originale, passable.
EICHWALD; *Zool. spec.*, II, p. 34.

A. Var. gondola, DILWYN. — *Nautile à oreilles ou à oreillons*, *Nautile cornu*.

D'ARGENVILLE, *Conchyl.*, 1742, p. 250, pl. 8, f. C; 1757, p. 201, pl. 5, fig. C.
DAVILA, *Catal. Syst.*, t. I, p. 108, n°s 85, 86, *Nautile des grandes Indes, papyracé, à tubercules et à oreilles.*
MARTINI, *Conchyl. Cabin.*, I, p. 237, t. XVIII, fig. 160 (copie de la figure C, pl. 8, de D'Argenville).
FAVANNE, *Conchyl.*, t. 1, p. 715, *le Nautile à oreilles ou cornu*, pl. 7, fig. A 7. (C'est la figure de D'Argenville.)
FAVART D'HERBIGNY, *Dictionn.*, t. II, p. 425, *Nautile papyracé, à stries tuberculeuses, à oreillons et à large carène.*
FAVANNE, *Catal. de la Tour d'Auvergne*, p. 57, lot. 247.
A. navicula, SOLANDER, mss., et *Portland Catal.*, p. 44, sat. 1055?
A. argo, var. *e*, GMELIN, *Syst. nat.*, p. 3368.
A. navicula, HUMPHREY, *Mus. Calon.*, p. 6, n° 83.
MONTFORT, *Buffon de Sonnini*, Moll., III, p. 326, l'*Argonaute à oreilles*, pl. XXXIX, f. 2. (Copie arrangée de la figure de Favanne.)
TURTON, *Syst. of nat.*, A.
A. gondola, DILLWYN, *Descript. catal.*, p. 335, n° 4.
WOOD, *Ind. Testaceol.*, p. 62, n° 4; seconde édit., p. 62, n° 4, pl. 13, f. 4. (Copie de la figure C de D'Argenville.)
FÉRUSSAC, *Dictionn. class.*, t. 1, p. 553, sp. n° 5. — *Prodr.*, p. 48, n° 4. DESHAIES, *Encyclop. méthod.*, Vers, t. II, p. 69, sp. 2.

Cette coquille est tellement distincte de l'*A. argo*, que l'on ne peut s'expliquer comment Bruguières, observateur si exact, a pu les confondre; aussi, après la description détaillée que nous avons donnée de l'*Argo*, il nous suffira, pour faire bien connaître l'espèce qui nous occupe, de signaler les différences qui l'en distinguent.

Ce qui frappe au premier coup d'œil, en comparant les deux espèces, c'est que celle-ci est moins allongée, plus arrondie que la carène et l'ouverture, tout beaucoup plus large, ce qui la rend moins déprimée, et que les cannelures offrent une suite de tubercules qu'on ne voit jamais dans l'*Argo*. En effet, la courbe spirale qui forme le contour de cette coquille est très différente de ce qu'on observe dans l'*A.* commun; l'amplitude de l'arc que figure le contour carinal est, relativement, beaucoup moins grande que dans cette dernière espèce; en sorte que les deux diamètres passant par le centre de la volute sont bien moins inégaux, ce qui donne à toute la coquille une figure beaucoup plus arrondie, et change les dimensions respectives de ses parties. Sa carène étant bien plus large, toute la coquille est moins déprimée, et son ouverture moins allongée, et relativement plus large. Du reste, les cannelures dont elle est aussi couverte, sauf les tubercules ou nodosités qui la distinguent, présentent à peu près les mêmes variétés que dans l'*Argo,* quant à leur différence de longueur, à leur intercallation et à leur bifurcation ; elles sont seulement beaucoup plus uniformes, quant à leur grosseur, chez tous les individus et sur toute leur étendue, en général peu fortes et moins larges que les sillons qu'elles laissent entre elles. Dans le jeune âge, elles sont lisses, et à peine tuberculeuses; elles se conservent ainsi, à toutes les époques de leur croissance, autour de la région ombilicale ; puis elles deviennent noueuses. Les tubercules sont disposés d'une manière régulière, c'est-à-dire que les cannelures sont coupées à des intervalles assez égaux par des sillons circulaires qui forment, sur chacune de ces cannelures, des tubercules arrondis et rapprochés qui composent ainsi des lignes noueuses qui suivent la direction des contours de la coquille. Dans quelques individus, on voit, près des contours extérieurs, une ou deux de ces lignes de tubercules n'avoir qu'une certaine étendue; dans d'autres, on remarque une ou deux des lignes qui cessent à une assez grande distance du bord de l'ouverture. On en voit aussi qui semblent se bifurquer sur le flanc de la coquille, parce qu'il naît une ligne intercalaire.

C'est, sans doute, à une variété dans la forme des cannelures qui seraient coupées par des sillons plus espacés, formant des tubercules plus allongés ou des bourrelets, que l'on doit rapporter l'Argonaute *à sillons brisés* de Montfort, que nous citons dans notre synonymie. Nous n'avons jamais vu cette variété; il est possible qu'elle existe; mais, ce qui paraît certain, c'est que Montfort ne l'avait pas vue non plus, et qu'elle est le produit de l'exagération de ce qu'il a vu dans la figure de l'ouvrage de Rumphius, dont l'animal est fantastique, et qu'il a copié, en l'exagérant aussi.

La bande carinale est, comme nous l'avons dit, beaucoup plus large que dans l'*Argo;* la progression en largeur est plus sensible, et la double carène qui la limite est beaucoup moins prononcée que dans cette espèce, parce que les surfaces latérales se raccordent avec cette bande par un contour arrondi. Les tubercules qui garnissent cette double carène sont fort différents de ce qu'on observe dans l'*Argo;* ils sont, relativement, plus forts et plus élevés. Ils ne sont pas la continuation des cannelures, celles-ci se terminant, par rapport à eux, d'une manière fort irrégulière, tantôt dans leur direction, tantôt dans celle des intervalles qui les séparent. Ces tubercules sont très forts, très proéminents, régulièrement espacés, rapprochés, d'une forme conique, comme pincés à leur sommet sur leur côté intérieur, et par là très amincis à cette partie dans la direction de la carène. Vus par le flanc de la coquille, ils sont un peu obliques, et leur pointe est mousse. Au lieu de se correspondre sur les deux lignes, ils alternent; et, comme ils ne sont pas réunis par leur base par une élévation, la bande carinale est unie, et ne présente point cette succession de sillons et de bourrelets qu'elle offre dans l'*Argo.*

Le prolongement de l'axe columellaire varie beaucoup moins que dans cette espèce; dans presque tous les individus que nous avons observés, ce prolongement est plus court et moins oblique, par rapport à l'axe lui-même, de manière qu'il forme une saillie ou oreillon plus marqué, et que l'ouverture de la coquille prend une figure plus carrée. Par suite aussi de cette partie de l'axe columellaire, la partie spirale du test qui rentre dans l'ouverture, et qui est bien plus volumineuse relativement que dans l'*Argo,* est toujours couverte par l'angle inférieur de cette ouverture, lorsqu'on regarde la coquille par son profil; celui de l'ouverture est arrondi, et forme une ligne très espacée de l'oreillon à la carène.

Nous n'avons pas vu cette coquille couverte de son épiderme, et nous ne pouvons dire la couleur de celui-ci; quant à la coquille elle-même, elle est uniformément d'un blanc mat d'ivoire, quelquefois un peu roussâtre; sa contexture est plus homogène que dans l'*Argo*; les lignes d'accroissement sont moins sensibles extérieurement, tant le test est poli, brillant à l'intérieur, et surtout à l'extérieur. Plus rarement que dans l'*Argo*, la région carinale de la partie spirale est colorée, et c'est seulement le sommet des tubercules de la double carène, qui est un peu roussâtre dans quelques individus.

Cette coquille est aussi mince, aussi transparente, anssi fragile que celle de l'Argonaute commun.

Voici les dimensions respectives de cette coquille, d'après un individu de taille ordinaire :

Grand diamètre. Plus grande longueur de la coquille.	6 po.	3 li.
Diamètre transversal. Plus grande largeur du diamètre transversal de la partie spirale.	4	6
Plus grande largeur de la carène au sommet de l'ouverture entre les tubercules.	0	7½
Plus grande longueur de l'ouverture de l'axe columellaire à la carène. . . .	3	11
Largeur entre ses bords, vers son milieu.	2	6

DE FÉRUSSAC.

N° 3. ARGONAUTE BAILLANTE. — *ARGONAUTA HIANS*, *Solander*.

Pl. 5.

Dimensions.	JEUNES.	ADULTES.	
Longueur totale.	55	«	millimètres.
Longueur du corps	12	«	*id.*
Largeur du corps.	14	«	*id.*
Longueur des bras supérieurs.	17	«	*id.*
Longueur des bras latéraux-supérieurs.	30	60	*id.*
Longueur des bras latéraux-inférieurs	28	50	*id.*
Longueur des bras inférieurs.	28	40	*id.*
Longueur du tube locomoteur.	7	«	*id.*

Description.

Corps très lisse, raccourci, épais, ovale, très arrondi postérieurement, gibbeux en dessus, à sa partie supérieure, près de sa jonction avec la tête, marqué latéralement d'une impression ou enfoncement très visible, et d'une impression transversale linéaire, près de son bord inférieur. *Ouverture* très large, se prolongeant jusqu'au-dessus des yeux. *Appareil de résistance*, très prononcé; bouton de l'intérieur du corps très saillant; boutonnière de la base du tube très profonde et arrondie.

Tête, unie au corps par une courte membrane peu distincte des bras, en dessus, la base de ceux-ci semblant naître de l'extrémité même du corps, et occupant le dessus des yeux. *Yeux* ovales, fortement renflés en dehors, séparés, en dessus des bras, par une forte dépression. Ils sont quelquefois presque entièrement recouverts par une peau mince qui se contracte sur eux. Nous n'avons pas aperçu d'autre paupière. *Bouche* pourvue d'une lèvre extérieure mince et entière, et d'une seconde interne fortement ciliée et épaisse. *Bec* corné très large, à pointes non saillantes, presque entièrement brun-pâle, bordé de blanc, la mandibule inférieure et les ailes, ainsi que l'expansion postérieure, presque entièrement colorées.

Ouvertures aquifères, au nombre de deux, situées aux côtés postérieurs de l'angle supérieur de l'œil, au fond d'une cavité à cet effet, et communiquant avec un grand réservoir placé au-dessus des yeux.

Bras assez courts par rapport au corps, déliés à leur extrémité, peu inégaux, décroissant de la première paire à la dernière, dans l'ordre 1, 2, 3, 4, mais ayant quelquefois les troisième et quatrième paires d'égale longueur. Les bras palmés courts et forts, larges à leur base, pourvus extérieurement d'une carène supérieure qui vient se réunir à la base de la palmure ; deuxième et troisième paires fortement déprimées, arrondies extérieurement ; la quatrième moins comprimée, et pourvue intérieurement d'une carène prononcée. *Cupules* en godets, très saillantes et très courtes, comme pédonculées, plus grandes aux bras supérieurs, assez rapprochées, et toujours sur deux lignes très distinctes ; celles des bras palmés se montrent jusque près de l'extrémité du retour de la membrane ; elles sont unies entre elles, au côté externe des bras, par une membrane qui s'étend de l'une à l'autre. Sur la seconde paire, elles forment deux lignes très séparées par un espace libre ; elles ne sont unies par aucune membrane ; la troisième paire est en tout semblable ; la quatrième est moins déprimée ; les deux lignes sont plus rapprochées, et présentent un indice de membrane sur la ligne interne, à son intérieur. Nous en avons compté, sur un individu encore jeune, quatre-vingts aux bras latéraux-supérieurs.

Membranes de l'ombrelle courte, mais unissant également l'intervalle de chaque bras.

Tube locomoteur long, réuni à la tête sur le tiers inférieur de sa longueur, formant un cône régulier à base parfaitement horizontale, uni à la tête par deux petites brides médianes et non latérales.

Couleur à l'état de vie. D'après ce que nous avons vu, blanc argenté, avec des taches chromophores rouge-brun, très contractiles, qui varient à chaque instant de diamètre et de place, disparaissant quelquefois presque entièrement, pour laisser un blanc-bleuâtre ou rosé à la place, ou se dilatant tellement, que l'animal paraît, surtout en dessus, d'une teinte presque uniforme, rougeâtre. L'intérieur des cupules et l'intérieur des bras palmés sont exempts de ces taches. Les palmures sont d'un brun-roux au côté externe.

Couleur dans la liqueur. L'animal y est blanc-rosé, marqué de taches brun-violet, espacées, entre lesquelles on en remarque une multitude de petites. L'intérieur des cupules, la base du tube locomoteur et les bras inférieurs sont blancs. Tube locomoteur tacheté à la partie qui sort de la coquille ; les bras palmés plus foncés, ainsi que l'intérieur de la membrane, qui devient presque noire.

Rapports et différences. Nous avons examiné, de cette espèce, un grand nombre d'individus de tous âges, et nous avons été à portée de reconnaître qu'ils différaient essentiellement de l'*Argonauta argo* : 1° par un corps plus arrondi, plus court, ce qui correspond en tout à la coquille, beaucoup plus large ; 2° par des bras plus courts à proportion que le corps ; 3° par la longueur respective de ces mêmes bras, l'ordre étant 1, 2, 3, 4, la deuxième paire, ou première paire non palmée, la plus longue, tandis que, chez l'*Argo*, l'ordre est

1, 4, 2, 3, et que les bras non palmés, les plus longs, sont invariablement ceux de la quatrième, ou la paire inférieure; 4° en ce que les membranes des cupules manquent entièrement aux deux paires de bras latéraux, la deuxième paire et la troisième; 5° par une ombrelle beaucoup plus prononcée. Son tube locomoteur n'est pas non plus uni à la base des bras par une membrane latérale, mais bien par deux petites brides médianes.

Habitation; mœurs. Les individus conservés au Muséum d'histoire naturelle ont été recueillis aux environs de l'île Bourbon, par MM. Quoy et Gaimard; à l'E. des Maldives, par M. Dussumier; à la Nouvelle-Guinée et à Amboine, par MM. Quoy et Gaimard. Nous avons trouvé l'espèce à Ténériffe, près des côtes d'Afrique; sur les côtes d'Amérique, près de l'embouchure de la Plata, au 34° degré de latitude S., au lieu même où Pernetty (1) l'a rencontrée; nous l'avons encore obtenue, à peu près par la même latitude, sur les côtes de l'océan Pacifique, aux environs de Valparaiso, où elle échoue quelquefois; et nous en avons pris de jeunes individus en pleine mer, dans le grand Océan méridional, par 32° de latitude, et dans l'océan Atlantique, par 4° de latitude nord, et par 27° de longitude ouest de Paris, à plus de deux cents lieues des côtes. De tous ces faits il est facile de conclure que, sans s'être rencontrée dans la Méditerranée, elle habite tout l'océan Atlantique, près de l'Amérique et de l'Afrique, et toutes les parties chaudes du grand Océan, près de l'Amérique, des îles océaniennes, et dans l'Inde. Elle paraît beaucoup plus répandue que les autres; conséquence nécessaire de son genre de vie, peut-être plus pélagien; car c'est la seule qu'on ait indiquée, jusqu'à présent, comme étant des hautes mers.

Les individus pris sur les côtes y avaient échoué par accident; car les pêcheurs de Ténériffe nous ont assuré que l'espèce ne s'y pêche pas, et qu'elle s'échoue, quoique rarement, le plus souvent, dans le mois de novembre, au Chili et sur les côtes de la république orientale de l'Uruguay : ce qui viendrait appuyer ce que l'expérience nous a appris, qu'elle est plutôt pélagienne que côtière. Dans l'océan Atlantique, nous ne l'avons pêchée que par des temps calmes, et seulement la nuit; et nous en avons conclu qu'ainsi que beaucoup des animaux des hautes mers elle est essentiellement nocturne. De plus, le fait que chaque fois que le filet de traîne nous en apportait, elle ne s'y trouvait jamais isolée, nous porte à supposer qu'elle vit par troupes. Comme parmi ces individus il y en avait de très jeunes, nous avons pu en tirer la conséquence qu'ils étaient nés dans ces parages, et bien loin des côtes, ce que l'étude des œufs contenus dans plusieurs individus pêchés est venue nous confirmer; car, dans le nombre, il y en avait de très près à éclore, et d'autres dont les jeunes venaient de sortir, l'enveloppe de l'œuf restant seule attachée à la grappe dont elle faisait partie. Cette circonstance n'est pas sans intérêt pour la question du parasitisme, car elle prouverait que, nés à deux cents lieues des côtes, ces Argonautes, si leur coquille ne faisait pas partie intégrante de leur être, auraient bien du chemin à faire s'il leur fallait nager jusqu'aux continents afin de s'en procurer une. L'Argonaute bâillante, comme nos *Philonexis Quoyanus* et *Atlanticus*, ne s'approche pas des côtes pour y frayer; et acte se passe au sein des mers.

Une autre circonstance qui nous a frappé, c'est celle d'avoir rencontré des œufs en des coquilles de quatorze millimètres seulement de longueur; la taille de l'espèce atteignant jusqu'à quatre-vingts millimètres; cela prouverait tout au moins que des individus qui n'ont

(1) Pernetty, *Voyage aux Malouines*, t. II, p. 314.
C'est peut-être aussi l'espèce recueillie par Nicholson, *Histoire naturelle de Saint-Domingue*.

pas encore le quart de l'accroissement qu'ils peuvent atteindre, sont déjà propres à la reproduction; néanmoins, l'examen des coquilles nous a donné la certitude que ces jeunes individus sont bien de même espèce que les grands.

Comme nous nous sommes facilement assuré que les jeunes Argonautes que nous trouvions dans les œufs, et près à éclore, n'avaient pas de coquille, et que les individus, des plus petits que nous ayons rencontrés avec elle, avaient près d'un demi-pouce de longueur, nous croyons pouvoir affirmer que la coquille ne se forme que quelque temps après que l'animal est sorti de son œuf. Elle commence par un godet membraneux, ridé, qui s'épaissit peu à peu, et perd, avec le temps, sa flexibilité. Les jeunes individus que nous avons pris avec leur coquille la tenaient un peu encore avec leurs bras palmés; ils éxécutaient quelques mouvements; mais, fatigués sans doute du contact des acalèphes, pourvus de facultés malfaisantes, ils moururent presque aussitôt, et la coquille n'étant plus retenue par l'animal, s'en sépara au même instant.

Histoire. La première figure que nous puissions citer de l'*Argonauta hians* nous paraît avoir été donnée par Lister en 1685 (1), mais sans aucune description, sous le nom de *Nautilus vacuis* et *Nautilus minor auritus*. Rumphius ensuite, dans sa lettre à Valentini (2), dit, le premier, d'une manière positive, que c'est une espèce distincte, et le confirme dans son ouvrage sur Amboine (3), copié par Petiver (4). Cette espèce est ensuite citée dans le *Museum Gottwaldianum* (5), par Guersaint (6), en 1736; par D'Argenville (7), en 1742; par Gualtieri (8), en 1742; sous le nom de *Cymbium minimum*, par Hebenstreit, en 1743 (9); par Lesser (10), en 1748; par Klein (11), en 1753; sous le nom de *Nautilus sulcatus*, sans qu'elle fût distinguée de l'espèce commune; par Knorr (12), en 1757; par Seba (13), en 1758.

Linné (14), en créant le genre *Argonauta*, y comprit, dans une seule espèce, l'*Argonauta argo*, et les citations de tous les auteurs; dès lors celle qui nous occupe ne fut point distinguée par ce savant, non plus que par Gmelin.

On la voit ensuite représentée par Martini, par Murray (15), en 1671; par Favanne, en 1772; par Born, en 1780; par Schroetter, en 1782; mais Solander (16) lui appliqua le nom d'*Argonauta hians*.

Jusqu'alors on ne s'était pas occupé de l'animal de cette espèce; aussi la première des-

(1) *Historiæ sive synopsis methodicæ conchil.*, lib. IV, sect. IV, cap. II.
(2) *India litterata*, Hist. simpl. reform., p. 429.
(3) *Amboin.* Rariteystk, p. 64, t. XVIII, f. B.
(4) *Aquat. anim.*, Amb., t. 10, f. 2, et t. 22, f. 10.
(5) *Catal. rais.*, p. 96, n° 137.
(6) *Conchil.*, p. 250, Pl. 8, f. B.
(7) *Testarum conchiliorum*, t. 12.
(8) *Museum Richterianum*, p. 297.
(9) *Testaceo theol.*, p. 150.
(10) *Tentamen. meth. Ostracol.*, p. 3, sp. II, nos 5, 6.
(11) *Les Délices des Yeux*, t. I, p. 40, 42; *Verg.*, Pl. 2, f. 2.
(12) *Thesaur.*, III, Pl. 84, f. 9, 10, 11 et 12.
(13) *Syst. nat.*, id. XII, p. 1161.
(14) *Fundam. Testaceol.*, t. I, f. 8.
(15) *Portland Catal.*, p. 44, ·loj 1055.
(16) *The natural miscellany*, t. III, p. 138.

cription fournit-elle, en 1817, au docteur Leach, l'occasion de créer un nouveau nom spécifique, en la regardant comme une espèce du genre Ocythoé de Rafinesque. Il la nomma *Ocythoe Cranchia,* la distinguant de l'espèce commune par son aile spongieuse, caractère général dans toutes les espèces; ce nom fut adopté par tous les partisans du parasitisme.

Explication des Figures.

ARGONAUTES. Pl. 5, fig. 1. Animal sorti de la coquille, représenté de profil sur un individu mort et décoloré. La partie ventrale est bien, mais les supérieures ont les bras en avant, tandis que l'animal ne peut les ramener ainsi.

Fig. 2. Animal contracté dans la coquille, dessiné d'après nature.

Fig. 3. Portion de bras pour montrer les cupules un peu pédonculées.

Fig. 4. Très jeune coquille, vue en dessus.

Fig. 5. Coquille vue de profil. Nous ignorons pourquoi M. de Férussac a seul représenté cette coquille, évidemment réduite, car les côtes ne sont pas proportionnées au volume d'un jeune individu.

Fig. 6. Coquille adulte, vue de profil.

Fig. 7. La même coquille, vue sur le dos.

a. Groupe d'œufs agglomérés dans un état peu naturel, car ils sont toujours en groupes, attachés par un mince pédoncule.

ALCIDE D'ORBIGNY.

SYNONYMIE. — LISTER, *Synops.*, tab. 554, f. 5 *a. Nautilus striis paucioribus distinctus*, *non auritus;* idem, tab. 555, f. 6. *Nautilus minor auritus; magnis et eminentibus striis donatus.* (Mauvaise figure).

RUMPHIUS, *Amboin. Rariteysk*, p. 64, tab. XVIII, fig. B.

PETIVER, *Aquat. anim. Amb.*, tab. 10, f. 2, et tab. 22, f. 10.

Museum Gottwaldianum, cap. XV, tab. 5, f. 433.

GERSAINT, *Catal. rais.*, 1736, p. 96, n° 137.

ARGENVILLE, *Conchyl.*, 1742, p. 250, pl. 8, f. B; 1757, p. 198, pl. 5, f. B.

GUALTIERI, *Ind. Testar.*, tab. 12, fig. CC. *Cymbium.*

HEBENSTREIT, *Mus. Richterian*, p. 297.

LESSER, *Testaceo theol.*, p. 150, § 41, 6.

KLEIN, *Ostracol.*, p. 3, sp. II, *Nautilus sulcatus,* n°s 5 et 6. — Idem, p. 4, n° 7. (Espèce établie pour la figure de Lister.

GÈVE, *Monatl. Delust.* ou *Essais récréatifs*, p. 14-16, tab. 2, fig. 6, 7. *Nautilus legitimus*, seconde édit., p. 8, tab. 2, f. 6, 7, *Argonauta argo.* (Il confond dans cette espèce la figure du *Tuberculata* donnée par Rumphius.)

KNORR, *Vergn.*, t. I, tab. II, fig. 2, et t. IV, tab. XI, fig. I. — *Delic. nat.*, t. I, tab. B 1, f. 4.

SEBA, *Thesaur.*, III, tab. LXXXIV, fig. 9, 10, 11, 12.

Argonauta argo, LINNÉ, *Syst. nat.*, IX, X, XI et XII, p. 1161, n° 271.

GRONOVIUS, *Zoophyl.*, p. 281, n° 215. (Il a confondu la synonymie des trois espèces dans les deux qu'il indique.)

MEUSCHEN, *Catal. Mus. Oudaniani*, p. 8, n° 49, *Nautile papyracé à large carène.* — Idem, *Catal. mus. Leersiani*, p. 10, n°s 66, 67.

DAVILA, *Catal. syst.*, I, p. 108, n° 87, 2° sp. *Nautile papyracé sans tubercules.*

MARTINI, *Conchyl. Cabin.*, I, p. 235, tab. XVII, f. 159, 158 (copies des figures CC, tab. 12 de Gualtieri). *La Chaloupe cannelée.*

MURRAY, *Fundam. Testaceol.*, tab. 1, f. 8.

FAVANNE, *Conchyl.*, t. I, p. 711, *le Papier brouillard*, pl. VII, f. A 6 (ancienne figure de D'Argenville). — Idem, p. 713, *le Nautile uni*, f. A 10 (copie réduite de la figure II de Seba). — Idem, f. A 1, *le Croissant, ou le petit Nautile roulé à carène large* (copie arrangée de la figure de Lister). — Idem, p. 717, *le petit Nautile à grosses côtes et à carène large*, fig. A 5.

FAVART D'HERBIGNY, *Dictionn.*, t. II, p. 426, *Nautile papyracé à stries rares et à large carène.*
BORN, *Test. Mus. Cæsar.*, p. 140, *Argonauta argo*, var. β.
SCHROETTER, *Mus. Gottwald.*, p. 51, n° 272, tab. XL, f. 272.
FAVANNE, *Catal. de la Tour d'Auvergne*, p. 57, n° 248.
KÆMMERER, *Cabin. Rudolst.*, p. 29, *papier Nautilus*, var. β.
Argonauta hians, SOLANDER, mss., et *Portland Catal.*, p. 44, lat. 1055.
A. argo, GMELIN, *Syst. nat.*, p. 3369, var. δ.
BRUGUIÈRE, *Encyclop. méthod.*, Vers, t. I., p. 123, *Argonauta argo*, var. C.
A. hians, HUMPHREY, *Mus. Calon.*, 1797, p. 6, n° 82.
MONTFORT, *Buffon de Sonnini*, Moll., III, p. 358, l'*Argonaute papier brouillard.* — Idem, p. 371, l'*Argonaute croissant* (espèce faite pour la figure de Favanne).
TURTON, *Syst. of nat.*, IV, *A. argo*, var. 3.
A. hians, DILLWYN, *Descript. Catal.*, p. 334, n° 3.
A. hians, WOOD, *Ind. Testaceol.*, p. 63, n° 3; seconde édit., p. 62, n° 3, p. 13, f. 3.
A. nitida, LAMARCK, *Animaux sans vertèbres*, seconde édit., VII, p. 653, n° 3.
A. hians, FÉRUSSAC, *Dictionn. class.*, I, p. 553, sp. n° 4. d'Orbigny, *Prodr.*, p. 48, n° 5.
A. nitida, BLAINVILLE, *Dictionnaire des Sciences naturelles*, t. XLIII, p. 213.
A. nitida, CROUCH, *Conchyl.*, p. 43, pl. XX, f. 17.
Ocythoë Cranchii, LEACH, *Philos. Transact.*, 1817, p. 296, pl. XII, fig. 1 à 6; *Zool. Miscell.*, III, p. 139; *Journal de Phys.*, t. LXXXVI, 1818, p. 394; TUCKEY, *Expedit. to Zaïre*, Append., n° 11, p. 400, pl. et fig. *ut suprà.*
BLAINVILLE, *Journal de Physique*, t. LXXXVII, p. 47, et t. LXXXVI, pl. de juin, fig. 2 A, B; *Dictionnaire des Sciences naturelles*, pl. 1 *bis*, fig. 2 et 2 *a*; *Malacol.*, pl. et fig. id.; *Poulpe de Cranch.*
OCKEN, *Isis*, 1819, p. 257, tab. 3, fig. 1 à 6. (Copie de Leach.)
Argonauta Cranchii, FÉRUSSAC, *Dictionn. class.*, I, p. 552, sp. n° 1. — Idem, *Prodr.*, p. 48, sp. n° 6.
A. raricosta, BLAINVILLE, *Dictionnaire des Sciences naturelles*, t. XLIII, p. 213.
DESHAYES, *Encyclop. méthod.*, vers, t. II, p. 69, n° 1.
A. crassicosta, BLAINVILLE, *ibid.*

L'*A. hians* est toujours beaucoup plus petit que les deux espèces précédentes; sa forme générale est très analogue à celle du *tuberculata;* c'est la même courbure spirale pour ses contours; mais sa bande carénale est encore plus large; ses cannelures, minces, sont moins nombreuses, et les tubercules de sa double carène sont plus gros à proportion, moins protubérants et moins nombreux relativement.

Comme dans les espèces précédentes, le prolongement de l'axe columellaire varie, en sorte qu'il existe aussi une variété sans oreillons, où ce prolongement est fort court, et s'élève brusquement pour se raccorder avec le bord de l'ouverture; alors celle-ci est moins élargie, et quelquefois même un peu rétrécie à sa partie inférieure. Cette ouverture a une figure carrée, surtout par le haut, et sa partie la plus large, si on ne la mesure pas de l'extrémité des oreillons, dans la variété qui en est pourvue, est sa partie moyenne. Il paraît, au reste, que la variété sans oreillons est presque aussi commune que l'autre.

Les cannelures sont minces, très espacées, lisses, sans apparence de nodosités, un peu sinueuses, et courbes à leur origine. Les premières, celles de la jeune coquille, sont ordinairement arquées d'une manière sensible sur toute leur longueur. Ces cannelures partent, en rayonnant, de la région ombilicale et du prolongement columellaire. Le plus communément, entre deux longues cannelures voisines, il y en a une, quelquefois deux, plus courtes, qui parfois sont bifurquées à leur origine.

Les tubercules de la carène sont de gros plis coniques alternant sur les deux lignes carénales, et dont l'arête, un peu déjetée au dehors, est dans la direction de la carène. Ces plis tuberculeux sont gros, communément courts, quelquefois même très peu saillants, et assez espacés, de manière qu'ils sont moins nombreux relativement que dans le *tuberculata*.

La contexture de cette coquille est semblable à celle de cette dernière espèce ; mais sa couleur propre, non sa couleur épidermale, est constamment d'un roux clair, plus foncé ou violacé autour de la région ombilicale. L'épiderme paraît avoir une couleur enfumée. La spire, sur les deux carènes, ainsi que leurs tubercules, surtout ceux-ci, sont ordinairement noirâtres, et cette teinte est disposée de manière à laisser une jolie zone blanchâtre sur le milieu de la bande carinale.

Voici les dimensions d'un individu de moyenne taille :

Plus grande longueur	3 po.	0 li.
Diamètre transversal	2	0
Largeur de la carène	0	8 ½
Hauteur de l'ouverture	2	0
Largeur de l'extrémité des oreillons	1	10 ½
Largeur au milieu des oreillons	1	3

DE FÉRUSSAC.

Genre BELLÉROPHE. — *BELLEROPHON* (1), Montfort.

Bellerophon, Montfort, Defrance, Sowerby, Blainville, etc.; *Nautilus*, Hupsch.

Animal inconnu.

Coquille souvent épaissie, monothalame, symétrique, enroulée sur le même plan; non perforée ou simplement ombiliquée, alors globuleuse, nautiloïde; à tours de spire apparents, alors comprimée, ammonoïde. *Bouche* variable, transverse ou semi-lunaire dans les espèces globuleuses, oblongue ou anguleuse dans les espèces comprimées; plus ou moins échancrée, dans son milieu inférieur, par le retour de la spire; *bord antérieur*, à sa partie moyenne, sinueux, fortement échancré ou pourvu d'une longue fente, dont les anciens bords et les lignes d'accroissements forment, sur le dos de la spire, une *bande carénale* plus ou moins saillante.

Rapports et différences. En comparant les Bellerophes aux Argonautes, il est facile de se convaincre qu'ils n'ont entre eux d'autres rapports que leur coquille monothalame et symétrique; car, du reste, cette coquille, mince, fragile, à carène couverte d'aspérités alternes chez l'Argonaute, est presque toujours épaisse, à partie carénale, toujours régulière, sinueuse ou fendue chez les Bellérophes, ce qui dénote des habitudes et des animaux sans doute différents; ainsi malgré l'analogie de forme extérieure, nous ne croyons pas qu'on doive placer les Bellérophes près des Argonautes.

Quelques auteurs ont fait rapprocher les Bulles des Bellérophes, qui néanmoins s'en distinguent au premier abord. En effet, les Bulles ne sont jamais symétriques, leur bord droit

(1) Nous ne plaçons les Bellérophes près des Argonautes que parce qu'ils y auraient été mis par M. de Férussac, et qu'une planche ayant été déjà donnée à messieurs les Souscripteurs, nous nous trouvons dans l'obligation d'en compléter la monographie dans les *Céphalopodes*, quoique notre opinion soit qu'ils n'en doivent pas faire partie.

étant plus ou moins incliné sur l'eau, la partie antérieure de la bouche, toujours plus élargie que la partie postérieure, et pourvue d'une columelle distincte. Les Bellérophes sont au contraire symétriques, enroulés sur le même plan, pourvus d'un sinus ou d'une fente antérieure représentée presque toujours, à tout âge, par la bande carénale. Si l'on remarque chez quelques exemplaires de Bellérophes une obliquité de la coquille, en l'étudiant avec soin, il est facile de se convaincre qu'elle n'est due qu'à une altération provenant de la fossilisation, et que détermine une pression des couches supérieures, car dans plusieurs individus la même espèce est déprimée en des sens tout à fait opposés.

On pourrait encore comparer les Bellérophes aux *Nautiles* par leur enroulement symétrique, par leur bouche plus épaisse aux côtés qu'à la partie antérieure; mais, leur cavité non loculée les en distingue nettement, et rend tout rapprochement impossible.

Si maintenant nous comparons les Bellérophes aux Atlantes, nous ne trouverons d'abord aucun rapport avec nos sous-genres *Atlanta* et *Heliconoides*, qui ont l'enroulement oblique à l'axe; mais il n'en sera pas ainsi de notre genre *Helicophlegma*, comprenant l'*Helicophlegma Kerandrenii* d'Orb. (1); au contraire, sa coquille ne nous montre *aucune différence générique avec les Bellérophes;* en effet, enroulée sur le même plan, à tours de spire à demi-embrassants étant adulte, comme les *Bellerophon Chastelii* et *Verneuillii*, ou étant jeune, à tours embrassants, à côtes marquées, et à bande carénale, elle est si semblable de formes et de détails avec le *Bellerophon Urii* qu'on serait tenté de les regarder comme d'une même espèce. Ce genre Hélicophlegme a aussi, de même que les Atlantes, une carène dorsale, un sinus antérieur, et les seules différences qu'on trouverait entre eux ne consisteraient réellement qu'en une plus grande épaisseur relative de la coquille chez quelques Bellérophes, ce qui pourrait tout au plus dénoter des animaux moins pélagiens, plus amis des côtes, ou doués d'une force musculaire plus grande, et n'empêcherait nullement que l'animal ne fût le même.

En résumé, les Bellérophes ne nous paraissent, en aucune manière, devoir être placés près des Bulles, de la coquille desquels l'enroulement est oblique; ils n'ont aussi aucun rapport avec les Céphalopodes tentaculifères, tous polythalames; ils ne nous semblent pas beaucoup mieux placés près des Argonautes, dont la coquille est mince et dont la carène n'est pas régulière, et manque de sinus; tandis que, pour tous leurs caractères zoologiques, ils présentent une analogie complète avec les *Hélicophlegmes*, analogie telle, qu'elle nous paraît décider entièrement la question; aussi croyons-nous qu'on doit placer les Bellérophes dans les Mollusques *Hétéropodes*, et dans la famille des *Atlantidées*, immédiatement à côté du genre *Helicophlegma*, avec lequel nous ne lui trouvons même d'autre caractère distinctif que l'épaisseur de la coquille. Il est probable que le sinus antérieur des Bellérophes était destiné à recevoir un organe analogue à celui qui existe chez les *Hélicophlegmes*.

Habitation; localité. Si nous en jugeons par analogie, d'après la forme des *Hélicophlegmes*, nous devons supposer que les Bellérophes sont des animaux pélagiens, et des hautes mers. L'épaisseur de la coquille, dans quelques espèces, viendrait néanmoins en empêcher l'entier rapprochement; cette supposition pourrait faire croire au moins que tous n'ont pas eu le même genre de vie. Assurément la coquille mince des *Bellerophon Goldfussii*, *B. Chastelii*, *B. Puzosii* et *B. Urii*, ne s'opposerait nullement à ce qu'ils fussent habitants des hautes mers, comme les *Helicophlegmes*, mais la coquille épaisse des *Bellerophon costatus*, *B. Dumontii*,

(1) D'Orbigny, *Voyage dans l'Amérique méridionale*, Mollusques; Mollusques de Cuba; Mollusques des Canaries.

B. Munsteri, etc., à moins d'un animal très volumineux (ce qui, du reste, semblerait annoncé par les encroûtements extérieurs du *Bellerophon Dumontii*), pourrait faire reconnaître en eux des animaux plus côtiers. On sent, d'ailleurs, que ce ne sont que de simples suppositions suggérées par l'analogie de formes avec l'*Hélicophlegme*.

Le rapport que nous venons de signaler entre l'espèce fossile et l'espèce vivante est d'autant plus curieux, que les Bellérophes, si communs dans les terrains siluriens, dévoniens et carbonifères, lors de la première animalisation marine du globe, ont entièrement disparu avec la plupart des êtres avec lesquels ils vivaient alors, et qu'il ne s'en trouve aucune trace dans les formations *oolitiques, crétacées* et *tertiaires*, si riches en corps organisés fossiles; ainsi, de même que les Trilobites, les Actynocrinus et tant d'autres animaux habitants contemporains de ces mers anciennes, les *Bellerophon* ont cessé de vivre avec les couches de la première époque géologique, et ne nous paraissent plus représentés aujourd'hui que par les Hélicophlegmes.

Si nous divisons les terrains de transition en trois groupes, les terrains siluriens, les terrains dévoniens et les terrains carbonifères, et si nous cherchons les espèces de Bellérophes qui ont vécu à ces trois époques, nous les verrons ainsi distribués :

TERRAINS SILURIENS.

B. expansus, *B. bilobatus*, *B. globatus*, *B. Wenlockensis*, *B. Urii*, *B. Troosti*, *B. dilatatus*, *B. megalostoma*, *B. acutus*, *B. carinatus*, *B. trilobatus*, *B. Deslongchampsii*, *B. Muschisoni*, *B. Aymestriensis*.

TERRAINS DÉVONIENS.

B. apertus, *B. tuberculatus*, *B. striatus*, *B. elegans*, *B. Goldfussii*, *B. cultratus*, *B. Edwardi*, *B. radiatus*.

TERRAINS CARBONIFÈRES.

B. vasulites, *B. Ferussaci*, *B. Blainvillii*, *B. Munsterii*, *B. Dumontii*, *B. canaliferus*, *B. Correi*, *B. imbricatus*, *B. hiulcus*, *B. costatus*, *B. angulatus*, *B. tenuifascia*, *B. Sowerbii*, *B. apertus*, *B. elegans*, *B. Chastelii*, *B. clathratus*, *B. Verneuillii*, *B. Puzosii*, *B. lævigata*, *B. dubius*, *B. Urii*, *B. Woodwardii*, *B. Paillettii*, *B. decussatus*.

Nous connaissons donc aujourd'hui *quatorze* espèces de Bellérophes des terrains siluriens, *huit* des terrains dévoniens et *vingt-quatre* des terrains carbonifères. On peut voir que les espèces étaient assez nombreuses dans les terrains siluriens, qu'elles diminuent un peu dans les terrains dévoniens, pour doubler de nombre et atteindre le maximum de leur développement à l'époque des terrains carbonifères. Elles disparaissent ensuite totalement des couches qui composent notre sol.

Si maintenant nous voulons comparer les espèces, nous verrons qu'à très peu d'exceptions près, chaque époque géologique a eu les siennes puisque, sur *quarante-trois* que nous connaissons, *quarante* sont spéciales à des terrains distincts, et trois seulement sont en même temps de deux époques, les *B. apertus, elegans*, qui se rencontrent dans les terrains dévoniens et carbonifères, et le *B. Urii*, qui passe des terrains siluriens aux terrains carbonifères; ainsi ces exceptions ne détruisent en rien la ligne de démarcation tracée entre chaque terrain.

Histoire. Les premiers auteurs qui aient parlé des Bellérophes sont Martin (1) et Hupsch (2), les décrivent comme *Nautilus*, d'une manière assez incomplète. Montfort (3), en 1808, en forma un genre; mais l'ayant, comme à son ordinaire, considéré et décrit très superficiellement, il lui assigna pour caractère un siphon et des cloisons, et le plaça près des Nautiles, avec lesquels on l'aurait, sans doute, longtemps confondu, si le hasard n'avait placé entre les mains de M. Defrance l'un des Bellerophes qui provenaient de la collection de Montfort; M. Defrance n'y n'apercevant aucune trace extérieure de siphon ni de cloison, se décida à le scier en deux, et rencontra, en effet, une cavité unique sana siphon ni cloison; dès lors il lui fut démontré que Montfort, en cette circonstance, ainsi que dans beaucoup d'autres, avait mis peu de bonne foi dans son travail. Il publia ces résultats en 1824 (4), et compara les Bellérophes avec les Bulles et les Argonautes.

La même année 1824 (5), M. Sowerby, tout en adoptant le genre Bellérophe avec les rectifications apportées aux caractères par M. Defrance, décrivit les *B. apertus*, *B. cornu arietis* (6), *B. tenui fascia*, *B. hiulcus*, et *B. costatus*. Plus tard, le savant parent de cet auteur, à qui la science doit la description de tant de fossiles, retraça dans son *Genera* (7) les caractères des Bellérophes, et rapprocha les Bellerophes de la coquille des Argonautes, tout en disant que l'une et l'autre doivent être habitées par un animal *très semblable* à celui de la Carinaire.

M. de Blainville, en 1825 (8), plaça les Bellérophes dans sa famille des *Aceres*, entre les Bulles et les Bullées.

La même année (9), Latreille adopta le rapprochement avec les *Argonautes*, les considérant comme Céphalopodes.

Dans notre *Tableau méthodique de la classe des Céphalopodes* (10), en 1825, nous les avions placés de même; opinion que nos observations sur les animaux et les coquilles des Héliciphlegmes nous ont fait modifier, comme on a pu le voir par les détails dans lesquels nous sommes précédemment entré.

En 1830, M. Deshayes (11), reproduisit les descriptions des trois espèces de Bellérophes de Sowerby, et plaça le genre entre les Argonautes et les Atlantes.

A. D'ORBIGNY.

(1) *Arrang. Syst. des Pet. du Derb.*, t. I, p. 15.
(2) *Naturg der Nider deutscht*, p. 27, t. III, fig. 22.
(3) *Conchyliologie systématique*, t. I, p. 51.
(4) *Annales des Sciences naturelles*, t. I, p. 264, et Bulletin de Férussac, *Sciences naturelles*, t. 2, p. 103; 1824.
(5) *Mineral conchology*, p. 107, Pl. 470.
(6) Nous avons reconnu que le *B. cornu arietis* Sowerby, n'est que le moule intérieur du *B. costatus* du même auteur.
(7) *The Genera of recent and fossil Shells*, etc.
(8) *Traité de malacologie*, p. 477.
(9) *Familles naturelles du règne animal*, p. 168.
(10) Page 50.
(11) *Encyclopédie méthodique*, t. 2, p. 133.

1. *Espèces sans ombilic.*

N° 1. BELLÉROPHE VASUTILE. — *BELLEROPHON VASUTILES, Montfort.*

Pl. 1, fig. 8, 9; Pl. 2, fig. 1 à 6.

Nautile déprimé, Montfort, 1805; *Buffon de Sonnini*, Mollusques, t. IV, p. 298, Pl. 50, fig. 23.
Bellérophe vasulite, Montfort; *Conchyl.*, syst. 1, p. 50-51.
Bellerophon vasulites, 1825, d'Orbigny, *Tabl. syst. des Céphal.*, p. 50, n° 1.
———————— Keferstein catal., p. 27, n° 9.
———————— Keferstein naturg. der Edk 2 th., p. 430, n° 21.
Bellerophon depressus, Keferstein catal., p. 27, n° 4, et Naturg., p. 429, n° 8. ?

B. testâ dilatatâ, depressâ, imperforatâ, costatâ: costis elevatis, regularibus; aperturâ dilatatâ, depressâ, angulo externo elongato, subacuto, cristâ subelevatâ, gradatâ.

Dimensions.

Diamètre	15	millimètres.
Épaisseur	21	*id.*
Hauteur de la bouche	7	*id.*

Description.

Coquille peu épaisse, déprimée, beaucoup plus haute que large, par conséquent presque transversale, marquée partout de fortes côtes également épaisses, très régulières, qui s'étendent de la bande carénale jusqu'à la columelle, sans s'infléchir aucunement près de la carène; point d'ombilic; la columelle, au contraire, très saillante. *Bouche* transversale, déprimée, arrondie supérieurement, prolongée latéralement en deux oreilles, épaisses, presque aiguës à leur extrémité, et fortement encroûtées. *Bande carénale* saillant carrément au milieu de dépressions latérales, divisée partout par segments égaux, aussi larges que les côtes, ce qui la fait paraître comme perlée.

Rapports et différences. De tous les Bellérophes non ombiliqués, le *B. vasulites* est le plus large transversalement, et celui dont les oreilles s'allongent le plus en pointe. Il se distingue aussi de tous les autres par la bande carénale, divisée profondément par segments égaux espacés.

Localité. M. de Verneuil, qui nous a communiqué l'échantillon que nous décrivons, l'a rencontré dans les calcaires carbonifères *mountain limestone* (Belgique); Montfort l'indique comme des environs de Namur; ainsi il y aurait identité de gisement. Davreux le cite à Souvré. Cette espèce, le type du genre établi par Montfort, comme étant chambré, avait été regardée comme apocryphe par plusieurs personnes, parce que Monfort n'a pas toujours fait preuve de bonne foi dans ses travaux. Néanmoins, ayant cherché à la reconnaître parmi les espèces que nous avons pu examiner, nous croyons enfin y être parvenu; il est impossible de remarquer plus de concordance de caractères avec ce qu'en dit le créateur du genre: mêmes côtes régulières, même largeur transversale, même prolongement des oreilles, et même régularité dans les sections de la bande carénale. La seule différence que nous puissions y voir, c'est que les segments de la bande, au lieu de former de petites perles, sont coupés carrément d'une manière régulière.

Explication des Figures.

Pl. 1, fig. 8. Individu vu de face en dessous; figure copiée dans l'ouvrage de Montfort.
Fig. 9. Le même, vu en dessus, copie des figures de Montfort.
Pl. 2, fig. 1. Un autre individu vu de face, en dessus, et grossi, dessiné d'après nature sur un échantillon de Visé, communiqué par M. de Verneuil.
Fig. 2. Le même, vu en dessus, du côté de la bouche.
Fig. 3. Le même, vu de profil.
Fig. 4. Partie de la bande carénale, plus fortement grossie, pour montrer les lignes d'accroissement.
Fig. 5. Convexité du dos de la coquille, pour montrer la saillie de la bande carénale.
Fig. 6. La même coquille, de grandeur naturelle, au trait. A. D'O.

N° 2. BELLÉROPHE TRÈS LARGE. — *BELLEROPHON EXPANSUS, Murchison.*

BELLÉROPHES. Pl. 8, fig. 1.

Bellerophon expansus, Murchison, 1839; Silur., p. 613, Pl. 5, fig. 32.

M. Murchison s'exprime en ces termes, à l'égard de cette espèce : « Spire petite, arrondie; bouche très large, bilobée, deux fois aussi large que haute; sinus large et court; hauteur de l'ouverture, 7 lignes et demie; largeur, 11 lignes.

LOCALITÉ. Dans le vieux grès rouge de Ludlow et de Trewerne-Hills.

C'est bien certainement une espèce des plus remarquables par son élargissement extraordinaire, et les deux lobes dont elle est formée.

N° 3. BELLÉROPHE DE FÉRUSSAC. — *BELLEROPHON FERUSSACI, d'Orbigny.*

BELLÉROPHES, Pl. 2, fig. 7 à 10.

B. testâ globosâ, non umbilicatâ, costatâ : costis elevatis, regularibus, posticè confertis, anticè distantibus; aperturâ arquatâ, angulo externo incrassato; cristâ elevatâ, angustatâ, subimbricatâ.

Dimensions.

Diamètre.	38 millimètres.
Épaisseur.	38 *id.*

Description.

Coquille épaisse, très globuleuse, presque sphérique, marquée de côtes saillantes, larges, espacées, très régulières, qui partent de la région ombilicale, vont en s'élargissant, jusqu'à la bande carénale, sans presque s'infléchir; point d'ombilic, cette partie étant encroûtée par une surface calcaire extérieure aux côtés de la bouche; celle-ci large, arquée, sans oreilles bien saillantes. *Bande carénale* un peu saillante, légèrement tranchante, marquée légèrement de lignes courbes un peu imbriquées.

RAPPORTS ET DIFFÉRENCES. Par ses côtes saillantes, régulières, cette espèce a beaucoup de rapports avec le *B. Blainvillei*, mais s'en distingue par sa forme globuleuse et non carénée, et par sa bande carénale, peu saillante.

Localité. Cette belle espèce vient de la collection de M. de Verneuil ; elle a été recueillie dans le calcaire carbonifère aux environs de Kildare (Irlande), et à Visé (Belgique).

Explication des Figures.

Pl. 2, fig. 7. *Bellerophon Ferussaci*, d'Orbigny, vu en dessus, dessiné d'après nature, et de grandeur naturelle, sur un échantillon de la collection de M. de Verneuil.
Fig. 8. Le même, vu de profil.
Fig. 9. Profil du dos de la coquille, pour montrer la saillie de la bande carénale.
Fig. 10. Partie de la bande carénale, pour montrer la jonction des lignes d'accroissement. A. D'O.

N° 4. BELLÉROPHE DE BLAINVILLE. — *BELLEROPHON BLAINVILLEI*, d'Orbigny.

Bellérophes, Pl. 3, fig. 1-3.

B. testâ subcompressâ, carinatâ, non umbilicatâ, costatâ : costis remotis, regularibus ; aperturâ magnâ, compressâ, triangulari ; cristâ elevatâ, acutâ, costatâ.

Dimensions.

Diamètre	51 millimètres.
Épaisseur	47 *id.*

Description.

Coquille renflée, ou légèrement comprimée latéralement, de manière à représenter une espèce de carène de forme tout à fait anguleuse, fortement marquée de côtes aiguës espacées, qui s'éloignent de plus en plus, en approchant de la bouche. *Ombilic* entièrement nul, cette partie étant saillante au lieu d'être concave. *Bouche* très haute, assez large, comprimée, subtriangulaire, formant un angle obtus à sa partie supérieure. *Bande carénale* saillante, en carène aiguë ; et, comme les lamelles élevées qui couvrent la coquille s'infléchissent fortement avant d'arriver à la carène en se rejoignant sur le milieu de celle-ci pour former un angle assez prolongé et obtus, elles figurent des lignes imbriquées. *Sinus* assez profond, représentant un angle obtus, assez arrondi.

Rapports et différences. Le *Bellerophon Blainvillei* est couvert de côtes, de même que les *Bellerophon imbricatus, costatus* et *angulatus*. Il se distingue facilement du premier par sa forme comprimée ; du second et du troisième, par son manque d'ombilic, et également par sa forte compression latérale ; ce qui lui donne la forme d'une nacelle.

Localité. Les échantillons que nous décrivons ont été recueillis dans le calcaire carbonifère de Visé, en Belgique. Nous devons cette magnifique espèce à la complaisance de M. Goldfuss, qui a bien voulu nous communiquer toutes celles de son riche cabinet. Il nous l'a adressée sous le nom de *Bellerophon costatus* Sow. ; mais, en comparant cette espèce avec les descriptions de M. Sowerby, nous nous sommes aperçu qu'elle ne pouvait y être réunie, et devait par ses caractères former une espèce distincte. En effet, M. Sowerby dit, dans sa description du *B. costatus*, *coquille globulaire, répandue, l'axe perforé.* Or, dans l'espèce qui nous occupe, la coquille est comprimée, non globuleuse, et n'est pas ombiliquée. Toutes ces différences nous ont amené à la distinguer sous un nom différent ; car nous sommes bien certain que ce ne peut être le *Bellerophon costatus* de Sowerby.

Explication des Figures.

Pl. 3, fig. 1. ***Bellerophon Blainvillei*** d'Orbigny, vu sur le dos, et de grandeur naturelle, figure dessinée d'après nature, et communiquée par M. Goldfuss sous le nom de ***Bellerophon costatus.***

Fig. 2. Le même, vu en dessus.

Fig. 3. Le même, vu de profil.

A. D'O.

N° 5. BELLÉROPHE DE MUNSTER. — *BELLEROPHON MUNSTERII, d'Orbigny.*

BELLÉROPHES, Pl. 2, 11 fig. à 15.

Bellerophon compressus, Mich. et Potiez, ***Catal. du Mus. de Douai***, 1838, Pl. 1, fig. 1, 2, 3, pag. 3?
———— ***sublævis***, Mich. et Potiez, ***Catal. du Mus. de Douai***, 1838, Pl. 1, fig. 4-6, p. 4?

B. testâ globulosâ, dilatatâ, non umbilicatâ; sublævigatâ, vel exilissimè substriatâ; aperturâ magnâ, dilatatâ, angulo externo incrassato, rotundato; cristâ sublatâ, planâ; sinu elongato, angustato.

Dimensions.

Diamètre d'un grand individu.	29	millimètres.
Épaisseur *idem*.	27	*id.*
Hauteur de la bouche.	12	*id.*
Diamètre d'un adulte.	38	*id.*

Description.

Coquille épaisse, globuleuse, un peu moins haute que large, arrondie, presque entièrement lisse ou marquée seulement de trois légères lignes d'accroissement peu apparentes, qui s'infléchissent légèrement en arrière près de la bande carénale; point d'ombilic, la columelle s'appuyant immédiatement sur le retour de la spire. *Bouche* assez grande, régulière, arquée, et à bords minces en dessus, formant latéralement des oreilles arrondies, épaisses, dont l'encroûtement n'est qu'externe, et ne s'étend que très peu au dehors. *Bande carénale* plane, ou formant un méplat légèrement saillant. Sa surface est marquée de petites lignes transversales presque droites, peu apparentes. *Sinus* très prolongé, étroit, s'étendant comme une fente sur huit ou neuf millimètres de longueur.

RAPPORTS ET DIFFÉRENCES. Nous distinguons ici une espèce toujours confondue avec le *Bellerophon tenuifascia* Sow., parce que, de même que celui-ci, elle est toujours presque lisse, s'en distinguant néanmoins au premier aperçu par sa bande carénale, large et non linéaire, plane et non élevée, ainsi que par le manque complet d'ombilic.

LOCALITÉ. M. Goldfuss l'a rencontrée à Visé (Belgique). C'est l'espèce la plus commune à Tournay (Belgique), où elle est entièment dégagée de corps étrangers, et peut être étudiée avec autant de facilité qu'une coquille vivante. Nous en possédons un assez grand nombre d'échantillons communiqués par M. de Verneuil. C'est de la même collection que nous en avons aussi observé de beaux échantillons, provenant des environs de Kildare (Irlande), toujours dans le calcaire carbonifère.

Cette espèce avait été confondue par les auteurs avec le *Bellerophon tenuifascia;* mais, comme nous l'avons fait voir, elle s'en distingue très facilement.

Nous apprenons à l'instant l'impression du *Catalogue du Musée de Douai,* par MM. Michaud et Potiez, ouvrage dans lequel se trouve une planche de Bellérophe. Les auteurs ont figuré, sans doute, sous le nom de *B. compressus*, un exemplaire écrasé par la pression du *Bellerophon Munsterii*. Ce caractère spécifique n'est évidemment dû qu'au mauvais état de l'individu. Peut-être faut-il réunir encore à notre espèce leur *B. sublævis* et leur *B. sulcatus*, caractérisés sur de jeunes individus. Quant à leur *Bellerophon obliquus*, c'est évidemment aussi un échantillon déformé; et, fût-ce une nouvelle espèce, ce dont nous doutons, sans pouvoir vérifier le fait, le nom imposé ne saurait être scientifiquement conservé; car non-seulement il est contraire à la forme caractéristique du genre, composé de parties paires, mais il est dû, ainsi que celui de leur première espèce, à une cause accidentelle de pression n'appartenant pas à l'espèce.

Explication des Figures.

Pl. 2, fig. 11. Échantillon, vu en dessus, et de grandeur naturelle, dessiné d'après nature.
Fig. 12. Le même, vu du côté de la bouche, celle-ci vide.
Fig. 13. Le même, vu de profil, montrant l'encroûtement de la bouche.
Fig. 14. Profil de la convexité de la bande carénale.
Fig. 15. Partie du dos et de la bande carénale légèrement grossie, pour montrer les lignes d'accroissement.

A. D'O.

N° 6. BELLÉROPHE BILOBÉ. — *BELLEROPHON BILOBATUS, Murchison.*

Pl. 8, fig. 2, 3.

Bellerophon bilobatus, Murchison, 1839, Silur., p. 643, Pl. 19, fig. 13.

M. Murchison dit ce qui suit sur cette espèce : « Forme presque globuleuse, lisse; bouche bilobée. Diamètre, 1 pouce et demi; largeur de l'ouverture, 1 pouce 3 lignes. Localité, dans le terrain silurien inférieur de Hordeley et Weslanstow, Velch poot, Michaelwood chace, Torlworth, Berwyns. »

Par sa forme globuleuse, par son manque d'ombilic, sa surface lisse, cette espèce ressemble au *B. Munsterii*, dont elle se distingue par son manque de crête dorsale et par son large sinus, très remarquable et rare parmi les Bellérophes. Du reste, nous ne connaissons pas l'espèce en nature.

N° 7. BELLÉROPHE GLOBULEUX. — *BELLEROPHON GLOBATUS, Murchison.*

Pl. 8, fig. 4, 5, 6.

Bellèrophon globatus, Murchison, 1839, Silur., p. 604 et 613, Pl. 3, fig. 15, Pl. 4, fig. 50.

Cette espèce, assez mal caractérisée, pourrait bien être un double emploi de celles que nous avons décrites; pourtant nous avons voulu en reproduire la figure et la trop courte description qu'en donne M. Murchison. Voici ce qu'il en dit : « Coquille globuleuse, lisse; bouche tranversalement oblongue, avec un petit sinus. Largeur, 4 lignes. Localité. De l'ancien grès rouge de Felendre, et dans la couche supérieure de Ludlow bone, de Ludfort. »

Nº 8. BELLÉROPHE DE DUMONT. — *BELLEROPHON DUMONTII, d'Orbigny.*

BELLÉROPHES, Pl. 2, fig. 16 à 20.

B. testâ compressâ, non umbilicatâ, lævigatâ, aperturâ elevatâ, subcompressâ, angulo externo compresso, incrassatissimo; cristâ angustatâ, planâ.

Dimensions.

Diamètre	46 millimètres.
Épaisseur	35 *id.*

Description.

Coquille très épaisse, fortement comprimée, beaucoup moins haute que large, légèrement comprimée latéralement, ce qui la rapproche de la forme naviculaire, quoique son dos soit arrondi. Sa surface est lisse; à peine y distingue-t-on, à l'aide d'un verre grossissant, des lignes d'accroissement très fines. Point d'ombilic. *Bouche* légèrement comprimée ou anguleuse, à bords épais partout; sur les côtés, elle ne forme pas d'oreilles dilatées, cette partie étant peu élevée, fortement épaissie par un très large encroûtement plane, qui s'étend très loin en dehors, et couvre une grande surface du retour de la spire. *Bande carénale* plane, non saillante, lisse ou légèrement striée en travers; sinus peu prolongé. *Moule intérieur* lisse dans toutes ses parties.

RAPPORTS ET DIFFÉRENCES. C'est évidemment du *B. Munsterii* que cette espèce se rapproche le plus, par le manque d'ombilic, par sa surface presque lisse, par sa bande carénale, plane et unie; mais elle s'en distingue par une coquille fortement comprimée, également épaisse partout, par le peu d'ampleur de ses oreilles latérales, ainsi que par leur grand épaississement, et par son encroûtement extérieur.

LOCALITÉ. Cette charmante coquille, que nous devons encore à la complaisance de M. de Verneuil, vient du calcaire carbonifère de Visé (Belgique). Son test est passé à l'état de chaux carbonatée blanche; son moule intérieur est noirâtre.

Explication des Figures.

Pl. 2, fig. 16. Individu vu sur le dos, de grandeur naturelle, dessiné d'après nature, sur un échantillon communiqué par M. de Verneuil.
Fig. 17. Le même, vu en dedans, du côté de la bouche.
Fig. 18. Le même, vu de profil.
Fig. 19. Convexité de la bande carénale, vue de profil, et grossie.
Fig. 20. Partie de la bande carénale, pour montrer les lignes d'accroissement. A. D'O.

Nº 9. BELLÉROPHE DE WENLOCK. — *BELLEROPHON WENLOCKENSIS, Murchison.*

Pl. 8, fig. 7.

Bellerophon Wenlockensis, Murchison, 1839, Silur., p. 627, Pl. 13, fig. 21.

Sous ce nom, et sans description, M. Murchison a publié un moule intérieur de Bellérophe qui nous paraît indéterminable; aussi nous contentons-nous d'en reproduire la figure sans y rien ajouter. Il a été trouvé dans le terrain silurien inférieur de Ludlow, principalement à Ledbury.

2. *Espèces pourvues d'une impression ombilicale.*

N° 10. BELLÉROPHE OUVERT. — *BELLEROPHON APERTUS, Sowerby.*

BELLEROPHON, Pl. 1, fig. 1; Pl. 3, fig. 4 à 6.

Bellerophon apertus, Sowerby (1824), *Min. conch.*, t. 469, fig. 1, p. 108.
——————— d'Orbigny, 1826, *Prod.*, p. 51, n° 7.
——————— Flemming, *British. an.*, p. 338, n° 6.
——————— Keferstein, *Cat.*, p. 27, n° 1; *Naturg. der Erdk.*, 2 th., p. 429, n° 1.
——————— Davreux, *Essai sur la Constitution géol. de la province de Liége,* Tabl., p. 271 ?

B. testâ globosâ, lævigatâ, crassâ; umbilico angustato; aperturâ semi-lunari; angulo externo rotundato.

Dimensions.

Diamètre.	70 millimètres.
Hauteur.	53 *id.*

Il paraît que l'espèce devient plus grande encore.

Description.

Coquille très épaisse, très lisse, à peu près sphérique, très globuleuse, à tours embrassants, montrant seulement, lorsque la coquille existe, une large dépression ombilicale. *Bouche* étroite, transversale, à bords dilatés, presque arrondie à ses angles latéraux. *Moule intérieur* très lisse, marqué de dépressions longitudinales peu apparentes, l'une médiane, les autres latérales, laissant apercevoir, dans l'ombilic, le quart de la largeur de chaque tour. Le bord extérieur de l'ombilic est quelquefois légèrement caréné de chaque côté; mais cette disposition ne paraît pas se montrer dans la coquille même. Nous n'avons pas aperçu de *sinus;* mais M. Sowerby assure qu'il en existe un dans les individus adultes. Il n'a pas vu de bande carénale.

RAPPORTS ET DIFFÉRENCES. Il est difficile d'établir des caractères certains pour cette espèce, dont on n'a encore rencontré que des moules; mais tout au moins avons-nous la certitude que, sous le même nom, ont été confondues plusieurs espèces bien distinctes. L'individu qui a servi à cette description, et qui nous a été communiqué par M. de Verneuil, est du même lieu que ceux que M. Sowerby a décrits et figurés, et tout nous donne la certitude qu'il n'avait pas d'ombilic, lorsqu'il portait sa coquille, tandis que d'autres exemplaires de l'Eifel, que nous regardons comme d'espèce différente, ont la coquille toujours très mince au lieu de l'avoir épaisse; et, dans tous les états, sont pourvus d'un ombilic qui permet d'apercevoir la moitié des tours de spire; aussi les avons-nous séparés sous le nom de *Bellerophon Goldfussii,* Nob.

LOCALITÉ. M. Sowerby l'a recueilli dans le calcaire carbonifère de Carlingford, comté de Sowth, en Irlande; il est formé d'un calcaire compacte avec cristaux de carbonate de chaux et de sulfate de baryte. On le trouve également à Settle (Yorkshire), à Kendal et à Bristol. Selon M. Flemming, on le rencontre dans le Lenlithgowshire, en Écosse. M. Goldfuss et M. de Verneuil l'ont aussi rapporté de l'Eifel, dans le terrain dévonien. M. de Verneuil nous le communique comme venant d'Armagh, en Irlande, dans le calcaire carbonifère.

Explication des Figures.

Pl. 1, fig. 1. Moule intérieur, copié sur la figure de M. Soverby, dans son *Mineral conchology*.
Pl. 3, fig. 4. Moule intérieur, vu du côté de la bouche, et de grandeur naturelle, lithographié d'après un dessin communiqué par M. Goldfuss.
Fig. 5. Le même, vu sur le dos.
Fig. 6. Le même, vu de profil. A. D'O.

N° 11. BELLÉROPHE TUBERCULEUX. — *BELLEROPHON TUBERCULATUS*, Férussac.

BELLEROPHON, Pl. 1, fig. 10, et Pl. 3, fig. 7 à 10.

Nautilites de Hüpsch, *der inder Deutschl.*, p. 27, tab. III, fig. 20, 21.
Bellerophon tuberculatus, Férussac, 1825; d'Orbigny, *Tabl. méthod. des Céphal.*, p. 50, n° 2.
——————— Keferstein, *Cat.* p. 27, n° 8.
——————— Keferstein, *Naturg. der Erdk.*, 2 th., p. 430, n° 18.
Bellerophon nodulosus, Goldfuss, mss; Keferstein, *Naturg. der Erdk.*, p. 429, n° 13.
Bellerophon Hupschii, Labèche, Defrance, Keferstein, *Naturg.*, p. 249, n° 11.

B. testâ globulosâ, subsphæroidali, subumbilicatâ, tuberculatâ : tuberculis quinconcialibus; aperturâ semilunari angustatâ, angulo externo rotundo; cristâ tuberculatâ, angustâ.

Dimensions.

Diamètre	24	millimètres.
Épaisseur	24	*id.*
Hauteur verticale de la bouche	7	*id.* (1)

Description.

Coquille très globuleuse, presque sphérique, couverte de petits tubercules arrondis, assez serrés, rangés avec une grande symétrie, de manière à présenter des lignes régulières en quinconce dans toutes les directions. Les tubercules s'allongent en approchant de la région ombilicale, et finissent même par se réunir en lignes au bord de l'ombilic. *Ombilic* étroit, à peine ouvert, peu apparent sur quelques individus. *Bouche* étroite, transversale, fortement arquée en demi-lune, à côtés arrondis, non élargis. *Bande carénale* un peu saillante, plus ou moins large, comme divisée en nœuds également espacés. *Sinus?* Les tubercules de la carène annoncent sans aucun doute les points d'accroissement.

Moule intérieur?

Les différences qui paraissent exister entre les divers individus rencontrés, consistent en une plus ou moins grande longueur de la bande carénale, et en ce que les tubercules sont disposés plus ou moins régulièrement.

RAPPORTS ET DIFFÉRENCES. Nous croyons qu'indépendamment de son enroulement, très régulier, cette espèce se distingue nettement de toutes les autres par ses tubercules réguliers, en quinconce.

La première indication de cette espèce est due à M. de Hüpsch, qui l'a bien caractérisée dans le peu de mots qu'il en a dit; il l'appelle *Nautile sans cloisons.* Malheureusement il

(1) On en a rencontré de 38 millimètres de diamètre. Nos dimensions sont prises sur l'échantillon qui nous a servi dans cette description.

n'en a donné que deux bien mauvaises figures, que M. de Férussac reproduit, faute, à cette époque (1826), de tout autre renseignement à son sujet. Avec M. de Férussac, nous l'avons nommée *tuberculatus*, à cause de ses caractères. On voit, d'après notre synonymie, que M. Keferstein a indiqué cette espèce sous trois noms différents : le nôtre d'abord, celui que M. Defrance a proposé pour les mêmes figures de M. de Hüpsch, et enfin, la dénomination que lui a imposée M. Goldfuss, qui a bien voulu l'abandonner pour adopter celle que nous lui avions antérieurement donnée dans notre tableau des Céphalopodes.

Localité. M. de Hüpsch l'a rencontrée près de Bensberg, dans le duché de Berg. M. de La Bèche l'indique comme se trouvant à Chimay (Blankenburg), dans les schistes calcaires. L'échantillon qui nous a été communiqué par M. de Verneuil, de même que ceux de M. Goldfuss, viennent des terrains dévoniens de Gerolstein, dans l'Eifel, et de Paffrath, sur la rive droite du Rhin.

Explication des Figures.

Pl. 1, fig. 10. Copie des figures méconnaissables de Hüpsch.
Pl. 2, fig. 7. Individu vu du dos, dessiné d'après nature sur les échantillons de la collection de M. Goldfuss.
Fig. 8. Coquille, vue en face sur le dos, et plus âgée que la précédente, également dessinée d'après nature sur un échantillon de la collection de M. Goldfuss.
Fig. 9. Profil de la bande carénale de l'échantillon de la figure 7.
Fig. 10. Profil de la figure 8. A. D'O.

N° 12. BELLÉROPHE STRIÉ. — *BELLEROPHON STRIATUS*, *Férussac.*

Pl. 1, fig. 11; Pl. 3, fig. 11, 13, 14, 17; Pl. 4, fig. 1, 5.

De Hüpsch, *Naturg. der inder Deuts*, t. 3, p. 27, fig. 21?
Bellerophon striatus, Férussac, 1828; d'Orbigny, *Tabl. des Céphal.*, p. 50, n° 3.
———————— Keferstein, *Cat.*, p. 47, n° 6.
———————— Keferstein, *Nat. der Erdk.*, 2 th., p. 430, n° 15.
Bellerophon undulatus, Goldfuss, mss.; Keferstein, *Nat.*, p. 430, n° 19.
Bellerophon lineatus, Goldfuss, mss.; Brown, *Lethea*, p. 96, Pl. 1, fig. 11 *a*, *b*, *c*.

B. testâ globulosâ, ventricosâ, crassâ, subumbilicatâ, transversim costato-undulatâ; aperturâ depressâ, latâ, angulo externo rotundato; cristâ elevatâ, crenatâ.

Dimensions.

Diamètre	35 millimètres.
Épaisseur	38 *id.*

Description.

Coquille globuleuse, plus large que haute, épaisse, très légèrement ombiliquée. *Très jeune*, elle est simplement striée en travers; un peu plus âgée, elle est marquée de petits sillons interrompus, transverses; à la moitié du diamètre qu'elle doit atteindre, elle est couverte de côtes irrégulières, entrecroisées ou anostomosées, entre lesquelles sont des stries très fines. Rendu à l'âge *adulte*, les côtes sont peu à peu remplacées par de larges gradins ondulés représentant des tubercules tronqués en avant, aplatis en arrière, et alternes, ce qui donne à l'ensemble, l'aspect du tissu de la vannerie de certains paniers. *Bouche* large, arquée en demi-lune. *Bande carénale* large, élevée, carrée, et fortement crénelée de côtes imbriquées. Le sinus profond. On voit que cette espèce a le singulier caractère de changer d'aspect à mesure qu'elle croît.

Rapports et différences. Voisine du *Bellerophon tuberculatus*, cette espèce s'en distingue nettement par le tissu que présentent, en quelque sorte, les tubercules de l'âge adulte.

Localité. L'individu figuré par Hüpsch venait du terrain de l'Eifel. M. de Verneuil nous en a communiqué de tous les âges, provenant des terrains dévoniens de Paffrath, près de Cologne, de Bellignies, près de Mons. Les échantillons de M. Goldfuss sont de Chimay, de Bemberg et de Paffrath, toujours dans les mêmes couches.

Histoire. Nous rapportons, avec doute, cette espèce à la figure d'Hüpsch. M. de Férussac ne la connaissait que jeune, et en a fait son *Bellerophon striatus*, auquel nous croyons qu'on pourrait joindre les *Bellerophon lineatus* et *carinatus* de M. Goldfuss, qui n'en sont encore que de jeunes. En effet, le jeune (à 11 millimètres de diamètre) a des stries fines; c'est alors le *B. lineatus* Goldfuss. Rendu à 15 millimètres, les stries forment des sillons bien marqués, mais interrompus, remplacés par des côtes et des stries au diamètre de 19 millimètres, et il devient le *B. striatus* des auteurs; tandis qu'à 35 millimètres, il a le tissu singulier du *B. undulatus* Goldfuss. Il faut donc réunir sous le même nom les *Bellerophon striatus, lineatus* et *undulatus,* qui ne sont que des modifications d'âge d'une même espèce, comme nous nous en sommes assuré par les échantillons de la collection de M. de Verneuil. Nous possédions seulement, dans le principe, les dessins que M. Goldfuss avait eu la complaisance de nous confier, ce qui nous a fait figurer ces variétés d'âge avec les noms de ce savant; mais l'examen de nombreux échantillons nous a amené aux réductions précédentes.

Explication des Figures.

Pl. 1, fig. 11. Coquille, vue en dessus; copie de la figure d'Hüpsch.
Pl. 3, fig. 11. *B. undulatus* Goldf., individu vu sur le dos, de grandeur naturelle; dessiné d'après nature par M. Hohé, sur un échantillon de la collection de M. Goldfuss.
Fig. 12. Le même, vu de profil.
Fig. 13. Profil de la bande carénale, de grandeur naturelle.
Fig. 14. *B. lineatus* Goldf., individu vu en dessus, de grandeur naturelle. Dessin communiqué par M. Goldfuss.
Fig. 15. Le même, vu de profil.
Fig. 16. Le même, vu du côté de la bouche.
Fig. 17. Profil de la bande carénale.
Pl. 4, fig. 1. *B. striatus*, individu vu sur le dos. Dessin communiqué par M. Goldfuss.
Fig. 2. Le même, vu du côté de la bouche.
Fig. 3. Le même, vu de profil.
Fig. 4. Partie de la bande carénale, grossie, pour montrer les lignes d'accroissement.
Fig. 5. La même partie, vue de profil.
Pl. 7, fig. 4. Individu, vu de profil, réunissant les caractères du *B. striatus* et du *B. undulatus* de M. Goldfuss; dessin d'après nature sur un échantillon de M. de Verneuil.
Fig. 5. Le même, vu sur le dos.

A. D'O.

N° 13. BELLÉROPHE CANALIFÈRE. — *BELLEROPHON CANALIFERUS, Goldfuss.*

Bellérophes, Pl. 4, fig. 6-8.

Bellerophon sulcatus, Goldfuss; Keferstein, *Nat. der Erdk.*, 2 th., p. 430, n° 16.

B. testâ globosâ, dilatatâ, subumbilicatâ, subtilissimè striatâ; aperturâ magnâ, latâ; cristâ impressâ, canalem referente, latâ, subimbricatâ.

Dimensions.

Diamètre. . . . . 80 millimètres.

Coquille globuleuse, souvent plus large que haute, marquée partout de stries régulières assez rapprochées, qui s'infléchissent fortement en arrière, dans le canal médian. *Ombilic* à peine marqué d'une légère dépression. *Bouche* très grande, très large, peu arquée, sans oreilles latérales. *Bande carénale* formant un canal large et assez profond, à bords arrondis, ornés, sur les côtés, de lignes obliques d'avant en arrière, qui correspondent aux anciens bords du sinus, et dans la partie la plus profonde, de petites stries imbriquées, anciennes limites du sinus.

RAPPORTS ET DIFFÉRENCES. Cette espèce se distingue nettement de toutes les autres par sa bande carénale, qui, au lieu d'être en relief, forme un canal assez profond. Elle n'a réellement de rapports, par ce caractère, qu'avec le *Bellerophon Blainvillii* Nob., qui en diffère encore par son manque de stries sur la coquille et dans le canal.

LOCALITÉ. Cette espèce a été rencontrée par M. Goldfuss dans le calcaire carbonifère de Ratingen.

C'est à la généreuse communication que M. Goldfuss a bien voulu nous faire des magnifiques espèces qui composent sa collection, que nous devons la connaissance de ce Bellérophe.

Explication des Figures.

Pl. 4, fig. 6. *B. canaliferus* Goldfuss, vu de face, du côté de la bouche; dessiné d'après nature sur un échantillon de la collection de M. Goldfuss.

Fig. 7. Un autre exemplaire, vu sur le dos, également dessiné sur un échantillon de la collection de M. Goldfuss.

Fig. 8. Lignes d'accroissement du sillon dorsal. A. D'O.

N° 14. BELLÉROPHE DE CORRIE. — *BELLEROPHON CORRIEI*, *d'Orbigny*.

BELLÉROPHES, Pl. 4, fig. 9-12.

B. testâ globulosâ, subtenui, umbilicatâ, lævigatâ; aperturâ rotundatâ, angulo externo rotundo; cristâ impressâ, canalem referente, angustatâ, lævigatâ.

Dimensions.

Diamètre	70	millimètres.
Épaisseur	70	*id.*
Hauteur verticale de la bouche	29	*id.*

Description.

Coquille très globuleuse, aussi large que haute, très arrondie, très lisse, montrant à peine quelques très légers indices de lignes d'accroissement, près de l'ombilic. *Ombilic* étroit, mais marqué et profond. *Bouche* grande, arrondie, peu arquée, sans oreilles latérales. *Bande carénale* formant un petit canal régulier, coupé carrément, lisse dans toutes ses parties. *Moule intérieur* très lisse, ayant le canal large, et fortement marqué.

RAPPORTS ET DIFFÉRENCES. Cette charmante espèce, qui, par son test entièrement lisse, a quelque rapport avec le *Bellerophon tenui fasciâ*, s'en distingue nettement par sa bande carénale, formant un canal, caractère qui la rapprocherait du *Bellerophon canaliferus*, si celui-ci n'était fortement strié, et à canal marqué de stries, modification que ne présente pas l'espèce qui nous occupe.

Le magnifique échantillon que nous figurons a été envoyé par madame Suzanna Corrie à M. de Verneuil, qui nous l'a communiqué; il vient des calcaires carbonifères des environs d'Antrim, en Irlande. Nous profitons de cette circonstance pour dédier cette espèce à madame Corrie, à laquelle nous sommes redevable de fossiles bien précieux.

Explication des Figures.

Pl. 4, fig. 9. Individu de grandeur naturelle, vu de profil; dessiné d'après nature sur un échantillon de la collection de M. de Verneuil.

Fig. 10. Le même, vu sur le dos.

Fig. 11. Partie du sillon dorsal.

Fig. 12. Profil du sillon dorsal.

A. D'O.

N° 15. BELLÉROPHE IMBRIQUÉ. — *BELLEROPHON IMBRICATUS, Goldfuss.*

BELLÉROPHES, Pl. 5, fig. 1, 3, 4.

Bellerophon imbricatus, Goldfuss, mss., Keferstein, *Nat. der Erdk*, p. 429, n° 12.

————————— Davreux, *Essai sur la constitution géognostique de la province de Liége*, Tabl., p. 271. (Tous les synonymes sont faux.)

B. testâ globulosâ, striatâ : striis remotis, regularibus; aperturâ latâ, magnâ; cristâ latâ, depressâ, mbricatâ, utrinque marginatâ.

Dimensions.

Diamètre.	88 millimètres.
Épaisseur.	103 *id.*

Description.

Coquille globuleuse, un peu comprimée, plus haute que large, ornée de lames imbriquées, plus ou moins serrées, qui partent de la bande carénale, forment à ses deux côtés, une crête, et de là s'arquent jusqu'à la partie ombilicale, qui ne paraît pas être perforée. *Bouche* très large, très haute, peu arquée. *Bande carénale* large, concave au milieu, relevée en crête latéralement, et pourvue d'un grand nombre de stries arquées, anciennes limites du sinus, qui néanmoins ne paraît pas avoir été profond. *Moule intérieur ?*

RAPPORTS ET DIFFÉRENCES. Tous les caractères présentés par cette espèce, que M. Goldfuss a bien voulu nous communiquer, se rapportent à ceux du *Bellerophon huilcus*. Pourtant, comme le *Bellerophon imbricatus* ne paraît pas être ombiliqué, ce caractère serait suffisant pour l'en distinguer. C'est, au reste, la seule espèce qui, comme le *Bellerophon huilcus*, ait sa bande carénale pourvue d'une petite carène latérale, élevée de chaque côté. Sous ce même nom, M. Goldfuss avait envoyé les dessins de deux espèces distinctes : celle-ci, à laquelle nous conservons le nom appliqué par M. Goldfuss, et le *Bellerophon angulatus*.

LOCALITÉ. On rencontre ce Bellérophe, suivant M. Goldfuss, dans les terrains carbonifères de Ratingen, et, suivant Darvieux, à Souvré, dans les mêmes terrains.

Explication des Figures.

Pl. 5, fig. 1. Individu vu du côté de la bouche; dessiné d'après nature sur un échantillon de la collection de M. Goldfuss.
Fig. 2. Un autre échantillon, vu sur le dos, dessiné d'après nature.
Fig. 3. Partie des lignes d'accroissement, de la ligne carénale, pour montrer le sinus qu'elle forme.
Fig. 4. Profil de la convexité de la bande carénale. A. D'O.

N° 16. BELLÉROPHE A PETITE FENTE. — *BELLEROPHON HUILCUS, Sowerby.*

Pl. 1, fig. 4; Pl. 4, fig. 13; Pl. 5, fig. 5, 8.

Nautilites huilcus, Martin, *Pet. Derb.*, t. 40, fig. 1, et *Syst. arr.*, t. 1, p. 15. Var. *A.*
Bellerophon huilcus, Sowerby, *Min. conch.*, t. 470, fig. 1.
——————— Sowerby, *Gen. of shells*, fig. 2.
——————— d'Orbigny, 1825, *Tabl. syst. des Céphal.*, p. 1, n° 4.
——————— Deshayes, 1830, *Encycl. méth.*, Vers., t. 2, p. 133, n° 1.
——————— Flemming, *Britisch. anim.*, p. 338, n° 1.
——————— Keferstein, *Catal.*, p. 27, n° 5; *Naturg. der Erdk.*, p. 429, n° 10.
——————— Davreux, *Essai sur la constit. géognostique de la prov. de Liége*, Tabl., p. 271 (1)?
Bellerophon bicarinatus, Léveillé, *Mémoires de la Société géol.*, t. 2, 1re partie, p. 38, Pl. 2, fig. 5, 6, 7.

B. testâ globulosâ, dilatatâ, umbilicatâ, striatâ : striis elevatis; aperturâ minimè arquatâ, magnâ; cristâ depressâ, utrinque striatâ, notatâ.

Dimensions.

Diamètre	30 millimètres.
Hauteur	32 *id.*

Description.

Coquille globuleuse, très élargie, à stries serrées, aiguës, saillantes, partant obliquement de la bande carénale à l'ombilic. *Ombilic* ouvert. *Bouche* large, peu arquée. *Bande carénale* aplatie, large, dont les côtés sont marqués de côtes aiguës, et le milieu orné de stries arquées, restes des points d'arrêt du sinus, lorsque la coquille s'accroît. *Moule intérieur?*

Rapports et différences. Cette espèce se distingue nettement de toutes celles qui précèdent par sa bande carénale, concave, et ornée, de chaque côté, d'une côte élevée, caractère que nous n'avons encore retrouvé sur aucune espèce. Le seul *Bellerophon imbricatus* Goldf. nous montre la même côte, les stries arquées de son intérieur, ainsi que tous les détails de forme de cette espèce; aussi serions-nous porté à réunir ce Bellérophe, comme faisant peut-être double emploi.

Localité. L'échantillon que nous figurons, et que nous devons à la complaisance de M. de Verneuil, vient du terrain carbonifère de Tournay (Belgique). L'échantillon décrit par Martin, ainsi que ceux que mentionnent MM. Sowerby et Flemming, ont été rencontrés dans le calcaire carbonifère du Derbyshire. M. de la Bèche l'indique à Visé, à Ratingen et

(1) C'est à tort que M. Davreux lui rapporte, comme synonyme, le *Bellerophon striatus* de M. Goldfuss.

à Paffrath ; M. Goldfuss, à Ratingen (1) ; M. Dareux, dans la province de Liége ; M. Hœninghaus, à Blankenburg, dans la grauwacke ; M. Davreux, à Souvré ; mais comme il est très facile de confondre les espèces, nous n'osons garantir l'exactitude de tous ces gisements. Il est très douteux que ce Bellérophe ait jamais été trouvé à Paffrath et à Blankenburg.

Cette espèce est encore une de celles dont on doit la première connaissance à Martin ; espèces qui seraient restées inconnues, sans doute, à cause de la rareté de son ouvrage, si M. Sowerby ne les avait pas signalées dans le sien. Parmi les caractères assignés par M. Sowerby, nous remarquons : « Coquille globuleuse, répandue, à stries serrées, longues, l'axe « percé, la bande centrale large de près de 1/8 de pouce, plate, pourvue de stries arquées, « et marquée, de chaque côté, d'une ligne aiguë. C'est, au reste, la coquille la plus large. » On voit qu'il n'y a aucune indécision sur le rapprochement que nous faisons de l'espèce que nous figurons ; mais alors il faudra supprimer le *Bellerophon bicarinatus* de Léveillé, évidemment le même que le nôtre.

Explication des Figures.

Pl. 1, fig. 4. Individu, vu en dessous et de profil, copié du *Mineral conchology*.
Pl. 4, fig. 13. Coquille vue sur le dos, dessinée d'après nature, et de grandeur naturelle.
Pl. 5, fig. 5. Coquille vue du côté de la bouche.
Fig. 6. La même, vue de profil.
Fig. 7. Bande carénale, grossie, vue en dessus, dessinée d'après nature.
Fig. 8. Profil de cette même bande carénale.

A. D'O.

N° 17. BELLÉROPHE D'URE. — *BELLEROPHON URII, Flemming.*

BELLÉROPHES, Pl. 4, fig. 14, 19.

Bellerophon Urii, Flemming, *Britisch. anim.*, p. 338, n° 8.
Bellerophon Urii, Phillips, Pl. XVII, fig. 11-12.

B. testâ tenui, globosâ, subsphæroidali, subumbilicatâ, longitudinaliter costatâ : costis elevatis, concentricis ; aperturâ depressâ, arcuatâ, transversim angustatâ ; cristâ impressâ, costâ medio munitâ.

Dimensions.

Diamètre.	9 millimètres.
Épaisseur.	7 *id.*
Hauteur de la bouche.	1 1/2 *id.*

Description.

Coquille mince, très globuleuse, presque orbiculaire, quoique un peu comprimée, c'est-à-dire un peu plus large que haute, très régulière, ornée de côtes aiguës épaisses, qui suivent la direction de l'encroûtement de la spire. Ces côtes sont plus rapprochées vers la partie dorsale que sur les côtés. *Ombilic* marqué par une impression si légère, qu'on pourrait presque dire qu'il n'est qu'indiqué. *Bouche* déprimée, très étroite, transversale, et fortement arquée, ne s'élargissant pas latéralement pour former des oreilles, ainsi qu'on le

(1) Ce qui nous ferait d'autant plus croire que le *Bellerophon imbricatus* de M. Goldfuss est le même que celui-ci, c'est qu'il vient de la même localité ; rapprochement qui, pour des fossiles, est, à notre avis, de grande valeur. Il nous paraît également évident que les auteurs confondent plusieurs espèces sous le nom de *Huilcus*.

remarque dans beaucoup d'espèces globuleuses. *Bande carénale* légèrement concave, séparée comme en deux rainures par une côte élevée, aiguë, longitudinale et médiane.

Rapports et différences. Cette espèce globuleuse se distingue nettement des autres Bellérophes par les côtes régulières qui suivent la direction de l'enroulement spiral, ainsi que par sa carène bicanaliculée. Nous représentons comparativement, *Pl.* 6, *fig.* 1 et 2, le jeune âge de l'*Helicophlegma Keraudrenii* d'Orb., qui ressemble à ce Bellérophe avec une telle similitude de forme et de côtes, qu'on n'aurait pas balancé à les réunir, comme faisant une seule et même espèce, si ces deux coquilles avaient été rencontrées dans la même couche, ou étaient vivantes l'une et l'autre. C'est une des preuves que nous alléguons à l'appui de notre opinion, que les Bellérophes sont des animaux voisins des Atlantes.

Localité. Ce charmant Bellérophe a été rencontré par M. de Verneuil dans les terrains carbonifères des environs de Tournay, en Belgique, et dans le Yorkshire, en Angleterre, ainsi qu'aux environs de Glascow. Suivant ce géologue, cette espèce se trouve aussi dans le terrain silurien, sur la petite rivière Ony, près de Ludlow.

Explication des Figures.

Pl. 4, fig. 14. Individu vu du côté de la bouche, et grossi ; dessiné d'après nature.
Fig. 15. Le même, grossi, vu du côté du dos.
Fig. 16. Le même, vu de profil.
Fig. 17. Partie de la bande dorsale, plus fortement grossie.
Fig. 18. Profil de la bande dorsale, très grossi.
Fig. 19. Coquille de grandeur naturelle.
Pl. 6, fig. 1 et 2. *Voir*, comparativement à cette espèce, le jeune de notre *Helicophlegma Keraudrenii*, si l'on veut juger de leur analogie. A. D'O.

2. *Espèces à ombilic ouvert, étroit.*

N° 18. BELLÉROPHE A COTES. — *BELLEROPHON COSTATUS, Sowerby.*

Bellérophon, Pl. 1, fig. 2, 3, 5; Pl. 5, fig. 9, 13; Pl. 6, fig. 3, 5.

Avec la coquille.

Parkinson, *Org. rem.*, vol. III, p. 141, t. X, fig. 6, 7.
Bellerophon costatus, Sowerby, *Min. conch.*, Tab. 470, fig. 4, t. 5, p. 110.
———————— Sowerby, *Gen. of Shells*, fig. 4.
———————— d'Orbigny, 1825, *Tabl. méth.*, p. 51, n° 6.
———————— Deshayes, 1830, *Encycl. méthod.*, Vers., t. 2, p. 134, n° 3.
———————— Flemming, *Britisch anim.*, p. 338, n° 3.
———————— Fischer, 1834, *Bulletin de la Société d'hist. nat. de Moscou*, 1re année, p. 316.
———————— Keferstein, *Catal.*, p. 27, n° 3; idem, *Naturg. der Erdk*, 2 th., p. 429, n° 6.
———————— Davreux, *Essai sur la Constit. géognostique de la province de Liége*, Tabl., p. 271.
Bellerophon umbilicatus, Potiez et Michaud, 1838, *Cat. de Moll. du Musée de Douai*, Pl. 1, fig. 13, 15, t. 1, p. 5. (Individu roulé.)

Le moule seulement.

Bellerophon angustatus, Phillips, Pl. XVII, fig. 6, 7, 14.
Nautilus, Ure, *Histor. of Ruth.*, p. 308, t. XIV, fig. 8. (D'après Flemming.)
Bellerophon cornu arietis, Sowerby, *Min. conchol.*, t. 419, fig. 22, p. 108.
———————— Flemming, *Britisch. anim.*, p. 338, n° 7.
———————— Keferstein, *Catal.*, p. 27, n° 2; idem, *Naturg. der Erdk.*, 2. th., p. 429, n° 5.

B. testâ globulosâ, dilatatâ, crassissimâ, subcarinatâ, umbilicatâ, transversim costatâ; aperturâ semilunari, angulo externo rotundato; cristâ carinatâ, lævigatâ.

Dimensions.

Diamètre	85	millimètres.
Épaisseur	92	*id.*
Hauteur verticale de la bouche	40	*id.*

Description.

Coquille très globuleuse, très épaissie, fortement marquée de côtes espacées, transversales, saillantes, souvent aiguës, qui partent de l'ombilic à la carène. L'intervalle compris entre chaque côte est souvent comme marqué d'ondulations qui suivent la direction de la spire. *Ombilic* assez ouvert, laissant apercevoir jusqu'au premier tour de spire; le bord extérieur en est très arrondi. *Bouche* très large, fortement évasée, très arquée, sinueuse à sa partie moyenne supérieure, élargie latéralement en oreilles arrondies. *Bande carénale* étroite, en arrête, unie, saillante, lisse. *Sinus* peu prolongé. *Moule intérieur* lisse, à tours de spire étroits, détachés, s'élargissant rapidement vers le bord du dernier, qui est caréné en dessus, et fortement échancré à sa partie médiane.

Rapports et différences. Cette espèce est voisine en même temps du *Bellerophon angulatus* et du *Bellerophon Blainvillii;* mais elle se distingue facilement du premier, qui est également ombiliqué, par le manque de compression latérale, par sa forme plus bombée, par sa carène saillante. Elle se distingue plus facilement encore du second, en ce que celui-ci n'est pas ombiliqué, que sa coquille est fortement comprimée, et enfin, par ses côtes plus régulières.

Histoire. M. Sowerby dit positivement que l'axe de son *Bellerophon costatus* est perforé, que la coquille en est globuleuse, répandue, un peu carénée, qu'elle est pourvue de côtes étroites, aiguës, tous caractères que nous retrouvons dans les deux individus que nous avons sous les yeux; mais une seule différence nous ferait craindre que ce ne soit une variété; c'est le manque complet d'indices de stries arquées de la bande carénale, celle-ci étant, au contraire, lisse en carène aiguë. Quoi qu'il en soit, nous croyons bien que c'est le véritable *Bellerophon costatus* de M. Sowerby. Nous avons aussi reconnu que le *Bellerophon cornu arietis* de cet auteur n'est évidemment que le moule intérieur du Bellérophon que nous avons observé. Sa coquille s'épaississant beaucoup à l'intérieur, finit par diminuer la largeur de la spire, à tel point que les tours en sont grêles et entièrement détachés, tandis qu'ils s'élargissent rapidement vers la bouche. Sur la partie supérieure, on remarque les traces d'une carène, que la coquille montre également. Cette coquille est toujours passée à l'état de chaux carbonatée, et un grand échantillon, qui nous a été communiqué par M. de Verneuil, montre parfaitement l'identité de ces deux espèces. Sa coquille a 25 millimètres d'épaisseur, ou bien près d'un pouce à ses côtés, tandis que, sur la carène, elle est réduite à 3 millimètres au plus. C'est un individu roulé qui a servi de type au *Bellerophon umbilicatus* de MM. Potiez et Michaud.

Localité. L'échantillon figuré par MM. Sowerby et Flemming a été rencontré dans les terrains carbonifères du Derbyshire. Le *Cornu arietis* est des environs de Kendal (Westmorelandshire). Flemming le décrit du Linlithgowshire (Écosse), dans le calcaire carbonifère. Le bel échantillon que nous figurons a été recueilli par M. de Verneuil, à Kildare

County, en Irlande, dans le calcaire carbonifère, ou *Mountain limestone*. Plusieurs espèces ayant été confondues sous la même dénomination, nous ne donnons, comme localité certaine, que celle de M. Sowerby et la nôtre.

Explication des Figures.

BELLEROPHON. Pl. 1, fig. 2. Le moule intérieur, vu de profil, copié du *Mineral conchology* de Sowerby, et figuré sous le nom de *Bellerophon cornu arietis*.

Fig. 3. Le même, vu de face, en dessus, copié de Sowerby.

Fig. 5. *Bellerophon costatus* Sowerby; jeune, vu de profil et de face; copié du *Mineral conchology*.

Pl. 5, fig. 9. Jeune individu, vu du côté de la bouche, dessiné d'après nature, variété de Tournay.

Fig. 10. Le même, vu de profil.

Fig. 11. Bande carénale, un peu grossie.

Fig. 12. Profil de la même bande.

Fig. 13. Grandeur naturelle.

Pl. 6, fig. 3. Très grand individu, vu en dessus, dessiné d'après nature sur un échantillon de la collection de M. de Verneuil.

Fig. 4. Le même, vu du côté de la bouche, montrant, au milieu, la partie intérieure noire, remplie de matières étrangères; figure présentant à la fois, par son moule et par la grande épaisseur de la coquille, une analogie parfaite avec le *Bellerophon cornu arietis*, qui n'en est que le moule.

Fig. 5. Profil de la bande carénale. A. D'O.

N° 19. BELLÉROPHE ANGULEUX. — *BELLEROPHON ANGULATUS*, *d'Orbigny*.

BELLÉROPHES, Pl. 4, fig. 20-24.

B. testâ globulosâ, angulatâ, umbilicatâ, utrinque costatâ: costis compressis; aperturâ latâ, subtriangulari; cristâ subconvexâ, imbricatâ.

Dimensions.

Diamètre.	35	millimètres.
Hauteur.	43	*id.*
Hauteur de la bouche.	25	*id.*

Description.

Coquille épaisse, globuleuse, plus haute que large, fortement déprimée sur les côtés, entre la bande carénale et l'ombilic, ce qui la rend un peu anguleuse, ornée de lamelles recouvertes, saillantes, transversales, assez espacées et très régulières, obliquant en arrière, près de la carène. *Ombilic* ouvert, comme bordé par la saillie de l'angle latéral de la coquille. *Bouche* très large, assez haute, formant un triangle très ouvert par ses dépressions latérales supérieures. *Bande carénale* assez large, comme déprimée latéralement, convexe au milieu, fortement marquée de lignes espacées, arquées, saillantes, anciennes limites du sinus, qui paraît ne pas avoir été très profond. *Moule intérieur* à tours de spire presque détachés, très lisse, marqué seulement, sur la ligne médiane, d'une dépression correspondant à la bande carénale.

RAPPORTS ET DIFFÉRENCES. Cette espèce de Bellérophe se distingue très facilement de toutes celles que nous décrivons par la dépression latérale, qui la rend comme anguleuse;

caractère qui, joint à son ombilic profond, et à sa bande carénale sans crêtes latérales, la sépare entièrement du *Bellerophon imbricatus*, tandis que la présence de l'ombilic, ainsi que la saillie qui entoure cette partie, la distingue du *Bellerophon Blainvillii* Nob.

Localité. Nous avons sous les yeux six exemplaires de cette espèce, recueillis par M. de Verneuil, dans le calcaire carbonifère de Visé, en Belgique.

M. Goldfuss en avait envoyé un dessin à M. de Férussac, sous le nom de *Bellerophon imbricatus* Var., tout en doutant qu'il lui appartînt. D'après les caractères différentiels que nous venons d'indiquer, nous les séparons entièrement, comme espèces tout à fait distinctes.

Explication des Figures.

Pl. 4, fig. 20. Individu vu du côté de la bouche; dessiné d'après nature, sur un échantillon de la collection de M. de Verneuil.
Fig. 21. Le même, sur le dos.
Fig. 22. Le même, vu de profil.
Fig. 23. Bande carénale, grossie, pour montrer les lignes d'accroissement; dessiné d'après nature.
Fig. 24. Profil de la même bande carénale. A. D'O.

N° 20. BELLÉROPHE A BANDE ÉTROITE. — *BELLEROPHON TENUI FASCIA, Sowerby.*

Bellérophes, Pl. 1, fig. 6, 7; Pl. 5, fig. 14-18.

Conchyliolithus nautilites huilcus, var. C. Martin, *Petref. Derb. syst. arr.*, p. 15.
Bellerophon tenui fasciâ, Sowerby, *Min. conch.*, t. 470, fig. 2, 3.
———————— Sowerby, *Gen. of shells*, fig. 2, 3.
———————— d'Orbigny (1826), *Tabl. des Céphal.*, p. 51, n° 5.
———————— Deshayes (1830), *Encyclop. méthod.*, Vers, t. 2, p. 133, n° 2.
———————— Flemming, *British. anim.*, p. 338, n° 2.
———————— Keferstein, *Cat.*, p. 27, n° 7, et *Naturg. der Erdk.*, 2 th., p. 430, n° 17 ?

B. testâ globulosâ, subcompressâ, umbilicatâ, exilissimè striatâ; aperturâ mediocri, rotundatâ; cristâ angustissimâ, lineari, elevatâ.

Dimensions.

Diamètre	29 millimètres.
Épaisseur	25 *id.*
Hauteur verticale de la bouche	11 *id.*

Description.

Coquille peu épaisse, un peu globuleuse, quoique légèrement comprimée, ce qui la rend plus haute que large, ornée de très fines stries ou lignes d'accroissement qui s'infléchissent en arrière, près de la bande carénale. *Ombilic* peu marqué, peu profond. *Bouche* très régulière, plus large que haute, arquée, sans oreilles latérales. *Bande carénale* linéaire, très étroite, saillante, lisse. *Moule intérieur* lisse, fortement ombiliqué.

Rapports et différences. Cette espèce se distingue facilement de toutes les autres par sa carène exactement linéaire, quoique saillante, ce que nous n'avons retrouvé sur aucune autre espèce; c'est même parce qu'il n'a pas assez insisté sur ce caractère, que M. Goldfuss nous communique sous le nom de *Tenui fasciâ*, une espèce de Bellérophe que nous considérons comme tout à fait distincte, et que nous nommons *Bellerophon Munsterii*. Cette dernière en diffère par la bande carénale, plus large, non saillante, et par le manque complet d'ombilic, tandis que l'espèce de Sowerby en est toujours pourvue, ainsi que nous avons pu le voir sur un individu provenant du même lieu que celui qu'il décrit.

Localité. M. Sowerby l'indique comme venant des terrains carbonifères du Derbyshire, et des environs de Settle (Yorkshire); c'est aussi de là que provient un des échantillons que nous possédons. Ce Bellérophe est surtout commun à Visé, en Belgique, d'où l'a rapporté M. de Verneuil, à qui nous en devons la communication. M. Flemming l'indique aussi dans le calcaire carbonifère du Derbyshire et du Yorkshire; M. de La Bèche le cite à Ratingen; M. Dumont, à Liége.

Explication des Figures.

Pl. 1, fig. 6. Coquille vue de profil, et en partie dépouillée de son test; copiée des figures de Sowerby (*Mineral conchology*).
Fig. 7. Coquille vue en arrière; copiée du *Mineral conchology*.
Pl. 5, fig. 14. Coquille, vue du côté du dos; dessinée de grandeur naturelle, sur un échantillon de la collection de M. de Verneuil.
Fig. 15. La même, du côté de la bouche.
Fig. 16. La même, de profil.
Fig. 17. Bande carénale et une partie du dos, vues en dessus, et grossies.
Fig. 18. Profil de la même bande carénale. A. D'O.

N° 21. BELLÉROPHE DE SOWERBY. — *BELLEROPHON SOWERBYI*, d'Orbigny.

Bellérophes, Pl. 5, fig. 19-23.

B. testâ globulosâ, subcompressâ, umbilicatâ, subtilissimè costatâ: costis confertis, inæqualibus; aperturâ arquatâ; cristâ latâ, subelevatâ, supernè planâ et striatâ.

Dimensions.

Diamètre	31	millimètres.
Épaisseur	25	*id.*
Hauteur verticale de la bouche	13	*id.*

Description.

Coquille assez épaisse, globuleuse, néanmoins un peu comprimée, marquée de très nombreuses petites côtes élevées, rapprochées, irrégulières, s'infléchissant fortement en arrière. *Ombilic* assez large, profond. *Bouche* régulière, arquée, légèrement anguleuse à sa partie médiane supérieure, par la saillie de la bande carénale. Ses bords s'épaississent et s'élargissent latéralement en oreilles un peu saillantes. *Bande carénale* assez large, s'élevant avec le reste de la coquille, et formant une surface très plane, marquée de nombreuses lignes arquées.

Rapports et différences. On ne peut nier que, par sa forme, par son ombilic, cette espèce n'ait de grands rapports avec le *Bellerophon tenui fasciâ;* mais, pour peu qu'on veuille les comparer, il sera évident qu'ils diffèrent, d'abord en ce que le *Tenui fasciâ* est seulement un peu strié, tandis que celui-ci est couvert de côtes serrées, aiguës, bien plus marquées;

puis, en ce que le premier a la bande carénale linéaire, tandis que celle du Bellérophe qui nous occupe est large, élevée, plane; caractères qui suffisent pour qu'on ne puisse les confondre.

Localité. Les trois exemplaires de cette espèce que nous avons examinés appartiennent à la collection de M. de Verneuil; ils viennent du calcaire de montagne d'Irlande et du Yorkshire (Angleterre). La coquille est passée à l'état de chaux carbonatée blanche; nous l'avons aussi vue de Juigné sur Sarthe, dans le même terrain.

Explication des Figures.

Pl. 5, fig. 19. Individu vu de profil; dessiné d'après nature, sur un échantillon de la collection de M. de Verneuil.
Fig. 20. Le même, vu sur le dos.
Fig. 21. Le même, vu du côté de la bouche.
Fig. 22. Bande carénale, et une partie du dos, grossies pour montrer les lignes d'accroissement.
Fig. 23. La même bande, vue de profil. A. D'O.

N° 22. BELLÉROPHE ÉLÉGANT. — *BELLEROPHON ELEGANS, d'Orbigny.*

Bellérophes, Pl. 7, fig. 15-18.

B. testâ subcrassâ, globulosâ, subumbilicatâ, transversim, longitudinaliterque striatâ; aperturâ latâ, transversâ; cristâ convexâ, longitudinaliter multi-striatâ.

Dimensions.

Diamètre.	17 millimètres.
Épaisseur.	19 *id.*

Description.

Coquille épaisse, très globuleuse, plus large que haute, marquée, en long et en travers, de petites stries qui viennent se croiser, et forment un treillis très régulier, dont les lignes longitudinales sont les plus marquées. *Ombilic* à peine impressionné. *Bouche* transversale, arquée, large. *Bande carénale* peu saillante, convexe, arrondie, marquée d'un grand nombre de stries longitudinales très fines. *Sinus* profond.

Rapports et différences. Avec les formes et les accidents extérieurs du *Bellerophon clathratus*, celui-ci en diffère par sa bande carénale, non pourvue de trois côtes seulement, mais d'un grand nombre de stries longitudinales.

Localité. M. de Verneuil a découvert cette jolie espèce dans le calcaire carbonifère de Tournay (Belgique), et à Paffrath, dans le terrain dévonien. Elle existe aussi aux environs de Glaskow.

Explication des Figures.

Pl. 7, fig. 15. Individu de grandeur naturelle, vu du côté de la bouche; dessiné d'après nature, sur un échantillon de la collection de M. de Verneuil.
Fig. 16. Le même, vu sur le dos.
Fig. 17. Le même, vu de côté.
Fig. 18. Un morceau, grossi, pour montrer le nature des stries qui viennent se croiser. A. D'O.

N° 23. BELLÉROPHE GRILLÉ. — *BELLEROPHON CLATHRATUS*, d'Orbigny.

BELLÉROPHES, Pl. 5, fig. 24-27; Pl. 7, fig. 12-14.

B. testâ subcrassâ, globulosâ, umbilicatâ, transversim longitudinaliterque rugosâ, vel subclathratâ; aperturâ dilatatâ, arquatâ; cristâ elevatâ, trisulcatâ.

Dimensions.

Diamètre.	19 millimètres.
Épaisseur.	18 *id.*
Hauteur de la bouche.	10 *id.*

Description.

Coquille assez épaisse, globuleuse, très répandue, aussi haute que large, marquée, dans le sens de l'enroulement spiral, de côtes rapprochées assez régulières, qui, se croisant à angle droit avec d'autres côtes transversales, forment une surface treillissée, fortement rugueuse. *Ombilic* ouvert, profond, étroit. *Bouche* très grande, haute, élargie latéralement en oreilles épaisses renversées. *Bande carénale* un peu saillante, s'élevant carrément; et ornée, sur sa partie supérieure, de trois sillons élevés longitudinaux, l'un médian, les deux autres latéraux.

RAPPORTS ET DIFFÉRENCES. Cette espèce, au premier aperçu, présente, jusqu'à un certain point, la forme générale des *Bellerophon tenui fasciâ* et *huilcus;* mais elle s'en distingue par sa surface rugueuse, presque treillissée, par sa bande carénale, ornée de trois sillons, ainsi que par sa spire, s'élargissant beaucoup plus vite.

LOCALITÉ. Nous avons sous les yeux trois exemplaires de cette espèce, appartenant à la collection de M. de Verneuil, qui viennent du terrain carbonifère des environs de Tournay et de Visé (Belgique).

Explication des Figures.

Pl. 5, fig. 24. Coquille, du côté de la bouche; dessinée d'après nature.
Fig. 25. La même, vue de profil.
Fig. 26. Partie du dos, avec la bande carénale, fortement grossie.
Fig. 27. Profil de la même partie, également grossie. A. D'O.

N° 24. BELLÉROPHE DOUTEUX. — *BELLEROPHON DUBIUS*, d'Orbigny.

BELLÉROPHES, Pl. 7, fig. 10, 11.

B. testâ maximè compressâ, ovali, subcarinatâ; umbilico magno; aperturâ compressâ, angulosâ.

Dimensions.

Diamètre.	53 millimètres.
Épaisseur.	14 *id.*

Description.

Coquille très comprimée, ovale, lisse, carénée, largement ombiliquée. *Spire* à moitié apparente, composée de trois ou quatre tours comprimés, larges, carénés à leur pourtour. *Bouche* comprimée, beaucoup plus haute que large, anguleuse en avant.

Rapports et différences. Par sa forme très comprimée, ovale, à large tour, cette espèce se distingue nettement de toutes les autres; elle se rapproche de certaines espèces de goniatites, ce qui nous fait la mettre ici avec doute, quoique nous n'y ayons aperçu aucune trace de cloisons.

Localité. Elle a été découverte en Espagne, dans les calcaires carbonifères du Col de Ogaza (Catalogne), par M. Paillette, à la complaisance duquel nous en devons la communication.

Explication des Figures.

Pl. 7, fig. 10. Échantillon de grandeur naturelle, vu de côté; dessiné d'après nature sur un individu de ma collection.
Fig. 11. Le même, vu du côté de la bouche.

Quatre espèces à ombilic très ouvert, les tours de spire plus ou moins apparents.

N° 25. BELLÉROPHE DE GOLDFUSS. — *BELLEROPHON GOLDFUSSII*, d'Orbigny.

Bellérophes, Pl. 5, fig. 28-31.

B. testâ tenui, subglobosâ, lævigatâ; aperturâ transversim oblongâ; cristâ augustâ, lineari, subplanâ.

Dimensions.

Diamètre	20 millimètres.
Épaisseur	15 *id.*

Description.

Coquille globuleuse, à tours de spire apparents, mince, marquée de lignes d'accroissement. *Ombilic* large, permettant d'apercevoir tous les tours de spire, formant un large entonnoir à parois presque lisses, laissant, sur son bord extérieur, une carène fortement aiguë. *Bouche* étroite, transversale, peu arquée, formant un angle saillant et aigu de chaque côté. A en juger par les lignes d'accroissement, elle serait pourvue d'une forte échancrure anguleuse à sa partie médiane. *Bande carénale* très étroite, très peu saillante, lisse en dessus. *Sinus? Moule intérieur* lisse, marqué d'une légère dépression médiane. *Ombilic* très large, laissant apercevoir le tiers de chaque tour. Son bord extérieur est souvent fortement caréné et aigu.

Rapports et différences. Cette espèce, par sa forme globuleuse et son enroulement régulier, se rapproche beaucoup du *Bellerophon apertus;* mais elle en diffère, 1° par son ombilic très ouvert, infondibuliforme, qui permet d'apercevoir le tiers de chaque tour de spire; 2° par sa bouche fortement anguleuse latéralement; 3° par sa coquille, constamment mince au lieu d'être épaisse. Il est probable aussi que lorsqu'on connaîtra bien la coquille du *B. apertus*, on découvrira encore d'autres différences dans la contexture ou la bande carénale de cette coquille. D'après le dessin que M. Goldfuss en communiqué à M. de Férussac, dessin portant le nom de *Bellerophon apertus* Sow., nous pourrions croire que ce savant avait l'intention de l'y réunir comme variété; mais, ainsi que nous venons de le démontrer, c'est une espèce tout à fait distincte, que nous dédions avec plaisir à M. Goldfuss.

Localité. Nous avons entre les mains deux beaux échantillons qui nous ont été communiqués par M. de Verneuil; ils proviennent des couches de terrains dévoniens de l'Eifel.

Explication des Figures.

Pl. 5, fig. 28. Coquille, vue du côté de la bouche, dessinée d'après nature et de grandeur naturelle.
Fig. 29. La même, vue de profil.
Fig. 30. Bande carénale grossie.
Fig. 31. Profil de la bande carénale grossi. A. D'O.

N° 26. BELLÉROPHE DE TROOST. — *BELLEROPHON TROOSTII, d'Orbigny.*

BELLÉROPHES, Pl. 7, fig. 19, 20.

B. testâ subcrassâ, globulosâ, dilatatâ, umbilicatâ, lævigatâ; aperturâ magnâ, dilatatâ, angulo externè incrassato, rotundato; cristâ convexâ; umbilico magno.

Dimensions.

Diamètre. . . . . 25 millimètres.

Description.

Coquille épaisse, globuleuse, aussi haute que large, arrondie, entièrement lisse. *Ombilic* large, laissant apercevoir la moitié de la largeur de chaque tour de spire; celle-ci croissant d'une manière très rapide, et composée de trois tours. *Bouche* très grande, ovale ou oblongue, transversale; ses bords sont minces en avant, représentant latéralement comme des oreilles épaisses, arrondies, qui viennent se rejoindre sur le retour de la spire, où elles forment un encroûtement très épais. *Bande carénale* marquée seulement par une partie convexe qu'on voit sur toute la longueur, sans qu'on puisse apercevoir de limites entre cette côte et les autres parties du dos.

RAPPORTS ET DIFFÉRENCES. Cette espèce, aussi bombée et aussi ventrue que les espèces non ombiliquées, s'en distingue néanmoins par la moitié de ses tours de spire, apparente dans l'ombilic, par un accroissement bien plus rapide, ainsi que par sa coquille lisse. D'un autre côté, elle diffère de toutes les espèces à ombilic très ouvert et à spire apparente par sa grande largeur et par sa forme renflée; aussi forme-t-elle à la fois le passage entre ces deux séries.

LOCALITÉ. Cette espèce, que M. de Verneuil nous a communiquée, a été découverte par M. Troost, dans le terrain silurien des environs de Nashville, aux États-Unis, et envoyée à M. de Verneuil sous le nom de *Ceratites Verneuilii.* Ayant déjà un Bellérophe dédié à ce savant, nous dédions celui-ci à M. Troost, comme un faible hommage rendu à ses importants travaux.

Explication des Figures.

Pl. 7, fig. 19. Coquille vue en dessous, de grandeur naturelle, dessinée d'après nature.
Fig. 20. Coquille vue de côté. A. D'O.

N° 27. BELLÉROPHE DILATÉ. — *BELLEROPHON DILATATUS*, *Murchison*.

BELLÉROPHES, Pl. 8, fig. 8, 9.

Bellerophon dilatatus, Murchison, 1839, *Silur.*, p. 627, Pl. 12, fig. 23, 24.

Cette singulière espèce est décrite par M. Murchison ainsi qu'il suit :

« *Coquille* discoïde, lisse, côtés largement ombiliqués ; bord large, légèrement convexe, avec une crête centrale; un petit nombre de tours de spire. *Bouche* orbiculaire, se dilatant brusquement à un beaucoup plus grand diamètre que la spire, et l'enveloppant. *Diamètre de la spire*, 1 pouce 8 lignes ; épaisseur, 1 pouce ; le plus grand diamètre de l'ouverture, 3 pouces. Le dernier enroulement, pour former la large ouverture, embrasse les deux tiers de la spire discoïde, dont le devant n'a point de fente, quoiqu'il soit pourvu d'une crête qui indiquerait l'existence d'une fente à une époque antérieure de la croissance.

« Deux des exemplaires montrent des sillons aux côtés de la bouche ; l'un, des terrains inférieurs de Ludlow, est presque lisse, mais il présente de légers indices de sillons. Les premiers ne pourraient-ils pas être des impressions de la surface externe ?

« LOCALITÉ. Burrington, près de Ludlow, dans le terrain silurien inférieur. »

C'est le premier exemple d'un Bellérophe pourvu d'un si étrange bord, dilaté en rosette autour de la bouche ; il fallait alors qu'il cessât son accroissement, dès qu'il formait cette partie, autrement on ne pourrait l'expliquer. Le *Bellerophon Aymestriensis* se rapproche assez du moule intérieur de cette espèce, et pourrait bien lui appartenir ; mais ne connaissant ni l'un ni l'autre en nature, nous nous abstenons de tout jugement.

N° 28. BELLÉROPHE A GRANDE BOUCHE. — *BELLEROPHON MEGALOSTOMA*, *Eychwald*.

B. testâ dilatatâ, lævigatâ, latè umbilicatâ ; aperturâ dilatatissimè lævigatâ, circulari ; cristâ ?

Dimensions.

Diamètre	32 millimètres.
Largeur de la bouche	32 *id.*

Description.

Coquille ovale, comprimée, lisse, largement ombiliquée ; tours de spire arrondis, comprimés, le dernier se dilatant subitement à la bouche, où il vient former un vaste entonnoir circulaire, largement évasé, lisse, à bords entiers, recouvrant le retour de la spire. *Crête carénale ?*

RAPPORTS ET DIFFÉRENCES. Par sa bouche, dilatée comme l'extrémité d'un cor de chasse, cette espèce rentre dans la même série que le *Bellerophon dilatatus* de Murchison ; mais elle s'en distingue nettement en ce que sa bouche est lisse au lieu d'être radiée, et par ses tours de spire, bien moins larges, et plus arrondis.

LOCALITÉ. M. de Verneuil, à qui nous en devons la communication, nous a dit qu'elle avait été découverte aux environs de Reval, dans le terrain silurien, par M. Eichwald, professeur de paléontologie au Corps des Mines de Saint-Pétersbourg.

N° 29. BELLÉROPHE AIGU. — *BELLEROPHON ACUTUS, Murchison.*

BELLÉROPHES, Pl. 8, fig. 10, 11.

Bellerophon acutus, Murchison, 1839, *Silur.*, p. 643, Pl. 19, fig. 14, et Pl. 3, fig. 4.

M. Murchison décrit cette espèce de la manière suivante : « Coquille comprimée, lisse, « ombiliquée; carène en quille aiguë ; ombilic large ; bouche triangulaire, plus longue que large ; diamètre, environ un demi-pouce; largeur de l'ouverture, environ 2 lignes.

LOCALITÉ. Dans les couches supérieures du grès vert du Caradoc (terrain silurien inférieur), de Horderley.

Nous croyons reconnaître, dans la fig. 4 de la Planche 3, sous le nom de *B. carinatus*, un exemplaire de cette espèce, et nous l'y rapportons; car elle ne ressemble pas à la figure *d*, dont tous les tours de spire sont à découvert. Du reste, nous ne connaissons cette espèce que par les figures de M. Murchison.

N° 30. BELLÉROPHE TRANCHANT. — *BELLEROPHON CULTRATUS, d'Orbigny.*

BELLÉROPHES, Pl. 7, fig. 21, 22, 23.

B. testâ circulari, compressâ, lævigatâ, carinatâ: carinâ cultratâ; anfractibus quinis, compressis, carinatis; aperturâ triangulari.

Dimensions.

Diamètre	18 millimètres.
Épaisseur	5 *id.*

Description.

Coquille circulaire, comprimée, très lisse, fortement carénée; carène tranchante, évidée sur les côtés. *Spire* entièrement apparente, composée de quatre à cinq tours étroits, appliqués les uns contre les autres, et nullement embrassants. *Bouche* en cœur, très aiguë en avant. *Crête carénale* tranchante.

RAPPORTS ET DIFFÉRENCES. Très voisine des *Bellerophon carinatus* et *acutus*, cette espèce diffère de la première par ses tours de spire, bien plus étroits, par sa bouche en cœur, et non en triangle équilatéral; du second, par tous ses tours apparents, et par sa forme plus comprimée.

LOCALITÉ. Cette charmante espèce a été découverte dans les terrains dévoniens de l'Eifel, par M. de Verneuil, à qui nous en devons la communication.

Explication des Figures.

Pl. 7, fig. 21. Individu grossi, vu du côté de la bouche.
Fig. 22. Le même, vu de côté; dessiné d'après nature.
Fig. 23. Trait de grandeur naturelle.

A. D'O.

N° 31. BELLÉROPHE CARÉNÉ. — *BELLEROPHON CARINATUS, Murchison.*

BELLÉROPHES, Pl. 9, fig. 12.

Bellerophon carinatus, Murchison, 1839, *Silur.*, p. 634, Pl. 3, fig. 4 *d*, et p. 604.

B. testâ circulari, compressâ, lævigatâ, latè umbilicatâ, carinatâ; aperturâ triangulari; cristâ?

Dimensions.

Diamètre. . . . . 13 millimètres.

Description.

Coquille presque circulaire, comprimée dans son ensemble, lisse, largement ombiliquée, carénée au pourtour. *Spire* (1) apparente, presque entièrement composée de trois tours carénés. *Bouche* formant un triangle équilatéral.

RAPPORTS ET DIFFÉRENCES. Voisin, pour la forme convexe, du *Bellerophon acutus*, il nous paraît plus circulaire, et l'accroissement en est bien moins rapide.

LOCALITÉ. M. Murchison le décrit dans le terrain silurien (ancien grès rouge) d'Horeb-Chapel et de Bradnor-Hill.

N° 32. BELLÉROPHE TRILOBÉ. — *BELLEROPHON TRILOBATUS, Murchison.*

Pl. 7, fig. 24-27; Pl. 8, fig. 13.

Bellerophon trilobatus, Murchison, 1839, *Silur.*, p. 604 et 643; Pl. 3, fig. 16.

B. testâ ovali, compressâ, trilobatâ, lævigatâ, latè umbilicatâ; aperturâ cordiformi, trilobatâ.

Dimensions.

Diamètre. . . . . 10 millimètres.
Épaisseur. . . . . 7 *id.*

Description.

Coquille ovale, comprimée, lisse, trilobée en trois sections par deux sillons latéraux qui séparent la partie dorsale des côtés. *Spire* entièrement apparente dans l'ombilic, les tours croissant très rapidement, et s'appliquant, sans se recouvrir, les uns sur les autres. *Bouche* trilobée.

RAPPORTS ET DIFFÉRENCES. Cette charmante espèce diffère essentiellement de toutes les autres par les trois lobes dont elle est formée.

LOCALITÉ. M. de Verneuil nous l'a communiquée venant de la grauwacke silurienne de Daun, dans l'Eifel. M. Murchison l'a rencontrée dans l'ancien grès rouge de Felindre, à East-Park, à Michaelwood Chase, et au N.-E. de Gaerfawr, et aussi dans le terrain silurien.

(1) M. Murchison, dans sa figure 4, donne une spire à peine visible, tandis que la figure *d* offre tous les tours à découvert; n'y aurait-il pas deux espèces confondues sous le même nom? Nous le croyons; aussi regardons-nous la figure 4 comme identique au *Bellerophon acutus* de cet auteur, auquel nous la renvoyons.

N° 33. BELLÉROPHE DE DESLONGCHAMPS. — *BELLEROPHON DESLONGCHAMPSII*, d'Orbigny.

BELLÉROPHES, Pl. 6, fig. 6, 7.

B. testâ compressâ, umbilicatâ, lævigatâ; aperturâ sinuosâ, anticè truncatâ; cristâ?

Dimensions.

Diamètre. . . . . 26 millimètres.
Épaisseur. . . . . 18 *id.*

Description.

Coquille mince. *Moule intérieur* comprimé, entièrement lisse, ou marqué de très légères ondulations dans le sens de l'accroissement. *Ombilic* très large, laissant à découvert la presque totalité de la spire, dont les tours sont au nombre de trois. La spire s'élargit rapidement, de manière à ce que le dernier tour présente beaucoup plus de largeur que le reste de la coquille. *Bouche* assez large, échancrée antérieurement par un large sinus. *Bande carénale?*

RAPPORTS ET DIFFÉRENCES. Cette espèce fait le passage entre les Bellérophes globuleux et les Bellérophes comprimés. Jusqu'à un certain point, sa forme, quoique déprimée, rappelle, par l'élargissement latéral de sa bouche, les oreilles qu'on rencontre dans la plupart des Bellérophes arrondis, tandis que son ensemble comprimé, son large ombilic, la font ressembler aux *B. Chastellii* et *Verneuillii*, dont elle se distingue par le grand élargissement de la spire, et par son échancrure antérieure.

LOCALITÉ. Cette jolie espèce a été rencontrée dans le grès quartzeux silurien de May, département du Calvados. Nous en devons la connaissance à la généreuse communication de M. Eudes Deslongchamps. Nous copions le dessin qu'il en a fait sur un échantillon conservé dans la belle collection de M. Hérault. La note qui accompagnait le dessin était ainsi conçue : « Coquille discoïde, ayant l'apparence d'un Nautile à ombilic ouvert, mais sans « aucune trace de cloisons. Comme tous les fossiles de la localité à laquelle il appartient, « l'échantillon observé a perdu son têt; ce n'est qu'un noyau. Le têt paraît avoir été mince. » M. de Verneuil nous a communiqué un bel échantillon du même lieu. Il est un peu plus comprimé.

Explication des Figures.

Pl. 6, fig. 6. Individu vu de profil, dessiné d'après nature par M. Deslongchamps, sur un échantillon de la collection de M. Hérault.

Fig. 7. Le même, vu par le dos. A. D'O.

N° 34. BELLÉROPHE DE MURCHISON. — *BELLEROPHON MURCHISONII*, d'Orbigny.

BELLÉROPHES, Pl. 7, fig. 1-3; Pl. 8, fig. 14.

Bellerophon striatus, 1839, *Silur.*, Pl. 3, fig. 12 *e*.

B. testâ ovali, compressâ, carinatâ, transversim striatâ, latè umbilicatâ, aperturâ cordiformi; cristâ nullâ.

Dimensions.

Diamètre. . . . . 8 millimètres.
Épaisseur. . . . . 5 *id.*

Description.

Coquille ovale, comprimée, finement striée en travers, avec quelques lignes d'accroissement sur les côtés, formant des stries en sautoir sur la partie dorsale, qui est un peu carénée. *Spire* croissant très rapidement, visible en entier dans l'ombilic. *Bouche* triangulaire, un peu cordiforme. *Crête* linéaire. Le moule est presque lisse.

Rapports et différences. Voisine du *B. Deslongchampsii* pour la forme et par son accroissement rapide, cette espèce en diffère par ses stries.

Localité. M. de Verneuil l'a recueillie à Wissemboch, près de Dillenburg, pays de Nassau, dans les terrains siluriens. M. Murchison l'indique dans les terrains siluriens de Felindre.

Histoire. M. Murchison a donné à cette espèce le nom de *B. striatus;* mais cette dénomination ayant déjà, depuis 1826, été appliquée à une autre espèce par M. de Férussac, nous avons dû la changer, et nous l'avons appelée *Bellerophon Murchisoni*.

N° 35. BELLÉROPHE DE DU CHASTEL. — *BELLEROPHON CHASTELII, Léveillé.*

Bellérophes, Pl. 6, fig. 8-11.

Bellerophon Chastelii, Léveillé; *Mémoires de la Société géol. de France*, t. 2, p. 38, n° 4; Pl. II, fig. 8, 9.

B. testâ tenui, compressâ, carinatâ, costatâ; costis retroflexis, regularibus; aperturâ triangulari, anticè acuminatâ; cristâ nullâ; carinâ rotundâ, imbricatâ.

Dimensions.

Diamètre.	7	millimètres.
Épaisseur.	4	*id.*
Hauteur de la bouche.	3	*id.*

Description.

Coquille mince, très comprimée latéralement de chaque côté de la ligne dorsale, ce qui la rend comme carénée ; sa surface est couverte de sillons très réguliers, fortement réfléchis vers le dos et vers l'ombilic, où ils sont interrompus par un sillon profond, avant de se réunir à la columelle, saillant en avant, sur la partie convexe latérale. *Ombilic* très grand, laissant à découvert le tiers de chaque tour de spire. *Bouche* formant comme un trèfle triangulaire, qui figure antérieurement un triangle aigu, et, près de la columelle, comme un resaut, ou une petite cavité séparée. *Bande carénale* nulle, chaque côté s'infléchissant en arrière, sans points d'arrêt pour former le sinus, qui est une simple échancrure oblongue et obtuse à son extrémité.

Rapports et différences. En plaçant cette coquille dans le genre Bellérophe, nous ne conservons pas le moindre doute qu'elle n'en doive réellement faire partie. Elle se distingue de suite des autres espèces par sa grande compression, par sa forme carénée, par ses tours de spire apparents, et surtout par l'espèce de trèfle que forme sa bouche.

Localité. L'individu que nous avons sous les yeux a été recueilli par M. de Verneuil dans les terrains carbonifères des environs de Tournay, en Belgique.

Explication des Figures.

Pl. 6, fig. 8. Individu vu de côté, et grossi; dessiné d'après nature.
Fig. 9. Le même, vu de profil.
Fig. 10. Partie dorsale, plus grossie, pour montrer les lignes d'accroissement.
Fig. 11. Profil de la même partie. A. D'O.

N° 36. BELLÉROPHE DE VERNEUIL. — *BELLEROPHON VERNEUILII, d'Orbigny.*

BELLÉROPHES, Pl. 6, fig. 12-14.

B. testâ compressâ, tenui, subcarinatâ, semistriatâ; aperturâ oblongâ, subtriangulari; cristâ angustatâ, impressâ, lævigatâ, canalem referente.

Dimensions.

Diamètre.	15 millimètres.
Épaisseur.	7 *id.*
Hauteur de la bouche.	8 *id.*

Description.

Coquille mince, fortement comprimée, entièrement lisse sur la moitié externe de la largeur de chaque tour, striée régulièrement sur l'autre. *Ombilic* très large, laissant paraître presque tous les tours de spire; ceux-ci, larges et coupés en méplat du même côté de l'ombilic, sont comprimés vers le côté externe de manière à représenter un angle à sommet arrondi. *Bouche* oblongue, plus haute que large, un peu triangulaire. *Bande carénale* étroite, lisse, formée d'une ligne impressionnée, assez profonde.

RAPPORTS ET DIFFÉRENCES. Cette charmante espèce, que nous dédions à M. de Verneuil, a quelques rapports de forme avec les *Bellerophon Chastelii* et le *Puzosii*, par ses tours de spire apparents, par sa forme comprimée. Elle s'en distingue non seulement par sa forme comprimée, mais encore par le caractère singulier de n'être striée que sur la moitié de la longueur de chaque tour de spire; ce que nous ne trouvons chez aucune autre espèce.

LOCALITÉ. M. de Verneuil a recueilli ce Bellérophe dans les terrains carbonifères de Visé, en Belgique. Il a la coquille blanchâtre, très bien conservée, et son intérieur rempli d'un calcaire de la même couleur, composé de débris de coquille.

Explication des Figures.

Pl. 6, fig. 12. Individu, vu de profil; dessiné d'après nature, et grossi, sur un échantillon de la collection de M. de Verneuil.
Fig. 13. Le même, vu de face, du côté de la bouche.
Fig. 14. Partie dorsale, grossie. A. D'O.

N° 37. BELLÉROPHE DE WOODWARD. — *BELLEROPHON WOODWARDII, Phillips.*

BELLÉROPHES, Pl. 6, fig. 15, 16.

Bellerophon Woodwardii, Phillips, 1829; Pl. XVII, fig. 13.

B. testâ compressâ, subtilissimè reticulato-tuberculatâ, lateribus carinatâ; aperturâ transversim oblongâ; cristâ impressâ, angustatâ, canalem referente.

Dimensions.

Diamètre.	20 millimètres.
Épaisseur.	9 *id.*
Hauteur de la bouche.	8 *id.*

Description.

Coquille assez peu épaisse, comprimée, ornée, par tour, d'un grand nombre de petits tubercules longitudinaux, parallèles à l'accroissement spiral et irrégulièrement placés. *Ombilic* très large, permettant d'apercevoir la presque totalité des tours de spire ; tours au nombre de cinq, fortement carénés de chaque côté, arrondis sur le dos. *Bouche* oblongue transversalement, et anguleuse de chaque côté. *Bande carénale* très étroite, lisse, formant un canal assez profond.

Rapports et différences. Voisine, par sa forme générale, des *Bellerophon Verneuilii* et *Puzosii*, cette espèce se distingue de la première par les petits tubercules dont elle est ornée, par son manque de stries, ainsi que par ses tours de spire plus détachés, de la seconde par le manque de nodosités, et encore par ses petits tubercules ; néanmoins elle doit être placée près de ces deux espèces.

Localité. L'échantillon que nous avons fait dessiner a été recueilli à Visé (Belgique), dans le calcaire carbonifère, par M. d'Archiac, qui a bien voulu nous le communiquer. La même espèce se trouve aussi dans le calcaire carbonifère du Yorkshire.

Explication des Figures.

Pl. 6, fig. 15. Individu, vu sur le côté ; dessiné d'après nature, et grossi du double, sur l'échantillon de M. d'Archiac.
Fig. 16. Le même, vu du côté de la bouche. A. D'O.

N° 38. BELLÉROPHE LISSE. — *BELLEROPHON LÆVIGATUS, d'Orbigny.*

Bellérophes, Pl. 6, fig. 24, 25.

Porcelia lævigata, Léveillé, *Mémoires de la Société géologique de France*, t. 2, p. 39 ; Pl. 2, fig. 12, 13.

B. testâ compressâ, lævigatâ ; aperturâ subrotundâ; cristâ? umbilico magno, dilatato.

Dimensions.

Diamètre.	7 millimètres.

Description.

Coquille très comprimée, entièrement lisse. *Ombilic* très large, montrant à découvert tous les tours de spire. *Bouche* ovale, plus haute que large. *Bande carénale?*

Rapports et différences. Cette espèce, décrite par M. Léveillé sous le nom de *Porcelia lævigata*, nous paraît encore appartenir au genre Bellérophe ; il serait même possible qu'elle que le jeune âge du *Bellerophon Puzosii*, qui n'aurait pas encore pris de nœuds. Dans tous les cas, nous ne la connaissons que d'après la figure donnée par M. Léveillé, ainsi que par sa trop courte description.

Localité. Elle a été rencontrée par M. Léveillé dans les terrains de transition des environs de Tournay (Belgique).

Explication des Figures.

Pl. 6, fig. 24. Individu, vu de côté; figure copiée du Mémoire de M. Léveillé.
Fig. 25. Le même, vu du côté de la bouche. A. D'O.

N° 39. BELLÉROPHE DE PUZOS. — *BELLEROPHON PUZOSII*, *d'Orbigny*.

Bellérophes, Pl. 6, fig. 17-19.

Porcelia Puzosii, Léveillé, *Mémoires de la Société géologique de France*, t. 2, p. 39; Pl. 2, fig. 10, 11.

B. testâ tenui, compressâ, nodosâ, subtilissimè cancellatâ; aperturâ subpentagonâ; cristâ impressâ, lævigatâ, angustatâ, canalem referente.

Dimensions.

Diamètre	11 millimètres.
Épaisseur	5 *id.*
Hauteur verticale de la bouche	4 *id.*

Description.

Coquille assez mince, très comprimée, à tours de spire apparents; de gros nœuds élevés, distants, occupant de chaque côté la convexité de la spire, tandis que la surface interne de la coquille est finement treillissée de lignes transversales allant de l'ombilic à la bande carénale, et qui se croisent avec d'autres, suivant la direction de l'accroissement spiral. *Ombilic* très large, très ouvert, permettant d'apercevoir la presque totalité des tours de spire. *Bouche* plus haute que large, figurant un pentagone à peu près régulier, formé, de chaque côté, de deux méplats, l'un antérieur, l'autre postérieur aux nœuds, et de l'échancrure du retour de la spire. *Bande carénale* très étroite, lisse, formant une espèce de petit canal dorsal.

Rapports et différences. M. Léveillé a fait de cette espèce et de celle qui suit les types de son genre *Porcelia,* qu'il indique comme voisin des *Euomphalus.* Nous sommes loin de partager son opinion; et, en examinant avec soin cette coquille, nous y reconnaissons un véritable Bellérophe pourvu de sa bande carénale; seulement il est plus comprimé que les autres, et à tours de spire apparents; caractères que nous avons déjà retrouvés dans quelques autres espèces. Dans la création d'un genre pour cette espèce, M. Léveillé a plus fait attention à la forme extérieure qu'aux caractères zoologiques; c'est malheureusement un abus dans lequel tombent quelquefois les personnes qui n'ont pas des connaissances assez étendues en zoologie, lorsqu'elles veulent innover dans la détermination des corps fossiles. Le *B. Puzosii,* indépendamment de la forme de la bouche, se distingue du *B. Verneuilii* par ses nœuds et par sa surface treillissée.

Localité. M. de Verneuil a rencontré l'espèce dont il s'agit dans les terrains carbonifères des environs de Tournay, en Belgique; c'est aussi de là que provient l'échantillon décrit par M. Léveillé. M. de Verneuil l'a également du Yorckshire, dans le même terrain.

Explication des Figures.

Pl. 6, fig. 17. *B. Puzosii* d'Orb., vu de côté, et grossi; dessiné d'après nature sur un échantillon de la collection de M. de Verneuil.

Fig. 18. Le même, vu du côté de la bouche.

Fig. 19. Sillon carénal, grossi, vu de profil. A. D'O.

N° 40. BELLÉROPHE D'ÉDOUARD. — *BELLEROPHON EDOUARDII*, *d'Orbigny*.

BELLÉROPHES, Pl. 7, fig. 6, 7.

B. testâ compressâ, subtilissimè cancellatâ, transversim costatâ; anfractibus quaternis rotundatis; aperturâ circulari; cristâ impressâ.

Dimensions.

Diamètre	25 millimètres.
Épaisseur	8 *id.*

Description.

Coquille comprimée, pourvue transversalement de côtes élevées et de stries très fines se croisant à angle droit, et formant un léger treillis. *Spire* apparente, composée de quatre à cinq tours convexes, arrondis, seulement en contact, sans se recouvrir. *Bouche* circulaire. *Bande carénale* étroite, creuse.

RAPPORTS ET DIFFÉRENCES. En ne considérant que l'aspect extérieur de ce Bellérophe, il serait facile de le confondre avec le *Bellerophon Puzosii*, par ses côtes et ses stries croisées; mais en les comparant, on reconnaît que celui-ci a la bouche ronde au lieu de l'avoir pentagone; que ses tours de spire sont plus étroits, et non anguleux, caractères qui les distinguent nettement l'un de l'autre.

LOCALITÉ. M. de Verneuil, à qui nous devons la communication de cette espèce, l'a recueillie dans les terrains dévoniens inférieurs au système carbonifère de l'Eifel.

Explication des Figures.

Pl. 7, fig. 6. Individu de grandeur naturelle, vu du côté de la bouche; dessiné d'après nature.

Fig. 7. Le même, vu de côté. A. D'O.

N° 41. BELLÉROPHE DE PAILLETTE. — *BELLEROPHON PAILLETTEI*, *d'Orbigny*.

BELLÉROPHES, Pl. 7, fig. 8, 9.

B. testâ compressâ, complanatâ, lævigatâ; anfractibus numerosis, compressis, convexis; aperturâ semilunari; cristâ ?

Dimensions.

Diamètre	40 millimètres.
Épaisseur	19 *id.*

Description.

Coquille très comprimée, presque orbiculaire, lisse. *Spire* entièrement apparente, composée d'un grand nombre de tours comprimés, arrondis en dehors, se recouvrant à peine, et offrant l'aspect d'un planorbe. *Bouche* semi-lunaire, plus large que haute. *Crête ?*

Rapports et différences. Par sa forme planorbique, par son grand nombre de tours comprimés et étroits, cette espèce diffère essentiellement de toutes les autres.

Localité. Ce Bellérophon a été découvert par M. Paillette, ingénieur civil des mines, dans les terrains carbonifères du col de Ogaza (Catalogne), en Espagne, et ce zélé géologue a bien voulu nous le communiquer.

Explication des Figures.

Pl. 7, fig. 8. Individu restauré, de grandeur naturelle; dessiné d'après nature sur les échantillons de ma collection.
Fig. 9. Le même, vu du côté de la bouche. A. D'O.

N° 42. *BELLEROPHON AYMESTRIENSIS, Murchison.*

Bellérophes, Pl. 8, fig. 15.

Bellerophon Aymestriensis, Murchison, 1839, *Silur.*, p. 616, Pl. 6, fig. 12.

C'est à M. Murchison qu'on doit la connaissance de cette espèce; il s'exprime en ces termes à son égard : « *Coquille* discoïde, avec un bord large et même aplati; tours de spire peu nombreux, larges transversalement, et légèrement recouverts dans l'ombilic. *Bouche* très large, dont la plus grande partie est brisée; mais il en reste assez pour montrer qu'elle s'évase. » Ne serait-il pas possible, si elle était complète, de la trouver analogue à celle du *B. dilatatus ?* Diamètre, 3 pouces un quart; épaisseur, 2 pouces 16 lignes.

Localité. Des terrains siluriens inférieurs d'Aymestry.

Cette espèce est très remarquable par tous ses tours à découvert; elle se rapproche un peu de notre *Bellerophon Paillettei* d'Orb., mais en diffère complétement par ses tours plus larges, moins rapprochés et moins nombreux.

N° 43. BELLÉROPHE RADIÉ. — *BELLEROPHON RADIATUS, d'Orbigny.*

Bellérophes, Pl. 6, fig. 20-23.

Euomphalus radiatus, Hœninghaus, mss.
Porcelia retrorsa, Munster, 1839; *Beitrage*, p. 38, t. 2, f. 8 (1).

B. testâ compressâ, semistriatâ, aperturâ rotundâ; spirâ convexâ, anfractibus quatuor; cristâ augustatâ, impressâ, lateraliter longitudinaliterque striatâ.

Dimensions.

Diamètre	16 millimètres.
Épaisseur	5 *id.*
Hauteur de la bouche	5 1/2 *id.*

Description.

Coquille mince, comprimée dans son ensemble, striée en travers, sur les trois quarts de sa largeur, du côté interne, lisse sur la partie dorsale seulement, excepté près de la bande carénale, où l'on remarque deux ou trois stries longitudinales accompagnant le sillon carénal,

(1) Nos planches étaient publiées dès 1838, une année avant que M. le comte Munster ne fit paraître son Beitrage.

qui est profondément creusé. *Tours de spire* au nombre de quatre, tous apparents, arrondis, et venant s'appliquer les uns sur les autres, sans se recouvrir. *Bouche* arrondie, presque circulaire.

Rapports et différences. Cette charmante espèce se distingue des *Bellerophon Verneuilii, Puzosii* et *Woodwardii* par sa spire arrondie, cylindrique, non carénée sur les côtés. Elle ne paraît avoir de rapports évidents qu'avec le *B. lævigatus;* mais ses stries l'en distinguent nettement.

Localité et histoire. L'échantillon que nous décrivons nous a été envoyé comme des terrains dévoniens d'Eifel, par M. Hœninghauss. Ce savant l'avait désigné sous le nom d'*Euomphalus radiatus;* mais, ainsi que nous l'avons reconnu, et comme on en pourra juger par la description qui précède, cette coquille ne peut être placée que parmi les Bellérophes, dont elle a tous les caractères zoologiques.

Explication des Figures.

Pl. 6, fig. 20. Individu, vu de côté, grossi du double, et dessiné, d'après nature, sur un échantillon de notre collection.
Fig. 21. Le même, vu du côté de la bouche.
Fig. 22. Partie de la bande carénale, grossie, pour montrer les stries latérales.
Fig. 23. Profil de la même bande carénale. A. D'O.

N° 44. BELLÉROPHE TREILLISSÉ. — *BELLEROPHON DECUSSATUS*, *Flemming.*

Bellérophes, Pl. 8, fig. 15.

Bellerophon decussatus, Flemming, *Brit. anim.*, p. 338, n° 4.
————————— Keferstein, *Nat. 2 th.*, p. 429, n° 7.
————————— Phillips, 1829, *Ill. of the Geol. of Yorkshire*, Pl. XVII, fig. 13, p. 231.

Coquille ovale, marquée de stries nombreuses, traversées par d'autres plus fines qui offrent, au point de jonction, un aspect subtuberculeux. *Bande médiane* arrondie, longitudinalement striée, en long et en travers; stries fines, flexueuses sur les côtés.

Localité. De l'argile schisteuse de la formation carbonifère de Linlithgowshire. Flemming.

La figure est copiée de M. Phillips.

Espèces incertaines.

N° 45. BELLÉROPHE CARÉNÉ. — *BELLEROPHON CARINATUS*, *Fischer.*

Bellerophon carinatus, Fischer, *Bulletin de la Société impériale de Moscou*, t. I, p. 316.
————————— Fischer, *Oryctogr.*, t. XV, f. 1, 2, 3.
————————— Keferstein, *Nat. der.*, p. 429, n° 3.

M. Fischer de Waldheim décrit ainsi cette espèce : « *Spirâ basali dilatatâ, dorso carinatâ.* »

Diamètre, 2 pouces.

Localité. Des rives de la Nara.

Cette coquille, à l'état de moule, ne peut être rapportée avec exactitude à aucune des espèces que nous connaissons.

N° 46. BELLÉROPHE VARIOLEUX. — *BELLEROPHON CICATRICOSUS, Fischer.*

Bellerophon cicatricosus, Fischer, *Bulletin de la Société des Nat. de Moscou*, première année, p. 316.
——————— Fischer, *Oryctograp.*, tab. XV, fig. 45.
——————— Keferstein, *Nat.*, p. 429, n° 4.

B. testâ globosâ; spirâ externâ cicatricosâ; aperturâ labiosâ, Fischer.

Moule siliceux, rougeâtre, rempli de quartz blanc. Diamètre, 2 pouces 10 lignes. *Bouche*, largeur, 1 pouce 9 lignes; sa hauteur, 7 lignes.

Localité. De Baucheroë, district de Moscou.

N° 47. BELLÉROPHE HÉLICOÏDE. — *BELLEROPHON HELICOIDES, Fischer.*

Bellerophon helicoides, Fischer, *Bulletin de la Société des Nat. de Moscou*, première année, p. 316.
——————— Fischer, *Oryctograp.*, t. XV, fig. 67.
——————— Keferstein, *Naturg.*, 2 *th.* p. 429, n° 9.

B. testâ lævi; spirâ externâ subtrisulcatâ, Diam. 1, p. 1, L. *Apert. trans.*, 11 lin., longit. 9 l. *Loc.* Malchkova.

N° 48. BELLÉROPHE DU CAUCASE. — *BELLEROPHON CAUCASICUS, Fischer.*

Bellerophon caucasicus, Fischer, *Bulletin de la Société des Nat. de Moscou*, première année, p. 316.
——————— Fischer, *Oryptograp.*, 1830, t. XVI.
——————— Eichwald, *Zool. specialis*, t. II, p. 35.

Calcaire de transition de Podolie.

N° 49. BELLÉROPHE PONCTUÉ. — *BELLEROPHON PUNCTATUS, Davreux.*

Bellerophon punctatus, Davreux, *Essai sur la constit. géognostique de la province de Liége*, tabl., p. 271.

Dans le schiste argileux de la formation anthracifère, à Verviers et à Fraipont.

Espèces décrites qui n'appartiennent pas au genre.

Bellerophon ovatus, Keferstein, *Naturg. der Erdk.*, p. 429, n° 14.

Cette espèce a été décrite par Keferstein d'après l'*Ellipsolites ovatus* de Sowerby (*Mineral conchology*), tome 37, fig. 1, p. 83. M. de Verneuil a obtenu de M. Sowerby un exemplaire ressemblant en tout à la figure qu'il en a donnée. Nous avions, pour le placement de cette espèce parmi les Bellérophes, des doutes qui ont cessé lorsque M. de Verneuil, ayant fait scier son exemplaire, a trouvé que tout l'intérieur est divisé en nombreuses cloisons. Il ne faudra donc plus, à l'avenir, placer cette coquille parmi les Bellérophes.

SECOND SOUS-ORDRE.

DÉCAPODES. — *DECAPODA*, Leach.

Genre *Sepia*, Linné; *Decapoda*, Leach, Owen, Férussac et d'Orbigny; *Décacères*, *Décabrachidées*, Blainville.

Caractères. *Corps* généralement allongé, oblong ou cylindrique, presque toujours dépourvu de bride cervicale. *Appareil de résistance* toujours cartilagineux. *Nageoires* très développées. *Tête* ou masse céphalique presque toujours moins volumineuse que le corps. *Œil* libre dans son orbite, pouvant tourner en tous sens dans une cavité orbitaire très vaste, n'étant fixé que par le nerf optique et par des muscles, sur une petite partie de la circonférence. *Membrane buccale* très développée. *Ouvertures aquifères* céphaliques nulles; des ouvertures buccales, brachiales et oculaires; des *bras* sessiles, au nombre de huit, et deux bras tentaculaires, en tout dix bras; des *crêtes natatoires* aux bras. *Cupules* obliques, pédonculées, pourvues d'un cercle corné. *Tube locomoteur* presque toujours pourvu d'une valvule interne. *Osselet interne*, occupant le milieu du corps, en dessus.

Rapports et différences. Jusqu'à notre travail, les principaux caractères établis entre la division des Octopodes et des Décapodes, consistaient seulement, pour ainsi dire, dans le nombre des bras Nos observations nous ont prouvé qu'ils diffèrent encore : 1° par l'allongement du corps, souvent cylindrique, au lieu d'être arrondi et bursiforme; 2° par la non réunion de ce corps à la tête dans ses parties extérieures ; 3° par l'appareil de résistance, toujours cartilagineux chez les Décapodes, et charnu chez les Octopodes ; 4° par la présence de nageoires sur les côtés du corps, ces organes manquant toujours chez les Décapodes ; 5° par la masse céphalique, généralement beaucoup moins volumineuse que le corps, tandis que cette partie est toujours la plus développée dans les Octopodes ; 6° par les yeux, libres dans leurs orbites, et non pas enveloppés et unis aux téguments qui les entourent, comme ils le sont dans les Octopodes; 7° par la présence de membranes buccales très développées, manquant entièrement chez les Décapodes ; 8° par la présence d'ouvertures aquifères buccales, brachiales et oculaires, qui toutes manquent chez les premiers, tandis que les Décapodes n'ont pas d'ouvertures céphaliques, très grandes chez les Octopodes ; 9° par la présence de bras tentaculaires, les bras étant toujours au nombre de dix ; 10° par la présence de crêtes natatoires aux bras, partie qui manque chez les Octopodes ; 11° par des cupules pédonculées obliques, toujours pourvues d'un cercle corné, tandis qu'elles sont sessiles, non obliques, et seulement charnues dans les Octopodes; 12° par le tube locomoteur, presque toujours pourvu d'une valvule interne ; 13° par la présence d'un osselet interne médian, dont les Octopodes sont privés (1).

A. D'O.

(1) L'extension que nous avons donnée aux généralités nous dispense de nous appesantir sur les caractères généraux et de parler des mœurs des Décapodes, dont nous avons (p. 2) fait l'histoire, en parlant des Octopodes.

PREMIÈRE DIVISION.

DÉCAPODES MYOPSIDÉS. — *DECAPODA MYOPSIDÆ*, D'ORBIGNY.

Yeux sans contact immédiat avec l'eau extérieure, libres dans une cavité orbitaire, et recouverts, en dehors, par une continuité de derme qui devient transparent sur une surface ovale longitudinale, égale au diamètre de l'iris.

* *Une paupière inférieure aux yeux.*

PREMIÈRE FAMILLE. SÉPIDÉES. — *SEPIDÆ.*

CARACTÈRES. Forme générale raccourcie, massive. *Corps* court, ovale ou arrondi, fortement déprimé. *Nageoires* presque toujours latérales, quelquefois terminales, séparées l'une de l'autre, en arrière, par une échancrure ou espace libre. *Yeux* pourvus d'une paupière inférieure. *Membrane buccale* sans cupules. *Crête auriculaire* nulle. *Bras tentaculaires* rétractiles en entier. *Cupules* presque toujours sur plus de deux rangs, aux bras sessiles. *Cercle corné* des cupules convexe uniformément sur son pourtour, et rétréci en dessus et en dessous; sans crêtes extérieures. *Tube locomoteur* sans bride supérieure à sa jonction à la tête.

Cette famille diffère de celle des *Loligidées*, comme on peut le voir aux caractères spéciaux des genres, par tous les points que nous venons d'indiquer comme comparatifs. Nous y réunissons les genres *Cranchia*, *Sepiola*, *Sepioloidea*, *Rossia* et *Sepia*.

A. D'O.

Genre CRANCHIE. — *CRANCHIA*, LEACH.

Cranchie, Férussac, Owen; *Calmars B.* ou *Cranchies*, Blainville.

Forme générale raccourcie, corps volumineux, par rapport à la tête; contexture flasque, membraneuse. *Corps* non libre, bursiforme, membraneux, arrondi en arrière, très rétréci, et tronqué en avant, uni à la tête par une très petite bride cervicale médiane.

Appareil de résistance formé : 1° par la bride cervicale qui unit le corps à la tête; 2° par deux autres attaches unissant intimément la paroi latérale du corps aux expansions latérales de la base du tube locomoteur, assez avant dans l'intérieur, sans aucune partie libre dans l'appareil.

Nageoires ovales, terminales, postérieures au corps, attachées sur un prolongement spécial de son extrémité, unies entre elles, et échancrées à leur jonction postérieure.

Tête très petite, par rapport à l'ensemble, fortement rétrécie en avant et en arrière des yeux. *Yeux* gros, occupant une grande partie de la masse céphalique; une paupière inférieure à chaque œil (1). *Membrane buccale* très grande, pourvue de huit lobes aigus, simples, sans cupules. Ces lobes correspondent aux attaches des bras. *Lèvres,* au nombre de deux, l'une interne, plissée; l'autre externe, lisse. *Oreille externe? Ouvertures aquifères? Bras sessiles* conico-subulés, courts, inégaux, les latéraux-inférieurs les plus longs, sans crête natatoire ni membrane protectrice des cupules. *Cupules pédonculées* alternes, sur deux rangs. *Bras*

(1) Toutes les lacunes qu'on peut remarquer dans notre travail, relativement aux caractères de ce genre, viennent de la petitesse de l'individu que nous avons observé, et du manque de renseignements précis dans la description qu'on en a donnée.

tentaculaires rétractiles, gros, pourvus de crêtes natatoires, cupules pédonculées, sur quatre lignes alternes.

Membrane de l'ombrelle unissant ensemble les trois paires supérieures de bras. *Tube locomoteur* très long, tronqué obliquement à son extrémité, sans bride supérieure; pourvu d'une valvule interne. *Osselet interne* aussi long que le corps, gélatineux, étroit, acuminé à ses extrémités.

Rapports et différences. Par leur corps uni à la tête au moyen d'une bride supérieure, par leurs bras rétractiles, ainsi que par beaucoup d'autres caractères, les Cranchies se rapprochent évidemment beaucoup plus des Sépioles que des autres genres de Céphalopodes décapodes; néanmoins il est impossible de les réunir dans un même genre; car nous trouvons entre elles les différences suivantes : 1° la consistance membraneuse, flasque chez les Cranchies, ferme, musculaire chez les Sépioles; 2° l'appareil de résistance, semblable à celui des Poulpes chez les Cranchies, c'est-à-dire tous les points de contact fixés à demeure, tandis qu'ils sont mobiles chez les Sépioles, et seulement volontaires; 3° les nageoires terminales réunies à l'extrémité du corps chez les Cranchies, latérales, dorsales, et tout à fait séparées chez les Sépioles; 4° la tête très petite, par rapport à l'ensemble, chez les Cranchies, très grosse chez les Sépioles; 5° la membrane buccale, divisée en huit lobes (suivant M. Owen) chez les Cranchies, en sept chez les Sépioles; 6° l'osselet interne, occupant toute la longueur du corps chez les Cranchies, réduit à la moitié de la longueur chez les Sépioles.

Si nous n'avions pas cru voir les yeux recouverts par une continuité du derme, si M. Owen n'avait reconnu la valvule interne du tube locomoteur, nous aurions placé ce genre auprès, et même peut-être comme division des *Loligopsis;* car il est évident que, par sa consistance membraneuse, par la forme et la place des nageoires, par les attaches du corps à la tête, par la forme et l'extension de l'osselet interne, il y a les plus grands rapports de conformation entre les Cranchies et les Loligopsis proprement dits; aussi, tout en plaçant ce genre près des Sépioles, par suite des deux caractères d'yeux et de valvule du tube locomoteur, ne sommes-nous pas convaincu que des observations faites avec soin sur de plus grands individus, ne le fassent transporter près des Loligopsis. C'est, au reste, le seul dont nous n'ayons pas pu déterminer la place avec certitude.

Comme nous n'avons, jusqu'à présent, qu'une espèce bien caractérisée, nous y renvoyons pour les généralités de mœurs.

Histoire. M. Leach (1), en 1827, divisa les Céphalopodes, principalement d'après la forme des nageoires, et créa, sous le nom de *Cranchia*, un genre destiné à recevoir les espèces ayant les nageoires terminales, genre dans lequel il indiqua deux espèces, le *Cranchia scabra*, et le *Cranchia maculata*, l'un ayant son corps tuberculeux, l'autre l'ayant lisse; en ajoutant que le *Loligo cardioptera* du Pérou doit y être placé (2). Dans sa Monographie des Calmars (3), en 1823, M. de Blainville forme des Cranchies sa seconde section (B.) des Calmars, et y place les mêmes espèces que le docteur Leach. M. de Férussac (4), en 1825, admit cette division comme générique, et y plaça les trois espèces indiquées par Leach et M. de Blainville; mais, plus tard, dans nos planches, ne considérant plus que la place des nageoires, il y

(1) *The natural miscellany*, t. 3, p. 137.

(2) Nous avons reconnu que cette espèce est un *Onychoteuthis*, que nous plaçons dans ce sous-genre.

(3) *Dictionnaire d'histoire naturelle*, t. 27, p. 135.

(4) D'Orbigny, *Tableau des Céphalopodes*, p. 58.

réunit, sous le nom de *Cranchia minima,* une petite espèce que nous avons reconnue pour un véritable Calmar; et que, dès lors, nous avons placée dans ce genre, ainsi qu'une autre espèce très remarquable, son *Cranchia Bonelliana,* sur laquelle nous avons trouvé tous les caractères zoologiques, le tube *locomoteur,* et les détails propres à notre famille des *Loligopsidées*, dont nous avons formé le genre *Histioteuthis*.

M. Rang, en 1837 (1), prend pour base, de même que M. de Férussac, la forme des nageoires, et place parmi les *Cranchia*, sous le nom de *Cranchia perlucida*, une espèce que, sans aucune hésitation, nous rangeons parmi les Calmars. M. Owen, à qui la science doit de si bons travaux, restreint le premier, en décrivant parfaitement les caractères du *Cranchia scabra,* Leach, les véritables caractères des *Cranchia;* d'après la jonction du corps à la tête, d'après la forme du tube locomoteur, il démontre combien la forme des nageoires a peu d'importance zoologique. Sans les observations de M. Owen, nous n'eussions trop su que faire des *Cranchia;* mais, à présent, la valvule du tube locomoteur, l'adhérence du corps à la tête ont dû nous porter à les placer près des Sépioles, et à n'y laisser avec certitude que la *Cranchia scabra*, tout en y mettant, comme une espèce incertaine, le *Cranchia maculata*, de Leach. Nous renvoyons aux Calmars le *Cranchia minima* de Férussac, le *Cranchia perlucida*, de M. Rang; au genre *Histioteuthis* le *Cranchia Bonelliana*, Férussac, et aux *Onychoteuthis*, le *Cranchia cardioptera*, Leach (*Sepia cardioptera,* Péron), lui ayant trouvé, avec les crochets, tous les autres caractères zoologiques de ce genre.

N° 1. CRANCHIE RUDE. — *CRANCHIA SCABRA, Leach.*

CRANCHIES, Pl. 1, fig. 1; ROSSIA, Pl. 1, fig. 1-5.

Cranchia scabra, Leach, 1817, *Tuckey Exped. to Zaire*, Append., n° IV, p. 410.
———— Leach, 1817, *Miscell. zool.*, t. 3, p. 137.
———— Leach, 1818, *Voy. au Zaire, trad. franç.*, Atlas, p. 13, Pl. XVIII, fig. 1.
———— Leach, 1818, *Journal de Physique*, t. 86, p. 395; Planche de juin, n° 6.
Loligocranchii, Blainville, 1823, *Journal de Physique*, p. 123.
———— Blainville, 1823, *Dictionnaire des Sciences naturelles*, t. 27, p. 135.
———— Férussac, *Dictionnaire classique*, t. 4, Atlas, fig. 4. (Copie de Leach.)
Cranchia scabra, 1825, d'Orbigny, *Tableau méthodique de la classification des Céphalopodes*, p. 58.
———— Owen, 1836.

Dimensions.

Longueur totale	45	millimètres.
Le corps et la tête, sans les bras tentaculaires	24	*id.*
Grand diamètre du corps	25	*id.*
Longueur des bras supérieurs	3	*id.*
Longueur des bras latéraux-inférieurs	6	*id.*
Longueur des nageoires	4	*id.*
Largeur des nageoires	6	*id.*
Largeur de la tête	7	*id.*

Description.

CARACTÈRES. *Forme générale* très raccourcie, le corps très volumineux par rapport à la tête. *Corps* non libre, membraneux, flasque, bursiforme ou ovale, fortement rétréci en avant,

(1) *Magasin de zoologie*, p. 67.

élargi et arrondi en arrière ; couvert, surtout en dessous et sur les côtés, d'un grand nombre de tubercules cornés, divisés en deux, trois ou quatre pointes aiguës. Le corps est uni à la tête au-dessus du cou, par une très étroite bride que forme la continuation des téguments. On remarque une ligne plus élevée sur le dos, correspondant à l'osselet. *Appareil de résistance*, consistant : 1° en une bride étroite, dorsale, unissant intimement le bord du corps à la tête; 2° en deux autres attaches de la base latérale du tube locomoteur, étendues, minces, insérées en dedans de la paroi interne du corps, et continues avec elle, cette jonction ayant lieu loin du bord du corps. *Nageoires* terminales, postérieures au corps, attachées sur un prolongement spécial en dehors de celui-ci, chacune est arrondie, réunie à l'autre par un de ses côtés, laissant, dans son ensemble, une forte échancrure postérieure.

Tête très petite, courte, aussi large que l'ouverture du corps, déprimée, fortement rétrécie en avant et en arrière des yeux. *Yeux* gros, saillants, occupant presque toute la surface céphalique *sans ouverture* (1). *Membrane buccale* très grande, pourvue de huit lobes aigus, insérés à la base des bras, ainsi que leur intervalle (2). *Bec* corné, brun au rostre, blanc ailleurs; lèvres, l'une interne, épaisse, plissée; l'autre, externe, lisse.

Bras sessiles, conico-subulés, très courts, inégaux, la paire supérieure la plus courte, la seconde et la quatrième à peu près égales, et plus longues que la première; puis la troisième paire la plus longue, du double de la première. *Crête natatoire* nulle, ainsi que la membrane protectrice des cupules. *Cupules pédonculées*, alternes, sur deux lignes séparées par un large intervalle. *Bras tentaculaires*, contractiles, suivant M. Owen (3), gros, épais, longs, pourvus de crêtes natatoires. *Cupules* sur quatre lignes alternes, plus petites que celles des bras sessiles, également pédonculés. *Membrane de l'ombrelle*, unissant, sur le tiers de leur longueur, les première, deuxième et troisième paires de bras, et laissant les autres libres.

Tube locomoteur long, dépassant l'intervalle de la jonction du bras, tronqué obliquement à son extrémité, de manière à ce que le bord supérieur se replie sur l'inférieur, pourvu, dans son intérieur, d'une valvule supérieure. *Osselet interne*, aussi long que le corps gélatineux, acuminé à ses extrémités, très étroit, légèrement rétréci au milieu de sa longueur.

Couleurs. L'individu que nous avons observé est entièrement blanc, avec quelques points rougeâtres, espacés sur le corps seulement. M. Owen le décrit comme étant couvert uniformément de petites taches rondes, rouge sombre, changeant, dans l'esprit-de-vin, en brun incertain. Elles sont plus petites sur les nageoires et sur l'intérieur des bras. Un cercle de taches sombres autour de la cornée.

Habitation, mœurs et histoire. L'individu décrit par Leach a été pris dans les mers occidentales d'Afrique. Celui que signale M. Owen a été recueilli par M. Bennet pendant son voyage en Australie, avec un filet de traîne, pendant un beau temps, par 12 degrés 15 minutes de latitude Sud, et 10 degrés 15 minutes de longitude Ouest. L'individu qui nous a

(1) Nous n'avons examiné qu'un très petit exemplaire, sur lequel nous n'avons pu remarquer aucune ouverture aux yeux; nous avons cru y voir une demi-paupière inférieure, mais nous n'en sommes pas très sûr. Il est fâcheux que, dans son savant Mémoire, M. Owen n'ait pas éclairci cette question sur le grand individu qu'il a observé.

(2) Tels sont au moins les caractères de la membrane buccale dessinée par M. Owen ; nous n'avons pu vérifier cette partie.

(3) P. 105. Nous n'avons pas vu ce caractère sur notre échantillon.

été rapporté par M. de Candé a été pêché dans les mers des Antilles, avec un filet de traîne; aussi, jusqu'à présent, cette espèce doit-elle être regardée comme propre à l'océan Atlantique.

Indiquée plutôt que décrite, en 1817, par M. Leach, elle a ensuite été reproduite, sur ces mêmes données, par MM. de Blainville et de Férussac; mais la première bonne description que nous en ayons est due à M. Richard Owen. Celle qui précède a été faite en partie d'après celle de M. Owen, en partie sur le jeune individu que nous possédons.

Explication des Figures.

Pl. 1, fig. 1. Copie de la figure donnée par M. Leach.
ROSSIA. Pl. 1, fig. 1. Individu, vu en dessus; copié, ainsi que les figures suivantes, du mémoire de M. Richard Owen.
Fig. 2. Le même, vu en dessous.
Fig. 3. Le même, grossi, le corps ouvert en dessous, pour montrer, *a*, les parois du corps; *b*, le tube locomoteur; *c*, les brides fixes qui joignent le tube locomoteur à la tête.
Fig. 4. Disposition des bras autour de la bouche; *a*, la membrane de l'ombrelle; *b*, la membrane buccale; *c*, les lèvres.
Fig. 5. Une partie des aspérités du dos, grossies. A. D'O.

N° 2. CRANCHIE TACHETÉE. — *CRANCHIA MACULATA*, *Leach.*

Cranchia maculata, Leach, 1817, *Tuckey. Exped. to Zaire*, App. IV, p. 410.
———————— Leach, 1818, *Trad. franç.*, Atlas, Pl. 13.
———————— Leach, 1818, *Journal de Physique*, t. 86, p. 395.
Loligo lævis, Blainville, 1823, *Journal de Physique*, p. 123 (d'après Leach).
———————— Blainville, 1823, *Dictionnaire des Sciences naturelles*, t. 27, p. 135 (d'après Leach).
Cranchia maculata, d'Orbigny, *Tableau méthod. de la classificat. des Céphalopodes*, p. 58 (d'après Leach).

C. sacco lævi, pulcherrimè nigro maculato; maculis ovatis distantibus, Leach.

Habite les mers occidentales d'Afrique.

C'est tout ce que nous a appris le docteur Leach, qui ne nous donne que ce peu de notions sur cette espèce; il est donc, jusqu'à présent, impossible d'asseoir aucun jugement à son égard.

A. D'O.

Genre SÉPIOLE. — *SEPIOLA*, LEACH.

Genre *Sepiola*, Rondelet, Boussuet, Aldrovande, etc.; G. *Sepia*, Linné, Gmel.; G. *Sepiola*, Leach; G. *Loligo*, Lamarck, Cuvier, Férussac; *Calmars*, *section* A, ou *Sépioles*, Blainville.

CARACTÈRES. *Forme générale* raccourcie, massive, le corps assez long par rapport au reste, consistance charnue, musculaire.

Corps non libre, cursiforme, court, jamais allongé, de bien peu plus long que large, arrondi postérieurement, tronqué en avant, uni à la tête par une *bride cervicale*, plus ou moins large, n'occupant jamais toute la largeur supérieure du cou, échancré en dessous au milieu.

Appareil de résistance, formé, 1° sur la base du tube locomoteur, une fossette allongée ou oblongue, entourée de bourrelets; 2° sur la paroi interne du corps, d'une crête allongée commençant au bord même ou placée plus dans l'intérieur. A la volonté de l'animal, la crête vient s'appliquer dans la fossette; tandis que les bourrelets de celle-ci se placent dans le sillon qui entoure la crête, et leur offre ainsi un double moyen de se rattacher l'un à l'autre.

Nageoires latéro-dorsales, distantes, toujours placées au milieu de la longueur du corps : elles sont ovales ou demi-circulaires, plus longues que larges, séparées du corps par une échancrure en avant, s'unissant presque à angle droit en arrière. *Tête* généralement aussi large que le corps, courte, un peu déprimée, rétrécie en arrière des yeux. *Yeux* gros, saillants, latéraux supérieurs, entièrement recouverts à l'extérieur, par une continuité du derme, s'amincissant et devenant transparent, sur une partie ovale égale en diamètre à l'iris. Les yeux sont pédonculés, fixés postérieurement dans une vaste cavité orbitaire, et peuvent s'y mouvoir en tous sens. Une seule *paupière,* formée par un très fort repli de la peau, occupant les trois quarts de la circonférence de l'œil, à sa partie inférieure, pouvant se contracter et fermer l'œil entièrement. *Pupille* oblongue, longitudinale, échancrée. *Membrane buccale* assez courte, divisée sur les bords, en sept lobes simples, sans cupule. Ces lobes correspondent à autant d'attaches ou brides qui s'insèrent à la base des bras, de la manière suivante : *une* supérieure, se bifurquant pour s'attacher aux côtés internes des bras supérieurs; *deux*, une de chaque côté, attachées au côté supérieur des bras latéraux-supérieurs; *deux,* une de chaque côté, s'insérant au côté inférieur des bras latéraux-inférieurs; *deux* très rapprochées, quelquefois même insérées aux côtés internes des bras inférieurs. *Lèvres*, au nombre de deux, l'une intérieure, épaisse, charnue, papilleuse; l'autre externe, lisse, mince. *Bec* comme dans la Seiche. *Oreille externe*, sans crête auriculaire, marquée en arrière de l'œil, un peu au-dessous, d'un fort tubercule percé au milieu.

Ouvertures aquifères, 1° l'une *branchiale*, de chaque côté, placée entre les troisième et quatrième paires de bras, et par laquelle rentrent en dedans les bras tentaculaires, dans une large cavité sous-oculaire; 2° deux *lacrymales* très petites, placées, de chaque côté en avant du globe de l'œil, à la partie inférieure bien en avant des paupières. Point d'ouvertures buccales.

Bras sessiles, plus ou moins longs, conico-subulés, toujours inégaux, les bras latéraux-inférieurs les plus longs, ou au moins égaux aux latéraux-supérieurs, les bras supérieurs presque toujours les plus courts. Point de membrane protectrice des cupules. *Cupules,* 1° sur deux rangs à tous les bras; 2° également sur deux rangs, excepté à l'extrémité des bras inférieurs où elles sont sur huit; 3° sur plus de quatre rangs partout. Elles sont sphériques, portées sur un pied court, placé à côté du centre. *Cercle corné* oblique, à ouverture excentrique, convexe en dehors, sans dents en dessus. *Bras tentaculaires* rétractiles en entier dans une cavité sous-orbitaire, plus ou moins longs, cylindriques à leur base, plus ou moins élargis à leur extrémité. *Crête natatoire* assez large, mais point de membrane protectrice des cupules. Massue couverte en dessus d'un très grand nombre de *cupules* fortement pédonculées, toujours portées sur un long pédoncule; beaucoup plus petites et plus nombreuses qu'aux bras sessiles. Elles sont toujours sur plus de huit lignes en largeur.

Membranes de l'ombrelle, toujours nulles entre les bras inférieurs; les autres bras libres, moins les intervalles compris entre le bras latéral inférieur et le bras inférieur de chaque côté, toujours pourvus de membranes.

Tube locomoteur plus ou moins long, s'avançant souvent jusqu'à la base des bras, toujours dépourvu de brides supérieures à la jonction à la tête. Une valvule dans son intérieur.

Osselet interne n'occupant jamais plus de la moitié de la longueur du corps : il est corné, faible, plus ou moins en forme de glaive, placé dans la partie charnue du corps, et non en dessous, comme dans les autres genres voisins.

Rapports et différences. Ce genre, par la forme de la nageoire latéro-dorsale se distingue des Seiches et des Calmars, qui, comme lui, ont l'œil recouvert d'une membrane, il se distingue encore des premières, avec lesquelles il a beaucoup de rapports de conformation, par son osselet corné flexible, par ses nageoires, par son corps uni à la tête, à la partie cervicale, par le manque d'appareil de résistance en dessus, par sa paupière plus large, son ouverture lacrymale séparée de la paupière, ainsi que par bien d'autres détails. Il diffère des Calmars par la forme raccourcie, l'union de son corps à la tête, par son appareil de résistance, par ses demi-paupières, par le manque de cupules à la membrane buccale, et d'ouvertures aquifères buccales, ainsi que par son osselet interne n'occupant qu'une partie de la longueur du corps, tandis qu'il est aussi long que lui chez les Calmars.

Il est évident que tous les rapports extérieurs de formes le rapprochent davantage des *Rossia* que des autres genres par la conformité des nageoires, la forme générale du corps, celles des bras et des cupules; néanmoins il s'en distingue par des caractères d'une valeur assez réelle pour que nous ayons cru devoir les séparer, ainsi que l'a fait M. Owen. Ces caractères sont les suivants : 1° son corps uni à la tête, au lieu d'en être séparé; 2° son appareil de résistance, moins compliqué, puisqu'il manque du troisième appareil cervical, et que l'appareil ventral commence le plus souvent vers le bord même du sac, tandis qu'il en est séparé par un assez grand espace chez les Rossia; 3° son osselet interne, non situé au-dessous de la partie charnue, dans une gaîne, mais bien dans la partie charnue même; 4° la forme angulaire de cet osselet, tandis qu'il semble représenter une plume chez les *Rossia*.

Habitation; mœurs. Le genre Sépiole paraît n'être composé que d'espèces spécialement côtières, ou au moins qu'on n'a jamais indiquées comme vivant au sein des mers, tandis que toutes les espèces que nous connaissons sont du littoral. Elles paraissent aussi aimer l'isolement, car on les trouve le plus souvent seules à seules et jamais en grandes troupes, comme les Calmars et les Ommastrèphes.

Des six espèces que nous avons, jusqu'à présent, dans le genre, une, la *Sepiola Rondeletii*, paraît habiter exclusivement la Méditerranée; une, la *Sepiola atlantica*, habite l'océan Atlantique sur les côtes d'Europe; trois, la *Sepiola stenodactyla*, de l'Ile de France, la *Sepiola lineolata*, de la Nouvelle-Hollande, la *Sepiola japonica*, du Japon, sont du grand Océan. Nous pouvons ainsi croire, dès à présent, que les Sépioles sont à peu près également réparties dans toutes les mers, sans que la même espèce se trouve, en même temps, dans deux mers différentes ou sur deux côtes éloignées et séparées par une grande étendue d'eau; ce qui prouve que les Sépioles ne sont pas voyageuses comme les Ommastrèphes, et surtout les Poulpes, qu'on rencontre, en même temps, dans plusieurs mers à la fois. Une autre conséquence peut être tirée de la répartition géographique des espèces de Sépioles : c'est qu'elles sont de toutes les latitudes, depuis les régions froides, jusqu'à la zone équatoriale en passant par les lieux tempérés, sans qu'on puisse dire qu'elles soient plus abondantes sous une température que sous une autre.

Leurs mœurs paraissent être les mêmes que celles des Seiches, dans les régions froides ou tempérées. Elles se retirent, sans doute, à de grandes profondeurs, dans la saison froide, car on n'en voit point en hiver; tandis qu'elles paraissent sur les côtes dès les premiers mois de printemps, où elles fraient, retournant, vers l'automne, dans les mêmes lieux, pour ne reparaître que l'année suivante.

Histoire. La *Sépiole* avait échappé aux observations d'Aristote et de tous les autres auteurs grecs, qui la confondaient sans doute avec les jeunes Seiches; Pline même ne l'a pas connue, non plus que Bélon qui, au XVIe siècle, reprit le premier l'étude des animaux mollusques. C'est à Rondelet (1), en 1554, qu'on doit les premières notions sur la Sépiole, qu'il dit ressembler à la Seiche naissante, et dont il donne une description reconnaissable; c'est évidemment l'espèce de la Méditerranée. Boussuet, en 1558, copie Rondelet (2); ce que font aussi Aldrovande (3), en 1642, Jonston (4), en 1650, Ruysch (5), en 1718.

Linnée (6), en 1757, plaça la seule espèce connue, dans son grand genre *Sepia* comprenant tous les Céphalopodes sans coquilles, sous le nom de *Sepia sepiola*, cité ensuite par Scopoli (7), en 1772. Pennant (8), en 1774, publie également la *Sepia sepiola* des côtes d'Angleterre, comme étant de même espèce que celle de Rondelet, la *Sepia sepiola* de Linnée, mais d'après le lieu où l'individu a été trouvé, c'est évidemment pour nous une espèce distincte, et non celle de Rondelet. Schneider (9), qui, en 1784, n'avait que des figures pour objet de comparaison, tout en citant la *Sepiola* de Linnée, y réunit les figures de Rondelet et de Pennant que nous croyons représenter deux espèces distinctes. Tandis que Barbut (10), en 1788, ne cita que celle de Pennant, c'est-à-dire celle des côtes d'Angleterre. Gmelin (11) suivit comme Linnée; mais Walfen (12), en 1791, ne parla que de celle de l'Adriatique.

Lamarck (13), en 1799, en divisant le genre Sepia de Linnée, en *Sepia* proprement dite, en *Loligo* et en *Octopus*, rangea toutes les Sépioles citées, sous la dénomination commune de *Loligo sepiola*. Bosc (14), en 1802, revient au nom de Linnée. Cuvier (15), en 1805, dit seulement un mot des Sépioles en général qu'il regarde comme appartenant au genre Calmar. Montfort (16), en 1805, décrivit aussi la Sépiole comme s'il n'y en avait qu'une seule espèce. En 1817, M. Leach (17), attachant plus d'importance aux nageoires qu'à tout autre caractère, forma un genre de la Sépiole, sous le nom de *Sepiola* et y plaça le *Loligo sepiola* de Linnée, sous la dénomination de *Sepiola Rondeletii*, sans distinguer deux espèces de Sépioles. M. de Blainville (18), en 1823, regarda les Sépioles comme une simple division des Calmars, et y mit le *Loligo sepiola* comprenant les Sépioles de l'Océan et celles de la Méditerranée. Carus, en 1824, figura l'espèce de la Méditerranée. Comme tous les auteurs, M. de Férussac (19),

(1) *De Piscibus marinis*, lib. XVII, cap. X, p. 519.
(2) *De Natura aquatilium*, p. 204.
(3) *De Mollib.*, lib. V, p. 63.
(4) *Hist. nat.*, lib. I; *de Mollib.*, cap. III, p. 8.
(5) *Theatrum univ. omn. anim.*, lib. IV, cap. III.
(6) *Syst. natur.*, ed. XII, p. 1095, n° 5.
(7) *Hist. nat. Observ. zool.*, p. 127.
(8) *British. zool.*, IV, t. 29, fig. 4.
(9) *Samlung verm.*, p. 112.
(10) *Genera vermium*, *of Linnæus*, p. 76, t. 8, fig. 5.
(11) *Syst. nat.*, ed. XIII, p. 3151.
(12) *Nova acta Phys. med. Berolin*, t. 8, p. 36.
(13) *Mémoires de la Société d'histoire naturelle de Paris*, 1799, p. 16.
(14) *Buffon de Déterville*, vers, p. 46.
(15) *Mémoire sur les Céphalopodes*, p. 53.
(16) *Buffon de Sonnini*, Mollusques, t. 2, p. 103.
(17) *The natural Miscellany*, t. 3, p. 137.
(18) *Dictionnaire des Sciences naturelles*, t. 27, et *Faune française*, p. 14.
(19) *Bulletin de l'Académie royale de Bruxelles*, t. V, n° 7.

en 1825, ne plaça, dans mon tableau des Céphalopodes, qu'une seule espèce de *Sepiola*. M. Quoy, en décrivit, en 1832, une nouvelle espèce des mers de la Nouvelle-Hollande; espèce dont nous avons formé un sous-genre distinct; en 1833, M. Grant en publia une autre sous le nom de *Sepiola stenodactyla*, en la comparant à l'espèce commune de la Méditerranée, qu'il désigne improprement sous le nom de *Sepiola vulgaris*.

Les choses en étaient là : nous avions examiné comparativement les espèces de Sépioles, dont nous avions distingué, par des caractères positifs, toutes les espèces, quand, en 1838, MM. Gervais et Vanbeneden publièrent sur le genre une note monographique dans laquelle ces deux zélés naturalistes réunirent les *Rossia* aux *Sépioles;* puis, accordant plus de valeur à la forme des nageoires qu'à l'attache cervicale, ils les divisèrent en deux séries, suivant que le plus grand diamètre des ailes est à leur point d'attache, ou que cette partie est rétrécie. Ils placent dans leur première division, la *Sepiola subalata* Eydoux, mss., que nous mettons parmi les *Rossia;* la *Sepiola linceolata,* dont nous faisons le type de notre sous-genre *Sepioloidea.* Dans la seconde division est la *Sepiola palpebrosa* (*Rossia palpebrosa* Owen, que nous regardons comme type des *Rossia*); la *Sepiola stenodactyla* Grant; la *Sepiola Rondeletii,* la *Sepiola vulgaris,* qu'ils appliquent à l'espèce de l'Océan, d'après Grant, tandis que c'est positivement celle de la Méditerranée dont parle Grant, d'où il suit que ce nom ne peut rester; puis la *Sepiola Desvignana,* qui ne nous est pas connue, si ce n'est par une variété de celles de la Méditerranée. Il est à regretter que, dans ce travail intéressant, les auteurs aient attaché trop d'importance aux couleurs et à la taille, comme caractères spécifiques, et qu'ils n'aient pas, au contraire, fait connaître les véritables caractères zoologiques.

Pour nous, après avoir étudié comparativement et très minutieusement tous les types de Sépioles, nous croyons devoir les diviser ainsi qu'il suit.

A. D'O.

Sous-Genre SÉPIOLE. — *SEPIOLA*.

Corps oblong, arrondi, peu déprimé, non cilié à sa partie antérieure; bride supérieure étroite. *Appareil de résistance* composé, 1° sur la base du tube locomoteur, d'une fossette très allongée, pourvue de bourrelets à son pourtour, moins à la base; 2° d'une crête très allongée, commençant au bord même de la paroi interne-latérale du corps. *Nageoires* plus larges que longues, occupant au plus un tiers de la longueur du corps. *Membrane de l'ombrelle* presque nulle, existant seulement entre les troisième et quatrième paires de bras. Un *osselet interne*. Cette division renferme les Sépioles les plus anciennement connues, celles de nos côtes, qui sont en même temps les plus nombreuses en espèces. Nous les divisons ainsi qu'il suit :

Section A. Cupules sur deux rangées alternes à tous les bras sessiles.	*S. Rondeletii*, Leach. *S. Oweniana*, d'Orbigny. *S. Japonica*, Tilésius.
Section B. Cupules sur deux rangées, alternes à tous les bras sessiles, excepté à l'extrémité des bras supérieurs, où elles sont plus nombreuses.	*S. Atlantica*, d'Orbigny.
Section C. Cupules sur quatre rangées et plus à tous les bras sessiles.	*S. Stenodactyla*, Grant.

Première Section. A.

Cupules sur deux rangées alternes à tous les bras sessiles. A. D'O.

N° 1. SÉPIOLE D'OWEN. — *SEPIOLA OWENIANA*, *d'Orbigny*.

SÉPIOLES, Pl. 3, fig. 1-5.

Dimensions.

Longueur de la tête, les grands bras compris.	108	millimètres.
Longueur du corps.	25	*id.*
Largeur du corps.	17	*id.*
Longueur des bras contractiles.	70	*id.*
Longueur des bras supérieurs.	28	*id.*
Longueur des bras latéraux-supérieurs.	32	*id.*
Longueur des bras latéraux-inférieurs.	31	*id.*
Longueur des bras inférieurs.	29	*id.*
Largeur de la tête.	15	*id.*
Longueur des nageoires.	11	*id.*
Largeur des nageoires.	10	*id.*

Description.

Forme générale allongée, oblongue, les bras longs; tout, enfin, est beaucoup plus long que dans les autres espèces.

Corps très lisse, oviforme, oblong, un peu acuminé postérieurement, renflé au milieu, tronqué antérieurement, fortement échancré au bord de la partie médiane inférieure; corps attaché à la tête par une bride supérieure occupant le tiers de son diamètre. *Nageoires* très petites, très séparées, latéro-dorsales, placées vers le milieu de la longueur du corps, dont elles occupent moins du tiers, elles sont presque circulaires, ou approchant un peu du rhomboïde; elles sont un peu échancrées en avant et en arrière à leur jonction au corps. *Appareil de résistance* formé sur les côtés de la paroi interne du corps, à sa partie inférieure, d'une crête longitudinale élevée, entourée d'une dépression qui vient s'appliquer sur une rainure profonde bordée de bourrelets qu'on remarque vis-à-vis, sur la base du tube locomoteur. Il est tout simple alors que la crête pénètre dans la rainure, et que les bourrelets entrent dans la dépression du côté opposé, ce qui présente un double moyen de résistance.

Tête plus étroite que le corps, presque sphérique, quoique très peu déprimée; fortement renflée par le globe de l'œil. *Yeux* saillants, ouverture latérale très grande, entourée d'une paupière inférieure contractile. *Bouche* protégée par une membrane buccale et par des lèvres charnues et ciliées comme dans la *Sepiola vulgaris*. *Bec* noir à l'extrémité des mandibules. *Ouvertures aquifères*, au nombre de deux, situées de chaque côté, en avant le globe de l'œil, à sa partie inférieure. Le trou auditif externe est simple, sans bourrelet ni saillie. *Bras sessiles* longs, minces, conico-subulés, presque arrondis, très inégaux. Leur ordre de longueur, en commençant par les plus longs, est la deuxième, la troisième, la quatrième et la première paire, ou supérieurs. *Cupules* obliques, presque comprimées, arrondies, échancrées près de leur pied, à ouverture très large, percée un peu de côté, portées chacune sur un petit pied filiforme, court, placé près du bord, et fixé à l'extrémité d'un long pédoncule oblique d'arrière en avant, conique, tronqué à son extrémité, appartenant aux bras. Elles alternent régulièrement en deux lignes distinctes sur toute la longueur des bras, devenant plus petites vers l'extrémité, en suivant la proportion relative au diamètre des bras. *Cercle corné* assez large, à bords entiers, plus grands que dans les autres espèces, plus large du côté opposé au pédicule. *Bras contractiles* excessivement longs, très grêles, cylindriques sur leur largeur, si peu élargis en fer de lance à leur extrémité, qu'on s'en aperçoit à peine. Cette partie, non comprimée, est pourvue latéralement d'un indice de carène, et en dessous, sur une longueur de quinze millimètres, de cupules si petites et si rapprochées, qu'à l'aide d'une forte loupe on ne distingue encore qu'une surface papilleuse, ou veloutée.

Membrane de l'ombrelle nulle entre les bras inférieurs, à peine visible entre les trois paires supérieures, très grande entre les bras latéraux-supérieurs et les inférieurs. *Tube locomoteur* gros, médiocrement long, ne se prolongeant pas au delà des deux tiers de la hauteur du globe de l'œil. *Osselet interne;* nous croyons qu'il n'existe pas dans cette espèce, au moins n'avons-nous pu l'apercevoir.

Couleurs. Conservés dans l'alcool, le corps et la tête sont ornés, en dessus, de très petites taches chromophores, rouge-violacé, très espacées. Les mêmes taches plus petites et plus rares se remarquent sur les parties inférieures du corps, de la tête, des bras, et sur les ailes. Le tube locomoteur, le dessous des nageoires, les grands bras, et l'intérieur des petits sont incolores, ou blanchâtres.

Rapports et différences. Par ses cupules alternes, sur deux lignes seulement, par son appareil de résistance, cette espèce se rapproche de la *Sepiola Rondeletii;* mais elle s'en distingue facilement par une forme plus allongée, par son corps ovoïde, par ses nageoires, plus petites, plus larges, par sa tête plus longue, par ses bras sessiles, beaucoup plus longs, par ses bras contractiles, de plus du double de longueur, et non élargis à leur extrémité, et peut-être par le manque d'osselet. C'est, au reste, de toutes les espèces, la plus allongée, et celle dont les bras contractiles sont couverts de plus petites cupules.

Habitation, mœurs, histoire. Nous en avons examiné deux exemplaires, l'un appartenant au Muséum d'histoire naturelle, l'autre, à notre collection; mais nous ignorons entièrement d'où ils viennent.

Nous décrivons, le premier, cette espèce sur les deux individus que nous avons sous les yeux, et nous la dédions à M. Owen.

Explication des Figures.

Pl. 3, fig. 1. Individu de grandeur naturelle, vu en dessus; dessiné d'après nature.
Fig. 2. Le même, vu en dessous.
Fig. 3. Un bras tentaculaire, grossi.
Fig. 4. Appareil de résistance; *a*, protubérance de l'intérieur du corps; *b*, fossette de la base du tube locomoteur.
Fig. 5. Un œil, avec, *a*, son orifice lacrymal; *b*, l'oreille externe.

A. D'O.

N° 2. SÉPIOLE DE RONDELET. — *SEPIOLA RONDELETII*, *Gesner.*

Sépioles, Pl. 1, fig. 1-6; Pl. 2, Pl. 3, fig. 6-9.

De Sepiolâ, Rondelet, 1554, *de Piscibus,* lib. XVII, cap. X, p. 519.
Sepiola Rondeletii, Gesner, 1558, *de Aquat.*, lib. IV, p. 855. (Copie de Rondelet.)
De Sepiolâ, Boussuet, 1558, *de Nat. aquat.*, p. 204. (Copie de Rondelet.)
Sepiola Rondeletii, Aldrovande, 1642, *de Mollib.*, lib. V, p. 63. (Copie de Rondelet.)

Sepiola, Jonston, 1650, *Hist. nat. de Piscibus*, lib. I, cap. III, t. I, p. 8, fig. 8. (Fig. origin. mauvaise.)
Sepiola, Ruysch (1718), *Theatr. Exang.*, t. I, fig. 1. (Copie de Jonston.)
Sepia sepiola, Herbst, 1788, *Eniseit. zur Kennt. der Gew.*, p. 80, n° 4.
——— Linn., 1767, *Syst. nat.*, éd. 12, p. 1096, n° 5.
——— Scopoli, 1772, *Observ. zool.*, p. 128.
——— Gmel., 1789, *Syst. nat.*, éd. 13, p. 3151.
——— Walfen, 1791, *Nova act. phys. med. Acad. nat. cur.*, t. VIII, p. 235; *Descript. zool. ad Adriatici littor maris.*
Loligo sepiola, Lamarck, 1799, *Mémoires de la Société d'histoire naturelle de Paris*, p. 16.
Sepiola Rondeletii, Leach, 1817, *Th. natural miscellany*, t. 3, p. 138.
Loligo sepiola, Lamarck, 1822, *Animaux sans vertèbres*, t. 7, p. 664, n° 4.
——— Blainville, 1823, *Dictionnaire des Sciences naturelles*, t. 27, p. 184.
——— Carus, 1824, *Icon. sepiar. nov. acta Acad. nat. curios.*, t. XII, première partie, p. 318, p. XXIX, fig. 2, 3.
Sepia sepiola, Martens, 1824, *Reise nach Venedig.*, V, 2, p. 436.
Loligo sepiola, Peiraudeau, 1826, *Cat. des Moll. de Corse*, p. 173, n° 353.
Sepiola vulgaris, Grant, 1833, *Trans. of the zool. Society of London*, t. I, p. 77.
Sepiola Grantiana, Férussac, *Sépioles*, Pl. 2, fig. 34; *Magasin de zoologie*, 1835; *Bulletin*, p. 66.
Sepiola Rondeletii, Rang (1), 1837, *Magasin de zoologie*, p. 70, Pl. 95.
——— Gervais et Vanbeneden, 1838, *Bulletin de l'Académie roy. de Bruxelles*, t. V, n° 7, p. 8.
Sepiola Devigniana, Gervais et Vanbeneden, 1838, *Loc.*, etc., p. 10?

Dimensions.

Longueur totale, les grands bras compris.	52	millimètres.
Longueur du corps.	16	*id.*
Largeur du corps.	13	*id.*
Longueur des bras contractiles.	26	*id.*
Longueur des bras latéraux-inférieurs.	15	*id.*
Longueur des bras latéraux-supérieurs.	15	*id.*
Longueur des bras inférieurs.	13	*id.*
Longueur des bras supérieurs.	11	*id.*
Largeur de la tête.	11	*id.*
Longueur des nageoires.	13	*id.*
Largeur des nageoires.	7	*id.*

Description.

Forme générale raccourcie, représentant une forme oblongue comme tronquée en avant, la tête étant de la même largeur que le corps. *Corps* lisse, oblong, subcylindrique, bursiforme, arrondi postérieurement, tronqué en avant, la partie inférieure plus avancée que la supérieure, et légèrement échancrée à son milieu. *Ouverture du corps* très grande, s'étendant jusqu'aux côtés du cou, le corps n'étant uni à la tête que par une bride qui occupe le tiers de son diamètre. *Nageoires* latéro-dorsales, très séparées, situées au milieu de la longueur du corps; elles sont minces, ovales, absolument comme dans l'espèce précédente. *Appareil de résistance* comme chez la *Sepiola Oweniana*.

Tête courte, déprimée, de la même largeur que le corps. *Globe de l'œil* très renflé; de chaque côté est son ouverture latérale supérieure, assez grande, et longitudinale. *Paupières*

(1) Nous ne comprenons pas les tubercules placés sur toute la longueur des bras tentaculaires dans la figure de M. Rang; nous n'avons jamais aperçu ce caractère sur les nombreux individus que nous avons observés.

consistant en une seule demi-membrane inférieure, qui se replie sur l'œil. *Bouche* protégée par une double lèvre charnue, la plus intérieure ciliée sur ses bords. *Bec* médiocre de grandeur. *Mandibule supérieure* à expansions latérales étroites, courtes. *Mandibule inférieure* à capuchon petit, arqué, fortement aigu à son extrémité. Toutes les parties qui avoisinent l'extrémité sont noir-brun; le reste est d'un blanc sale. *Oreille externe* située de chaque côté de l'œil, unie à la partie postérieure et inférieure du globe de l'œil. *Ouvertures aquifères* en avant, pouvant se refermer ou s'ouvrir, et sensibles au dehors par une légère saillie.

Bras sessiles courts, conico-subulés, les inférieurs déprimés, les autres arrondis; ils sont légèrement inégaux; leur ordre de longueur, en commençant par les plus longs, est la deuxième et troisième paires ou bras latéraux, égaux en longueur; la quatrième paire, ou bras inférieurs, et la première, ou bras supérieurs, les plus courts. *Cupules* obliques, globuleuses, libres; portées chacune sur un petit pied filiforme, fixé sur un long pédoncule oblique en avant; elles alternent d'une manière très régulière sur deux lignes distinctes, très rapprochées, et diminuent graduellement de grosseur jusqu'à l'extrémité de tous les bras, les bras inférieurs compris. Nous en avons compté quarante-quatre aux bras latéraux. *Cercle corné* entier. *Bras tentaculaires* peu longs, cylindriques à leur base, élargis et comprimés à leur extrémité en fer de lance irrégulier, le côté interne pourvu d'une membrane. Le côté opposé aux cupules est strié obliquement sur sa partie opposée à la membrane. *Cupules* subsphériques pédonculées comme celles des bras sessiles, mais excessivement petites, et placées irrégulièrement, huit dans la largeur. Leur cercle corné est entier.

Membrane de l'ombrelle assez large entre les bras latéraux-inférieurs et les inférieurs, à peine apparents entre les autres bras supérieurs; elle manque entièrement aux deux bras inférieurs.

Tube locomoteur étroit, assez long, s'étendant jusqu'à la séparation des bras.

Osselet interne, placé sur la moitié antérieure du corps : sa forme est celle d'une lame d'épée, déprimée, pourvue d'une forte rainure médiane et de bourrelets latéraux. Il ne s'élargit pas vers le haut, et ne nous a montré aucune spatule inférieure. Il n'est pas libre dans sa gaîne comme celui des Calmars.

Couleurs sur le vivant, yeux entourés, en dessus, d'un cercle vert. *Couleurs dans l'alcool.* Tous les individus que nous avons observés étaient généralement violacés en dessus, avec des taches, très nombreuses, se confondant les unes avec les autres, d'un violet bleu foncé. Ces taches recouvrent le corps, la tête, et les bras sessiles; elles sont plus espacées en dessous, sur les nageoires, les bras inférieurs et les bras contractiles. Le tube locomoteur et le dessous de la nageoire sont blancs.

Rapports et différences. Tout en ayant la taille, la forme extérieure de la *Sepiola Atlantica,* avec laquelle elle a toujours été confondue, cette espèce s'en distingue spécifiquement par son corps, plus cylindrique, tronqué plus brusquement en arrière; par son bec, beaucoup plus petit; par son os interne, plus acuminé à ses deux extrémités; et enfin, par un caractère constant chez tous les individus, que *tous les bras sessiles sont régulièrement couverts, jusqu'à leur extrémité, de cupules alternant régulièrement,* tandis que chez la *Sepiola Atlantica les bras inférieurs sont, à leur extrémité, couverts d'une multitude de petites cupules, au moins sur huit rangs de largeur.*

Habitation; mœurs. Cette espèce n'a encore été rencontrée que dans la Méditerranée, dont elle habite toutes les parties, aussi commune sur les côtes d'Afrique que sur celles d'Europe. Partout on la pêche et on la mange avec plaisir, comme une chair délicate (1). Les Provençaux la nomment *lou Sépioun*, et la font frire dans l'huile.

Elle nage, dit-on, avec vivacité.

HISTOIRE. Il est évident que c'est la Sépiole de la Méditerranée que figure Rondelet, puisque cet auteur habitait le voisinage de cette mer, et qu'il le dit, au reste, postérieurement; ainsi Boussuet, Gesner, Aldrovande, Jonston, Ruysch, Herbet, Linné, Scopoli, voulaient évidemment ne parler que de celle-ci; et l'espèce de l'Océan n'y a été confondue qu'en 1774, par Pennant, dans sa *Zoologie britannique*, ce qui a été suivi par Gmelin, Lamarck, Cuvier, et par Leach, créateur du genre Sépiole, en 1817; mais ce dernier lui donna le nom de *Sepiola Rondeletii*, imposé dès 1558 par Gesner. Il est certain qu'on doit, dès lors, conserver le nom de *Sepiola Rondeletii* à la Sépiole de la Méditerranée, encore confondue avec celle de l'Océan, par Lamarck, MM. de Férussac et de Blainville, etc. C'est également cette espèce que M. Grant, en 1833, donne sous le nom de *Sepiola vulgaris;* espèce dont M. de Férussac (trouvant quelques différences) a fait dans nos planches sa *Sepiola Grantiana*. Bien que nous ayons d'abord pensé que l'échantillon représenté par M. Grant, comparativement à la *Sepiola stenodactyla*, devait être de l'Océan, nous avons acquis depuis la certitude du contraire par un article du *Proceedings* (2), où il est dit positivement que le docteur Grant a « *expliqué les caractères distinctifs, par comparaison avec un échantillon de la* « Sepiola vulgaris *de la Méditerranée.* » Ainsi MM. Gervais et Vanbeneden se sont trompés, en faisant de la *Sepiola vulgaris* de Grant le type de l'espèce propre de l'Océan.

Nous avons remarqué à beaucoup d'individus de la *Sepiola Rondeletii*, la couleur cuivrée indiquée par MM. Gervais et Vanbeneden, comme appartenant à leur *Sepiola Desvigniana*, ce qui pourrait nous faire supposer que l'espèce de ces naturalistes en est le jeune. Nous ne trouvons, dans leur courte description, aucun caractère qui puisse nous permettre de l'en séparer. L'examen des types aurait levé toutes les difficultés; mais nous n'avons pas été assez heureux pour les avoir à notre disposition.

Explication des Figures.

SÉPIOLES. Pl. 1, fig. 1. *Sepiola Rondeletii*, vue en dessus; dessinée d'après nature, sur un individu conservé dans la liqueur.

Fig. 2. Le même, vu en dessous.

Fig. 3. Bras tentaculaire, grossi, pour montrer l'arrangement des cupules; dessiné d'après nature.

Fig. 4. Portion de bras sessile, grossi, pour montrer l'arrangement des cupules.

Fig. 4 *a*. Cupule, vue de profil, grossie; 4 *b*, la même, vue en dessus.

Fig. 5. Individu malade; ses cupules, devenues plus grosses et plus dures.

Fig. 6. Portion de bras affecté de la maladie indiquée.

Pl. 2, fig. 3. *Sepiola vulgaris* Grant, vue par derrière, copiée, ainsi que toutes les autres figures de cette planche, de celles du docteur Grant.

Fig. 4. La même, vue en dessous; *a*, pli de la membrane de l'ombrelle; *b*, bord du corps, retourné; *c*, ventouses de l'extrémité des bras tentaculaires.

Fig. 5. La même, vue en dessus, la peau enlevée; *a*, osselet interne; *b*, attaches musculaires de la base des nageoires; *c*, muscles extérieurs; *d*, muscles du dos.

Fig. 6. Partie de bras, grossie. (Figure défectueuse.)

(1) Darluc, *Histoire naturelle de la Provence*, t. III, p. 212.

(2) *Proceedings* de 1833, première partie, man., p. 42.

Pl. 2, fig. 7. Organes de digestion; *a*, œsophage; *b*, premier estomac, plissé en long; *c*, estomac en spirale; *d*, intestin; *e*, anus; *f*, lobes du foie; *g*, canaux hépatiques, entourés par les canaux pancréatiques; *hh*, sac de l'encre; *k*, canal du sac à encre, terminé au rectum.

Fig. 8. La même partie, vue en arrière; *a*, œsophage. Les autres lettres sont les mêmes que celles de l'autre côté, excepté *d*, qui montre l'entrée du canal hépatique pancréatique dans l'estomac spiral; *e*, intestin; *g*, glandes salivaires inférieures; *hh*, leurs canaux.

Fig. 9. Organes respiratoires et circulatoires; *a*, veine cave; *b*, corps vésiculaire sur les artères brachiales; *c*, cœurs branchiaux, ou portion de l'auricule; *d*, appendices pelliculaires de l'auricule; *e*, artères branchiales; *f*, branchies; *g*, veines branchiales; *h*, élargissement de la veine branchiale, à son entrée dans le cœur; *i*, cœur; *k*, aorte dorsale; *l*, aorte ventrale ou descendante; *m*, branche de l'organe de la génération, partant du tronc de l'aorte ventrale.

Fig. 10. Organe femelle de la génération, vu en dessous, le tube locomoteur et le dessous ouvert; *a*, valvule du tube locomoteur; *b*, appareil de résistance (mal fait); *c*, ovaire rempli d'œufs; *d*, glandes des oviductes; *e*, orifice des deux oviductes.

Fig. 11. Organes mâles, vus en dessous; *a*, testicule; *b*, canal déférent; *d*, pénis.

Fig. 12. Œuf, vu au microscope.

Fig. 13. Partie des canaux hépatiques, vus à découvert, pour montrer les orifices obliques des canaux des glandes pancréatiques; *a*, canaux hépatiques; *b*, glandes; *c*, leur ouverture dans les canaux hépatiques.

Fig. 14.

Pl. 3, fig. 6. Individu, de grandeur naturelle, vu en dessus; dessiné d'après nature.

Fig. 7. Le même, vu en dessous.

Fig. 8. Un bras ordinaire, grossi.

Fig. 9. Osselet interne, vu en dessus. A. D'O.

N° 3. SÉPIOLE DU JAPON. — *SEPIOLA JAPONICA.*

Sépiole du Japon, Tilesius, ms.

Appareil de résistance consistant, à la base du tube locomoteur, en une fossette qui reçoit la petite tête articulaire de l'intérieur du corps. *Nageoires* dorsales très étendues, allongées au milieu du dos. *Tête* comme dans la Sépiole ordinaire. *Ouvertures aquifères? Bras sessiles* inégaux, les latéraux les plus longs, les supérieurs les plus courts. Ils ont une disposition singulière dans leur structure. De la base interne de chacun, du sphincter, qui entoure la bouche, part un tendon qui s'avance entre les deux rangées de cupules, jusqu'à l'extrémité des bras. Ce tendon se gonfle, et forme un muscle tubuleux élevé. *Cupules* sur deux lignes alternes séparées. *Bras tentaculaires* longs, cylindriques, sans élargissement à leur extrémité, couverts d'un côté, à cette partie, de cupules quatre fois plus petites que celles des bras sessiles, et à peine visibles, à extrémité peu dilatée en petits grains. *Tube locomoteur* long, allant jusqu'à la base de la séparation des bras. *Osselet interne?*

Couleur sur le vivant, parsemée de points rouges et bruns sur le dos, très pâle en dessous. Ses teintes sont, au reste, très variables, et changent suivant les impressions de l'animal.

Rapports et différences. Cette espèce, que ses deux rangées de cupules, aux bras sessiles, placent dans la même série que la *Sepiola Rondeletii,* nous paraît différer de toutes les autres Sépioles par ce muscle élevé qui se prolonge entre les deux rangs de cupules.

Habitation, mœurs, histoire. Elle habite les côtes du Japon, où on l'appelle *araignée marine,* et où elle paraît estimée comme nourriture. Ses œufs sont fixés aux coraux.

Cette Sépiole a été découverte au Japon par M. Tilesius. Cet observateur a bien voulu nous en communiquer une description qui a servi à former celle que nous donnons. M. de Haan, dans une lettre à M. de Férussac, a aussi dit quelques mots de cette espèce, assez commune au Japon.

A. D'O.

SECTION B. *Cupules sur deux rangées alternes à tous les bras sessiles, excepté à l'extrémité des bras inférieurs, où elles sont beaucoup plus nombreuses.*

N° 4. SÉPIOLE ATLANTIQUE. — *SEPIOLA ATLANTICA*, d'Orbigny.

Pl. 4, fig. 1-12.

Sepia sepiola, Pennant, 1774, *Britisch zool.*, t. IV, p. 54, tab. 29, fig. 4.
——— Turton, 1802. . . . . t. IV, p. 120.
——— Barbut, 1788, *Gen. verm.*, p. 76, t. 8, fig. 5. (Copie de Pennant.)
——— Brug., 1789, *Encyclopédie méthodique*, Pl. 77, fig. 3. (Copie de Pennant.)
Loligo sepiola, Lam., 1799, *Mémoires de la Société d'histoire naturelle de Paris*, p. 16.
——— Bouchard, 1835, *Catalogue des Mollusques marins du Bolonnais*, p. 71.
Sepiola vulgaris, Gervais et Van Beneden, *Note sur le genre Sépiole, Bulletin de l'Académie de Bruxelles*, t. V, n° 7.

Dimensions.

Longueur totale.	47	millimètres.
Longueur du corps.	18	*id.*
Largeur du corps.	12	*id.*
Longueur des bras tentaculaires.	19	*id.*
Longueur des bras latéraux-inférieurs.	15	*id.*
Longueur des bras inférieurs.	13	*id.*
Longueur des bras latéraux-supérieurs.	14	*id.*
Longueur des bras supérieurs.	11	*id.*
Largeur de la tête.	14	*id.*
Longueur des nageoires.	14	*id.*
Largeur des nageoires.	7	*id.*

Description.

Forme générale raccourcie et large; tête très large, comparativement au corps; les bras courts, par rapport à l'ensemble; le corps occupant la moitié de l'animal. *Corps* lisse, légèrement oblong, court, bursiforme, arrondi postérieurement; tronqué en avant, comme échancré à son bord médian inférieur; l'échancrure circonscrite latéralement par deux parties un peu saillantes. Le corps est uni à la tête, à sa partie supérieure, par une bride occupant le tiers de son diamètre, le reste libre (1). *Nageoires* lisses, très séparées, latéro-dorsales supérieures, situées au milieu de la longueur du corps, minces, ovales, plus larges en arrière qu'en avant, légèrement pédonculées; c'est-à-dire qu'en avant elles sont séparées du corps par une forte échancrure, tandis qu'elles viennent presque en angle droit s'y réunir en arrière. Elles sont libres sur une grande partie de leur circonférence. *Appareil de résistance* consistant en une crête élevée placée en long, sur la paroi interne du corps, à sa

(1) Dans beaucoup d'individus conservés, la peau du bord antérieur du corps se retourne en dehors, et figure alors une couture blanche; c'est ce qui existe dans la figure donnée par M. Grant, mais ce caractère n'est pas général, et n'existe pas chez les animaux vivants.

partie latérale-inférieure, au-dessous de la saillie antérieure de l'échancrure, et en une rainure profonde, située vis-à-vis, sur la base latérale du tube locomoteur, sur laquelle cette crête s'applique.

Tête aussi large que le corps, très courte, très déprimée, n'occupant que la hauteur des orbites. *Yeux* très renflés; ouverture latérale supérieure longitudinale protégée par une demi-paupière inférieure se refermant sur le globe de l'œil. *Bouche* entourée d'une double lèvre comme ciliée, et d'une large membrane découpée, tenant à la base des bras. *Bec* très comprimé, très grand, comparativement à la taille de l'animal; mandibule inférieure à expansions latérales larges; mandibule supérieure très crochue, à extrémité aiguë et allongée. Toutes les deux n'ont de noir que le centre, les ailes étant constamment blanches. Quatre ouvertures que, jusqu'à présent, personne n'a indiquées sont situées de chaque côté, derrière et en avant du globe de l'œil, à sa partie inférieure. Chacune de ces ouvertures est marquée, à l'extérieur, par une légère saillie dont l'ouverture centrale est contractile. Les ouvertures antérieures sont les ouvertures lacrymales; les autres sont le trou auditif externe.

Bras sessiles assez courts, conico-subulés, les inférieurs un peu comprimés, les autres presque arrondis. Ils sont assez inégaux en longueur. Leur ordre, sous ce rapport, en commençant par les plus longs, est la troisième, la deuxième, la quatrième et la première paires. Les bras latéraux-inférieurs sont pourvus, extérieurement, d'une carène saillante, seulement indiquées, sur les côtés des bras inférieurs. *Cupules* obliques, échancrées, petites, presque sphériques ou globulaires, libres, portées chacune sur un petit pied filiforme et court, placé sur le côté, et attaché à l'extrémité d'un pédoncule prolongé, conique, à partie supérieure élargie et pourvue d'un bourrelet; le tout appartenant au corps des bras. Ces pédoncules sont très obliques d'arrière en avant, et de dedans en dehors, et alternent très régulièrement sur deux lignes distinctes, quoique très rapprochées. On en compte quarante-six aux bras latéraux-inférieurs. *Cercle corné de la cupule* très petit, à bords entiers, et à ouverture latérale aux trois paires supérieures de bras. Les cupules vont en diminuant graduellement de grosseur, jusqu'à devenir à peine visibles à leur extrémité, tout en conservant leurs deux lignes alternantes; mais aux bras inférieurs il n'en est pas de même. A une certaine distance de leur extrémité, les cupules alternes cessent; et, au lieu de deux lignes, le bras, plus comprimé vers son extrémité, est couvert de petites cupules pédonculées éparses, très rapprochées les unes des autres, et paraissant rangées sur sept ou huit de largeur. *Bras tentaculaires* médiocrement longs, peu grêles, cylindriques sur leur longueur, fortement élargis et comprimés en fer de lance à leur extrémité; pourvus, à cette partie, du côté externe, d'une membrane extensible assez large, et, de l'autre, ainsi que sur le corps des bras, d'une large surface plane couverte, sur au moins huit de longueur, de cupules d'égale grosseur, la moitié plus petites que celles des bras sessiles, toutes portées sur un pied filiforme, fixé à l'extrémité d'un pédoncule conique. Leur cercle corné est à bords entiers, et plus étroit que celui des bras sessiles. Le dessous du bras est strié obliquement du côté opposé à la membrane latérale.

Membranes de l'ombrelle. La paire de bras inférieurs est entièrement dépourvue de membrane. A peine remarque-t-on un léger frein entre les trois paires supérieures, tandis que de chaque côté, entre les bras latéraux-inférieurs et les inférieurs, s'étend une large membrane qui les unit.

Tube locomoteur étroit, long, arrivant jusqu'à la hauteur de la séparation des bras.

Osselet interne occupant la moitié de la longueur du corps, ayant la forme d'une épée, fortement déprimé, formé de deux bourrelets latéraux, s'élargissant vers l'extrémité supérieure, et se terminant par un élargissement spatuliforme. Il est adhérent, et non placé dans une gaîne.

Couleurs à l'état vivant. L'animal est blanc-bleuâtre, le corps fortement couvert de taches arrondies, rouge-violacé ou pourpre, beaucoup plus rapprochées sur les parties supérieures de la tête et du corps, et plus larges, plus espacées sous ces deux parties. Les bras sessiles sont également tachetés, ainsi que la partie supérieure des nageoires la plus rapprochée du corps. Le dessous de la nageoire, le tube locomoteur, et les bras contractiles sont blanc-bleuâtre, ou un peu rosés. Les taches, de même que chez les autres Décapodes, ont une incroyable diversité d'intensité, suivant les impressions que ressent l'animal, disparaissent, soit en tout, soit en partie, ou se dilatent de manière à ne représenter qu'une teinte uniforme très foncée. Le dessus des yeux est bleu très vif. *Conservé dans l'alcool,* les teintes sont jaunâtres ou rosées, toutes les taches étant visibles, plus ou moins dilatées, mais d'une teinte violacée.

Rapports et différences. Cette Sépiole présente, en tout, la forme, la taille, et extérieurement les caractères de la *Sepiola Rondeletii;* mais elle en diffère spécifiquement, 1° par le corps, un peu moins cylindrique, plus arrondi; 2° par un bec, proportion gardée, beaucoup plus grand; 3° par ses bras latéraux, inégaux en longueur; 4° surtout par l'extrémité de ses bras inférieurs où l'alternance régulière, des deux rangées de cupules, est remplacée par une multitude de petites cupules sur huit rangs de hauteur au moins, caractère que personne n'avait vu avant nous; 5° enfin, par son osselet, élargi régulièrement à sa partie antérieure, et formant spatule à sa base.

Habitation; moeurs. Cette espèce, sans être jamais très commune, est généralement répandue sur toutes les côtes de l'Océan, dans le golfe de Gascogne, dans la Manche, sur les côtes de France, comme sur celles d'Angleterre. Elle fréquente de préférence les côtes sablonneuses. Nous avons été à portée de voir fréquemment des Sépioles atlantiques, et nous les avons toujours trouvées plus abondantes dans les mois de mai et de juin, époque où elles arrivent pour l'accouplement et la ponte (1).

Nous avons toujours vu ces Sépioles vivre isolées, et jamais par troupes nombreuses, comme les Calmars. Elles nagent avec une étonnante rapidité, lorsqu'elles vont en arrière; alors elles se servent du refoulement de l'eau par leur tube locomoteur; mais lorsqu'elles veulent aller en avant, ce qui est indispensable quand elles cherchent à saisir une proie, elles s'aident de leurs bras et de l'ondulation de leurs nageoires. Elles se nourrissent de petits Mollusques et de frai de poissons. Nous les avons souvent poursuivies pour leur faire lancer leur liqueur noire; ce qu'elles ne font qu'à la dernière extrémité.

Cette espèce, de même que la *Sepiola Rondeletii,* est assez sujette à une maladie qui consiste en un durcissement et une croissance beaucoup plus grande des cupules des bras sessiles, qui deviennent quatre fois aussi gros que les autres, sans que leur cercle corné suive la même proportion. Cette affection allonge les bras, les fait gonfler, ou les rend souvent difformes.

(1) M. Bouchard (*Catalogue des Mollusques marins*, p. 71) décrit les groupes d'œufs, qu'il croit être ceux de la Sépiole; mais nous avons la certitude qu'il a pris pour tels, des œufs du *Loligo vulgaris.* Peut-on supposer qu'un animal long de 47 millimètres puisse pondre plusieurs grappes de plus de *cent* millimètres de longueur?

Histoire. Rondelet a parlé, pour la première fois, des Sépioles, en 1554; et, depuis lui, jusqu'à Pennant, en 1774, il n'avait été question que de la *Sépiole* de la Méditerranée; aussi croyons-nous que la première figure, faite sur un échantillon de l'Océan, est due à Pennant, qui, néanmoins, la considérait comme de la même espèce que celle de la Méditerranée. Il en a été de même de celle de Barbut, en 1788, et de Bruguières, qui en ont copié la figure; de M. Bouchard, qui a parlé seulement de l'espèce de l'Océan, toujours confondue avec celle de la Méditerranée par Gmelin, Lamarck, Cuvier, de Férussac, M. de Blainville. Nous avions, depuis longtemps déjà, reconnu que la Sépiole de l'Océan diffère de celle de la Méditerranée, lorsque MM. Gervais et Vanbeneden publièrent leur note sur le genre *Sepiola*. Ces zélés observateurs séparent la Sépiole de l'Océan de celle de la Méditerranée; mais malheureusement, ils y rapportent le nom de *Sepiola vulgaris,* donné par le docteur Grant, et qui, comme nous l'avons fait remarquer à l'article *Sepiola Rondeletii,* désigne celle de la Méditerranée. Ce nom ne peut donc être conservé, pas plus que celui de *Grantiana,* donné par M. de Férussac à la figure du docteur Grant. Dès lors nous avons dû lui imposer une dénomination nouvelle, prise de son lieu d'habitation dans l'océan Atlantique seulement, et nous l'avons appelée *Sepiola atlantica,* par opposition à celle de la Méditerranée.

MM. Gervais et Vanbeneden n'avaient pas reconnu le véritable caractère qui distingue cette espèce de celle de la Méditerranée, c'est-à-dire les deux ordres de cupules dont les bras inférieurs sont armés. Ils se servent principalement de la taille, de la forme et de la couleur des cercles cornés des cupules. Ce dernier caractère ne peut être admis; toutes les parties cornées, blanches à l'état de vie de l'animal, prenaient leur teinte brune plus ou moins foncée, par leur séjour plus ou moins prolongé dans l'alcool.

Explication des Figures.

Pl. 4, fig. 1. Individu entier, vu en dessus, et de grandeur naturelle.
Fig. 2. Le même, vu en dessous.
Fig. 3. Un bras sessile, grossi, pour montrer le caractère des deux séries de cupules.
Fig. 4. Un bras tentaculaire, vu en dessus.
Fig. 5. Le même, vu en dessous.
Fig. 6. Appareil de résistance; *a*, tubercule de la paroi interne du corps; *b*, cavité de la base du tube locomoteur.
Fig. 7. Osselet interne.
Fig. 8. Mandibule inférieure.
Fig. 9. Mandibule supérieure.
Fig. 10. Un œil, avec la position respective, *a*, de l'orifice lacrymal; *b*, de l'oreille externe.
Fig. 11. Une cupule, vue en dessus.
Fig. 12. La même, vue de profil. A. D'O.

Section C. *Cupules sur quatre rangs et plus à tous les bras sessiles.*

N° 5. SÉPIOLE STÉNODACTYLE. — *SEPIOLA STENODACTYLA, Grant.*

Sépiole, Pl. 2, fig. 1, 2, et 6 *c*.

Sepiola stenodactyla, Grant (1833), *Transact. of the zool. Society of London,* t. I, p. 84, Pl. XI, fig. 1, 2.
———————— Gervais et Van Beneden (1838), *Note sur le genre Sépiole,* p. 7, *Bulletin de l'Académie de Bruxelles,* t. V, n° 7. (D'après Grant.)

Dimensions.

Longueur totale, jusqu'à l'extrémité des bras ordinaires	76	millimètres.
Longueur du corps	29	*id.*
Largeur du corps	29	*id.*
Longueur de la tête	14	*id.*
Largeur de la tête aux yeux	28	*id.*
Longueur des plus longs bras	31	*id.*
Longueur des bras contractiles	80	*id.*

Description.

Formes générales courtes, larges et massives, les bras longs à proportion du corps. *Corps* aussi large que haut, très lisse, renflé au milieu, arrondi en arrière, et comme tronqué en avant. Il est attaché à la tête par une bride du tiers de sa largeur; le reste est entièrement libre, et le bord en paraît uni, et retourné, comme il arrive souvent accidentellement à toutes les Sépioles. *Appareil de résistance? Nageoires* presque circulaires, placées vers le milieu de la longueur du corps, dont elles occupent un peu plus du tiers. Elles sont légèrement échancrées à leur insertion au corps.

Tête aussi large que le corps, fortement renflée par les orbites. *Yeux* très grands, saillants, subdorsaux. *Ouvertures aquifères?*

Bras sessiles épais, larges, longs, peu inégaux, couverts, en dedans, de *cupules* larges, sphériques, irrégulièrement assemblées, placées sur sept à huit de profondeur, chacune à l'extrémité d'un pédoncule long et épais. L'anneau corné est circulaire. Dans quelques parties des bras, l'arrangement serré des cupules dépend de la direction irrégulière prise par les rangées de pédoncules, de chaque côté. *Bras tentaculaires* longs, grêles, cylindriques sur leur longueur, très peu élargis à leur extrémité, et présentant une surface velue, mais n'offrant point de ventouses développées.

Membranes de l'ombrelle. Elles paraissent nulles partout, excepté entre le bras inférieur et le latéral-inférieur de chaque côté. *Tube locomoteur* assez gros, ne dépassant pas le milieu de la hauteur de l'œil. *Osselet interne?*

Couleurs (du sujet conservé dans l'alcool), d'un beau pourpre; les bras couverts de larges taches transversales rapprochées de cette couleur; le corps et la tête en sont tachetées.

Rapports et différences. Cette espèce nous paraît se distinguer de toutes les autres Sépioles proprement dites par son corps, très large et court, par ses bras sessiles allongés, couverts de huit rangées de cupules pédonculées, et par ses bras tentaculaires, dépourvus de cupules.

Habitation, mœurs, histoire. L'individu connu vient de l'île Maurice (Ile de France).

M. Ch. Telfair, correspondant de la Société zoologique de Londres, a envoyé à cette société l'exemplaire que M. Grant a décrit en 1833. Comme nous ne connaissons cette espèce que par la description que ce dernier savant a donnée, nous avons pris ce qui précède dans sa publication.

Explication des Figures.

Pl. 2, fig. 1. Animal vu en dessus, de grandeur naturelle; copié du docteur Grant.

Fig. 2. Le même, vu en dessous.

Fig. 6 *c*. Arrangement accumulé et irrégulier des cupules pédonculées des bras sessiles. A. D'O.

Sous-Genre SÉPIOLOÏDE. — *SEPIOLOIDEA*, D'ORBIGNY.

Corps déprimé, très large, cilié à son bord extérieur. *Bride cervicale* supérieure très large.

Appareil de résistance, composé, 1° sur la base du tube locomoteur, d'une fossette cartilagineuse, oblongue, comme divisée en deux cavités, pourvue de bourrelets épais à tout son pourtour; 2° à la paroi interne du corps; sur les côtés, très loin du bord supérieur du sac d'un mamelon oblong, comme bilobé, entouré d'excavations profondes.

Membrane de l'ombrelle très large, unissant tous les bras, moins les inférieurs.

Point d'*osselet interne?*

Cette charmante division, dans laquelle nous ne possédons qu'une espèce, représente en petit, le genre *Sepia*, pour sa forme générale, pour la largeur de la tête, la longueur des bras, et surtout pour son appareil de résistance, absolument semblable, tout en s'en distinguant par un grand nombre de points, comme nous l'avons vu aux caractères du genre, Les caractères qui la distinguent des Sépioles sont même de nature à pouvoir constituer un genre différent; ils ont infiniment plus de valeur, par exemple, que ceux qui ont servi à séparer les *Poulpes* des *Élédons*, les *Calmars* des *Sépioteuthes*, etc.

N° 6. SÉPIOLOÏDE LINÉOLÉE. — *SEPIOLOIDEA LINEATA*, *d'Orbigny*.

SÉPIOLES, Pl. 3, fig. 10-18.

Sepiola lineolata, Quoy et Gaimard (1832), *Zoologie du Voyage de l'*Astrolabe, t. 2, p. 82, Mollusques, Pl. 5, fig. 8 à 13.

——————— Gervais et Van Beneden (1838), *Note sur le genre* Sepiola, p. 6, *Bulletin de l'Académie de Bruxelles*, t. V, n° 7 (d'après MM. Quoy et Gaimard).

Dimensions.

Longueur totale, jusqu'à l'extrémité des grands bras	66	millimètres.
Longueur du corps	23	*id.*
Largeur du corps	23	*id.*
Longueur des bras contractiles	35	*id.*
Longueur des bras supérieurs (pris en dedans)	15	*id.*
Longueur des bras latéraux-supérieurs	15	*id.*
Longueur des bras latéraux-inférieurs	16	*id.*
Longueur des bras inférieurs	16	*id.*
Largeur de la tête	17	*id.*
Longueur de la nageoire	17	*id.*
Largeur de la nageoire	6	*id.*

Description.

Forme générale très raccourcie, ramassée, la tête paraissant ne former qu'un avec le corps, les bras très courts par rapport à l'ensemble. *Corps* lisse en dessus, fortement granuleux sur les côtés en dessous; bursiforme, déprimé, aussi large que haut; arrondi en arrière, comme tronqué en avant; fortement échancré à son bord antérieur, en dessous, vers la partie médiane; orné, sur les côtés, près de la bride, de dix-sept à dix-huit petites cirrhes allongées, filiformes et flottantes. *Ouverture du corps* moins grande que dans les autres Sépioles, c'est-à-dire occupant tout le dessous; mais, en dessus, la bride qui unit la tête au corps est presque aussi large que la tête, et laisse à peine paraître sur les côtés (1) une partie de l'ouverture. *Nageoires* lisses, très séparées, latéro-dorsales, situées au milieu de la longueur du corps, de forme oblongue, un peu plus larges en avant qu'en arrière. Elles sont très étroites, comparativement à celles de toutes les autres Sépioles, mais occupent aussi une plus grande partie de la longueur du corps. Elles sont fortement échancrées en avant.

Appareil de résistance (2), consistant : 1°, sur les côtes de la paroi interne du corps, à sa partie inférieure, en mamelons distincts, oblongs, saillants, dans le sens longitudinal, chacun, à son extrémité, surmonté ou suivi d'un fer à cheval creusé autour ; 2°, sur la base du tube locomoteur vis-à-vis les mamelons, en une fosse cartilagineuse de la même forme, divisée en deux parties plus creusées, pour recevoir les mamelons, et entourée de bourrelets correspondant au fer à cheval qui borde les mamelons ; de sorte qu'il y a un double moyen de résistance entre la tête et le corps.

Tête très large, déprimée, paraissant d'autant plus grande, qu'elle se prolonge beaucoup au delà des yeux en une vaste couronne. Elle est lisse en dessus ; couverte en dessous de tubercules dont le centre a un point saillant et corné. *Yeux*. Leur globe est volumineux et saillant ; mais leurs ouvertures extérieures sont très petites, presque supérieures, quoique très espacées l'une de l'autre, pourvues d'une paupière inférieure charnue, se contractant entièrement sur l'œil. *Bouche* large, située au fond du vaste entonnoir formé par la réunion des bras ; bordée de trois lèvres, la plus extérieure tenant à la base des bras, les deux autres libres et ciliées. *Bec* noir à son extrémité (3).

Ouvertures aquifères (4), au nombre de quatre, l'une lacrymale en avant, l'autre en arrière, de chaque côté, à la partie inférieure du globe de l'œil.

Bras sessiles très courts, conico-subulés, quadrangulaires, peu inégaux en longueur, les deux paires supérieures un peu plus grêles et plus courtes que les inférieures, ayant près de leur moitié engagée dans la membrane. *Cupules* obliques, demi-sphériques, portées par un très petit pied, fixé dans une cavité des bras ; ces cupules alternent sur deux lignes bien distinctes et très régulières (5), sur la base de chaque bras, presque jusqu'à la hauteur des membranes, puis ensuite plus petites, sur quatre rangs, sur le reste de chaque bras, jusqu'à leur extrémité, en diminuant encore de grosseur. Lorsqu'il n'y a que deux lignes, les cupules sont dans un large sillon protégé, de chaque côté, par une légère saillie latérale des bras. Le cercle corné (6) est très haut, pourvu d'un bourrelet ; mais nous a paru entièrement lisse sur ses bords. *Bras tentaculaires* longs, grêles, cylindriques à leur base, élargis et comme lancéolés à leur extrémité. *Cupules* excessivement petites, pédonculées, très nombreuses, et rapprochées, au moins au nombre de quinze à vingt de largeur.

Membrane de l'ombrelle unissant tous les bras sessiles, moins les inférieurs ; large, exten-

(1) L'ouverture est trop large dans la figure donnée par M. Quoy.

(2) M. Quoy n'a pas parlé de cet organe, non plus que des tubercules de la partie inférieure.

(3) Nous n'avons pas osé le retirer du seul exemplaire que possède le Muséum d'histoire naturelle ; il en est de même de l'osselet interne.

(4) M. Quoy n'avait pas aperçu ces ouvertures ; au moins il n'en parle point.

(5) C'est donc par erreur que M. Quoy l'a décrite comme ayant quatre rangées de cupules partout. Nous avons fait notre description sur l'individu qui a servi à la sienne.

(6) Nous croyons donc que c'est par erreur que, dans la figure de cette espèce, du beau *Voyage de l'Astrolabe*, on a placé des dents autour du cercle corné. Un grossissement de 80 fois ne nous en a pas montré de traces.

sible, elle occupe près de la moitié de chaque bras, et se continue ensuite en carène extérieure double, sur chacun d'eux.

Tube locomoteur assez long, large, s'étendant seulement jusqu'à la hauteur de la moitié des yeux. *Osselet interne?*

Couleurs. Sur le vivant, d'après M. Quoy, « sa couleur est blanche; le corps et la tête, « jusqu'à la base des tentacules, sont recouverts de lignes longitudinales très pressées, d'un « blanc mat (1). On en compte deux ou trois sur les nageoires qui ont leur intervalle légè- « rement violacé. Trois ou quatre lignes de cette même couleur occupent les parties latérales « du corps, dont le dessous est blanc. Les yeux sont d'un bleu foncé. » *Couleur* dans l'alcool, entièrement blanche dans toutes les parties.

Rapports et différences. Cette espèce, avec les deux ordres de cupules alternes, sur quatre lignes, se rapproche du *Rossia macrosoma*, tout en s'en distinguant par son corps uni à la tête; par ses nageoires, étroites et oblongues, au lieu d'être arrondies. Les cirrhes des côtés de son ouverture sont, au reste, des caractères que nous ne retrouvons chez aucune des autres espèces.

Habitation, mœurs, histoire. Elle a été prise à la seine, dans la baie Jervis, à la Nouvelle-Hollande.

Découverte, dans le voyage de circumnavigation de MM. Quoy et Gaimard, ces savants l'ont décrite dans la partie d'histoire naturelle de l'ouvrage; mais, comme ils ont rapporté l'individu au Muséum d'histoire naturelle, nous nous en sommes servi pour faire la description que nous en donnons, et dans laquelle nous indiquons plusieurs faits échappés à ces voyageurs.

Explication des Figures.

Pl. 3, fig. 10. Individu de grandeur naturelle, vu en dessous; dessiné d'après nature.
Fig. 11. Le même, vu en dessous.
Fig. 12. Un bras sessile, vu en dessous, pour montrer les deux ordres de cupules.
Fig. 13. Ombrelle ouverte, pour montrer l'endroit où les cupules changent, et l'emplacement des brides buccales.
Fig. 14. Appareil de résistance; *a*, le tubercule de la paroi interne du corps; *b*, la fossette de la base du tube locomoteur.
Fig. 15. Un œil, avec la place respective : *a*, de l'ouverture lacrymale; *b*, de l'oreille externe.
Fig. 16. Cercle corné d'une cupule grossie des bras sessiles, vue en dessus.
Fig. 17. Le même, vu de profil.

Genre ROSSIE. — *ROSSIA*, Owen.

Sepiola, Delle-Chiaje; *Rossia*, Owen.

Formes générales très raccourcies, le corps très court par rapport au reste. *Corps* libre, entièrement séparé du cou, bursiforme, aussi large que long, arrondi en arrière, tronqué en avant, pourvu d'un léger avancement supérieur et d'une échancrure en dessous.

Appareil de résistance composé : 1°, sur la base du tube locomoteur, d'une fossette cartilagineuse, allongée, conique, étroite en haut, élargie vers le bas, pourvue, sur les côtés et en

(1) La figure donnée dans le *Voyage de l'Astrolabe* ne s'acorde en rien avec cette description. On l'a indiquée comme variée de lignes longitudinales bleu de ciel. Nous sommes fort embarrassé de savoir si l'on doit croire que le mot *blanc mat* est une faute d'impression substituée à *bleu mat*, que l'auteur aurait voulu mettre.

dessus, d'un large bourrelet ; 2° sur la paroi interne correspondante du corps, très loin, du bord d'un petit tubercule oblong, surmonté d'une partie très concave en ogive. Ces deux parties s'adaptant l'une sur l'autre ; 3° en dessus, à la partie cervicale, d'une partie en fer à cheval, saillante, pourvue d'un sillon médian et de deux saillies longitudinales ; 4° dans l'intérieur du sac, à la partie correspondante, d'une crête longitudinale, au milieu d'une surface représentant en tout la contre-partie. *Nageoires* latéro-dorsales, distantes, occupant la moitié de la longueur du corps, de chaque côté : elles sont ovalo-oblongues, plus longues que larges.

Tête très grosse, aussi large que l'ouverture du corps ; déprimée, fortement rétrécie en arrière des yeux. *Yeux* gros, latéraux-supérieurs, entièrement recouverts, en dehors, d'une continuité de l'épiderme, mince, transparente, ovale, fermant extérieurement la cavité orbitaire, où l'œil est libre dans toutes ses parties antérieures et latérales. Une seule *paupière,* formée par un très fort repli de la peau de la partie inférieure de l'œil, pouvant se contracter entièrement sur celui-ci. *Pupille* oblongue, longitudinale. *Membrane buccale* courte, divisée, sur ses bords, en six lobes simples sans cupules. Ces lobes correspondent à autant de brides extérieures s'insérant aux bras : *une* supérieure, entre la première paire de bras ; *une* inférieure, entre la quatrième ; *deux,* une de chaque côté, attachées aux côtés supérieurs de la deuxième ; *deux,* une de chaque côté, attachées à la partie inférieure de la troisième. Deux lèvres, l'une interne, charnue, papilleuse ; l'autre externe, mince, à bords entiers. *Oreille externe* sans crête auriculaire, placée en arrière, et un peu au-dessous de l'œil, formée d'un petit orifice sans bourrelets. *Ouvertures aquifères,* 1° l'une *brachiale,* placée de chaque côté, entre la troisième et la quatrième paires de bras, par laquelle les bras tentaculaires rentrent dans une vaste cavité du dessous de l'œil ; 2° deux ouvertures *lacrymales,* petites, situées en avant, un peu au-dessous de l'œil, bien en avant de la paupière, et communiquant avec les vastes cavités orbitaires. Point d'ouvertures buccales.

Bras sessiles gros, forts, conico-subulés, inégaux ; la troisième paire la plus longue, puis les supérieurs, ou la première paire, la plus courte, les autres variables. Point de membrane protectrice des cupules. *Cupules* subsphériques, charnues, globuleuses, portées sur un pied très court, sans pédoncule : 1° sur deux rangées alternes partout ; ou 2° sur deux rangs alternes à la base, et sur quatre et plus à l'extrémité. *Cercle corné* oblique, sans dents, convexe en dehors, rétréci en haut et en bas. *Bras tentaculaires* rétractiles en entier, dans une large cavité sous-oculaire, longs, cylindriques, élargis en fer de lance ou en massue à leur extrémité ; pourvus, à cette partie, d'une crête natatoire, mais manquant totalement de membrane protectrice des cupules. *Cupules* pourvues d'un petit pied, non portées sur un long pédoncule. Elles sont subsphériques, obliques, alternant sur au moins deux lignes. *Cercle corné* oblique, bombé en dehors, armé de dents à son bord supérieur. *Membrane de l'ombrelle,* indiquée entre tous les bras, très large entre la troisième et la quatrième paires.

Tube locomoteur pourvu d'une valvule externe, peu long, sans bride supérieure à sa jonction à la tête.

Osselet interne, n'occupant que la moitié antérieure du corps, corné, très faible, de la forme d'une plume droite, ce qui est dû à ses expansions latérales ; placé dans une gaîne inférieure du bord antérieur du corps.

Rapports et différences. Très rapproché des Sépioles, et se distinguant, comme elles, des Seiches et des Calmars, par les caractères que nous avons indiqués, ce genre nous présente beaucoup de traits de conformité avec celles-ci, par la forme de son corps, de ses nageoires latéro-dorsales, ainsi que par d'autres détails; néanmoins il s'en distingue toujours par les caractères suivants : 1° par le corps, entièrement séparé de la tête; 2° par son appareil de résistance, plus compliqué, puisqu'il se compose de trois points de résistance, au lieu de deux, et que sa jonction supérieure est remplacée par un troisième appareil cervical, tandis que l'appareil ventral, de chaque côté, est également différent; 3° par les nageoires, plus longues que larges (plus longues que celles des Sépioles); 4° par sa membrane buccale, divisée seulement en six lobes, au lieu de sept; 5° par le manque de pédoncule allongé aux cupules des bras sessiles; 6° par le manque de pédoncule allongé aux cupules des bras tentaculaires; 7° par son osselet interne, en plume, au lieu d'être en glaive, c'est-à-dire pourvu d'expansions latérales; logé dans une gaîne inférieure, comme celui des Calmars.

Par ce qui précède, il est facile de juger qu'il y a assez de caractères distincts entre les Rossies et les Sépioles pour que nous ayons dû conserver ce genre, qui nous fournit déjà plusieurs espèces.

Histoire. M. Delle-Chiaje est le premier qui ait découvert les animaux de cette division. Il envoya, dès 1833, des dessins et des descriptions d'une espèce qu'il nomma *Sepiola macrosoma*, la considérant comme une Sépiole, quoiqu'il figurât très bien le corps entièrement séparé de la tête. En 1834, M. Richard Owen, dans sa description des animaux rapportés par le capitaine Ross, de son voyage au pôle Nord (1), ayant rencontré une espèce dont le corps n'est uni à la tête par aucune bride, accorda à ce caractère et à quelques autres une valeur générique, et institua, pour son espèce, le genre *Rossia*. Ce genre ne fut point admis, en 1838, par MM. Gervais et Van Beneden, dans la note que ces naturalistes publièrent sur le genre *Sepiola* (2). Ils en firent une espèce de Sépiole. Ayant ensuite examiné avec soin l'espèce envoyée par M. Delle-Chiaje, nous avons dû, d'après les motifs énoncés aux *rapports et différences*, conserver le genre établi par M. Owen, le considérant comme tout à fait distinct des Sépioles; et nous y avons réuni trois espèces, le *Rossia palpebrosa*, Owen; le *Rossia macrosoma*, Nobis; et le *Rossia subalata*, Nobis.

(1) *Voyage du capitaine Ross*, *Natural history*, p. 93, Pl.
(2) *Bulletin de l'Académie de Bruxelles*, t. V, n° 7.

SECTION A. *Cupules sur deux rangées alternes aux bras sessiles.*

N° 1. ROSSIE MACROSOME. — *ROSSIA MACROSOMA*, d'Orbigny.

Sepiola macrosoma, Delle-Chiaje, mss.

Dimensions.

Longueur totale, jusqu'à l'extrémité des grands bras	120	millimètres (1).
Longueur du corps	28	*id.*
Largeur du corps	25	*id.*
Longueur des bras contractiles	75	*id.*
Longueur des bras latéraux-inférieurs	35	*id.*
Longueur des bras latéraux-supérieurs	29	*id.*
Longueur des bras inférieurs	34	*id.*
Longueur des bras supérieurs	31	*id.*
Largeur de la tête, jusqu'à la base des bras	24	*id.*
Longueur des nageoires	19	*id.*
Largeur des nageoires	10	*id.*

Description.

Forme générale analogue à celle des Poulpes, par son corps arrondi, plus court que le reste, et par sa large couronne. *Corps* lisse, presque arrondi, à peu de chose près aussi large que long, bursiforme, arrondi postérieurement, élargi en avant, et comme tronqué à cette partie; fortement sinueux sur ses bords, ayant trois échancrures distinctes : l'une médiane inférieure, les deux autres latérales, séparées par trois saillies, l'une supérieure, unique, les deux autres en dessous, un peu latérales. L'*ouverture du corps* fait le tour, comme chez les *Sepia;* ainsi il n'y a aucune bride qui le rattache à la tête. *Nageoires* minces, lisses, très séparées, latérales, placées au milieu de la longueur du corps, plus larges en avant qu'en arrière, séparées du corps, en avant, par une large échancrure, tandis qu'en arrière elles s'unissent obliquement à lui. *Appareil de résistance* consistant : 1°, sur les côtés de la paroi interne du corps, à sa partie inférieure, en une crête saillante, surmontée d'une partie très concave en ogive; 2°, sur la base du tube locomoteur, vis-à-vis, en une gouttière profonde destinée à recevoir la crête saillante, et en un bourrelet élevé qui l'entoure, également destiné à entrer dans la partie en ogive, du côté opposé, et à donner ainsi au sac un double moyen de se rattacher à la tête. Il y a, en dessus, un autre appareil en fer à cheval saillant sur la base de la tête, correspondant à un organe semblable de la partie dorsale intérieure du corps; ce qui présente évidemment trois points distincts de résistance.

Tête beaucoup moins large que le corps, un peu déprimée, s'étendant au delà des yeux. *Yeux* médiocrement saillants, assez grands, pourvus seulement d'une paupière charnue se refermant à la volonté de l'animal, sur les yeux. *Bouche* très large, entourée, le plus extérieurement, par un cercle de membranes à bords ciliés tenant, par huit petits freins, à la base de chaque bras. En dedans de cette membrane, on remarque encore trois lèvres, deux très

(1) M. Delle-Chiaje dit en avoir de quatre fois plus grands.

minces, entières, puis une troisième très épaisse, charnue, et celle qui touche le *bec*. Celui-ci nous a paru très fort, et énorme, à proportion de l'animal. Il est noir à son extrémité.

Ouvertures aquifères, une ouverture lacrymale, sans bourrelets. L'oreille externe est aussi sans bourrelets, en arrière de l'œil.

Bras sessiles assez longs, conico-subulés, tous un peu comprimés, peu inégaux en longueur ; leur ordre, en commençant par les plus allongés, est la troisième, la quatrième, la première et la deuxième paires. *Cupules* demi-sphériques, obliques, libres, portées sur un pied très court et très étroit, fixé sur une légère saillie du bras, alternant sur *deux lignes distinctes* (1) sur la base de chaque bras ; mais, vers la moitié de la longueur de chacune, doublant tout à coup de nombre, alors sur *quatre lignes*, et se continuant ainsi jusqu'à l'extrémité de chaque bras, en diminuant graduellement de grosseur. *Cercle corné* assez grand, à bords lisses et entiers. *Bras contractiles* longs, grêles, cylindriques à leur base, élargis et comprimés en palette, acuminés à leur extrémité ; en dessus, elles sont marquées de stries transversales d'un côté, et d'une légère membrane de l'autre. *Cupules* assez grandes à la base de la partie palmée, allant en diminuant de grandeur et en augmentant de nombre, à mesure qu'elles avancent vers l'extrémité, de manière que si l'on en compte huit de largeur à la base, il y en a au moins vingt à l'extrémité (2). Toutes sont demi-circulaires, en coupe à bords rentrés, portées sur un court pédoncule, et armées d'un *cercle corné* circulaire, dont le bord interne est garni de petites pointes régulières également espacées.

Membranes de l'ombrelle nulles entre les bras inférieurs, à peine marquées entre les trois paires de bras supérieurs, assez grandes entre les bras inférieurs et les latéraux-inférieurs.

Tube locomoteur peu long, assez gros, ne passant pas la hauteur de l'extrémité du globe de l'œil.

Osselet interne occupant les deux tiers de la longueur du corps, plus large, et un peu obtus en avant, en glaive à sa base. Il est composé de deux côtes longitudinales latérales, assez élevées, ayant vers la moitié de sa longueur de légères expansions latérales qui rappellent un peu la forme de plume de l'osselet des Calmars. Il est placé dans une gaîne comme le leur.

Couleurs dans l'alcool. Toutes les parties supérieures, couvertes d'un très grand nombre de petites taches violettes, très rapprochées les unes des autres, et formant presque une teinte uniforme. Sur les nageoires, les taches sont d'autant plus espacées, qu'elles approchent du bord ; dessous le corps et la tête, elles sont très espacées, surtout sous les nageoires, et manquent tout à fait sur le tube locomoteur et sur la base des grands bras.

Rapports et différences. Cette espèce, tout en ayant les plus grands rapports avec la *Rossia palpebrosa*, s'en distingue par son corps plus court, plus large, par ses nageoires, situées plus au milieu de la longueur du corps, ainsi que par la longueur relative de ses bras.

Habitation, mœurs, histoire. Elle est assez commune dans la mer de Naples, où, suivant

(1) Dans sa description comme dans sa figure, M. Delle-Chiaje indique partout quatre cupules ; il est probable qu'il s'est trompé.

(2) M. Delle-Chiaje a représenté deux rangées seulement à l'une des figures, et quatre à l'autre, de son *Sepiola macrosoma*. Il faut qu'il y ait encore erreur ; l'individu que nous avons, vient de Naples, et a, du reste, tous les caractères que signale ce savant observateur. C'est sans doute, une inexactitude de du peintre.

M. Delle-Chiaje, les pêcheurs l'appellent *Capo di chiodo*. Le Muséum d'histoire naturelle en possède aussi un très bel exemplaire, pris à Naples par M. Ravergie.

M. Delle-Chiaje, à qui la science doit de si belles découvertes anatomiques, a, le premier, observé cette espèce. Il en a donné une figure reconnaissable, quoique inexacte, quant aux formes extérieures, et qu'il a communiquée à M. de Férussac, en même temps qu'une très courte description latine. Ayant un bel exemplaire à notre disposition, nous nous en sommes servi pour rédiger, avec le plus grand soin, la description qui précède.

Explication des Figures.

Pl. 4, fig. 13. Individu de grandeur naturelle, vu en dessus.
Fig. 14. Le même, vu en dessous.
Fig. 15. Un bras sessile, grossi, pour montrer les deux ordres de cupules.
Fig. 16. Un bras tentaculaire, vu en dessous.
Fig. 17. Le même, vu en dessus.
Fig. 18. Une cupule, grossie, vue de profil.
Fig. 19. La même, vue de face, en dessus.
Fig. 20. Appareil de résistance; *a*, tubercule de la paroi interne du corps; *b*, fossette de la base du tube locomoteur.
Fig. 21. Cercle corné des cupules des bras tentaculaires, vu en dessus.
Fig. 22. Le même, vu de profil.
Fig. 23. Cercle corné des bras sessiles, vu en dessus.
Fig. 24. Le même, vu de profil. A. D'O.

Section B. *Cupules sur deux rangs alternes à la base, et sur quatre et plus à l'extrémité des bras sessiles.*

N° 2. ROSSIE A PAUPIÈRES. — *ROSSIA PALPEBROSA*, *Owen.*

Rossie, Pl. 1, fig. 6-10.

Rossia palpebrosa, Owen (1834), *Voyage du capitaine Ross*, *Natural history*, p. 93, Pl. B, fig. 1, et Pl. C.
Sepiola palpebrosa, Gervais et Van-Beneden (1838), *Note sur le genre Sepiola*, p. 5 (*Bulletin de l'Académie royale de Bruxelles*, t. v, n° 7 (d'après M. Owen).

Dimensions.

Longueur totale.	125	millimètres.
Longueur du corps.	45	*id.*
Largeur du corps.	42	*id.*
De l'extrémité du corps à la base des bras.	77	*id.*
Longueur des bras contractiles.	102	*id.*
Largeur de la tête aux yeux.	32	*id.*
Longueur des bras supérieurs.	25	*id.*
Longueur des bras latéraux-supérieurs.	32	*id.*
Longueur des bras latéraux-inférieurs.	43	*id.*
Longueur des bras inférieurs.	35	*id.*

Description.

Corps ventru, bursiforme, lisse, arrondi postérieurement, tronqué en avant, et marqué, à sa partie dorsale, d'une légère saillie; la peau des bords se réfléchit jusqu'à un demi-pouce avant de se réunir à celle de l'occiput; ainsi l'*ouverture du corps* paraîtrait n'être pas tout à fait complète, quoiqu'elle le soit en effet. *Appareil de résistance,* consistant, à la base du tube locomoteur, en deux fossettes oblongues, entourées de bourrelets qui reçoivent les deux saillies allongées de la partie inférieure latérale du bord extérieur du manteau. *Nageoires* larges, un peu arrondies, subdorsales, très séparées, placées plus en avant qu'en arrière, plus larges que hautes, échancrées à leur jonction au corps en avant.

Tête presque aussi large que le corps, lisse, fortement renflée par les orbites. *Yeux* grands, pourvus de paupières qui peuvent entièrement fermer l'œil (1). *Ouvertures aquifères?* (2).

Bras sessiles gros, courts, triangulaires, très inégaux en longueur, leur ordre étant, en commençant par les plus longs, la troisième paire, la quatrième, la deuxième et la première. *Cupules* globuleuses, portées sur un très court pédoncule, rangées sur deux séries latérales et alternes à la base des bras, et sur plusieurs séries vers leur extrémité. Leur cercle corné est placé au côté interne de la sphère, et non vis-à-vis du pédoncule. *Bras contractiles* aussi longs que le corps, ronds, cylindriques à leur base, un peu élargis à leur extrémité, sur laquelle sont, sur un pouce de longueur, un très grand nombre de cupules, grandes d'un 50me de pouce de diamètre, devenant de plus en plus petites en approchant de l'extrémité. Chacune est portée sur un pédoncule plus long que celui des bras sessiles; leur cercle corné est plus grand, proportion gardée. *Membranes de l'ombrelle.* Elles paraissent nulles entre tous les bras, excepté entre les latéraux-inférieurs et les inférieurs de chaque côté.

Tube locomoteur assez gros, long, s'avançant presque jusqu'à la séparation des bras. Il est muni d'une valvule intérieure.

Osselet interne occupant moins de la moitié supérieure de la longueur du corps; il est corné, pourvu d'une saillie dorsale, longitudinale, et d'un sillon avec bourrelets en dessous; il a, de plus, de légères ailes sur les côtés, ce qui lui donne la forme d'une plume.

Couleurs (sans doute dans l'alcool). Toute la surface dorsale est brunâtre et terne, la surface ventrale est d'un jaune léger ou blanc. La peau retournée au bord du corps est blanche.

RAPPORTS ET DIFFÉRENCES. Cette espèce a les plus grands rapports avec la *Rossia macrosoma,* par son corps, presque séparé de la tête, par son appareil de résistance, par la forme de ses nageoires, par les deux rangs de cupules à la base des bras sessiles, tandis qu'elle en a quatre à l'extrémité, par son osselet interne; mais elle s'en distingue par son corps, plus long, par ses nageoires, plus antérieures, et par la longueur respective de ses bras sessiles, qui sont, dans l'autre, 3, 4, 1, 2, tandis que, dans celle-ci, ils sont 3, 4, 2, 1. Néanmoins ces deux espèces sont très voisines.

HABITATION, MOEURS, HISTOIRE. Elle habite sur la côte, dans la baie d'Elwin, détroit du Prince-Régent, au pôle arctique.

Cette belle espèce a été découverte par sir J. Ross, dans son voyage au pôle arctique. Il fit le croquis de la fig. 1; puis M. Richard Owen, avec son talent d'observation ordinaire, en a fait une excellente description, et en a donné de très bonnes figures, dans la partie d'histoire naturelle de ce voyage, en 1834. En en formant le type d'un nouveau genre, en 1838, MM. Gervais et Van-Beneden, dans une note sur le genre Sépiole, reproduisirent un court

(1) Ce caractère, qui a déterminé M. Owen à donner à cette espèce le nom de *Palpebrosa*, est commun à toutes les espèces du genre *Sepiola.*

(2) Il y a trop de rapports entre cette espèce et le *Rossia macrosoma*, pour qu'elle manque des ouvertures que nous avons observées dans cette Rossie.

extrait de la description de M. Owen, en lui donnant le nom de *Sepiola palpebrosa*. Comme nous n'avons point vu l'original décrit par M. Owen, nous avons fait notre description sur celle que ce savant a donnée, ainsi que sur son dessin.

Explication des Figures.

Pl. 1, fig. 1. Animal, vu en dessus; dessiné par M. Ross.

Fig. 2. Animal ouvert, vu en dessous; dessiné par M. Owen.

Fig. 3. Animal ouvert, vu en dessus; dessiné par M. Owen; *a*, bras sessiles; *a'*, les cupules de ces bras; *b*, bras contractiles; *b'*, les cupules de ces bras; *c*, nageoires; *d*, paroi intérieure du corps; *e*, une des parties de l'appareil de résistance; *f*, fossette du même appareil; *g*, valvule du tube locomoteur; *h*, œil; *i*, œsophage; *k*, estomac musculaire; *l*, le pancréas; *m*, l'intestin; *n*, l'anus; *o*, glandes salivaires inférieures; *p*, foie; *p'*, les conduits hépatiques; *q*, les folioles hépatiques; *r*, sac à encre; *s*, veine cave, *s's'*, ses auricules glandulaires, allant à *tt*, les ventricules branchiaux; *v*, leurs appendices charnus; *w*, branchies; *x*, sinus systémiques; *y*, ventricule systémique; *z*, les aortes; 1, sacs à œufs suspendus dans l'ovaire.

Fig. 4. Œufs dans l'oviducte.

Fig. 5. Glandes qui sécrètent le *nidamentum*, substance qui lie les œufs.

N° 3. ROSSIE SUBAILÉE. — *ROSSIA SUBALATA*, d'Orbigny.

Sepiola subalata, Eyd. mss., Gervais et Van Beneden (1838), *Note sur le genre Sépiole* (*Bulletin de l'Académie royale de Bruxelles*, t. V, n° 7).

Dimensions.

Longueur du corps et de la tête, sans bras	80	millimètres.
Longueur des plus longs bras sessiles	54	*id.*
Longueur des bras tentaculaires	142	*id.*
Largeur des yeux	16	*id.*
Largeur à la racine des nageoires	24	*id.*
Largeur au plus grand diamètre des nageoires	33	*id.*

« Cette espèce se distingue surtout des autres Sépioles par ses nageoires, qui sont sub-« arrondies, un peu allongées, et dont le plus grand diamètre est à leur point de jonction « avec le corps; aussi ne sont-elles pas étranglées, en cet endroit, comme dans les vraies « Sépioles, et elles rappellent, jusqu'à un certain point, ce qui a lieu chez les Sépioteuthes, « vers lesquels le *Sepiola subalata* semble faire le passage, et surtout chez le *Sepioteuthis major*, « du cap de Bonne-Espérance, figuré par Gray, dans son *Spicilegia. zool.*, Pl. IV, fig. 1.

« Le corps, la tête et les bras de notre animal sont d'un pâle rosé, marqué de points « rouge-vineux plus ou moins serrés. Le corps est suballongé; l'extrémité postérieure est « obtuse, et les bras sont dans les proportions suivantes, en commençant par les supérieurs, « qui sont les moins longs, 1, 2, 3, 4. Leurs ventouses sont alternes, sur deux rangs, et sup-« portées par un court pédicule. Les tentacules, longs et grêles, sont un peu élargis à leur « sommet, où ils portent quelques ventouses. Le manteau, chez l'individu observé, paraît « libre, même sur le cou, ainsi que cela se voit dans la *Sepiola palpebrosa;* mais, au moins « pour le cas qui nous occupe, il est probable qu'il y a eu déchirure. L'osselet du dos est « cartilagineux; comme dans les Sépioles, les yeux sont larges et peu saillants. »

Aux renseignements qui précèdent, et que nous empruntons à MM. Gervais et Van Beneden, se bornent nos connaissances sur cette espèce, découverte à Manille par M. Eydoux, dans son voyage de circomnavigation à bord de la *Favorite*. Nous regrettons de n'avoir pu examiner l'espèce même, ce qui nous aurait permis d'en faire une description plus complète, et plus en rapport avec celles qui précèdent.

A. D'O.

Genre SEICHE. — *SEPIA*, LINNÉ.

Σηπία, Aristote, Athénée, etc.; *Sepia*, Plinius, Belon, Rondelet, Gesner, Salvianus; *genre Sepia*, Linné, Gmelin, Lamarck, Cuvier, Blainville, etc.

CARACTÈRES. *Forme générale*. Raccourcie, large, massive, le corps très volumineux par rapport au reste. *Corps* libre, ovale ou un peu oblong; très charnu, un peu déprimé, arrondi ou acuminé en arrière, tronqué obliquement en avant, pourvu antérieurement en dessus, d'une forte saillie formée par l'avancement supérieur de l'osselet, plus ou moins échancré au milieu, en dessous. *Appareil de résistance* (1), formé : 1° sur les côtés, à la base du tube locomoteur, par une fossette cartilagineuse, oblongue, un peu arquée et oblique; arrondie à ses deux extrémités, et bordée, tout autour, par une large partie mince, plus étroite du côté interne; 2° sur la paroi interne correspondante du corps, d'un mamelon oblong, oblique, entouré de dépressions; ce mamelon venant s'adapter dans la fossette, tandis que la bordure de celle-ci se loge dans la dépression qui entoure le mamelon; 3° à la partie cervicale, d'une très large surface plus ou moins arrondie en avant, bordée, tout autour, de bourrelets, profondément sillonnée sur sa ligne médiane longitudinale; 4° sur la paroi interne supérieure du corps, sous l'osselet, d'une surface correspondante, marquée, au milieu, d'une côte élevée qui vient se mouler dans le sillon du côté opposé. Dans l'état de vie, toutes ces parties sont en contact, et rattachent si solidement le corps à la tête, qu'ils paraissent ne faire qu'un tout. *Nageoires* plus ou moins larges, commençant à la partie antérieure même du corps, ou au moins à très peu de distance; le bordant latéralement sur toute sa longueur, en laissant entre elles, en arrière, une forte échancrure.

Tête très grosse, courte, déprimée, plus large que longue, fortement rétrécie en arrière des yeux, à la partie cervicale. Son diamètre est égal à l'ouverture du corps, sans crête ni plis cervicaux. *Yeux* latéraux supérieurs, plus ou moins saillants, entièrement recouverts, à l'extérieur, par une continuité de l'épiderme de la tête, qui devient plus mince et transparente, sur une surface ovale longitudinale, égale au diamètre de l'iris. Ils sont fixés seulement par un large pédoncule postérieur, le reste demeurant libre et pouvant se mouvoir en tout sens, dans une vaste cavité orbitaire. Une seule *paupière* inférieure, formée par un repli de la peau, et pouvant se contracter et protéger la partie visuelle. Pupille allongée, longitudinale, échancrée en dessus. Une ouverture lacrymale dans le repli mince de la paupière, en avant. *Membrane buccale* plus ou moins large, lisse ou papilleuse, divisée, sur les bords, en sept lobes simples, sans cupules, dont les deux inférieurs souvent peu marqués. Ces lobes correspondent à autant d'attaches ou de brides externes, s'insérant à la base des bras, dans l'ordre suivant : 1° *une* supérieure impaire, se bifurquant pour s'attacher aux côtes externes de la première paire de bras; 2° *deux*, une de chaque côté, attachées au côté supérieur de la deuxième; 3° *deux*, une de chaque côté, attachée au côté inférieur de la

(1) Cet organe est bien représenté dans Swammerdam, t. IV, fig. *gg*. Needham l'a également figuré t. II, fig. *aa*.

troisième; 4° enfin, *deux* très rapprochées, attachées aux côtés internes de la quatrième paire de bras. *Lèvres* au nombre de deux, l'une interne, épaisse, charnue, toujours papilleuse; l'autre plus courte, mince, à bords entiers. *Bec. Mandibule supérieure* à partie rostrale forte, peu aiguë, prolongée en arrière, par un capuchon arrondi et saillant; expansion postérieure, longue, à dos arrondi, très prolongée en arrière. *Mandibule inférieure* à partie rostrale courte, robuste, non prolongée en arrière, formant, en avant, deux larges ailes minces; expansion postérieure comprimée en carène arrondie, sur le dos, fortement échancrée en arrière; ce qui donne deux lobes antérieurs obtus. *Langue* armée de sept lignes de dents cornées, aiguës et crochues. *Oreille externe,* marquée seulement à l'extérieur d'un très petit orifice placé en arrière, à la partie inférieure du globe de l'œil, très rarement d'une crête auriculaire (1). *Ouvertures aquifères,* 1° l'une *brachiale,* de chaque côté, située entre la troisième et la quatrième paire de bras, par laquelle rentrent les bras tentaculaires, dans une très vaste cavité, occupant tout le dessous de l'œil et de la tête; 2° six ouvertures *buccales* : *deux,* une de chaque côté, entre la quatrième et la troisième paire de bras; *deux,* une de chaque côté, entre la troisième et la seconde paire de bras; *deux,* une de chaque côté, à la base de la première paire de bras. Toutes entre la membrane buccale et la base des bras, donnant dans autant de cavités simples; 3° deux ouvertures *lacrymales* très petites, placées en avant des yeux, dans le repli même de la paupière, et communiquant avec la cavité orbitaire.

Bras sessiles peu longs, très robustes, les supérieurs souvent comprimés; les trois autres paires, surtout les inférieures, toujours déprimées; en grosseur, ils vont en croissant des supérieurs aux inférieurs. Ils sont inégaux en longueur, la quatrième la plus longue, puis la troisième; ensuite c'est, dans quelques espèces, la deuxième qui est la plus courte; d'autres fois c'est la première. *Crête natatoire* toujours marquée au côté interne de la quatrième paire. *Membrane protectrice des cupules* généralement très courte. *Cupules* plus ou moins sphériques, très charnues, obliques, portées sur un pédoncule assez long, qui part d'une saillie conique du bras, les cupules alternent sur quatre lignes, le plus souvent égales en grosseur, quelquefois inégales; toutes munies d'un *cercle corné* oblique, à ouverture peu excentrique, très convexe en dehors, pourvu, des deux côtés, d'un rétrécissement à bordure lisse en dessous; lisse ou denticulée en dessus. *Bras tentaculaires* rétractiles en entier, dans une vaste cavité sous-oculaire. Ils sont plus ou moins longs, grêles; leur bride placée tout à fait à l'intérieur de la cavité. Leur extrémité est terminée par une massue plus ou moins large, portant, sur un des côtés, une *crête natatoire* souvent très large à son extrémité et une *membrane protectrice des cupules.* Celle-ci laisse entre elle et le corps du bras, plusieurs petites cavités qui pénètrent entre les cupules. *Cupules* couvrant, en dessus, toute la surface du côté opposé aux membranes. Elles sont plus ou moins obliques, très inégales en grosseur, et alors sur cinq ou six lignes alternes, dont les plus grosses sont médianes, et en nombre déterminé, ou d'égale grosseur, très petites, et placées sur au moins dix lignes alternes. *Cercle corné* comme celui des bras sessiles, toujours moins oblique, denté ou non à son bord supérieur.

Membrane de l'ombrelle. Nulle entre la quatrième paire de bras, toujours marquée entre les autres. *Tube locomoteur,* plus ou moins gros, court, entièrement dépourvu de brides à sa jonction à la tête; muni, en dedans, d'une très grande valvule.

(1) Cuvier (*Mémoire sur les Céphalopodes*, p. 42) dit que l'oreille de la Seiche n'a pas d'ouverture extérieure. Cet organe extérieur avait échappé aux savantes recherches de M. de Blainville (*Dictionnaire des Sciences naturelles*, t. 48, p. 264 et 275.)

Osselet interne aussi long que le corps, crétacé, solide, déprimé, ovale ou oblong, arrondi ou aminci en avant, élargi en arrière, quelquefois pourvu, à cette partie, d'une pointe ou rostre légèrement saillant. Dessus un peu convexe, toujours rugueux, crétacé. Dessous renflé en avant, concave en arrière, composé : 1° tout autour, d'une bordure cornée ou crétacée, toujours plus large sur les côtés postérieurs et y formant quelquefois des espèces d'ailes; 2° au milieu, d'un empilement de loges, subcrétacées, spongieuses, très obliques. Chaque couche ne couvre pas entièrement celle qui précède, de sorte que, dans leur ensemble, elles montrent toujours, en avant, le dessus de la dernière, et en arrière, les lignes des autres loges successives. Quelquefois un diaphragme postérieur laisse, entre lui et les premières loges, une forte cavité conique. Cet osselet est enchâssé sous la peau des parties dorsales de l'animal.

Chez les Seiches, aucune partie principale ne se reproduit comme les bras des Poulpes; mais un échantillon de la *Sepia inermis*, où de petites cupules commençaient à remplacer celles qui avaient été enlevées par accident, nous a fait acquérir la certitude que ces cupules repoussent, au moins sur l'espèce indiquée, ce que personne n'avait remarqué jusqu'ici.

Les couleurs sont très variables chez les Seiches; néanmoins on a reconnu, depuis Aristote, que les mâles sont généralement plus foncés. Nous avons observé un fait assez curieux, général parmi les espèces, c'est que toutes les taches blanches, dans l'état de vie de l'animal, se dessinent en couleur foncée ou noire, sur les animaux conservés dans la liqueur; ainsi ce caractère ne doit être pris en considération pour distinguer les espèces, qu'en ayant égard à ce singulier changement produit par la conservation. Voyez ce que nous avons dit aux *Sepia Bertheloti*, *S. Ornata*, *S. Hieredda*, etc.

Rapports et différences. Le genre *Sepia*, parmi les Céphalopodes dont les yeux sont recouverts d'une membrane visuelle, se distingue, de suite, par la présence d'un osselet interne ferme, crétacé au lieu d'être cartilagineux, flexible. Avec ce caractère distinctif, il diffère encore des Calmars : 1° par sa forme générale, plus courte, plus ramassée; 2° par son appareil de résistance tout à fait différent, en ce qu'il se compose d'un tubercule oblique en dedans du corps, au lieu d'une crête allongée, avec la fossette correspondante également d'une autre forme; 3° par le manque de crête auriculaire; 4° par la présence d'une paupière à l'œil; 5° par le manque de cupules à la membrane buccale; 6° par la longueur respective des bras sessiles, la quatrième étant toujours la plus longue chez les Seiches, tandis que c'est la troisième qui l'est chez les Calmars; 7° par quatre rangées de cupules, au lieu de deux, à ces mêmes bras; 8° par plus de quatre rangées de cupules aux bras tentaculaires; 9° par le manque de cavités intercupulaires médianes à ces mêmes bras; 10° par le manque de brides supérieures au tube locomoteur.

On voit, dès lors, que tout en ne faisant pas entrer le caractère des nageoires comme différentiel, puisque celles des Sépioteuthes ont de l'analogie avec celles des Seiches, il y a disparité complète entre les Seiches et les Calmars.

Les dissemblances sont loin d'être aussi grandes entre les Seiches, les Sépioles et les Rossia, puisque ces deux derniers genres sont, comme la Seiche, pourvus de paupières inférieures, qui manquent aux Calmars; qu'ils n'ont pas de crête auriculaire, qu'ils ont plus de deux rangées de cupules aux bras sessiles, qu'ils manquent de brides au tube locomoteur, que les cercles cornés des cupules sont les mêmes. Néanmoins, abstraction faite des caractères des Sépioles, d'avoir le corps uni à la tête, nous trouvons que ce genre et le genre Rossia diffèrent des Seiches : 1° par leur corps plus arrondi; 2° par l'appareil de résistance; 3° par les nageoires qui n'occupent jamais toute la longueur du corps; 4° par le manque d'ouvertures aquifères buccales; 5° par les ouvertures lacrymales, séparées et placées en avant de la paupière; 6° par la longueur respective des bras, les plus longs étant ceux de la troisième paire, tandis que ce sont ceux de la quatrième chez les Seiches; 7° par le manque de membrane protectrice des cupules; 8° par des cupules égales aux bras tentaculaires; 9° par le manque de membrane protectrice des cupules à ces mêmes bras, et de cavité sous-cupulaire; 10° enfin, parce qu'ils n'ont pas d'osselet crétacé, et que le leur n'occupe que la moitié de la longueur du corps.

Habitation; mœurs. De tous les Céphalopodes décapodes, les Seiches nous paraissent les plus amies des côtes; en effet, on n'en a, jusqu'à présent, trouvé que sur le littoral des continents. Leur forme aplatie, tandis que presque tous les autres décapodes sont cylindriques, semble, du reste, favoriser beaucoup leur vie côtière, en leur permettant de se reposer sur le sol avec beaucoup plus de facilité que les Calmars.

Si nous voulons jeter un coup d'œil sur la distribution géographique des espèces de Seiches que nous connaissons, nous verrons que des *vingt et une espèces* vivantes, bien reconnues différentes, que nous avons étudiées, 1° *trois* (*Sepia officinalis, S. Orbignyana, S. elegans*) sont de la Méditerranée; 2° *trois* (*S. officinalis, S. Orbignyana, S. Rupellaria*) sont des côtes européennes de l'Océan Atlantique; 3° *quatre* (*S. officinalis, S. Hierreda, S. ornata, S. Bertheloti*) sont des côtes occidentales de l'Afrique; 4° *trois* (*S. tuberculata, S. vermiculata, S. capensis*) sont de l'extrémité méridionale du continent Africain, au Cap de Bonne Espérance, sur l'Océan Atlantique; 5° *cinq* (*S. Rouxii, S. Savignyi, S. gibbosa, S. Lefevrei, S. elongata*) sont de la mer Rouge; 6° *cinq* encore (*S. Rouxii, S. inermis, S. aculeata, S. Blainvillii, S. rostrata*) sont des mers de l'Inde; 7° *deux* (*S. latimanus, S. australis*) sont des îles Océaniennes du grand Océan; ainsi toutes les mers auraient leurs espèces, le plus souvent différentes; car nous ne reconnaissons que deux espèces d'Europe, qui se rencontrent simultanément dans la Méditerranée et sur les côtes de l'Océan, et une de l'Inde, qu'on a également trouvée dans la mer Rouge. Ces trois espèces exceptées, toutes sont circonscrites en des limites restreintes.

Maintenant, divisant nos espèces par mers, nous en voyons *trois* dans la Méditerranée, *dix* dans l'Océan Atlantique, en y comprenant celles du Cap de Bonne-Espérance, *cinq* dans la mer Rouge, et *sept* dans le grand Océan. Elles sont donc réparties d'une manière à peu près régulière dans les divers Océans.

Considérées sous le rapport de la température qu'elles paraissent préférer, nous voyons que, tout en habitant les régions tempérées et chaudes des Océans, les Seiches manquent vers les parties très froides, et sont peu nombreuses sur les lieux tempérés, tandis que leurs espèces semblent se multiplier vers les climats chauds.

Les Seiches ne restent pas habituellement toute l'année sur les côtes qu'elles habitent. Il paraît que les froids dans les régions tempérées, ou tout autre motif dans les pays chauds, les font s'absenter momentanément et ne se montrer de nouveau qu'au printemps. Peut-être est-ce le besoin de la ponte qui les arrache aux profondeurs de la mer, pour se montrer sur le littoral. Quoi qu'il en soit, il est certain que chaque espèce, dans le lieu qu'elle habite, n'y réside pas toute l'année. Sur nos côtes, il n'y a point de Seiches en hiver, tandis que, dès les premiers jours de printemps, on les voit en troupes composées seulement d'adultes. Ce qui pourrait prouver ce que nous venons de dire, que les Seiches viennent sur les rivages afin d'y pondre, c'est qu'elles s'occupent de cet acte (1) aussitôt après leur première apparition.

Les anciens dépeignaient les Seiches comme très ardentes en amour, surtout le mâle pour la femelle (2) ; et quelques auteurs modernes ont poussé l'idée jusqu'à croire qu'on pouvait utiliser cette disposition pour les prendre (3), ce que nous n'oserions affirmer, n'ayant jamais vu ni appris rien de semblable de la bouche de nos pêcheurs de l'Océan. Il est probable que la fécondation de leurs œufs a lieu après la ponte; car nous ne pouvons croire à un véritable accouplement (4).

Les Seiches ont des œufs pyriformes, recouverts d'une enveloppe noire (5); elles les attachent par grappes aux corps sous-marins, et même laissent ainsi à la température de l'eau le soin de leur incubation. Malgré le témoignage des anciens (6), nous ne croyons point utile, chez des animaux à sang froid, cette prévoyance de couver leurs œufs.

Ces œufs, d'abord gélatineux, deviennent plus fermes au bout de quelques jours; puis, à mesure qu'ils avancent, ils grossissent, se distendent, s'amollissent de nouveau; et, près d'un mois après la ponte (au moins pour notre *Sepia officinalis*), les petits éclosent, en rompant l'enveloppe qui les retenait dans l'œuf. Le vitellus, chez les embryons de Seiches, comme chez tous les autres Céphalopodes acétabulifères, rentre par la bouche, et non par l'ombilic, comme l'a cru Aristote (7). Dès leur naissance, les jeunes nagent avec vitesse, et paraissent doués de tous leurs sens; alors, contrairement à ce que dit Cuvier (8), nous avons toujours trouvé, dans les jeunes individus, et même dans ceux qui sont encore dans l'œuf, l'osselet déjà bien formé, et ayant déjà trois ou quatre loges bien distinctes (*voyez* Pl. 2), où l'on reconnait parfaitement les cloisons verticales.

(1) Aristote (lib. v, cap. XII ; Camus, p. 257; Schneider, lib. II, cap. x, p. 187) dit que les Seiches fraient des premiers au printemps.

Athénée, lib. VII, cap. CXXIII; Schweigh., p. 187; Villebrune, p. 185.

(2) Plinius, *Hist. nat.*, lib. IX, cap. XXIX, p. 645, dit : « Lorsqu'une femelle est frappée du trident, le mâle vient à « son secours ; mais si c'est lui qui est frappé, la femelle fuit. »

Athénée, lib. VII, cap. CXXIII; Schweigh., p. 187; Villebrune, t. III, p. 185.

Dans l'*Encyclopédie japonnaise*, on trouve un article où il est dit : « Les Seiches accourent en voyant un poisson de leur espèce ; est-ce par affection ou par jalousie? »

(3) Oppien, lib. IV, vers. 147; Schneider, p. 302; Linné, p. 168, dit : « Les Seiches sont malheureuses dans leurs « amours. Le pêcheur en saisit une, et les autres viennent, de suite, se serrer contre elle, l'enlacer avec tendresse; il « en prend ainsi plusieurs à la fois. »

Darluc, *Histoire naturelle de la Provence*, t. III, p. 211.

(4) Aristote (lib. v, cap. XII; Camus, p. 257; Schneider, lib. II, cap. x, p. 187) croit que le mâle féconde les œufs après qu'ils ont été pondus, en les arrosant immédiatement de la liqueur séminale. *Voyez* aussi, lib. VI, cap. XII ; Camus, p. 357 ; Schneider, t. II, p. 255, 3. Il dit néanmoins, lib. v : « Les Seiches et les Calmars nagent en se tenant accouplés, « bouche contre bouche, et bras sur bras, opposés l'un à l'autre, tenant leur trompe (tube locomoteur) réciproquement « l'une avec l'autre. »

(5) Ces œufs ont été bien décrits par Aristote (lib. XVII; Camus, p. 283; Schneider, t. II, p. 204); mais il croit, peut-être à tort, que c'est le mâle qui, en jetant sur eux son encre, de blancs qu'ils étaient, les colore en noir.

Noseman, *Actis selectis*, v. 1, parle aussi des œufs.

Cuvier, *Mémoire sur les Céphalopodes*, p. 50.

(6) Aristote, lib. v, cap. XVII; Camus, p. 283.

Athénée, lib. VII, cap. CXXIII ; Schweigh., p. 187; Villebrune, t. III, p. 183.

(7) Aristote (lib. v, cap. VII; Camus, p. 283; Schneider, t. II, p. 204). Elle est attachée à l'œuf (*vitellus*), de même que les oiseaux, par le ventre; mais on ne connaît pas encore la nature de cette adhésion ombilicale.

(8) Cuvier, *Mémoire sur les Céphalopodes*, p. 47.

Les anciens ont cru que les Seiches, de même que les Poulpes, ne vivaient qu'une seule année (1). Si nous en jugeons par l'accroissement des jeunes, nous pouvons croire le contraire. Les jeunes, nés au commencement de l'été, n'ont encore pris, en automne, que trente millimètres à peu près de développement; et tous les animaux ayant une croissance d'autant plus rapide, qu'ils sont encore éloignés de l'état adulte, on doit croire qu'il leur faut trois ou quatre ans pour atteindre la taille de quatre ou cinq cents millimètres, que l'on trouve chez quelques animaux adultes; et quoique, jusqu'à présent, on manque totalement de données positives pour apprécier la durée de la vie des Seiches, il y a lieu de croire qu'elles vivent au moins plusieurs années.

Les Seiches, avons-nous dit, sont des animaux côtiers; en effet, on n'en rencontre jamais au large, tandis qu'elles abondent sur le littoral des continents, où elles paraissent se tenir au fond, plus que les autres Céphalopodes décapodes, et ne venir que rarement à la surface. C'est au moins ce dont on peut juger en voyant, sur toutes les côtes où ces animaux habitent, les filets qu'on traîne sur le sol sous-marin, en rapporter beaucoup, tandis qu'on n'en trouve aucun dans ceux qu'on étend à la surface des eaux.

Elles nagent, comme tous les Décapodes, au moyen du refoulement de l'eau par le tube locomoteur, lorsqu'elles veulent aller en arrière et avec vitesse, et de leurs nageoires, ainsi que de leurs bras (2), lorsqu'elles veulent s'approcher d'une proie pour la saisir; mais alors elles nagent très lentement. Dans la natation rétrograde, les bras sessiles sont étalés horizontalement, et les bras tentaculaires le plus souvent entièrement contractés dans leurs cavités. On doit supposer que ces bras tentaculaires sont destinés à la préhension de corps éloignés, et qu'ils sont d'un grand usage pour les besoins de l'animal; néanmoins nous n'avons jamais vu les Seiches s'en servir d'aucune manière, ni pour apporter la nourriture à leur bouche (3), ni comme moyen de résistance près des côtes, comme l'ont écrit les anciens, qui croyaient que ces mêmes bras pouvaient remplacer l'ancre des navires, en se cramponnant aux rochers dans la tempête, de manière à permettre à l'animal de résister ainsi à l'effort des flots (4). Les Seiches une fois hors de l'eau, ne peuvent pas marcher.

Plus que tous les autres Céphalopodes acétabulifères, les Seiches possèdent une grande quantité de liqueur noire, en ayant besoin pour se défendre et pour colorer l'enveloppe de leurs œufs.

Leurs œufs, en effet, absorbent beaucoup, et nous croyons aussi que c'est le genre qui s'en sert le plus souvent comme moyen de défense. Cette propriété les a rendues célèbres

(1) Aristote (lib. IX, cap. LIX; Camus, p. 595; Schneider, t. II, p. 421, 10) dit « que les Seiches ne vivent pas deux ans; » et lib. V, cap. XVII; Camus, p. 285; Schneider, t. II, p. 206, 7.

(2) Aristote (*de Anim.*, lib. I, v. 6; Camus, p. 17; Schneider, p. 16) avait déjà annoncé ce mode de locomotion.

(3) Aristote (lib. IX, cap. LIX; Camus, p. 595; Schneider, t. II, p. 420, 9) en fait les principaux organes de la préhension.

(4) Aristote; Plinius, *Hist. nat.*, lib. IX, cap. XXVIII, p. 643. — Athénée, lib. VII, cap. CXXIII; Schweigh., p. 187; Villebrune, t. III, p. 183, ch. XXI. Oppien *Halieut.*, lib. II, vers. 120; Schneider, p. 279; Linné, p. 91. « On la prendrait pour un bâtiment amarré par ses câbles aux rochers du rivage. » — Æliani, lib. V, cap. XLI, p. 75. — Il est singulier de trouver la même croyance au Japon. Dans l'*Encyclopédie japonnaise*, nous lsoins un article important dont nous devons la traduction à l'obligeance de M. Stanislas Julien; cet article est conçu en ces termes : « Quand les « flots sont violemment agités par les vents, il s'attache aux rochers à l'aide de ses deux longues barbes, comme à « l'aide de cordes; c'est pourquoi on l'appelle *Lang-iu* (*cordes-poisson* ou *poisson à cordes*). »

parmi les anciens (1), qui ont chanté, sous toutes les formes, ce moyen puissant qu'elles possèdent de lancer leur liqueur noire, et de pouvoir, à la faveur de ce nuage, tromper la vigilance de leurs ennemis, et fuir en changeant de direction.

Les Seiches se nourrissent habituellement de mollusques, de poissons et de crustacés; elles sont même très carnassières et amies de la destruction, tuant souvent autour d'elles, sans besoin, les animaux qu'elles peuvent saisir, surtout lorsqu'elles se trouvent captives dans cet enclos de pierres que, sur nos côtes, on nomme écluses. Néanmoins nous ne croyons pas qu'elles s'emparent des gros poissons (2), toujours capables de leur échapper par leur nage en avant, pendant laquelle ils peuvent les fuir, tandis que la Seiche ne saurait les poursuivre rapidement qu'en allant à reculons.

Si les Seiches se font craindre des pêcheurs, en détruisant beaucoup de mollusques et de jeunes poissons, elles ont également partout leurs ennemis, à la tête desquels on peut placer les cétacés, surtout les dauphins et les marsouins. Ces animaux suivent leurs bancs sur nos côtes, lors de leur arrivée au printemps, et en font un tel carnage, que le littoral est alors couvert de leurs corps, que la vague y jette; l'osselet ayant empêché ces voraces cétacés d'en manger autre chose que la tête.

Partout où il y a des Seiches, on s'en nourrit; aussi en trouve-t-on sur presque tous les marchés du littoral de l'Inde. Nous en avons vu vendre à Ténériffe, en France; et tous les peuples pêcheurs les estiment beaucoup. On en prend sur nos côtes à la seine, et principalement au *Chalus*. Les pêcheurs s'en servent avec le plus grand succès comme appâts, pour la pêche des gros poissons de fond, tels que les Squales, les grosses Raies et les Congres, qui paraissent être très friands de leur chair.

Dans une traduction de l'article *Seiche* de l'*Encyclopédie japonnaise*, que nous devons à la complaisance de M. Stanislas Julien, nous trouvons une singulière croyance que nous allons signaler. « Naturellement il (cet animal) aime à manger les oiseaux. Chaque jour, il nage à « la surface de l'eau. Les oiseaux qui volent le voient, et le croyant mort, se mettent à le « becqueter. Alors il les enveloppe (avec ses barbes), plonge dans l'eau, et les mange. C'est « pour cela qu'on l'appelle *Mao-tse*, voleur d'oiseaux. » Cette croyance vient probablement de

(1) Aristote (lib. IX, p. 59; Camus, p. 595; Schneider, t. II, p. 420; *Adnot.*, t. III, p. 176) dit : « Le plus rusé des « Mollusques est la Seiche. Elle se sert de sa liqueur noire pour se cacher, et elle ne la jette pas seulement lorsqu'elle « a peur, comme fait le Polype. » On la voit sortir du nuage qu'elle forme, et y rentrer.

Plinius, *Hist. nat.*, lib. IX, cap. XXIX, p. 645.

Athénée, lib. VII, cap. CXXIII; Schweigh., p. 187; Villebrune, t. III, p. 183.

Æliani, lib. I, cap. XXXIV, *de Sepia*, p. 12 : « *Cum se a peritis piscatoribus captari cognoscit Sepia, suum atramentum « emittit, quo circumfusa, ab oculis piscantium removetur, eorumque perstringit oculos; piscatores vero, cum sit in « eorum oculis, nihil tale vident. Sic Ænea tenebris circumsepto fefellit Achillem Neptunus, ut ait Homerus.* »

Plutarque compare la Seiche aux dieux d'Homère, lorsqu'ils enveloppaient d'un nuage les heureux mortels qu'ils voulaient dérober aux flèches de leurs ennemis.

Oppien, *Halieut.*, lib. 3, vers. 156; Schneider, p. 302; Limes, p. 168.

Dans l'*Encyclopédie japonnaise*, article *Niao, tse iu*, on cite un passage de l'*Encyclopédie chinoise* (*San Thsaï-thou-hoei*) : « La Seiche a une liqueur noire dans le ventre. Quand elle voit un homme ou un gros poisson, elle a coutume « de lâcher cette liqueur noire dans une étendue de quelques pieds, pour dérober son corps à leur vue; mais c'est, au « contraire, cette liqueur noire qui signale au pêcheur la présence du *Niao tse*, et l'aide à la prendre. » (*Traduction de M. Stanislas Julien.*)

(2) Aristote (lib. IX, p. 59; Camus, p. 595; Schneider, t. II, p. 420, 9) dit qu'elles saisissent jusqu'à des muges.

Belon, *de Aquatilibus*, copie Aristote.

l'habitude qu'ont les Mouettes d'aller becqueter les osselets de Seiches, lorsqu'ils sont encore recouverts de chair, comme nous le voyons même sur nos côtes. Les Chinois croyaient aussi que la Seiche provenait de la métamorphose de l'oiseau *Pao* (oie sauvage), dont elle aurait conservé le bec et le ventre.

On mange beaucoup de Seiches dans la saison de leur pêche. On les fait aussi sécher comme provision d'hiver. Les adultes se mangent bouillies, à l'huile et au vinaigre, ou bien frites (1); les jeunes se font également frire sur nos côtes du golfe de Gascogne. On les accommode aussi en se servant de leur liqueur noire comme de sauce; c'est un mets généralement estimé des pêcheurs, et qui fut très célèbre dans l'antiquité. Les Grecs attribuaient à la chair de cet animal une vertu qui la faisait rechercher même des plus riches (2).

L'osselet des Seiches a longtemps été apprécié en médecine (3); il n'est plus d'usage aujourd'hui; en revanche, les arts en font une grande consommation, comme moule, pour les orfévres, pour polir les métaux, pour nettoyer le papier, etc., etc.

L'encre des Seiches servait aux Romains à écrire (4), c'est maintenant la substance que les peintres emploient sous le nom de *Sépia*. On a cru longtemps, mais à tort, que les Chinois en faisaient ce que nous appelons l'*encre de la Chine* (5). On est maintenant parfaitement d'accord sur ce point. Au *Japon*, la Seiche est aussi regardée *comme un remède* (6).

On a même cherché à utiliser la partie musculaire des Seiches, en en formant des feuillets transparents comme de la corne, dont on se sert pour les lanternes (7).

Espèces Fossiles.

On n'a pas encore rencontré de Seiches dans les couches inférieures à la formation oolitique. Les premières qui se sont montrées, appartiennent aux bancs de pierres lithographiques de l'Allemagne, et à l'oolite supérieure. Elles sont au nombre de cinq, et semblent, par leurs formes, présenter un groupe à part que caractérisent ses expansions aliformes, plus marquées que dans les espèces vivantes.

On trouve aussi des Seiches dans les terrains tertiaires des environs de Paris; mais elles

(1) Athénée, lib. VII, cap. CXXIV, p. 190, *Testimonia poetarum de Sepia;* Villebrune, t. III, chap. XXI, p. 187, cite d'Alexis, dans sa *Méchante Femme*, un passage où un cuisinier dit: « A. . . . . Combien les Seiches? B. . . J'en ai trois « pour une drachme. D'abord j'en coupe les filets et les nageoires, et je les fais bouillir; ensuite je coupe le reste du corps « en plusieurs tronçons: je les saupoudre de sel fin, et pendant qu'on est à table, j'entre, les apportant sur la poêle, « toutes pétillantes. » Et lib. IX, Villebrune, chap. X, p. 463, cite Épicharme dans ses *Débauchés*: « Des Seiches d'une « saveur douce et des perdrix volantes. »

(2) Athénée, lib. IX; Villebrune, chap. XVI, p. 538, cite ce passage d'une pièce d'Anthippe: « Est-ce un jeune égrillard, qui pour plaire à sa maîtresse, dissipe son patrimoine? Oh! je lui sers des Seiches, des Calmars, et toute sorte de « poissons saxatiles. . . . . » A l'article *Neao-tse-iu*, Seiche, de l'*Encyclopédie japonnaise*, il est dit que leur chair augmente la force vitale et corrobore la volonté.

(3) Stroëm, *Beskrivilfe over fogd Sændmœr*, p. 137. Darluc, *Histoire de la Provence*, t. III, p. 211. *Encyclopédie japonnaise*, article *Neao-tse-iu*: « On s'en sert au Japon pour guérir les maladies des femmes, pour les crachements de sang, les hémorroïdes, et pour faire sécher les ulcères.

(4) Darluc, *Histoire de la Provence*, t. III, p. 211.

(5) Swammerdam l'a dit un des premiers. Artedi, *Explication de Seba*. Darluc, *Histoire de la Provence*, t. III, p. 211. Cuvier, *Mémoire sur les Céphalopodes*, p. 4.

(6) *Encyclopédie japonnaise*, article *Neao-tse-iu*. On s'en sert pour guérir les douleurs de cœur; on l'avale mêlée avec du vinaigre.

(7) *Description des Brevets*, t. IX, p. 268.

n'ont plus les formes de celles des couches oolitiques, et néanmoins diffèrent encore beaucoup des espèces vivantes, par la saillie supérieure de leur partie postérieure, et par leur rostre plus gros et plus aigu. Il est curieux de trouver, dans les espèces fossiles, deux types de formes différant entre eux, propres chacun à une époque géologique spéciale et distincte des espèces vivantes.

HISTOIRE. Aristote nous a donné, le premier, une bonne description de l'espèce commune; Σηπια, *Sepia*. Il la compare avec le Calmar (1) (*Teuthos*), décrit très bien la forme et la substance de l'osselet, et plusieurs circonstances de ses habitudes (2), de sa reproduction (3). En un mot, tout ce qu'il en dit est marqué au sceau de la saine observation. Athénée (4) ne s'étend aussi que sur la Seiche commune, sur laquelle il donne plusieurs détails intéressants, qu'Élien reproduit, plus tard, fort en abrégé (5). Plinius, en nous parlant de la *Sepia* (toujours l'espèce commune), ne fait que répéter les phrases d'Aristote (6).

Depuis les auteurs grecs et latins, personne ne s'occupa plus de décrire les mollusques, jusqu'à Belon (7), qui, en 1551, en reprit l'étude. Il commença par publier les descriptions faites par les anciens auteurs de la Seiche commune, la seule qu'on connût alors, sans y rien ajouter de son fait; Rondelet (8), en 1554, fit de même, ainsi que Salvianus, en 1554 (9), Boussuet (10), en 1558, et Mathiol (11), en 1565, en disent un mot. Aldrovande (12), en 1642, Jonston (13), en 1650, compilent les renseignements de leurs devanciers. Bontius (14), en 1658, donne encore une courte description d'une Seiche, qui devait être différente de la *Sepia officinalis*, puisqu'elle venait des Indes orientales; mais rien n'indique à quelle espèce elle appartient. On ne peut également rien dire de la figure et de la description de Lochner (15), en 1716. Ruysch (16), en 1718, reproduit les descriptions des auteurs qui l'ont précédé.

Swammerdam (17), en 1737, publie la Seiche commune et en donne l'anatomie. C'est la première fois que l'appareil de résistance de ce genre est décrit et représenté d'une manière reconnaissable, et que l'anatomie de l'animal et de son osselet est faite avec soin. Needham (18), en 1750, s'occupe aussi de l'anatomie de l'espèce commune, en entrant dans les mêmes détails que Swammerdam.

(1) *De Anim.*, lib. IV, cap. I; Camus, p. 173.
(2) Lib. IX, p. 59; Camus, 595; Schneider, t. II, page 420, 9.
(3) Lib. V, cap. XII; Camus, p. 257; Schneider, lib. II, cap. X, p. 187; *Adnot.*, t. III, p. 289.
(4) *Deipnoso phistarum*, lib. VII, cap. CXXIII; Schweigh., p. 187; Villebrune, t. III, p. 183, chap. XXI. *Voyez* aussi lib. IX, cap. X; Villebrune, p. 465.
(5) Ælien, *de Natura animalium*, lib. XXXIV, p. 12, et lib. V, cap. XLI, p. 75; lib. V, cap. XLIV, p. 76.
(6) *Hist. nat.*, lib. IX, cap. XXIX, p. 645.
(7) *De Aquatilibus*, 1551, p. 333; *La Nature et la Diversité des Poissons*, 1555, p. 338 et 339.
(8) *De Piscibus marinis*, lib. XVII, p. 498, et *Histoire entière des Poissons*. Lyon, 1558, p. 365.
(9) *Aquatilium animalium Hist.*, p. 165.
(10) *De Natura aquatilium*, p. 199.
(11) *Commentarii*, lib. II, cap. XX; p. 326.
(12) *Exang. de Mollibus.*
(13) *Hist. nat. de Piscibus*, lib. I, cap. II, p. 9.
(14) *Historia natur. et med. Indiæ orient.*, lib. V, cap. XXVII, p. 80.
(15) *Museum Beslerianum*, pl. XVI, figure méconnaissable.
(16) *Theatrum univ. omn. anim.*, lib. IV, p. 7; caput 2, t. I, f. 1.
(17) *Biblia naturæ*, t. LI, p. 346.
(18) *Microsc.*, t. II, fig. *a* 6.

Brown (1), en 1756, dit un mot d'une Seiche qu'il est impossible de rapporter avec certitude à aucune espèce ; néanmoins nous croyons que ce doit être une espèce propre aux Antilles et qui nous serait encore inconnue. Borlase (2), en 1758, ne parle que de l'espèce commune de même que Seba (3), en 1758, Linné (4), en 1767, Scopoli (5), en 1772.

L'auteur qui a rendu le plus de services à la science, pour les Céphalopodes, est Schneider (6), qui, réunissant dans un travail d'ensemble, en 1784, tout ce qu'on connaissait sur la Seiche commune, en fait la critique depuis Aristote jusqu'à lui. Il finit, d'après ces auteurs, par donner de l'animal une description fort exacte pour les formes extérieures et l'anatomie; Gmelin (7), en 1789, cite, comme Linné, l'espèce commune. Walfen (8), en 1791, la mentionne également.

Depuis Aristote, qui paraissait former des divisions génériques parmi les Céphalopodes pourvus de cupules, on n'avait parlé que d'espèces, jusqu'à Linné, qui les réunit toutes dans son genre *Sepia;* et la *Sepia officinalis* seule était connue, lorsqu'en 1799, Lamarck (9) a formé définitivement, de cette espèce et d'une nouvelle qu'il décrivit, le genre *Sepia*, en le restreignant seulement aux espèces pourvues d'un osselet elliptique et à nageoires en bordures tout autour du corps. Il donne des détails fort importants sur cette nouvelle coupe, en reproduisant beaucoup des détails connus des anciens. Il y place la *Sepia tuberculata* et la *Sepia officinalis*, dans laquelle, comme variété B, il donne évidemment le premier type connu des Calmars à nageoires latérales entières sur la longueur, qui, plus tard, a formé le sous-genre *Sepioteuthis*. Rien n'est changé à cet article dans *ses animaux sans vertèbres,* en 1822.

Bosc (10), en 1802, tout en citant les espèces de Lamarck, conserve le nom de genre de Linné, et réunit sous celui de *Sepia* tous les genres. Cuvier (11), en 1805, donne de bons caractères au genre Seiche et s'occupe de son anatomie; Montfort (12), en 1805, décrit très longuement les deux espèces connues de Lamarck ; Leach (13), en 1817, adopte le genre établi par Lamarck.

Jusqu'alors, on n'avait pas fait mention de Seiches fossiles. Cuvier, le premier, en indiqua une, en 1824 (14), dans les terrains tertiaires des environs de Paris. Elle fut ensuite décrite plus longuement par M. de Blainville, qui la place dans son genre Béloptère, et ensuite par nous dans notre mémoire sur les becs fossiles. Dans notre tableau des Céphalopodes, M. de Férussac donne une liste des trois espèces qu'il connaissait; il y joint la Seiche truitée de Montfort, qu'il nomme *affinis,* tout en donnant une espèce du même genre, peut-être la même, comme type de Sépioteuthe. Au commencement de 1826, près d'entreprendre notre voyage

(1) *The natural History of Jamaica*, p. 386.
(2) *The natural History of Cornwall*, p. 260.
(3) *Thesaur.*, t. III, pl. 3.
(4) *Syst. nat.*, édit. XII, p. 1095, n° 2.
(5) *Historia naturalis*, *Observ. zool.*, p. 127.
(6) *Sammlung verm.*, p. 108.
(7) *Syst. nat.*, éd. XIII, p. 3149.
(8) *Nova acta Phys. med. Berlin*, p. 8; *Descript. zool. ad Adriatici maris*, p. 279.
(9) *Mémoires de la Société d'Histoire naturelle de Paris*, p. 4.
(10) *Buffon de Deterville*, vers, p. 43.
(11) *Mémoire sur les Céphalopodes et sur leur anatomie*, p. 43.
(12) *Buffon de Sonnini*, Mollusques, t. I, p. 175.
(13) *The natural miscellany*, t. III, p. 137.
(14) *Annales des Sciences naturelles*, t. II, p. 482, 1824.

dans l'Amérique méridionale, nous avions fait lithographier les planches contenant nos *Sepia rostrata*, *S. australis*, *S. capensis*, *S. elegans*, *S. rupellaria*. Outre les espèces décrites par Lamarck, nous en connaissions encore sept, c'est-à-dire trois de plus que celles qui composaient la monographie de M. de Blainville, publiée l'année suivante (1), et dans laquelle ce savant ne parle que de quatre espèces, dans la description desquelles il traite avec profondeur les caractères anatomiques du genre et ce qui tient aux mœurs. Aujourd'hui nous avons examiné comparativement *vingt et une* espèces de Seiches vivantes, et nous en connaissons sept fossiles, en tout *vingt-huit*, nombre réellement énorme, et qui pourra prouver de combien de faits nouveaux les sciences naturelles se sont enrichies depuis un petit nombre d'années.

Division des espèces.

† PREMIÈRE SECTION. Cupules égales en grosseur aux bras sessiles, et toujours sur quatre lignes alternes.

A. Cupules grosses, inégales en grosseur, sur cinq à six lignes alternes, aux massues, des bras tentaculaires.

B. Cupules petites, égales, sur dix à douze lignes alternes aux massues des bras tentaculaires.

†† SECONDE SECTION. Cupules inégales en grosseur aux bras sessiles, et non toujours sur quatre lignes alternes.

PREMIÈRE SECTION. *Cupules égales en grosseur aux bras sessiles, toujours sur quatre lignes alternes.*

A. *Cupules grossies, inégales en grosseur, sur cinq à six lignes alternes aux massues ou bras tentaculaires.*

N° 1. SEICHE OFFICINALE. — *SEPIA OFFICINALIS*, *Lamarck.*

SEICHES, Pl. 1, Pl. 2, Pl. 3, fig. 1, 2, 3; Pl. 17, fig. 1-12.

Σηπια, Aristote, *de Anim.*, lib. IV, cap. I; Athénée, lib. IV, cap. CXXIII.
Sepia, Plinius, *Hist. nat.*, lib. IX, cap. XXIX, p. 645,
Sepia, Belon, 1551, *de Aquatilibus*, p. 333. En français, p. 338.
——— Rondelet, 1554, *de Piscibus marinis*, p. 498, lib. XVII, et *Histoire entière des Poissons*, Lyon, 1558, p. 365.
——— Salvianus, 1554, *de Aquatilium animalium*, p. 165. (Figure originale).
Sepia Bellonius, Gesner, 1558, *de Aquat.*, lib. IV, p. 851. (Figure originale).
De Sepia, Boussuet, 1558, *de Nat. Aquatil.*, p. 199.
Sepia, Mathiol, 1565, *Commentarii*, lib. II, cap. XX, p. 226.
De Sepia, Aldrovande, 1642, *de Moll.*, lib. I, cap. IV, p. 49-50. (Copie de Salvianus.)
De Sepia, Jouston, 1650, *Hist. nat. de Moll.*, lib. I, cap. II, p. 9, tab. I, f. 2, 3, 7.
——— Ruysch, 1718, *Theatr. univ. omni. an*, lib. IV, caput II, p. 7, t. I, f. 2.
Sepia, Scheuchzer, 1731, *Physica sacra*, t. I, t. XVIII. (Copie de Salvianus.)
Sepia, Swammerdam, 1737, *Biblia naturæ*, t. LI, t. LII. (Anatomie.)
Sepia, Needham, 1750, *Microsc.*, t. II.
Sepia ó Cuttle fish, Borlase, 1758, *The natural History of Cornwall*, p. 268.
Sepia, Seba, 1758, *Thesaur.*, t. III, Pl. 3, fig. 1, 2, 3, 4.
Sepia, Stroem, 1762, *Beskrivelfe Soudmor*, p. 137.
Sepia officinalis, Linné, 1766, *Fauna suecica*, n° 2106.
Sepia officinalis, Linné, 1767, *Syst. nat.*, éd. XII, p. 1095, n° 2.
——— Scopoli, 1772, *Hist. nat.*, *Obs. zool.*, p. 127.
Sepia officinalis, Pennant, 1777, *Brit. zool.*, t. IV, p. 55.

(1) *Dictionnaire des Sciences naturelles*, t. XLVIII, p. 257.

Sepia officialis, Gronovius, 1781, *Zoophyl.*, p. 244, n° 1021.
Sepia, Schneider, 1784, *Sammlung verm.*, p. 108.
Sepia officinalis, Gmelin, 1789, *Syst. nat.*, ed. XIII, p. 3149, n° 2.
——————— Bruguière, *Encyclopédie méthodique*, Pl. 76, fig. 56. (Copie de Seba.)
——————— Walfen., 1791, *Nova acta Phys. med. Berlin*, t. VIII, p. 379.
——————— Lamarck, 1799, *Mémoires de la Société d'Histoire naturelle de Paris*, p. 4, et 1801, *Syst. des Animaux sans vertèbres*, p. 59.
——————— Bosc, 1802, *Histoire naturelle des Vers*, t. I, p. 45, n° 1.
Seiche commune, Montfort, 1805, *Buffon de Sonnini*, Mollusques, t. I, p. 171.
Sepia officinalis, Leach, 1817, *The natural Miscellany*, t. III, p. 138.
Sepia rugosa, Bowdich, 1822, *Elements of Conchology*, Pl. 1, fig. 1. (L'osselet seulement.)
Sepia officinalis, Lamarck, 1822, *Animaux sans vertèbres*, t. VII, p. 668.
——————— Carus, 1824, *Icon. Sep. nov. act. nat. Cur.* t. XII, p. 317, Pl. XXVIII.
——————— Martens, 1824, *Reise nach. venedig.*, v. II, p. 436.
——————— Payraudeau, 1826, *Cat. des Moll. de Corse*, p. 173, n° 54.
——————— Blainville, 1827, *Dictionnaire des Sciences naturelles*, t. XLVIII, p. 284, et *Faune française*, p. 18.

Dimensions.	INDIVIDU TAILLE MOYENNE.
Longueur totale	475 millimètres.
Longueur du corps	220 *id.*
Diamètre du corps dans sa plus grande largeur, avec nageoires	180 *id.*
Longueur des bras contractiles	225 *id.*
Longueur des bras supérieurs	118 *id.*
Longueur des bras latéraux-supérieurs	119 *id.*
Longueur des bras latéraux-inférieurs	121 *id.*
Longueur des bras inférieurs	130 *id.*
Largeur d'une des nageoires	190 *id.*
Largeur de la tête	90 *id.*

Description.

Forme générale raccourcie, large, très massive. *Corps* fortement charnu, épais, ovale, très déprimé, renflé sur le milieu de sa longueur; lisse, arrondi en arrière, un peu rétréci et tronqué en avant, mais d'une manière oblique : en dessus, une saillie large et arrondie, formée par l'avancement de l'osselet en dessous ; une large échancrure au milieu. *Appareil de résistance.* Celui des côtés inférieurs, à cavité oblique cartilagineuse, débordée par de larges lèvres minces, surtout au côté externe; mamelon oblique, oblong; celui du dos arrondi, large, bordé de lèvres charnues ; sillon très prononcé sur la partie cervicale; crête longitudinale de l'intérieur du corps bien marquée. *Nageoires* assez larges, épaisses, commençant au bord antérieur même du corps, qu'elles dépassent un peu, se prolongeant en s'élargissant sur les côtés, puis interrompues postérieurement sur la partie médiane, et séparées l'une de l'autre par une échancrure profonde.

Tête grosse et courte, plus large que longue, un peu moins large que l'ouverture du corps, assez fortement déprimée. Dans presque tous les individus, elle paraît lisse ; mais, en y regardant avec attention, on voit, au-dessus de chaque œil, deux cirrhes charnus, l'un en avant, l'autre en arrière, se montrant dans l'irritation. Entre les cirrhes antérieurs, sur le milieu de la tête, on en remarque six très petits et cinq entre les deux postérieurs, tous placés à égale distance, et dans une position très régulière, les uns par rapport aux autres (1).

(1) Ce caractère singulier nous a paru surtout très marqué sur un jeune individu.

Yeux latéraux-supérieurs peu saillants; une paupière inférieure épaisse, pas plus longue que l'iris. *Cavité orbitaire* très vaste. *Membrane buccale* très grande, très extensible, pourvue de sept lobes saillants, correspondant à autant de brides extérieures, s'insérant à la base des bras. La bride médiane supérieure se bifurque pour s'insérer au dedans des bras; les deux brides inférieures très rapprochées l'une de l'autre. *Lèvres*, l'interne très épaisse, charnue, papilleuse, l'externe lisse, courte. *Bec;* mandibules robustes, le rostre court, les ailes de la mandibule inférieure larges; sa couleur est noire au rostre, brune ailleurs, bordée de plus pâle. *Trou auditif* externe bien marqué en arrière de l'œil. *Ouvertures aquifères*, 1° l'une *brachiale*, par laquelle rentrent les bras tentaculaires dans une vaste cavité qui occupe tout le dessous de l'œil et de la tête, de chaque côté; 2° autour de la membrane buccale en dehors, de six ouvertures *buccales* donnant dans autant de cavités simples; 3° une très petite ouverture *lacrymale*, placée en avant, dans les replis même de la paupière, et communiquant avec la cavité orbitaire, qui entoure le globe de l'œil.

Bras sessiles assez courts, robustes, charnus, conico-subulés, triangulaires, ce qui est déterminé par la grande largeur de la surface interne. Ils sont peu inégaux; les trois paires presque égales en longueur; néanmoins les supérieurs sont plus grêles et un peu plus courts, les inférieurs les plus gros, et les plus longs de tous. On remarque une légère crête natatoire au dehors des bras de la troisième paire, et une beaucoup plus forte aux bras inférieurs, à leur côté externe; membrane protectrice des cupules assez large, recevant les cupules latérales de chaque bras. *Cupules* charnues, hémisphériques, obliques, portées sur un pédoncule unique appartenant au bras, et alternant sur quatre lignes, dans toute la longueur des bras. *Cercle corné* peu oblique, large, très convexe en dehors, rétréci sur ses bords, qui sont entiers et lisses. *Bras tentaculaires* longs, comprimés, un peu renforcés vers leur extrémité, fortement élargis en massue aplatie; la massue, en dessus, montre, d'un côté, une large membrane natatoire lisse, plus large à l'extrémité qu'à la base, et, de l'autre, une partie marquée de côtes transversales, qui correspondent aux insertions des cupules. Vue du côté des cupules, la massue est fortement débordée par la membrane natatoire, et la membrane protectrice des cupules n'existe que de ce côté-là, séparée, qu'elle se trouve, du corps des bras par une multitude d'ouvertures qui donnent issue aux réseaux de cavités qui occupent tout le dessous des cupules. *Cupules* obliques sur six lignes alternes, à peu près égales à l'extrémité de la massue; à la partie élargie, on remarque, sur une ligne, *cinq* très grosses cupules, sur les côtés desquelles sont deux lignes de cupules plus petites, mais plus grosses encore que les autres extérieures. *Cercle corné* des grosses cupules, presque régulier, et non oblique, assez large, arrondi en dehors, lisse en dedans. *Cercle corné* des cupules de la base de la massue et des petites latérales, un peu oblique, armé, à son pourtour, de dents très aiguës, très rapprochées, plus longues du côté le plus large. *Membrane de l'ombrelle*, nulle entre les bras inférieurs, très développée entre tous les autres.

Tube locomoteur gros, s'avançant presque jusqu'à l'intervalle des bras inférieurs, sans bride, pourvu d'une valvule interne.

Osselet interne déprimé, élargi et arrondi en arrière, un peu acuminé en avant; dessus lisse, et demi-cartilagineux sur ses bords, ainsi que sur une partie en croissant de l'extrémité inférieure; le reste crétacé, très rugueux, surtout à la partie moyenne; en avant, ces rugosités forment des lignes qui suivent la forme de l'accroissement des loges successives, et sont presque nulles sur les côtés. Sur la ligne médiane est une partie plus convexe, marquée, de chaque côté, d'une dépression qui, d'abord large en avant, diminue, et se termine en pointe, en venant se perdre aux parties inférieures. Dans le jeune âge, on remarque une longue pointe rostrale obtuse, droite, qui, dans les deux individus, est entièrement enveloppée dans le cartilage inférieur. Dessous, convexe en haut, concave en bas; bordure demi-cartilagineuse ou crétacée, très étroite en avant et sur les côtés, très large, et dépassant de beaucoup les loges en arrière. Partie supérieure de la dernière loge lisse, occupant près de la moitié de la longueur dans les jeunes sujets, plus que le tiers dans les adultes, pourvue d'une légère dépression longitudinale, médiane. Lignes des locules arrondies, ou légèrement échancrées à leur sommet, très régulières dans le jeune âge, ondulées dans l'âge adulte. Cette partie, assez convexe, est pourvue d'une dépression loculaire sur le milieu de la longueur.

Couleurs. A l'état de vie, elles sont on ne peut plus variables, suivant les diverses impressions; néanmoins, comme les anciens (1), nous avons remarqué que généralement les mâles sont ornés de couleurs plus foncées; ils ont des bandes transversales brun-noirâtre sur le dos, bandes qui diminuent de largeur, ou se bifurquent sur les côtés du corps, sans empiéter sur les nageoires. Souvent les bandes, au contraire, sont peu distinctes sur le dessus du corps, tandis qu'elles sont apparentes sur les côtés. En dehors de ces bandes sont de très petites taches d'un blanc vif, qui, assez près du bord, vont former une bordure blanche accompagnée, en dehors, d'une seconde d'un beau violet, en bordure extérieure. Quelques taches blanches arrondies se remarquent encore sur les parties médianes et antérieures du corps. En dessous, le corps est blanc, avec de très petites taches rougeâtres très espacées, et manquant sur le dessous des nageoires. Chez les femelles, avec les mêmes taches blanches, la bordure violette est peu marquée, et les bandes du dos sont nulles, le corps étant à peine teinté de brun. La tête est couverte de très petites taches violacées, apparentes par places, et de taches blanchâtres rondes, sur son milieu et sur les bras, qui sont de la même teinte en dessus, et blancs rosés en dedans, de même que les tentaculaires. *Couleurs dans l'alcool.* Par une singularité que nous avons retrouvée, au reste, chez toutes les espèces de Seiches, toutes les taches blanches, à l'état de vie de l'animal, sont remplacées, dans les individus conservés, par des taches brunes. Ainsi les points blancs et les bordures de cette couleur, que nous venons de décrire, sont remplacées par des points ou une bordure noirâtre, comme on le voit dans notre Pl. Ire. Il en est de même des taches blanches devenues brunes de la partie antérieure du sac, des bras et de la tête. L'animal vivant offre donc en blanc tout ce qui se dessinera en brun foncé sur celui que l'on conservera dans l'alcool.

Rapports et différences. Voyez ce que nous avons dit à cet égard à la *Sepia hierredda*, la seule qui, dans les espèces lisses, soit pourvue de bras tentaculaires armés de grosses et de petites cupules aussi inégales, et dont l'osselet soit si voisin, qu'il est facile de les confondre.

Habitation; mœurs. Indépendamment des observations que nous avons faites sur les Seiches, aux environs de La Rochelle, à Noirmoutiers, à Brest, et sur toute la côte de la Normandie, nous avons trouvé au Muséum des individus envoyés de Toulon et de Marseille, par MM. Reynaud, Kiener, Delalande et Lucas; de Naples, par MM. Reynaud et Delle-Chiaje;

(1) Aristote, lib. v, cap. xii; Schneider, lib. ii, cap. x, p. 187.
Plinius, *Hist. nat.*, lib. ix, cap. xxix, p. 645.

de Sicile, par M. Bibron ; la Seiche commune habiterait ainsi toutes les côtes de l'Océan, depuis la Suède, la Hollande, l'Angleterre, la France, l'Espagne, le Portugal, jusqu'au commencement du continent africain, et même jusqu'aux îles Canaries, toutes les parties de la Méditerranée et de l'Adriatique, où elle se rencontre fréquemment. Jusqu'à présent, elle se trouverait dans l'océan Atlantique, dans la Méditerranée et dans l'Adriatique, depuis le tropique du Cancer jusqu'au 70e degré de latitude nord, ou dans les parages tempérés et froids de nos mers.

L'un des exemplaires que nous avons examinés porte sur l'étiquette, de la main de M. de Férussac : *De Batavia, par M. Van Hasselt.* Nous ne pouvons néanmoins croire que notre *Sepia officinalis* se trouve dans ces parages ; car, s'il en eût été ainsi, cette espèce aurait été rapportée par M. Dussumier et beaucoup d'autres voyageurs. Il nous paraît probable que c'est par erreur que cet individu a été étiqueté ainsi ; car il est évident qu'il appartient à la même espèce que la Seiche de nos côtes, et tout nous fait croire qu'il vient des mers d'Europe.

On ne voit aucune Seiche en hiver ; mais, dès les premiers jours du printemps, elles arrivent par bandes innombrables, composées seulement d'individus adultes. C'est alors que sur les côtes du golfe de Gascogne, on en trouve les corps flottants et jetés sur la plage en très grande quantité, parce que ces animaux sont poursuivis par les cétacés, qui leur font une guerre acharnée. Ils séjournent pendant quelques mois, puis deviennent très rares, jusqu'à l'automne, époque où ils disparaissent entièrement, du moins sur le littoral de l'Océan. Nous ne savons rien de l'époque de leur apparition sur les côtes de la Méditerranée et de l'Adriatique.

Le temps des amours commence dès le retour du printemps ; c'est alors que les femelles pondent les œufs dont elles ont le corps rempli, et ces œufs paraissent être fécondés par arrosement à l'époque même de la ponte. Néanmoins, si nous en croyons les anciens auteurs, les mâles de Seiches seraient, en ce moment, tellement acharnés à la possession des femelles, que la crainte d'être pris ne les effraie pas, et ne les empêche pas de s'en rapprocher (2). On tient ces dernières attachées pour attirer les mâles (3). Chaque femelle, à l'instant de la ponte, choisit un gros pied de *fucus*, de Gorgone, ou tel autre corps solide de la grosseur du petit doigt, ou moindre, afin d'y attacher ses œufs. La forme de ces œufs est pyriforme ou acuminée à l'une des extrémités (4), et pourvue, de l'autre, d'une lanière aplatie de matière gélatineuse, noire comme l'enveloppe extérieure de l'œuf, qui entoure le pied de gorgone, de manière à représenter un véritable anneau. Chaque femelle pond, et attache ainsi de vingt à trente œufs, qui, rapprochés les uns des autres, représentent, dans leur ensemble, une grappe de raisin d'un beau noir. Cependant, ayant trouvé toujours un bien plus grand nombre d'œufs dans le ventre de chaque femelle, nous devons supposer qu'elle dépose ainsi plusieurs grappes semblables, peut-être par prévoyance, dans la crainte que les premières soient détruites. Quelquefois, mais rarement, on voit réunis jusqu'à une centaine d'œufs.

(1) Aristote (*De Anim.*, lib. v, cap. xii ; Camus, p. 257 ; Schneider, lib. ii, cap. x, p. 187) avait déjà reconnu que la ponte des Seiches avait lieu au printemps.
Athénée, lib. vii, cap. cxxiii.

(2) Athénée, lib. vii, cap. cxxiii.

(3) Darluc, *Histoire de la Provence*, t. III, p. 211.

(4) Aristote (lib. v, cap. xii) avait parfaitement décrit la forme et la couleur de ces œufs.

Les œufs, immédiatement après la ponte, sont gélatineux ; ils deviennent ensuite de plus en plus fermes, pendant quelques jours; puis ils grossissent graduellement, se dilatent, redeviennent mous; la peau noire qui les recouvre extérieurement s'amincit; et enfin, un mois après la ponte, lorsqu'on enlève la tunique extérieure, et qu'on ne laisse que la seconde enveloppe mince et transparente, on aperçoit, au travers, la jeune Seiche nageant, en tous sens, dans la liqueur que contient l'œuf. Si l'embryon paraît prêt à sortir de son œuf, et qu'on le place dans l'eau, il se met immédiatement à y nager à reculons. Le fœtus, avant de naître, a la même force que les adultes; seulement sa tête est à proportion plus grosse que le corps. Les bras sessiles sont bien distincts, et montrent leurs cupules; les bras tentaculaires seuls ne sortent pas encore de leur cavité, où ils sont entièrement repliés ; les nageoires sont apparentes, quoique très étroites et plus courtes que le corps. Les petits naissent un peu plus d'un mois après la ponte; ils paraissent presque tous en même temps ; mais, soit qu'ils s'enfoncent immédiatement dans des zones plus profondes, pour se soustraire aux nombreux ennemis qui les poursuivent, soit que leur petitesse seule empêche de les pêcher, nous n'en avons jamais rencontré sur les côtes pendant le reste du printemps; ce n'est même qu'au mois de septembre qu'ils reparaissent en troupes innombrables. Doués alors de toutes leurs facultés, et de l'instinct de la conservation, ils ont atteint déjà deux ou trois pouces de longueur, et vont par grandes troupes, formant, le plus souvent, un très large front anguleux. Nous les avons fréquemment vus, à Noirmoutiers, nager ainsi dans les réservoirs nommés *écluses*, et montrer, en quelques instants, tous les changements de couleurs possibles, sur les différents individus d'une troupe. Ce sont ces jeunes Seiches que les habitants des environs de La Rochelle connaissent, à cet âge, sous le nom de *Casserons ;* ils en pêchent alors des quantités considérables, pour les manger. Vers la fin d'octobre ou au commencement de novembre, elles disparaissent pour ne plus revenir que le printemps suivant.

La Seiche officinale se tient toujours près des côtes, et rarement à la surface des eaux, mais bien seulement au fond ; aussi en pêche-t-on toujours avec toute espèce de filet de traîne. Elle se repose même volontiers au fond des eaux. Elle nage assez prestement, sans qu'on puisse néanmoins la comparer, sous ce rapport, à aucun des autres Décapodes. Au reste, son mode de natation est semblable à celui de tous les autres genres de cette série. Lorsqu'elle va à reculons, elle étale ses bras horizontalement, pour maintenir l'équilibre; elle va également en avant, mais toujours très lentement, se servant alors du mouvement de ses nageoires et de ses bras. Presque toujours, dans la natation, les bras tentaculaires sont entièrement rentrés dans leur cavité, et nous ne les avons vus en dessous que très rarement.

Nous ne nous sommes pas trouvés à portée de vérifier le fait annoncé par les anciens auteurs (1), sur la facilité qu'auraient les Seiches de se servir de leurs bras tentaculaires comme d'ancres, pour se cramponner aux rochers dans la tempête, et de résister ainsi aux efforts des flots.

Une autre circonstance de la vie des Seiches les a rendues célèbres parmi les anciens : la faculté de se soustraire à leurs ennemis, en s'enveloppant d'un nuage de couleur noire (2),

(1) Athénée, lib. VII, cap. CXXIII; Schweigh., p. 187; Villebrune, t. III, p. 183; Ælien, lib. V, cap. XLI.

(2) Aristote, *de Anim.*, lib. IX, cap. LIX; Camus, p. 593; Schneider, t. II, p. 420. — Plinius, *Hist. nat.*, lib. IX, cap. XXIX, p. 645. — Athénée, lib. VII, cap. CXXIII; Schweigh., p. 187. — Ælien, lib. I, cap. XXXIV, p. 12.

à la faveur duquel elles se sauvent par le changement de direction ; et trompent la poursuite des animaux qui les chassent à outrance. Nous avons pourtant remarqué que, bien qu'elles contiennent beaucoup plus de liqueur noire que les autres Céphalopodes, elles ne la prodiguent pas, et ne la lancent qu'à la dernière extrémité.

Les Seiches se nourrissent de petits poissons et de Mollusques, qu'elles saisissent au moyen de leurs bras, tandis que leurs mâchoires les déchirent. Elles font ainsi une grande consommation de ces animaux, et nuisent beaucoup à l'espoir du pêcheur. Elles ont elles-mêmes un grand nombre d'ennemis. Nous plaçons au premier rang toutes les espèces de cétacés, les Dauphins, et surtout les Marsouins, qui en détruisent une grande quantité, lors de leur première arrivée au printemps; mais la dureté de leur osselet fait qu'ils se contentent de leur enlever la tête; d'où le grand nombre de corps sans tête qu'on rencontre, à cette époque, sur les côtes de France. A cet égard, il n'y a aucune incertitude. Il est toujours facile de reconnaître, à l'empreinte des dents restées sur l'osselet, comme nous nous en sommes assuré souvent, que cette empreinte est bien celle des dents des cétacés des genres Dauphin et Marsouin. Dans le reste de l'année, comme on ne trouve plus que très rarement leurs corps jetés à la côte, il est probable que les Seiches n'ont plus guère à redouter que les piéges des pêcheurs.

Au printemps, les pêcheurs ne se contentent pas de recueillir les individus jetés à la côte; ils en prennent encore un grand nombre dans tout le golfe de Gascogne, avec des filets de traîne nommés *chalus*. Ils se nourrissent de leur chair, soit en les mangeant fraîches, après leur avoir enlevé la peau, soit en les faisant sécher, et rôtir ensuite. C'est de cette manière qu'ils en conservent comme provision d'hiver.

Dans les lieux où l'on place beaucoup de lignes de fond, pour prendre des Raies, des Squales, des Congres, on amorce les lignes avec des morceaux de Seiche, par la double raison de la fermeté de sa chair, et de son excellence, comme appât, tous les poissons en étant très friands. A l'automne, saison des jeunes Seiches ou *Casserons*, on en pêche un grand nombre dans les écluses, ou avec des filets. C'est, comme nous l'avons dit, un mets recherché des habitants du littoral de la Charente-Inférieure.

L'osselet de cette espèce s'emploie dans les arts, pour polir, ou comme moule à l'usage des orfèvres. A ces titres, on en fait un grand commerce. On s'en servait aussi jadis, en médecine, pour guérir les taies des yeux (1). C'est l'encre de cette espèce qui était employée par les Romains pour écrire (2), et c'est aujourd'hui la couleur recherchée par les peintres sous le nom de *sepia*.

Cette espèce est connue de nos pêcheurs, sur les côtes du golfe de Gascogne, sous le nom de *Casseron*, lorsqu'elle est jeune, et sous celui de *Morgates*, lorsqu'elle est adulte. Les Portugais la nomment *Cyba;* à Marseille, on appelle *Supi*, ou *Supioun*, le mélange des petites Seiches et des Calmars; en grec, Σηπια; en allemand, *Blackfich;* en flamand, *Spaensche;* en espagnol, *Xibia;* en anglais, *Cuttel* ou *Cuttle;* en danois, *Soe mige;* en suédois, *Halder kaule* ou *Black sprute;* en islandais, *Kolkrabbe*.

Histoire. L'histoire du genre *Sepia* nous donne, pour ainsi dire, celle de cette espèce,

(1) Gallien, t. XVII, p. 347; t. XII, partie I, p. 902 (édit. de Leipsick). – Darluc, *Histoire naturelle de la Provence*, t. III, p. 211.

(2) Darluc, *Histoire naturelle de la Provence*, t. III, p. 211.

la seule qui fût connue depuis les Grecs jusqu'à nos jours. Aristote (1) en a parlé le premier sous le nom de Σηπια; il la décrit bien pour sa forme générale, son osselet, et surtout pour ses mœurs. Athénée reproduit les mêmes détails, en les ornant de quelques traits poétiques et de beaucoup de citations des poëtes qui l'ont précédé, comme Aristophane, Épicharme, etc.

De cette époque jusqu'au moyen âge, aucun auteur n'a parlé de la Seiche. Belon, en 1551, reproduisit les anciennes notions données par les Grecs. Il en fut de même de Rondelet, en 1554; mais Salvianus, la même année, présente une compilation fort étendue, avec beaucoup de citations des poëtes grecs, travail réellement plus complet que ceux qu'on avait jusqu'alors; ensuite Boussuet, en 1558; Mathiol, en 1565, en disent seulement un mot. Aldrovande, en 1642, copie ses devanciers; Jonston, en 1650; Ruysch, en 1718, ne font pas autre chose. Swammerdam s'occupe de son anatomie, de même que Needham. Borlase en donne une courte notice; Seba, de bonnes figures, et Linné, une courte description, en la nommant *Sepia officinalis*, nom que les auteurs suivants lui ont conservé : Scopoli, Gmelin, Wallfen, en 1791; mais non Schneider, qui revient au nom de *Sepia*, d'après Aristote. Lamarck (1799), tout en réduisant le genre *Sepia* à sa juste valeur, confond un *Sepioteuthis* comme var. β de l'espèce commune, qu'il décrit assez bien. Montfort (2), en 1805, parle très longuement, de la *Seiche commune*, en inventant beaucoup de circonstances de son existence. Bien figurée par Carus, elle n'a plus, depuis, été confondue avec les autres espèces.

Explication des Figures.

SEICHE. Pl. 1. Animal, vu en dessus; dessiné d'après nature sur un individu conservé dans la liqueur; néanmoins, les bandes du dos ont été prises sur un individu mâle vivant. Le bras tentaculaire est fautif, par le nombre des cupules qui le recouvrent; *a*, cupule des bras sessiles, grossie; *b*, son cercle corné, où, par erreur, le peintre a placé des dents aux deux côtés, tandis qu'il en manque entièrement; *c*, le même cercle corné, vu en dessus, également fautif par ses dents et par son ouverture centrale, tandis qu'elle est excentrique; *d*, grosse cupule des bras tentaculaires; *e*, cercle corné des grosses cupules, fautif par son extérieur anguleux, son manque d'obliquité et ses dents; *f*, le même, vu en dessus.

Pl. 2, fig. 1. Osselet interne d'une Seiche adulte, vu en dessous, dans une position inverse à la position naturelle; dessiné d'après nature.

Fig. 2. Le même osselet, vu en dessus.

Fig. 3. Le même osselet, vu de profil.

Fig. 4. Osselet interne d'un jeune individu, vu en dessus; dessiné d'après nature.

Fig. 5. Le même osselet, vu de profil; *a*, osselet interne d'un fœtus prêt à naître, vu de grandeur naturelle, *b*, le même, fortement grossi, vu en dessous, dessiné par nous d'après nature; *c*, le même osselet, vu en dessous, pour montrer la succession des loges; *d*, cloisons verticales qui séparent en compartiments irréguliers toute la surface interne des loges, dans les os très vieux; *e*, les mêmes, chez un individu plus jeune; *f*, les mêmes, encore chez un très jeune individu; *g*, coupe transversale des loges, pour montrer les cloisons horizontales qui les séparent, ainsi que les cloisons verticales qui les divisent dans leur intérieur.

Pl. 17, fig. 1. Tête d'un jeune sujet, vu en dessus, pour montrer les tubercules; dessinée par nous d'après nature.

Fig. 3. Œil et tête, de profil, pour montrer les formes de l'œil; *a*, la paupière; *b*, l'ouverture lacrymale; *c*, l'oreille externe; dessinés par nous sur un individu conservé.

Fig. 3. Ensemble de la membrane buccale, pour montrer les ouvertures buccales.

(1) Comme l'histoire de cette espèce est, en même temps, celle du genre, au moins pour cette époque, nous renvoyons à l'histoire du genre pour les citations de pages.

(2) *Buffon de Sonnini*, Mollusques, t. 1, p. 171.

Fig. 4. Bras tentaculaire, vu en dessous, pour montrer le véritable ordre des cupules; dessiné d'après nature.
Fig. 5. Le même bras, vu de profil, pour montrer : *a*, la membrane protectrice des cupules; *b*, ses cavités inférieures.
Fig. 6. Partie concave de l'appareil de résistance, de la base du tube locomoteur; dessinée d'après nature.
Fig. 7. Partie convexe de l'appareil de résistance de l'intérieur du corps, devant entrer dans la partie opposée.
Fig. 8. Cercle corné des grosses cupules des bras tentaculaires, vu de profil; dessiné par nous d'après nature; 8 *b*, le même, vu de face, en dessus.
Fig. 9. Cercle corné des petites cupules latérales des bras tentaculaires, vu de profil; dessiné par nous d'après nature; 9 *b*, le même, vu de face.
Fig. 10. Cercle corné des cupules des bras sessiles, vu de profil; dessiné par nous d'après nature.
Fig. 11. Le même cercle corné, vu en dessus.
Fig. 12. Bras tentaculaire, vu en dessous.
Pl. 3, fig. 1. Mandibule inférieure, de grandeur naturelle, vue de profil; dessinée d'après nature.
Fig. 2. Mandibule supérieure, de grandeur naturelle, vue de profil; dessinée d'après nature.
Fig. 3. Groupe d'œufs attachés à un pied de gorgone; dessiné par nous, d'après nature; *a*, un œuf séparé, avec sa bride coupée; *b*, un œuf séparé, avec son anneau entier.

N° 2. SEICHE HIERREDDA. — *SEPIA HIERREDDA*, Rang.

SEICHES. Pl. 13, et Pl. 18.

Sepia hierredda, Rang. Nobis, 1835, *Seiches*, Pl. 13.
Sepia hierredda, Rang, *Magasin de zoologie*, p. 75, pl. 100.

Dimensions.	JEUNES.	VIEUX.	
Longueur totale	260	645	millimètres.
Longueur du corps	110	215	*id.*
Diamètre du corps, les nageoires comprises	90	160	*id.*
Longueur des bras tentaculaires	150	430	*id.*
Longueur des bras supérieurs	51	108	*id.*
Longueur des bras latéraux-supérieurs	45	100	*id.*
Longueur des bras latéraux-inférieurs	46	112	*id.*
Longueur des bras inférieurs	60	123	*id.*
Largeur d'une des nageoires	16	27	*id.*
Largeur de la tête	42	90	*id.*

Description.

Formes générales très larges, massives. *Corps* volumineux, charnu, ovale, déprimé, plus large au milieu, très élargi et arrondi en arrière, tronqué en avant; très lisse partout, excepté sur chaque côté, en dessus, où l'on remarque six taches oblongues qui, par les rides qu'elles forment à la peau, montrent qu'à l'instant de l'irritation, elles sont susceptibles de former tubercule; saillie supérieure assez longue, obtuse, échancrure inférieure très marquée. *Appareil de résistance* comme chez la *Sepia officinalis*. *Nageoires* très larges, épaisses, amincies sur leurs bords, commençant et dépassant le bord extérieur du corps, égales en largeur sur leur longueur, fortement échancrées en arrière.

Tête grosse et courte, aussi large que l'extrémité du corps, déprimée. Au premier aperçu, elle paraît lisse; mais, en regardant avec soin, on remarque, au-dessus des yeux, deux gros cirrhes coniques, l'un en avant, l'autre en arrière; puis, entre ceux-ci, de petits tubercules épars jusque sur le bord de la partie visuelle (1). On en voit encore d'autres en avant,

(1) Ce caractère n'avait point été signalé par M. Rang.

au-dessus de l'œil. *Yeux* latéraux-supérieurs, assez saillants, petits, pourvus d'une demi-paupière inférieure. *Membrane buccale* assez grande, comme frangée sur ses bords, pourvue de sept lobes correspondant à autant de brides qui s'insèrent aux bras. *Lèvres* et *bec* ordinaires. *Oreille externe* pourvue d'un bourrelet, et placée à l'angle, et au-dessous de la jonction, d'une crête longitudinale, avec une crête transversale de la partie cervicale. *Ouvertures aquifères*, comme chez la *Sepia officinalis*.

Bras sessiles courts, robustes, conico-subulés, les deux paires supérieures comprimées, arrondies en dehors, les autres triangulaires, fortement déprimés, les inférieurs très larges, pourvus d'une très grande nageoire. En grosseur, ils vont en croissant des supérieurs les plus grêles aux inférieurs des plus gros. En longueur, la quatrième paire la plus longue, puis la troisième, la première, et enfin la deuxième la plus courte. *Membrane protectrice des cupules* très large, recevant l'insertion des cupules latérales. *Cupules* charnues, larges en haut, épaisses, obliques, pédonculées, alternant sur quatre lignes égales. *Cercle corné* très oblique, large, convexe en dehors, à ouverture excentrique, armé de très petites dents sur ses bords. *Bras tentaculaires* longs, comprimés, conformés en tout comme chez la *S. officinalis*. *Cupules* peu obliques, très inégales, sur six lignes alternes; au milieu, six très grosses cupules (1), sur les côtés desquelles sont deux lignes de cupules de moindre dimension, quoique beaucoup plus grosses encore que celles qui leur sont latérales ou qui couvrent les extrémités. *Cercle corné* des plus grosses, très étroit, à bords entiers; celui des latérales beaucoup plus oblique plus épais, armé de très petites dents à son pourtour interne. *Membrane de l'ombrelle*, nulle entre les bras inférieurs, très marquée entre les autres.

Tube locomoteur très gros, court, s'avançant jusqu'à l'intervalle des bras.

Osselet interne, si semblable à celui de la *S. officinalis*, qu'il est on ne peut plus facile de les confondre; aussi nous contenterons-nous de noter les différences que nous y avons pu remarquer, après une comparaison des plus minutieuses. Sa forme est la même; il est seulement un peu plus étroit et plus acuminé en avant. En dessus, les rugosités, le bord cartilagineux sont les mêmes; mais le rostre plus long, persistant à tous les âges, est aigu, légèrement relevé en haut, et pourvu d'un bourrelet à sa base. Dessous, dans les mêmes formes; le dessus de la dernière loge occupant toujours, à tous les âges, la moitié de la longueur totale; ligne des locules très ondulée, échancrée en dessus; cette partie comme radiée du sommet vers le haut, de légères dépressions, et d'une saillie médiane longitudinale.

Couleurs sur le vivant. M. Rang les décrit ainsi : « Couleur très changeante, généralement « marbrée de différentes teintes brunes et jaunes, entremêlées de taches pâles et blanches. « De chaque côté de la face dorsale, une série arquée de taches blanches et linéaires, au « nombre de six ou sept, montrant parfois un peu de saillie; les bras sessiles de la même « couleur, les bras pédonculés blancs, de même que les membranes latérales. » *Couleurs sur l'individu conservé*. Toutes les parties supérieures médianes du corps violet-brun foncé, irrégulièrement tacheté de plus foncé, mais d'une manière incertaine. Sur les côtés, les six taches violettes oblongues (ce sont celles qui étaient blanches à l'état de vie), et sur les nageoires, un grand nombre de taches rondes d'autant plus petites, qu'elles approchent du

(1) Il y a erreur dans la figure donnée par M. Rang; il ne parle pas de la différence des cupules, et les représente toutes comme étant égales.

bord. Entre toutes ces taches, un très grand nombre de points violets très petits. Sur la tête et les bras, la même teinte que sur le milieu du corps, seulement un peu moins foncée; toutes les parties inférieures, ainsi que les bras tentaculaires, couvertes de points violets très espacés sur une teinte blanche.

Rapports et différences. Attachant fort peu d'importance aux couleurs, attendu leur variété fréquente chez les Céphalopodes, trouvant, d'ailleurs, dans cette Seiche, tous les détails de forme du corps, des nageoires et de l'osselet, semblables à ceux des mêmes parties dans la *S. officinalis,* nous avons été sur le point de les réunir sous un même nom; néanmoins une comparaison minutieuse nous a montré, au milieu de beaucoup de traits de conformité, les dissemblances suivantes : 1° les légers tubercules des taches du corps; 2° les petits tubercules du tour des yeux, non aperçus dans la Seiche officinale; 3° la crête cervicale et celle de l'oreille; et 4° le *cercle corné* des cupules des bras sessiles, armés de dents chez celle-ci, lisse chez l'autre; puis, enfin, de légères différences que nous avons signalées dans l'osselet. Tous ces caractères nous porteraient à croire que la *Sepia hierredda* est réellement distincte de la *S. officinalis,* quoiqu'elle en soit des plus voisines.

Habitation, mœurs, histoire. Cette espèce a été rencontrée par M. Rang sur la rade de Gorée, où il la dit assez commune. Elle a aussi été recueillie et envoyée au Muséum d'histoire naturelle; du même lieu, par M. Robert; et du cap de Bonne-Espérance, par M. Verraux. Nous croyons l'avoir vue parmi des individus de *S. officinalis* à l'île de Ténériffe; ainsi elle aurait pour habitation toute la côte d'Afrique, au nord et au sud de la ligne, sous toute la zone chaude. C'est, au reste, tout ce que nous savons sur les mœurs de cette espèce, que les nègres de Daccard désignent sous la dénomination de *hierredda,* conservée par M. Rang.

M. Rang, à son retour d'une exploration des côtes d'Afrique, voulut bien communiquer à M. de Férussac une description et un dessin de cette espèce, que notre collaborateur fit représenter, dès 1835, dans nos planches; mais, en 1837, M. Rang reprit sa description, et, avec une réduction de son dessin, la publia dans le *Magasin de Zoologie.* Les nouveaux détails que nous donnons aujourd'hui sur cette espèce, nous les avons observés sur cinq exemplaires que nous avons pu confronter et examiner comparativement avec les espèces voisines, parmi lesquelles se trouvaient deux de ceux qui ont servi de type à M. Rang.

Explication des Figures.

Seiches. Pl. 13, fig. 1. Figure dessinée sur le vivant, par M. Rang. Cette figure est fautive, en ce qu'elle donne *cinq bras* en dessus et *trois* en dessous, et, par conséquent, un bras impair au milieu, ce qui n'est pas. L'extrémité des bras tentaculaires est également incorrecte, quant aux cupules, qu'on a représentées à tort comme égales en grosseur.

Fig. 2. Osselet interne, vu en dessous (dans une position contraire à celle qu'il occupe; également dessiné par M. Rang).

Fig. 3. Le même osselet, vu de profil.

Pl. 18, fig. 1. Corps, vu en dessus; dessiné d'après nature sur un individu conservé, pour montrer que les taches blanches de l'état vivant sont représentées alors par des taches foncées.

Fig. 2. Tête, vue en dessus, pour montrer les cirrhes érectiles que nous avons découverts dans cette espèce; dessinée d'après nature.

Fig. 3. Derrière de l'œil, pour montrer : *a*, la crête auriculaire; *b*, l'orifice auriculaire; dessiné par nous d'après nature.

Fig. 4. Bras tentaculaire, vu en dessous, pour montrer l'inégalité des cupules; dessiné d'après nature.

Fig. 5. Cercle corné des cupules des bras sessiles, vu de profil; dessiné par nous d'après nature.
Fig. 6. Le même, vu en dessus.
Fig. 7. Cercle corné des grosses cupules des bras tentaculaires, vu de profil; dessiné d'après nature.
Fig. 8. Le même, vu de profil.
Fig. 9. Cercle corné des petites cupules latérales des bras tentaculaires; dessiné par nous d'après nature.
Fig. 10. Osselet interne, de grandeur naturelle, vu en dessus.

N° 3. SEICHE DE ROUX. — *SEPIA ROUXII*, *d'Orbigny.*

SEICHES. Pl. 19.

Dimensions.

Longueur totale.	630	millimètres.
Longueur du corps.	170 (1)	*id.*
Diamètre du corps, les nageoires comprises.	115	*id.*
Longueur des bras contractiles.	400	*id.*
Longueur des bras supérieurs.	90	*id.*
Longueur des bras latéraux-supérieurs.	100	*id.*
Longueur des bras latéraux-inférieurs.	115	*id.*
Longueur des bras inférieurs.	117	*id.*
Largeur d'une des nageoires.	27	*id.*
Largeur de la tête.	62	*id.*

Description.

Forme générale raccourcie. *Corps* lisse, très charnu, oblong, déprimé, plus large en avant qu'en arrière; saillie antérieure très longue, un peu acuminée; point d'échancrure inférieure. *Appareil de résistance* comme chez la *S. officinalis*. *Nageoires* larges, épaisses, commençant à quelque distance du bord antérieur du corps, se prolongeant et s'élargissant, de plus en plus, vers les parties postérieures; échancrure postérieure large et profonde.

Tête lisse, grosse, courte, un peu déprimée, et moins large que l'ouverture du corps. *Yeux* latéraux-supérieurs peu saillants, paupière peu marquée. *Cavité orbitaire* très grande. *Membrane buccale* très grande, très extensible, pourvue de cinq lobes saillants sur ses bords, et à sa partie inférieure, d'un épaississement charnu, sans lobes distincts. Ses brides inférieures ne sont pas marquées non plus en dehors. *Lèvres* ordinaires grandes. *Bec* fort. *Mandibule supérieure* très aiguë, l'autre obtuse, les deux noirâtres, bordées de plus clair aux ailes et aux lobes inférieurs. *Oreille externe* marquée seulement par un petit trou. *Ouvertures aquifères* comme chez la *S. officinalis*.

Bras sessiles longs, conico-subulés, très amincis à leur extrémité, un peu triangulaires, les deux paires inférieures comprimées, l'inférieure munie d'une crête natatoire; ils sont très inégaux, et croissent en grosseur et en longueur des supérieurs, les plus courts, aux inférieurs, les plus longs. *Membrane protectrice des cupules* très courte. *Cupules* globuleuses, charnues, obliques, pédonculées, placées sur quatre lignes. *Cercle corné* oblique, armé de dents longues, aiguës, au côté le plus large. *Bras tentaculaires* très longs, gros à leur base, amincis, cylindriques sur leur longueur, renforcés à leur extrémité, terminés par une massue

(1) Un osselet interne, rapporté par M. Dussumier, avait seul 310 millimètres de longueur, ce qui indique un individu d'un tiers plus grand que l'exemplaire mesuré.

assez large, obtuse, pourvue d'une crête natatoire large et d'une membrane protectrice des cupules, comme chez la *Sepia officinalis*. *Cupules* charnues, peu obliques, alternant sur six lignes, les deux médianes composées chacune de sept très grandes cupules, les deux autres latérales beaucoup moins grandes, les plus extérieures les plus petites. *Cercle corné;* celui des grosses cupules est peu oblique, armé de dents courtes à son pourtour; celui des petites cupules latérales n'est armé qu'à son côté le plus large. *Membrane de l'ombrelle* assez large entre tous les bras, mais entièrement nulle aux bras inférieurs.

Tube locomoteur gros, long, s'avançant jusqu'à l'intervalle des bras.

Osselet interne déprimé, peu arqué, allongé, sa longueur ayant moins de trois largeurs; élargi au milieu de la longueur, puis s'amincissant aux extrémités, la supérieure arrondie, l'inférieure acuminée, terminée par un rostre pointu, droit, renforcé à sa base, sur les côtés; dessus lisse, et cartilagineux sur les côtés seulement, le reste crétacé, couvert de rugosités oblongues, saillantes, très fortes, irrégulières sur le milieu vers le bas, suivant les lignes arrondies des locules en avant. Sur la ligne médiane est une légère convexité marquée par deux dépressions latérales; dessous convexe au quart supérieur de la longueur, concave ailleurs; bordure antérieure étroite, s'élargissant fortement à la moitié de la longueur, pour se rétrécir encore sur la partie rostrale. Partie supérieure de la dernière loge vermiculée en long, occupant le quart de la longueur totale; sur la ligne médiane est une légère dépression longitudinale. Lignes des locules très régulières, formant, en avant, un angle peu aigu à côtés arrondis. Leur ensemble est marqué, sur le milieu, d'un large sillon qui s'étend jusqu'à la base. Un diaphragme très épais, convexe, occupe toute l'extrémité de la cavité, et revient en recouvrement sur les locules, en en cachant une grande longueur, laissant une cavité intermédiaire chez les jeunes individus, mais s'appliquant dessus chez les vieux.

Couleurs. Dessus du corps violet foncé, avec un grand nombre de petites taches plus pâles. Cette teinte diminue graduellement en approchant du bord, qui paraît avoir été violacé, très pâle. La tête a les mêmes couleurs que le dessus du corps; le dessous est seulement teinté de quelques petits points chromophores sur les parties latérales du corps et sur les bras.

Rapports et différences. Cette belle espèce a beaucoup de rapports avec la *Sepia officinalis*, quant à la forme générale de son corps; mais elle s'en distingue par une saillie plus prononcée à son bord antérieur, par sa tête lisse, par ses bras plus allongés, plus effilés, par les cupules de ceux-ci armées, par la disposition des grosses et des petites cupules de ses bras tentaculaires. Son osselet, au reste, la fait différer de toutes les Seiches de cette division par son diaphragme, et de toutes, en général, parce que ce diaphragme, chez les adultes, s'applique sur les loges.

Habitation, mœurs, histoire. M. Roux, à qui la science doit plusieurs découvertes importantes, a recueilli cette espèce à Bombay. Elle habite encore la mer Rouge; au moins avons-nous reconnu que des exemplaires recueillis dans ces lieux par M. Bauvé, appartenaient évidemment à la même espèce, qui aurait alors simultanément pour habitation les mers de l'Inde et la mer Rouge. Nous n'avons absolument rien appris sur ses mœurs. Les échantillons de la mer Rouge sont plus petits; leur diaphragme n'est pas immédiatement placé sur les locules, et paraît plus mince. Tous les caractères étant, du reste, semblables, nous ne balançons pas à les réunir, comme appartenant à la même espèce.

Explication des figures.

SEICHE. — Pl. 19. Fig. 1. Animal, vu en dessus, dessiné d'après nature sur un individu conservé dans la liqueur. — Fig. 2. Cercle corné des cupules des bras sessiles, vu de profil; dessiné par nous d'après nature. — Fig. 3. Le même cercle corné, vu en dessus. — Fig. 4. Cercle corné des grosses cupules des bras tentaculaires, vu de profil. — Fig. 5. Le même cercle corné, vu en dessus. — Fig. 6. Osselet interne, vu en dessus. — Fig. 7. Le même vu en dessous. — Fig. 8. Le même, vu de profil. — Fig. 9. Coupe longitudinale de l'extrémité de l'osselet interne.

N° 4. SEPIA ORBIGNYANA, *Férussac.* — *SEICHES*, Pl. 5, fig. 1-2.

Sepia Orbignyana, Féruss., 1826, d'Orbigny, Tabl. méthod. des Céph., p. 66; Ann. des Sc. nat., Féruss., 1826. — *Idem*, Blainv., Faune franç., p. 19. — *Idem*, d'Orb., 1845, Paléont. univ., pl. 4, fig. 3, 4. Pal. étran., pl. 4, f. 3, 4.

S. corpore oblongo, elongato, lævigato; pinnis angustatis; brachiis sessilibus inæqualibus pro long. 1, 4, 3, 2; brachiis tentacularibus, acetabulis inæqualibus; testâ elongatâ, roseâ, suprà sulcatâ, granulosâ; anticè acuminatâ, posticè rotundatâ, rostratâ; rostro elongato, recurvo.

Dim. Longueur totale, 220 mill. Par rapport à la longueur: longueur du corps, 43 cent.; largeur du corps, 21 cent.; longueur de l'osselet, 110. Par rapport à la longueur: largeur, 30 cent.

Animal. Corps oblong, un peu déprimé, lisse. Nageoires étroites, minces, plus larges en arrière. Tête très grosse, plus large que longue. Bras sessiles courts, tous triangulaires, pourvus de cupules subsphériques sur quatre lignes aux bras inférieurs. Aux trois paires de bras supérieurs, les cupules sont sur deux lignes à la base. Cercle corné entier. Bras tentaculaires grêles, élargis en massue lancéolée, cupules occupant la moitié de la largeur sur cinq lignes; la médiane est composée de cinq à six très grosses cupules. *Couleurs*: blanche en dessous; la tête et le dessus du corps couverts de très petits points violacés. La coquille est rose en dessus.

Coquille déprimée, étroite et acuminée en avant, diminuant de la moitié antérieure, jusqu'à l'extrémité, qui est un peu élargie, arrondie et armée d'un très long rostre arqué, comprimé, tranchant en dessous, aigu, courbé en haut. Dessus presque plan, droit, surtout à la partie antérieure, courbé à son extrémité; sa surface légèrement chagrinée sur les côtes vers le milieu de sa longueur, est marquée de forts sillons, interrompus, obliques de haut en bas, et de dehors en dedans; sur sa partie médiane se remarque une dépression longitudinale. Dessous convexe au tiers antérieur, concave en arrière, pourvu tout autour de lames cornées, d'abord étroites, puis s'élargissant au-dessous de la partie la plus large, et venant former des espèces d'ailes à l'extrémité. Partie supérieure à la dernière loge, occupant le tiers antérieur de la longueur. Lignes des locules droites, transversales au milieu, arrondies sur leurs bords, sans dépression médiane, mais ayant un sillon de chaque côté.

Rapp. et diff. — Cette seiche appartient à la même série que les *S. capensis* et *elegans*, par sa nageoire, n'arrivant pas jusqu'au bord du corps, par sa forme élancée, par sa coquille allongée, par l'inégalité de ses cupules; mais elle se distingue des deux par le fort rostre de sa coquille, le manque de sillon en dessous de celui-ci; et de la seconde en particulier, par sa nageoire plus séparée en arrière, son oreille externe oblique; par le nombre de cupules de ses bras sessiles, ainsi que par tous les détails de sa coquille.

Hab. L'Océan Atlantique, à l'île de Noirmoutiers, à l'île de Ré, à Quiberon; la Méditerranée, à Naples.

Explication des figures.

SEICHE. — Pl. 5. Fig. 1. Animal de grandeur naturelle, vu en dessus; dessiné d'après nature, sur un individu conservé dans la liqueur. — Fig. 2. Osselet interne, vu en dessus; de grandeur naturelle. — Fig. 3. Le même, vu en dessus. — Fig. 4. Le même, vu de profil; *a*, cupule des bras tentaculaires, vue de profil, dessinée d'après nature et grossie; *b*, cercle corné de cette cupule, vu en dessus; *c*, cupule des bras sessiles, vue de profil; dessinée d'après nature et grossie; *d*, cercle corné de cette cupule, vu en dessus.

SEICHE. — Pl. 27. Fig. 1. Oreille externe, dessinée d'après nature. — Fig. 2. Intérieur de l'ombrille, pour montrer l'inégalité des rangées de cupules aux divers bras.

N° 5. SEPIA RUPELLARIA, *d'Orbigny*. — *SEICHES*, Pl. 3, fig. 10-13.

S. testâ elongatâ, depressâ, tenui, arcuatâ, suprà bisulcatâ, posticè longitudinaliter unicostatâ, subtùs concavâ.

Dim. Longueur, 60 mill. Par rapport à la longueur: largeur, 26 cent.

Animal. *Coquille* très étroite, très déprimée, très arquée en arrière, très prolongée et acuminée en avant, élargie au tiers antérieur, et de là s'amincissant graduellement jusqu'à son extrémité obtuse, arrondie et sans ailes latérales. Dessus peu convexe, lisse autour; marqué sur le milieu de sa surface, d'une partie plus élevée, rugueuse, circonscrite par une espèce de rebord. Près de l'extrémité postérieure, s'élève une crête médiane tranchante longitudinale, qui va se terminer à la partie rostrale. Deux sillons circonscrivent une côte médiane longitudinale, qui occupe toute la longueur. Dessous convexe en avant, entouré sur les bords d'une très étroite lame testacée égale. Partie supérieure de la dernière loge en croissant allongé, pourvue d'une dépression longitudinale médiane et occupant le tiers de la longueur. Lignes des locules très rapprochées, légèrement sinueuses, arrondies au milieu; marquées sur leur ensemble d'une dépression médiane longitudinale. *Couleur* rosée en dessus, blanche en dessous.

Rapp. et diff. — Cette espèce a les plus grands rapports de forme avec la *S. elegans*; mais la coquille en diffère par son ensemble plus allongé, par le manque d'ailes latérales à son extrémité, et par sa surface supérieure marquée d'une crête élevée médiane.

Hab. L'Océan Atlantique, à l'île de Noirmoutiers et aux environs de La Rochelle. D'Orb.

Explication des figures.

SEICHE. — Pl. 3. Fig. 10. Osselet, vu en dessous. — Fig. 11. Le même, vu en dessus. — Fig. 12. Le même, vu de profil.

N° 6. SEPIA BERTHELOTI, *d'Orbigny*. — *SEICHES*, Pl. 11, pl. 23.

Sepia Bertheloti, d'Orbigny, 1839, Moll. des Canaries, p. 21, n° 6, pl. 11.

S. corpore elongato, subcylindrico, lævigato; pinnis angustatis; brachiis gracilibus, inæ-

qualibus, pro longitudine parium brachiorum 4, 2, 1, 3; *testâ elongatâ, suprà tenuiter rugosâ, anticè acuminatâ, posticè rostratâ; rostro elongato, acuto.*

Dim. Longueur totale, 313 mill. Par rapport à la longueur: longueur du corps, 37 cent.; largeur du corps, 17 cent.; longueur de la coquille, 97. Par rapport à la longueur: largeur, 26 cent.

Animal. Très allongé, svelte; corps oblong, déprimé, obtus en arrière, acuminé en avant. Nageoires étroites, qui vont en augmentant de largeur vers les parties postérieures, où elles forment de chaque côté, une languette. Tête assez courte; oreilles externes marquées par un très petit orifice sans bourrelets. Bras sessiles longs, grêles, pourvus de cupules déprimées, pédonculées, sur quatre rangées alternes, égales. Bras tentaculaires longs, grêles, pourvus d'une large membrane natatoire. Cupules sur cinq lignes alternes, dont la médiane est composée de plus grosses. Cercle corné, oblique, orné de dents à son pourtour externe. *Couleur:* la partie supérieure fortement teinte d'une couleur rougeâtre, violacée; sur les côtés du dos, une multitude de taches allongées, blanches, obliques, qui ne s'étendent pas au-delà d'une ligne jaune régnant sur les côtés du corps.

Coquille déprimée, très longue, très étroite, fortement acuminée en avant, élargie au tiers antérieur, puis de là s'élargissant de plus en plus pour former les ailes latérales postérieures. Cette partie terminée par un rostre long, aigu, arrondi, incliné vers le haut. Dessus convexe, lisse sur les côtés, testacé et très finement rugueux sur les côtés, les lignes des locules toutes apparentes et régulières; sur la ligne médiane, une partie convexe, circonscrite de deux dépressions latérales, augmentant de largeur de l'extrémité au sommet. Dessous convexe au quart antérieur, concave à l'extrémité postérieure; bordure cartilagineuse, étroite au tiers antérieur, de là vers le bas, très large; se réunissant sur le rostre; partie supérieure de la dernière loge occupant beaucoup moins du quart de la longueur totale; sa superficie est très finement vermiculée, et concave sur la ligne médiane. Lignes des locules formant en avant un angle à sommet émoussé, légèrement ondulée; leur ensemble est marqué de quelques indices de dépressions rayonnantes de la base au sommet. *Couleur:* légèrement rosé en dessus, le reste blanc.

Rapp. et diff. — Par ses cupules inégales aux bras tentaculaires, cette espèce appartient au même groupe que la *Sepia officinalis;* mais elle se distingue nettement de toutes les autres de cette série, par sa forme très allongée, par ses nageoires étroites, et surtout par sa coquille, qui, quoique pourvue d'un rostre, est très étroite; elle en diffère encore par le grand élargissement de ses ailes inférieures, ainsi que par la finesse des rugosités de ses parties supérieures.

Hab. L'Océan Atlantique, sur les côtes de Ténériffe. D'Orb.

Explication des figures.

SEICHE. — Pl. 11. Fig. 1. Animal vu en dessus, de grandeur naturelle, dessiné par nous sur le vivant. (Les teintes de la lithographie sont un peu trop foncées). — Fig. 2. Le même, vu en dessous. — Fig. 3. Osselet interne, vu en dedans, de grandeur naturelle. — Fig. 4. Le même, vu de profil et en dessus. — Fig. 5. Mandibule inférieure, vue de profil et en dessus. — Fig. 6. Mandibule supérieure, vue de profil; *a*, cupule des bras tentaculaires, vue de profil; *b*, cercle corné des cupules des bras tentaculaires, vu en dessus, dessiné d'après nature; *c*, le même, vu de profil (le bourrelet interne est trop étroit dans cette figure); *d*, cupule des bras sessiles, vue de profil; *e*, son cercle corné, vu de profil (figure peu exacte, le bourrelet étant plus large et plus convexe); *f*, le même, vu de face en dessus.

SEICHE. — Pl. 23. Fig. 1. Animal entier, conservé dans la liqueur. — Fig. 2. Bras tentaculaire, pour montrer la position des cupules, dessiné par nous d'après nature. — Fig. 3. Cercle corné des grosses cupules des bras tentaculaires, grossi et vu de profil, dessiné par nous d'après nature. — Fig. 4. Le même, vu de face. — Fig. 5. Cercle corné des cupules des bras sessiles, grossi et vu de profil. — Fig. 6. Le même, vu en dessus.

N° 7. SEPIA ORNATA, *Rang*. — *SEICHES*, Pl. 22.

Sepia ornata, Rang, 1837, Magasin de zoologie, p. 76, pl. 101. — *Idem*, d'Orb., 1845, Paléont. univ., pl. 3, fig. 12; pl. 4, fig. 1, 2; Pal. étrang., pl. 3, f. 12; pl. 4, f. 1, 2.

S. corpore ovato, brunneo, albo maculato; pinnis latis; brachiis crassis, inæqualibus pro longitudine 4, 3, 1, 2; *testâ oblongo-elongatâ, compressâ, suprà rugosâ, anticè obtusâ; posticè alatâ.*

Dim. Longueur totale, 200 mill. Par rapport à la longueur: longueur du corps, 32 cent.; largeur du corps, 20 cent.; longueur de la coquille, 74 mill. Par rapport à la longueur: largeur, 27 cent.

Animal oblong, allongé. Corps très lisse, étroit, obtus en arrière. Nageoires très larges, commençant à 6 millimètres du bord antérieur du corps, s'élargissant en arrière. Tête courte. Oreille externe entourée de larges bourrelets. Bras sessiles assez courts, pourvus de cupules globuleuses, obliques, placées sur quatre lignes alternes très régulières, dont le cercle corné est lisse à son petit bord, armé de dents courtes peu inégales à son côté le plus large. Bras tentaculaires légèrement élargis en fer de lance, munis de cupules très petites, peu obliques, égales en grosseur, très serrées, et alternant d'une manière régulière sur huit à dix lignes, dont le cercle corné a quelques dents. *Couleurs:* toutes les parties supérieures couvertes de petits points violacés, plus rapprochés sur la ligne médiane.

Coquille très allongée, droite, un peu plus large vers le milieu de la longueur, de là diminuant vers le haut, où il forme une surface arrondie, et vers le bas, où il est terminé par des ailes assez larges, un peu anguleuses, à la partie médiane de leur réunion. Dessus un peu convexe; le bord cartilagineux se continue en arrière, sans s'élargir, jusqu'à la naissance de l'aile; le reste fortement rugueux; sur la ligne médiane est une saillie longitudinale, circonscrite de chaque côté par un sillon bien marqué; point de rostre. Dessous fortement convexe, vers la moitié de sa longueur, un peu concave en arrière, où les ailes dépassent de beaucoup la partie loculée. Dessus de la dernière loge finement vermiculé, occupant quelquefois la moitié de la longueur totale, marquée d'une très légère dépression médiane supérieure. Lignes des locules très ondulées, montrant trois saillies médianes; leur ensemble est très convexe au milieu, et marqué d'une légère dépression médiane longitudinale.

Rapp. et diff. — Il est peu d'espèces qui aient plus de rapports entre elles que celles-ci et la *S. inermis*, par la largeur des nageoires, les détails extérieurs des bras sessiles, des bras tentaculaires; mais la *S. ornata* s'en distingue par des formes plus élancées, plus sveltes, par une membrane buccale différente, et surtout par une coquille bien plus allongée, plus convexe, moins sillonnée en dessous, et dont l'aile terminale est plus étroite, proportion gardée avec le reste, et surtout dépassant beaucoup plus la partie loculée.

Hab. L'Océan Atlantique, sur les côtes d'Afrique, à Gorée, au Sénégal.

Explication des figures.

SEICHE. — Pl. 22. Fig. 1. Animal vu en dessus, dessiné d'après nature, sur des individus conservés au Muséum, et colorié d'après les couleurs du vivant, données par M. Rang. — Fig. 2. Moitié du corps vu en dessus, avec les couleurs qu'ont tous les exemplaires conservés dans la liqueur; dessinée d'après nature. — Fig. 3. Un trait du corps et des nageoires de l'animal, vu en dessous. — Fig. 4. Osselet interne, vu en dessus, dessiné d'après nature et de grandeur naturelle. — Fig. 5. Le même, vu en dessous. — Fig. 6. Le même, vu de profil. — Fig. 7. Partie grossie du dessus de l'osselet. — Fig. 8. Cercle corné des cupules des bras tentaculaires, vu de profil et grossi; dessiné par nous d'après nature. — Fig. 9. Le même, vu en dessus.

N° 8. SEPIA TUBERCULATA, *Lamarck.* — *SEICHES*, Pl. 3 *ter*, 4 *bis*, 6, 17, fig. 13-15.

Sepia tuberculata, Lamarck, 1799, Mém. de la Soc. d'hist. nat. de Paris, t. I, p. 9, pl. 1, fig. 1 à 6. — *Idem*, Bosc, 1802; Buff. de Déterville, Vers, t. I, p. 45. — *Seiche tuberculée*, Montfort, 1805; Buff. de Sonnini, Moll., t. I, p. 274, pl. 7. — *Sepia tuberculata*, Lamarck, 1822, Anim. sans vert., 2e édit., t. VII, p. 668, n° 2. — *Idem*, Blainv., 1827, Dict. des Sc. nat., pl. crypt., fig. 2 à 6. — *Idem*, Blainv., Malac. atl., pl. 1, fig. 2 à 6. — *Sepia papillata*, Quoy et Gaimard, 1832, Voyage de l'Astrolabe, Zoolog., t. II, p. 61, pl. 1, fig. 6 à 14. — *Sepia mamillata*, Leach, mss. — *Sepia tuberculata*, Desh., 1832, Encyc. méthod., t. III, p. 945, n° 2. — *Idem*, d'Orb., 1845, Paléont. univ., pl. 3, fig. 11. Pal. étrang., pl. 3, f. 11.

S. corpore ovato, tuberculato; pinnis angustatis; brachiis crassis, inæqualibus, pro longitudine 4, 3, 2, 1 ; testâ ovatâ, compressâ anticè, posticèque obtusâ.

Dim. Longueur totale, 510 mill. Par rapport à la longueur : longueur du corps, 46 cent. ; largeur du corps, 40 cent. ; longueur de la coquille, 120 mill. Par rapport à la longueur : largeur, 50 cent.

Animal très épais, ovale, renflé, couvert partout, en dessous, de tubercules très inégaux plus ou moins divisés par lobes. Dessous lisse sur la ligne médiane et sur les bords. Nageoires étroites. Tête très grosse, couverte en dessus, sur les côtés et autour des yeux, de tubercules lisses en dessous. Bras sessiles, courts, inégaux, munis de cupules, alternant sur quatre lignes, dont le cercle corné a les bords entiers. Bras tentaculaires fortement élargis en massue à leur extrémité, pourvus de cupules sur cinq lignes alternes. On remarque sur la ligne du milieu quatre grosses cupules, dont le cercle corné des grosses cupules n'est pas oblique et entier. *Couleurs:* toutes les parties couvertes de tubercules sont violet foncé, le reste blanchâtre.

Coquille très déprimée, élargie et presque également arrondie à ses extrémités. Dessus lisse et demi-cartilagineux sur ses bords et à sa base, le reste peu bombé, très rugueux, légèrement marqué de lignes arquées de l'insertion des loges et de rayons peu apparents, divergeant de la base au sommet. Dessous très concave partout; bordure cartilagineuse testacée, très lage en arrière, étroite en haut. Partie supérieure de la dernière loge, lisse, occupant un septième de la longueur, formant un croissant étroit, à extrémités aiguës, pourvu d'une légère dépression médiane. Lignes des locules sinueuses, formant une partie de cercle, cette même région étant d'ailleurs pourvue d'une ligne déprimée médiane, légèrement marquée de saillies latérales.

Rapp. et diff. — Elle se distingue de tous les autres par les tubercules dont elle est hérissée en dessus, ainsi que par la grande compression de sa coquille.

Hab. Le cap de Bonne-Espérance.

Hist. J'y réunis les *S. papillata*, Quoy et Gaim., et *mamillata*, Leach.

Explication des figures.

SEICHE. — Pl. 6. Fig. 1. Animal vu en dessus, de grandeur naturelle, dessiné d'après nature sur l'individu observé par Lamarck (c'est à tort que les tubercules ont été représentés comme coniques). — Fig. 2. Le même, vu en dessous, dessiné d'après nature sur un individu conservé dans la liqueur. — Fig. 4; *a*, cupule des bras tentaculaires, dessinée d'après nature; *b*, cercle corné de cette même cupule, vu de profil; *c*, cupule des bras sessiles, vue de profil et grossie; *d*, cercle corné des cupules des bras sessiles, vu de face. — Fig. 3; *a*, osselet interne, vu en dessus, dessiné d'après nature et de grandeur naturelle; *b*, le même, vu en dessous; *c*, le même, vu de profil.

SEICHE. — Pl. 3 *ter*. Fig. 1. *Papillata*, Quoy et Gaimard, dessinée, réduite et vue en dessus (copie de l'*Atlas de l'Astrolabe*). Cette figure est fautive, en ce qu'elle donne trois au lieu de quatre rangées de cupules aux bras sessiles; les bras tentaculaires sont aussi très inexacts, par les rides qu'on a tracées sur le dessin de leur massue et par l'ordre des cupules. — Fig. 2; *a*, osselet interne, vu en dessous (copie de la figure de MM. Quoy et Gaimard); *b*, croquis de profil du même. — Fig. 3; *a*, bouche et lèvres (copie); *b*, la même bouche, les lèvres enlevées. — Fig. 4; *a*, cupule des bras tentaculaires, vue en dessous; *b*, la même cupule, vue de profil en dessus. — Fig. 5; *a*, mamelons des tubercules charnus qui couvrent le corps (copie de MM. Quoy et Gaimard); *b*, diverses formes des mêmes mamelons.

Planche 4 *bis*. — *Mamillata*, Leach. (Copie d'un dessin communiqué à M. de Férussac par M. le docteur Leach).

Planche 17. — Fig. 13. Extrémité du bras tentaculaire de l'individu décrit sous le nom de *papillata*, pour montrer la véritable place des cupules, dessinée par nous d'après nature. — Fig. 14. Cercle corné des grosses cupules des bras tentaculaires, vu de profil, dessiné d'après nature et grossi. — Fig. 15. Le même, vu en dessus.

N° 9. SEPIA CAPENSIS, *d'Orbigny*. — *SEICHES*, Pl. 7, fig. 1-3, pl. 12, fig. 7-11, pl. 17, fig. 18-19.

Sepia capensis, d'Orb., 1826; Seiches, pl. 7, fig. 1, 3. — *Sepia australis*, Quoy et Gaimard, 1832, Voyage de l'Astrolabe, Zool., p. 70, pl. 5, f. 3, 7; non *Australis*, d'Orb., 1826.

S. corpore ovato, lævigato; pinnis posticè dilatatis; brachiis subulatis, inæqualibus; testâ oblongo-elongatâ, anticè dilatatâ, posticè acuminatâ, rostratâ.

Dim. Longueur, 110 mill. Par rapport à la longueur: longueur du corps 38 cent.; largeur du corps 24 cent.; longueur de la coquille, 45 mill. Par rapport à la longueur: largeur 29 cent.

Animal assez allongé. Corps ovale-oblong, lisse. Tête grosse. Bras sessiles assez courts et forts, pourvus de cupules subsphériques, pédonculées, très inégales en grosseur; celles du milieu plus grosses. Bras tentaculaires très peu élargis à leur extrémité, pourvus de cupules peu obliques sur trois lignes; la ligne médiane en montrant trois beaucoup plus grosses que les autres; le cercle corné des grosses cupules peu oblique, dentelé sur son bord interne. *Couleurs*: sur le corps rouge-brun, parsemé de petites taches bleuâtres; les nageoires sont blanches.

Coquille très déprimée, élargie et acuminée en avant, élargie à son tiers supérieur, et de là diminuant graduellement jusqu'à son extrémité, très obtuse, terminée par un rostre saillant et aigu. Dessus presque lisse, sur la partie cartilagineuse de ses bords, et sur les côtés. Le milieu légèrement testacé, pourvu, vers la base, de quelques stries longitudinales; mais ces stries n'existent que sur le sommet du large sillon marqué de dépressions latérales, qui s'étend du sommet à la base. Dessous très peu renflé en avant, très concave partout ailleurs; bordure cartilagineuse très étroite; partie supérieure de la dernière loge occupant un peu plus du quart de la longueur totale, très finement ridée d'une manière irrégulière, et marquée de trois dépressions très profondes, une médiane, deux latérales, laissant entre elles deux larges parties élevées, et se continuant sur toute la longueur de la coquille. Lignes des locules très régulières, formant trois saillies, une médiane, deux latérales, ce qui les rend fortement ondulées.

Rapp. et diff. — Par sa forme allongée et par sa coquille, cette espèce se rapproche beaucoup de la *S. Orbignyana*, , et de la *S. elegans*; mais elle s'en distingue par le manque d'expansions latérales de l'extrémité inférieure de la coquille, par les trois rainures profondes du dessous de celui-ci, ainsi que par les cupules de ses bras tentaculaires.

Hab. Les environs du cap de Bonne-Espérance, sur le banc des Aiguilles.

Explication des figures.

SEICHE. — Pl. 7. Fig. 1. *Sepia Capensis* d'Orb., animal de grandeur naturelle, vu en dessus, dessiné d'après nature sur un exemplaire conservé dans la liqueur. — Fig. 2. Le même, vu en dessous. — Fig. 3; *a*, osselet interne, vu en dessus, de grandeur naturelle; *b*, le même, vu en dessous; *c*, le même, vu de profil.

SEICHE. — Pl. 12. Fig. 7. *Sepia australis*, Quoy et Gaimard, vue en dessus (copie de l'*Atlas de l'Astrolabe*). La tête est un peu trop étroite et trop sortie. — Fig. 8. La même, vue en dessous. — Fig. 9. Osselet interne, vu en dessus (copie), peu exact. — Fig. 10. Bras tentaculaire, vu en dessus (copie). — Fig. 11. Le même, vu en dessous (copie), figure tout-à-fait inexacte, pour le nombre des rangées de cupules.

SEICHE. — Pl. 17. Fig. 18. Bras tentaculaire, vu en dessous, dessiné par nous d'après nature et grossi. — Fig. 19. Bras sessile, vu en dedans, pour montrer la différence de grosseur relative des cupules et l'espace qui sépare les deux lignes de chaque côté, dessiné par nous d'après nature.

N° 10. SEPIA VERMICULATA, *Quoy* et *Gaimard*. — *SEICHES*, Pl. 5 *bis*.

Sepia vermiculata, Quoy et Gaimard, 1832, Voyage de l'Astrolabe, Moll., t. II, p. 64, pl. 1, fig. 1-5.

S. Corpore ovato, lævigato, anticè acuto; pinnis latis rubro punctatis; brachiis elongatis, inæqualibus, pro longitudine, 4, 3, 2, 1; testâ oblongo-ovatâ, posticè rostratâ; rostro obtuso.

Dim. Longueur totale, 370 mill.; longueur de la coquille, 87 mill. Par rapport à la longueur : largeur 35 cent.

Animal très élargi. Corps large, terminé en pointe en avant. Nageoires larges, commençant à la partie antérieure du corps, largement séparées postérieurement; au milieu une saillie du rostre. Tête large. Bras sessiles, courts, épais à leur base, couverts de quatre rangées de cupules, leur cercle corné sans dents. Bras tentaculaires, cylindriques, dépassant le corps de près d'un tiers; leur extrémité en massue aplatie porte un grand nombre de cupules dont huit ou dix sont plus grandes; leur cercle corné est entier. *Couleur.* Le corps en dessus, sur un fond jaunâtre, présente des lignes vermiculées, transverses, de couleur rouge-brun, le milieu du dos est d'un brun-foncé, le dessous du corps jaune, piqueté de brun-rouge.

Coquille ovale oblongue, ressemblant beaucoup à celle de la *S. hierredda*.

Rapp. et diff. — Je connais trop peu cette espèce pour établir aucune comparaison. Ses principaux caractères distinctifs, n'étant basés, d'après M. Quoy, que sur sa couleur, je n'y attache pas beaucoup d'importance : il serait même très possible que cette seiche ne fût qu'un individu de la *S. hierredda* de M. Rang.

Hab. Le cap de Bonne-Espérance.

Explication des figures.

SEICHE. — Pl. 3 *bis*. Fig. 1. Animal vu en dessus et réduit (copie de la figure donnée par MM. Quoy et Gaimard, et faite sur un individu conservé dans la liqueur). — Fig. 2. Osselet interne, vu en dessous (copie). — Fig. 3 ; *a*, mâchoire et lèvres vues de face (copie) ; *b*, mâchoire et lèvres vues de profil (copie). — Fig. 4 ; *a*, mandibule supérieure vue de profil (copie) ; *b*, mandibule inférieure vue de profil (copie) ; *a*, cupule des bras tentaculaires (copie).

N° 11. SEPIA ELEGANS, *d'Orbigny*. — *SEICHES*, Pl. 8, fig. 1-5, pl. 27, fig. 3-6.

Sepia elegans, d'Orb., 1826, Seiches, pl. 8, fig. 1-5. — *Idem*, Blainv., 1827, Dict. des Sc. nat., t. XLVIII, p. 284. — *Idem*, Blainv., 1827, Faune franç., p. 19. — *Idem*, Rang, 1837, Mag. de zool., p. 74, p. 99. — *Idem*, d'Orb., 1845, Paléont. univ., pl. 3, fig. 6-8. Pal. étrang., pl. 3.

S. corpore ovato-oblongato, lævigato, anticè acuminato; pinnis angustatis; brachiis elongatis, inæqualibus, pro longitudine, 4, 3, 1, 2; *testâ elongatâ, arcuatâ, anticè dilatatâ acuminatâ posticè angustatâ, alatâ, suprà cristatâ.*

Dim. Longueur totale, 130 mill. Par rapport à la longueur : longueur du corps, 47 cent. ; largeur du corps, 23 cent. ; longueur de l'osselet, 48 mill. Par rapport à la longueur : largeur, 31 cent.

Animal très svelte. Corps oblong, lisse, très allongé. Nageoires très étroites, ne formant qu'un léger bourrelet autour du corps. Tête grosse, plus large que longue, lisse. Bras sessiles, assez courts, pourvus de cupules subsphériques, obliques sur quatre lignes, aux bras de la quatrième paire, mais les deux médianes plus grosses que les deux latérales ; à l'extrémité de ces bras, les quatre lignes se confondent et n'en forment plus que deux, la deuxième et la troisième paire ont des cupules sur deux lignes à leur base. Bras tentaculaires longs, élargis en petite massue obtuse, munis de cupules sur cinq lignes, et dont trois sont très grosses. Cercle corné peu oblique, dentelé sur son bord interne. *Couleurs* : rouge-brun, marbré et nuancé de laque et de jaune.

Coquille déprimée, arquée en arrière, très étroite, élargie et acuminée en avant, très étroite en arrière, où elle est terminée par deux petites ailes latérales. Dessus, lisse autour ; le milieu très rugueux, avec des indices de stries latérales interrompues ; sur la ligne médiane est une partie élevée, formée de deux dépressions, qui se continuent du haut en bas, où l'on remarque une crête médiane longitudinale. Dessous assez convexe aux deux cinquièmes de la longueur ; de là, concave ; de chaque côté, convexe au milieu avec une dépression profonde médiane ; bordure cartilagineuse, étroite en avant, puis s'élargissant sur les côtés, de manière à venir former les ailes terminales. Partie supérieure de la dernière loge, occupant le tiers de la longueur, très finement vermiculée, avec une dépression médiane longitudinale. Lignes des locules formant un angle assez obtus et sinueux au sommet. *Couleur* : rosé en dessus.

Rapp. et diff. — Par l'allongement du corps et de la coquille, cette espèce a du rapport avec la *S. capensis*, mais il est facile de l'en distinguer par ses nageoires étroites partout, par l'oreille externe, par la longueur respective des bras sessiles, et surtout par l'irrégularité des rangées des cupules, ainsi que par les ailes de sa coquille.

Hab. La Méditerranée et l'Adriatique, près de Messine, Malaga, sur la côte d'Alger, etc.

Explication des figures.

SEICHE. — Pl. 8. Fig. 1. *S. Elegans*, vue en dessus, de grandeur naturelle, dessinée par nous d'après nature, sur un individu conservé dans la liqueur (la disposition des cupules des bras tentaculaires est peu exacte). — Fig. 2. Le même animal, vu en dessous. — Fig. 3 ; *a*, osselet interne, vu en dessus et de grandeur naturelle, dessiné d'après nature ; *b*, le même, vu en dessous ; *c*, le même, vu de profil. — Fig. 4 ; *a*, mandibule inférieure, vue de profil ; *b*, mandibule supérieure, vue de profil. — Fig. 5 ; *a*, cupule des bras tentaculaires, vue de profil, dessinée d'après nature et grossie ; *b*, cercle corné de la même cupule, vu en dessus ; *c*, cupule des bras sessiles, vue de profil, dessinée d'après nature et grossie ; *d*, cercle corné de la même cupule, vu en dessus.
SEICHE. — Pl. 27. Fig. 3. Animal vu en dessous, dessiné d'après nature, avec les couleurs du vivant. — Fig. 4. Bras tentaculaire grossi, vu en dessous, pour montrer l'ordre véritable des cupules. — Fig. 5. Ombrelle vue en dedans, pour montrer l'ordre variable des cupules des bras sessiles. — Fig. 6. Oreille externe dessinée d'après nature.

N° 12. SEPIA SAVIGNYI, *Blainville*. — *SEICHES*, Pl. 4.

Sepia officinalis, Audouin, 1827, Expl. somm. des Pl. d'Égyp., pl. 5, pl. 1, fig. 3. — *Sepia Savignyi*, Blainv., 1827, Dict. des Sc. nat., t. XLVIII, p. 285. — *Sepia Pharaonis*, 1831, Ehremberg, Symbolæ physicæ, An. Mollusca Cephalopodæ, Sepiacæ, n° 1. — *Sepia Savignyi*, d'Orb. et Fér., 1839, Céphal. acét., Seiches, pl. 4.

S. corpore ovato-oblongo ; pinnis latis, æqualibus ; brachiis crassis, inæqualibus, pro longitudine 4, 3, 2, 1.

Dim. Longueur totale, 230 mill. Par rapport à la longueur : longueur du corps, 38 cent. ; largeur du corps, 27 cent.

Animal allongé. Corps plus long que large, ovale, lisse en dessous ; dos orné de cirrhes triangulaires formant une série sur les côtés. Nageoires larges occupant toute la longueur du corps. Tête grosse et courte. Bras sessiles, assez longs, fort inégaux, augmentant de longueur des supérieurs aux inférieurs. Le cercle corné est denticulé. Bras tentaculaires élargis en massue à leur extrémité, ornés de dix rangées de cupules, dont les deux médianes sont plus grosses que les autres ; le cercle corné également denticulé. *Couleurs*, brune tirant sur le vert, interrompue sur le dos par des lignes blanches et réticulées. *Coquille* ?

Rapp. et diff. — Par les cirrhes de son dos, cette espèce se distingue nettement de toutes les autres seiches connues.

Hab. La mer Rouge à Tor (Arabie du Sinaï ou Pétrée) et sur les rivages d'Abyssinie.

Hist. Peut-être cette espèce est-elle formée sur l'animal d'une des espèces suivantes de la mer Rouge.

SEICHE. — Pl. 4. Copie des figures de Savignyi. — Fig. 1. *Sepia savigniana*, Féruss., individu mâle, vu en dessous, et le corps ouvert pour montrer les principaux organes en position ; *a*, bras tentaculaires ; *b*, bras sessiles ; *c*, yeux ; *d*, nageoires ; 2' orifice buccal ; *f*, orifice du tube anal ; *g*, branchies ; *h*, anus ; *i*, appareil de résistance ; *k*, extrémité de l'organe mâle ; *k*, cavité veineuse. 1. *a'*, cupule grossie, vue en dessus. 1. *a"*, la même, vue de profil. 1. *b'*, cercle corné, vu de profil et fortement grossi. 1. *g*, partie de branchie très grossie, pour montrer l'organisation des lames. — Fig. 2. Bouche avec les pupilles des lèvres. 2. 1. Bulbe de la bouche, avec les mâchoires ; *a*, la mandibule supérieure ; *b*, la mandibule inférieure ; *d*, œsophage. 2. *b*, mandibule inférieure avec *c*, la langue. — Fig. 2, 3. Langue avec les lèvres internes.

N° 13. SEPIA GIBBOSA, *Ehremberg*.

Sepia gibbosa, Ehremberg, 1831, Symbolæ physicæ, Sepia, n° 2.

T. testâ elongatè, infrà gibbosâ, anticè posticèque obtusâ.

Dim. Long., 80 mill.; larg., 25 mill.

« Coquille de la forme d'un navire. Presque au milieu de sa face inférieure, une grande « gibbosité calcaire en saillie. De plus, l'os même est, en raison de sa longueur, plus étroit que « les autres os de seiche, que nous connaissons, et ne se distingue par aucune pointe posté- « rieure. Ces vestiges pourraient bien indiquer une *Sepia* d'un genre différent des seiches or- « dinaires. » Ehremberg.

Rapp. et diff. — On voit, par ce qui précède, que la *S. gibba* de M. Ehremberg diffère de la *S. Lefebrei* par une forme bien plus étroite, plus rapprochée de celle du *S. elongata* d'Orb., dont elle se distingue, néanmoins encore par le manque de rostre postérieur.

Hab. La mer Rouge, près d'Hama.

N° 14. SEPIA LEFEBREI, *d'Orbigny.* — *SEICHES,* Pl. 24, fig. 1-6.

Sepia Lefebrei, d'Orb., 1845, Paléont. univ., pl. 4, fig. 5-6.

S. testâ ovato-oblongâ, anticè posticèque rotundatâ, suprà concentricè rugosâ, subtùs gibbosâ, elevatâ, limbatâ.

Dim. Longueur de la coquille, 105 mill. Par rapport à la longueur : largeur, 38 cent.

Animal? Coquille oblongue, arrondie à ses extrémités. Dessus très peu convexe ou presque plan en avant, légèrement convexe en arrière, couvert partout de granulations peu élevées, oblongues, irrégulières, suivant les lignes d'accroissement concentriques; néanmoins on aperçoit sur la partie médiane longitudinale, une légère saillie. Dessous fortement convexe au milieu, concave autour; bordure testacée occupant tout le tour; étroites en avant, s'élargissant au tiers antérieur, et de là se continuent sur la même largeur en se réunissant en arrière, et dépassant de beaucoup l'extrémité postérieure. Ces lames, en dedans, sont couvertes d'une couche calcaire qui vient les renforcer sur la moitié de leur largeur. Partie supérieure de la dernière loge, très élevée, arrondie, convexe, se continuant en arrière, de manière à laisser au milieu une partie conique très saillante, élargie d'arrière en avant. La couleur en est blanche.

Rapp. et diff. — Cette espèce se distingue facilement de toutes les autres seiches par la direction de ses loges, beaucoup moins obliques, par l'espèce de gibbosité que forment ces mêmes loges sur le milieu de la coquille. Elle se distingue de la *S. elongata* par le manque de rostre, par sa forme beaucoup plus large. J'avais pu croire que c'était la *S. gibbosa* de M. Ehremberg, mais il décrit la sienne comme ayant trois pouces de long et un pouce de large : ainsi il ne peut y avoir identité.

Hab. La mer Rouge, près de Cosseir (M. Lefèbre).

Explication des figures.

SEICHE. — Pl. 24. Fig. 1. Osselet interne, vu en dessus. — Fig. 2. Le même, vu en dessous. — Fig. 3. Le même, vu de profil. — Fig. 4. Coupe transversale du même. — Fig. 5. Jeune osselet, vu de profil. — Fig. 6. Coupe transversale du même.

N° 15. SEPIA ELONGATA, *d'Orbigny*. — *SEICHES*, Pl. 24, fig. 7-10.

Sepia elongata, d'Orb., 1845, Paléont. univ., pl. 4, fig. 7-10. Pal. étrang., pl. 4, f. 4-10.

S. testâ elongatissimâ, angustatâ, subtùs gibbosulâ, anticè acuminatâ, posticâ alata, rostratâ; rostro elongato, acuto.

Dim. Longueur de la coquille, 54 mill. Par rapport à la longueur : largeur, 14 cent.

Animal? *Coquille* très allongée, étroite, égale sur la longueur, acuminée en avant, élargie en arrière, et pourvue à cette partie d'une expansion aliforme qui l'enveloppe, et d'un fort rostre aigu et allongé. Dessus rugueux, pourvu d'une côte longitudinale médiane. Dessous très renflé, gibbeux au milieu, bordé de lames étroites qui viennent former les expansions de l'extrémité. Derrière, loge convexe obtuse; l'empilement des loges forme une partie élevée conique.

Rapp. et diff. — Voisine de la *S. gibba* par la forme allongée et par la gibbosité de ses loges, cette espèce s'en distingue par la présence de son rostre.

Hab. La mer Rouge, près de Cosseir (M. Lefèbre).

Explication des figures.

Seiche. — Pl. 24. Fig. 7. Osselet, vu en dessus. — Fig. 8. Le même, vu en dessous. — Fig. 9. Le même, vu de profil. — Fig. 10. Coupe transversale du même.

N° 16. SEPIA LATIMANUS, *Quoy* et *Gaimard*. — *SEICHES*, Pl. 12, fig. 1-6, pl. 17, fig. 16-17.

Sepia latimanus, Quoy et Gaimard, 1832. Zoologie des Voy. de l'Astrolabe, t. II, p. 68. Atl. Moll., pl. 2, fig. 2, 11. — *Sepia Rappiana*, Féruss., 1834, pl. de Seiches, n° 10.

S. corpore ovato, lævigato, antice posticèque acuto; pinnis angustatis. cœruleo-limbatis; brachiis elongatis, inæqualibus, pro longitudine 4, 3, 2, 1. Brachiis tentacularibus dilatatis, valdè palmatis; testâ oblongâ, anticè rotundatâ, posticè obtusâ, rostratâ; rostro acuto.

Dim. Longueur, 390 mill. Par rapport à la longueur : longueur du corps, 35 cent ; largeur du corps, 26 cent ; longueur de la coquille, 124 mill. Par rapport à la longueur de la coquille largeur, 31 cent.

Animal oblong. Corps épais, lisse, ovale, assez déprimé, acuminé en arrière, tronqué en avant. Nageoires peu larges, très unies, commençant au bord même du corps. Tête courte, plus large que longue. Bras sessiles, grêles, quadrangulaires, pourvus de cupules, alternant sur quatre lignes, dont le cercle corné, arrondi, est armé intérieurement de très fines dents rapprochées. Bras tentaculaires, terminés par une large palette munie de cupules sur cinq lignes alternes. A la partie la plus large se remarque une ligne de sept ou huit grosses cupules, sur les côtés desquelles en alternent d'autres, d'autant plus petites qu'elles s'éloignent de la ligne médiane. Cercle corné des grosses cupules, oblique, lisse sur les bords. *Couleurs.* Tout le corps en dessus est bleu plombé ; une bordure linéaire, près du bord des nageoires est bleue ainsi que quelques petits transversaux sur les nageoires.

Coquille déprimée, arrondie en avant, puis oblongue sur toute sa largeur, terminée inférieurement par un rostre long et aigu. Dessus convexe, rugueux partout, mais surtout sur les côtés, le milieu testacé et marqué de lignes arquées. Dessous convexe au tiers antérieur, concave à l'extrémité, avec une bordure testacée et cartilagineuse, étroite en avant, plus large en arrière sur les côtés, puis rétrécie encore au milieu. Partie supérieure de la dernière loge occupant le tiers de la longueur totale, marquée sur sa ligne médiane d'une très légère dépression. Lignes des locules, formant une ogive en avant, toutes très régulières et rapprochées; leur ensemble est marqué d'une dépression médiane longitudinale.

Rapp. et diff. — Cette espèce a beaucoup d'analogie de forme avec le *S. officinalis*; mais elle s'en distingue facilement par le lobe libre qui s'étend en arrière de la massue de ses bras tentaculaires; sa coquille, quoique rapprochée de celle du *S. officinalis*, est plus oblongue. Ses locules sont plus apparentes, son rostre est beaucoup plus saillant.

Hab. Le grand Océan, au port Dorey, à la Nouvelle-Guinée et aux îles Célèbes.

Explication des figures.

SEICHE. — Pl. 10. Fig. 1. *S. Rappiana*, Férussac, vue en dessus, de grandeur naturelle et de demi-grandeur, dessinée sur le frais par M. le professeur Rapp (les cupules des bras sessiles sont représentées à tort sur une seule ligne transversale, car elles alternent toujours). — Fig. 2. Osselet interne demi-grandeur naturelle, vu en dessous, dessiné d'après M. Rapp. — Fig. 3. Le même osselet, vu en dessus; *a*, grosse cupule des bras tentaculaires, vue en dessus, dessinée par M. Rapp; *b*, la même cupule coupée longitudinalement pour montrer l'intérieur; *c*, le même, vue de profil.

SEICHE. — Pl. 12. Fig. 1. *S. Latimanus*, Quoy et Gaimard, vue en dessus. Copie de la figure faite sur un exemplaire conservé et publié dans l'*Atlas de l'Astrolabe*. (Cette figure est médiocre pour l'exactitude des parties). — Fig. 2. Osselet interne, vu en dessous (copie). — Fig. 3. *a*, mandibule inférieure, vue de profil, mais sans les couleurs naturelles (copie); *b*, mandibule supérieure, vue de profil (copie). — Fig. 4. Cupule des bras tentaculaires, vue de profil (copie). — Fig. 5. Cupule des bras sessiles, vue de profil (copie). — Fig. 6. La même cupule, vue en dessus (copie).

SEICHE. — Pl. 17. Fig. 16. Cercle corné des cupules des bras sessiles, vue de profil, dessiné par nous d'après nature et grossi. — Fig. 17. Le même, vu de face.

N° 17. SEPIA ROSTRATA, *d'Orbigny*. — *SEICHES*, Pl. 8, fig. 6, pl. 26.

Sepia rostrata, d'Orb., 1826, pl. 8 des Seiches, fig. 6. — *Idem*, d'Orb., 1845, Paléont. univ., pl. 4, fig. 11, 12. — *Idem*, Paléont. étrang., pl. 4, f. 21, 12.

S. corpore crasso, rotundato, anticè angustato, posticè obtuso; pinnis latis, posticè dilatatis; brachiis inæqualibus, pro longitudine 4, 3, 2, 1; testâ ovato-oblongâ, rugoso-tuberculatâ, anticè acuminatâ, posticè rostratâ; rostro elongato, compresso.

Dim. Longueur totale, 270 mill. Par rapport à la longueur : longueur du corps, 37 cent; largeur du corps, 28 cent. Longueur de la coquille, 90 mill. Par rapport à la longueur de la coquille : largeur, 34 cent.

Animal court. Nageoires épaisses, étroites en avant, élargies en approchant des parties postérieures; bras sessiles, longs, grêles, pourvus de cupules sphériques. Cercle corné très petit, à bords lisses. Bras tentaculaires terminés par un très court élargissement en fer de lance obtus; pourvu de cupules très petites, pédonculées, égales en grosseur, sur un grand nombre de lignes dont le cercle corné est sans dents. *Couleur* : violacé foncé.

Coquille déprimée, ovale-oblongue, plus large au milieu, acuminée en arrière et pourvue d'un très long rostre, comprimé un peu, tranchant en dessus et en dessous, et courbé par en haut. Dessus légèrement convexe, marqué par deux larges dépressions qui laissent entre elles, sur la ligne médiane, une légère saillie longitudinale; couvert de fortes aspérités, par lignes arquées transverses. Dessous convexe, près du tiers antérieur, concave en arrière; dessus de la dernière loge vermiculé, uni sans dépression, occupant le quart de la longueur. Lignes des locules très régulières formant trois pointes, dont la médiane est très grande, correspondant à trois dépressions profondes de l'ensemble de leur surface, l'une médiane, large, et deux latérales. Un large diaphragme revient en avant, à la partie postérieure, et laisse entre lui et les locules une cavité conique profonde..

Rapp. et diff. — Cette espèce se distingue des *S. inermis* et *ornata* par sa coquille pourvue d'un rostre aigu; elle se distingue aussi de la *S. aculeata*, qui possède ce dernier caractère, par la saillie anguleuse du bord de son corps, par des nageoires plus larges postérieurement, par les énormes expansions des deux lobes inférieurs de la membrane buccale; par les cupules de ses bras sessiles, très globuleuses avec leur cercle corné entier et très haut, par la petite dimension des massues des bras tentaculaires, par la forme générale et tous les détails de sa coquille.

Hab. Le Grand-Océan, à Bombay, à Trinquemale, à la Nouvelle-Hollande.

Explication des figures.

SEICHE. — Pl. 8. Fig. 6. *a*, Osselet interne, vu en dessus, dessiné d'après nature et de grandeur naturelle; *b*, le même, vu en dessous; *c*, le même, vu de profil.

SEICHE. — Pl. 20. Fig. 1. Animal entier, vu en dessus, dessiné d'après nature et de grandeur naturelle sur un individu conservé dans la liqueur. — Fig. 2. La tête, vue en dessous pour montrer les lobes de la membrane buccale. — Fig. 3. Osselet interne, vu en dessus, dessiné d'après nature, de grandeur naturelle. — Fig. 4. Le même, vu en dessous. — Fig. 5. Le même, vu de profil. — Fig. 6. Un trait d'une coupe longitudinale pour montrer la cavité postérieure. — Fig. 7. Cercle corné des cupules des bras sessiles, vu de profil, dessiné d'après nature et grossi. — Fig. 8. Le même, vu en dessus. — Fig. 9. Cercle corné des cupules des bras tentaculaires, vu de profil, dessiné par nous d'après nature et grossi. — Fig. 10. Le même, vu en dessus.

N° 18. SEPIA AUSTRALIS, *d'Orbigny*. — *SEICHES*, Pl. 7, fig. 4.

S. testâ elongatâ, rugosâ, anticè rotundatâ; posticè obtusâ, rostratâ; rostro acuto.

Dim. Longueur de l'osselet, 78 mill. Par rapport à la longueur : largeur, 30 cent.

Animal? Coquille très déprimée, oblongue, légèrement arrondie à ses extrémités. Couverte en dessus de granulations d'autant plus prononcées, qu'elles sont postérieures, où elles forment des mamelons oblongs; rostre pointu, assez long, courbé en dessus, et entouré d'un bourrelet formé par l'agglomération des tubercules. Sur la ligne médiane est une légère saillie, creusée latéralement de sillons à peine marqués. Dessous convexe au quart antérieur, concave en arrière; bordure calcaire en lames élargies vers la moitié de la longueur, de là elles vont se réunir à l'extrémité, au-dessous du rostre, où elles forment saillie. Partie supérieure de la dernière loge, occupant le tiers de la longueur, lisse, avec une dépression médiane longitudinale. Lignes des locules légèrement anguleuses, régulières, marquées, sur leur ensemble, d'une dépression longitudinale médiane. Sa couleur est rosée en dessus, blanche en dedans.

Rapp. et diff. — Par l'ensemble de sa coquille, cette espèce a de l'analogie avec la *S. latimanus;* mais elle en diffère par plus d'allongement, par des rugosités plus marquées, vers les parties inférieures, par sa partie antérieure plus aiguë. Elle a aussi des rapports avec la *S. Orbignyana*, tout en s'en distinguant par sa forme plus arrondie aux extrémités, par plus de largeur, par son rostre arrondi, par ses lames non ailées, par la dépression de sa ligne longitudinale. Elle se distingue en outre de toutes les autres seiches, par la dépression qu'on remarque entre le rostre et la lame inférieure de son osselet, caractère qu'on ne retrouve que dans les espèces fossiles du terrain tertiaire.

Hab. Le Grand-Océan, à l'île des Kanguroos, à la Nouvelle-Hollande. (Expédition de Péron et le Sueur.)

Explication des figures.

SEICHE. — Pl. 7. Fig. 4. *a*, Osselet interne, vu en dessous, dessiné d'après nature et de grandeur naturelle; *b*, le même, vu de profil; *c*, le même, vu en dessus.

N° 19. SEPIA INERMIS, *Hasselt.* — *SEICHES*, Pl. 6 *bis.* Pl. 20, fig. 1, 9.

Sepia inermis, Van Hasselt, mss. — *Idem*, Paléont. univ., pl. 3, fig. 9, 10. Paléont. étrang., pl. 3, f. 9, 10.

S. corpore ovato; lævigato, violaceo-maculato; brachiis brevibus, inæqualibus, pro, longitudine 4, 3, 1, 2; *testâ ovato-oblongâ, rugosâ, anticè acuminatâ, posticè obtusâ, subtùs unisulcatâ.*

Dim. Longueur totale, 240 mill. Par rapport à la longueur : longueur du corps, 31 cent.; largeur du corps, 22 cent.; longueur de la coquille, 70 mill. Par rapport à la longueur de la coquille : largeur, 37 cent.

Animal lisse, oblong, très élargi et arrondi en arrière. Nageoires larges, épaisses, commençant à une très petite distance du bord antérieur du corps, s'élargissant d'avant en arrière. Tête grosse, lisse; oreille externe, entourée d'un bourrelet postérieur. Bras sessiles courts, triangulaires, pourvus de cupules obliques, sur quatre lignes alternes, égales en grosseur, dont le cercle corné est entier sur son bord inférieur, armé de nombreuses dents étroites au côté le plus large. Bras tentaculaires un peu élargis en fer de lance, aigus à leur extrémité, munis de cupules excessivement petites, égales en grosseur et placées sur au moins dix à douze lignes alternes. *Couleurs* : couvert d'un grand nombre de petits points foncés, et sur les côtés d'une jolie série de neuf larges taches brunes.

Coquille un peu acuminée et obtuse en avant, rétrécie et arrondie en arrière. Dessus légèrement convexe; le bord étroit, cartilagineux en avant, vient envelopper l'extrémité postérieure et y forme comme deux larges ailes. Tout le reste est fortement rugueux, marqué, sur la ligne médiane, d'une partie convexe, conique, circonscrite, des deux côtés, par une forte impression. Dessous convexe au tiers antérieur en avant, concave en arrière; bordure cartilagineuse étroite en haut, large en bas et dépassant de beaucoup la partie loculée. Dessus de la dernière loge lisse, occupant le tiers de la longueur totale, munie d'une forte et large dépression longitudinale médiane à la partie antérieure seulement. Lignes des locules très régulières, marquées de trois saillies au milieu, ce qui les rend ondulées; leur ensemble est convexe au milieu, et pourvu, sur la ligne médiane, d'un sillon profond et large.

Rapp. et diff. — Cette espèce a, par la forme de l'animal, quelques rapports avec la *S. officinalis*; mais elle s'en distiugue par sa coquille sans rostre et par sa dépression médiane.

Hab. Le Grand-Océan, à Batavia, à Bombay, à Pondichéri et à la côte de Coromandel.

Expl. des fig. Pl. 12, fig. 9, cercle corné grossi, des cupules des bras sessiles, vu de face; fig. 10, le même, vu de profil.

Explication des figures.

SEICHE. — Pl. 6 *bis*. Fig. du milieu. *Sepia inermis*, vue sur le dos, dessinée d'après nature par M. G. Van-Hasselt (la forme et les détails des bras tentaculaires sont fautifs); *à droite*, son osselet, vu en dessous; *à gauche*, son osselet interne, vu en dessus. — Fig. 1. Cupule des bras tentaculaires grossie, vue de profil. — Fig. 2. Cupule des bras sessiles grossie, vue de profil. — Fig. 3. Cupule des bras tentaculaires grossie, vue en dessus. — Fig. 4. Cupule des bras sessiles grossie, vue en dessus.

SEICHE. — Pl. 20. Fig. 1. Animal vu en dessus, dessiné d'après nature sur un exemplaire conservé dans l'alcool. — Fig. 2. Osselet interne, vu en dessus, de grandeur naturelle, dessiné d'après nature. — Fig. 3. Le même, vu en dessous. — Fig. 4. Le même, vu de profil. — Fig. 5. Bras tentaculaires, vus en dessous, pour montrer l'ordre des cupules, dessinés d'après nature et grossis.—Fig. 6. Cercle corné des cupules des bras sessiles, vu de profil, dessiné par nous d'après nature et grossi. — Fig. 7. Le même, vu de face en dessus. — Fig. 8. Appareil de résistance de la base du tube anal, grossi; dessiné d'après nature. — Fig. 9. Contre-partie de l'intérieur du corps, de l'appareil de résistance.

N° 20. SEPIA ACULEATA, *Hasselt.* — *SEICHES*, Pl. 5 *bis*, pl. 25.

Sepia aculeata, Van Hasselt, mss.

S. corpore ovato-rotundato, lævigato; pinnis latis; brachiis elongatis, inæqualibus, pro longitudine 4, 3, 2, 1; testâ ovato-oblonga, rugoso-tuberculata; antice obtusa, postice rotundatâ, rostrat, subtus excavata.

Dim. Longueur totale, 320 mill. Par rapport à la longueur: longueur du corps, 34 cent.; largeur du corps, 27 cent.; longueur de la coquille, 105 mill. Par rapport à la longueur: largeur, 37 cent.

Animal lisse, large, ovale, un peu acuminé en arrière, tronqué en avant. Nageoires très larges, épaisses, commençant à très peu de distance du bord antérieur, conservant presque partout leur même largeur. Bras sessiles assez longs, pourvus de cupules globuleuses, sur quatre lignes alternes égales, dont le cercle corné est armé, à son pourtour supérieur, de très petites dents égales partout. Bras tentaculaires un peu élargis en fer de lance, munis de cupules très petites, égales en grosseur, placées sur dix à douze lignes alternes, dont le cercle corné est armé, sur son pourtour interne, de dents espacées, aiguës. *Couleurs*: toutes les parties supérieures couvertes de points rougeâtres très rapprochés sur la ligne médiane.

Coquille déprimée, oblongue, arrondie à ses extrémités, pourvue d'un très long rostre aigu, droit. Dessus légèrement convexe, fortement rugueux et pourvu de tubercules irréguliers, oblongs, égaux partout, marqué de quatre dépressions rayonnant de l'extrémité inférieure vers les supérieures, les deux moyennes laissant entre elles une légère saillie arrondie. Dessous convexe aux deux cinquièmes antérieurs, concave en arrière; bordure étroite en avant, puis s'élargissant aux deux cinquièmes postérieurs pour se rétrécir de nouveau vers l'extrémité inférieure sur le rostre. Dessus de la dernière loge finement vermiculé, aplati en avant, sans dépression aucune, et occupant les deux cinquièmes de la longueur. Lignes des locules biangulées en avant, mais très régulières; leur ensemble est convexe, avec une légère saillie médiane longitudinale, et deux latérales; à l'extrémité inférieure est une large bride supérieure concave, revenant sur les loges, et laissant entre elles et ces dernières une large cavité conique et profonde.

Rapp. et diff. — Cette espèce, par les petites cupules égales de ses bras tentaculaires, se rapproche des *S. inermis* et *ornata*, mais elle s'en distingue par ses nageoires larges, égales partout, et surtout par le fort rostre de sa coquille.

Hab. Le Grand-Océan, à Java.

Explication des figures.

SEICHE. — Pl. 5 *bis*. Fig. 1. *Sepia aculeata*, vue en dessus; dessinée d'après nature par M. Van Hasselt. (Son osselet interne, vu en dessus, est placé dans une position inverse.) Le même osselet, vu en dedans, ne montrant que sa partie supérieure; *a*, extrémité d'un bras tentaculaire, vue de côté, pour montrer la membrane protectrice des cupules et la crête natulocale; *b*, cupule des bras tentaculaires, vue de profil; *c*, la même, vue de face en dessus; *d*, cupule des bras sessiles, vue de profil; *e*, la même, vue en dessus.

SEICHE. Pl. 25. Fig. 1. Corps, vu en dessus, pour montrer les taches latérales qui se remarquent sur les exemplaires conservés dans la liqueur; dessiné d'après nature sur l'exemplaire même envoyé par M. Van Hasselt. — Fig. 2. Massue d'un des bras tentaculaires, vue en dessous; dessinée d'après nature. — Fig. 3. Osselet interne, vu en dessus. — Fig. 4. Osselet interne, vu en dessous; dessiné d'après nature et réduit. — Fig. 5. Le même, vu de profil. — Fig. 6. Coupe transversale de l'extrémité de l'osselet, pour montrer la cavité postérieure. — Fig. 7. Cercle corné des cupules des bras sessiles, vu de profil; dessiné par nous d'après nature. — Fig. 8. Le même cercle corné, vu en dessus, de face. — Fig. 9. Cercle corné des cupules des bras tentaculaires, vu de profil; dessiné par nous d'après nature et grossi. — Fig. 10. Le même, vu en dessus. — Fig. 11. Partie supérieure de l'osselet interne, grossie.

N° 21. SEPIA INDICA, *d'Orbigny*. — *SEICHES*, Pl. 21.

Sepia Blainvillei, d'Orb. et Féruss., 1839, Céphal. acét., pl. 21. (Non *Blainvillei*, Deshayes, 1837).

S. corpore brevi, rotundato, lævigato; pinnis latis: brachiis brevibus, inæqualibus, pro longitudine 4, 3, 1, 2. *Testâ ovato-oblongâ, rugosâ, antice, posticeque acuminata rostratâ; rostro brevi.*

Dim. Longueur totale, 570 mill. Par rapport à la longueur: longueur du corps, 28 cent.; largeur du corps, 23 cent. Longueur de la coquille, 82 mill. Par rapport à la longueur: largeur, 30 cent.

Animal raccourci. Nageoires épaisses, étroites en avant, plus larges en arrière. Bras sessiles courts, pourvus de cupules hémisphériques, globuleuses. Bras tentaculaires, très longs, très grêles, terminés par une massue dont les cupules, très petites, sont obliques, pédonculées, égales en grosseur, sur dix à douze lignes alternes. *Couleur:* violet brun.

Coquille déprimée, très allongée, légèrement élargie vers le milieu, amincie à ses extrémités; la supérieure arrondie, obtuse, l'inférieure acuminée, terminée par un fort rostre droit, obtus. Dessus légèrement convexe, surtout en avant, lisse près du rostre, partout ailleurs couvert de rugosités oblongues, plus marquées sur les côtés, formant des lignes courbes, surtout en avant. Du rostre part, de chaque côté, une dépression qui s'étend obliquement et va se perdre sur le bord vers la moitié de la longueur. Deux autres dépressions laissent entre elles une large partie un peu convexe sur la ligne médiane. Dessous un peu saillant vers le quart antérieur, le reste concave; bordure étroite en avant, élargie vers le tiers inférieur, puis venant disparaître au-dessus des rostres. Dessus de la dernière loge vermiculé, occupant beaucoup moins du quart de la longueur totale, sans dépression marquée; lignes des locules arrondies, avec un léger aplatissement au sommet, très régulières à la base, ondulées en avant; sur le milieu de leur ensemble est une légère dépression longitudinale. Un diaphragme très épais, convexe en dessus, revient en avant sur les loges, et laisse une large cavité anguleuse, conique, profonde.

Rapp. et diff. — Par ces cupules petites et égales aux bras tentaculaires, par le rostre, par le diaphragme de son osselet, cette seiche se rapproche on ne peut plus de la *S. aculeata* et *rostrata*; elle se distingue de la *S. rostrata*, par le cercle corné des cupules des bras sessiles, beaucoup moins haut, par celui des bras tentaculaires, armé, ainsi que par sa coquille, bien autrement sillonnée en dessous; mais les différences qui existent avec la *S. aculeata*, sont nulles quant à l'animal. La coquille seule est beaucoup plus allongée, la dernière loge beaucoup plus courte; et, sans la présence de cette partie conique cornée, qui vient se loger dans la cavité de l'extrémité inférieure. C'est peut-être une variété du *S. aculeata*.

Hab. Le grand Océan, à Bombay.

Hist. J'avais, en 1839, nommé cette espèce *S. Blainvillei*, nom que je me trouve obligé de changer, ayant été appliqué, en 1837, à une autre seiche par M. Deshayes.

Explication des figures.

Seiche. — Pl. 21. Fig. 1. Animal entier, vu en dessus; dessiné d'après nature sur un individu conservé et réduit. — Fig. 2. Animal entier, vu en dessous. — Fig. 3. Osselet interne, vu en dessus; dessiné d'après nature et réduit. — Fig. 4. Le même, vu en dessous. — Fig. 5. Le même, vu de profil. — Fig. 6. Godet terminal, qui vient se placer dans la cavité inférieure de l'osselet, vu de profil, vis-à-vis de la coupe de la cavité. — Fig. 7. Coupe de l'osselet, pour montrer le godet où vient se loger la pointe. — Fig. 8. La pointe, vue de face en dessous. — Fig. 9. La même, vue en dessus. — Fig. 10. Cercle corné des cupules des bras sessiles, vu de profil et grossi; dessiné par nous d'après nature. — Fig. 11. Le même, vu de face en dessus. — Fig. 12. Cercle corné des cupules des bras tentaculaires, vu de profil et grossi; dessiné par nous d'après nature. — Fig. 13. Le même, vu en dessus.

ESPÈCES INCERTAINES.

N° 22. SEPIA SINENSIS, *d'Orbigny*. — *SEICHES*, Pl. 9, fig. 1, 2.

Encyclopédie japonaise, article Niao-tse-iu.

Synonymie. *Niao-tse-iu.* Le poisson voleur d'oiseaux.
Niao-tse. Poisson voleur d'oiseaux.
Me-iu. Poisson noir.
Lan-iu. Poisson, muni de cordes.
En japonais. *I-ka.*

Cette espèce est tout à fait incertaine, puisqu'elle n'a été décrite que par rapport à son emploi comme nourriture, ou d'après ses mœurs.

Explication des figures.

Pl. 9, fig. 1, 2. Copie des ouvrages chinois.

N° 23. SEPIA ANTILLARUM, *d'Orbigny.*

Sepia, Brown, the natural Hist. of Jamaica, p. 386. — *Sepia Antillarum*, d'Orb., 1838, Moll. des Antilles, t. I, p. 33, n° 8.

Cette espèce paraît différer des *S. vulgaris* : je n'ai pu en étudier qu'un individu en trop mauvais état pour pouvoir la caractériser.

ESPÈCES FOSSILES.

N° 24. SEPIA HASTIFORMIS, *Ruppel.* — *SEICHES*, Pl. 16, fig. 1, 2.

Knorr Samml., 1, t. XXII, fig. 2? — *Sepia hastiformis*, Ruppell, 1829, Abbildung und Beschr., p. 9. — *Idem*, Keferstein, 1834, Die nat., t. II, p. 551, n° 4. — *Idem*, Leonb. et Brown, 1830, Taschenb, p. 404. — *Idem*, Munster, 1836, Taschenb, p. 250, 324. — *Idem*, d'Orb., 1845, Paléont. univ., pl. 5, fig. 4-6 ; Pal. étrang., pl. 5, fig. 4-6.

S. testâ elongatâ, depressâ, hastæformi, lineis tuberculatis ornatâ (tuberculis magnis), anticè attenuatâ, posticè dilatatâ, lateribus alatâ; obtusâ.

Dim. Longueur de la coquille, 235 mill. Par rapport à la longueur : largeur, 36 cent.; longueur des ailes latérales, 47 cent.

Coquille oblongue, acuminée en avant, de là augmentant de diamètre jusqu'à un peu plus de la moitié, où commence de chaque côté un élargissement aliforme, qui va en diminuant de largeur, jusqu'à l'extrémité très obstuse, représentant un fer de flèche fortement émoussé. La partie supérieure est couverte, sur une bande médiane conique, qui part de l'extrémité inférieure, de lignes d'accroissement arquées, dont la convexité est antérieure, formées par de petits tubercules arrondis. Les ailes et les côtés paraissent presque lisses.

Rapp. et diff. — Quant à la forme et à la disposition générale, je trouve une identité complète entre la *S. hastiformis* et la *S. antiqua* Munster; je n'aurais même pas balancé à les réunir, si M. le comte Munster n'avait trouvé le caractère distinctif qui paraît constant, d'avoir les granulations verruqueuses du milieu de la coquille quatre fois aussi grosses que celles qu'on remarque sur des échantillons beaucoup plus grands de la *S. antiqua.*

Loc. Dans les calcaires lithographiques de l'étage oxfordien supérieur de Solenhofen, Bavière. (M. le comte Munster.)

Explication des figures.

SEICHE. — Pl. 16. Fig. 1. Osselet, vu en dessus. — Fig. 2. Partie grossie pour montrer les granulations.

N° 25. SEPIA ANTIQUA, *Munster.* — *SEICHES*, Pl. 14, fig. 1, 2.

Sepia antiqua, Munster, 1837, Taschenb., p. 252. — *Idem*, d'Orb., 1845, Paléont. univ., pl. 6, fig. 1-3; Paléont. étrang., pl. 6, fig. 1-3.

S. testâ depressâ, lineis tuberculatis transversim ornatâ (tuberculis minimis); anticè attenuatâ, poticè dilatatâ, alatâ, acuminatâ.

Dim. Longueur de la coquille 370 mill. Par rapport à la longueur : largeur, 33 cent. ; longueur des ailes, 45 cent.

Coquille allongée, acuminée et obtuse en avant, très élargie à la naissance des expansions latérales, et de là diminuant en cône émoussé à son extrémité. La partie supérieure médiane est couverte de lignes arquées, dont la convexité est antérieure, formées de très petites granulations peu visibles à l'œil nu. Les ailes paraissent avoir été lisses et testacées, ainsi que les deux côtés. La partie granuleuse est circonscrite, latéralement, par une légère dépression et représente un cône. L'apparence de cette coquille est vernissée ou vitreuse, comme de la colle de Flandre ; très mince sur les côtés, très épaisse au milieu.

Rapp. et diff. — Comparée aux seiches vivantes, cette espèce n'offre réellement aucune analogie de forme, toutes celles-ci manquant de l'expansion aliforme de sa base. C'est un type bien distinct. Elle se distingue du *S. hastiformis* par une granulation infiniment plus fine aux stries arquées supérieures.

Loc. Dans les calcaires lithographiques de l'étage oxfordien supérieur à Solenhofen, Bavière. (M. le comte Munster.)

Explication des figures.

SEICHE. — Pl. 14. Fig. 1. Magnifique exemplaire, réduit au trois quarts ; dessiné sur les échantillons de la collection de M. le comte Munster. — Fig. 2. Un autre osselet.

N° 26. SEPIA CAUDATA, *Munster*. — *SEICHES*, Pl. 15, fig. 1-2.

Sepia caudata, Munster, 1837, Taschenb, p. 252. — *Idem*, d'Orb., 1845, Paléont. univ., pl. 5, fig. 1-3 ; Pal. étrang., pl. 5, fig. 1, 3.

S. testâ elongatâ, lineis tuberculatis transversim ornatâ (tuberculis magnis) ; anticè attenuatâ productâ, posticè dilatatâ, alatâ.

Dim. Longueur de la coquille, 460 mill. Par rapport à la longueur, 38 cent ; longueur des ailes postérieures, 42 cent.

Coquille très allongée, acuminée et très étroite en avant, augmentant de largeur jusqu'à la naissance des ailes. Celles-ci, larges, se rétrécissent rapidement et paraissent ensuite se terminer en arrière en une partie aiguë, en queue obtuse. La partie antérieure, en dessus, est lisse ; des granulations éparses commencent bientôt et paraissent former au milieu des lignes irrégulières arquées, dont la convexité est antérieure. Les côtés sont lisses et marqués de quelques lignes longitudinales irrégulières.

Rapp. et diff. — Cette espèce offre les mêmes caractères que les *S. hastata* et *antiqua* ; de même, elle est pourvue d'ailes postérieures. M. de Munster la considère comme une espèce distincte, en raison de plus d'amincissement de sa partie antérieure, de l'espèce de queue que montre sa partie inférieure ; mais le premier caractère tient évidemment à l'âge, et j'ai remarqué que sur toutes les coquilles des espèces vivantes, la partie antérieure devient d'autant plus allongée, par rapport au reste, que l'animal est plus vieux ; quant au second caractère, on pourrait craindre que cette queue ne fût formée que par suite d'une mutilation des parties latérales. Je pense donc, en dernière analyse, que la *S. caudata* n'est qu'un individu adulte de la *S. hastiformis*.

Loc. Dans les calcaires lithographiques de l'étage oxfordien supérieur de Solenhofen, Bavière. (Comte Munster.)

Explication des figures.

SEICHE. — Pl. 15. Fig. 1, 2. Osselet interne, vu en dessus; dessiné d'après nature et de demi-grandeur; *a*, partie du test extérieur. — Fig. 2. Morceau de la superficie du test extérieur, de grandeur naturelle.

N° 27. SEPIA LINGUATA, *Munster.* — *SEICHES*, Pl. 14, fig. 3. Pl. 15, fig. 4-5. Pl. 16, fig. 3.

Sepia linguata, Munster, 1837, Taschenb., p. 252. — *S. obscura*, Munster, 1837, Taschenb., p. 252. — *S. regularis*, Munster, 1837, Taschenb., p. 252. — *S. gracilis*, Munster, 1837, Taschenb., p. 252. — *S. lingula*, d'Orb., Paléont. univ., pl. 6, fig. 4-6; Paléont. étrang., pl. 6, fig. 4-6.

S. testâ ovato-oblongâ, lineis arcuatis, tuberculatis ornatâ, anticè posticèque acuminatis.

Dim. Longueur de la coquille, 130 mill. Par rapport à la largeur, 25 cent.

Coquille allongée, arrondie en avant, allant, de là, en augmentant de largeur, jusqu'aux deux tiers de la longueur, puis diminuant ensuite graduellement jusqu'à l'extrémité, terminée en pointe plus ou moins émoussée; sans ailes latérales. La partie supérieure est lisse sur les côtés; mais la ligne médiane, sur une surface conique marquée d'une dépression, est ornée de lignes arquées, dont la convexité est supérieure, composée de granulations irrégulières.

Rapp. et diff. — La description qui précède s'accorde parfaitement avec les quatre espèces du comte Munster, que je réunis sous le nom de *S. linguata*, et je crois, de plus, que ces individus ne sont que des exemplaires de la *S. hastiformis*, dont les ailes ont été usées avant la fossilisation. J'ai souvent rencontré, sur les côtes, des coquilles de seiches dont les lames latérales avaient été ainsi enlevées par le frottement; et alors elles ressemblaient en tout à la *S. linguata*.

Loc. A Eichstadt et à Solenhofen (Bavière), dans le calcaire lithographique de l'étage oxfordien supérieur.

Explication des figures.

SEICHE. — Pl. 14. Fig. 3. *Sepia linguata*, Munster, de grandeur naturelle, vue en dessus; dessinée d'après nature.
Pl. 16. Fig. 3. *Sepia obscura*, Munster.
Pl. 15. Fig. 4. *Sepia regularis*, Munster. — Fig. 5. *Sepia gracilis*, Munster.

N° 28. SEPIA VENUSTA, *Munster.* — *SEICHES*, Pl. 15, fig. 6.

Sepiolithes venustus, Munster, mss. — *Sepia venusta*, Munster, 1837, Taschenb., p. 252. — *Idem*, d'Orb., 1845, Paléont. univ., pl. 5, fig. 7; *Idem*, Pal. étrang., pl. 5, fig. 7.

S. testâ ovato-compressâ transversìm striatâ, anticè subangulatâ, posticè tribolatâ, subalatâ.

Dim. Longueur totale. 24 mill. par rapport à la longueur : largeur, 65 cent.

Coquille ovale, lisse, acuminée en avant, arrondie et très obtuse en arrière. On aperçoit deux expansions aliformes, une de chaque côté, qui commencent en avant, vont sur une largeur à peu près égale, jusqu'en arrière, où elles forment comme deux lobes. Le milieu montre des indices de loges arquées, dont la convexité est en avant.

Rapp. et diff. — M. le comte Munster a cru d'abord trouver assez de caractères différentiels dans ce fossile, pour le désigner sous le nom de *Sepiolithes venustus*, mais, plus tard, d'après moi, il le rapporta aux genre *Sepia*. C'est jusqu'à présent une espèce anomale de forme.

Loc. Dans les calcaires lithographiques de l'étage oxfordien supérieur à Solenhofen (Bavière), par M. le comte Munster.

Explication des figures.

SEICHE. — Pl. 15. Fig. 6. *Sepiolithes venustus*, Munster; dessiné d'après nature et de grandeur naturelle.

N° 29. SEPIA SEPIOIDEA, *d'Orbigny*. — *SEICHES*, Pl. 3, fig. 5. Pl. 14, fig. 4-12. Pl. 16, fig. 7-9.

Guetard, Mém., pl. 2, fig. 30. — *Os de Seiche*, Cuvier, 1824. Ann. des Sc. nat., t. II, pl. 22, fig. 1, 2, p. 482. — *Beloptera sepioidea*, Blainv., 1825, Malac. add. et correct., p. 621, t. VII. — *Sepia Cuvieri*, d'Orb., 1825, Tableau méthod. de la classe des Céph., p. 67. — *Beloptera sepioidea*, Blainv., 1827, Mém. sur les Bélemnites, p. 110, pl. 1, fig. 2. — *Belosepia Cuvieri*, Voltz, 1830, Jahrb., p. 410. — *Idem*, d'Orb., 1842, Ann. des Sc. nat., t. XVII, pl. 11, f. 11-13. — *Sepia Cuvieri*, Galeotti, 1837, Mém. sur la const. géog. du Brab., p. 140, n° 1. — *Idem*, Deshayes, 1837, Foss. des env. de Paris, p. 758, pl. 101, fig. 7, 8, 9. — *S. longispina*, Deshayes, 1837, loc. cit., p. 757, pl. 101, fig. 4, 5, 6. — *S. longirostris*, Deshayes, 1837, loc. cit., p. 758, pl. 101, fig. 10, 11, 12. — *S. Blainvillei*, Deshayes, 1837, loc. cit., p. 758, pl. 101, fig. 13, 14, 15. — *S. sepioidea*, d'Orb., 1845, Paléont. univ., pl. 7, fig. 4-8. — *Idem*, d'Orb., 1845, Paléont. franç., Terr. tert., pl. 1, fig. 4-8.

S. testâ crassâ, posticè angustatâ; rostro elongato crasso acuto, laminâ inferiore crassâ, reflexâ, profundè radiatâ, in margine denticulatâ; callo supériore profundé rugoso.

Dim. Longueur de la partie rostrale connue, 45 mill.

Coquille. On ne connaît que l'extrémité postérieure de cette coquille, qui paraît avoir été allongée; elle montre en dessus une partie élevée, un peu anguleuse en arrière, s'élargissant en avant, couverte de très fortes rugosités; à l'extrémité, est un rostre assez allongé, gros, comprimé, aigu, droit ou plus ou moins oblique en haut, comprimé et presque tranchant, en dessus, séparé de la partie élevée par une dépression très marquée. En dessous, sur les bords sont des lames épaisses, plus larges en arrière que sur les côtés, arrondies en arrière, qui se replient sans s'appuyer sur le rostre. Ces lames ont des côtes rayonnantes, et sont régulièrement denticulées sur leurs bords. Il paraît y avoir eu un léger diaphragme entre le bord intérieur des lames et la cavité loculaire; celle-ci, assez profonde, est marquée en dessous de lignes d'accroissement qu'on pourrait prendre pour les lignes des locules, tandis que celles-ci n'occupent réellement que la moitié de la cavité. On ne trouve pas de locules en place; elles ont été détruites par la fossilisation,

Rapp. et diff. — Cette espèce diffère essentiellement de toutes les espèces vivantes par ses lames inférieures s'avançant en arrière sur le rostre et le recouvrant sans s'y appliquer. Elle diffère encore par la saillie très prononcée de sa partie postérieure à la saillie, ainsi que par la forme de son rostre.

Loc. Elle est propre aux calcaires grossiers inférieur et supérieur du terrain tertiaire du bassin de Paris. Dans le calcaire grossier inférieur, à Chaumont (en bas), au Vivray (M. Graves), à Saint-Germain. Dans le calcaire grossier supérieur, à Chaumont (en haut), à Grignon, à Courtagnon, à Parmes à Mouchi-le-Châtel, etc. Dans les couches sablonneuses supérieures, à Valmondois, à Tancrou, à Aumont, à Acy, etc.

Hist. Je réunis dans une seule espèce les *S. Cuvieri longispina, longirostris* et *Blainvillei* de M. Deshayes, qui, tout en étant identiques dans leurs formes, ont le rostre variable. Comme j'ai reconnu que cette dernière partie varie considérablement de formes, suivant l'âge des individus; je ne balance pas à croire que ce ne sont que des modifications de ce genre et des altérations déterminées par la fossilisation.

Explication des figures.

SEICHE. — Pl. 3. Fig. 4. Partie postérieure de l'osselet interne de la *Sepia Cuvieri* d'Orb., vue en dessous; dessinée d'après nature. — Fig. 5. La même, vue de profil. — Fig. 6. La même, vue en dessus.

SEICHE. — Pl. 16. Fig. 7. Osselet de *Sepia Blainvillei*, Deshayes, vu de profil (copie : individu très vieux, très usé).— Fig. 8. Le même, vu en dessus. — Fig. 9. Le même, vu en dessous.

Pl. 14. Fig. 4. Osselet du *Sepia Cuvieri*, vu de profil (copie: individu jeune). —Fig. 5. Le même, vu en dessus.— Fig. 6. Le même, vu de profil. — Fig. 7. Osselet du *Sepia longirostris*, Deshayes, vu de profil (copie : individu jeune). — Fig. 8. Le même, vu en dessus. — Fig. 9. Le même, vu en dessous. — Fig. 10. Osselet du *Sepia longispina*, Deshayes, vu de profil (copie : individu jeune). — Fig. 11. Le même, vu en dessus. — Fig. 12. Le même, vu en dessous.

N° 30. SEPIA COMPRESSA, *d'Orbigny*. — *SEICHES*, Pl. 16, fig. 4-6.

Beloptera compressa, Blainv., 1837, Mém. sur les Bélemn., p. 110, pl. 4, fig. 10. — *Sepia Defrancii*, Deshayes, 1837, Foss. des env. de Paris, p. 759, pl. 101, fig. 1-3. — *Sepia compressa*, d'Orb., 1845, Paléont. univ., pl. 7, fig. 1-3. — *Idem*, d'Orb., 1845, Paléont. franç., Terr. tert., pl. 1; fig. 1-3.

S. extremitate postioali lateraliter compressissimâ; rostro crasso, recurvo, acuto-terminato; laminâ inferiore brevi, callo inferiore, angustâ proeminente; cavitate angustâ, profundâ, arcuatim striatâ.

Dim. Longueur, 46 mill.

On ne connaît, de cette espèce, que des portions de rostres très usés, allongés, très comprimés latéralement; le rostre terminal fortement arqué, gros et pointu. La lame inférieure est ovale-oblongue, légèrement saillante à son extrémité postérieure, de manière à couvrir, de ce côté, la base du rostre. Au côté opposé, correspondant à la face dorsale; on remarque une callosité rugueuse, allongée, saillant en talon au-dessus de la base du rostre. A l'extrémité antérieure de ce corps, on remarque une cavité assez profonde, dans le fond de laquelle on voit des stries transverses, annonçant l'insertion des premières loges aériennes.

Loc. De l'étage tertiaire parisien, dans les couches sableuses supérieures, au calcaire grossier à Valmondois, et à Valognes (Manche).

Hist. Je reviens au nom spécifique le plus ancien de *compressa*.

Explication des figures.

SEICHE. — Pl. 16. Fig. 4. Fragment du rostre d'un osselet interne, vu de profil (copie des figures de M. Deshayes). — Fig. 5. Le même, vu en dessus. — Fig. 6. Le même, vu en dessous.

2e famille. SPIRULIDÆ, d'Orbigny.

Animal raccourci ; corps oblong.

Coquille interne testacée, enveloppée ou non d'un rostre calcaire, formée de loges aériennes traversées par un siphon ; la dernière terminale et ne pouvant jamais loger l'animal.

Cette famille diffère des *Sépidées*, par ses loges aériennes régulières percées d'un siphon. J'y réunis les genres *Beloptera*, *Spirulirostra* et *Spirula*.

1er GENRE. BELOPTERA, Deshayes.

Animal? Coquille testacée allongée, cylindrique en avant, quelquefois ailée sur les côtés, terminée par un rostre obtus en arrière. La partie cylindrique antérieure est creusée d'une cavité conique, où sont empilées des loges aériennes simples, transverses, séparées par des cloisons droites, percées d'un siphon.

Rapp. et diff. — Ce genre se rapproche, par son rostre testacé terminal, des *Spirulirostra*, tout en s'en distinguant par ses loges non spirales. Une espèce montre encore, par son rostre et par ses ailes latérales, du rapport avec la coquille des *Sepia*, mais s'en distingue par ses loges aériennes régulières.

Hist. M. Deshayes appliqua le premier ce nom dans sa collection en formant un nouveau genre. M. de Blainville le publia en 1825, mais il y joignit, à tort, des rostres qui appartiennent évidemment au genre *Sepia*.

On ne connaît pas encore de *Beloptera* vivants ; toutes les espèces sont fossiles et propres aux terrains tertiaires inférieurs.

N° 1. BELOPTERA LEVESQUEI, *d'Orbigny*. — *SEICHES*. Pl. 20, fig. 11-12.

Beloptera Levesquei, d'Orb., 1845, Paléont. univ., pl. 8, fig. 10-12. Paléont. franç., Ter. tert., pl. 2, fig. 5-7.

B. testâ oblongo-elongatâ, arcuatâ, subtùs unicostatâ, lateribus depressâ; anticè cylindrico-angustatâ; posticè rostratâ; rostro obtuso, striato.

Dim. Longueur, 35 mill., largeur, 9 mill.

Coquille très allongée, arquée, presque cylindrique, sans expansions latérales, convexe en dessus, pourvue d'une forte côte en dessous, avec les deux côtés un peu excavés ; sa partie antérieure est légèrement anguleuse ; la postérieure est terminée par un rostre très gros, très obtus, fortement strié en long et comme feuilleté. Les loges paraissent avoir été transverses.

Rapp. et diff. — Cette espèce se distingue facilement des *B. belemnitoidea* par le manque d'expansions aliformes. Plus voisine par ce dernier caractère du *B. anomala*, elle s'en distingue encore par sa côte inférieure.

Loc. et gissem. Dans le terrain tertiaire inférieur du bassin parisien ; c'est-à-dire au-dessous de la couche verte à nummulites, dans le sable de Thury-sous-Clermont, de Gilocourt, et de Cuise-Lamotte (Oise). MM. Lévesque et Graves.

Explication des figures.

Seiche. — Pl. 20. Fig. 10. Osselet interne, vu en dessus. — Fig. 11. Le même, vu en dessous. — Fig. 12. Le même, vu de profil.

N° 2. BELOPTERA BELEMNITOIDEA, *Blainville.* — *SEICHES.* Pl. 3, fig. 7-9, pl. 24, fig. 11-12.

Dent de poisson? Guettard, Mém. div. sur les Sc., t. v, pl. 2, fig. 11. 12. — *Beloptera belemnitoidea*, Blainv., 1825, Malacol. supp.. p. 621, pl. 11, fig. 8. — *Sepia parisiensis*, d'Orb. et Féruss.. 1825, Tabl. méth. des Céph., p. 67. Ann. des Sc. nat., t. vii, p. 157. — *Idem*, d'Orb.. 1826, Planch. de Seiches, pl. 3, fig. 7, 8, 9. — *Beloptera belemnitoidea*, Blainv.. 1827, Mém. sur les Bélemn., pl. 3, fig. 3. — *Idem*, Deshayes, 1830, Encycl. méth., t. ii, p. 135. — *Idem*, Deshayes, 1837, Fossiles des env. de Paris, p. 762, pl. *c*, fig. 4, 5, 6. — *Idem*, Sow, Miner. Conch., pl. 591, fig. 3. — *Idem*, Bronn, 1830, Jahrb., p. 410, 465. — *Idem*, Keferstein, 1834, Dic. nat., p. 430, n° 2. — *Idem*, d'Orb., 1845, Paléont. univ., pl. 8, fig. 1. 4. — *Idem*, d'Orb., 1845, Paléont. franç., Ter. tert., pl. 2, fig. 1, 4.

B. testâ ovato-oblongâ, suprà convexâ, subtùs concavâ; longitudinaliter recurvâ; rostro dilatato, obtuso, striato, lateralibus alato.

Dim. Longueur des grands individus, 50 mill.; largeur, 20 mill.

Coquille déprimée, légèrement arquée, oblongue, convexe et rugueuse en dessus, et marquée de petites dépressions latérales ramifiées; sur la ligne médiane postérieure sont des stries longitudinales qui se continuent sur le rostre ; celui-ci très gros, très obtus, est séparé de l'aile latérale par une échancrure profonde. Dessous légèrement concave de chaque côté et pourvu d'expansions aliformes demi-circulaires. Prolongement oculaire arrondi en dessus, pourvu d'un méplat en dessous, se prolongeant libre des ailes, un peu en avant de celles-ci ; les loges sont transverses, et comme infléchies supérieurement.

Loc. Terrain tertiaire du bassin parisien, dans le calcaire grossier inférieur, contenant la couche verte nummulitique, au Vivray, à Grypseuil, à Pouchon (Oise), (M. Graves et moi); dans le calcaire grossier moyen, à Grignon, à Parmes, à Mouchy-le-Châtel. On le trouve encore dans les couches nummulitiques de Biaritz (Basses-Pyrénées). (MM. Thorent et Pratt).

Explication des figures.

Seiche. — Pl. 3. Fig 7. Portion postérieure de l'osselet, vue en dessous ; dessinée d'après nature et de grandeur naturelle. — Fig. 8. La même, vue en dessous. — Fig. 9. La même , vue de profil.
Seiche. — Pl. 24. Fig. 11. Osselet plus entier, vu en dessus. — Fig. 12. Figure des loges de l'intérieur du cône.

N° 3. BELOPTERA ANOMALA, *Sowerby.* — *SEICHES.* Pl. 20, fig. 13-15.

Beloptera anomala, Sow., 1828, Min. Conch., t. vi, p. 184, pl. 591, fig. 2. — *Idem*, Keferstein. 1834, Dic. nat., p. 430, n° 1. — *Idem*, Morris, 1843, Cat. of Brit. Foss., p. 178. — *Idem*, d'Orb., 1845, Paléont. univ., pl. 8, fig. 8-10.

B. testâ oblongo-elongatâ, depressâ, arcuatâ, subtùs convexâ, anticè cylindricâ, posticè obtusâ.

Dim. Longueur, 14 mill.; largeur, 6 mill.

Coquille très allongée, déprimée, arquée, presque cylindrique, et sans expansions aliformes, convexe en dessus et en dessous, élargie antérieurement, un peu amincie en arrière, sans rostre distinct de l'encroûtement général. Les loges sont transverses, droites, apparentes en dessous.

Rapp. et diff. — Voisine par son manque d'ailes du *B. Levesquei*, cette espèce paraît s'en distinguer par le manque de côte inférieure et de rostre distinct, ainsi que par ses loges aériennes, apparentes en dessous.

Loc. Elle est propre au terrain tertiaire inférieur, et a été rencontrée dans l'argile de Londres, à Highgate et à Middlesex (Londres).

Explication des figures.

SEICHE. — Pl. 20. Fig. 13. Osselet interne grossi, vu de côté. — Fig. 14. Le même, de grandeur naturelle. — Fig. 15. Le même, vu de profil.

3e Famille. LOLIGIDÆ, d'Orbigny.

Forme générale, allongée; corps long, subcylindrique; yeux dépourvus de paupières. Membrane buccale, le plus souvent armée de cupules; une forte crête auriculaire transversale sur le cou. Cupules seulement sur deux rangs aux bras sessiles; cercle corné des cupules, non convexe en dehors, pourvu d'un bourrelet étroit saillant sur le milieu de sa largeur. Bras tentaculaires, rétractiles en partie seulement dans la cavité sous-oculaire. Tube locomoteur rattaché à la tête par une double bride supérieure. *Coquille* interne cornée, en forme de plume ou de spatule, sans loges aériennes.

Nous plaçons dans cette famille les genres *Sepioteuthis*, *Loligo*, *Teudopsis*, *Leptoteuthis* et *Beloteuthis*.

2e GENRE. SEPIOTEUTHIS.

Sepia, Lamarck; *Calmars-Seiches* ou *Sepioteuthes*, Blainv., 1825; *Chondrosepia*, Leuckart, 1828.

Animal ovale allongé. Corps subcylindrique, pourvu latéralement, sur toute sa longueur, de nageoires larges dont l'ensemble forme un ovale. Appareil de résistance formé sur la base du tube locomoteur, d'une fosse allongée, aiguë en haut, cartilagineuse, entourée de bourrelets, et sur la paroi interne du corps, d'une crête élevée, linéaire, longitudinale, placée au bord même du corps et s'élargissant en bas; à la partie cervicale, d'un bourrelet allongé, bilobé, et d'une partie correspondante dans l'intérieur du corps sous l'osselet. Tête assez large; membrane buccale munie de sept lobes armés de cupules. Bec corné, flexible, dont la mandibule inférieure est formée d'ailes latérales longues au capuchon. Oreille externe composée d'une crête auriculaire transverse, ondulée, fortement élargie et recourbée en avant à ses extrémités; six ouvertures aquifères buccales. Bras sessiles conico-subulés, inégaux, pourvus de crête natatoire et de deux rangées de cupules munies de cercle corné, presque toujours denté, non convexe en dehors, orné, seulement à cette partie, d'un bourrelet étroit circulaire. Bras tentaculaires longs, cylindriques, élargis en massue à leur extrémité, où l'on remarque une crête natatoire, quatre rangées de cupules alternes et une membrane mince interscapulaire. Tube locomoteur retenu à la tête par deux brides.

Coquille interne cornée, occupant toute la longueur du corps, ayant la forme d'une plume plus ou moins large, étroite en avant, en fer de lance en arrière, et soutenue sur sa longueur par une forte côte médiane.

Rapp. et diff. — Les sépioteuthes, très voisines des calmars par tous leurs caractères, en diffèrent par leurs nageoires qui règnent sur toute la longueur du corps, et forment un ensemble ovale et non rhomboïdal.

Hist. Lamarck, en 1799, en publiant la variété β du *Sepia officinalis* pourvue seulement de deux rangées de cupules, donna, sans le savoir, les premières notions de cette coupe générique, qu'il confondit avec la seiche commune. Montfort, en 1805, la distingua nettement sous le nom de *Seiche truitée*; M. de Blainville, en 1823, fit de cette espèce le type d'une de ses sections des calmars, sous le nom de *Calmars-seiches*, et la nomma *Loligo sepioidea*. Dans sa Malacologie, il y ajouta *Sepioteuthes*, dénomination adoptée et latinisée par M. Férussac, dans notre Tableau des céphalopodes, en 1825. M. Leuckart, en 1828, propose, pour une espèce de ce genre, le nom de *Chondrosepia*, qu'on ne peut admettre, puisque cette division est déjà nommée; M. Lesson et M. Ehremberg en décrivent chacun une espèce; MM. Quoy et Gaimard en font connaître plusieurs autres.

On peut les diviser en deux groupes, suivant qu'elles ont des cupules à la membrane buccale.

Espèces pourvues de cupules à la membrane buccale.

S. lunulata, Quoy et Gaim. — Mauritiana, Quoy et Gaim.
Lessoniana, Féruss. — Australis, Quoy et Gaim.

Espèces dépourvues de cupules à la membrane buccale.

S. Blainvilliana, Féruss. — S. sepioidea, d'Orb.

N° 1. SEPIOTEUTHIS SEPIOIDEA, *d'Orbigny*. — *SÉPIOTEUTHES*. Pl. 7.

Sepia officinalis, Var. b. Lam., 1799, Mém. de la Soc. d'hist. nat., in-4°, p. 7. — *Seiche truitée*, Montfort, 1805, Buff. de Sonn., Moll., t. I, p. 265, pl. 6. — *Sepia officinalis*, Lam., 1822, An. sans vert., t. VII, p. 668. — *Loligo sepioidea*. Blainv., 1823, Journ. de Phys., p. 133. — *Idem*, Blanv., 1823, Dict. des Sc. nat., t. XLVIII, p. 146. — *Sepia affinis*, Féruss., 1825, d'Orb., Tabl. méth. des Céph., p. 66, n° 3. — *Sepia biserialis*, Blainv., 1827, Dict. des Sc., nat., t. XLVIII, p. 284. — *Sepioteuthis biangulata*, Rang, 1837, Mag. de zool., p. 73, pl. 98. — *Sepioteuthis sepioidea*, d'Orb., 1838, Moll. des Antilles, t. I, p. 34, n° 9.

S. corpore ovato-oblongo, violaceo maculato; pinnis subangulatis, brachiis subulatis, inæqualibus, pro longitudine 3, 1, 4, 2. *Testâ lanceolatâ.*

Dim. Longueur totale, 95 mill.; longueur du corps, 35 mill.; longueur des bras tentaculaires, 55 mill.; des plus longs bras sessiles, 23 mill.

Animal oblong. Corps élargi en avant, très peu ventru à la moitié de sa longueur; de là s'amincissant jusqu'à l'extrémité, qui est très obtuse. Nageoires commençant à une très grande distance du bord du corps, s'élargissant d'une manière égale, jusqu'à la moitié de sa longueur, puis diminuant ensuite graduellement jusqu'à ne plus former qu'une crête qui enveloppe l'extrémité du corps; leur ensemble représente un rhomboïde assez régulier. Tête aussi large que le corps, déprimée. Bras sessiles grêles, les supérieurs comprimés, les autres déprimés, pourvus de cupules dont le cercle corné, très large, est armé de dents longues, aiguës, plus petites vers la partie étroite du bord. Bras tentaculaires à peine élargis en fer de lance, pourvus de cupules sur quatre lignes dont les deux médianes sont plus grosses. *Cou-*

leurs : blanc, le milieu du corps orné d'un grand nombre de taches arrondies, violet-brun, rapprochées et confluentes.

Coquille très mince, très transparente, convexe en dessus, concave en dessous, pourvue d'une côte médiane, large en haut, très étroite en bas ; expansions latérales minces, larges, sans épaississement aucun ; sa forme est celle d'un très large fer de lance arrondi, peu aigu.

Rapp. et diff. — Cette espèce, par sa nageoire élargie au milieu de la longueur, se rapproche des *S. Blainvilliana* et *australis ;* mais elle s'en distingue, ainsi que des autres, par l'insertion de ses nageoires très loin du bord ; elle se distingue encore de la première par l'angle que forment ses nageoires ; de la seconde, par la beaucoup moindre largeur de celle-ci, et le manque de cupules aux lobes de sa membrane buccale.

Hab. L'Océan Atlantique, à la Martinique, à Cuba (Antilles).

Explication des figures.

SEPIOTEUTHIS. — Pl. 7. Fig. 6. Animal entier, vu en dessus, de grandeur naturelle ; dessiné sur un individu conservé dans la liqueur. — Fig. 7. Animal vu en dessous. — Fig. 8. Cercle corné des cupules des bras sessiles, vu en dessus et grossi ; dessiné par nous d'après nature. — Fig. 9. Le même, vu de profil. — Fig. 10. Cercle corné des cupules des bras tentaculaires, grossi et vu de profil ; dessiné par nous d'après nature. — Fig. 11. Le même, vu en dessus.

N° 2. SEPIOTEUTHIS HEMPRICHII, *Ehremberg.*

Sepioteuthis Hemprichii, Ehremberg, 1831, Symbolæ physicæ, Céph., n° 1.

S. corpore compresso, posticè attenuato, rotundato, ne caudato, alâ subæquali totam bursam augente ellipticâ.

Dim. Longueur du corps, 160 mill. ; longueur totale, 490 mill.

Animal. Corps comprimé, effilé, aminci postérieurement et obtus. Nageoires enveloppant tout le corps, elliptiques ou ovales dans leur ensemble, larges d'environ deux pouces, commençant au bord même du corps, plus élargies près de la partie postérieure et étroites en avant ; membranes buccales divisées en sept pointes, celle d'en bas composée de deux lobes. Bras sessiles, les supérieurs les plus grêles, les latéraux inférieurs les plus longs et les plus forts. Bras tentaculaires, obtus, triangulaires, aussi longs que le corps, pourvus sur le tiers de leur longueur, de quatre rangées de cupules à cercle corné crénelé.

Couleurs. brune, réticulée par un grand nombre de petites lignes interrompues blanches ; des points noirs disposés en étoiles autour de taches orbiculaires. *Osselet interne* très mou, à peine appréciable au toucher.

Hab. La mer Rouge, près de Tor, Arabie, Ehremberg.

N° 3. SEPIOTEUTHIS LOLIGINIFORMIS, *d'Orbigny.* — *SÉPIOTEUTHES.* Pl. 4, fig. 1.

Chondrosepia loliginiformis, 1828, Leuckart, Ruppell, Atlas zu der Reis., p. 21, pl. 6, fig. 1.

S. colore suprà lucido fusco, infrà carneo, punctis parvis rubescentibus ubique sparsis ; membranâ alæformi posticùm partem versùs latiore, subtùs violescente.

Cette espèce se distingue facilement des autres par ses nageoires plus larges à l'extrémité du corps.

Hab. La mer Rouge, prope arcem quæ Mohila vocatur.

Explication des figures.

Sepioteuthis. — Pl. 4. Fig. 1. Copie de la figure donnée par M. Ruppell.

N° 4. SEPIOTEUTHIS LUNULATA, *Quoy et Gaimard.*—*SÈPIOTEUTHES.* Pl. 3, fig. 1. Pl. 6, fig. 1-8.

Sepioteuthis lunulata, Quoy et Gaimard, 1832, Zool. de l'Astrolabe, Moll., t. II, p. 74, pl. 3, fig. 8-13. — *Sepioteuthis guinensis*, Quoy et Gaimard, 1832, Zool. de l'Astrolabe, t. II, p. 72, pl. 3, fig. 1, 7. — *Sepioteuthis dorensis*, d'Orb. et Féruss., 1833, Céphal. acét., Sépioteuthes, pl. 3, fig. 3.

S. corpore ovali, pinnis dilatatis, lunulatis; brachiis elongatis, inæqualibus, pro longitudine 3, 2, 4, 1; *testâ lanceolatâ, angustatâ.*

Dim. Longueur totale, 480 mill.; longueur des bras tentaculaires, 285 mill.; des bras sessiles les plus longs, 110 mill.; longueur de la coquille, 90 mill. Par rapport à la longueur: largeur 17 cent.

Animal ovale-oblong. Corps épais relativement au reste, pourvu de nageoires très larges, charnues, commençant très près du bord, puis s'élargissant de plus en plus jusqu'aux deux tiers inférieurs de la longueur du corps; leur ensemble, y compris le corps, forme un ovale très irrégulier. Tête un peu déprimée. Bras sessiles longs, grêles, munis de cupules déprimées, obliques, dont le cercle corné oblique, excentrique, est armé de fortes dents crochues, espacées, longues du côté le plus large. Bras tentaculaires très élargis en fer de lance, obtus à leur extrémité, couverts de cupules déprimées, peu obliques, alternant sur quatre lignes presque d'égal diamètre, dont le cercle corné, étroit, est armé de dents très espacées aux grandes cupules médianes. *Couleurs*: rouge, brun foncé.

Coquille en fer de lance étroit, obtus à son extrémité, mince, marqué latéralement d'un épaississement externe longitudinal.

Rapp. et diff. — Cette espèce se distingue surtout par les taches dont les côtés de ses nageoires sont ornés.

Hab. Le grand Océan, au port Dorey, à la Nouvelle-Guinée et sur les côtes de l'île de Vanikoro.

Explication des figures.

Sepioteuthis. — Pl. 3. Fig. 1. *Sepioteuthis lunulata*, Quoy et Gaimard, vue en dessus (copie de l'expédition de l'Astrolabe). — Fig. 2. *Sepioteuthis guinensis*, Quoy et Gaimard, vue en dessus (copie de l'expédition de l'Astrolabe). Cette figure est à tort donnée par M. de Férussac, comme *S. doreiensis*, dénomination qui n'est pas celle de MM. Quoy et Gaimard. — Fig. 2 *a*. Osselet interne, vu en dessus (copie des figures de l'Astrolabe).

Sepioteuthis. — Pl. 6. Fig. 1. Trait en dessous et réduit de la *Sepioteuthis lunulata*, pour montrer l'ensemble des nageoires; dessiné d'après nature. — Fig. 2. Tête, vue de côté, pour montrer: *b*, la crête auriculaire; *a*, l'ouverture lacrymale; *c*, l'ouverture interne de l'oreille; dessinée par nous d'après nature. — Fig. 3. Extrémité d'un bras tentaculaire, pour montrer la légère inégalité de diamètre des cupules; dessinée d'après nature.—Fig. 4. Cercle corné grossi des cupules médianes des bras tentaculaires, vu en dessus; dessiné par nous d'après nature. — Fig. 5. Le même, vu de profil. — Fig. 6. Cercle corné des cupules des bras sessiles grossi, vu en dessus; dessiné par nous d'après nature. — Fig. 7. Le même, vu de profil. — Fig. 8. Osselet interne, vu en dessus; dessiné par nous d'après nature.

No 5. SEPIOTEUTHIS AUSTRALIS, *Quoy et Gaimard.*—*SÈPIOTEUTHES.* Pl. 5, fig. 5. Pl. 6, fig. 15-21.

Sepioteuthis australis, Quoy et Gaimard, Zool. de l'Astrolabe, t. II, p. 77, pl. 4, fig. 1. — *Idem*, Règne anim. avec fig., pl. 3 (copie de l'Astrol.).

S. corpore oblongo-elongato, anticè truncato, posticè acuto; pinnis latissimis, rhomboïdalibus; brachiis sessilibus elongatis, inæqualibus, pro longitudine, 3, 4, 2, 1, testâ lanceolatâ, dilatatâ.

Dim. Longueur totale, 710 mill.; longueur du corps, 285 mill.; longueur des bras tentaculaires, 415; des plus longs bras sessiles, 140; coquille, longueur, 120 mill. Par rapport à la longueur, largeur de la coquille, 22 cent.

Animal massif. Corps allongé, cylindrique, acuminé et obtus en arrière, tronqué obliquement en avant, muni de nageoires très grandes, très charnues, s'élargissant jusqu'à la moitié de la longueur du corps. Tête aussi large que le corps. Bras tentaculaires très forts, comprimés, pourvus d'une très grande massue et de cupules très grosses, dont le cercle corné des grosses cupules est armé de dents très obtuses, et espacées. *Couleur*: rose violacé en dessus.

Coquille mince, flexible, munie d'une côte médiane peu saillante, peu ferme, et d'expansions latérales commençant près des parties supérieures, prenant leur plus grande largeur vers le tiers inférieur, et épaissies vers leur extrémité latérale. L'ensemble représente un fer de lance très régulier.

Rapp. et diff. — Par ses nageoires plus larges au milieu de la longueur du corps, cette espèce se rapproche de la *S. Blainvilliana*, qui seule possède ce caractère; mais elle s'en distingue: par ses mêmes nageoires un peu rhomboïdales dans leur ensemble, par sa membrane buccale pourvue de cupules, par quelques différences dans les cercles cornés des cupules, par la plus grande largeur des massues, de ses bras tentaculaires, par sa coquille moins large, plus lancéolée, puis par les membranes de l'ombrelle existant entre les bras latéraux.

Hab. Le grand Océan, au port Western; Nouvelle-Hollande.

Explication des figures.

SEPIOTEUTHIS. — Pl. 5. Fig. 5. Animal vu en dessus (copie de l'ouvrage de MM. Quoy et Gaimard). La partie postérieure de la tête et les yeux sont fautifs dans cette figure.

SEPIOTEUTHIS. — Pl. 6. Fig. 15. Bras tentaculaire, vu en dessous, pour montrer la cavité sous-cupulaire *a*; dessiné par nous d'après nature. — Fig. 16. Une partie de la même montrant : *a*, le pédoncule des cupules; *b*, la membrane sous-cupulaire; *c*, la cavité. — Fig. 17. Osselet interne, vu en dessus; dessiné d'après nature. — Fig. 18. Cercle corné des cupules des bras sessiles, vu de profil; dessiné par nous d'après nature. — Fig. 19. Le même, vu en dessus. — Fig. 20. Cercle corné grossi des grandes cupules des bras tentaculaires, vu de profil et grossi; dessiné par nous d'après nature.

N° 6. SEPIOTEUTHIS BILINEATA, *d'Orbigny*. — *SEPIOTEUTHES*. Pl. 4, fig. 2.

Sepia bilineata, Quoy et Gaimard, 1832, Zool. de l'Astrol., Moll., t. II, p. 66, pl. 2, fig. 1. — *Sepioteuthis bilineata*, d'Orb. et Féruss., 1839, Céphal. acét., Sépioteuthes, pl. 4, fig. 2.

S. « *corpore elongato, rhomboïdali, vittâ cœruleâ cincto; pinnis medie dilatatis.* »

Animal. Corps très allongé, en forme de losange, ce qui tient à la disposition des nageoires élargies au milieu. Les yeux sont très larges, les bras tentaculaires petits. *Couleurs*: blanc bleuâtre, piqueté d'une foule de petits points couleur de laque plus ou moins foncée; deux lignes d'un vert d'aigue-marine magnifique se font remarquer à l'endroit de l'insertion des nageoires au corps. Une bande d'un noir bleuâtre prend à la partie supérieure de l'orbite, et s'étend à la paupière.

Hab. Le grand Océan, au port Western, situé dans le détroit de Bass, à l'extrémité sud de la Nouvelle-Hollande.

Explication des figures.

Sepioteuthis. — Pl. 4. Fig. 2. Animal vu en dessus (copie des figures faites sur le vivant, par M. Quoy). Dans ce dessin, la largeur des bras sessiles supérieurs près de leur extrémité, ne nous paraît pas être ordinaire au genre; nous croyons aussi qu'il y a erreur dans la forme des yeux qui ne peuvent être vus de profil, sur la convexité même de la tête?

N° 7. SEPIOTEUTHIS LESSONIANA, *Férussac.* — *SÉPIOTEUTHES*, pl. 1, pl. 6, fig. 9-14.

Sepioteuthis Lessoniana, Féruss,, 1825, d'Orb., Tabl. des Céph., p. 65 (sans description). — *Idem*, Lesson, 1830, Voy. de la coquille, Mollusques, p. 241, pl. 11.

S. Corpore elongato, violaceo maculato; pinnis posticè dilatatis; brachiis sessilibus inæqualibus, pro longitudine, 3, 4, 2, 1; *testâ lanceolatâ, lateribus incrassatâ.*

Dim. Longueur totale, 819 mill.; longueur du corps, 163 mill.; longueur des bras tentaculaires, 122 mill.; longueur des plus longs bras sessiles, 80 mill.; longueur de la coquille, 117 mill. Par rapport à la longueur : largeur de la coquille, 21 cent.

Animal oblong. Corps cylindrique en avant, muni de nageoires charnues, très amincies sur leurs bords, s'élargissant jusqu'aux deux tiers inférieurs; chacune d'elles, dans son grand diamètre, représente les deux tiers de la largeur du corps. Tête à peu près aussi large que l'ouverture du corps, pourvue de crête auriculaire, large, épaisse. Bras sessiles assez longs, couverts de cupules dont le cercle corné oblique est armé de dents aiguës, espacées, courbées en sens inverse de chaque côté. Bras tentaculaires élargis en massue très obtuse, munis de cupules grosses, très obliques, dont le cercle corné est étroit, peu oblique, et armé de dents courbes, aiguës, espacées. *Couleurs* : le dessus du corps est couvert partout de points violets bleuâtres.

Coquille lancéolée, convexe en dessus, concave en dessous, munie d'une côte médiane large en haut et d'expansions commençant au cinquième antérieur, qui ont leur plus grande largeur vers la moitié, sans crête latérale en dessous.

Rapp. et diff.—Il est peu d'espèces plus difficiles à distinguer entre elles que les *Sepioteuthis;* aussi, tout en conservant celle-ci, je n'ai que très peu de caractères qui la distinguent d'avec la *S. lunulata*, dont elle a les formes, les détails et beaucoup de traits de conformité. Les seuls points de dissemblance sont : le corps un peu plus allongé, les nageoires plus étroites en avant et sans taches, la longueur des bras; la membrane protectrice des cupules bien plus large, la coquille qui manque des côtes inférieures latérales.

Hab. Le grand Océan, à la Nouvelle-Guinée, à la terre des Papous, à Java, au cap Fabre, à Trinquemalay, sur les côtes de Malabar. L'individu rapporté par M. Lesson a sauté de la mer jusque sur le pont de la corvette la *Coquille.*

Explication des figures.

Sepioteuthis. — Pl. 1. Fig. 1. Animal entier, vu en dessus; dessiné d'après nature sur un individu conservé dans la liqueur. — Fig. 1 *a*, croquis du corps, vu en dessous. — Fig. 2. Osselet interne, vu en dessus; dessiné d'après nature. — Fig. 3. Mandibule inférieure, vue de profil; dessinée d'après nature et un peu grossie. — Fig. 4. Mandibule supérieure, vue de profil. — Fig. 5. Langue grossie, pour montrer les crochets dont elle est armée; dessinée d'après nature; *a*, cupule des bras tentaculaires grossie, vue de profil; dessinée d'après nature; *b*, cercle corné de cette cupule grossi, vu en dessus (figure peu exacte); *c*, cupule des bras sessiles grossie, vue de profil; *d*, cercle corné de la même cupule grossi, vu en dessus (figure peu exacte).

SEPIOTEUTHIS. — Pl. 6. Fig. 9. Cercle corné grossi, vu de profil, des grandes cupules médianes des bras tentaculaires; dessiné par nous d'après nature. — Fig. 10. Le même, vu de profil. — Fig. 11. Cercle corné grossi, vu en dessus, des cupules latérales des bras tentaculaires; dessiné par nous d'après nature. — Fig. 12. Cercle corné grossi, vu de profil, des cupules des bras sessiles; dessiné par nous d'après nature. — Fig. 13. Le même, vu en dessus. — Fig. 14. Extrémité du bras, vue du côté des cupules; dessinée d'après nature.

N° 8. SEPIOTEUTHIS BLAINVILLIANA, *Férussac*. — *SEPIOTEUTHES*. Pl. 2.

S. corpore lato, violaceo punctato; pinnis latis semicircularibus; brachiis sessilibus inæqualibus, pro longitudine 3, 4, 2, 1; *testâ lanceolatâ, dilatatâ.*

Dim. Longueur totale, 365 mill.; longueur du corps, 150 mill.; longueur des bras tentaculaires, 180 mill.; longueur des plus longs bras sessiles, 93; longueur de la coquille, 153 mill. Par rapport à la longueur : largeur, 25 cent.

Animal ovale. Corps cylindrique et tronqué en avant, diminuant de diamètre de son tiers inférieur jusqu'à son extrémité très obtuse; muni de nageoires charnues amincies, s'élargissant jusque vers la moitié de sa longueur, formant un ovale dans leur ensemble; chacune d'elles, dans son grand diamètre, ne fait pas les deux tiers du diamètre. Bras sessiles longs, grêles, pourvus de cupules dont le cercle corné, oblique, assez épais, est armé, à son bord interne, de dents aiguës, rapprochées, plus longues à la partie épaisse. Bras tentaculaires élargis médiocrement en palette obtuse à l'extrémité, portant des cupules médiocrement grosses, dont le cercle corné est semblable, seulement un peu plus étroit que celui des cupules des bras sessiles. *Couleurs :* corps ouvert de points violacés, espacés sur les côtés, très serrés sur la ligne médiane.

Coquille lancéolée, très large, mince, convexe en dessus, concave en dessous; pourvue d'une côte médiane ferme, diminuant de diamètre du haut en bas. Expansions latérales commençant très près de la partie supérieure, ayant leur grande largeur vers la moitié de la longueur; elles s'épaississent fortement sur les côtés à l'extrémité seulement.

Rapp. et diff. — Quoique, pour la forme générale, cette sépiotheute ait les plus grands rapports avec les espèces précédentes, elle s'en distingue par sa nageoire, dont la plus grande largeur est vers la moitié de sa longueur; par le manque de cupules aux lobes de la membrane buccale; par l'épaississement tuberculeux de la partie inférieure de celle-ci; par des dents bien plus rapprochées aux cercles cornés de ses cupules, et enfin par sa coquille large, renforcée latéralement, seulement à sa base.

Hab. Le grand Océan, à Java.

Explication des figures.

SEPIOTEUTHIS. — Pl. 2. Fig. 1. Animal vu en dessus; dessiné d'après nature sur un individu conservé dans la liqueur. — Fig. 2. Trait du corps, vu en dessous; dessiné d'après nature. — Fig. 3. Osselet interne, vu en dessus; dessiné d'après nature. — Fig. 4. Cupule des bras tentaculaires grossie, vue de profil; dessinée d'après nature. — Fig. 5. Cercle corné de la même cupule, vu en dessus (figure fautive par son manque de bourrelet interne). — Fig. 6. Cupule des bras sessiles, grossie et vue de profil; dessinée d'après nature. — Fig. 7. Cercle corné grossi, vu en dessus de la même cupule (fautif par le manque de bourrelet externe).

N° 9. SEPIOTEUTHIS MAURITIANA, *Quoy et Gaimard.* — *SÉPIOTEUTHES.* Pl. 5, fig. 1-4, pl. 7, fig. 1-5.

Sepioteuthis Mauritiana, Quoy et Gaimard, 1832, Zool. de l'Astrol., Moll., t. II, p. 76, pl. 4, fig. 2 à 6.

S. corpore lato, violaceo punctato; anticè truncato, posticè acuminato; pinnis angustatis; brachiis sessilibus inæqualibus, pro longitudine 3, 4, 2, 1; *testâ lanceolatâ, angustatâ, lateribus incrassatâ.*

Dim. Longueur totale, 420 mill.; longueur du corps, 160 mill.; longueur des bras tentaculaires, 210 mill.; longueur des plus longs bras sessiles, 81 mill.; longueur de la coquille, 90 mill. Par rapport à la longueur: largeur de la coquille, 15 cent.

Animal allongé; corps cylindrique sur la plus grande partie de sa longueur, acuminé en arrière, muni de nageoires peu larges, charnues, s'élargissant graduellement jusqu'aux deux tiers inférieurs, dont l'ensemble est élargi en arrière, rétréci en avant; chacune d'elles n'a que les deux tiers du diamètre du corps. Bras sessiles pourvus de cupules dont le cercle corné est oblique, armé à son bord interne d'un grand nombre de dents aiguës, crochues, très rapprochées les unes des autres. Bras tentaculaires grêles, munis de cupules peu obliques, dont le cercle corné des cupules médianes est armé de dents aiguës, crochues, espacées, plus longues du côté le plus large. *Couleurs:* parties supérieures violet rougeâtre.

Coquille lancéolée étroite, munie d'une côte médiane très forte et d'expansions latérales commençant un peu plus bas que le cinquième de la longueur et sont dans la plus grande largeur au tiers antérieur; sur les côtés, en dessous, on voit une crête saillante ou au moins un fort épaississement divergeant de l'extrémité vers le bord supérieur de l'expansion.

Rapp. et diff. Elle se distingue de la *S. lunulata*, par son corps plus allongé, ses nageoires plus étroites en avant et surtout en arrière, où elles ne paraissent pas être divisées, par la forme de sa crête auriculaire externe, beaucoup plus ondulée, par les cercles cornés, armés d'un bien plus grand nombre de dents aux bras sessiles; enfin, par la membrane de l'ombrelle marquée presque partout. Elle diffère du *S. Lessoniana*, avec laquelle elle a encore plus de rapports, par les cercles cornés de ses cupules armés de dents plus serrées, et surtout par les épaississements latéraux de sa coquille.

Hab. Le grand Océan, sur les côtes de l'île Maurice.

Explication des figures.

Sepioteuthis. — Pl. 5. Fig. 1. Animal vu en dessus (copie de la figure de MM. Quoy et Gaimard). — Fig. 2. Intérieur des bras et membrane buccale (copie). Les parties sont entièrement fausses dans cette figure. — Fig. 3. Cupule en dessus et de côté, grossie (copie). — Fig. 4. Osselet interne, vu en dessus (copie).

Sepioteuthis.—Pl. 7. Fig. 1. Membrane buccale et intérieure de l'ombrelle, pour rectifier les erreurs de la fig. 2, pl. 5; dessinée d'après nature. — Fig. 2. Cercle corné, vu en dessus, des cupules des bras sessiles, grossi et vu de profil; dessiné par nous d'après nature. — Fig. 3. Le même, vu de profil. — Fig. 4. Cercle corné des cupules des bras tentaculaires, grossi, vu en dessus; dessiné par nous d'après nature. — Fig. 5. Le même, vu de profil.

N° 10. SEPIOTEUTHIS SINENSIS, *d'Orbigny.*

Encyclopédie japonaise, article Ieou-iu (Poisson mou).

Synonymie, en japonais: *Ta-tsi-i-ka*. *Ming-siang* (poisson brillant); lorsqu'il est salé et sec, on l'appelle vulgairement en japonais, *Soci-ni*.

On lit dans le *Pen-thsao-kang-mo* (1) (ouvrage chinois qui traite de l'histoire naturelle) : Le *Ieou-iu* ressemble au *Niaotse* (la Seiche), seulement il n'a point d'os. (Remarque de l'éditeur japonais.) Le *Ieou-iu* est semblable au *Niao-tse* (Seiche), mais son corps est plus allongé et gros; on le fait sécher et on en fait du *siang* (poisson sec, en japonais *sourajnoulo*). Celui qu'on tire des cinq îles de l'arrondissement de *Feï-tc-heou*, a la chair plus épaisse; elle a un goût bien supérieur à celle des *Ieou-iu* ordinaires; on la mange grillée.

L'os du *Ieou-iu* ressemble à un bateau; il est mince et luisant, comme du papier ciré.

N° 11. SEPIOTEUTHIS MAJOR, *Gray*. — *SÉPIOTEUTHES*. Pl. 7, fig. 12.

Sepioteuthis major, Gray, 1828, Spicilegia zoologica, 1er fasc., p. 3, pl. 4, fig. 1. — Sépiotëuthes, pl. 7, fig. 12.

S. corpore subcylindrico, posticè attenuato; pinnis lateralibus per totam corporis longitudinem productis, medio extensis.

Dim. Longueur du corps, 750 mill.; longueur de la tête; 170 mill.; largeur du corps et des nageoires, 190 mill.

Animal. Corps subcylindrique, atténué postérieurement, muni de nageoires latérales s'étendant tout le long du corps, s'élargissant vers leur milieu. Tête déprimée; les bras au nombre de dix; bras sessiles pourvus de cupules à la base; bras tentaculaires simples à la base; le reste manque. (M. Gray.)

Explication des figures.

Sepioteuthes. — Pl. 7. Fig. 12. Copie de la figure donnée par M. Gray.

2e GENRE. **LOLIGO**, Lamarck.

Τευθὸς et Τευθίς, Aristote; *Loligo*, Pline, Belon, Rondelete; Genre *Sepia*, Linné, 1767; genre *Loligo*, Lamarck, 1799; *Calmars plumes* ou *Pteroteuthis*, section E, de Blainville, 1823.

Animal de forme allongée, la tête courte par rapport au reste. Corps lisse, allongé, subcylindrique, acuminé en arrière, tronqué obliquement en avant, et pourvu de trois saillies; une supérieure, deux latérales. Appareil de résistance, formé: 1° sur la base latérale du tube locomoteur, de chaque côté, d'une fosse très allongée, cartilagineuse, entouré de bourrelets sur les côtés, représentant un ensemble conique, acuminé en haut, très élargi en bas; 2° sur la paroi interne correspondante du corps, d'une crête très élevée, linéaire, longitudinale, placée au bord même du corps, et se prolongeant en s'élargissant sur moins du cinquième de sa longueur; 3° à la partie cervicale, médiane supérieure, d'un bourrelet allongé, cartilagineux, élevé bilobé, par un sillon médian; 4° à la paroi inférieure du corps, sous l'osselet, d'une partie modelée sur celle-ci; les parties se réunissent l'une sur l'autre, à la volonté de l'animal. Nageoires postérieures seulement, très larges sur les côtés, réunies et embrassant l'extrémité du corps en arrière; leur ensemble est le plus souvent rhomboïdal.

(1) Je dois à la complaisance de M. Stanislas Julien la traduction de cet article.

Tête du même diamètre que le corps, courte, déprimée, fortement rétrécie en arrière des yeux. Yeux libres dans la cavité orbitaire, gros, saillants, latéraux-supérieurs entièrement recouverts à l'extérieur par une membrane transparente, formée par la continuité de l'épiderme de la tête, qui, sur une très large surface ovale longitudinale, est comme vitrée, et laisse passer les rayons lumineux. Une ouverture lacrymale très petite en avant du globe de l'œil. Membrane buccale plus ou moins grande, très extensible, souvent plus courte en haut qu'en bas, pourvue de sept lobes charnus, allongés, à l'extrémité interne desquels sont presque toujours, sur deux rangs, des cupules obliques armées de cercle corné. Bec mince, flexible, partout moins à la partie rostrale; mandibule inférieure composée d'ailes latérales au capuchon, longues, flexibles et d'expansion postérieure assez longue, subcarénée en dessus, assez échancrée en arrière; mandibule supérieure, sans ailes latérales, munie d'un capuchon court, très séparé, et d'une expansion postérieure longue, sans échancrure. Oreille externe, composée d'une crête auriculaire transversale, ondulée, très épaisse, fortement élargie et recourbée en avant à ses extrémités. Le trou auditif externe est situé en avant et en dedans du repli inférieur de la crête auriculaire. *Ouvertures aquifères:* deux *brachiales*, une de chaque côté, située entre la troisième et la quatrième paire de bras; par laquelle les bras tentaculaires rentrent en partie dans une cavité sous-oculaire; six *ouvertures buccales*.

Bras sessiles conico-subulés, triangulaires ou comprimés, la troisième paire carénée en dehors, et élargie, tous très inégaux entre eux dans un ordre constant, la 3e paire la plus longue, la 1re la plus courte, la 4e et la 2e quelquefois égales. Une crête natatoire à la 3e paire de bras, une légère membrane protectrice des cupules en dehors de celle-ci. Cupules charnues obliques placées sur deux rangs alternes, fixées sur un petit pied, au sommet d'une saillie du bras, pourvues d'un cercle corné presque toujours denté à son bord le plus large, non convexe en dehors, muni seulement d'un bourrelet saillant circulaire très étroit. Bras tentaculaires rétractiles seulement en partie, assez longs, cylindriques, attachés à leur base par une bride, au bras inférieur, élargis en massue, plus souvent lancéolés à leur extrémité, pourvus en dessus d'une crête natatoire très prononcée, et en dessous de quatre rangs de cupules alternes, les deux médianes toujours plus grandes, peu obliques. Une cavité longitudinale sous une membrane mince intercupulaire occupe tout le milieu de la massue. *Cercle corné* comme celui des bras sessiles. Membrane de l'ombrelle, toujours nulle entre les bras inférieurs, longue entre les bras inférieurs et le latéral–inférieur de chaque côté, à peine visible ou nulle ailleurs. Tube locomoteur médiocre, non logé dans une cavité spéciale, retenu à la tête par deux brides très prononcées, laissant entre elles une cavité profonde. Il est muni d'une forte valvule interne.

Coquille occupant toute la longueur du corps, ayant toujours la forme d'une plume ou d'un fer de lance plus ou moins large, suivant les espèces; étroite en avant sur une petite longueur, puis élargie par des expansions latérales qui se terminent inférieurement en une pointe plus ou moins obtuse. Une forte côte ferme, médiane, convexe en dessus, concave en dessous, commence en avant, et se continue sur toute la longueur, en diminuant de diamètre jusqu'à l'extrémité.

Rapp. et diff. — Les calmars voisins, par tous leurs caractères, des *Sepioteuthis*, en diffèrent par la forme générale du corps toujours plus allongée; par des nageoires rhomboïdales dans leur ensemble, le plus souvent terminales, et n'occupant jamais toute la longueur du corps.

Les calmars sont des animaux essentiellement sociables. Ils sont aussi côtiers et nocturnes. Tous les ans, à la saison chaude, ils suivent une direction déterminée dans leurs migrations, des régions tempérées vers les régions chaudes, comme le font les sardines et les harengs. Ils séjournent ordinairement le temps de la ponte et disparaissent ensuite. Ils pondent sur le rivage, au-dessous ou au niveau des basses marées de sizygies. Leurs œufs, gélatineux et à un seul embryon, sont ordinairement réunis en grappes et attachés aux corps sous-marins.

Les calmars se nourrissent de petits poissons et de mollusques; ils sont aussi souvent la proie des cétacés à dents et des poissons. Ils sont estimés comme nourriture par les peuples du littoral de toutes les mers.

Hist. Aristote parle le premier de ces animaux, qu'il nomma *Teuthis* et *Teuthos*. — Pline ne les cite que d'après Aristote, et très en général. Il les nomme *Loligo*. Le nom de *calmar* leur est, à ce qu'il paraît, venu de *calamarium*, *calamar* en vieux français, de la ressemblance de l'animal avec ces encriers portatifs contenant la plume et l'encre (1).

Il ne fut plus question des calmars avant le XVIe siècle, où Belon, en 1551, et les autres auteurs du moyen âge, reprirent les notions données par les anciens. Linné, en publiant la dernière édition de son *Systema Naturæ* (1767), ne distingua pas, malgré sa sagacité ordinaire, les différences de formes des espèces de calmars figurés par Séba, et sous son nom de *Sepia loligo*, confondit toutes les citations relatives aux véritables calmars et aux ommastrèphes. Lamarck le premier, en 1799, partagea le genre *Sepia* de Linné en trois : *Sepia*, *Loligo* et *Octopus*, conservant dans le genre *Loligo* toutes les espèces à nageoires partielles et à osselet corné.

En 1823, M. de Blainville divisa les espèces en sections, ainsi qu'il suit. Section A ou *sépioles* (le genre *Sepiola* de Leach); section B ou *cranchies* (le genre *Cranchia* de Leach); section C ou *onychoteuthes* (le genre *Onychoteuthis* de Lischtenstein); section D ou *calmars flèches* (dont j'ai formé le genre *Ommastrèphes*); section E ou *calmars plumes* (les véritables *Loligo*). Dans cette dernière section, qui compose le genre *Loligo*, M. de Blainville décrit huit espèces, parmi lesquelles le *Pavo*, que j'ai reconnu appartenir au genre *Loligopsis*. En 1835, j'ai proposé de séparer des calmars le genre *Ommastrèphes*, pour le placer dans une autre famille.

On peut zoologiquement diviser les espèces de calmars en deux sections bien distinctes.

Première section. *Des cupules à la membrane buccale.*

L. Vulgaris, Lam.	L. Brasiliensis, Blainville.
Duvaucelii, d'Orb.	Pleii, Blainv.
Pealei, Lesueur.	Gahi, d'Orbigny.
Brevis, Blainv.	Reynaudii, d'Orb.

Deuxième section. *Sans cupules à la membrane buccale.*

L. Parva, Rondelet.	L. Sumatrensis, d'Orb.

On connaît du genre *Loligo* une espèce fossile, et un grand nombre d'espèces vivantes.

(1) Cœlius, *Lectiones antiquæ*, p. 24, 28.

ESPÈCES FOSSILES.

Nº 1. LOLIGO PYRIFORMIS, *d'Orbigny*.

Teudopsis pyriformis, Munster, 1843, Beitrag. zur Petref., VI, p. 58, taf. VI, fig. 3. — *Loligo pyriformis*, d'Orb., 1845, Paléont. univ., pl. 12; Paléont. étrang., pl. 10.

L. testâ ovato-oblongâ, lævigatâ anticè attenuatâ, posticè dilatatâ.

Dim. Longueur de la coquille : 93 mill. Par rapport à la longueur · largeur : 34 cent.

Coquille représentant un fer de lance élargi, dont la pointe est un peu obtuse. La côte médiane est du diamètre ordinaire aux espèces vivantes, prolongée en haut bien au-delà des ailes latérales.

Rapp. et diff. — Cette espèce est, par sa largeur, on ne peut plus voisine du *Loligo brevis*; elle en diffère néanmoins par son ensemble plus lancéolé.

Loc. M. le comte Munster l'a recueillie dans le lias supérieur d'Ohmden (Wurtemberg), et l'a rapportée au genre *Teudopsis*; mais, en la comparant à la coquille du *L. brevis*, il est facile de se convaincre que c'est un véritable *Loligo*, et en la classant dans ce dernier genre, il ne me reste aucune incertitude.

ESPÈCES VIVANTES.

Nº 2. LOLIGO VULGARIS (1), *Lamarck*. — *LOLIGO*. Pl. 8, pl. 9, pl. 10, pl. 22, fig. 1-2, pl. 23, fig. 1-12.

Τευθίς, Aristote, de Anim., lib. IV, 1, — *Loligo*, Pline, Hist. nat., lib. IX, cap. XXIX, p. 645. — *Loligo*, Belon, 1551, de Aquat., lib. II, p. 340; La nat. et div., 344. — *Loligo magna*, Rondelet, 1554, de Piscibus marinis, lib. XVII, p. 506, cap. IV, et Hist. nat. des Poissons; Lyon, 1558, p. 368. — *Loligo*, Salvianus, 1544, de Aquatil. animal., p. 170 (fig. origin.). — *Loligo magna*, Gesner, 1558, de Aquatilibus, lib. IV, p. 580 (copie de Rondelet). — *Idem*, Boussuet, 1558, de Natura aquatilium, p. 200 (copie de Rondelet). — *Loligo sive Calamaro* Mathiol, 1565, Commentar., lib. II, cap. XX, p. 327. — *Loligo major*, Aldrovande, 1642, de Mollibus, p. 67, 69, 70, 71 (cop. de Salvianus). — *Loligo major*, Johnston, 1650, Hist. nat., lib. I, cap. III, p. 10, t. I, fig. 4 (copie de Salvianus). — *Loligo*, Lister, 1685, Hist. sive syn., Tab. anat., 9, fig. 10, 11. — *Loligo major*, Ruysch, 1718, Theatrum univ. omn. anim., lib. IV, cap. III, p. 8, t. I, fig. 4. — Needham, 1750, Microsc., I, t. XII. — *Sepia loligo*, Linné, 1754, Museum Adolph. Fred., p. 94. — *Loligo biscale*, Borlase, 1758, The nat. hist. of Cornwall., p. 266, pl. 25, fig. 32. — *Sepia loligo*, Linné, 1767, Syst. nat., éd. XII, p. 1095, nº 4. — *Idem*, Scopoli, 1772, Hist. nat., p. 127. — *Idem*, Pennant, 1774, British zool., v. IV, p. 53, t. XXVII, nº 43. — *Idem*, Muller, 1776, Zool. Dan. Prod., nº 2815. — *Idem*, Gronovius, 1781, Zoophil. Gronov., p. 244, nº 1027. Idem, Acta Helv., v. V, p. 379, nº 489. — *Idem*, Herbst., 1788, Eintect. zuv. Ken., p. 79, nº 2, pl. 360 (copie de Pennant). — *Idem*, Gmel., 1789, Syst. nat. éd. XIII, p. 3150, nº 4. — *Loligo vulgaris*, Lamarck, 1799, Mém. de la Soc. d'hist. nat. de Paris, p. 11. — *Idem*, Lamarck, 1801, An. sans vert., p. 60. — *Sepia loligo*, Bosc, 1802, Hist. nat. des Vers, p. 46. — *Calmar commun*, Montfort, 1805, Buff. de Soun., Moll., II, p. 7. — *Loligo sagittata*, Bowdich, 1822, Elem. of Conch., pl. 1, fig. 2. — *L. vulgaris*, Lamarck, 1822, An. sans vert., t. VII, p. 667. — *Idem*, Féruss., 1823, Dict., class., t. III, p. 67. *Idem*, Blainv., 1823, Dict. des Sc. nat., t. XXVII, p. 143, et Journ. de Phys. — *L. pulchra*, Blainv., 1823, Dict. des Sc. nat., t. XXVII, p. 144. — *L. vulgaris*, Carus, 1824, Icon. Sep. nov. act. Phys. med. acad. cæs. Leop. Carol. nat. cur. t. XII, p. 319, pl. 31. — *Idem*, Féruss., 1825, d'Orb., Tab. des Céph., p. 63, nº 8. — *L. pulchra*, Féruss., 1825, d'Orb., Tab. des Céph., p. 63. — *L. vulgaris*, Payraudeau, 1826, Catal. des Moll. de Corse, p. 173, nº 352. — *Idem*, Risso, 1826, Hist. nat. de l'Eur. mér., t. IV, p. 6, nº 7. — *Idem*, Blainv., Faun. franç., pl. 3, fig. 0, p. 15. — *Loligo pulchra*, Blainv., Faun. franç., p. 17. — *L. Rangii*, Féruss., 1833, Céphal. acét., Calmars, pl. 19, fig. 4-6. — *L. vulgaris*, Philippi, 1836, Enum. Moll. Sic., p. 241, nº 1. — *L. Berthelotii*, Verany, 1837, Mém. de la Soc. des Sc., t. I, tab. VI (junior). — *L. vulgaris*, Bouchard, Cat des Moll. du Boul.,

(1) Le nom de *Magna*, comme le plus ancien, devrait être préféré, mais comme il prête à la méprise, puisque cette espèce n'est pas la plus grande, je ne l'adopte pas.

p. 71, n° 123. — *L. vulgaris*, d'Orb., 1838, Moll. des Canaries, p. 23, n° 7. — *Idem*, Potiez et Mich., 1838, Gall. des Moll. de Douai, t. I, p. 8, n° 1. — *Idem*, Cantraine, 1841, Malac. nouv. mém. de l'Ac. de Brux., t. XIII, p. 17, n° 3. — *Idem*, Thomson, 1844, Report of the Brit. assoc., p. 248. — *Idem*, d'Orb., 1845, Paléont. univ., pl. 10, fig. 1-12, pl. 11, fig. 2-4; Paléont. étrang., pl. 8, fig. 1-12, pl. 9, 2-4.

L. corpore oblongo, subcylindrico, posticè acuminato; pinnis semirhomboidalibus; brachiis conico-subulatis; testâ translucidâ, lanceolatâ, posticè dilatatâ.

Dim. Longueur totale, 700 mill.; longueur du corps, 340 mill.; diamètre du corps, 70 mill. Par rapport à la longueur du corps : longueur des nageoires, 67 cent.; largeur des nageoires ouvertes, 50 cent. ; longueur de la coquille : Par rapport à la longueur de la coquille : largeur, 14 cent.

Animal cylindrique à sa partie supérieure, puis à partir de l'insertion des nageoires, diminuant graduellement de diamètre jusqu'à l'extrémité. Nageoires occupant presque les deux tiers de la longueur du corps, formant dans leur ensemble un rhomboïde irrégulier à angles arrondis, beaucoup plus court en avant qu'en arrière; chacune d'elles n'a pas la largeur du diamètre du corps. Bras sessiles pourvus de cupules obliques, dont le cercle corné, ovale, à ouverture excentrique, est armé de onze à treize dents allongées obtuses du côté le plus large, le reste presque lisse. Bras tentaculaires très longs, munis de cupules dont les deux lignes médianes composées de très grosses peu obliques; leur cercle corné est irrégulier et n'a de dents que sur son bord le moins large; les deux lignes extérieures ont un cercle corné denté tout autour. *Couleur* : blanc bleuâtre transparent partout, couvert de taches rouge clair, plus serrées au milieu.

Coquille lancéolée, plus ou moins large suivant les sexes ; celle du mâle est allongée comme une plume ordinaire, celle de la femelle est beaucoup plus large et plus obtuse.

Rapp. et diff. — Voisine par sa forme du *L. Pealei*, cette espèce s'en distingue par ses nageoires moins rhomboïdales, par le cercle corné des cupules bien différent.

Le sexe y amène des différences assez marquées pour qu'à la première vue l'on puisse souvent se tromper; la femelle à toujours le corps plus large et moins long; l'osselet est aussi très différent, celui de la femelle étant toujours plus large vers son extrémité inférieure, et beaucoup plus obtus.

Hab. L'Océan Atlantique, sur les côtes d'Europe et d'Afrique jusqu'aux Canaries ; la Méditerranée.

Le *L. pulchra* de M. de Blainville me paraît être un individu femelle de cette espèce. Le *L. Rangii* de Férussac ne repose que sur une mauvaise figure, faite par M. Rang, et je le regarde comme un individu déformé. Le *L. Berthelotii* de M. Verany est évidemment un jeune individu du *L. vulgaris*.

Explication des figures.

Calmars. — Pl. 8. Fig. 1. Animal vu en dessus; dessiné d'après nature sur un individu récemment mort (Les bras tentaculaires sont peu exacts). — Fig. 2. Le même, vu en dessous; *a*, cupule des bras tentaculaires, vue de profil et grossie; dessinée d'après nature; *b*, cercle corné des cupules latérales des bras tentaculaires, vu en dessus et grossi; dessiné d'après nature; *c*, cercle corné des cupules médianes des bras tentaculaires.

Calmars. — Pl. 9. Fig. 1 *a*. Les deux mandibules, vues en dessus, mais dans une position inverse à la nature; dessinées par nous d'après nature. — Fig. 1. Les mêmes mandibules, vues de profil. — Fig. 1 *b*. La mandibule inférieure, vue de profil. — Fig. 1 *c*. La mandibule supérieure, vue de profil. — Fig. 2. Osselet interne d'un individu mâle, vu de face en dessus ; dessiné par nous d'après nature. — Fig. 2 *a*. Le même, vu de profil. — Fig. 3. Osselet interne d'un individu femelle, vu en dedans ; dessiné par nous d'après nature.

CALMARS. — Pl. 10. Fig. 1. Groupe d'œufs de calmar, vu dans son ensemble ; dessiné par nous d'après nature. — Fig. 1 *a*. Le noyau ou masse gélatineuse de laquelle partent les grappes d'œufs. — Fig. 2. Œuf séparé de la masse peu de temps après la ponte, avec son vitellus au centre ; dessiné par nous d'après nature et très grossi. — Fig. 3. Œuf un peu plus avancé, montrant l'embryon attaché à son vitellus. — Fig. 4. Le même œuf un peu plus avancé. — Fig. 5. Œuf plus avancé encore. — Fig. 6. Œuf de grandeur naturelle. — Fig. 6 *a*. Œuf avec le jeune calmar approchant de l'instant où il doit sortir de son enveloppe, le vitellus alors très peu volumineux. — Fig. 6, *b*. Le même jeune calmar sorti de son œuf, vu en dessus et fortement grossi, pour montrer les taches dont il est couvert.

CALMARS. — Pl. 22. Fig. 1. Animal adulte vu en dessus ; dessiné sur le vivant par M. Vérany. — Fig. 2. Jeune animal vu en dessus ; dessiné d'après nature sur le vivant par M Vérany, qui, l'ayant considéré comme une espèce nouvelle, l'a nommé *Loligo Berthelotii*. — Fig. 3. Le même, vu en dessous.

Pl. 23. Fig. 1. Appareil de résistance latéral sur la base du tube anal ; dessiné d'après nature. — Fig. 2. Contre-partie du même appareil, vue de face. — Fig. 3. Appareil de résistance cervical, vu en dessus. — Fig. 4. Le même, vu en dessous, dans le corps. — Fig. 5. Partie céphalique, vue de profil, pour montrer l'œil recouvert ; *a*, l'orifice lacrymal ; *b*, l'oreille. — Fig. 6. Membrane buccale, ouverte avec ses cupules. — Fig. 7. Cercle corné des grosses cupules des bras tentaculaires, vu en dessus et grossi ; dessiné d'après nature. — Fig. 8. Le même, vu de profil. — Fig. 9. Cercle corné des petites cupules latérales des bras tentaculaires, vu de profil. — Fig. 10. Cercle corné, vu en dessus, des cupules des bras sessiles ; dessiné par nous d'après nature et grossi. — Fig. 11. Le même, vu de profil. — Fig. 12. Extrémité des bras tentaculaires, vue en dessous, pour montrer : *a*, les membranes sous-cupulaires.

N° 3. LOLIGO PARVA, *Rondelet*. — *LOLIGO*. Pl. 17, pl. 23, fig. 19-21.

Τευθις, Aristote, de Anim., lib. IV, I. — *Loligo*, Belon, 1551, de Aquatilibus, p. 339 ; en français, 1555, p. 342. — *Loligo parva*, Rondelet, 1554, de Piscibus, lib. XVII, cap. V, p. 508. — *Loligo parva*. Gesner, 1558, de Aquatilibus, lib. IV, p. 581. — *Idem*, Boussuet, 1558, de Nat. aquat., p. 200. — *Loligo minor*, Rondeletii, Aldrov., 1642, de Mollib., p. 72 et p. 67. — *Loligo minor*, Jonston, 1659, Hist. nat. Exang., lib. I, de Moll., cap. III, p. 8, t. I, fig. 5. — *Idem*, Ruysch, Theatr., 1718, Exang, t. 1, fig. 5, p. 8. — *Sepia media*, Linné, 1767, Syst. nat., éd. XII. p. 1095, n° 3. — *Sepia media*, Scopoli, 1712, Hist. nat., p. 27 et suiv. — *Sepia media*, Pennant, 1774, Brit. zool., IV, p. 54, t. XXIX, fig. 45 (fig. origin.). — Herbst., 1788, Eintect., p. 80, n° 3. — *Teuthis*, 1784, Schneider, Sammling. Verm., p. 112. — *Sepia media*, Gmel., 1789, Syst. nat., ed XIII, p. 3150, n° 3. — *Idem*, Turton, Brit. zool., p. 119. — *Sepia media*, Brug., 1789, Encycl. méth., pl. 76, fig. 9 (copie de Pennant). — *Loligo subulata*, Lam., 1799, Mém. de la Soc. d'Hist. nat. de Paris, t. I, p. 15, n° 3. — *Sepia subulata*, Bosc, 1802, Buff. de Deterv., Vers, t. I, p. 46. — *Calmar dard*, Montfort, 1805, Buff. de Sonn., Moll., t. II, p. 74, pl. 16 et 17. — *Calmar contourné*, Montfort, 1805, idem, p. 82, pl. 18 (fig. imag.). — *Loligo parva*, Leach, 1817, The natur. miscell., t. III, p. 138. — *Loligo subulata*, Lamarck, 1822, An. sans vert., t. VII, p. 664, n° 8. *Idem*, Blainv., 1823, Journ. de Phys, p. 131. — *Idem*, Blainv., 1823, Dict. des Sc. nat., t XXVII, p. 143. — *Idem*, Féruss., 1823, Dict. class., t. III, fig. 67, n° 5. — *L. spiralis*, Féruss., 1823, Dict. class., n° 6. — *L. subulata*, Féruss., 1825, d'Orb., Tab. des Céph, p. 53, n° 9. — *L. spiralis*, Féruss., 1825, d'Orb., Tab. des Céph., p. 63, n° 10. — *L. subulata*, Peyraudeau, 1826, Cat. des Moll. de Corse, p. 172, n° 350. — *Idem*, Blainville, Faun. franç., p. 16. — *L. marmoræ*, Verany, 1837, Mém. de l'Acad. des sc. de Turin, t. 1, pl. 5 (individu femelle). *L. subulata*, Potiez et Mich., 1838, Gal. des Moll. de Douai, t. I, p. 8, n° 2. — *Idem*, Cantraine, 1841, Malac. nouv. mém. de l'Ac. de Brux., t. XIII, p. 17, n° 2. — *Idem*, Thomson, 1844, Rep. of the Brit. ass., p. 248. — *Loligo media*, Thomson, 1844, ibid., p. 248.

L. corpore elongato, subulato, posticè acuminato, producto ; pinnis angustatis ; testâ elongatâ, lanceolatâ, angustatâ.

Dim. Longueur totale, 194 mill. ; longueur du corps, 140 mill. ; diamètre du corps, 13 mill. Par rapport à la longueur du corps : longueur des nageoires, chez le *mâle*, 77 cent. ; chez la *femelle*, 67 cent. ; longueur de la coquille, 105 mill. Par rapport à la longueur : largeur de la coquille, 13 cent.

Animal excessivement allongé, corps disproportionné à la tête par sa longueur, subcylindrique, diminuant graduellement jusqu'à ne former qu'une queue arrondie en pointe obtuse à son extrémité, du double de longueur chez les mâles que chez les femelles. Nageoires très séparées en avant, réunies à l'extrémité de la queue, en arrière: leur ensemble en avant représente une partie cordiforme un peu rhomboïdale, qui se rétrécit de suite en arrière, et se réduit à une côte élevée jusqu'à l'extrémité du corps. Membrane buccale sans cupules. Bras sessiles pourvus de cupules dont le cercle corné est armé de dents obtuses rapprochées du côté le plus large. Bras tentaculaires longs, terminés en fer de lance, munis de cupules dont le cercle corné est entouré de dents obtuses très rapprochées. *Couleurs* : blanc bleuâtre, couvert sur le dessus de très petits points jaunes, roses ou rouge violacé.

Coquille lancéolée, étroite antérieurement; de l'endroit où elle atteint sa plus grande largeur, elle diminue graduellement, en reployant sur les côtés, pour entourer l'extrémité caudale du corps.

Rapp. et diff. — C'est peut-être de tous les calmars, l'espèce la plus facile à distinguer par le grand prolongement de l'extrémité du corps, prolongement tel qu'il forme, chez les mâles surtout, une longue queue aiguë. Cette espèce se distingue encore par le manque de cupules à la membrane buccale, ainsi que par ses nageoires représentant un cœur dans leur ensemble.

Hab. L'Océan Atlantique, sur les côtes de France et d'Angleterre; la Méditerranée.

J'y réunis le *L. marmoræ*, que j'ai reconnu n'être qu'un individu femelle.

Explication des figures.

CALMARS. — Pl. 17. Fig. 1. *Loligo parva* mâle, vu en dessus; dessiné par nous sur un animal frais. — Fig. 2. Le même, vu en dessous. — Fig. 3. Trait du corps, vu en dessus, d'un individu femelle pour montrer la différence de longueur du corps. — Fig. 4. Osselet interne, vu en dessus; dessiné d'après nature et de grandeur naturelle. — Fig. 5. Le même, vu en dessous. — Fig. 6. Mandibule inférieure grossie, vue de profil; dessinée d'après nature. — Fig. 7. Mandibule supérieure grossie, vue de profil; dessinée d'après nature. — Fig. 8. Extrémité d'un bras tentaculaire pour montrer la disproportion dans les cupules; *a*. cercle corné des grosses cupules des bras tentaculaires, vu en dessus.

CALMARS. — Pl. 23. Fig. 13. Individu mâle, vu en dessus; dessiné d'après nature sur le vivant. — Fig. 14. Un trait du dessous du corps pour montrer les saillies de la partie antérieure. — Fig. 15. Appareil de résistance de la base du tube anal; dessiné par nous d'après nature. — Fig. 16. Contre-partie du même appareil. — Fig. 17. Côté de la tête grossi pour montrer l'œil; *a*. son ouverture lacrymale; *b*, l'oreille; *c*, la crête. — Fig. 28. Cercle corné des bras tentaculaires, vu en dessus. — Fig. 19. Le même, vu de profil. — Fig. 20. Cercle corné des cupules des bras sessiles, vu de profil; dessiné d'après nature et grossi. — Fig. 21. Cercle corné, vu en dessus, de la même cupule; dessiné d'après nature.

N° 4. LOLIGO PEALEI, *Lesueur*. — *LOLIGO*. Pl. 11, pl. 20, fig. 17-21.

Loligo Pealei, Lesueur, 1821, Journ. of the Acad. hist. of. Philad., t. II, p. 92, pl. 8, fig. 1-2. — *Idem*, Blainv., 1823, Journ. de Phys. p. 132. — *Idem*, Blainv., 1823, Dict. d'hist. nat., t. XXVII, p. 144. — *Idem*, Féruss., 1823, Dict. class., t. III, p. 67, n° 13. — *Idem*. Féruss., 1825, d'Orb., Tab. des Céph., p. 63, n° 12.

L. corpore elongato, subconico posticè acuminato; pinnis rhomboidalibus; testâ angustatâ, lanceolatâ.

Dim. Longueur totale, 380 mill.; longueur du corps, 164; diamètre du corps, 41. Par rapport à la longueur du corps: longueur des nageoires, 64 cent.; largeur des nageoires, 58 cent.; longueur de la coquille, 150 mill. Par rapport à la longueur: largeur, 18 cent.

Animal oblong, pourvu de nageoires épaisses occupant les trois cinquièmes de la longueur du corps, s'unissant en avant sans laisser d'échancrures; leur ensemble représente un rhomboïde très arrondi sur les côtés, dont la face antérieure est de peu de chose plus courte que la postérieure; chacune d'elle, dans sa plus grande largeur, n'a pas le diamètre du corps. Bras sessiles longs, munis de cupules très obliques, dont le cercle corné très haut est armé de six à sept dents coupées carrément à leur extrémité, l'autre côté, aplati, formant un retour intérieur. Bras tentaculaires longs, pourvus de cupules très grandes, peu obliques, dont le cercle corné des plus grosses forme un anneau étroit armé en dedans, à tout son pourtour de dents aiguës rapprochées, alternativement longues et courtes, quelquefois deux courtes de suite entre chacune de celles qui sont longues. Le cercle corné des petites cupules, garni tout autour de dents; celles-ci plus longues du côté du plus large, et là de longueur inégale, en alternant d'une manière plus irrégulière encore que celles des grandes cupules. *Couleurs*: teinte générale rosée; sur le corps, la tête et le dessus des bras, on remarque un grand nombre de taches violet foncé.

Coquille en fer de lance étroit, très régulier.

Rapp et diff. — Cette espèce a les plus grands rapports de forme et de caractères avec le *L. vulgaris*, mais il s'en distingue par ses nageoires formant un rhomboïde plus régulier, par l'inégalité de largeur des membranes latérales, par la couleur de son bec, par une plus grande longueur des bras relativement au corps, par les cercles cornés des cupules tout à fait différents, et enfin par son tube locomoteur plus long.

Hab. L'Océan Atlantique sur les côtes de la Caroline du Sud et de New-York, Etats-Unis.

Explication des figures.

CALMARS. — Pl. 11. *Loligo Pealei*, Lesueur, vu en dessus et de grandeur naturelle; dessiné d'après nature sur un individu conservé dans la liqueur. — Fig. 2. Osselet interne, vu en dessus; dessiné d'après nature et de grandeur naturelle. — Fig. 3. Membrane buccale avec ses lobes armés de cupules; dessinée d'après nature. — Fig. 4, *a*. Cupule latérale des bras tentaculaires, vue de profil; dessinée d'après nature et grossie. — Fig. 5, *a*. Cupule médiane des bras tentaculaires, vue de profil; dessinée d'après nature et grossie.—Fig. 5, *b*. Cercle corné de la même cupule, vu en dessus (peu exact). — Fig. 5, *c*. Le même cercle corné, vu de profil.

CALMARS. — Pl. 20. Fig. 17. Cercle corné des cupules latérales des bras tentaculaires, vu de profil; dessiné par nous d'après nature et grossi. — Fig. 18. Cercle corné des cupules des bras sessiles, vu de profil et grossi; dessiné par nous d'après nature. — Fig. 19. Le même cercle corné, vu de face en dessus. — Fig. 20. Cercle corné des cupules médianes des bras tentaculaires, vu en dessus; dessiné par nous d'après nature et grossi. — Fig. 21. Le même cercle corné, vu de profil.

N° 5. LOLIGO PLEI, *Blainville*. — *LOLIGO*. Pl. 16, pl. 24, fig. 9-13.

Loligo Plei, Blainv., 1823, Journ. de Phys., p. 132. — *Idem*, Blainv., 1823, Dict. des Sc. nat., t. XXVII, p. 145. — *Idem*. Féruss., 1825. d'Orb., Tab. des Céph., p. 64, n° 14. — *Idem*, d'Orb., 1338, Moll. des Antilles, t. I, p. 42, n° 11. — *Idem*, d'Orb., 1845, Paléont. univ., pl. 11, fig. 6; Pal. étrang., pl. 9, fig. 6.

L. corpore elongatissimo, cylindrico, posticè acuminato; pinnis brevibus, rhomboidalibus; brachiis conico-subulatis, inæqualibus, pro longitudine parium brachiorum* 3°, 4°, 2°, 1°; *testâ elongatâ, angustatâ.

Dim. Longueur totale, 276 mill.; longueur du corps, 163 mill.; diamètre du corps, 24 mill. Par rapport à la longueur du corps : longueur des nageoires, 50 cent.; largeur des nageoires,

34 cent.; longueur de la coquille, 163 mill. Par rapport à la longueur : largeur, 10 cent.

Animal très allongé, dont les nageoires n'occupent que la moitié de la longueur du corps, et forment dans leur ensemble un rhomboïde très allongé. Les angles externes en sont très arrondis, la largeur beaucoup moindre que la longueur; chacune d'elles a plus de largeur que le diamètre du corps. Bras sessiles très courts, pourvus de cupules dont le cercle corné, oblique sans bourrelet, bien marqué, est entièrement lisse en dedans. Bras tentaculaires légèrement élargis en fer de lance à leur extrémité, munis de cupules dont le cercle corné des plus grandes à la base est lisse en dedans, puis armés de pointes aiguës à celles de l'extrémité. Cercle corné des petites cupules latérales beaucoup plus oblique, armé de dents plus longues du côté le plus large. *Couleurs* : blanc tacheté de rouge brun, surtout à la ligne médiane supérieure.

Coquille très étroite, en fer de lance, pourvue longitudinalement de trois sillons au milieu.

Rapp. et diff. — Cette espèce n'a réellement de rapports avec aucune autre, sa forme étant beaucoup plus allongée, son corps plus mince, sa nageoire plus terminale, quoique longue; ses bras des plus courts par rapport à l'ensemble, les cercles cornés des cupules des bras sessiles sans dents, et enfin son osselet plus étroit que chez les autres calmars.

Hab. L'Océan Atlantique dans les mers des Antilles, à la Martinique et à Cuba.

Explication des figures.

CALMARS. — Pl. 16. Fig. 1. Animal vu en dessus, de grandeur naturelle; dessiné d'après nature sur un exemplaire conservé dans la liqueur. — Fig. 1. *a*, Croquis du corps vu en dessous, dans lequel l'extrémité du corps n'est pas assez aiguë. — Fig. 2. Osselet interne, vu en dessus (très bonne figure d'après nature); *a*, cupule des bras tentaculaires, vue de profil; dessinée d'après nature et grossie; *b*, cercle corné des cupules de côté des bras tentaculaires (figure médiocre); *c*, cupule des bras sessiles; *d*, cercle corné des cupules des bras sessiles (c'est à tort qu'il manque de bourrelet externe).

CALMARS. — Pl. 24. Fig. 9. Cercle corné des grandes cupules des bras tentaculaires, vu en dessus; dessiné d'après nature et grossi. — Fig. 10. Le même, vu de profil. — Fig. 11. Cercle corné des petites cupules latérales des bras tentaculaires, vu de profil et grossi; dessiné d'après nature — Fig. 12. Cercle corné des cupules des bras sessiles, vu de profil et grossi; dessiné d'après nature. — Fig. 13. Le même, vu en dessus.

N° 6. LOLIGO BRASILIENSIS, *Blainville*. — *LOLIGO*. Pl. 12, pl. 19, fig. 1. pl. 20, fig. 1-5.

Loligo brasiliensis, Blainv., 1823, Journ. de Phys. — *Idem*, Blainv., 1823, Dict. des Sc. nat., t. XXVII, p. 144. — *Idem*, Féruss., 1825, d'Orb., Tab. des Céph., p. 64, n° 13. — *Loligo Poeyiana*, Féruss., 1833, pl. de Calmars, n° 19, fig. 1, 2, 3. — *Loligo brasiliensis*, d'Orb., 1835. Voy. dans l'Am. mér., Moll., p. 63. — *Idem*, d'Orb., 1838, Moll. des Antilles, t. 1, p. 38, n° 10.

L. corpore elongato, subcylindrico, posticè acuminato; pinnis brevibus, rhomboidalibus; testâ lanceolatâ, angustatâ, anticè obtusâ, dilatatâ.

Dim. Longueur totale, 380 mill.; longueur du corps, 155 mill.; diamètre du corps, 35 mill. Par rapport à la longueur du corps : longueur des nageoires, 52 cent.; largeur des nageoires, 59 cent.; longueur de la coquille, 155 mill. Par rapport à la longueur : largeur, 14 cent.

Animal allongé, dont les nageoires n'occupent que la moitié de la longueur; elles sont minces, sans échancrure antérieure, se continuant jusques et au-delà de l'extrémité du corps, leur ensemble représentant un rhomboïde régulier à angles arrondis, plus large que long;

chacune d'elles a presque la largeur du diamètre du corps. Membrane buccale, pourvue de cupules. Bras sessiles triangulaires, munis de cercle corné ovale, à ouverture excentrique, armés de six à sept dents larges, coupées carrément, placées du côté le plus large. Bras tentaculaires très longs, ayant des cupules dont le cercle corné des plus larges, en anneau peu régulier, est armé tout autour de dents aiguës également espacées et d'égale grosseur. Le cercle corné des petites cupules est oblique, armé en dedans de dents très longues, espacées au côté le plus large, courtes et serrées au côté étroit. *Couleurs :* parsemé de petites taches rouges, plus rapprochées sur les parties supérieures médianes du corps et de la tête.

Coquille étroite, en fer de lance, très déprimée, large du haut; outre le sillon médian et épais ordinaire, elle est soutenue sur sa longueur de deux autres, qui partent de la bordure de la partie antérieure.

Rapp. et diff. — Cette espèce diffère essentiellement du *L. vulgaris* et du *L. Pealei*, par sa nageoire beaucoup plus courte, ainsi que par les cercles cornés de ses cupules.

Hab. L'Océan Atlantique, sur les côtes du Brésil et des Antilles, à Rio de Janeiro, au Brésil, à l'île de Cuba.

J'y réunis le *L. Poeyiana* de M. de Férussac.

Explication des figures.

Calmars. — Pl. 12. Fig. 1, Animal vu en dessus, de grandeur naturelle; dessiné d'après nature sur un individu conservé dans la liqueur. — Fig. 1. *a*, Trait du dessous du corps, pour montrer l'insertion des nageoires. — Fig. 1. *b*, Trait du dessous de la tête, avec le tube anal. — Fig. 2. Osselet interne, vu en dessus; dessiné d'après nature (cette figure est fautive en ce qu'elle est trop conique). — Fig. 3. Mandibule supérieure, vue de profil; dessinée d'après nature et de grandeur naturelle. — Fig. 3. *a*, Mandibule inférieure, vue de profil; dessinée d'après nature; *a*, cupule des bras tentaculaires grossie, vue de profil; *b*, cercle corné de cette cupule, vu en dessus (médiocre figure).

Calmars. — Pl. 19. Fig. 1. *Loligo Poeyianus*, Férussac, vu en dessus; dessiné sur un individu conservé dans la liqueur (on a oublié les crêtes auriculaires). — Fig. 2. Trait du corps en dessous. — Fig. 3. Osselet interne, vu en dessus; dessiné d'après nature (assez exact).

Calmars. — Pl. 20. Fig. 1. Cercle corné des cupules des bras sessiles, vu de profil et grossi; dessiné d'après nature. — Fig. 2. Le même, vu en dessus. — Fig. 3. Cercle corné des grosses cupules des bras tentaculaires, vu de profil; dessiné d'après nature. — Fig. 4. Le même, vu en dessus. — Fig. 5. Cercle corné des petites cupules latérales des bras tentaculaires, vu de profil et grossi; dessiné d'après nature.

N° 7. LOLIGO BREVIS, *Blainville.* — *LOLIGO.* Pl. 13, fig. 4-6, pl. 15, fig. 13, pl. 24, fig. 14-19.

Loligo brevis, Blainv., 1823, Journ. de Phys., mars. — *Idem*, Blainv., 1823, Dict. des Sc. nat., t. XXVII, p. 145. — *Loligo brevipinna*, Lesueur, 1824, Journ. of the Acad. of nat. hist. of Philad., t. III, p. 282. — *Idem*, Féruss., 1824, Bullet. univ. Sc. nat., t. III, p. 92. — *Idem*, Féruss., 1825, d'Orb., Tab. des Céph., p. 64, n° 17. — *Loligo brevis*, Féruss., 1825, d'Orb., Tabl. des Céph., p. 64, n° 10. — *Idem*, d'Orb., 1835, Voy. dans l'Am. mér., Moll., p. 62. — *Idem*; d'Orb., 1845, Paléont. univ., pl. 11, fig. 1; Paléont. étrang., pl. 9, fig. 1.

L. corpore cylindrico, posticè obtuso; pinnis brevibus, transverso-ovalibus; testâ dilatatâ, oblongâ, anticè prolongatâ, angustatâ.

Dim. Longueur totale, 190 mill.; longueur du corps, 77 mill.; diamètre du corps, 27 mill. Par rapport à la longueur du corps : longueur des nageoires, 50 cent.; largeur des nageoires, 65 cent.; longueur de la coquille, 77 mill. Par rapport à la longueur : largeur, 28 cent.

Animal raccourci. Corps oblong, court, muni de nageoires épaisses, occupant la moitié de la longueur, larges, charnues, formant dans leur ensemble un ovale transverse; chacune d'elles a plus de largeur que la moitié du diamètre du corps, et forme un demi-cercle irrégulier, dont le diamètre se rétrécit en avant. Bras sessiles assez longs, pourvus de cercle corné, armés de simples festons, au nombre de 10 à 12, peu profonds au bord le plus large, l'autre lisse. Bras tentaculaires longs, grêles, munis de cupules sur quatre rangs presque égaux en diamètre, dont le cercle corné des cupules médianes et armé en dedans de dents aiguës, plus longues sur le bord le plus large. Les cupules latérales sont plus obliques, leur cercle corné est armé seulement à son large bord, l'autre lisse. *Couleurs* : blanc bleuâtre, une teinte rosée se remarquant sur toute la ligne médiane supérieure.

Coquille très large, oblongue, dilatée, très mince, très flexible en bas, étroite en haut.

Rapp. et diff. — Cette espèce se distingue facilement de toutes les autres par sa forme plus courte, par ses nageoires formant un ovale transversal, par l'énorme disproportion de ses bras, par ses cupules égales en grosseur aux bras tentaculaires, et par sa coquille très large.

Je crois que c'est la même espèce que le *L. brevipinna* de Lesueur.

Hab. L'Océan Atlantique, sur les côtes du Brésil, à Rio de Janeiro.

Explication des figures.

CALMARS. — Pl. 13. Fig. 4. *Loligo brevipinna*, Lesueur, vu en dessus (copie de la figure de M. Lesueur). — Fig. 4. *a*. Cupule des grands bras, vue de profil (copie). — Fig. 4. *b*, La même, vue en dessus (copie). — Fig. 4. *c*, Groupe de cupules (copie). — Fig. 5. Animal vu de profil (copie). — Fig. 6. Osselet interne, vu en dessus (copie).

CALMARS. — Pl. 15. Fig. 1. *Loligo brevis*, Blainville, vu en dessous, dessiné sur un animal conservé dans la liqueur. — Fig. 2. Le même, vu en dessous ; dessiné d'après nature. — Fig. 3. Osselet interne, vu en dessus ; dessiné d'après nature; *a*, cupule du milieu des bras tentaculaires, vue de profil; dessinée d'après nature et grossie ; *b*, cercle corné de la même cupule, vu en dessus; dessiné d'après nature ; *c*, cupule des bras sessiles, vue de profil ; dessinée d'après nature ; *c*, cercle corné de la même cupule, vu en dessus; dessiné d'après nature et grossi.

CALMARS. — Pl. 24. Fig. 14. Tête, vue de côté pour montrer l'oreille ; dessinée d'après nature. — Fig. 15. Cercle corné des bras sessiles, grossi, vu de profil ; dessiné par nous d'après nature. — Fig. 16. Le même, vu en dessus. — Fig. 17. Cercle corné des grandes cupules des bras tentaculaires, vu de profil ; dessiné par nous d'après nature — Fig. 18. Cercle corné des cupules latérales des bras tentaculaires, vu de profil et grossie ; dessiné d'après nature.

N° 8. LOLIGO REYNAUDII, *d'Orbigny*. — *LOLIGO*. Pl. 24.

Loligo Reynaudii, d'Orb., 1845, Paléont. univ., pl. 11, fig. 3; Paléont. étrang., pl. 9, fig. 3.

L. corpore elongato, acuminato ; pinnis elongatis, rhomboidalibus; brachiis inæqualibus, carinatis; testâ lanceolatâ, anticè angustatâ

Dim. Longueur totale, 710 mill. ; longueur du corps, 335 mill. ; diamètre du corps, 50 mill. Par rapport à la longueur du corps : longueur des nageoires, 70 cent. ; largeur des nageoires, 47 cent.; longueur de la coquille, 335 mill. Par rapport à la longueur : largeur de la coquille, 12 cent.

Animal très allongé. Corps légèrement renflé au milieu, acuminé en arrière, muni de nageoires occupant plus des deux tiers de la longueur, formant, dans leur ensemble, un rhomboïde allongé, dont les angles latéraux sont fortement arrondis, et dont la partie postérieure est la plus longue. Chaque nageoire, dans sa largeur, a plus que le diamètre du corps. Bras sessiles peu longs, dont les trois paires inférieures sont pourvues en dehors d'une crête saillante; le cercle corné est armé de dents aiguës du côté le plus large, de l'autre elles s'atténuent jusqu'à disparaître entièrement sur un très petit espace. Bras tentaculaires gros et cylindriques, élargis en fer de lance à leur extrémité. Entre les grosses cupules du milieu est un sillon membraneux longitudinal, séparé du bras et laissant circuler l'eau en dessous. Cupules très grandes au milieu, dont le cercle corné est lisse en dedans; le cercle corné des cupules latérales est oblique, armé de dents aiguës, plus longues du côté le plus large. *Couleurs* : couvert en dessus d'un grand nombre de petits points violacés, rapprochés sur la ligne médiane.

Coquille en plume étroite; l'extrémité supérieure est peu large, ferme; l'inférieure est en pointe obtuse.

Rapp. et diff. — Cette espèce se distingue de toutes les autres par sa forme allongée et la grande longueur qu'occupent les nageoires relativement au corps; ce dernier caractère la rapproche du *Loligo vulgaris*, mais elle en diffère par sa forme plus élancée, par sa coquille plus étroite, par ses bras plus courts, ainsi que par tous les détails de ses cercles cornés.

Hab. L'Océan Atlantique, au cap de Bonne-Espérance.

Explication des figures.

Calmars. — Pl. 24. Fig. 1. Animal vu en dessus ; dessiné d'après nature, sur un individu conservé dans la liqueur et réduit. — Fig. 2. Tête vue de côté, pour montrer : *a*, l'œil; *b*, la crête auriculaire ; *c*, l'oreille ; *d*, orifice lacrymal. — Fig. 3. Osselet interne, vu en dessous; dessiné d'après nature et réduit. — Fig. 4. Cercle corné des cupules des bras sessiles, vu de profil; dessiné par nous d'après nature. — Fig. 5. Le même cercle corné, vu de face et en dessus. — Fig. 6. Cercle corné des cupules médianes des bras tentaculaires, vu de profil ; dessiné d'après nature et grossi. — Fig. 7. Cercle corné des cupules médianes des bras tentaculaires (de celles de l'extrémité), vu en dessus; dessiné par nous d'après nature. — Fig. 8. Cercle corné, grossi des cupules latérales des grands bras, vu de profil ; dessiné par nous d'après nature.

N° 9. LOLIGO GAHI, *d'Orbigny*. — *LOLIGO*. Pl. 21, fig. 3-4.

Loligo gahi, d'Orbigny, 1835, Voy. dans l'Am. mér., t. V, Moll., p. 60, pl. 3, fig. 1-2. — *Idem*, d'Orb., 1845, Paléont. univ., pl. 10; fig. 12-13; Paléont. étrang., pl. 8, fig. 12-13.

L. corpore elongato, subcylindrico, albido, rubro maculato; pinnis terminalibus, brevibus, rhomboidalibus; brachiis elongatis; testâ elongatâ, anticè productâ, angustatâ, posticè dilatatâ.

Dim. Longueur totale, 200 mill.; longueur du corps, 110 mill.; diamètre du corps, 22 mill. Par rapport à la longueur du corps : longueur des nageoires, 42 cent.; largeur des nageoires, 49 cent.; longueur de la coquille, 110 mill. Par rapport à la longueur : largeur de la coquille, 15 cent.

Animal allongé dont les nageoires n'occupent pas la moitié du corps; leur ensemble est rhomboïdal à angles extérieurs arrondis, plus large que haut. Bras sessiles très longs, pourvus de cercles cornés très obliques, armés en dedans, à leur partie la plus large, de cinq à six dents larges, obtuses. Bras tentaculaires munis de cupules inégales, dont le cercle corné des grandes est oblique, et armé en dedans de dents serrées et obtuses toutes égales; celui des petites est oblique, armé de dents aiguës à l'intérieur, les plus longues du côté le plus large. *Couleurs* : blanc bleuâtre, couvert de taches rouge-bistré très nombreuses, sur la tige médiane supérieure.

Coquille en forme de plume, étroite en haut, s'élargissant avant le tiers de la longueur, et diminuant ensuite jusqu'à son extrémité assez aiguë.

Rapp. et diff. — Par la forme du corps, la longueur respective des nageoires, ce calmar ressemble assez au *L. Brasiliensis*, mais il s'en distingue, par son appareil de résistance dorsal non sillonné, par ses membranes buccales avec sept lobes, tandis que dans l'autre espèce elle n'en a que six, par les cupules des bras sessiles plus obliques, dont le cercle corné a moins de dents, et n'est pas sillonné en dehors par les dents des cercles cornés des grandes cupules plus rapprochées et plus nombreuses; par la coquille plus large, plus semblable à une plume.

Hab. Le grand Océan, sur les côtes de l'Amérique méridionale, à Valparaiso (Chili), d'Orb.

Explication des figures.

CALMARS. — Pl. 21 Fig. 3. *Calmar gahi*, vu en dessus, copié sur la figure que nous en avons faite sur le vivant, et qui a été publiée dans les Mollusques de notre ouvrage dans l'Amérique méridionale.—Fig. 4. Osselet interne, vu en dessus (figure fautive).

CALMARS. — Pl. 20. Fig. 22. Osselet interne, vu en dessus; dessiné d'après nature et de grandeur naturelle. — Fig. 23. Cercle corné des cupules des bras sessiles, vu de profil; dessiné par nous d'après nature et grossi. — Fig. 24. Le même cercle corné, vu de face en dessus. — Fig. 25. Cercle corné des cupules, médiane des bras tentaculaires, vu de profil et grossi; dessiné par nous d'après nature.— Fig. 26. Le même cercle corné, vu en dessus. — Fig. 27. Cercle corné des cupules latérales des bras tentaculaires, vu en dessus et grossi; dessiné par nous d'après nature. — Fig. 28. — Le même, vu de profil.

N° 10. LOLIGO SUMATRENSIS, *d'Orbigny*. — *LOLIGO*. Pl. 13, fig. 1-3.

L. corpore brevi, cylindrico; pinnis brevibus rhomboidalibus; testâ oblongâ cochleariformi, anticè angustatâ productâ.

Dim. Longueur totale, 130 mill.; longueur du corps, 50 mill.; diamètre du corps, 16 mill. Par rapport à la longueur du corps : longueur des nageoires, 54 cent.; largeur des nageoires; 55 cent.; longueur de la coquille, 50 mill. Par rapport à la largeur : largeur de la coquille, 23 cent.

Animal raccourci. Corps oblong, diminuant en cône de la naissance des nageoires à l'extrémité, qui est très obtuse. Nageoires peu épaisses, formant dans leur ensemble un rhomboïde régulier, tronqué en avant et arrondi sur les côtés, presque aussi large que haut; chacune d'elles ayant moins que le diamètre du corps; membrane buccale sans cupules. Bras sessiles longs, pourvus de cupules dont le cercle corné et armé de six à huit dents très obtuses, placées sur le côté le plus large, l'autre lisse. Bras tentaculaires longs, grêles, terminés en massue lancéolée et munis de cupules inégales, à cercle corné lisse en dedans. Le cercle des cupules latérales est armé de dents aiguës du côté le plus large. *Couleurs* : en dessus, des taches d'un violet foncé, sur un fond rosé.

Coquille ayant la forme d'une large plume très étroite en avant, large, obtuse en arrière.

Rapp. et diff. — Cette espèce a de l'analogie, par sa forme générale, avec le *L Duvaucelii*, mais elle s'en distingue par sa coquille large à sa base, et étroite en avant, par le manque de cupules aux membranes buccales, par les cercles cornés des cupules des bras tentaculaires, ainsi que par quelques autres détails de formes.

Hab. Le grand Océan, sur la côte de Sumatra.

Explication des figures.

CALMARS. — Pl. 13. Fig. 1. *Loligo sumatrensis*, d'Orb., vu en dessus; dessiné par nous d'après nature sur un individu conservé dans la liqueur. — Fig. 2. Le même, vu en dessous. — Fig. 3. Osselet interne, vu en dessus; dessiné par nous de grandeur naturelle. — Fig. 1. *a*, Mandibule inférieure grossie, vue de profil; dessinée par nous d'après nature. — Fig. 1. *b*, Mandibule supérieure grossie, vue de profil. — Fig. 1. *c*, Cupule des bras sessiles, grossie, vue de profil; dessinée d'après nature. — Fig. 1. *d*, Cercle corné de la même cupule, vu en dessus. — Fig. 1. *e*, Cupule des bras tentaculaires grossie, vue de profil; dessinée d'après nature. — Fig. 1. *f*, Cercle corné de cette même cupule, grossi, vu en dessus; dessiné d'après nature.

N° 11. LOLIGO DUVAUCELII, *d'Orbigny*. — *LOLIGO*. Pl. 14, pl. 20, fig. 6-16.

L. corpore oblongo-elongato; pinnis terminalibus, brevibus, angustatis; testâ oblongâ, lanceolatâ, anticè posticèque dilatatâ.

Dim. Longueur totale; 290 mill.; longueur du corps, 140 mill.; diamètre du corps, 31 mill. Par rapport à la longueur du corps: longueur des nageoires, 52 cent.; largeur des nageoires, 56 cent.; longueur de la coquille, 140 mill. Par rapport à la longueur: largeur de la coquille, 21 cent.

Animal court, pourvu de nageoires n'occupant que la moitié de la longueur du corps, et offrant dans leur ensemble un rhomboïde irrégulier à angles arrondis, plus large que haut; chacune d'elles ayant le diamètre du corps. Bras sessiles pourvus d'une crête membraneuse en nageoire au côté externe, aux bras latéraux-inférieurs; et aux bras inférieurs leur cercle corné oblique, armé en dedans, du côté le plus large, de huit dents larges et obtuses. Bras tentaculaires très élargis en fer de lance à leur extrémité, munis de cupules peu inégales, dont le cercle corné des grandes est très étroit et armé intérieurement de dents aiguës espacées, plus longues du côté le plus large. Les cupules latérales sont obliques, et leur cercle corné à dents beaucoup plus inégales, très courtes du côté le moins large. *Couleurs :* partout, en dessus de très nombreuses taches violettes, très rapprochées les unes des autres, sur la ligne médiane.

Coquille ayant la forme d'une plume plus ou moins large, suivant les sexes, élargie et pourvue de trois sillons en haut; élargie en bas.

Rapp. et diff. — Cette espèce a, par sa coquille, les plus grands rapports avec le *L. Brasiliensis*; mais elle s'en distingue nettement par la plus grande largeur de la partie supérieure de cette coquille, par ses nageoires occupant plus de la moitié du corps, par sept lobes, au lieu de six à la membrane buccale; par les crêtes des bras sessiles; par la membrane large et sillonnée de l'extérieur des cupules, et enfin par le peu de disproportion des cupules des bras tentaculaires.

Hab. Le grand Océan, dans les mers de l'Inde, à Sumatra, à la côte de Malabar, à Bombay, à Pondichéry, à Batavia et aux Moluques.

Explication des figures.

CALMARS. — Pl. 14. Fig. 1. Animal vu en dessus; dessiné d'après nature sur un individu conservé dans la liqueur (les bras tentaculaires sont peu exacts). — Fig. 2. Le même animal vu en dessous. — Fig. 3. Osselet interne, vu en dessus et de grandeur naturelle; dessiné d'après nature. — Fig. 4. Grosse cupule des bras tentaculaires, vue de profil; dessinée d'après nature et grossie. — Fig. 5. Cercle corné de cette cupule, vu en dessus; dessiné d'après nature (peu exact). — Fig. 6. Cupule des bras sessiles, vue de profil et grossie, dessinée d'après nature. — Fig. 7. Cercle corné de cette même cupule, vu en dessus et grossi; dessiné d'après nature.

CALMARS. Pl. 20. Fig. 6. Osselet interne, vu en dessous. — Fig. 7. Tête de côté pour montrer l'oreille et l'orifice aquifère; dessiné d'après nature. — Fig. 8. Un trait de la nageoire ouverte. — Fig. 9. Membrane buccale développée; dessinée d'après nature. — Fig. 10. Un bras tentaculaire, vu en dessous, pour montrer les cupules inégales. — Fig. 11. Cercle corné des cupules des bras sessiles, vu de profil; dessiné d'après nature et grossi. — Fig. 12. Le même cercle corné, vu en dessus. — Fig. 13. Cercle corné des grandes cupules des bras tentaculaires, vu de profil et grossi; dessiné d'après nature. — Fig. 14. Le même cercle corné, vu en dessus. — Fig. 15. Cercle corné des petites cupules latérales des bras tentaculaires, vu de profil et fortement grossi; dessiné d'après nature. — Fig. 16. Le même cercle corné, vu en dessous.

N° 12. LOLIGO MINIMA, *d'Orbigny*. — *CRANCHIES*. Pl. 1, fig. 4-5.

Cranchia minima, Féruss., 1830, Cranchies, pl. 1, fig. 4-5.

Dim. Longueur, 31 mill.; long. du corps, 15 mill.

Animal lisse, oblong, conique, muni de nageoires très petites, demi-circulaires, situées latéralement un peu avant l'extrémité du corps et très distantes entre elles. Bras sessiles courts, peu inégaux, pourvus de cupules alternes sur deux lignes. Bras tentaculaires longs, cylindriques, sans élargissement à leur extrémité; cette partie pourvue de deux rangées de petites cupules alternes pédonculées. *Couleurs*. Couvert de taches violacées.

Hab. Les côtes d'Afrique. Cette espèce est, sans aucun doute, le jeune, soit du *L. vulgaris*, soit du *L. parva*. Dans tous les cas, c'est une espèce incertaine du genre *Loligo*, et non une *Cranchia*, comme l'avait pensé M. de Férussac.

Explication des figures.

Cranchies. — Pl. 1. Fig. 4. Individu jeune. — Fig. 5. Le même, vu en dessous.

N° 13. LOLIGO CARUNCULATA, *Férussac.*

Sepia carunculata, Schneider, Beobacht und Endeck aus. der nat., t. V, p. 42. — *Sepia*, Schneider, 1788, Isert. Reise nach Guinea, p. 7. — *Loligo carunculata*, Féruss., manuscrit.

Sepia carunculata. Brachiis 8, tentaculis 2, intus carunculis triangulis vel cylindricis, acetabulis raris, pinnulis rhomboideis; colore suprà nigro cinereo, subtùs argenteo. (Schneider.)

Sepia.... tentaculis 10, carnosis, lanceolatis intùs cerratis: binis intermediis longioribus. Os maxillis instructum castaneis asseis in centro tentaculorum, affixum. Corpus oblongum teres: lobi anales rhomboïdei. Oculi ad latera capitis inserti nigri. Color suprà nigro cinereoque irroratum, subtùs argenteum. (Schneider.)

Hab. Le golfe de Guinée. (Schneider.)

N° 14. LOLIGO GRONOVII, *Férussac.*

Sepia, Gronovius, 1781, Zoophyl., p. 244, n° 1028.

Corpore subcylindrico obtuso: cauda ancipiti rhombea: tentaculis binis dimidium corporis æquantibus. Forma cum antecedente convenit. (Loligo vulgaris.) Tentacula bina reliquorum brachiorum longitudinem non tantum, sed et dimidium totius corporis adæquant. Corporis apex acuminatorotundatus. Pinniformes appendices utrinque triquetræ, latæ, ad apicem caudæ usquè prolongatæ. (Gronovius.)

Habit. In Mari Indico.

N° 15. LOLIGO LANCEOLATA, *Rafinesque.*

Rafinesque, 1814, Précis de Découv. somiolog, p. 29.

Habit. La Méditerranée, côtes de Sicile. Espèce seulement nommée sans description. C'est sans doute une des espèces décrites, peut-être le *Loligo parva.*

N° 16. LOLIGO ODOGADIUM, *Rafinesque.*

Rafinesque, 1814, Précis de Découv. somiolog., p. 29.

Habit. La Méditerranée, côtes de Sicile. Espèce citée sans description. C'est sans doute une des deux espèces connues.

N° 17. LOLIGO EBLANÆ, *Thomson.*

Loligo Eblanæ, Thomson, 1844, Report of the Brit. Ass. p. 248.

Habit. Des côtes d'Irlande. Espèce qui ne m'est pas connue.

Seconde division. DECAPODA OIGOPSIDÆ, d'Orbigny.

Caractérisés par leurs yeux ouverts en dehors, en contact immédiat avec l'eau.

4e Famille. LOLIGOPSIDÆ, d'Orbigny.

Animal de consistance membraneuse. Corps allongé, pourvu de nageoires arrondies ou ovales dans leur ensemble. Point de crête auriculaire. Yeux latéraux antérieurs, sans sinus lacrymal. Membrane buccale très courte. Ouvertures aquifères, brachiales et anales nulles. Tube locomoteur sans aucune bride supérieure, ni valvule interne.

Coquille interne cornée, généralement allongée, sans loges aériennes.

Rapp. et diff. Cette famille, distincte des *Loligidæ* par ses yeux ouverts en dehors, diffère des *Teuthidæ*, par le manque de sinus lacrymal, par le manque de valvule interne au tube locomoteur, de crête auriculaire, et d'ouvertures aquifères. Elle s'en distingue encore par sa consistance membraneuse.

J'y réunis les genres *Loligopsis*, *Chiroteuthis* et *Histioteuthis*.

1er GENRE. LOLIGOPSIS, Lamarck.

Loligopsis, Lam. 1812; *Leachia*, Lesueur, 1821; *Loligo*, Blainville, 1823; *Perothis*, Eschscholtz, 1827.

Animal pourvu d'une tête très petite par rapport à l'ensemble, et d'un corps très allongé, conique, diminuant graduellement de grosseur des parties supérieures aux inférieures. Appareil de résistance, consistant en trois larges brides ou attaches fixes placées au bord même du corps, qui le lient intimement à la tête, l'une cervicale ou dorsale à l'extrémité de la saillie médiane de la coquille. Les deux autres latérales, inférieures, au lieu où est ordinairement l'appareil inférieur mobile. Nageoires terminales, occupant le quart de la longueur du corps, en l'embrassant postérieurement, et dont l'ensemble est ovale. Tête large, très courte, très déprimée, fortement rétrécie en avant et en arrière, sans crête cervicale, munie d'yeux subpédonculés très gros formant de chaque coté, comme un énorme mamelon. Leur ouverture est ovale, latérale-antérieure, sans sinus lacrymal, donnant dans un sac qui entoure l'œil, sans former de paupières distinctes Membrane buccale, courte, pourvue de sept lobes peu saillants, sans cupules. Oreille externe formée d'un orifice simp'e, placé derrière, et un peu au-dessous de l'œil. Ouvertures aquifères brachiales, buccales et anales nulles.

Bras sessiles, conico-subulés, très contractiles, arrondis, très inégaux, les inférieurs quelquefois pourvus de crête natatoire, en dehors et en dedans d'une légère membrane protectrice des cupules. Leurs cupules, peu charnues, sphériques ou déprimées, obliques et pédonculées, alternant sur deux lignes et sont pourvues de cercle corné, lisse et convexe à l'extérieur. Les bras tentaculaires non rétractiles, grêles à leur base, sont placés en dehors de la membrane de l'ombrelle, quand celle-ci existe. Le tube locomoteur est très gros, large, long, s'avançant jusqu'au dessous du globe de l'œil; il est échancré sur les côtés à son extrémité; l'insertion en est simple sans aucune bride ni cavité supérieure, et l'intérieur simple sans valvule, comme chez les octopodes.

Coquille interne, cornée, flexible, composée d'une longue tige, carénée ou convexe en dessus, diminuant de diamètre jusqu'à près de la moitié, où elle est pourvue d'expansions latérales qui lui donnent la figure d'une lance.

Rapp. et diff..—Ce genre est pour ainsi dire une anomalie parmi les décapodes, car il a le tube locomoteur sans valvule interne comme les octopodes, tandis que ses bras et ses autres caractères le placent parmi les décapodes. Il diffère des autres genres de cette famille, par son corps qu'unissent à la tête trois points fixes, au lieu d'un appareil facultatif; par ses nageoires plus terminales; par ses yeux subpédonculés; enfin par la forme de sa coquille interne, pourvue d'une longue tige supérieure.

Les *Loligopsis* ont été confondus avec les loligo. Ils constituent néanmoins un groupe particulier propre au milieu des océans.

N° 1. LOLIGOPSIS PAVO, *d'Orbigny.* — *LOLIGO.* Pl. 6. — *LOLIGOPSIS.* Pl. 4, fig. 1-8.

Loligo pavo, Lesueur, 1821, Journ. of the Acad. of nat. Sc. of Philad., t. II, p. 96, n° 5, pl. ad., p. 97. — *Idem*, Blainv, 1823, Journ. de Phys, mars, p. 33. — *Idem*, Blainv., 1823, Dict. des Sc. nat, t. XXVII, p. 143. — *Idem*, Féruss., 1823, Dict. class., t. III, p. 67, n° 16.

L. corpore lævigato, conico, rubro maculato; pinnis terminalibus, angustatis, cordiformis; testâ elongatâ, anticè attenuatâ, posticè lanceolatâ.

Dim. Longueur totale, plus d'un mètre; longueur du corps, 273 mill. Par rapport à la longueur du corps : longueur des nageoires, 28 cent.; largeur des nageoires, 17 cent. Longueur de la coquille, 273 mill. Par rapport à la longueur; largeur de la coquille, 13 cent.

Animal formé d'un corps lisse, très allongé, en cône, ayant des nageoires courtes et étroites, molles, sans échancrures antérieures à son extrémité, et cordiformes dans leur ensemble. Tête aussi large que le corps, portant des bras sessiles, courts et grêles, dont les trois paires supérieures sont arrondies. Leurs cupules sont très déprimées, larges, obliques, munies de cercles cornés, lisses à l'extérieur, dont le bord interne est divisé en dents carrées; bras tentaculaires grêles. *Couleur* : Violet foncé ou rouge tacheté de violacé.

Coquille interne, très mince, presque gélatineuse, flexible, pourvue, vers la moitié inférieure de sa longueur d'expansions latérales qui se continuent jusqu'à son extrémité, et représentent les barbes d'une plume. Sa forme générale est celle d'une lance.

Hab L'Océan Atlantique, dans toutes ses parties arctiques. A Sandy-Bay; en vue de Madère.

Explication des figures.

CALMARS. — Pl. 6. Fig. 1. Animal vu en dessus et réduit; dessiné d'après nature sur un individu conservé dans la liqueur. — Fig. 2. Sommet du corps avec la tête, vue de côté; dessiné d'après nature. — Fig. 3. Croquis de la partie inférieure du corps, vue en dessous; dessinée d'après nature. — Fig. 4. Osselet interne, vu en dessus, de grandeur naturelle; dessiné d'après nature; *a*. cupule des bras sessiles, vue de profil; dessinée d'après nature et grossie; *b*, cercle corné, vu en dessus et grossi; dessiné d'après nature.

LOLIGOPSIDI. — Pl. 4. Fig. 1. Partie supérieure du corps pour montrer ses trois attaches à la tête *a*; dessinée d'après nature. — Fig. 2. Tête vue en dessus. — Fig. 3. Bouche et ses membranes vues en dessus. — Fig. 4. Mandibule supérieure vue de profil. — Fig. 5. Cercle corné des cupules de la base des bras sessiles inférieurs, vu de profil et grossi; dessiné par nous d'après nature. — Fig. 6. Le même, vu en dessus. — Fig. 7. Cercle corné des cupules de l'extrémité des bras sessiles inférieurs fortement grossi, vu de profil; dessiné par nous d'après nature. — Fig. 8. Le même, cercle vu en dessus.

N° 2. LOLIGOPSIS CYCLURA, *Férussac*. — *LOLIGOPSIS*. Pl. 1, fig. 1, pl. 3, pl. 4.

Leachia cyclura, Lesueur, 1821, Journ. of the Acad. of nat. Soc. of Philad., vol. II, p. 90, pl. 6. — *Loligo Leachii* Blainv., 1823, Dict. des Sc. nat., t. XXVII, p. 135. — *Idem*, Blainv., 1823, Journ. de Phys., p. 124. — *Loligopsis cyclurus*, Féruss., 1823, Dict. class., t. II, p. 68, pl. fig. 3. — *Loligopsis Leachii*, Féruss., 1825, d'Orb., Tabl. des Céph., p. 57. — *Loligopsis guttata*, Grant, 1833, Trans. of the zool. Soc. of London, v. 1, p. 21, pl. 2. — *Perothis pellucida*, Eschscholtz, manuscrit, 1827. — *Perothis pellucida*, Rathke, 1833, Mém. de l'Acad. des sc. de Saint-Pétersbourg. t. II.

L. corpore conico, albido, rubro maculato, lateribus longitudinaliter tuberculis acutis ornato; pinnis latis, subrhomboidalibus; testâ elongatâ, angustatâ anticè, posticèque subdilatatâ, lanceolatâ.

Dim. Longueur totale, 143 mill. Longueur du corps, 95 mill. Par rapport à la longueur du corps: largeur des nageoires, 30 cent.; largeur des nageoires, 41 cent.; longueur de la coquille, 95 mill. Par rapport à la longueur: largeur de la coquille, 10 cent.

Animal, assez élancé; corps allongé, conique, légèrement renflé au milieu et rétréci à l'insertion des nageoires en avant, coupé carrément. En dessous, vis-à-vis des attaches, est une série longitudinale un peu arquée de onze gros tubercules à quatre pointes coniques et de plusieurs autres plus petits. Nageoires représentant chacune un peu plus d'un demi-cercle. Leur ensemble forme une ellipse ou même un rhomboïde obtus, dont le grand diamètre est transversal. *Bras sessiles*, assez gros, coniques, très contractiles, inégaux; dans l'ordre de longueur, 3, 2, 4, 1, dont les capsules presque sphériques sont pourvues de cercle corné à ouverture excentrique, sans dents à l'intérieur. *Couleur* d'eau transparente, avec onze taches rondes, brunes en dessus, et dix en dessous, symétriquement placées. *Coquille interne* mince, très étroite, en forme de glaive, un peu élargie au tiers inférieur, et à sa partie antérieure, terminée en pointe très acérée et ferme. Elle est carénée en dessus, concave en dessous, avec une cavité en gaîne un peu avant son extrémité.

Rapp. et diff. — Cette espèce se distingue facilement du *L. pavo* par sa forme générale, par les tubercules inférieurs de son corps, par la forme de ses nageoires, par la grande disproportion de ses bras sessiles, ainsi que par la forme de sa coquille, caractères qui la distinguent aussi nettement des autres *Loligopsis*.

Hab. Le grand Océan, dans l'océan Indien, à l'est des Maldives et sur le banc des Anguilles, près du cap de Bonne-Espérance, etc.

Hist. Je réunis à cette espèce le *Leachia cyclura* de Lesueur, le *Loligopsis guttata* de Grant, et le *Perotis pellucida* d'Eschscholtz.

Explication des figures.

CALMARET. — Pl. 1. Fig. 1. *Leachia cyclura*, Lesueur, vu en dessus, copie de la figure donnée par M. Lesueur.

CALMARET. — Pl. 3. Fig. 1. *Loligopsis guttata*, Grant, en entier, vu en dessus, de grandeur naturelle. (Cette figure, ainsi que toutes celles de cette planche, est copiée de M. Grant.) — Fig. 2. Animal vu en dessous. (Nous croyons les tubercules latéraux fautifs.) — Fig. 3. Animal ouvert, montrant les viscères; *a*, œsophage; *b*, estomac; *c*, estomac en spiral; *d*, anus; *e*, *e*, lobes du foie; *f*, bourse du noir; *g*, ovaire; *h*, surface intérieure des tubercules latéraux; *k*, tube anal ouvert; *l*, *l*, bras tentaculaires. — Fig. 4. Animal ouvert pour montrer le système nerveux et vasculaire en position; *a*, ganglion œsophagien; *b*, grands ganglions dorsaux; *c*, grands nerfs dorsaux; *d*, veine cave; *e*, *e*, les masses vésiculaires; *f*, *f*, cœurs branchiaux ou auricules, précédés chacun d'une masse vésiculaire; *g*, *g*, canaux hépatiques; *h*, glandes pancréatiques. — Fig. 5. Système nerveux et organes de la vue; *a*, supra-œsophagien ou ganglion cérébral; *b*, ganglion sub-œsophagien; *c*, nerf optique; *d*, pédoncule de l'œil; *e*, *e*, grands nerfs dorsaux; *f*, leurs ganglions. — Fig. 6. Organes hépatiques et pancréatiques; *a*, *a*, quatre lobes du foie; *b*, canaux hépatiques; *c*, *c*, glandes pancréatiques; *d*, ouverture des canaux hépato-pancréatiques; *e*, jabot; *f*, estomac; *g*, estomac en spirale; *h*, intestin. — Fig. 7. Système vasculaire; *a*, corps vésiculaire de la veine cave et des artères branchiales; *b*, *b*, masse de vésicules entourant l'entrée des artères branchiales dans les auricules; *c*, *c*, auricules branchiales; *d*, artères branchiales; *e*, *e*, veines branchiales; *f*, ventricule aortique; *g*, aorte ventrale ou antérieure, allant aux parois antérieures du manteau; *h*, aorte dorsale ou ascendante; *i*, *i*, élargissement des veines branchiales à leur entrée dans le ventricule aortique. — Fig. 8. Grappe d'œufs attachés par leurs pédoncules et contenant chacun un pulpe central. — Fig. 9. Structure de l'œuf, vu au microscope.

CALMARET. — Pl. 4. Fig. 9. Animal entier, vu en dessous, pour montrer les tubercules inférieurs; dessiné d'après nature. — Fig. 10. Groupe des tubercules, grossi, vu de face; dessiné par nous d'après nature. — Fig. 11. Le même groupe, vu de profil, pour montrer les saillies. — Fig. 12. Osselet interne, vu en dessus; dessiné d'après nature. — Fig. 13. Extrémité du même, vu en dessous, pour montrer la cavité *a* inférieure. — Fig. 14. Extrémité de l'osselet, vue de profil. — Fig. 15. Coupe transversale de l'osselet. — Fig. 16. Une cupule grossie.

N° 3. LOLIGOPSIS PERONII, *Lamarck*.

Loligopsis Peronii, Lamarck, 1812, Extrait de son Cours de Zool., p. 123. — *Sepia sepiola Peron.*, Lesueur, 1821, Journ. of the Acad. of nat. Sc. of Philad., vol. II, p. 100 — *Sepiola minima*, Lesueur, loc. cit., p. 100. — *Loligopsis Peronii*. Lamarck, 1822, Anim. sans vert., t. VII, p. 659. — *Loligo parvula*, Péron, mss., selon M. de Blainville. — *Loligo Peronii*, Blainville, 1823, Journ. de Phys., mars, p. 124. — *Idem*, Blainville, 1823, Dict. des Sc. nat., t. XXVII, p. 136. *Loligopsis Peronii*, Féruss., 1823, Dict. class., t. II, p. 68. — *Idem*. Féruss., 1825, d'Orb., Tabl. des Céph., p. 57.

L. corpus carnosum, oblongum, vaginâ basi subacutâ et infernè alatâ. Os terminale; brachiis octo sessilibus et æqualibus circumvallatum,

Cet animal singulier est d'une petite taille comme le *Loligo sepiola* de Linné; mais celui-ci a dix bras, huit sessiles et deux pédonculés, plus longs que les autres. D'ailleurs la forme des deux nageoires de notre *Calmaret* diffère un peu de celle du *Loligo sepiola*, en ce qu'elles sont semi-rhomboïdales et non arrondies, comme dans le *Sepiola*. Ce céphalopode a été observé par MM. Péron et Lesueur.

Hab. Le grand Océan, dans les mers Australes, vers la terre d'Endracht.

Il se pourrait que, par l'analogie de taille, le *Loligopsis Peronii* fût le même que le *Loligopsis chrysophtalmos*, qui ne m'est guère plus connu : dans tous les cas, j'ignore si, d'après les caractères que j'ai assignés au genre, cette espèce est ici bien à sa place.

N° 4. LOLIGOPSIS CHRYSOPHTALMOS, *d'Orbigny*. — *LOLIGOPSIS*. Pl. 7, fig. 2-4.

Sepia chrysophtalmos, Tilesius, Krusenstern, Voy. atlas, pl. 38, f. 32, 33.

« Cette espèce est à peine longue d'un pouce. On n'y a pas observé de bras tentaculaires; aussi n'a-t-elle que huit bras. Elle peut être nommée *Loligopsis chromorpha*, à cause du phénomène singulier que présente le dos de l'animal irrité, qui change en quelque sorte de couleurs. La forme allongée du corps est, comme dans les calmars, étroite et déliée. Les yeux verts et grands prouvent qu'il est d'une espèce particulière, ainsi que la forme du corps et des nageoires terminales de chaque côté.

Hab. Les *fucus* de l'archipel du Japon. (*Tilesius*.)

Elle pourrait se rapprocher du *Loligopsis Peronii*, mais on ne la connaît pas assez pour se prononcer à cet égard.

Explication des figures.

Calmaret. — Pl. 1. Fig. 2. Animal de grandeur naturelle, copie de l'Atlas de Krusenstern. — Fig. 3. Animal grossi, vu en dessus, copie du même Atlas, mais avec les couleurs indiquées par M. Tilesius. — Fig. 4. Le même animal grossi, vu en dessous.

2e GENRE. **CHIROTEUTHIS**, d'Orbigny.

Loligopsis, Féruss., 1834; *Chiroteuthis*, d'Orb., 1839.

Animal ayant la tête et les bras énormes par rapport au reste. Corps très allongé, conique, dont le bord antérieur est libre, pourvu d'une saillie médiane supérieure et de deux latérales inférieures; son appareil de résistance est mobile, formé : 1° sur la partie inférieure latérale du tube locomoteur, d'une partie cartilagineuse ovale, transversale, bordée tout autour d'une large cavité de chaque côté de laquelle, existe en dedans, un gros mamelon; 2° sur la paroi interne du corps, vis-à-vis d'un gros tubercule longitudinal, plus large en bas, muni de chaque côté de cavités arrondies qui reçoivent la partie opposée; 3° sur la partie médiane-cervicale, d'une plaque oblongue, assez ferme, marquée en long d'une large côte en dessus, sur laquelle vient s'appliquer la saillie du bord antérieur du corps. Nageoires terminales, occupant près de la moitié de la longueur du corps, et l'embrassant en arrière; leur ensemble est ovale. Tête longue, déprimée, très rétrécie en arrière des yeux, sans crête cervicale, munie d'yeux grands, saillants, non pédonculés, dont l'ouverture est ovale, non contractile. *Membrane buccale* mince, peu marquée, pourvue de sept lobes. Six ouvertures aquifères buccales, placées entre chaque bride de la membrane buccale et communiquant dans une vaste cavité qui entoure la masse buccale.

Bras sessiles, conico-subulés, arrondis, munis de cupules petites, globuleuses, obliques, fortement pédonculées, placées sur deux lignes alternes dont le cercle corné, très oblique, orné ou non de dents, est comme divisé en dehors en deux anneaux, par une dépression circulaire. Bras tentaculaires, non rétractiles, placés en dedans de la membrane de l'ombrelle, très grêles, excessivement longs, cylindriques, pourvus, sur toute leur longueur, de petites cupules alternes, espacées et terminées par une énorme massue lancéolée, à l'extrémité de laquelle est une cupule charnue supérieure. Cette partie, dépourvue de crête natatoire a, des deux côtés, une très large membrane protectrice des cupules. Cupules de la massue en quatre rangs, portées sur de longs pieds cylindriques à l'extrémité desquels est un renflement charnu, d'où part un second pied portant un cercle orné, en forme de niche, pourvu à sa base d'un bourrelet. L'ouverture est lattérale, armée de dents. Membrane de l'ombrelle marquée entre tous les bras. Tube locomoteur petit, court, s'étendant à peine jusqu'à la base des yeux. Son insertion a lieu sans bride, et son intérieur est simple, sans valvule interne.

Coquille interne, cornée, flexible, très grêle, très étroite, composée d'une longue tige, et légèrement élargie en fer de lance obtus à ses deux extrémités.

Rapp. et diff. — Ce genre, qui a beaucoup de rapports de formes avec le genre *Loligopsis*, par sa nageoire terminale, par ses yeux sans sinus lacrymal, par sa coquille très allongée, par son bec, s'en distingue néanmoins par sa partie céphalique, énorme comparée à l'ensemble, par son corps libre, et pourvu d'un appareil de résistance mobile très compliqué, par ses yeux non pédonculés, par la présence d'ouvertures aquifères buccales, par le manque de membrane protectrice des cupules, par le cercle corné, comme bilobé, par ses bras tentaculaires, placés en dedans de la membrane de l'ombrelle, par la longueur démesurée de ceux-ci, armés de plus que les autres décapodes, du côté opposé aux cupules ordinaires, d'une cupule charnue, très singulière; enfin par sa coquille, lancéolée aux deux extrémités. C'est peut-être un des genres les plus tranchés et les mieux caractérisés parmi les Céphalopodes; aussi n'ai-je pas balancé à le séparer des *Loligopsis*, où les auteurs l'avaient placé.

On ne connaît encore que deux espèces vivantes de ce singulier animal, qui paraît vivre au sein des Océans.

N° 1. CHIROTEUTHIS VERANYI, *d'Orbigny*. — *LOLIGOPSIS*. Pl. 2, pl. 4, fig. 17-23.

Loligopsis Coindetii, Verany, mss. — *Loligopsis Veranyi*, Férussac, 1834, Mag. de Zool., pl. 65. — *Idem*, Règne anim. de Cuvier, pl. 6.

C. pinnis cordiformis; brachiis sessilibus, acuminatis inæqualibus, pro longitudine, 4, 3, 2, 1; testâ angustatâ.

Dim. Longueur totale, 200 mill.; longueur du corps, 53 mill. Par rapport à la longueur du corps: longueur des nageoires, 45 cent.; largeur des nageoires, 46 cent.; longueur de la coquille, 53 mill. Par rapport à la longueur: largeur de la coquille, 9 cent.

Animal allongé, lisse, muni de nageoires en demi-cercle, cordiformes dans leur ensemble. Tête volumineuse portant des bras sessiles énormes, arrondis, coniques dont les cercles cornés des trois paires supérieures sont armés de dents très serrées, très aiguës, plus longues du côté le plus large. Ceux des bras inférieurs sont lisses en dedans. Bras tentaculaires, douze fois la longueur du corps, et se terminant par une massue lancéolée. *Couleurs*: transparent-blanc, parsemé, en dessus, ainsi que sur les nageoires, de très petits points irréguliers brun rougeâtre. Cette couleur entoure les cupules des bras tentaculaires, et la cupule charnue de l'extrémité des massues.

Coquille interne très grêle, très étroite, formant comme un fer de lance très étroit à ses extrémités; néanmoins, la partie inférieure est plus longue et plus large.

Rapp. et diff. — Cette espèce se distingue du *C. Bonplandi*, par le manque de tubercule à l'extrémité des bras sessiles; par ses bras plus inégaux; par sa tête plus volumineuse; par ses nageoires plus arrondies et par sa coquille plus étroite.

Hab. La Méditerranée, près de Nice, où elle a été découverte par M. Vérany.

Explication des figures.

CALMARET. — Pl. 2. Fig. 1. Animal de grandeur naturelle, vu en dessus; dessiné sur le vivant par M. Verany, de Nice. — Fig. 2. Extrémité postérieure du corps, vue en dessous; dessinée d'après nature. — Fig. 3. Osselet interne grossi, vu en dessus; dessiné d'après nature. — Fig. 4. Intérieur de l'ombrelle pour montrer la forme des membranes buccales et leur insertion aux bras. — Fig. 5. La même figure, vue de profil pour montrer les ouvertures aquifères buccales; dessinée d'après nature. — Fig. 6. Mandibules vues de profil; dessinées d'après nature. (Elles sont dans une position inverse, la supérieure devant être l'inférieure, et v. v.) — Fig. 7. Cupules des bras sessiles, vues en dessus et de profil. — Fig. 8. Portion des pédoncules des bras tentaculaires avec leurs cupules; dessinée d'après nature. — Fig. 9. Extrémité du bras tentaculaire, vue en dessus et grossie, pour montrer l'arrangement des cupules; dessinée d'après nature. — Fig. 10. Une cupule des bras tentaculaires, fortement grossie.

CALMARET. — Pl. 4. Fig. 17. Appareil de résistance de la base du tube locomoteur, grossi; dessiné par nous d'après nature. — Fig. 18. Appareil de résistance de l'intérieur du corps, contre-partie; dessiné par nous d'après nature. — Fig. 19. Les deux parties réunies. — Fig. 20. Cercle corné des cupules des bras sessiles supérieurs, grossi, vu de profil; dessiné par nous d'après nature. — Fig. 21. Cercle corné des bras tentaculaires, fortement grossi, vu de profil; dessiné par nous d'après nature. — Fig. 22. Le même, cercle corné, vu en avant. — Fig. 23. Cupule charnue de l'extrémité des bras tentaculaires, fortement grossie, vue en dessus; dessinée par nous d'après nature.

N° 2. CHIROTEUTHIS BONPLANDI, *d'Orbigny.*

Loligopsis Bonplandi, Verany, 1837, Acad. de Turin, t. I, 2e série, tab. v.

O corpore conico; pinnis rhomboidalibus; brachiis sessilibus apicè tuberculatis, inæqualibus pro longitudine 3, 2, 1, 4; *testâ infernè dilatâ.*

Dim. Longueur, 170 mill.

Animal allongé, pourvu d'une petite tête, d'un corps conique, occupé dans la moitié de la longueur par une grande nageoire dont l'ensemble est rhomboïdal. Bras sessiles inégaux, subulés, terminés, chacun à leur extrémité, par un tubercule arrondi. *Couleurs:* bleu vitré, avec des points bleuâtres et rougeâtres, surtout à la région médiane du corps.

Coquille très allongée, étroite à la partie supérieure, large à la partie inférieure; le milieu très étroit.

Rapp. et diff. — Cette espèce se distingue facilement par les tubercules de l'extrémité de ses bras sessiles. M. Verany dit ne lui avoir pas vu de traces de bras tentaculaires, mais il se pourrait fort bien que l'individu qu'il a observé les eût perdus très jeune; car, du reste, il a, par son osselet, tous les caractères des *Chiroteuthis.*

Hab. L'océan Atlantique, par 29° de latitude nord, et 39° de longitude ouest.

3e GENRE. **HISTIOTEUTHIS,** *d'Orbigny.*

Cranchia, Férussac, 1835, *Histioteuthis*, d'Orb., 1839.

Animal court, cylindrique, acuminé postérieurement, muni d'un appareil de résistance formé : 1° sur la base du tube locomoteur, par une surface allongée, cartilagineuse, plus large au bas, sur laquelle est une fosse longitudinale profonde élargie, entourée de bourrelets saillants; 2° sur la paroi interne correspondante du corps, vis-à-vis par une crête longitudinale saillante plus large en bas, occupant seulement la partie voisine du corps; 3° sur la région cervicale, par une partie oblongue marquée d'un sillon longitudinal médian; et 4° par la partie correspondante modelée dessus. Nageoires terminales, très larges, arrondies, échancrées en avant et en arrière. Tête énorme comparée au reste, cylindrique, plus large que l'ouverture du corps, sans crêtes cervicales, ayant des yeux non saillants, très grands, pourvus à l'extérieur d'une ouverture ovale, sans sinus lacrymal ni paupières contractiles; membrane buccale peu grande, extensible, pourvue de six lobes allongés, lisses, dépourvus de cupules. Bec petit, oreille externe placée sur le col en arrière des yeux, et formée par une protubérance percée au milieu. Quatre ouvertures aquifères buccales placées une de chaque côté à la base des bras supérieurs, et à la base des bras inférieurs, se continuant dans une large cavité qui entoure la masse buccale, et deux ouvertures brachiales placées en dehors des bras tentaculaires, n'ayant que très peu de profondeur, point d'ouvertures anales. Bras sessiles gros, volumineux, peu inégaux, munis d'une crête natatoire indiquée aux bras latéraux inférieurs, et de cupules très petites, obliques, charnues, pédonculées, très espacées, sur deux lignes alternes, seulement à la base des bras; leur cercle corné forme une calotte sphérique, à ouverture excentrique, convexe et lisse en dehors, armée de dents. Les bras tentaculaires non rétractiles sont terminés par une massue lancéolée, pourvue en dehors d'une crête natatoire, latéralement de membranes protectrices des cupules, et de cupules sur six lignes alternes, plus grosses à la base, toutes peu obliques, dont le cercle corné est armé de dents aiguës. Il y a, en outre, quelques cupules sur la longueur des bras, près de leur extrémité. La membrane de l'ombrelle est très développée, unissant, sur plus de leur moitié, les trois paires de bras supérieurs, puis de là, passant en dedans des bras tentaculaires et des bras inférieurs, pour rejoindre la partie interne des bras de la quatrième paire. Le tube locomoteur est très court, gros restant bien en dessous de la partie inférieure des yeux, sans aucune bride supérieure ni valvule interne.

Coquille interne cornée, flexible, élargie en forme de plume ou d'un large fer de lance, soutenue au milieu par une côte ferme saillante, et latéralement par des expansions minces.

Rapp. et diff. — Les *Histioteuthis* se distinguent facilement des deux autres genres par leur forme raccourcie, par leurs nageoires échancrées postérieurement, par leur appareil de résistance tout-à-fait différent, par la membrane qui unit les bras, et enfin par leur coquille interne d'une autre conformation.

On ne connaît encore qu'une seule espèce dans ce genre.

HISTIOTEUTHIS BONELLIANA, *d'Orbigny.* — *CRANCHIES.* Pl. 2.

Cranchia Bonelliana, Férussac, 1835, Mag. de Zool., pl. 66.

H. corpore brevi, obtuso; pinnis semi-circularibus, latis; testâ latâ, lanceolatâ.

Dim. Longueur totale, 400 mill.; longueur du corps, 70 mill.

Animal court, lisse, dont le corps tronqué en avant est pourvu de nageoires arrondies, latéralement échancrées en avant et en arrière. Tête très grosse, parsemée de tubercules surtout en dessus. Bras sessiles très gros, charnus, les latéraux couverts de tubercules arrondis, alternes sur deux lignes très distantes les unes des autres, leur cercle corné a trois ou quatre dents du côté le plus large. Bras tentaculaires ayant des cupules, dont huit ou neuf très grosses; leur cercle corné a tout autour, en dedans des pointes aiguës, rapprochées et nombreuses. *Couleurs:* rouge-vif passant au pourpre, formées d'une multitude de petits points. Les membranes qui unissent les bras sont d'une couleur pourpre sur laquelle se détachent comme des points bleus, les deux rangées de cupules de chaque bras. Le dessous du corps, de la tête et des bras inférieurs est couvert de taches jaunes, disposées en quinconce, et près de chacune de ces taches s'élève en relief une autre tache ronde bleue.

Hab. La Méditerranée, près de Nice,

Hist. Découverte par M. Verany, elle a été envoyée à M. de Férussac qui, le 27 octobre 1834, la nomma *Cranchia Bonelliana*. D'après les caractères du genre *Cranchia*, il est évident qu'elle n'y doit pas être placée, et je pense qu'on ne peut la classer zoologiquement que dans cette famille sous un nom de genre distinct.

Explication des figures.

Cranchies. — Pl. 2. Fig. 1. Animal vu de côté, montrant les membranes de l'ombrelle de côté; magnifique figure faite d'après nature sur les lieux, par M. Verany. — Fig. 2. Extrémité du corps pour montrer l'insertion des nageoires; dessinée d'après nature. — Fig. 3. Intérieur de l'ombrelle pour montrer l'insertion des brides de la membrane buccale, et la réunion en dedans des bras tentaculaires, des membranes de l'ombrelle; dessiné d'après nature. — Fig. 4. Osselet interne, vu en dessous; dessiné d'après nature. Les couleurs sont celles données par la coloration due à la liqueur. — Fig. 5. Mauvaise figure de l'osselet. — Fig. 6. Mandibules, vues de profil; dessinées d'après nature, elles sont placées dans une position opposée à celle qu'elles ont toujours, c'est-à-dire que la supérieure doit être inférieure. — Fig. 7. Cupules grossies, des bras sessiles; dessinées d'après nature. — Fig. 8. Cupules grossies, en dessus et de profil des bras tentaculaires; dessinées d'après nature.

5e famille. TEUTHIDÆ, d'Orbigny.

Animal allongé, d'une consistance musculaire, charnue. Corps libre, allongé, muni de nageoires anguleuses, rhomboïdales dans leur ensemble. Tête médiocre, portant: des yeux latéraux, pourvus d'un sinus lacrymal, profond, une membrane buccale très développée, une crête auriculaire longitudinale très marquée, et des ouvertures aquifères anales. Tube locomoteur, attaché à la tête, en dehors par une ou deux brides de chaque côté, et ayant une forte valvule à sa partie interne supérieure. *Coquille* interne cornée, sans loges aériennes.

Rapp. et diff. — Cette famille, bien caractérisée, se distingue des *Loligopsidæ*, par la présence de sinus lacrymal aux yeux, par la valvule interne et les brides externes de son tube locomoteur, par sa crête auriculaire et par ses ouvertures aquifères. Elle se distingue du *Belemnitidæ*, par le manque de loges aériennes dans sa coquille interne.

Je groupe dans cette coupe les genres *Onychoteuthis*, *Enoploteuthis*, *Acantoteuthis*, *Ommastrephes* et *Belemnosepia*.

1er GENRE. ONYCHOTEUTHIS, Lichteinstein.

Sepia Molina, *Onychoteuthis*, Lichtenstein, 1818; *Onykia*, Lesueur, 1821; *Loligo*, Blainville, 1823.

Animal très allongé, dont le corps libre, lisse, subcylindrique, toujours très accuminé postérieurement, tronqué en avant, s'unit à la tête par un appareil de résistance mobile, composé:

1°, sur la base du tube locomoteur, de chaque côté, d'une partie plane, allongée, subcartilagineuse, arrondie à ses extrémités, plus large en haut qu'en bas, sur le milieu de laquelle est un sillon profond, longitudinal; 2° sur la paroi interne correspondante du corps, d'une légère crête longitudinale, étroite et saillante, qui prend au bord même du corps, au dessous des saillies latérales, et se continue sur près de la moitié de sa longueur, ces deux parties s'assemblant entre elles; 3° sur la partie cervicale, d'un large bourrelet cartilagineux allongé, séparé en deux par un sillon; 4° vis-à-vis en dessous de l'osselet, à la paroi interne du corps, d'une partie correspondante comme modelée sur celle de la partie cervicale. Nageoires terminales très larges, occupant la moitié et plus de la longueur du corps qu'elles embrassent en arrière, formant un ensemble rhomboïdal, dont le grand diamètre est presque toujours transversal.

Tête peu grosse, peu déprimée, pourvue de chaque côté de trois à onze crêtes longitudinales saillantes, le plus souvent retenues en arrière par une crête transversale; l'oreille externe est percée dans l'avant-dernière de ces crêtes longitudinales. Les yeux saillants sont assez grands, latéraux, pourvus à l'extérieur d'une ouverture ovale ou arrondie, munie antérieurement d'un sinus lacrymal. Membrane buccale extensible, terminée par sept lobes allongés, lisses, sans cupules; ces lobes sont marqués à l'extérieur par autant de crêtes épaisses, qui vont s'unir à la base des bras; la supérieure se bifurque pour s'insérer au deux bras supérieurs. Bec médiocre, ferme à la partie rostrale, flexible et corné ailleurs, dont la mandibule inférieure est composée d'une aile latérale longue, étroite, et d'une expansion postérieure fortement bifurquée, carénée en dessus et marquée sur les côtés d'une crête épaisse, longitudinale, dirigée vers l'extrémité du lobe. La mandibule supérieure est sans aile, formée d'un rostre long, aigu, courbé, muni d'une expansion courte, peu détachée. Deux ouvertures aquifères brachiales, une de chaque côté, située entre la troisième et la quatrième paire de bras sessiles; six ouvertures buccales; une ouverture anale placée en dessus du tube locomoteur.

Bras sessiles conico-subulés, quadrangulaires ou triangulaires, carénés ou tricarénés en dehors, les supérieurs toujours les plus courts, les inférieurs ou les latéraux-inférieurs, les plus longs, pourvus d'une crête natatoire large aux troisième et quatrième paires, et de cupules alternant sur deux lignes bien distinctes, dont le cercle corné est convexe en dehors, sans bourrelet extérieur, ni dents à son pourtour. Bras tentaculaires en partie rétractiles, forts, ornés d'un méplat en dedans, acuminés, pourvus ou non d'une nageoire près de leur extrémité, mais manquant de membranes protectrices des cupules. Ils sont armés de crochets seuls, ou de crochet et de cupules, et portent à leur base un groupe carpéen de petites cupules peu mobiles, et quelquesfois un autre petit à l'extrémité de la main. Entre ces deux groupes on voit deux rangées alternes de crochets cornés dont les plus grands sont en dehors, ou deux rangées de crochets au milieu, deux rangées de cupules en dehors. Le tube locomoteur courbe à son extrémité est toujours logé dans une cavité inférieure de la tête, très court, retenu à la tête, de chaque côté, par deux brides.

Coquille interne cornée, flexible, occupant toute la longueur du corps, étroite ou élargie, en forme de plume, munie à son extrémité inférieure, en dessus, d'un appendice conique plein; comprimé, et s'étendant bien au-delà de l'extrémité.

Rapp. et diff. — Les *Onychoteuthis* se distinguent des *Loligo*, par l'appareil de résistance, par l'œil ouvert à l'extérieur, par des nageoires dont l'ensemble est plus rhomboïdal et toujours transversal, par l'iris arrondi au lieu d'être ovale, par les membranes buccales toujours dépourvues de cupules, par la forme de l'oreille externe, par la présence de crochets au lieu de cupules, par des bras tentaculaires non rétractiles, par le manque de membrane protectrice des cupules aux bras tentaculaires, par la présence des cupules du groupe carpéen.

Après les caractères distinctifs que je viens d'énumérer, on a vu que la présence des crochets n'est pas, comme on l'a pensé, le seul caractère qui distingue les *Onychoteuthis* des calmars, mais que tous les détails d'organisation sont en même temps complétement modifiés dans leurs formes.

Ils diffèrent des *Ommastrephes* par un appareil de résistance distinct, par six ouvertures aquifères buccales au lieu de quatre, par la présence de crochets ou griffes aux bras sessiles, par un cercle corné, toujours dépourvu de dents aux cupules des mêmes bras, par une coquille souvent en plume, et pourvue d'un appendice conique non creux à son extrémité.

Les *Onychoteuthis* sont réparties d'une manière à peu près régulière dans les diverses mers, et ne paraissent point indifférentes à la température, puisqu'à l'exception d'une seule, qui se trouve sur une surface immense, toutes, au contraire, sont des régions chaudes ou tempérées, et abondent surtout vers la zône équatoriale où elles ne sont jamais par grandes troupes comme les *Ommastrephes*, à en juger au moins par les individus toujours isolés qu'on trouve dans l'estomac des dauphins, tandis qu'on rencontre fréquemment un grand nombre d'*Ommastrephes* de la même espèce à la fois dans l'estomac de ces mêmes cétacés.

Les *Onychoteuthis* sont remarquables dans leur mode de préhension. En effet, en joignant les petites cupules carpéennes de leurs bras tentaculaires, elles s'en servent comme des mains. (Voy. pl. 26, fig. 7.)

Ce genre a été créé en 1818 par M. Lichtenstein, sous le nom d'*Onychoteuthis;* trois ans après, M. Lesueur établissait cette coupe générique qu'il appela *Onykia*. Comme M. Lichtenstein a l'antériorité, le nom d'*Onychoteuthis* doit être conservé. J'ai cru devoir séparer des véritables *Onychoteuthis*, sous le nom d'*Enoploteuthis*, les espèces dont tous les bras sont armés de crochets, et la coquille dénuée d'appendice postérieur.

On pourrait diviser les espèces des véritables *Onychoteuthis* en deux groupes.

Première section. — *Des crochets seulement aux bras tentaculaires.*

L. Banksii, Féruss. L. Dussumieri, d'Orb.
Lichtenstenii, Féruss.

Deuxième section. — *Des crochets et des cupules aux bras tentaculaires.*

L. Platyptera, d'Orb. Cardioptera, d'Orb.

On ne connaît pas encore de véritables *Onychoteuthis* fossiles.

N° 1. ONYCHOTEUTHIS BANKSII, *Férussac*. — *ONYCHOTEUTHES.* Pl. 1, 2, 3, 3 *bis*, 4, 5, 7, 9, pl. 12, fig. 1-9.

Dinten-Fisch, Crantz, 1770, Hist. von Groenl., p. 134. — *Sepia loligo*, Fabricius, Fauna Groenlandica, p. 359. — *Loligo Banksii*, Leach, 1817, Zool. Miscell., vol. III, p. 141, sp. 4; Tuckey, Exp. to Zaire app. IV, p. 411, sp. 1. — *Onychoteuthis Bergii*, Lichtenstein, 1818, p. 1592, n° 4, t. XIX, f. *a*. Das. Zool. mus. des Univ. zu Berlin, p. 94. — *O. Fabricii*, Licht. 1818, Isis, t. XIX. — *Onykia angulata*, Lesueur, 1821, Journ. of the Acad. of the nat. Sc. of Philad., t. II, p. 99, pl. 9, f. 3. et p. 296, pl. 17. — *Loligo Bartlingii*, Lesueur, 1821, Loc. cit., p. 95, n° 4. — *Loligo Bergii*, Blainville, 1823, Dict des Sc. nat., t. XXVII, p. 138. Idem, Journ. de Phys., t. LXXXXVI, p. 126. — *Loligo Bartlingii*, Blainv., 1823, Dict., pl. 146. — *Loligo Banksii*, Blainv., 1823, Dict., p. 137. Idem, Journ.

de Phys., t. LXXXXVI, p. 125. — *Loligo Felina*, Blainv., 1823, Dict., p. 139. Idem, Journ. de Phys., t. LXXXXVI, p. 127. — *Loligo Fabricii*, Blainv., 1823, Dict, p. 126.— *Loligo Bartlingii*, Féruss, 1823, Dict. class., t. III; p. 67, n° 15. — *Loligo Bergii*, Féruss., 1823, Dict. class., t. III, p. 67. — *Loligo Banksii*, Féruss., 1823, Dict. class., p. 67, n° 8. — *Loligo angulatus*, Férussac, 1823, Dict. class.. t. III, p. 67 — *Loligo uncinatus*, Quoy et Gaimard, 1838, Zoolog. de l'Uranie, t. I, p. 410, pl. 66, f. 7. — *Onychoteuthis angulata*, Féruss, 1825, d'Orb., Tabl. des Céphal., p. 60, n° 2. — *O. uncinata*, Féruss., 1825, idem, n° 3. — *O. Felina*, Féruss., 1825, idem, n° 4. — *O. Banksii*, Féruss,, 1825, idem, n° 7, pl. 61. — *O. Bergii*, Féruss., 1825, idem, n° 5. — *O. Lessonii*, Féruss., 1825, idem, n° 6. — *O. Fabricii*, Férussac., 1825, idem, n° 10, p. 61. — *Loligo Bartlingii*, Fér., 1825, d'Orb., Tabl. méth. des Céph., p. 60, 61 et 63. — *Onychoteuthis Lesueurii*, d'Orb, 1826, Onychoteuthes, pl. 1 des Céph. acét. — *Onychoteuthis Lessonii*, Lesson, 1830, Voy. de la Coquille, pl. 1. f. 3. — *Onychoteuthis Fleurii*, Reynaud, Centurie de M Lesson, p. 61, pl. 17. — *Onychoteuthis angulata*, d'Orb., 1825, Voy. dans l'Amér. mérid., Moll., p. 42. — *Onychoteuthis angulata*, Guérin, Iconog. du Règne anim. — *O. Bergii*, d'Orb., 1838, Moll. des Antilles, t. I, p. 46, n° 12. — *O. Bergii*, d'Orb. et Féruss., 1839, Céph. acét., Onychoteuthes, pl. 1, 2, 4, 5, 7, 9, pl. 12, f. 1-9.

O. corpore elongatissimo, cylindraceo, posticè acuminato; pinnis rhomboidalibus; brachiis sessilibus conico-subulatis inæqualibus, pro longitudine, 2, 3, 4, 1. Brachiis tentaculiferis duplici uncinorum serie armatis.

Dim. Longueur totale, 310 mill.; longueur du corps, 130 mill. Par rapport à la longueur du corps : longueur des nageoires, 59 cent.; largeur des nageoires, 64 cent.; longueur de la coquille, 130 mill. Par rapport à la longueur : largeur de la coquille, 6 cent.

Animal lisse, allongé, subcylindrique ou légèrement renflé jusqu'à la nageoire, d'où il diminue brusquement en cône, jusqu'à son extrémité assez aiguë; ses nageoires rhomboïdales presque à angles latéraux et postérieurs aigus. Tête munie à sa partie cervicale, de chaque côté, de onze petites crêtes très saillantes, longitudinales, croissant en longueur des supérieures aux inférieures. Bras sessiles peu gros, pourvus de cupules ayant une excroissance charnue qui leur donne la figure d'une poire comprimée, dont le cercle corné est oblique, à bords entiers. Bras tentaculaires, très extensibles, munis de cupules du groupe carpéen, très rapprochées, dont sept ou huit sont ouvertes et sept ou huit non percées, de cupules du groupe de l'extrémité de la main au nombre de seize ou dix-sept, toutes ouvertes, et de crochets au nombre de vingt à vingt-deux, sur deux lignes alternes, la rangée externe contenant les plus longs. *Couleur* : rouge en dessus, tachetée de points plus foncés.

Coquille très allongée, étroite et déprimée en avant, composée d'une côte épaisse, et latéralement de lames, d'abord élargies vers le milieu de leur longueur, puis se reployant l'une sur l'autre de manière à représenter une lame comprimée, en approchant de l'extrémité, où elle est légèrement élargie, recourbée en dessous, et pourvue sur le côté carénal d'un appendice conique, en forme de lame, placé en long sur la carène.

Rapp. et diff. — Cette espèce a les mêmes formes que l'*O. Lichtenstenii*, mais elle s'en distingue par son corps non prolongé en queue, par ses nageoires plus rhomboïdales, par onze crêtes cervicales au lieu de huit, par les expansions supérieures des cupules, et enfin par sa coquille, faisant le passage des coquilles penniformes, aux coquilles allongées de l'espèce avec laquelle nous la comparons. Du reste, un caractère les distingue encore de toutes les autres; c'est la côte élevée de la base inférieure de son corps.

Hab. L'Océan Atlantique, et le grand Océan dans toutes ses parties, depuis les régions chaudes jusqu'aux plus froides.

Hist. Leach, le premier, a fait, en 1817, connaître cette espèce sous le nom de *Loligo Banksii.* M. Lichtenstein, en 1818, en établissant le genre *Onychoteuthis*, publia deux espèces qu'il nomma *O. Bergii* et *Fabricii*. M. Lesueur, en créant aussi son genre d'*Onykia*, y plaça sous le nom d'*O. Angulata*, une espèce basée seulement sur une figure, tandis que la même espèce, sans bras, était par lui décrite, dans son Mémoire, sous le nom de *Loligo Bartlingii*. M. de Blainville, dans sa Monographie du genre Calmar, distingue comme espèce les *Loligo Felina*, *Bartlingii*, *Fabricii* et *Banksii*. En 1823, M. de Férussac, faisant, dans le Dictionnaire classique, l'énumération des espèces de Calmars, cite les *Loligo Bergii*, *Bartlingii* et *Angulatus*. M. Quoy et Gaimard indiquent le *Loligo Felina* de M. de Blainville, sous le nom de *Loligo uncinata*. M. de Férussac, en 1825, dans mon tableau des Céphalopodes, nomma les *O. Angulata*, *uncinata*, *Felina*, *Bergii*, *Banksii*, *Fabricii* et *Lessonii* qu'il créa pour un dessin, rapporté par M. Lesson. Vers la même époque, en 1826, j'ai imposé aussi à tort le nom de *Onychoteuthis Lesueurii* à un exemplaire rapporté par M. Lesueur. Depuis, M. Reynaud a publié un onychoteuthis sous le nom d'*Onychoteuthis Fleurii*. En étudiant scrupuleusement les individus d'Onychoteuthes en nature, je suis arrivé à trouver que toutes ces espèces nominales appartenaient à une seule. Voilà donc une espèce décrite tour à tour sous les noms de *Banksii*, *Bergii*, *Fabricii*, *Angulata*, *Bartlingii*, *Felina*, *Uncinata*, *Lessonii*, *Lesueurii*, *Fleurii*, et portant dix noms différents dans la science, quoiqu'elle ne fût bien connue que depuis 1817. En 1838, dans mes *Mollusques des Antilles*, j'ai publié mon opinion en réunissant déjà les *Onychoteuthis Bergii*, *Angulata*. *Lesueurii*, *Lessonii*, *Fleurii*, *Bartlingii*, *Uncinata* et *Felina*. Il ne restait donc plus à y réunir que l'*O. Fabricii*, pour arriver aux résultats où m'ont amené mes observations postérieures. Le nom de *Banksii* étant le plus ancien, je le conserve à l'espèce.

Explication des figures.

Onychoteuthes. — Pl. 1. Sous le nom d'*O. angulata*, dessin fait sur l'individu même, servant de type au *L. felina*, Blainv., (*L. uncinata*, Quoy et Gaimard.)—Fig. 1. Animal vu en dessus.— Fig. 2. Animal vu en dessous.— Fig. 3. Osselet interne, vu de face, en dessus et de profil; *a*, extrémité supérieure du corps; *b*, extrémité grossie d'un bras tentaculaire; *b*, 1. Crochet avec la membrane de l'extrémité d'un des bras tentaculaires; *b*, 2. Crochet de la base des bras tentaculaires, vu en dessus; *b*, 3. vu de profil et grossi; *c*, cupule des bras sessiles, elle est fautive; *c*, 1. Son cercle corné vu en dessus et grossi.

Onychoteuthes. — Pl. 2. Fig. 1. *Onychoteuthis Lessonii*, Férussac, copie du dessin de M. Lesson (figure fautive sur beaucoup de points).

Onychoteuthes. — Pl. 3. Sous le nom d'*O. Bartlingii*. C'est une copie des figures du *Loligo Bartlingii* de M. Lesueur. — Fig. 1. Animal vu de côté. — Fig. 2. Animal vu en dessus; *a*, osselet vu de profil; *b*, vu en dessus (auquel il manque le capuchon); *c*, coupe transversale; *d*, mâchoires avec les téguments.

Onychoteuthes. — Pl. 3 *bis*. Sous le nom d'*O. Bartlingii*, Lesueur, dessin fait d'après un animal conservé dans la liqueur.— Fig. 1. Animal vu en dessus.— Fig. 2. Trait de l'animal vu en dessous.— Fig. 3. Osselet vu en dessus. (Le capuchon enlevé et restant dans le corps où nous l'avons rencontré.) — Fig. 3 *bis*. Coupe du même osselet. 1 *a*, membrane buccale très mal faite. 1 *b*, la même, ouverte et fautive; *a*, cupules paumaires fautives; *b*, cupule des bras sessiles, vue de profil, figure exacte; *c*, la même cupule, vue en dessus.

Onychoteuthes. — Pl. 4. Sous le nom d'*O. Lesueurii*, d'Orbigny, dessiné sur un individu conservé dans la liqueur, envoyé par M. Lesueur, sous le nom d'*Onykia angulata*. — Fig. 1. Animal en dessus. — Fig. Animal en dessous. — Fig. 3. Ombrelle ouverte, figure passable. — Fig. 4. Bras tentaculaire grossi. — Fig. 5. Crochet dépourvu de membranes, vu de profil. — Fig. 6. Cupule vue aux trois quarts, (figure fautive). — Fig. 7. Son cercle corné.

Onychoteuthes. — Pl. 5. Sous le nom d'*O. Bergii*. C'est une copie de la figure même donnée par M. Lichtenstein, dans l'Isis. — Fig. 1. Animal vu en dessous, au trait. — Fig. 2. Bras tentaculaire, vu de profil. — Fig. 3. Le même, vu en dessous.

Onychoteuthes. — Pl. 7. Sous le nom d'*Onychoteuthis Bergii*, dessiné par nous sur le vivant, en pleine mer.— Fig. 1. Animal vu en dessus. — Fig. 2. Animal vu en dessous, se servant de ses bras comme de mains. — Fig. 3. Bras tentaculaire grossi. (Les tubercules paumaires sont fautifs.) *a*, cupule des bras sessiles vue en dessus; *b*, vue de profil; *c*, cercle corné.

ONYCHOTEUTHES. — Pl. 9. Fig. 1. *Onychoteuthis Fleurii*, Reynaud, copie du dessin envoyé par M. Reynaud, de l'animal vu en dessus.

Pl. 12. Fig. 1. Saillie médiane de la partie supérieure du corps, dessinée d'après nature. — Fig. 2. Appareil de résistance, vu du côté de la base du tube anal; dessiné d'après nature. — Fig. 3. La contre-partie de l'intérieur du corps; dessinée d'après nature. — Fig. 4. Tête vue de côté pour montrer les 11 crêtes du cou, l'œil et son angle lacrymal. — Groupe des cupules paumaires pour montrer l'ordre constant des cupules ouvertes et des tubercules. — Fig. 6. Tube anal et accessoire de face. — Fig. 7. Osselet interne, vu en dedans. — Le même, vu de profil. — Fig. 9. Coupe transversale du même.

N° 2. ONYCHOTEUTHIS CARDIOPTERA, *d'Orbigny*. — *CRANCHIES*. Pl. 4. *ONYCHOTEUTHES*. Pl. 5, fig. 4-6. Pl. 10, fig. 14.

Loligo cardioptera, Péron, 1804, Voyag. atlas, pl. 60, f. 5. — *Sepiola cardioptera*, Lesueur, 1821, Journ. of the Acad. nat. Sc. of Philad., v. II, p. 100. — *Onykia caribœa*, Lesueur, 1821, Journ. of the Acad. of the nat. Sc. of Phil., t. II, p. 98, pl. 9, f. 1-2. — *Loligo caribœa*, Blainv., 1823, Dict. des Sc. nat., t. XXVII, p. 139.—*Idem*, Blainv., 1823, Journ. de Phys., t. LXXXXVI, mars, p. 127. — *Loligo cardioptera*, Blainv, 1823, Journ de Phys., p. 123.— *Idem*, Blainv., Dict. des Sc nat., t. XXVII, p. 135. — *Cranchia cardioptera*. Fér., 1823, Dict. class., atlas, pl. 5. — *Loligo caribœa*, Féruss., 1823, Dict. class., t. III, p. 67, atl.. f. 4. — *Sepia cardioptera*, Oken, Schrb. des zool., p. 343, n° 5. — *Cranchia cardioptera*, Féruss., 1825, d'Orb., Tabl. méth. des Céphal., p. 58.— *Onychoteuthis caribœa*, Féruss., 1825, Tabl. des Céph., p. 60. — *Cravchia cardioptera*, d'Orb., 1835, Voy. dans l'Am. mér., Moll., p. 34. — *Onychoteuthis Leachii*, Féruss., 1835, Céph., acét., Onychoteuth., pl. 10. f. 1-4. — *Onychoteuthis caribœa*, d'Orb., 1838, Moll. des Antilles, t. I, p. 57, n° 14. — *O. cardioptera*, d'Orb., 1838, Moll. des Antilles, t. I, p. 53, n° 13.

O. corpore oblongo, magno, maculis rubris variegato; pinnis rotundis, junctis subrhomboidalibus posticè terminatis; capite magno, brachiis sessilibus inæqualibus pro longitudine 3, 2, 4, 1.

Dim. Longueur, 80 mill.

Animal court, dont le corps bursiforme est oblong, et se prolonge en une partie étroite qui soutient le milieu des nageoires terminales, ovales ou plutôt rhomboïdales. Bras sessiles pourvus de cupules placées sur deux lignes alternes. Bras tentaculaires assez longs, sans élargissement à leur extrémité, qui montrent une surface couverte de deux rangées de cupules et de deux rangées de crochets ordinaires. *Couleur* : couvert de taches rouge bistré, beaucoup plus grandes et plus nombreuses sur le milieu du corps.

Coquille lancéolée, peu large, paraissant être pourvue d'une expansion postérieure terminale.

Rapp. et diff. — Cette espèce a beaucoup de rapports avec l'*O. Platyptera*, par ses bras tentaculaires, pourvus en même temps de crochets et cupules; mais elle s'en distingue par ses nageoires plus terminales, très courtes. Du reste, tous les individus que nous avons vus étant jeunes, il est probable qu'on trouvera d'autres caractères, lorsque les adultes seront bien connus. L'*O. cardioptera*, que j'ai reconnu le premier ne pas être une cranchie, me paraît le jeune de l'*O. caribœa*.

Hab. L'Océan Atlantique, sous les régions tropicales et principalement dans les bancs de *Sargassum*.

Explication des figures.

CRANCHIES. — Pl. 1. Fig. 2. Copie de la figure de Peron. — Fig. 3. Le même vu en dessous.

ONYCHOTEUTHIS. — Pl. 5. Fig. 4-5. Copie des figures données par M. Lesueur.

ONYCHOTEUTHES. — Pl. 10. Fig. 1. *O. Leachei*, Férussac, vu en dessus et de grandeur naturelle; dessiné sur un exemplaire conservé dans la liqueur et contracté. (Figure fautive pour le cou.) — Fig. 2. Le même animal vu en dessous. — Fig. 3. Osselet interne du même. — Fig. 4. Bras tentaculaire du même. (Figure fautive en ce qu'on n'y a pas placé les cupules latérales aux crochets.) *a*, crochet vu de profil; *b*, cupule des bras sessiles. — Fig. 5, *O. peratoptera*, d'Orbigny. Copie du dessin fait par nous sur le vivant avant la contraction, et publié dans notre voyage dans l'Amér. méridionale. — Fig. 6. Osselet interne vu en dessus, son capuchon avait été enlevé, et restait dans le corps de l'animal où nous l'avons retrouvé. — Fig. 7. Bras tentaculaire du même, vu en dessus; pour montrer les cupules et les crochets. — Fig. 8. *O. Platyptera*, d'Orbigny. Copie du dessin fait par nous sur un individu contracté, et publié dans le même voyage. — Fig. 9. Bras tentaculaire du même. (Figure fautive, en ce qu'elle manque des cupules latérales aux crochets.) — Fig. 10. Osselet interne, sans son capuchon inférieur, *a*, Cupule des bras sessiles.

N° 3. ONYCHOTEUTHIS LICHTENSTEINII, *Férussac*. — *ONYCHOTEUTHES*. Pl. 8, fig. 8-12.

Onychoteuthis Lichtensteinii, Féruss., manuscr., 1834. — *O. Lichtensteinii*, Féruss. et d'Orb., 1839, Onychoteuthes, pl. 14, f. 1-3.

O. corpore elongato, posticè angustato, producto, pinnis triangularibus; brachiis subulatis, inæqualibus pro longitudine 4, 3, 2, 1; testâ depressâ, angustatâ, posticè productâ, compressâ.

Dim. Longueur totale, 370 mill.; longueur du corps, 155 mill. Par rapport à la longueur : longueur des nageoires, 63 cent.; largeur des nageoires, 53 cent.; longueur de la coquille, 155 mill. Par rapport à la longueur : largeur de la coquille, 10 cent.

Animal formé d'un corps lisse, très allongé, cylindrique jusqu'à la naissance des nageoires; de ce point diminuant graduellement en cône jusqu'à son extrémité qui est très allongée en queue aiguë; son bord antérieur est coupé carrément. Il est pourvu de nageoires rhomboïdales dans leur ensemble, et d'une tête volumineuse portant huit crêtes longitudinales, saillantes sur le cou. Bras sessiles forts, à peine marqués de crêtes natatoires, munis de cupules si rapprochées qu'elles se confondent souvent, dont le cercle corné a les bords entiers. Aux bras tentaculaires, les cupules du groupe carpéen sont au nombre de 10, ouvertes, pourvues de cercles cornés, et de 11, non ouvertes, en tout 21. Cupules du groupe de l'extrémité de la main, au nombre de 16 ou 17, elles sont toutes ouvertes et pourvues de cercles cornés; les crochets au nombre de 22. *Couleur* : une grande multiplicité de petits points violacés, très rapprochés, se remarquent sur le milieu des parties supérieures.

Coquille transparente, très allongée, formée d'une large côte déprimée, conique, sans expansion latérale, accompagnée sur les côtés d'un léger sillon. A sa partie postérieure, elle est pourvue en dessus d'un très long appendice conique, épais, plein, très aigu, qui dépasse de beaucoup l'extrémité.

Rapp. et diff. — Cette espèce se rapproche par ses crochets de l'*O. Bergii*; mais elle s'en distingue par son corps non oblique à son bord antérieur, par ses nageoires et son corps plus longs en arrière; par huit crêtes cervicales au lieu de onze; par l'ordre de longueur de ses bras sessiles; par le manque d'expansion supérieure aux cupules de ces bras sessiles; par le nombre des cupules du groupe carpéen des bras tentaculaires; et enfin par une coquille tout-à-fait différente.

Hab. La Méditerranée, près de Nice, où elle a été découverte par M. Verany.

Explication des figures.

ONYCHOTEUTHES. — Pl. 8. Fig. 1. Animal vu en dessus; dessiné sur le vivant, par M. Verany, (1/2 grandeur naturelle). — Fig. 2. Extrémité postérieure du corps, vue en dessous; pour montrer les nageoires. — Fig. 3. Ombrelle ouverte pour montrer la membrane buccale. — Fig. 4. Les deux mandibules, vues de profil. (Leur position est l'inverse de la nature.) Fig. 5. Extrémité d'un bras tentaculaire. — Fig. 6. Cupules paumaires ou groupe paumaire. — Fig. 7. Cupules du groupe de l'extrémité des bras. Fig. 8. Cupules des bras sessiles, de face et de profil. — Fig. 9. Petits crochets des bras tentaculaires; *a*, de profil avec ses membranes; *b*, vu de face en dessous; vu en dessous. — Fig. 10. Grands crochets des bras tentaculaires; *a*, vus en face; *b*, vus de profil; *c*, vus par derrière. — Fig. 11. Cavité de la base du crochet, fortement grossie.

ONYCHOTEUTHES. — Pl. 14. Fig. 1. Cou de côté pour montrer les crêtes cervicales; dessiné d'après nature. — Fig. 2. Osselet interne, vu en dessus; dessiné d'après nature. — Fig. 3. Le même osselet, vu de profil.

N° 4. ONYCHOTEUTHIS DUSSUMIERI, *d'Orbigny*. — *ONYCHOTEUTHES*. Pl. 13.

O. corpore elongato, subcylindrico; pinnis brevibus, rhomboidalibus; brachiis sessilibus, inæqualibus, pro longitudine 2, 4, 3, 1; *testâ angustatâ, anticè depressâ, tricostatâ, posticè appendiculatâ.*

Dim. Longueur totale, 508 mill.; longueur du corps, 143 mill. Par rapport à la longueur du corps : longueur des nageoires, 41 cent.; largeur des nageoires, 58 cent.; longueur de la coquille, 143 mill. Par rapport à la longueur : largeur de la coquille, 11 cent.

Animal formé d'un corps finement chagriné par de très petits tubercules égaux, très rapprochés les uns des autres, pourvu de nageoires formant un ensemble rhomboïdal régulier, dont le grand diamètre est transverse. Bras sessiles, pourvus d'un sillon creux sur toute leur longueur, ce qui les rend canaliculés en dehors, et de cercles cornés obliques, à bords entiers et convexes. Bras tentaculaires très grêles, sans élargissement à leur extrémité; paraissant avoir été couverts d'au moins trente crochets sur deux lignes alternes.

Coquille très allongée, déprimée, formée en avant de trois côtes; l'une médiane, large, et de deux latérales étroites, en bordures qui s'étendent sur toute la longueur, en diminuant graduellement de largeur jusqu'à former, à l'extrémité, une partie étroite triangulaire, munie d'un très long appendice conique très aigu.

Rapp. et diff. — Cette espèce ne se rapproche réellement d'aucune autre, en différant par son corps granuleux, par sa courte nageoire; par la tache brune de sa mandibule inférieure; par la longueur respective de ses bras sessiles; par l'allongement extraordinaire et le manque de massue de ses bras tentaculaires, ainsi que par la forme de sa coquille, très voisine de celle des Ommastrèphes.

Hab. Le grand Océan, à 200 lieues au nord de l'île Maurice.

Explication des figures.

ONYCHOTEUTHES. — Pl. 13. Fig. 1. Animal vu en dessus; dessiné d'après nature sur un individu décoloré. — Fig. 2. Osselet interne, vu en dessous; dessiné d'après nature. — Fig. 3. Le même, osselet vu de profil. Fig. 4. Mâchoire supérieure, vue de profil. Fig. 4 *bis*. Vue de face; dessinée d'après nature. — Fig. 5. Cupule des bras sessiles. — Morceau de peau grossi pour montrer les granulations qui la recouvrent.

N° 5. ONYCHOTEUTHIS PLATYPTERA, *d'Orbigny*. — *ONYCHOTEUTHES*. Pl. 14, fig. 14-22.

Onychoteuthis platyptera, d'Orb., 1835, Voy. dans l'Amér. mérid., Moll., p. 41, pl. 3, f. 8-11. — *Onychoteuthis paratoptera*, d'Orb., 1835, loc. cit., p. 39, pl. 3, f. 5-7.

O. corpore cylindrico, rubro maculato; pinnis elongatis, transversis, angulatis; brachiis inæqualibus, pro longitudine 3, 4, 2, 1. *Testâ lanceolatâ, posticè appendiculatâ.*

Dim. Longueur totale, 120 mill.; longueur du corps, 32 mil. Par rapport à la longueur du corps : longueur des nageoires, 26 cent.; largeur des nageoires, 98 cent.; longueur de la coquille, 32 mill. Par rapport à la longueur de la coquille : largeur, 18 cent.

Animal ayant un corps lisse, subcylindrique, muni de nageoires triangulaires, dont l'ensemble est un losange transversal, très étroit. Bras sessiles, longs, pourvus de cupules très inégales en grosseur, surtout celles des bras latéraux, qui ont une saillie conique supérieure. Bras tentaculaires, peu longs, non élargis à son extrémité, ayant, au groupe carpéen, des cupules au nombre de 10 à 11, ouvertes, et de 11 tuberculeuses, alternant par lignes diagonales; on y remarque deux lignes de 12 crochets au milieu, et deux lignes de cupules latérales. *Couleur* : dessus des bras, de la tête et du corps, tacheté de rouge violet.

Coquille très mince, en fer de lance, élargie chez les femelles, étroite chez les mâles; composée d'une tige large à sa partie supérieure; de lames minces commençant aux deux tiers supérieurs, et à l'extrémité, en dessus, d'un appendice conique très aigu, comprimé, placé en long.

Rapp. et diff. — Cette espèce diffère des autres par son corps court, ventru; par ses nageoires anguleuses et très longues transversalement; par ses bras très longs; par les deux rangées de crochets et de cupules de ses bras tentaculaires, ainsi que par la largeur de son osselet.

Hab. Le grand Océan austral, en dehors des côtes du Chili, au 40e degré de latitude sud, et 85e degré de longitude ouest de Paris; les mers de l'Inde.

Explication des figures.

Onychoteuthes. — Pl. 14. Fig. 16. Osselet interne d'un individu mâle vu en dessus; dessiné par nous d'après nature. — Fig. 17. Osselet interne d'un individu femelle, vu en dessus. — Fig. 18. Le même osselet, vu de profil, pour montrer le capuchon. — Fig. 19. Bras sessile, grossi, pour montrer les cupules encapuchonnées; dessiné par nous d'après nature. — Fig. 20. Le même crochet, vu sans membranes. — Fig. 21. Bras tentaculaire, grossi, pour montrer les quatre lignes, deux médianes de crochets, deux latérales de cupules. — Fig. 22. *Groupe carpéen*, grossi; dessiné par nous d'après nature.

2e GENRE. **ENOPLOTEUTHIS**, (1) d'Orbigny.

Animal allongé, formé d'un corps couvert de tubercules réguliers en dessous, et muni de nageoires le plus souvent non terminales et dépassées par une longue queue. Ensemble céphalique très volumineux par rapport au reste. Les membranes buccales pourvues de huit lobes extérieurs, dont deux brides supérieures distinctes, s'insérant aux deux bras supérieurs. Bras sessiles, pourvus de crochets cornés fermes, plus ou moins longs, élargis à leur base, pourvus d'une membrane qui les enveloppe et se contracte entièrement sur eux, de manière à les couvrir. Bras tentaculaires grêles et faibles, armés de crochets seulement. Tube locomoteur, muni de deux brides se rattachant à la tête.

(1) D'Ενοπλος, armé, et de Τευθος, calmar.

Coquille en forme de plume, et constamment dépourvue d'appendice à son extrémité, mais ayant des expansions latérales le plus souvent sinueuses.

Rapp. et diff. — Les *Enoploteuthis*, que je sépare comme genre distinct des *Onychoteuthis*, s'en distinguent par la présence de crochets seulement à tous les bras, par les tubercules de leur corps; par leurs nageoires non terminales; par huit brides à la membrane buccale, et par une coquille penniforme, sans appendice postérieur.

Ils habitent sous les régions chaudes, le milieu des Océans, et ne sont que fortuitement jetés sur les côtes.

On connaît de ce genre une espèce fossile, et plusieurs vivantes.

ESPÈCES FOSSILES.

N° 1. ENOPLOTEUTHIS SUBSAGITTATA, *d'Orbigny.*

Loligo subsagittata, Munster, 1836, Toschenb, p. 582, p. 582; 1830, p. 375. — *Idem*, Munster, 1843, Beitrag. zur Petref., p 107, pl. 10, f. 3. — *Enoploteuthis subsagittata*, d'Orb., 1845, Paléont. univ., pl. 19; Paléont. étrang., pl. 15.

E. testâ elongatâ, pennatâ, anticè angustatâ, productâ, posticè dilatatâ, lateribus sinuatâ.

Dim. Longueur, 130 mill. Par rapport à la longueur : largeur, 16 cent.

Coquille en forme de plume; partie antérieure étroite, très longue, se continuant sans s'élargir jusqu'à moins de la moitié, où naissent des expansions latérales peu larges, qui, avant de se terminer en arrière, montrent de chaque côté une échancrure. On remarque de plus, sur les côtés, parallèlement au bord des expansions, une ligne assez prononcée. La côte médiane est très saillante.

Rapp. et diff. — Cette espèce ressemble beaucoup, par les échancrures de sa coquille, à l'*E. armata*, ce qui m'a fait la rapporter au genre *Enoploteuthis*, plutôt que de la laisser dans le genre *Loligo* où M. Munster l'avait placée.

Loc. Dans les couches de pierres lithographiques de l'étage oxfordien supérieur d'Eichstadt (Bavière).

ESPÈCES VIVANTES.

N° 2. ENOPLOTEUTHIS LEPTURA, *d'Orbigny.* — *ONYCHOTEUTHES.* Pl. 2, f. 3-4, pl. 6, pl. 11, fig. 6-14, pl. 12, fig. 10-24.

Loligo leptura, Leach, 1817, Zool. miscell., t. III, p. 141, sp. 21, p. 3; Tukey exped. to Zaire append. IV, p. 411, sp. 2, p 3; Trad. franç., atlas, p. 14, pl. 18, f. 3 et 4; Journ. de Phys., t. LXXXVI, p. 395, pl. de juin, f. 3-5. — *Loligo Smithii*, Leach, 1817, idem, Misc., t. III, p. 141, sp. 3. — *Loligo leptura*, Blainv., 1823, Dict. des Sc. nat., t. XXVII, p. 137; idem, Journ. de Phys., t. XCVI, p. 126. — *Loligo Smithii*, Blainv., 1823, Dict., p. 437, et Journ. de Phys., p. 126. — *Loligo leptura*, Férussac, 1823, Dict. class., t. III, p. 67, n° 9, atlas, pl. fig. 3. — *Loligo Smithii*, Férussac, 1823, idem, p. 67. — *Onychoteuthis leptura*, Fér. 1825, d'Orb, Tabl. méth. des Céph, p. 61, sp. 8. — *Onychoteuthis Smithii*, Féruss., 1825, loc. cit., p. 61, sp. 9. — *Enoploteuthis leptura*, d'Orb., 1839, Céph. acét., Onychot., pl. 2, f. 3-4, pl. 6, pl. 11, f. 6-14, pl. 12, f. 10-24. — *Idem*, d'Orb., 1845, Paléont. univ., pl. 17, f. 1-9; Paléont. étrang., pl. 14, fig. 1-9.

E. corpore conico, subulato, subtùs longitudinaliter tuberculato, tuberculis numerosis.

Pinnis triangularibus; brachiis elongatis, inæqualibus, pro longitudine 4, 3, 2, 1. *Testâ lanceolatâ, latâ.*

Dim. Longueur totale, 200 mill.; longueur du corps, 73 mill. Par rapport à la longueur du corps : longueur des nageoires, 42 cent.; largeur des nageoires, 85 cent.; longueur de la coquille, 93 mill. Par rapport à la longueur de la coquille, 22 cent.

Animal. Corps conique jusqu'au-delà des nageoires; il se rétrécit ensuite tout-à-coup et se termine en une longue queue postérieure pointue, flasque et très extensible; lisse en dessus, pourvu en dessous de sept lignes longitudinales, de petits tubercules saillants, arrondis, épais, dont les deux lignes latérales sont irrégulières. Nageoires au milieu de la longueur du corps, échancrées et pourvues d'un lobe arrondi en avant; chacune d'elles représente un triangle assez aigu, et dans leur ensemble un rhomboïde, dont le grand diamètre est transversal. Bras sessiles inégaux, pourvus de crochets au nombre de soixante environ à chaque bras. Bras tentaculaires longs, très grêles, fortement comprimés, sans former de main distincte, ni de crêtes extérieures. Les cupules du groupe carpéen au nombre de cinq, ouvertes, et de cinq tubercules non percées, forment une surface allongée non continue. Crochets au nombre de dix, sur deux lignes alternes peu distinctes. *Couleurs* : Les parties supérieures sont pourvues de points rouges violacés; les parties inférieures plus foncées en violet, avec les lignes de tubercules alternativement blanchâtres, et violet foncé.

Coquille transparente, mince, en fer de lance; composée d'une tige plus épaisse, dont le centre est soutenu par une côte longitudinale; aux deux tiers supérieurs, d'expansions latérales, d'abord larges, puis diminuant graduellement de largeur jusqu'à l'extrémité.

Rapp. et diff. — Cette espèce se distingue au premier aperçu, par les lignes longitudinales de tubercules de toutes les parties inférieures; par ses nageoires plus anguleuses.

Hab. L'Océan atlantique, près du golfe de Guinée; le grand Océan.

His. Cette espèce, considérée comme un Loligo par MM. Leach, Blainville et de Férussac, a été placée par le dernier dans les *Onychoteuthis*.

Explication des figures.

Onychoteuthes. — Pl. 2. Fig. 3. *Loligo Smithii*, Leach. (Copie). — Fig. 4. *Loligo leptura*, Leach. (Copie).

Pl. 6. *Onychoteuthis leptura.* Les lignes de tubercules au-dessous de la figure 2 sont peu exactes; la figure 4 est tout-à-fait inexacte.

Pl. 11. Fig. 6 à 14. Meilleure figure, laissant encore à désirer pour la longueur de la queue; les lignes de tubercules inférieurs.

Onychoteuthes. — Pl. 12. Nouvelles figures de correction et d'addition, faites par nous. — Fig. 10. Corps grossi, vu en dessous, pour montrer la place invariable des points tuberculeux noirs et blancs. — Fig. 11. Le corps vu de profil. — Fig. 12. Nageoires ouvertes pour montrer leur forme et leur réunion au corps. — Fig. 13. Tête de profil, pour montrer les crêtes cervicales. — Fig. 14. Membrane buccale avec ses attaches. — Fig. 15. Bec de grandeur naturelle, vu de profil, mandibule supérieure. — Fig. 16. Le même, grossi. — Fig. 17. La même mandibule vue de profil. — Fig. 18. La même, grossie. — Fig. 19. Mandibule inférieure de grandeur, naturelle. — Fig. 20. La même, grossie. — Fig. 21. La même, vue de face. — Fig. 22. La même, grossie. — Fig. 23. Un crochet grossi sans membrane. — Fig. 24. Un crochet avec membrane.

N° 3. ENOPLOTEUTHIS MORISII, *d'Orbigny.*

Onychoteuthis Morisii, Vérany, 1837, Mém. de l'Acad. de Turin, t. I, t. IV.

E. corpore conico, lævigato, pinnis triangularibus terminato; testâ lanceolatâ, lateribus subsinuatâ.

Dim. Longueur du corps, 38 mill. Par rapport à la longueur du corps : longueur des nageoires, 70 cent.; largeur des nageoires, 85 cent.

Animal raccourci, formé d'un corps conique non prolongé en arrière, lisse, dont les nageoires, très grandes, en occupent les deux tiers. Celles-ci triangulaires, s'étendant jusqu'à l'extrémité du corps, sont rhomboïdales dans leur ensemble, et fortement échancrées en avant. Tête grosse, munie de bras inégaux, les plus grands inférieurs. *Coquille* lancéolée, assez large, un peu sinueuse sur les côtés.

Rapp. et diff. — Cette espèce se distingue des autres par ses nageoires terminales, par le manque de tubercule et par sa coquille.

Hab. L'Océan Atlantique, par 39° de latitude nord et 20° de longitude ouest. Recueillie par M. Vérany.

N° 4. ENOPLOTEUTHIS MOLINÆ, *d'Orbigny.*

Grande seiche, Banks, Prem. voy. de Cook, t. II, p. 301. — *Sepia unguiculata*, Molina, Saggio sulla Stor. nat. del. Chili, p. 199. — *Idem*, Gmelin, 1789, Syst. nat., ed. XIII, p. 3150. — *Idem*, Tourton, Syst. of nat., IV, p. 119. — *Sepia unguiculata*, Bosc, 1802, Buff. de Déterville, V, t. I, p. 47. — *Le poulpe unguiculé*, Montfort, 1802, Buff de Sonnini, Moll., t. III, p. 99. — *Sepia unguiculata*, Leach, 1817, Tuckey exp. to Zaire, trad. franç., p. 13. *Onychoteuthis Molinæ*, Leach, Lichtenstein, 1818, Iris, p. 1592, n° 2. — *Loligo unguiculata*, Blainv., 1823, Dict. des Sc. nat., t. XXVII, p. 140. Journ. de Phys., t XCVII, p. 128. — *Idem*, Férussac, 1825, d'Orb., Tab. méth. des Céph., p. 61. — *Idem*, Férussac, 1835, Note sur les Seiches de Molina, Ann. des Sc. nat., août 1835, t. IV.

On ne connaît de cette espèce qu'une partie d'un bras sessile gigantesque, couvert de crochets sur toute sa longueur. Ce caractère étant celui des *Enoploteuthis*, je l'ai placé dans ce genre. Je dois à l'obligeance de M. Richard Owen un beau dessin de ce bras déposé au Musée du collége des Chirurgiens de Londres.

Il y a lieu de croire, comme l'a imprimé M. de Férussac, que le *Sepia unguiculata* de Molina, est le même que ce grand bras recueilli lors du voyage de Banks. Persuadé de cette vérité, je ne balance pas à le donner sous le nom d'*E. Molinæ*, appliqué par M. Lichtenstein; car le nom plus ancien d'*Unguiculata* ne peut plus être conservé, parce qu'il indique un caractère commun à toutes les espèces.

Hab. Le grand Océan, entre l'Amérique et l'Océanie.

N° 5. ENOPLOTEUTHIS LESUEURII, *d'Orbigny.* — *ONYCHOTEUTHES.* Pl. 11, Pl. 14, fig. 4-10.

Onychoteuthis Lesueurii, Féruss. et d'Orb., 1835, Céph. acét. Onychot., pl. 11, f. 1-5; pl. 14, f. 4-10. — *Enoploteuthis Lesueurii*, d'Orb., 1845, Paléont. univ., pl. 17, f. 10; Paléont. étrang., pl. 14, fig. 10.

E. corpore elongato, acuminato, producto, subtùs tuberculis regulariter dispositis, pinnis anterioribus, triangularibus; brachiis elongatis; testâ angustata, lanceolatâ.

Dim. Longueur totale, 286 mill.; longueur du corps, 125 mill. Par rapport à la longueur du corps : longueur des nageoires, 77 cent.; largeur des nageoires, 010 cent.; longueur de la coquille, 125 mill. Par rapport à sa longueur : largeur de la coquille, 20 cent.

Animal dont le corps est lisse en dessus, marqué en dessous de tubercules saillants au nombre de 21, très régulièrement disposés. Nageoires occupant les trois cinquièmes antérieurs de la longueur du corps. Chacune d'elles représente un triangle irrégulier, et leur ensemble forme un rhomboïde peu irrégulier, dont le grand diamètre est transversal. Bras sessiles excessivement gros, longs, volumineux, arrondis extérieurement, inégaux dans l'ordre 3, 2, 4, 1; tous pourvus de crochets sur deux lignes alternes peu distinctes. Bras contractiles longs, peu gros. *Couleurs*: La partie supérieure montre une teinte violacée, l'intérieur des bras et de la bouche est violet; les tubercules inférieurs sont violets ou noirs avec du blanc au milieu.

Coquille lancéolée, étroite, transparente, mince sur ses bords, épaisse et cartilagineuse en dessous, sur la ligne médiane, composée d'une très large tige marquée sur la ligne médiane, d'une côte saillante arrondie, et d'expansions latérales minces qui commencent près de la partie antérieure.

Rapp. et diff. — Cette espèce se rapproche de l'*E. leptura*, par le prolongement caudal du corps, par les tubercules de sa partie inférieure; mais elle s'en distingue par ses énormes nageoires commençant au bord antérieur du corps, par la position isolée et régulière de ses tubercules, et par sa coquille beaucoup moins large au milieu, plus large en haut et que double un cartilage épais.

Hab. Le grand Océan.

Explication des figures.

ONYCHOTEUTHES. — Pl. 11. Fig. 1. *Onychoteuthis Lesueurii*, Férussac, vu en dessus. (Le corps est beaucoup trop court en arrière.) — Fig. 2. Osselet interne, vu en dessous. (Une cassure du cartilage inférieur pourrait induire en erreur et être prise pour une cavité qui n'existe pas.) — Fig. 3. Le même osselet, vu de profil. — Fig. 4. Crochet des bras sessiles, vu de profil, avec sa membrane. — Fig. 5. Le même, vu en dessus et en dessous.

ONYCHOTEUTHES. — Pl. 14. Fig. 4. Corps de l'animal vu en dessous, pour montrer le grand prolongement postérieur de la queue la suite de tubercules régulièrement placés que nous avons découverts. — Fig. 5. Mandibule supérieure, vue de profil. — Fig. 6. La même, vue par le dos. — Fig. 7. Mandibule inférieure, vue de profil. — Fig. 8. La même, vue sur le dos. — Fig. 9. Un tubercule du dessous du corps séparé et grossi. — Fig. 10. Le même, vu en dessus.

N° 6. ENOPLOTEUTHIS ARMATA, *d'Orbigny.* — *ONYCHOTEUTHES.* Pl. 9, f. 2-6, pl. 14, f. 11-14.

Onychoteuthis armatus, Quoy et Gaimard, 1832, Zoologie de l'Astrolabe, t. II, p. 84, atlas, pl. 5, f. 14-22. — *Idem*, Règne anim. de Cuvier, éd. avec planch., pl. 2. (Copie de MM. Quoy et Gaimard.) — *Enoploteuthis armata*, d'Orb., 1845, Paléont. univ, pl. 17, f. 11-12; Paléont. étrang., pl. 14, fig. 11-12.

E. corpore elongato, suprà lævigato, subtùs tuberculato; tuberculis sparcis, regulariter dispositis; pinnis angustatis terminalibus; testâ lanceolatâ, lateribus sinuatâ.

Dim. Longueur totale, 62 mill.; longueur du corps, 23 mill. Par rapport à la longueur du corps: longueur des nageoires, 50 cent.; largeur des nageoires, 80 cent.; longueur de la coquille, 23 mill. Par rapport à la longueur de la coquille: largeur 17 cent.

Animal dont le corps est lisse en dessus, orné en dessous, et un peu sur les côtés ainsi que sur la tête, d'un grand nombre de petits tubercules, dont les uns, un peu plus gros, se reproduisent de chaque côté à la même place, formant des figures régulières. Nageoires enveloppant toute l'extrémité du corps, chacune d'elles triangulaire, et leur ensemble en fer de flèche très ouvert. Bras sessiles longs, grêles, les deux inférieurs ornés en dehors de deux rangées marginales de petits tubercules peu saillants, les trois paires inférieures pourvues d'une crête; tous munis de crochets alternativement d'un côté et de l'autre, sur une seule ligne, jusqu'à près de leur extrémité, où les crochets sont remplacés par deux rangées de cupules demi-sphériques. Bras tentaculaires, longs, grêles, sans main bien distincte à leur extrémité, terminée en pointe émoussée, dont les cupules du groupe carpéen sont au nombre de trois ou quatre; quatre crochets longs, aigus, alternant avec une ligne de cupules; à l'extrémité deux rangs de cupules seules. *Couleurs*, blanchâtres avec de larges taches rouges et noires, qui se remarquent aussi sur les bras. Dessus du corps orné de taches petites, espacées, d'un rouge violet foncé.

Coquille mince, ferme, lancéolée, composée d'une tige étroite, carénée en dessus, concave en dessous, diminuant de largeur de la partie supérieure à l'inférieure, et aux deux tiers supérieurs, d'expansions latérales, peu larges, très échancrées, assez près de l'extrémité.

Rapp. et diff. — Cette espèce, par ses tubercules, se rapproche de l'*Enoploteuthis leptura* et de l'*E. Lesueurii*, mais elle s'en distingue nettement par la forme de ses nageoires, le non-prolongement de son corps en dehors de celles-ci, par la disposition des tubercules de sa partie inférieure, par des crochets et des capsules en même temps à tous les bras, ainsi que par la forme de sa coquille.

Hab. Le grand Océan, dans la mer des Moluques. Elle n'avait qu'imparfaitement été observée par M. Quoy.

Explication des figures.

Onychoteuthes. — Pl. 9. Fig. 2. Animal vu en dessus, copie de la figure de M. Quoy. (La jonction des nageoires au dos est fautive.) — Fig. 3. Corps vu en dessous, où l'on a oublié de représenter les tubercules, copie d'après M. Quoy. — Fig. 4. Ombrelle ouverte, copie de M. Quoy. (Figure tout-à-fait fautive.) — Fig. 5. Un bras tentaculaire. (Copie.) — Fig. 6. Un bras sessile, grossi; *a*, crochet grossi; *b*, *c*, Cupules grossies. (Nous ne concevons pas la figure *c*.)

Onychoteuthes. — Pl. 14. Figures de rectification faites par nous sur l'individu, décrit par MM. Quoy et Gaimard. — Fig. 11. Dessin fortement grossi de l'animal vu en dessous, pour montrer la régularité de position des tubercules blancs et noirs des parties inférieures. — Fig. 12. Un trait du corps en dessus, pour montrer la forme des nageoires à leur jonction au corps. — Fig. 13. Membrane buccale, dessinée avec exactitude pour montrer la différence avec la figure 4 de la pl. 9. — Fig. 14. Osselet interne, vu en dessus. — Fig. 15. Le même vu de profil.

5e GENRE. **OMMASTREPHES**, d'Orbigny.

Sepia loligo, Linné, 1767; genre *Loligo*, Lamarck, 1779; *Calmars*, Sect. D. ou *Calmars flèches*, Blainville, 1823, *Ommastrèphes*, d'Orbigny, 1835.

Animal formé d'un corps long et d'une tête courte; corps très allongé, cylindrique, très acuminé postérieurement, tronqué carrément en avant. Appareil de résistance composé 1° à la base du tube locomoteur, de chaque côté, d'une partie cartilagineuse représentant, dans son ensemble, un triangle à extrémité supérieuse prolongée, obtuse, divisée en deux cavités, l'une supérieure longitudinale, l'autre inférieure transverse, se communiquant entre elles par un canal étroit, dont les côtés sont formés de protubérances obtuses très cartilagineuses; 2° sur les côtés de la paroi interne inférieure du corps, par des saillies correspondant aux cavités, formées en dessus d'un bouton oblong, longitudinal, élargi et épais en bas, qui se joint à une

(1) De ὄμμα, œil, et de στρέφω, tourner (qui tourne les yeux).

crête transverse inférieure ; 3° sur la partie postérieure cervicale de la tête, d'un sillon médian et de deux bourrelets longitudinaux sur une plaque demi-cartilagineuse ; 4° à l'intérieur du corps en dessus, sous l'osselet, d'une crête, et de deux sillons latéraux destinés à s'appliquer sur la plaque cervicale. Nageoires postérieures terminales, très larges, n'occupant jamais la moitié de la largeur du corps, qu'elles embrassent toujours en arrière ; leur ensemble forme un rhomboïde, dont le grand diamètre est transversal. Tête assez grosse, peu déprimée, rétrécie tout-à-coup en arrière des yeux, à la partie cervicale, et pourvue sur cette partie, de chaque côté, de trois crêtes longitudinales très saillantes ; la dernière recevant l'orifice externe de l'oreille. Yeux très grands, latéraux, pourvus à l'extérieur d'une ouverture ovale, munie d'un sinus lacrymal très prononcé. Membrane buccale, très extensible, plus large en bas qu'en haut, pourvue de sept lobes allongés, lisses, sans cupules. Bec gros, flexible, excepté à la partie rostrale ; mandibule inférieure, composée d'une aile latérale peu longue, étroite et d'une expansion postérieure lisse, très courte, carénée en dessus, fortement échancrée en arrière, ainsi que l'expansion postérieure ; celle-ci non échancrée, très prolongée. Ouvertures aquifères au nombre de deux brachiales, situées entre la troisième et quatrième paire de bras sessiles, et en dehors des bras tentaculaires, donnant dans une cavité courte, antérieure seulement aux yeux ; de quatre buccales, *deux*, une de chaque côté à la base des bras de la première paire ; *deux*, une de chaque côté entre les bras de la troisième et de la quatrième paire, donnant dans une cavité qui entoure la masse buccale ; de deux ouvertures anales, placées une de chaque côté du tube locomoteur, en dehors de sa bride externe, donnant chacune dans une cavité simple.

Bras sessiles, conico subulés, les supérieurs et inférieurs quadrangulaires, les autres triangulaires ou comprimés, souvent carénés en dehors ; tous inégeaux entre eux, dans l'ordre suivant : la troisième paire la plus longue, la plus forte ; puis la seconde, la première et la quatrième les plus courtes, une crête natatoire externe aux bras de la troisième paire. Membrane protectrice des cupules, souvent très développée. Cupules très obliques, charnues, placées sur un petit pied au sommet d'une saillie conique des bras, et alternant sur deux lignes presque toujours bien distinctes, et pourvues de cercle corné oblique, armé de dents à son bord supérieur ; convexe et arrondi en dehors, sans bourrelet externe ni rétrécissement inférieur. Bras tentaculaires, non rétractiles, peu longs, gros, forts, pourvus en dehors d'une légère crête longitudinale, non élargis en massue à leur extrémité, simplement acuminée ou un peu lancéolée, toujours munis d'une crête natatoire, et d'une membrane protectrice des cupules. Les cupules sont obliques, charnues, sur quatre lignes alternes ; deux médianes très grandes, deux latérales toujours petites, dont le cercle corné et semblable, pour la forme, à celui des bras sessiles. Membrane de l'ombrelle nulle, exepté entre la troisième et la quatrième paire de bras, où elle est très marquée. Tube locomoteur souvent logé dans uné cavité inférieure de la tête, court, large, retenu par quatre brides ; deux très larges, internes, étroites ; celles-ci laissant entre elles une cavité profonde, dans laquelle vient aboutir un canal. La cavité interne est pourvue d'une valvule supérieure.

Coquille interne, cornée, flexible, occupant toute la longueur du corps, ayant toujours la forme conique, allongée, très déprimée, un peu élargie en avant, et de là diminuant graduellement jusqu'à l'extrémité, terminée par des expansions courtes, qui se réunissent pour former un godet creux, sans loges aériennes. Un bourrelet épais se remarque de chaque côté de la coquille, et un autre médian étroit, linéaire.

Rapp. et diff. — Ce genre, que j'ai séparé des Calmars, avec lesquels tous les auteurs l'avaient confondu, et que je place même dans une famille tout à fait différente, se distingue des *Loligidées* parce qu'il a les yeux ouverts à l'extérieur, tandis que les Calmars ont ceux-ci recouverts par une membrane.

Les Ommastrèphes diffèrent encores des Calmars, par l'appareil de résistance très compliqué ; par leurs nageoires, toujours plus terminales, plus anguleuses, et rhomboïdales dans leur ensemble ; par la tête plus ferme, plus large, toujours pourvue de trois crêtes longitudinales, par leur synus lacrymal ; par l'iris arrondi ; par le manque de cupules aux lobes de la membrane buccale ; par le bec dont la mandibule inférieure est beaucoup plus échancrée en arrière ; par la forme de l'oreille externe ; par les ouvertures aquifères brachiales très peu profondes ; par quatre ouvertures buccales au lieu de six ; par la présence d'ouvertures latérales au tube locomoteur ; par la forme des cercles cornés des bras, toujours convexe et sans bourrelets extérieurs ; par des bras tentaculaires non rétractiles ; par le tube locomoteur logé dans une cavité de la tête, et pourvu de quatre brides au lieu de deux ; par la présence du canal supérieur au tube locomoteur ; enfin, par une coquille toujours en flèche, sans expansion latérale et pourvue d'un godet terminal.

Chaque espèce est, pour ainsi dire, cantonnée dans une vaste région des mers, dont elle ne sort pas, et y forme des troupes voyageuses, composées de myriades d'individus qui viennent encombrer les côtes des régions méridionales et septentrionales de l'Amérique. Ces animaux servent presque exclusivement à nourrir, dans les régions polaires, ces myriades d'oiseaux pélagiens (albatros, pétrels, etc.) qui couvrent l'immensité des mers, ainsi que les nombreux cétacés à dents, cachalots, dauphins et marsouins. Toutes les espèces sont pélagiennes et nocturnes.

On connaît des espèces fossiles et des espèces vivantes de ce genre.

ESPÈCES FOSSILES.

N° 1. OMMASTREPHES ANGUSTUS, *d'Orbigny*.

Onychoteuthis angusta, Munster, 1830, Jahrb., p. 404. 458 ; idem, 1836, p. 250, 630.— *Onychoteuthis Lichtensteinii*, Munster, 1837, manusc. — *O. sagittata*, Munster, 1837, Jahrb., p. 252. (Non *Sagittata*, Lam., 1799.) — *O. angusta*, Munster, 1837, Jahrb., p. 252. — *Ommastrephes angustus*, d'Orb., 1845, Paléont. univ., pl. 23, fig. 9-11 ; Paléont. étrang., pl. 20, f. 9-11.

O. testâ elongatâ, depressâ, longitudinaliter tricostatâ ; anticè posticèque dilatatâ.

Dim. Longueur, 218 mill. Par rapport à la longueur : largeur supérieure, 9 cent. ; largeur de l'expansion inférieure, 7 cent. ; angle d'ouverture, 7 degrés.

Coquille allongée, déprimée, ornée de trois côtes longitudinales, dont la plus forte est médiane ; partie antérieure arrondie ; partie inférieure représentant un large fer de lance.

Rapp. et diff. — Cette espèce, voisine de l'*O. sagittatus*, s'en distingue par son angle plus ouvert, et par sa côte médiane bien plus forte. Elle ne laisse aucun doute sur le genre auquel elle appartient.

Loc. Dans les couches coralliennes, ou de l'étage oxfordien supérieur de Solenhoffen (Bavière).

Hist. Cette espèce, qui m'a été communiquée par M. le comte Munster, portait dans ses divers états les noms d'*Onychoteuthis angusta*, *Lichtensteinii*, et *sagittata*. Je lui ai conservé le plus ancien, quoique sous ce nom l'auteur ait également confondu des espèces d'*Acanthoteuthis*.

N° 2. OMMASTREPHES INTERMEDIUS, *d'Orbigny* 1845.

Onychoteutis intermedia, Munster, 1837, Jahrb, p. 252. — *Ommastrephes intermedius*, d'Orb., 1841, Céph. acét., Introd., p. XL. — *Ommastrephes intermedius*, d'Orbigny, 1845, Paléont. univ., pl. 24, f. 1; Paléont. étrang., pl. 21, fig. 1.

O. testâ elongatâ, conicâ, suprà convexâ, unicostatâ; posticè angustato-lanceolatâ.

Dim. Longueur de la coquille, 162 mill. Par rapport à la longueur : longueur de l'expansion inférieure, 14 cent.; sa largeur, 4 cent.; angle d'ouverture, 6 et demi.

Coquille allongée, conique, convexe en dessus et pourvue d'une côte médiane et de quelques lignes latérales; sa partie postérieure est pourvue de très étroites expansions dont l'ensemble représente un fer de lance très étroit et très aigu.

Rapp. et diff. — Voisine, par son angle d'ouverture, de l'*O. angustus* cette coquille a la côte médiane bien plus large, et l'extrémité inférieure bien plus étroite et de forme différente. Décrite par M. de Munster comme une Onychoteuthis, je crois devoir la placer, au contraire, parmi les Ommastrèphes dont elle a les caractères.

Loc. Dans les calcaires lithographiques de l'étage corallien ou oxfordien supérieur de Solenhoffen (Bavière). Comte Munster.

N° 3. OMMASTREPHES COCHLEARIS, *d'Orbigny*.

Onychoteuthis cochlearis, Munster, 1837, Jahrb., p. 252. — *Ommastrephes cochlearis*, d'Orb., 1841, Céph. acét., Introd., p. XL. — *Ommastrephes cochlearis*, d'Orbigny, 1845, Paléont. univ., pl. 24, fig. 2; Paléont. étrang., pl. 21, fig. 2.

O. testâ, longitudinaliter unicostatâ, anticè posticèque dilatatâ; posticè lanceolato-dilatatâ.

Dim. Longueur, 160 mill.; angle apicial, 9 degrés.

Coquille assez large, convexe en dessus et pourvue sur la ligne médiane d'une côte très prononcée. Sa tige est large; son expansion inférieure large, forme dans son ensemble un rhomboïde allongé.

Rapp. et diff. — Par sa tige et par son extrémité inférieure très large, cette coquille se distingue facilement des espèces vivantes; elle l'est pourtant moins que l'*O. Munsterii*. Ce n'est point, comme l'avait pensé M. le comte Munster, une espèce d'*Onychoteuthis*, mais un *Ommastrèphe* à large coquille, opérant le passage au genre *Geoteuthis*.

Loc. Dans les calcaires lithographiques de l'étage corallien ou oxfordien supérieur de Solenhoffen (Bavière). M. le comte Munster.

N° 4. OMMASTREPHES MUNSTERII, *d'Orbigny*, 1845.

Ommastrephes Munsterii, d'Orb., 1845, Paléont. univ., pl. 24, f. 3; Paléont étrang., pl. 21, f. 3.

O. testâ dilatatâ, brevi, cochleari, anticè dilatatâ, longitudinaliter radiatâ, posticè dilatato-obtusâ.

Coquille très large, très courte, convexe en dessus; large et marquée de lignes rayonnantes au milieu et en avant; pourvue en arrière d'énormes expansions qui paraissent avoir été réunies en dessous comme celles de ce genre, ce qui m'a porté à classer cette coquille parmi les *Ommastrephes*, plutôt que parmi les *Geoteuthis*, qui n'ont point ces lames réunies.

Rapp. et diff. — Cette espèce se distingue facilement de toutes les autres par la grande largeur de ses parties. Elle offre évidemment un passage entre les *Ommastrephes* et les *Geoteuthis*.

Loc. Dans le calcaire lithographique de l'étage oxfordien supérieur de Solenhoffen (Bavière). Communiqué sans noms par M. le comte Munster.

ESPÈCES VIVANTES.

N° 5. OMMASTREPHES SAGITTATUS, *d'Orbigny*. — *LOLIGO*. Pl. 4, pl. 6. *OMMASTREPHES*. Pl. 1, fig. 1-10.

Sepia minor, Seba, 1758, Thesaur., t. III, pl. 3, f. 5-6. — *Loligo*, Seba, 1758, t. III, pl. 4, f. 3, 4, 5. — *Sepia loligo*, Linné, 1767, Syst. nat., éd. XII, p. 1095, n° 4. — *Sepia media*, Barbut, 1788, Gener. verm., p. 75, t. VIII, f. 3. (Copie de la f. 6, pl. 3 de Seba.) — *Sepia loligo*, Gmel., 1789, Syst. nat., p. 3150. (Confondu.) — *Sepia loligo*, Brug., 1789, Encycl., pl. 77, f. 12. (Copie de la f. 3 et 4 de la pl. 4.) — *Loligo sagittata*, Var. B. Lam., 1799, Mém. de la Soc. d'Hist. naturelle de Paris, p. 13. — *Calmar harpon*, Montfort, 1805, Buff. de Sonini, Moll., t. II, p. 65, pl. 14. — *Loligo illecebrosa*, Lesueur, 1821, Journ. of the Acad. of nat. Sc. of Philad., v. II, p. 95. — *Loligo sagittata*, Var. B. Lamarck, 1822, Anim. sans vert., t. VII, p. 665. — *Loligo harpago*, Féruss., 1823, Dict. class., t. III, p. 67, n° 3. (D'après Montfort.) — *Loligo Brongniartii*, Blainv. 1823, Dict. des Sc. nat., t. XXVII, p. 142. — *Idem*, Blainv., 1823, Journ. de Phys., mars, p. 130. — *Loligo illecebrosa*, Blainv., 1823, Dict. des Sc. nat., t. XXVII, p. 142, et Journ. de Phys., p. 130. — *Loligo piscatorum*, La Pylaie, 1825, Ann. des Sc. nat., t. IV, p. 319. — *Loligo Brongniartii*, Féruss., 1825, d'Orb., Tabl. des Céph., p. 63, n° 4. — *Loligo illecebrosa*, Fér., 1825, d'Orb., idem, idem, p. 63, n° 5. — *Loligo piscatorum*, Fér., 1825, d'Orb., idem, idem, p. 63, n° 6. — *Loligo sagittata*, Blainv., Faun. franç., p. 15. — *Idem*, Payrodeau, 1826, Cat. des Moll. de Corse, p. 173, n° 353. — *Idem*, Risso, 1826, Hist. nat., t. IV, p. 6, n° 8. — *Idem*, Guérin, Icon. du Règne anim. de Cuvier, pl. 1, fig. 5. — *Idem*, Philippi, 1836, Enum. Moll. sic., p. 241, n° 2. — *Loligo Coindetii*, Verany, 1837, Mém. de l'Acad. des Sc. de Tur., t. I, pl. 4. (Individu très jeune.) — *Loligo sagittata*, Cantraine, 1841, Nouv. mém. de l'Acad. de Brux., t. XIII, p. 15, n° 1. — *Ommastrephes sagittatus*, d'Orb., 1845, Paléont. univ., pl. 22, f. 12-16; Paléont. étrang., pl. 19, f. 12-16.

O. corpore elongato, cylindrico; pinnis latis, rhomboïdalibus; brachiis tentacularibus; elongatis, apice acetabulis numerosis munitis; testâ elongatâ, posticè lanceolatâ.

Dim. Longueur totale, 440 mill.; longueur du corps, 165 mill. Par rapport à la longueur du corps : longueur des nageoires, 41 cent.; largeur des nageoires; 61 cent.; longueur de la coquille, 165 mill. Par rapport à la longueur : longueur des expansions terminales, 21 cent.; largeur des expansions terminales, 11 cent.; angle apicial, 4 degrés.

Animal ayant le corps allongé, légèrement renflé au milieu de sa longueur. Tête volumineuse. Bras sessiles, gros, longs, munis de cupules dont les cercles cornés sont variables suivant la partie du bras où ils se trouvent. Bras tentaculaires, comprimés partout, couverts de cupules seulement à leur extrémité non élargie et munie de cupules commençant sur deux rangs, ensuite sur quatre : deux de très grandes peu obliques, et deux latérales de très petites, très obliques; puis à l'extrémité, ces nombres sont remplacés par une multitude de très petites cupules au moins sur huit de front. Cercle corné des grosses cupules, lorsqu'elles sont sur quatre rangs, peu oblique, lisse en dedans, ou seulement fendu peu visiblement, de distance en distance sur leur côté le plus large. *Couleurs* : teinte générale rosée, formée de très petites taches violacées sur toutes les parties supérieures.

Coquille allongée, étroite, pourvue de trois côtes longitudinales, dont les plus grosses sont latérales; les expansions de l'extrémité inférieure sont larges.

Rapp. et diff. — Cette espèce a la forme générale de l'*O. todarus*, mais elle s'en distingue par sa nageoire, n'occupant que le tiers du corps; par les cupules de ses bras tentaculaires placées seulement à l'extrémité, au lieu d'être sur toute la longueur, ainsi que par tous les détails des cercles cornés des cupules et des ouvertures aquifères. Son caractère le plus tranché est d'avoir un très grand nombre de cupules (plus de huit de front) à l'extrémité des bras tentaculaires, caractère qui ne se rencontre chez aucune autre espèce.

Hab. Océan Atlantique, dans les régions boréales, sur les côtes de l'Amérique septentrionale, à Terre-Neuve, où des bancs innombrables s'échouent, et servent annuellement à la pêche de la morue; la Méditerranée.

Hist. Confondue avec l'*O. todarus* par Lamarck, cette espèce a reçu successivement, comme on peut le voir à la synonymie, les noms de ***Sagittata***, d'***Illecebrosa***, d'***Harpago***, de ***Brongniartii***, de ***Piscatorum*** et de ***Coindetii***. Une comparaison minutieuse des types eux-mêmes, déposés dans les collections du Muséum, m'a permis de reconnaître qu'ils appartenaient tous à une même espèce.

Explication des figures.

CALMARS. — Pl. 4. Fig. 1. *Loligo Brongniartii*, Blainville, vu en dessus; dessiné d'après nature sur l'échantillon conservé dans la collection de M. Brongniart, et type de l'espèce de M. de Blainville; 1 *a*, extrémité postérieure du corps, vue en dessous; dessinée au trait d'après nature; 1 *b*, partie supérieure du corps et une partie de la tête, pour montrer les crêtes cervicales; dessinée d'après nature. — Fig. 2. Osselet interne, vu en dessous; dessiné d'après nature; 2 *a*, Le même osselet, vu de profil; *a*, cercle corné des cupules des bras supérieurs grossi, et vu en dessus; dessiné par nous d'après nature; *b*, le même cercle corné, vu de profil; *c*, cercle corné des cupules de l'extrémité des bras sessiles latéraux, grossi, vu en dessus, dessiné d'après nature; *d*, cupule du même bras, grossie; *e*, cercle corné de la même cupule, vu de profil; *f*, cercle corné des cupules latérales des bras tentaculaires, grossi, vu en dessus; dessiné d'après nature; *g*, cupule latérale des bras tentaculaires, vue de profil; *h*, cercle corné des grandes cupules des bras tentaculaires, grossi, vu en dessus; figure dans laquelle les divisions du bord sont oubliées; *i*, cupule médiane des bras tentaculaires.

CALMARS. — Pl. 5. Fig. 1. *Loligo piscatorum*, Lapilaye, vu en dessus. (Toute cette planche est copiée d'après le dessin original de M. Lapilaye.) Figure inexacte. — Fig. 2. Animal vu en dessous. (Figure fautive) — Fig. 3. Dessous du corps avec le dessous de la tête. (Fig. fautive.) Fig. 4. Intérieur de l'ombrelle. (Figure inexacte); *a*, prunelle de l'œil grossie; *b*, la même, de grandeur naturelle; *c*, *d*, mauvaise figure des cupules.

CALMARS. — Pl. 7. Fig. 1. Animal vu en dessus. (Copie des figures données par M. Lesueur.) Fig. 2. Animal vu en dessous. Idem. — Fig. 3. Osselet interne, vu en dessous. Idem.

OMMASTREPHES. — Pl. 1. Jeune individu envoyé par M. Verany, sous le nom de *Loligo Coindetii*; dessiné par lui sur le vivant. — Fig. 1. Bras tentaculaire, grossi, pour montrer les deux systèmes de cupules; dessiné par nous d'après nature. — Fig. 2. Trait des nageoires en dessous, pour rectifier la forme des figures précédentes; dessiné d'après nature. — Fig. 3. Cercle corné des grandes cupules des bras tentaculaires, grossi, vu de profil; dessiné par nous d'après nature. — Fig. 4. Cupule de la base des bras tentaculaires, vue de profil. A de face. — Fig. 5. Cercle corné des cupules de l'extrémité des grands bras, vu de face. — Fig. 6. Le même, vu de profil. Cercle corné des cupules latérales des bras tentaculaires, vu de profil et de face; dessiné par nous d'après nature. — Fig. 7. Cercle corné des grosses cupules des bras sessiles, grossi, vu en dessus et de profil; dessiné par nous d'après nature. — Fig. 8. Cercle corné des cupules de la base des bras sessiles latéraux, grossi, vu de face et de profil. — Fig. 9. Cercle corné des cupules de l'extrémité des bras latéraux, grossi, vu de face et de profil, dessiné par nous d'après nature. — Fig. 10. Cercle corné des cupules des bras supérieurs et inférieurs, grossi, vu de face et de profil.

N° 6. OMMASTREPHES BARTRAMII, *d'Orbigny*. — *CALMARS*. Pl. 2. *OMMASTREPHES*. Pl. 2, fig. 11-12.

Cornet, Pernetti, 1770, Hist. d'un Voy. aux îles Malouines, t. II, p. 76, pl. 11, f. 6. — *Loligo Bartramii*, Lesueur, 1621, Journ. of the Acad. nat. Soc. of Philad., v. II, p. 90, pl. 7. — *Idem*, Féruss., 1823, Dict. class, t. III, p. 67, n° 12. — *Idem*. Blainv., 1823, Dict. des Sc. nat, t. XXVII, p. 141. (D'après Lesueur.) — *Idem*, Blainv., 1823, Journ. de Phys., mars, p. 129. — *Loligo sagittata*, Blainv., 1823, Dict. des Sc. nat., t. XXVII, p. 140. — *Idem*, Blainv., 1823, Journ. de Phys, mars, p. 128. — *Loligo Bartramii*, Féruss., 1825, d'Orb., Tabl. des Céph., p. 63. — *Ommastrephes Bartramii*, d'Orb., 1835. Voy. dans l'Amér. mér., Moll., p. 55. — *Ommastrephes cylindricus*, d'Orb., 1835, Voy. dans l'Amér. mér., Moll., p. 55, pl. 3, f. 3-4. — *Loligo vitreus*, Rang, 1837, Mag. de Zoolog., pl. 36, p. 71. — *Ommastrephes Bartramii*, d'Orb., 1838, Moll. des Antilles, t. I, p. 59, n° 15. — *Idem*, d'Orb., 1845, Paléont. univ., pl. 22, f. 1-2, pl. 23, f. 7-8; Paléont. étrang., pl. 19, f. 1-2, pl. 20, f. 7-8.

O. corpore elongato, cylindraceo, posticè acuminato, anticè truncato, suprà zonâ violaceâ longitudinaliter ornato. Pinnis dilatatis rhomboïdalibus, acutè angulatis; capite brevi; testâ tenui elongatâ.

Dim. Longueur totale, 240 mill.; longueur du corps, 150 mil. Par rapport à la longueur du corps : longueur des nageoires, 40 cent.; largeur des nageoires, 67 cent.; longueur de la coquille, 150 mill. Par rapport à la longueur : longueur de l'expansion terminale, 12 cent.; largeur de l'expansion terminale, 3 cent.

Animal très allongé. Corps cylindrique et arrondi, muni de nageoires très échancrées en avant, enveloppant le corps en arrière, et formant là une pointe peu aiguë; leur ensemble est rhomboïdal et transverse. Bras sessiles courts, bicarénés ou tricarénés en dehors, pourvus extérieurement d'une nageoire longitudinale assez large; aux supérieurs, la membrane protectrice des cupules est large au côté externe, courte en dedans; cette membrane est beaucoup plus large que le bras à la 3ᵉ paire, toujours marquée de sillons transversaux élevés, qui correspondent au sillon sur lequel la cupule est fixée. Cupules alternes dont le cercle corné est armé tour à tour de dents plus longues sur le côté large. Bras tentaculaires, courts, gros, comprimés, carénés en dehors, bicarénés en dedans; l'une des carènes formant membrane et s'étendant jusqu'à l'extrémité du bras, de chaque côté des cupules, qui sont sur quatre rangs, deux de grandes au milieu, dont le cercle corné est armé de dents aiguës, alternant une grande et une petite. Le cercle corné des cupules latérales est armé tout autour. *Couleurs* : sur la partie médiane du corps, une large bande violette, accompagnée de chaque côté d'une bande rouge-jaune.

Coquille très étroite dans toutes ses parties, avec l'extrémité élargie, plus petite à proportion et plus fortement striée que dans les autres.

Rapp. et diff. — Cette espèce est, par sa forme cylindrique, voisine de l'*O. Oualaniensis*; mais elle s'en distingue par ses cupules sur deux lignes, aux bras sessiles et par son appareil de résistance non soudé.

Hab. Tout l'Océan Atlantique, et la Méditerranée, où elle vit isolée.

Explication des figures.

CALMARS. — Pl. 2. Fig. 1. Animal vu en dessus, ayant quelques-unes des teintes de l'individu frais; néanmoins les couleurs ne sont pas assez vives, et surtout trop peu distinctes entre elles. — Fig. 2. Osselet interne, vu en dessous; dessiné par nous d'après nature. 2. *a*, le même osselet, vu de profil, pour montrer l'extrémité postérieure. 1. *b*, extrémité supérieure du corps, pour montrer la cavité dans laquelle vient se loger le tube anal; *a*, grosse cupule des bras tentaculaires, grossie, vue de profil; dessinée d'après nature; *b*, cercle corné de cette même cupule, grossi, vu en dessus; dessiné d'après nature; *c*, cupule des bras sessiles, grossie, vue de profil, dessinée d'après nature; *d*, cercle corné de cette même cupule, grossi, vu en dessus; dessiné d'après nature.

Calmars. — Pl. 21. Fig. 5. *Ommastrephes cylindraceus*, d'Orbigny, dessiné par nous sur le vivant, et représenté dans les planches de notre voyage; *a*, osselet interne, dessiné d'après nature. — Fig 7. *Loligo vitreus*, Rang, vu en dessus; copie du dessin original de M. Rang. — Fig. 7. Le même, vu en dessous; copie de M. Rang. (On a oublié de marquer le tube anal dans cette figure.) *a*, partie d'un bras grossi; *b*, bras tentaculaire, d'après M. Rang; *c*, osselet interne, idem.

Ommastrephes. — Pl. 2. Fig. 11. Profil de la base de la tête, pour montrer les ouvertures aquifères anales, les brides anale et l'œil; dessiné d'après nature. — Fig. 12. Tube locomoteur et ses brides, vus de face. — Fig. 13. Cercle corné des cupules des bras sessiles, grossi et vu de profil; dessiné par nous d'après nature. — Fig. 14. Le même cercle corné, vu en dessus. — Fig. 15. Cercle corné des grandes cupules médianes des bras tentaculaires, grossi, vu de profil. — Fig. 16. Le même cercle corné, vu en dessus. — Fig. 17. Cercle corné des cupules latérales des bras tentaculaires. grossi, vu de profil; dessiné par nous d'après nature. — Fig. 18. Le même cercle corné, vu en dessus. — Fig. 19. Cercle corné des cupules de l'extrémité des grands bras, vu de grofil. — Fig 20. Le même, vu en dessus.

N° 7. OMMASTREPHES PELAGICUS, *d'Orbigny*. — *CALMARS*. Pl. 18, f. 1-2. *OMMASTREPHES*. Pl. 1, fig. 17-18.

Sepia pelagica, Bosc, 1802, Buff. de Dét., Hist. nat., Vers, t. I, p 46, pl. 1, f. 1-2. — *Calmar pélagien*, Montfort, 1805, Buff. de Sonnini, Moll., t. II, p. 86, pl. 19. — *Loligo pelagicus*. Féruss., 1823, Dict. class., t. III, p. 67, n° 7. (Citation.) *Idem*, Féruss., 1825, d'Orb., Tabl. des Céph., p. 63, n° 7.

O. corpore elongato, suprà lævigato, subtùs tuberculis sparsis, regulariter dispositis.

Dim. Longueur totale, 65 mill.; longueur du corps, 37 mill. Par rapport à la longueur du corps : longueur des nageoires, 25 cent.; largeur des nageoires, 56 cent.

Animal allongé, dont le corps subcylindrique, lisse en dessus, est marqué en dessous de petits tubercules blancs, à peine saillants, placés sur huit lignes transversales. Nageoires occupant un peu plus du quart de la longueur du corps, très minces, échancrées en avant, accompagnant le corps jusqu'à son extrémité, offrant dans leur ensemble un rhomboïde transverse, à angles arrondis. Bras sessiles, triangulaires, peu inégaux, munis de cupules, sur deux lignes alternes et portées sur un long pédoncule. Bras tentaculaires, très grêles, comprimés, non élargis à leur extrémité, pourvus de quatre rangs de cupules pédonculées. *Couleur* : il paraît avoir été blanc diaphane, marqué de taches rouges en dessus, sur la ligne médiane, et en dessous de dix-neuf points blanc mat, sur huit lignes.

Coquille ordinaire, très mince, très grêle, sans aucune fermeté, avec un très petit capuchon terminal.

Rapp. et diff. — Cette espèce se distingue facilement de toutes les autres, par les points saillants qu'on remarque sur la partie inférieure de son corps, ainsi que par la brièveté de ses nageoires.

Hab. L'Océan Atlantique, en pleine mer.

Explication des figures.

Calmars. — Pl. 18. Fig. 1. Animal vu en dessus. (Copie de la figure originale faite par M. Bosc.) — Fig. 2. Le même animal vu en dessus, également copié su le dessin original de M. Bosc.

OMMASTREPHES. Pl. 1. Fig. 17. Animal vu en dessus, dessiné d'après nature sur un exemplaire conservé dans la liqueur. — Fig. 18. Le même animal vu en dessous, dessiné d'après nature.

N° 8. OMMASTREPHES TODARUS, *d'Orbigny*. — *CALMARS*. Pl. 1. *OMMASTREPHES*. Pl. 2, fig. 4-10.

Loligo, Seba, 1758, Thesaur., t. III, pl. 4, f. 1-2. — *Sepia loligo*, Linné, 1767, Syst. nat., éd. XII, p. 1095, n° 4.— *Idem*, Gmel., 1789, Syst. nat., éd. XIII, p. 3150, n° 4. — *Loligo sagittata*, Var. A. Lamarck, 1799, Mém. de la Soc. d'Hist. nat. de Paris, p. 13. — *Sepia loligo*, Shaw., Natur. Miscell., t. CCCLXIII. — *Calmar flèche*, Montfort, 1805, Buff. de Sonnini, Moll., t. II, p. 56. — *Calmar du Brésil*, Moutfort, 1805, Buff. de Sonnini, Moll., t. II, p. 56. — *Loligo Todarus*, Raffinesque, 1814, Précis des découv. somiol. — *Loligo sagittata*, Var. A. Lamarck, 1822, An. sans vert., t. VII, p. 663. — *Idem*, Féruss., 1823, Dict. Class., t. III, p. 67, n° 2. (D'après Linné) — *Loligo brasiliensis*, Féruss., 1823, Loc. cit., n° 4. (D'après Montf.) — *Loligo maxima*, Blainv., 1823, Dict. des Sc. nat., t. XXVII, p. 140, et Journ. de Phys., Mars, 1823, p. 129. — *Loligo sagittata*, Carus, 1824, Icon. sep., pl. 30, p. 318; Nov. act. Phys. méd. Acad. Leop. Carol. nat. cur., t. XII. — *Idem*, Payraudeau, 1826, Catal. descrip. et méth. des Moll. de Corse, n° 352. — *Idem*, d'Orb., 1845, Paléont. univ., pl. 22, f. 3-11, pl. 23, fig. 5-6; Paléont. étrang., pl. 19, f. 3-11, pl. 20, f. 5-6.

O. corpore incrassato, rubro maculato; pinnis latis, rhomboïdalibus; brachiis tentacularibus robustis, apice acetabulis duplici serie minutis.

Dim. Longueur totale, 820 mill.; longueur du corps, 340 mill. Par rapport à la longueur du corps: longueur des nageoires, 54 cent.; largeur des nageoires, 70 cent.; longueur de la coquille, 340 mill. Par rapport à la longueur de la coquille: longueur de l'expansion terminale, 18 cent.; largeur de l'expansion terminale, 4 cent.

Animal court, robuste, dont le corps est presque cylindrique jusqu'à la naissance des nageoires; celles-ci occupant plus de la moitié de la longueur du corps, offrant dans leur ensemble un rhomboïde irrégulier, à angles aigus dont le grand diamètre est transversal. Bras sessiles, inégaux, sans membrane extérieure, pourvus de cupules dont le cercle corné est armé de sept dents espacées, tranchantes et obliques sur le côté le plus large; l'autre, lisse. Bras tentaculaires très forts, non élargis en massue, couverts, à la base, de cupules sur deux lignes; plus en avant, de cupules sur quatre rangs, dont deux de très grosses; leur cercle corné est armé tout autour de vingt dents très aiguës. *Couleurs*: tout le corps, le dessus de la tête et des bras est rougeâtre, tacheté de cette teinte plus intense.

Coquille très déprimée, un peu élargie en avant, terminée par un capuchon, formé de la réunion postérieure des lames; concave en dedans, convexe en dehors.

Rapp. et diff. — Cette espèce se distingue de toutes les autres par ses bras tentaculaires, couverts de cupules sur toute leur longueur.

Hab. La Méditerranée, près de Naples; l'île de Corse; Toulon.

Explication des figures.

CALMARS. — Pl. 1. Fig. 1. (La première donnée.) Animal réduit, vu en dessus; dessiné d'après nature sur un individu conservé dans la liqueur. — Fig. 2. Extrémité du corps vue en dessous, dessinée d'après nature. — Fig. 3. Osselet interne vu en dessous, dessiné d'après nature. — Fig. 4. Extrémité inférieure du même osselet, vue de profil, dessinée d'après nature; *a*, cupule des bras tentaculaires, grossie, vue de profil, dessinée d'après nature; *b*, cercle corné de la même cupule, vu en dessus et grossi; *c*, cupule des bras sessiles, grossie, vue de profil, dessinée d'après nature; *d*, cercle corné de la même cupule, vu en dessus; dessiné d'après nature.

CALMARS. — Pl. 1. Fig. 1. (La seconde donnée.) Animal vu en dessus; dessiné d'après le vivant, par M. Verany de

Nice. — Fig. 2. Extrémité du corps vue en dessous; dessinée d'après nature. — Fig. 3. Intérieur de l'ombrelle. (Figure peu exacte) — Fig. 4. Mandibules; *a*, supérieures; *b*, inférieures en position et vues de profil; dessinées d'après nature. 5 *a*, cupule des bras sessiles, vue de face en dessus; dessinée d'après nature. 5 *b*, la même cupule, vue de profil. 6 *a*, cupule médiane des bras tentaculaires, vue de profil en avant. 6 *b*, la même, vue en dessus. 6 *c*, la même, vue de profil de côté. 7 *a*, osselet interne, vu en dessous; dessiné d'après nature. 7 *b*, extrémité inférieure au même osselet, vue de profil.

Ommastrephes. — Pl. 2. Fig. 1. Appareil de résistance de la base du tube anal, dessiné d'après nature. — Fig. 2. Appareil de résistance, contre-partie de l'intérieur du corps. — Fig. 3. Fig. de la tête de côté, pour montrer les orifices aquifères *a* et les crêtes cervicales *c*, les brides anales *b*; dessinée d'après nature. — Fig 4. Intérieur de l'ombrelle, pour montrer les véritables attaches de la membrane buccale et les orifices qui l'entourent; dessiné d'après nature. — Fig. 5. Cercle corné des cupules des bras sessiles, vu de profil et grossi; dessiné par nous d'après nature. — Fig. 6. Le même cercle corné, vu en dessus. — Fig. 7. Cercle corné des grandes cupules des bras tentaculaires, vu en dessus et grossi; dessiné par nous d'après nature. — Fig. 8. Le même cercle corné, vu de profil. — Fig. 9. Cercle corné des cupules latérales des bras tentaculaires, grossi, vu de profil, dessiné par nous d'après nature. — Fig. 10. Tube locomoteur avec sa valvule *a*, les ouvertures aquifères *b*.

N° 9. OMMASTREPHES GIGANTEUS, *d'Orbigny*. — *CALMARS*. Pl. 20.

Pernetti, 1770, Hist. d'un Voy. aux Malouines, t. II, p. 76? — *Sepia tunicata*, Molina, 1789, Hist. nat. du Chili, p. 173? — *Idem*, Gmelin, 1789, Syst. nat., éd. XIII, p. 3151, sp. 8? — *Sepia nigra*, Bosc., 1802, Hist. nat. des Vers, t. I, p. 47? — *Calmar réticulé*, Montf., Buff. de Sonnini, Moll., t. II, p. 96, pl. 21? — *Idem*, Shaw, Nat. Misc., vol. XIV, pl. — *Ommastrephes gigas*, d'Orb., 1835, Voy. dans l'Amér. mér., Moll., pl. 4, p. 50. — *Ommastrephes giganteus*, d'Orb., 1845, Paléont. univ., pl. 23, f. 1-4; Pal. étrang., pl. 20, f. 1-4.

O. corpore elongato, cylindraceo supernè, violaceo; pinnis latis, rhomboïdalibus, acutis; testâ elongatissimâ angustatâ.

Dim. Longueur totale, 1 mètre 110 mill.; longueur du corps, 440 mill. Par rapport à la longueur du corps, longueur des nageoires, 50 cent.; largeur des nageoires, 79 cent.; longueur de la coquille, 440 mill. Par rapport à la longueur de la coquille : longueur de l'expansion terminale, 10 cent.; sa largeur, 4 cent.

Animal pourvu de grandes nageoires, occupant la moitié de la longueur du corps, échancrées en avant, ayant dans leur ensemble la forme d'un rhomboïde transverse. Bras sessiles longs, inégaux, munis d'une membrane protectrice des cupules, marquée de côtes transversales aux bras latéraux inférieurs; cette partie étant remplacée sur les autres bras, à la base externe des cupules, par un appendice long, aigu, charnu, conique, manquant néanmoins au côté inférieur de la deuxième paire de bras. Tous ont des cupules pourvue d'un cercle corné, armé de dents très aiguës, parmi lesquelles une médiane supérieure et deux latérales sur le côté sont plus longues. Bras tentaculaires carénés en dessous, sur toute leur longueur, marqués en dessus d'un méplat, avec de petites côtes transversales, sans membrane protectrice des cupules. Cupules sur quatre rangs alternes, deux médians plus grands. Leur cercle corné est armé de dents, dont quatre plus grandes que les autres. Les cupules latérales sont placées chacune sur une côte élevée, tortueuse, qui passe entre les grosses cupules. *Couleur :* très foncée, d'un violet sale, légèrement mélangé de bistre.

Coquille très longue, très grêle, à godet beaucoup plus court que dans les autres espèces. Ses deux côtes latérales épaisses, la ligne médiane à peine saillante.

Rapp. et diff. — Cette espèce est, par sa forme, intermédiaire entre l'*O. Bartramii* et le *Sagittata*; mais elle se distingue du premier par sa forme moins allongée; par ses nageoires plus grandes; par la longueur respective de ses bras; par le manque de larges membranes protectrices des cupules; par les appendices latéraux qui la remplacent; par les côtes transversales de ses bras tentaculaires. Elle se distingue du second par les mêmes caractères, par le manque des petites cupules de l'extrémité des bras tentaculaires; par sa cupule dont le capuchon est plus court; enfin, elle se distingue de toutes les autres espèces par les appendices charnus de la base de ses cupules.

Hab. Le grand Océan. Elle paraît, pendant une partie de l'année, vivre du 40e au 60e degré de latitude sud, à l'ouest des côtes de l'Amérique méridionale. J'en ai vu, au mois de mars, un grand nombre jetés encore vivants, sur la côte du Chili, de la Bolivia et du Pérou.

Malgré les grandes dissemblances de forme, et tout en ne lui conservant pas le nom de *Tunicata*, que lui rend tout-à-fait impropre le manque de l'organe qui pourrait le justifier, je ne doute pas que ce ne soit le *Sepia tunicata* de Molina; car c'est, au dire des pêcheurs du Chili, la seule grande espèce de ces mers.

Explication des figures.

CALMARS. — Pl. 20. Fig 1. Animal vu en dessus, fortement réduit; dessiné sur le vivant par nous. (Copie des figures que nous avons données dans notre voyage dans l'Amérique méridionale.—Fig. 2. Mandibule supérieure de grandeur naturelle, vue de profil; dessinée par nous d'après nature. — Fig. 3. Mandibule inférieure, vue de profil; dessinée par nous d'après nature. — Fig. 4. OEil de côté, pour montrer le sinus lacrymal; dessiné par nous d'après nature. — Fig. 5. Cupule des bras tentaculaires, vue en dessus et en arrière, et son cercle corné vu en dessus; dessinés par nous d'après nature. — Fig. 6. Cupule des bras sessiles, vue de profil, son cercle corné vu en dessus; dessinés par nous d'après nature. — Fig. 7. Osselet interne réduit de moitié et vu en dessous; dessiné par nous d'après nature. — Fig. 8. Le même osselet, vu de profil.

OMMASTREPHES. — Pl. 1. Fig. 11. Cercle corné des cupules des bras sessiles, vu de profil; dessiné par nous — Fig. 12. Le même cercle corné, vu en dessus. — Fig. 13. Cercle corné des cupules des bras tentaculaires, vu de profil.

N° 10. OMMASTREPHES OUALANIENSIS, *d'Orbigny*. — *CALMARS*. Pl. 3, pl. 21. *OMMASTREPHES*. Pl. 1, fig. 14-15.

Loligo oualaniensis. Lesson, 1830, Zoologie de la Coquille, p. 240, pl. 1, f. 2. — *Loligo vanicoriensis*, Quoy et Gaimard, 1832, Zoologie de l'Astrolabe, Moll., t. II, p. 79, pl. 5, f. 1-2.— *Loligo brevitentaculata*, Quoy et Gaimard, 1832, loc. cit., p. 81.

O. corpore elongato, cylindrico; pinnis terminalibus, latis, transversis; brachiis brevibus, inæqualibus, acetabulis unâ serie munitis; testâ elongatâ, angustatâ.

Dim. Longueur de la tête, 135 mill.; longueur du corps, 85 mill. Par rapport à la longueur du corps : longueur de la nageoire, 35 cent; largeur de la nageoire, 75 cent.

Animal dont le corps est solide, cylindrique ou légèrement renflé vers la moitié de sa longueur. Appareil de résistance, comme dans le genre, avec cette différence notable que la partie inférieure est toujours soudée de manière à ne pouvoir se détacher sans déchirement. Nageoires fermes, minces sur leurs bords, formant dans leur ensemble un rhomboïde irrégulier transverse. Bras sessiles, courts très inégaux, pourvus d'une large crête natatoire en dehors, et d'une membrane protectrice des cupules, nulle en dedans des bras supérieurs. Leurs cupules, aux deux paires latérales, sont confondues sur une seule ligne, dont le cercle corné est garni de dix à douze dents aiguës. Bras tentaculaires, courts, très comprimés, pourvus d'une membrane protectrice des cupules, d'un côté et de l'autre, d'un grand élargissement latéral de la crête supérieure. Le cercle corné est orné de dents très aiguës, longues, dont une plus grande au milieu du bord. *Couleurs* : sur le milieu du dos et de la tête, une large bande longitudinale violet, brun foncé, composée de taches très rapprochées.

Coquille, comme celle de l'*O. todarus*, mais avec l'extrémité en capuchon beaucoup plus court.

Rapp. et diff. — Cette espèce ressemble, extérieurement, à l'*O. Bartramii* par sa forme et par ses détails; mais néanmoins elle s'en distingue par son appareil de résistance, toujours soudé et non susceptible de se détacher sans déchirement; par ses nageoires, occupant moins de longueur, et dont l'angle postérieur est plus court que l'antérieur, et enfin par ses cupules sur un seul rang au lieu de deux aux bras latéraux.

Hab. Le grand Océan, dans toute son étendue.

Hist. En 1830, M. Lesson le nomma *Loligo oualaniensis*. Deux ans plus tard, MM. Quoy et Gaimard appelèrent un individu bien conservé *Loligo vanikoriensis*. Un autre, en partie altéré par son séjour dans l'estomac d'un poisson, fut nommé par eux *Loligo brevitentaculata*. J'ai constaté cette identité sur les types mêmes de ces trois espèces. J'avais pensé à le nommer *Oceanicus*, mais je reviens au nom le plus anciennement donné, celui de *Oualaniensis*.

Explication des figures.

CALMARS. — Pl. 3. Fig. 1. *Loligo oualaniensis*, Lesson, vu en dessus; dessiné par nous d'après nature sur un individu conservé dans la liqueur. — Fig. 2. Le même, vu en dessous. — Fig. 3. Osselet interne, vu en dessous; dessiné d'après nature. — Fig. 4. Extrémité inférieure du même osselet, grossie, vue en dessous; dessinée par nous. — Fig. 5. La même extrémité, vue de profil. — Fig. 6. Cupule des bras sessiles, grossie, vue de profil; dessinée d'après nature. — Fig. 7. Cercle corné de la même cupule, grossi, vu en dessus; dessiné par nous d'après nature. — Fig. 8. Le même cercle corné, vu de profil. — Fig. 9. Cupule médiane des bras tentaculaires, grossie, vue de profil; dessinée d'après nature. — Fig. 10. Cercle corné de la même cupule, grossi, vu en dessus.

CALMARS. — Pl. 21. Fig. 1. *Loligo vanikoriensis*, Quoy et Gaimard, vu en dessus. (Copie de MM. Quoy et Gaimard). — Fig. 2. Extrémité postérieure du corps, vue en dessous. (Copie du même ouvrage.)

OMMASTREPHES. — Pl. 1. Fig. 14. Figure montrant l'appareil de résistance, soudée, et ses parties séparées, dessinée d'après nature. — Fig. 15. Tête de côté, pour montrer l'angle lacrymal et les plis du cou; dessinée d'après nature. — Un bras latéral, pour montrer les cupules sur une seule ligne; dessinée d'après nature et grossie.

ESPÈCES INCERTAINES.

N° 11. OMMASTREPHES LATICEPS, *d'Orbigny*.

Loligo laticeps, Owen, 1836, Trans. zool. Soc. of London, pl. 21, f. 6-10. — *Cranchia perlucida*, Rang., 1837, Mag. de Zool., p. 67, pl. 94.

Dim. Longueur totale, 20 mill.; longueur du corps, 7 mill.

Animal subgélatineux, de forme ovale, allongée, terminée en pointe aiguë. Bras sessiles égaux; bras tentaculaires, munis de petites cupules répandues sans ordre. Nageoires minces, arrondies, terminales, réunies dans une partie de leur base, au-delà de l'extrémité du corps. *Couleurs* : une grande quantité de taches rousses et brunâtres, sur un fond blanc-bleuâtre.

Hab. L'Océan Atlantique équatorial, dans la haute mer, en deçà du 25ᵉ degré nord.

Par la taille, par la grande largeur de la tête, ces individus sont évidemment des jeunes, peut-être d'une espèce qui nous est encore inconnue à l'état adulte.

N° 12. OMMASTREPHES ARABICUS, *d'Orbigny.*

Pteroteuthis arabica, Ehremberg., 1831, Symbolæ physicæ.

O corpore terete in caudam obtusam, teretem attenuato, alâ rhomboïdali, corpus dimidium cum caudâ includente.

Animal. Corps effilé, les ailes rhomboïdales commençant vers la queue et embrassant la moitié du corps. Lame dorsale cartilagineuse, étroite. Deux séries égales de cupules sur les bras sessiles. Sur la partie terminale dilatée des bras tentaculaires, il y a cinq rangées de cupules; les trois médianes plus larges, une plus étroite, marginale de chaque côté; les cercles cornés sont dentés.

Hab. L'île volcanique Ketumbal, dans la mer Rouge, entre Gumpuda et Poheca.

La forme seule de la coquille m'a fait placer cette espèce dans le genre Ommastrèphe; mais les renseignements zoologiques qui précèdent, donnés par M. Ehremberg sont trop incomplets pour que le genre même de cette espèce soit certain.

Au grand Océan, deux espèces, l'O. *giganteus*, cantonné dans les régions méridionales, et l'O. *oualaniensis*, qui en habite toutes les parties chaudes.

Il résulte du dépouillement des espèces d'Ommastrèphes connues : 1° que quatre se trouvent fossiles dans l'étage oxfordien supérieur, sans qu'on en rencontre de traces dans les étages inférieurs ou supérieurs des autres terrains; 2° que les espèces vivantes sont réparties à peu près également dans toutes les mers, et cantonnées sur des régions plus ou moins étendues. Les espèces qui existent dans deux mers à la fois se rencontrent seulement dans la Méditerranée et dans l'océan Atlantique, sur les points voisins de la jonction de ces deux mers.

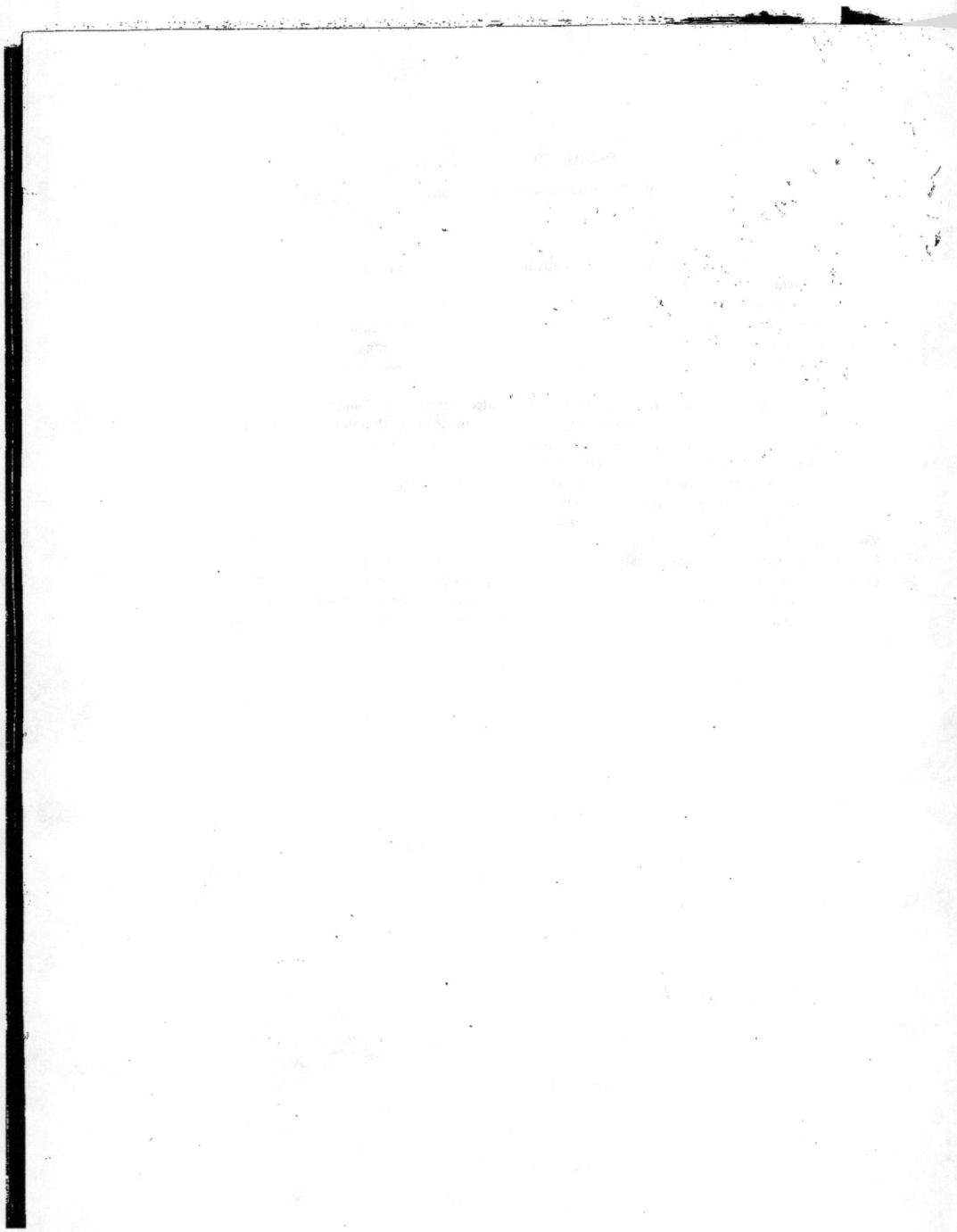

TABLE

ALPHABÉTIQUE ET SYNONYMIQUE.

A.

B.

P.

46

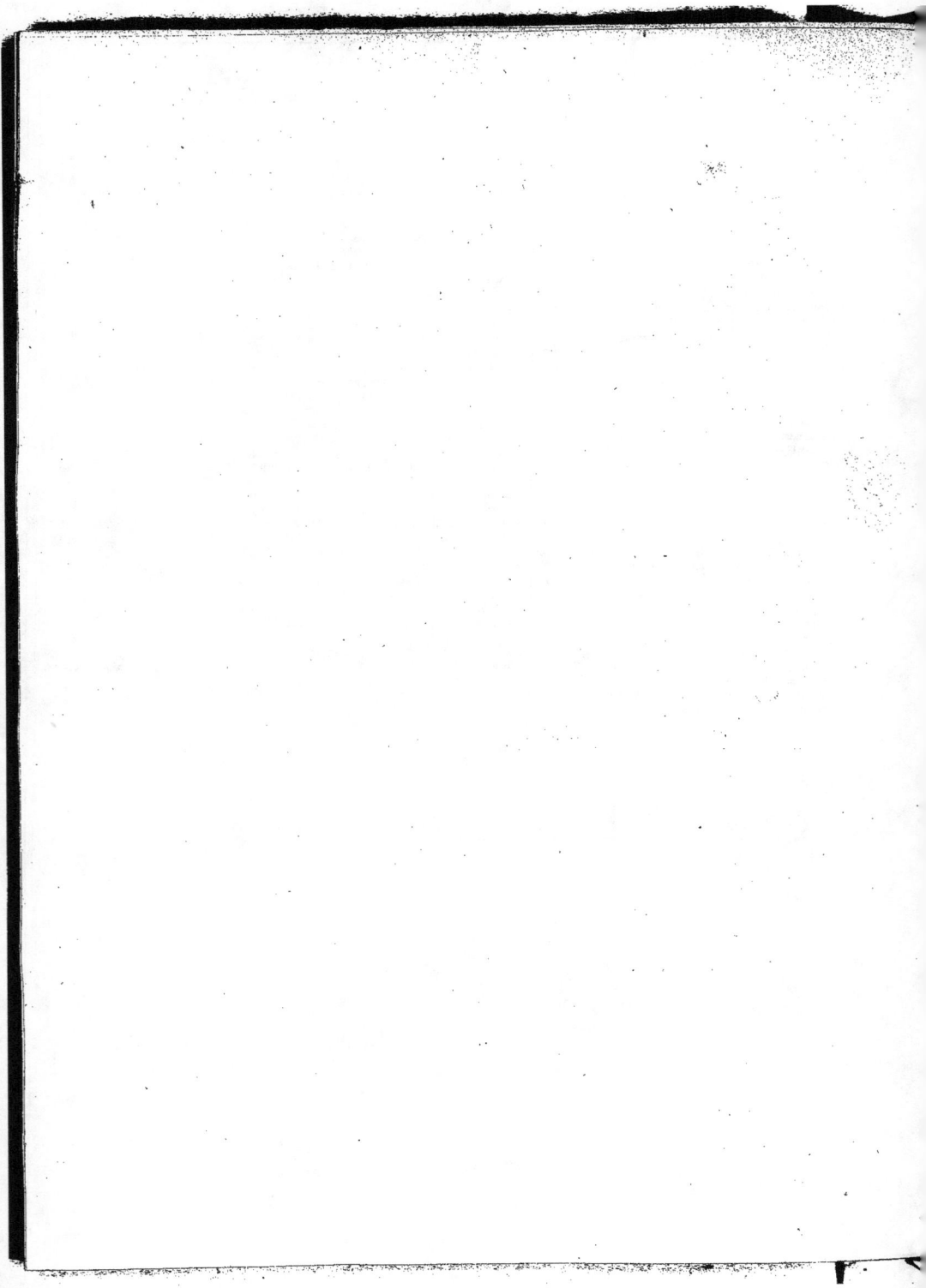

AVIS AU RELIEUR.

Le texte donné dans les premières livraisons, sous le titre d'*Histoire naturelle générale et particulière des Mollusques* (préface et pages 1 à 88), ne fait pas partie de l'ouvrage sur les Céphalopodes. C'est un ouvrage à part de M. de Férussac, qu'on devra relier séparément.

Le texte des *Céphalopodes acétabulifères* se compose : 1° *du titre;* 2° d'une introduction, pages I à LVI; 3° du corps de l'ouvrage, de la page 1 à 353 ; 4° enfin, d'une table alphabétique et synonymique.

Les planches, réunies avec le titre, dans un atlas séparé, doivent être placées dans l'ordre suivant :

G. POULPE (OCTOPUS), planches 1, 2, 3, 3 bis, 4, 5, 6, 6 bis, 6 ter, 7, 8, 9, 10, 11, 12, 13, 14, 15, 16, 17, 18, 19, 20, 21, 22, 23, 24, 25, 26, 27, 28, 29.

G. ELEDONE (ELEDONE), planches 1, 1 bis, 2, 3.

G. ARGONAUTE (ARGONAUTA), planches 1, 1 bis, 1 ter, 1 4°, 1 5°, 2, 3, 4, 5, 6.

G. BELLEROPHE (BELLEROPHON), planches 1, 2, 3, 4, 5, 6, 7.

G. CRANCHIE (CRANCHIA), planches 1, 2.

G. SEPIOLE (SEPIOLA), planches 1, 2, 3, 4.

G. SEICHE (SEPIA), planches 1, 2, 3, 3 bis, 3 ter, 4, 4 bis, 5, 5 bis, 6, 6 bis, 7, 8, 9, 10, 11, 12, 13, 14, 15, 16, 17, 18, 19, 20, 21, 22, 23, 24, 25, 26, 27.

G. SEPIOTEUTHES (SEPIOTEUTHIS), planches 1, 2, 3, 4, 5, 6, 7.

G. CALMAR (LOLIGO), planches 1, 1 bis, 2, 3, 4, 5, 6, 7, 8, 9, 10, 11, 12, 13, 14, 15, 16, 17, 18, 19, 20, 21, 22, 23. 24.

G. CALMARET (LOLIGOPSIS), planches 1, 2, 3, 4.

G. ONYCHOTEUTHES (ONYCHOTEUTHIS), planches 1, 2, 3, 3 bis, 4, 5, 6, 7, 8, 9, 10, 11, 12, 13, 14.

G. OMMASTRÈPHE (OMMASTREPHES), planches 1, 2.

www.ingramcontent.com/pod-product-compliance
Lightning Source LLC
Chambersburg PA
CBHW060946220326
41599CB00023B/3611